Sinopsis bioclimática y vegetacional de Chile

BIODIVERSIDAD

581.70983
L948s Luebert, Federico. Patricio Pliscoff.
Sinopsis bioclimática y vegetacional de Chile: segunda edición
Federico Luebert, Patricio Pliscoff.
1ª reimp. de la 3ª ed. – Santiago de Chile: Universitaria, 2023.
381 p.: il., mapas col.; 17,2 x 24,5 cm. –(Biodiversidad)
Incluye índices.
Glosario: p. 277-280.
Bibliografía: p. 281-362.

ISBN Impreso: 978-956-11-2651-0
ISBN Digital: 978-956-11-2649-7

1. Ecosistemas – Chile. 2. Vegetación y clima-Chile.
3. Bioclimatología - Chile. 4. Chile – Clima.
I. t. II. Pliscoff, Patricio. Luebert, Federico.

Texto compuesto en tipografía *Berling 11/13*

Se terminó de imprimir esta 1ª reimpresión de la
TERCERA EDICIÓN
en los talleres de Salesianos Impresores S.A.,
General Gana 1486, Santiago de Chile,
en agosto de 2023.

DIAGRAMACIÓN
Yenny Isla Rodríguez

DISEÑO PORTADA
Norma Díaz San Martín

ILUSTRACIONES
Sergio Elórtegui

Apéndice electrónico disponible en:
http://dx.doi.org/10.5281/zenodo.60800

Autorizada su circulación en cuanto a los mapas y citas que contienen esta obra, referentes o relacionadas con los límites internacionales y fronteras del territorio nacional por resolución N° 157 del 28 de diciembre de 2017 de la Dirección Nacional de Fronteras y Límites del Estado. La edición y circulación de mapas, cartas geográficas u otros impresos y documentos que se refieran o relacionen con los límites y fronteras de Chile, no comprometen, en modo alguno al Estado de Chile, de acuerdo con el Art. 2°, letra g, del D.F.L. N° 83 de 1979 del Ministerio de Relaciones Exteriores.

IMPRESO EN CHILE / PRINTED IN CHILE

Federico Luebert • Patricio Pliscoff

Sinopsis bioclimática y vegetacional de Chile

EDITORIAL UNIVERSITARIA

Índice

Índice de Figuras

Prólogo a la segunda edición

Ha pasado una década desde la publicación del libro *Sinopsis bioclimática y vegetacional de Chile* (2006), en que el conocimiento sobre la vegetación chilena y las variables climáticas que determinan su distribución se ha incrementado considerablemente. En este lapso de tiempo se ha publicado una gran cantidad de estudios vegetacionales a nivel local y regional, así como abundante información sobre su composición florística, ecología, dinámica y distribución, que hacen necesaria una revisión y actualización de la propuesta inicial de unidades vegetacionales y de su descripción.

El conocimiento taxonómico de las especies vegetales también se ha incrementado. La circunscripción y afinidades sistemáticas de muchos taxones se ha clarificado gracias al notable aumento de estudios filogenéticos. Numerosos antecedentes sobre la distribución de especies se han vuelto disponibles. Más importante aún, el acceso a información taxonómica y nomenclatural sobre las plantas vasculares presentes en Chile se ha masificado y facilitado, principalmente gracias a los datos que hoy están disponibles a través de Internet, y al gran esfuerzo que significó la publicación de la flora del Cono Sur en 2008, donde se resume y sintetiza, en una sola fuente, la nomenclatura, sinonimia y distribución geográfica de las especies vegetales chilenas.

Paralelamente, las prioridades y enfoques sobre conservación de ecosistemas se han ido refinando. Hay ahora numerosos estudios que dan cuenta de los vacíos de protección que presentan las áreas protegidas de Chile. Se han aplicado diferentes métodos para determinar prioridades espaciales de conservación. La importancia de los ecosistemas como objetos de conservación ya no es tema de discusión, y la Unión Internacional para la Conservación de la Naturaleza (UICN) ya tiene una propuesta para la evaluación del estado de conservación de ecosistemas. A partir de la publicación del cuarto informe del Grupo Intergubernamental de Expertos sobre el Cambio Climático (IPCC) en 2007, la importancia del cambio climático global y sus posibles efectos sobre la biodiversidad ha sido reconocida a nivel mundial y hoy es materia de preocupación oficial en Chile.

Las técnicas, métodos y herramientas para el estudio del clima, de la vegetación y de sus interrelaciones también se han perfeccionado. La capacidad de cálculo y almacenamiento de datos es ahora muy superior a la de hace diez años, lo que permite realizar operaciones más complejas y sofisticadas para llegar a resultados que hasta entonces solo eran posibles de manera limitada.

La propuesta de clasificación vegetacional presentada en 2006 ha sido ampliamente usada, tanto en el ámbito de la evaluación ambiental así como antecedente para estudios científicos en ecología, biodiversidad y biología de la conservación. Sin embargo, la combinación de los avances mencionados, la experiencia adquirida por los autores, así como las críticas y sugerencias de algunos colegas y usuarios de la clasificación, nos han llevado a introducir modificaciones en la presente edición, que creemos significan un mejoramiento del conjunto del trabajo. Los cambios más importantes que se introducen en esta edición se refieren a la redelimitación de unidades climáticas y pisos de vegetación, la formalización y espacialización de unidades de vegetación intra y extrazonal, la expansión del análisis de representatividad de áreas protegidas, la evaluación del estado de conservación de los pisos de vegetación y la inclusión de escenarios de cambio climático y sus efectos sobre la vegetación.

La redelimitación de unidades climáticas (macrobioclimas, bioclimas y pisos bioclimáticos) surge de dos cambios. El primero es la publicación de una nueva aproximación de la clasificación bioclimática de Rivas-Martínez utilizada en nuestro trabajo, en la que se introducen algunas correcciones a los rangos de las variables e índices bioclimáticos a partir de los que se definen las unidades. El segundo es la utilización de una nueva versión de superficies climáticas, que difieren de las utilizadas en la edición anterior. Esto ha redundado en modificaciones de los límites espaciales entre los macrobioclimas (tropical/mediterráneo, mediterráneo/templado y templado/antiboreal), pero sin afectar mayormente su extensión.

En concordancia con lo anterior, la cartografía de pisos de vegetación también se ha modificado. Por una parte se han ajustado los límites climáticos de los pisos de vegetación. Por otra parte, la base cartográfica disponible hoy para la zona de los archipiélagos magallánicos es de mucho mejor calidad que hace diez años, lo que permite refinar los límites de las unidades de vegetación en esa zona. Adicionalmente, se han utilizado datos puntuales georreferenciados para corregir los límites de los pisos de vegetación en áreas de contacto entre unos y otros. Finalmente se han estudiado numerosas referencias adicionales, tanto nuevas como antiguas ausentes en la primera edición, lo que también posibilita el examen crítico de los límites y contenido de las unidades de vegetación. Esto último ha llevado no solo a una redelimitación espacial de pisos de vegetación, sino que a una revisión y reformulación de los mismos, lo que ha desembocado en la fusión de algunos pisos de vegetación y en la creación de otros, especialmente en el extremo norte de Chile y en la zona austral. Como consecuencia, el número total de pisos de vegetación disminuyó de 127 a 125, mientras que se han agregado dos formaciones vegetales, Dunas de aerófitos y Herbazal efímero.

Paralelamente se ha realizado un análisis de los datos disponibles sobre vegetación intra y extrazonal. Ello significó un esfuerzo de recopilación de información bibliográfica y espacial liderado por Vanezza Morales. El resultado de la sistematización de esta información es una clasificación general de unidades intra y extrazonales y su presencia en los pisos de vegetación.

La determinación del estado de conservación de los pisos de vegetación, mediante el empleo de los criterios de la UICN para la evaluación del riesgo de colapso de los ecosistemas es otra novedad de la presente edición, así como también lo es la utilización de escenarios de cambio climático para evaluar la variación potencial futura de la superficie de las unidades de vegetación zonal. Estos dos elementos se suman al análisis de representatividad de las unidades de vegetación en las áreas protegidas de Chile, lo que permite una evaluación más completa de la conservación de la vegetación chilena, entregando elementos para una definición integral de prioridades espaciales de conservación.

Algunos cambios menores con respecto a la primera edición incluyen una revisión del glosario y la introducción de un índice analítico y de un registro de todos los nombres científicos de plantas utilizados.

Agradecemos el apoyo que hemos recibido de la División de Recursos Naturales y Biodiversidad del Ministerio del Medio Ambiente durante la preparación de esta segunda edición. Queremos reiterar nuestros agradecimientos a las instituciones que hicieron posible la primera edición de este trabajo: The World Wildlife Fund (WWF), The Nature Conservancy (TNC), la Comisión Nacional del Medio Ambiente (CONAMA, actual Ministerio del Medio Ambiente) y la Universidad de Chile, así como a todas las personas que en ese momento nos apoyaron.

Partes de los resultados que se presentan en esta edición han sido producto de proyectos financiados por diversas instituciones a las que queremos también expresar nuestros agradecimientos. El análisis de aspectos conceptuales para el desarrollo de equivalencias con otras propuestas de clasificación fue financiado por la Comisión Nacional del Medio Ambiente (CONAMA). La Red Interamericana de Información sobre Biodiversidad (IABIN) proporcionó financiamiento para la estandarización de la cartografía de pisos de vegetación y el desarrollo de equivalencias con otras propuestas de clasificación. Parte del análisis de los efectos del cambio climático se efectuó gracias al apoyo de Becas Chile - CONICYT y a las facilidades del Grupo de Ecología Espacial (EcoSpat) de la Universidad de Lausanne. El análisis de representatividad vegetacional de áreas protegidas fue financiado por el proyecto "Creación de un Sistema Nacional Integral de Áreas Protegidas para Chile" del Fondo para el Medio Ambiente Mundial (GEF) a través del Programa de Naciones Unidas para el Desarrollo (PNUD). La recopilación y sistematización de los antecedentes sobre vegetación intra y extrazonal fueron financiadas por el Ministerio del Medio Ambiente. Finalmente, nuestras instituciones, el Instituto Nees de la Universidad de Bonn, la Facultad de Ciencias Forestales y Conservación de la Naturaleza de la Universidad de Chile, y los departamentos de Ecología y Geografía Física de la Pontificia Universidad Católica de Chile, nos han apoyado con recursos y espacio para la realización de este libro.

Las críticas a la propuesta de clasificación de 2006 de diferentes personas han enriquecido nuestra visión sobre el tema. También lo han hecho la discusión sobre aspectos diversos de la clasificación y las sugerencias que hemos recibido sobre la presente edición. En especial agradecemos a Miguel Álvarez, Javier Amigo, Magdalena Bennett, Taryn Fuentes-Castillo, Nicolás García, Antoine Guisan, Christoph Heibl, Carmen Josse, Pablo Marquet, Vanezza Morales, Andrés Moreira-Muñoz, Patricio Moreno, Raquel Pinto, Rosita Scherson, Sebastián Teillier, y particularmente a Rodolfo Gajardo (1947–2011), maestro y amigo, a cuya memoria está dedicado este trabajo.

Agradecemos de manera muy especial el permanente apoyo y la infinita paciencia de Emilia, Lorena y Dora para ayudar a sacar adelante este proyecto.

Esperamos que esta nueva edición constituya un aporte al conocimiento de la vegetación chilena y sea un estímulo para el desarrollo de nuevos estudios.

Federico Luebert Bonn, Abril 2017	Patricio Pliscoff Santiago, Abril 2017

Introducción

La delimitación espacial de unidades de vegetación requiere del conocimiento de la variación geográfica de la composición de especies y formas de vida de las comunidades vegetales. La composición de especies y de formas de vida constituyen la base para una definición de unidades de vegetación factibles de ser representadas cartográficamente. Sin embargo, su conocimiento generalmente está disponible para un número limitado de casos, o muestra importantes diferencias con relación a la profundidad o el enfoque con que los diferentes trabajos abordan el estudio de la vegetación. Una delimitación de tipo deductivo basada en antecedentes de fisionomía y composición florística es, por lo tanto, muy difícil de practicar en una realidad donde el conocimiento del territorio es todavía incipiente.

Existen ciertos patrones que permiten inferir la distribución de las comunidades vegetales, en relación con la distribución de los factores ecológicos que influyen sobre ellas. El clima es el principal factor ecológico a escala regional. La influencia del clima se expresa fundamentalmente en cambios en la fisionomía de la vegetación, lo que también lleva aparejados cambios en la composición florística.

El propósito del presente trabajo es efectuar una delimitación de los bioclimas y la vegetación natural de Chile continental. Solo se considera la vegetación con presencia de plantas vasculares. El estudio de las comunidades dominadas exclusivamente por plantas no vasculares (algas, musgos, hepáticas y antocerotes) o líquenes escapa a las pretensiones de este trabajo.

Se ha utilizado el concepto de piso de vegetación como unidad básica de una tipología de unidades de vegetación natural. Los pisos de vegetación, definidos como "espacios caracterizados por un conjunto de comunidades vegetales zonales con estructura y fisionomía uniformes, situadas bajo condiciones mesoclimáticamente homogéneas, que ocupan una posición determinada a lo largo de un gradiente de elevación, a una escala espacio-temporal específica", pueden constituir, a la escala de trabajo, una síntesis del conjunto de componentes de los ecosistemas presentes en Chile.

Los elementos fundamentales para la definición de un piso de vegetación son la formación vegetal y el piso bioclimático. Para su sistematización se han tomado en consideración las diferentes propuestas bioclimáticas y vegetacionales existentes en la literatura, ya sean de carácter regional o local, así como los datos y observaciones de terreno de los autores.

Este trabajo surgió gracias a la necesidad de algunas instituciones dedicadas a la conservación de contar con una herramienta alternativa para la evaluación de la representatividad vegetacional de las áreas protegidas de Chile, como un elemento de apoyo a la priorización de nuevas áreas de protección. El análisis de la representatividad ecológica es la principal herramienta para el establecimiento de prioridades en la planificación de áreas protegidas e impone la necesidad de una delimitación cartográfica de unidades ecológicas a una escala adecuada, para cuantificar su superficie. La delimitación y análisis de unidades vegetacionales es la herramienta más utilizada para la evaluación de la representatividad ecológica, ya que las plantas son los principales productores primarios de materia orgánica, la vegetación refleja la influencia del complejo ambiental y define la estructura espacial de los ecosistemas. Recientemente la Unión Internacional para la Conservación de la Naturaleza (UICN) ha desarrollado un esquema de categorías de riesgo de extinción para ecosistemas, similar al utilizado para las especies, lo que constituye una herramienta adicional para la toma de decisiones de conservación. Al mismo tiempo, los efectos del cambio climático podrían producir desplazamientos en la distribución espacial de los ecosistemas, afectando su representación en las áreas protegidas. Es por esta razón que este trabajo desarrolla primero una clasificación de unidades de vegetación para luego analizar aspectos de su conservación y los efectos potenciales del cambio climático sobre su distribución.

Este libro está organizado de la siguiente manera:

En el Capítulo 1 se esboza un marco conceptual sobre las relaciones entre el clima y la vegetación y los problemas de la escala. Se discute brevemente la utilidad de clasificar la vegetación en unidades discretas, se introducen los tipos de unidades de vegetación en función de su dependencia del clima regional (*i.e.*, zonal, intrazonal, extrazonal), y se destacan los aspectos más relevantes para el desarrollo de una cartografía de vegetación a nivel nacional.

Los métodos empleados se describen en el Capítulo 2. Aquí se presenta una definición operacional de la unidad básica de clasificación de vegetación zonal (pisos de vegetación) y se detallan los elementos utilizados para clasificar y mapear los bioclimas y la vegetación. También se describen en términos metodológicos el tratamiento de la información espacial y los análisis relativos a la conservación de la vegetación y el cambio climático.

El Capítulo 3 presenta una sinopsis bioclimática de Chile, donde se describen y explican los patrones de distribución espacial de las variables del clima y se efectúa una descripción de cada una de las unidades de clasificación bioclimática respecto a sus características, distribución geográfica y principales tipos de vegetación.

El Capítulo 4 describe los patrones generales de distribución de la vegetación de Chile y las características de los pisos de vegetación clasificados respecto a su estructura, composición, variabilidad, dinámica, distribución geográfica y bioclima, entregando para cada piso de vegetación una lista de referencias bibliográficas donde el lector puede encontrar la información utilizada y obtener antecedentes adicionales sobre tales unidades. Debido a que no se cuenta con un nivel similar de información para todo el territorio ni para todos los tipos de vegetación, la robustez de las descripciones varía de acuerdo con la información disponible. En este capítulo se describen también unidades de vegetación intrazonal y extrazonal y se relacionan con los pisos de vegetación donde ellas ocurren. Las denominaciones utilizadas para las unidades de vegetación entregan por sí solas una visión comprensiva de sus principales rasgos, lo que se ha considerado de utilidad para la consulta de unidades específicas.

El estado de conservación actual de la vegetación, respecto a la superficie actual (remanente), la representatividad de los pisos de vegetación en las áreas protegidas de Chile, las categorías de riesgo de extinción de las unidades de vegetación y los efectos potenciales del cambio climático sobre la distribución de la vegetación se analizan en el Capítulo 5.

En el Capítulo 6 se discuten aspectos críticos y las principales limitaciones de las clasificaciones presentadas, las perspectivas futuras del estudio de la vegetación chilena y su importancia para la conservación biológica.

Es imposible resumir en un libro la totalidad de la información publicada hasta ahora, ni tampoco ha sido ese el propósito. En tal sentido, este libro es también una invitación al lector a profundizar en el estudio del bioclima y la vegetación de Chile, a través de la literatura citada, que se detalla a partir de la página 281.

En la página 277 se ofrece un glosario de los principales términos bioclimáticos y vegetacionales empleados. Un índice alfabético se presenta en la página 363. El índice de los nombres científicos de las especies de plantas mencionadas se encuentra en la página 365.

El Apéndice electrónico (http://dx.doi.org/10.5281/zenodo.60800) contiene las coberturas cartográficas digitales de los pisos de vegetación, así como infomación cartográfica puntual. También incluye información tabular sobre presencia de pisos de vegetación en los bioclimas, datos adicionales sobre representatividad vegetacional de las áreas protegidas, estado de conservación de los pisos de vegetación y efectos del cambio climático.

Capítulo 1
Marco conceptual

1.1. El clima y la vegetación

La distribución geográfica de las entidades biológicas está limitada en tiempo y espacio [840], debido a que su tolerancia a los factores ecológicos varía, de modo que son capaces de funcionar eficientemente solo en un intervalo más o menos restringido de un gradiente ambiental, en el que pueden sobrevivir y reproducirse [1466]. La existencia de conjuntos de especies que presentan rangos de tolerancia similares frente a la variación ambiental formando comunidades discretas es, sin embargo, una idea muy controversial y sigue siendo tema de discusión en la literatura (*e.g.*, ref. 118). El conflicto entre los conceptos de continuo y comunidad surge del hecho de que el primero es una abstracción basada en el espacio ambiental, mientras que el segundo lo es basado en el espacio geográfico [119]. Ambos enfoques son en cualquier caso complementarios y su aplicabilidad dependerá del marco de referencia escogido y del objetivo del estudio [62].

El concepto de comunidades discretas, que puedan ser descritas y clasificadas, es preferible para efectos de comunicación y manejo ecológico [118] y es de utilidad en el proceso de mapeo de vegetación de regiones geográficamente bien definidas, con el propósito de evaluar su valor para la conservación y generar directrices para la gestión del paisaje [277, 402, 1302].

Para efectos prácticos, las comunidades vegetales pueden ser consideradas como subdivisiones de la cubierta vegetal. Determinados rasgos fisionómicos y/o florísticos de la vegetación pueden ser seleccionados y utilizados como puntos de referencia arbitrarios, permitiendo la definición de unidades, y de una serie de situaciones transicionales, más o menos abruptas entre tales unidades, definidas como ecotonos y ecoclinas [1587, 1588], en cuyo rango es posible trazar un límite más o menos evidente. Las comunidades pueden ser distinguidas donde la cubierta vegetal experimenta cambios visibles en su composición y fisionomía [970]. En su formulación general, el control sobre los límites de cualquier elemento en un ecosistema es fijado en parte por otros elementos próximos [1574].

La variación espacial del clima es uno de los principales factores que determinan la variación espacial de la fisionomía de la vegetación a gran escala [176, 178, 183, 1561, 1656, 1687]. La fisionomía es el aspecto que presenta la vegetación como resultado de la composición de formas de vida dominantes y de su arreglo estructural horizontal (recubrimiento) y vertical (estratificación) [752, 970]. Muchos trabajos se han enfocado en las relaciones entre el clima y la vegetación (*e.g.*, refs. 174, 178, 572, 654, 817, 1687). Tales trabajos enfatizan el valor predictivo de las medias mensuales de variables ombrotérmicas y la estacionalidad, en la discriminación espacial de la distribución de especies vegetales y tipos de vegetación.

La relación entre el clima y la vegetación ha sido observada desde los tiempos de Teofrasto (siglo III a.C.), quien advirtió la existencia de cambios sistemáticos en algunos patrones fenológicos de las especies dominantes (caducifolio/siempreverde) en relación con el clima, y observó la relación positiva entre altitud y latitud con respecto al clima y la vegetación [1467]. Las condiciones climáticas establecen restricciones y potencialidades para la expresión de la composición y, especialmente, de la fisionomía de la vegetación de un área [178, 179, 183, 394, 613, 970, 1030, 1467, 1701], de manera que algunas formaciones de vegetación pueden encontrarse bajo la influencia de determinadas condiciones climáticas y otras no. Subsecuentemente, es posible identificar puntos de referencia con base en los cuales clasificar y describir los tipos fisionómicos de vegetación y sus especies dominantes, en su relación con las condiciones climáticas, a los que posteriormente pueden asociarse algunos patrones de su dinámica natural y antropogénica [259, 830, 962, 1309]. En este sentido, hay áreas más o menos extensas del territorio que han sufrido una perturbación secular, lo que ha provocado modificaciones en la cubierta vegetal que vuelven muy difícil la proyección de cuáles fueron los componentes naturales de vegetación que allí alguna vez existieron. En tales casos, los rasgos ambientales como el clima resultan de valor predictivo para la fisionomía de la vegetación a escala regional [178, 183, 1031]. Sin embargo, aparte del clima, hay también otros factores que influyen en la fisionomía y composición de la vegetación, como el sustrato geológico, el suelo, la topografía [1492] y otros elementos bióticos [1585] y abióticos [118] que en interacción hacen de la vegetación un sistema complejo [831, 1096]. Por lo anterior, una clasificación basada en la relación clima-vegetación resulta necesariamente en unidades con cierta heterogeneidad interna.

Los tipos de vegetación cuya distribución está asociada a biotopos donde las condiciones climáticas regionales están plenamente expresadas ("euclimatopos") se reúnen bajo el término de *vegetación zonal* (*cf.* refs. 183, 394, 482, 726, 1310). En el otro extremo la *vegetación azonal* presenta una distribución local, con absoluta independencia de las condiciones climáticas regionales. La denominada *vegetación intrazonal* solo se distribuye localmente y en forma independiente del clima bajo cierto rango mayor o menormente restringido de variación climática. Vegetación azonal e intrazonal muestran una distribución local debido a la influencia de algún factor, generalmente asociado al suelo, que establece condiciones locales más favorables o más restrictivas que las del clima regional. Ellenberg [394] y Breckle y Walter [183] incluyen la vegetación intrazonal bajo el término de vegetación azonal. Ivan [726] puntualiza que el término intrazonal es preferible al de azonal, debido a la dificultad para encontrar tipos de vegetación cuya distribución es absolutamente independiente de las condiciones climáticas, especialmente en la medida que el nivel de detalle en la delimitación de unidades es mayor. Finalmente, un tipo de vegetación localmente distribuido en una matriz zonal, debido a la existencia de condiciones climáticas locales favorables o desfavorables, pero que muestra un rango de distribución zonal en un área vecina, se denomina *vegetación extrazonal* [394]. La vegetación extrazonal puede proveer información acerca de la vegetación zonal de un área adyacente cuando esa vegetación ha sido destruida [183].

1.2. El problema de la escala

Resulta evidente que los criterios específicos en los que se basa la definición de tipos de vegetación dependen fuertemente de la escala espacial y temporal de trabajo [10, 277, 433, 970, 1467, 1588]. El uso de la escala en su sentido espacial y temporal determina tanto el método como el resultado en los estudios de la cartografía de la vegetación [23, 175, 783, 1031, 1445]. El término "escala" señala una dimensión física de fenómenos y observaciones, tanto en el espacio como en el tiempo [1020]. En el caso de la vegetación, esta dimensión se expresa en la delimitación de una comunidad vegetal en tiempo y espacio, para lo que es necesario determinar la escala de observación. La escala de observación es un constructo basado en un sistema humano de medidas. Tres elementos definen la escala de observación: (i) la extensión en el caso de la escala espacial y la duración en el caso de la escala temporal, (ii) la resolución y (iii) el grano (tamaño de celda). Una clara definición de estos elementos permitirá determinar la escala de observación del fenómeno en estudio, en este caso la vegetación. Un elemento importante a tomar en consideración es la imposibilidad de homologar fenómenos y observaciones de escalas diferentes. Esto queda de manifiesto, por ejemplo, al analizar procesos temporales que, teniendo una duración fija, su escala de observación varía con la resolución a la que son estudiados, como lo es la dinámica sucesional [833, 927]. Sin perjuicio de lo anterior, una comprensión acabada de los patrones de distribución y dinámica de la vegetación requiere de su estudio a diferentes escalas [175].

El uso de las herramientas de análisis espacial provistas por los Sistemas de Información Geográfica (SIG) permite abordar el tema de la escala de una forma clara y definida [618]. A través del uso de un SIG es posible trabajar de manera flexible a distintas escalas y correlacionar distintas variables al mismo tiempo en el espacio, lo que permite definir con mayor precisión la escala necesaria para abordar un fenómeno determinado [486, 618, 841]. La correcta definición de la escala estará determinada por la calidad de la información utilizada, especialmente por la variable que se defina para determinar la resolución y el grano. Para los estudios de cartografía de la vegetación la resolución está generalmente definida por el nivel de organización de la vegetación que se desea mapear, y el grano se define por una unidad arbitraria de análisis o el uso de una variable espacial que expresará la unidad mínima de análisis deseado [619].

Pese a lo anterior, la utilización de SIG en cartografía de la vegetación presenta una serie de limitantes relacionadas con la resolución y la exactitud de las variables ambientales utilizadas para la delimitación de unidades. En el caso de esta clasificación, la variable más relevante para la definición de los pisos de vegetación es el Modelo Digital de Elevación (MDE), ya que define tanto la variación espacial de los parámetros climáticos (superficies climáticas), como la distribución altitudinal de las unidades de vegetación. Los MDE presentan una gran variación en su exactitud dependiendo del método con el cual fueron desarrollados y con la disponibilidad de información base con la cual fueron construidos [255]. El error de elevación de un punto en particular en un MDE depende del grano (tamaño de celda) y de la rugosidad (magnitud de la variación espacial) de la superficie que está siendo modelada [718].

Van der Maarel [1588] esquematiza que para el nivel de organización de complejo de comunidades, en el que se enfoca este libro, el objeto ecológico de estudio es el paisaje regional (resolución espacial), cuya unidad mínima de análisis espacial oscila entre 0,01 y 1 km^2 (grano espacial), para órdenes de magnitud de periodos entre 10^0 y 10^4 años (grano temporal), que corresponden a los procesos dinámicos de sucesión secundaria, sucesión primaria y sucesión secular (resolución temporal).

Capítulo 2
Métodos

2.1. Definición operacional de piso de vegetación

Para la definición de unidades básicas de una tipología de vegetación zonal se utiliza el concepto de piso de vegetación. Se ha tomado como base la noción tradicional del concepto, es decir, zonación de complejos de vegetación a lo largo de un gradiente local de elevación [179, 970, 1588, 1680], y responde esencialmente a la definición planteada por Rivas-Martínez [1310]. El concepto de piso de vegetación es quizás uno de los más antiguos en la literatura vegetacional [1648]. Un piso de vegetación es definido aquí como un "espacio caracterizado por un conjunto de comunidades vegetales zonales con estructura y fisionomía uniformes, situadas bajo condiciones mesoclimáticamente homogéneas, que ocupan una posición determinada a lo largo de un gradiente de elevación, a una escala espacio-temporal específica". Sintetiza la respuesta de la vegetación, en términos de su fisionomía y especies dominantes, a la influencia del mesoclima reflejado a través de la definición de pisos bioclimáticos. Un piso de vegetación se caracteriza típicamente por una formación vegetal con especies dominantes específicas y un piso bioclimático bajo el cual tales formaciones pueden ser encontradas. Debido a que la composición de especies cambia gradualmente en el gradiente de elevación, ésta no necesariamente refleja una zonificación de unidades discretas [994]. Por lo tanto, el espacio que se identifica con un piso de vegetación puede ser caracterizado, *a posteriori*, por su composición florística, además de su dinámica y su heterogeneidad interna.

Los pisos de vegetación corresponden a unidades compuestas o complejos de comunidades vegetales [578, 970, 1588, 1622]. Los pisos de vegetación se delimitan en función de las comunidades zonales, por lo que las comunidades intrazonales y extrazonales se integran como parte de la heterogeneidad del complejo. Lo anterior implica el supuesto de que las comunidades sobre las que se define cada uno de los pisos de vegetación constituyen la respuesta de la vegetación al mesoclima plenamente expresado.

Debido a su connotación espacial, la definición de pisos de vegetación supone la construcción de un esquema de clasificación de unidades con sus respectivas áreas de distribución, es decir, la definición de una tipología de pisos de vegetación y su delimitación cartográfica. Por lo tanto, cada una de las fuentes de información y de los pasos metodológicos que se describen implica necesariamente una dimensión espacial concreta. Un punto de referencia fundamental, que integra aspectos espaciales, vegetacionales y climáticos es el límite altitudinal de la vegetación arbórea, el que constituye un hito espacial prácticamente a lo largo de todo territorio y a partir del cual se pueden identificar grandes unidades de vegetación a lo largo de un gradiente de elevación [773–775, 925, 994, 1562] (véase Capítulo 4).

La zonación de unidades de vegetación que se suceden en el gradiente altitudinal ha sido objeto de numerosos estudios en ambientes de montaña (véanse refs. 815, 994, 1560), donde globalmente se pueden distinguir pisos térmicos cuya elevación varía con la latitud [778]. En términos prácticos, la combinación de una zonación altitudinal de vegetación local y la variación del clima con la elevación permite identificar pisos de vegetación, tal como son aquí definidos. Chile es esencialmente una zona de montaña, lo que posibilita identificar pisos de vegetación prácticamente a lo largo de todo el territorio. Las variaciones en la vegetación a lo largo de otros gradientes espaciales, como latitud y posición topográfica, hacen necesario que diferentes pisos de vegetación se sucedan también en esos gradientes cuando todo el territorio es considerado. La confusión terminológica que esto podrá causar con la noción tradicional de piso de vegetación no impide su aplicación práctica, pero requiere que otros elementos, aparte de las relaciones entre vegetación y pisos térmicos a lo largo de un gradiente local de elevación, sean considerados para diferenciar pisos de vegetación. Es por esto que las relaciones entre clima y vegetación son consideradas de manera integral.

Los materiales para la construcción de un esquema de clasificación de pisos de vegetación son el mesoclima, la fisionomía de la vegetación y sus especies vegetales dominantes. El mesoclima es abordado mediante una clasificación bioclimática, mientras que la fisionomía de la vegetación y sus especies dominantes lo es a través de un análisis vegetacional que a su vez se integra con los componentes de mesoclima.

2.2. Clasificación bioclimática

La caracterización bioclimática se basó en una clasificación de macrobioclimas, bioclimas, pisos bioclimáticos y tipos de continentalidad elaborada según la propuesta de Rivas-Martínez [455, 1308, 1310–1312, 1316, 1317], que para estudios bioclimáticos y vegetacionales destaca por presentar una redefinición de varios conceptos bioclimáticos con un excelente sentido ecológico [146], de modo que ha sido ensayada con éxito en diferentes partes del mundo (*e.g.*, Argentina [383], Bolivia [999], Chile [52, 861, 863, 870, 873], España [303, 569, 1307, 1313, 1314], Estados Unidos [1052–1054, 1317], Italia [154, 166, 209, 1072], México [604, 883, 884, 1055], Perú [537], Portugal [923], República Dominicana [207, 208]). La propuesta considera de manera crítica algunos elementos de clasificaciones ya formuladas y ampliamente aceptadas (*e.g.*, Köppen [771], Thornthwaite [1549], Bagnouls y Gaussen [133]), e incorpora nuevos conceptos en la medida que proporcionan explicaciones adecuadas de los rasgos más importantes de la biosfera [1311]. La clasificación surge por aproximaciones empíricas sucesivas respecto a los valores de las variables e índices que la conceptualizan, de modo que, teóricamente, se ajusta a la variación que presentan tales variables e índices en el contexto global.

El esquema de clasificación de Rivas-Martínez establece un nivel jerárquico superior: macrobioclimas. Al interior de los macrobioclimas se pueden identificar, en un mismo nivel jerárquico, bioclimas y pisos bioclimáticos. Tipos de continentalidad se identifican independientemente del macrobioclima, aunque en algunos casos sus definiciones pueden ser redundantes con las de algunos bioclimas.

La clasificación fue aplicada sobre la base de la información disponible de superficies climáticas generadas por los autores [1158], supervisada con datos de estaciones meteorológicas de la Dirección General de Aguas (DGA), Dirección Meteorológica de Chile (DMC) y de la literatura [52, 448, 449, 510, 648, 723, 960, 1316, 1423], contabilizando un total de 1.043 registros de estaciones meteorológicas analizadas para Chile (Figura 1), de las cuales 435 solo tienen datos pluviométricos. La Tabla 1 muestra los datos de una selección de 140 estaciones meteorológicas con datos de temperatura y precipitación y con un mínimo de ocho años de observación para ambas variables. Cada una de las estaciones meteorológicas de la Tabla 1 se ilustró a través de un diagrama ombrotérmico, elaborado con los recursos proporcionados por el paquete de R [1224] "climatol" [617], de acuerdo con Walter y Lieth [1658]. La Figura 12 (página 66) muestra diagramas ombrotérmicos de estaciones presentadas en la Tabla 1.

2.2.1. Variables e índices bioclimáticos

Existe un gran número de variables e índices bioclimáticos propuestos en la literatura con potencial de uso en el estudio de las relaciones entre el clima y la vegetación (véanse refs. 572, 1311, 1570). Aquí se utilizan solamente los más relevantes para hacer operativa la clasificación de Rivas-Martínez [1311]. Por un lado, se mantiene el sistema de clasificación bioclimática en un nivel de complejidad que no requiere conocimientos especializados para su comprensión. Por otra parte se utilizaron variables e índices que pueden ser calculados utilizando superficies climáticas con valores mensuales de precipitación y temperatura (véase Sección 2.5, página 46). Se consideraron las siguientes variables e índices:

T	Temperatura media anual (°C)
M	Temperatura media máxima del mes más frío del año (°C)
m	Temperatura media mínima del mes más frío del año (°C)
Tmax	Temperatura media del mes más cálido del año (°C)
Tmin	Temperatura media del mes más frío del año (°C)
P	Precipitación anual (mm)
Tp	Temperatura positiva anual: Suma de la temperatura media de los meses cuya temperatura media es mayor a 0°C (10×°C)
Tps	Temperatura positiva del trimestre más cálido del año
Pp	Precipitación positiva anual: Suma de las precipitaciones de los meses cuya temperatura media es mayor a 0°C (mm)
EP	Evapotranspiración potencial, de acuerdo con la fórmula de Thornthwaite [1549] (mm)
Ic	Índice de continentalidad: Tmax – Tmin
Io	Índice ombrotérmico: 10×(Pp/Tp)
Ios_2	Índice ombrotérmico del bimestre más cálido del verano
It	Índice de termicidad: 10×(T + M + m) o 10×(T + (2×Tmin))
Itc	Índice de termicidad compensado: It + C, si Ic<8, C=10×(Ic – 8.0), si 18⩾Ic⩾8, C=0

La temperatura positiva (Tp) se utiliza en bioclimatología debido a la correlación general que presenta la temperatura acumulada con las fases fenológicas de los organismos.

El índice de continentalidad (Ic) está definido por la amplitud térmica anual, es decir, la diferencia entre la temperatura media del mes más frío del año (Tmin) y la temperatura media del mes más cálido del año (Tmax).

La evapotranspiración potencial (EP) puede ser contrastada con las precipitaciones para evaluar el balance hídrico (P - EP). Este cálculo puede ser efectuado sobre la base de promedios mensuales como de las medias anuales.

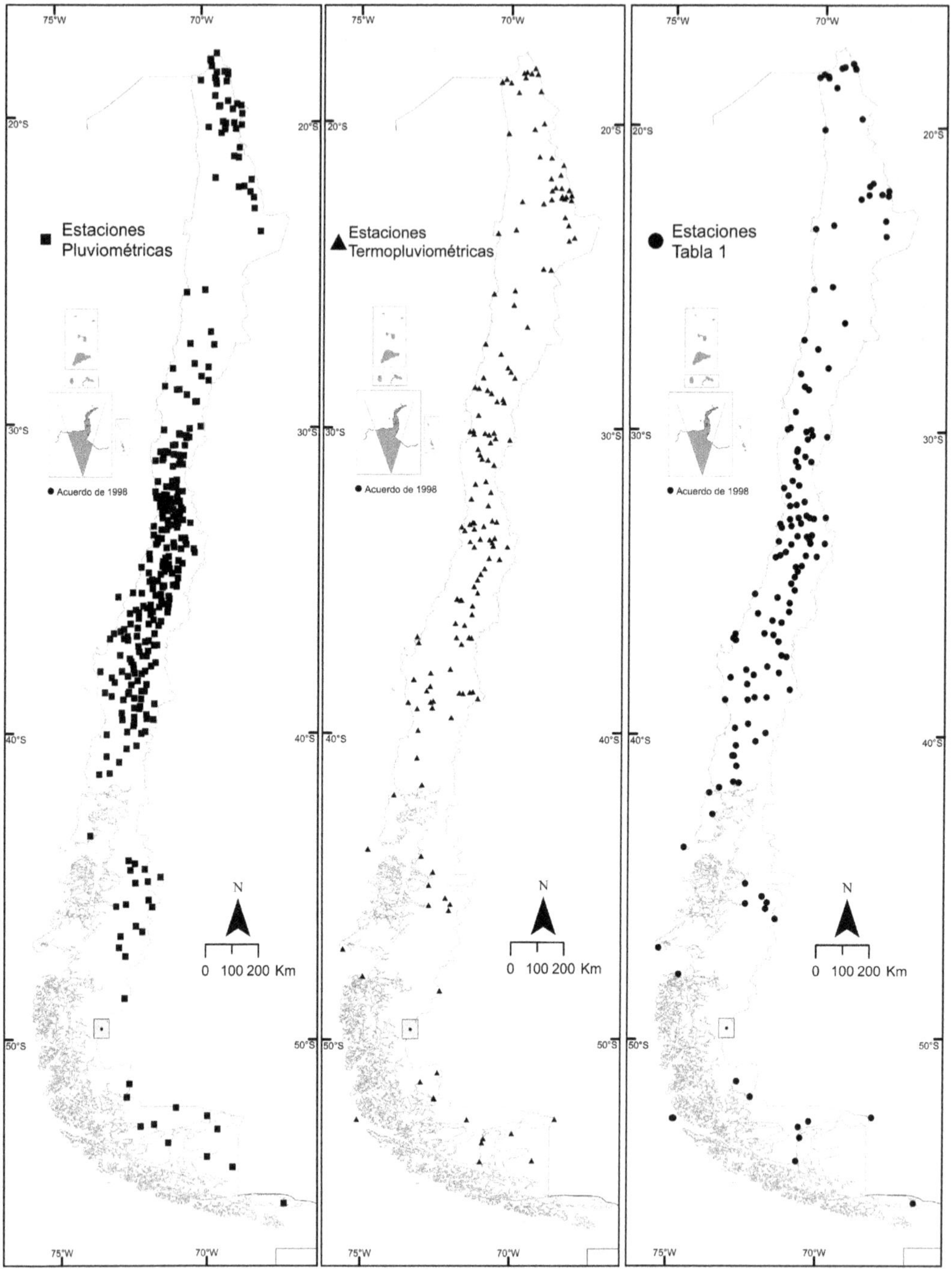

Figura 1: Ubicación de las estaciones meteorológicas consideradas en este trabajo.

Tabla 1: Variables e índices bioclimáticos de una selección de estaciones meteorológicas chilena

n (LS, LO, Alt.)	T	M	m	Tmin	Tmax	P	Tp	Tps	Pp	EP	Ic	Io	Ios2	It
a (18°03', 69°12', 4.400)	3,7	·	·	0,6	5,6	427	441	168	427	493	5,0	9,68	18,25	49
(18°10', 69°29', 4.050)	4,1	·	·	1,9	5,5	227	495	158	227	515	3,6	4,59	12,58	79
ota (18°12', 69°08', 4.390)	1,56	-0,04	-6,0	-3,0	4,1	321	239	118	384	425	7,1	16,07	28,89	-45
18°12', 69°35', 3.530)	9,2	·	·	7,5	9,8	162	1.099	288	161	580	2,3	1,47	4,99	242
rá Ajata (18°14', 69°07', 4.570)	4,1	·	·	0,7	5,8	379	489	176	378	498	5,1	7,74	15,72	55
18°24', 70°10', 290)	19,2	·	·	16,3	23,2	0	2.300	682	0	873	6,9	0,00	0,00	518
18°29', 70°19', 100)	18,8	19,1	13,2	15,8	22,3	0	2.257	657	0	853	6,5	0,00	0,00	511
omo El Buitre (18°30', 70°19', 30)	19,4	·	·	15,7	23,4	0	2.328	692	0	889	7,7	0,00	0,01	508
(18°31', 70°01', 250)	18,5	·	·	14,8	22,3	0	2.218	660	0	842	7,5	0,00	0,00	481
(18°50', 69°45', 1.800)	15,6	·	·	14,5	16,8	10	1.872	499	10	721	2,3	0,05	0,19	446
Lirima (19°51', 68°54', 3.940)	3,2	·	·	-0,2	6,3	115	383	170	114	463	6,5	2,99	5,88	28
(20°10', 70°05', 5)	17,9	17,5	12,5	15,4	20,9	2	2.152	615	2	811	5,5	0,01	0	479
l 2 (21°57', 68°31', 3.318)	10,4	·	·	8,0	12,1	32	1.247	358	31	602	4,1	0,26	0,56	264
Embalse (22°03', 68°38', 3.010)	10,2	·	·	6,8	13,2	19	1.220	386	19	598	6,4	0,16	0,30	238
(22°12', 67°59', 4.096)	4,1	·	·	0,7	6,9	135	494	202	134	487	6,2	2,72	5,44	55
a (22°19', 68°13', 3.260)	10,6	·	·	8,6	12,2	53	1.273	363	52	605	3,6	0,41	1,19	278
hiu (22°20', 68°39', 2.524)	12,1	·	·	9,6	13,4	6	1.456	402	5	636	3,8	0,04	0,07	313
o (22°22', 68°00', 4.320)	2,8	·	·	0,7	5,1	144	337	156	135	434	4,4	4,03	8,02	42
(22°28', 68°55', 2.260)	13,5	·	·	11,0	15,2	3	1.618	455	2	667	4,2	0,02	0,01	355
o (23°11', 68°05', 2.430)	14,6	·	·	8,3	19,4	31	1.755	561	31	710	11,1	0,18	0,33	312
ano (23°19', 69°50', 1.032)	15,8	·	·	12,4	18,2	3	1.899	543	2	732	5,8	0,01	0,00	406
gasta (23°26', 70°26', 137)	16,5	17,1	10,5	13,3	20,4	7	1.986	599	7	760	7,1	0,04	0,00	441
23°41', 68°04', 2.480)	16,3	·	·	11,0	20,2	16	1.959	596	16	760	9,2	0,08	0,21	383
o (25°19', 69°52', 1.850)	15,8	23,5	5,5	11,8	19,2	12	1.896	565	12	738	7,4	0,06	0,00	448
(25°25', 70°34', 39)	17,7	17,3	11,2	13,4	21,8	25	2.119	630	24	803	8,4	0,12	0,00	462
los (26°30', 69°27', 2.850)	11,2	12,9	4,9	8,0	13,7	63	1.348	408	63	619	5,7	0,47	0,15	290
(27°03', 70°51', 14)	16,1	16,7	9,9	12,9	19,9	29	1.933	582	29	744	7,0	0,15	0,00	427
ó (27°21', 70°21', 380)	18,0	19,9	6,5	13,2	23,0	22	2.155	663	21	824	9,8	0,10	0,00	444
e Lautaro (27°58', 70°00', 1.110)	19,7	·	·	16,3	22,3	46	2.365	661	45	894	6,0	0,19	0,05	523
de Agua (28°09', 70°55', 250)	16,7	·	·	12,3	20,9	39	2.000	611	39	773	8,6	0,20	0,00	413
r (28°34', 70°47', 470)	14,9	19,2	5,0	11,1	19,0	75	1.782	551	75	712	7,9	0,42	0,00	391
uana (28°40', 70°39', 560)	17,7	·	·	14,2	21,1	55	2.125	622	55	806	6,9	0,26	0,00	461
iche (29°23', 71°05', 460)	16,0	·	·	12,6	19,5	37	1.914	572	37	741	6,9	0,20	0,00	412
na (29°54', 71°15', 169)	14,9	15,8	8,2	11,7	18,6	78	1.785	543	78	709	7,0	0,44	0,00	389
Tortuga (29°55', 71°22', 25)	14,7	·	·	12,0	17,9	108	1.764	524	108	701	5,9	0,61	0,02	387

ABLA 1: VARIABLES E ÍNDICES BIOCLIMÁTICOS DE UNA SELECCIÓN DE ESTACIONES METEOROLÓGICAS CHILENAS (C

tación (LS, LO, Alt.)	T	M	m	Tmin	Tmax	P	Tp	Tps	Pp	EP	Ic	Io	Ios2
vadavia (29°58', 70°34', 850)	17,8	·	·	13,9	20,9	90	2.133	620	90	808	7,0	0,42	0,02
cuña (30°02', 70°44', 650)	16,4	20,0	3,9	12,4	20,3	92	1.967	596	92	761	7,9	0,47	0,00
Ortiga (30°09', 70°31', 1.560)	16,5	·	·	11,5	20,1	139	1.975	597	139	765	8,6	0,70	0,03
nbalse La Laguna (30°12', 70°02', 3.100)	8,0	·	·	1,5	14,0	142	963	406	141	547	12,5	1,47	0,15
ırtado (30°17', 70°41', 1.200)	16,2	·	·	11,8	19,7	145	1.945	584	144	754	7,9	0,74	0,04
alle (30°37', 71°01', 220)	16,6	18,2	6,3	12,3	20,9	126	1.987	612	125	770	8,6	0,63	0,04
nbalse La Paloma (30°41', 71°02', 430)	17,0	·	·	12,2	21,3	115	2.044	630	115	790	9,1	0,56	0,00
arén (30°51', 70°46', 740)	18,0	·	·	12,9	22,1	174	2.163	655	174	831	9,2	0,80	0,00
nbalse Cogotí (31°00', 71°05', 650)	17,3	·	·	12,5	21,3	164	2.079	632	163	799	8,8	0,79	0,00
s Ramadas (31°01', 70°34', 1.350)	16,2	·	·	11,2	20,3	302	1.949	597	302	759	9,1	1,55	0,03
mbarbalá (31°11', 71°00', 904)	16,8	19,4	5,0	12,1	21,7	209	2.010	634	209	784	9,5	1,04	0,02
apel DGA (31°38', 71°11', 290)	16,0	·	·	11,2	20,2	170	1.920	598	169	752	9,0	0,88	0,00
lamanca (31°47', 70°58', 500)	14,4	18,1	3,7	9,4	19,3	231	1.724	566	231	706	9,9	1,34	0,02
s Vilos (31°52', 71°28', 30)	13,9	14,6	7,6	11,1	17,0	209	1.667	500	209	681	5,9	1,25	0,00
Tranquila (31°54', 70°40', 975)	16,6	·	·	12,1	20,4	262	1.995	604	261	770	8,3	1,31	0,02
s Cóndores (32°07', 71°19', 260)	15,5	·	·	11,6	19,1	236	1.860	562	236	733	7,5	1,27	0,00
icahue (32°19', 70°47', 885)	8,6	8,8	-3,2	2,8	13,6	324	1.029	388	323	568	10,8	3,15	0,00
bildo (32°25', 71°03', 117)	14,7	·	·	9,6	19,3	176	1.760	566	176	718	9,7	1,00	0,00
Ligua (32°27', 71°16', 58)	14,4	16,5	4,5	10,5	18,5	342	1.733	530	341	697	8,0	1,97	0,17
n Felipe (32°46', 70°43', 650)	14,7	·	·	8,5	20,9	227	1.767	612	227	733	12,5	1,29	0,02
isto Redentor (32°50', 70°04', 3.850)	-1,4	-4,2	-9,5	-6,9	3,8	902	123	99	11	303	10,7	0,9	0,19
ay-Llay (32°50', 70°59', 385)	14,5	·	·	8,7	19,7	316	1.733	575	316	718	11,0	1,83	0,01
s Andes (32°50', 70°37', 816)	15,2	16,3	2,8	8,6	21,9	305	1.829	639	305	754	13,3	1,67	0,19
lcuya (32°52', 70°28', 1.100)	15,2	·	·	9,6	20,9	354	1.825	609	354	740	11,3	1,94	0,02
illota (32°53', 71°16', 435)	14,3	16,7	5,3	10,2	18,5	435	1.715	543	435	703	8,3	2,54	0,25
nbalse Rungue (33°01', 70°54', 750)	14,9	·	·	8,3	21,3	363	1.792	624	363	739	13,0	2,03	0,00
lparaíso (33°02', 71°38', 41)	14,4	15,5	8,2	11,4	17,8	351	1.733	524	351	700	6,4	2,03	0,03
nbalse Lliu-Lliu (33°06', 71°13', 300)	15,2	·	·	10,4	19,3	499	1.829	575	499	732	8,9	2,73	0,00
go Peñuelas (33°09', 71°32', 360)	13,5	·	·	9,4	17,1	656	1.614	502	656	677	7,7	4,07	0,01
rro Calán (33°24', 70°32', 900)	16,2	·	·	10,1	22,2	406	1.944	649	406	779	12,1	2,09	0,01
s Panguiles (33°26', 71°01', 250)	15,4	·	·	9,5	20,4	322	1.852	603	322	746	10,9	1,74	0,00
ntiago (33°27', 70°42', 520)	14,2	14,5	3,2	7,9	20,7	335	1.703	601	335	716	12,8	1,97	0,07
Platina (33°33', 70°37', 625)	15,2	14,5	2,5	7,9	22,5	315	1.826	644	315	756	14,6	1,73	0,00
nto Domingo (33°36', 71°38', 71)	12,5	14,6	5,4	8,9	15,9	470	1.493	467	470	652	7,0	3,15	0,04
rque (33°40', 70°35', 670)	13,9	·	·	8,3	19,6	432	1.679	572	432	704	11,3	2,58	0,02

1: VARIABLES E ÍNDICES BIOCLIMÁTICOS DE UNA SELECCIÓN DE ESTACIONES METEOROLÓGICAS CHILENAS (CONT

n (LS, LO, Alt.)	T	M	m	Tmin	Tmax	P	Tp	Tps	Pp	EP	Ic	Io	Ios2	It
e El Yeso (33°41', 70°06', 2.475)	8,8	·	·	1,8	15,2	616	1.060	440	616	571	13,4	5,81	0,42	124
a (33°42', 71°13', 200)	14,8	·	·	9,7	19,1	353	1.773	564	353	719	9,4	2,00	0,01	341
ilo (33°57', 71°24', 157)	13,9	·	·	8,2	19,0	411	1.669	557	411	700	10,8	2,46	0,12	303
taro (34°03', 71°35', 265)	14,9	12,8	5,8	9,3	20,5	439	1.790	589	438	728	11,2	2,45	0,01	335
os (34°04', 70°44', 479)	13,3	·	·	7,1	19,8	527	1.597	577	527	689	12,7	3,30	0,20	275
ente (34°06', 70°22', 2.134)	9,6	8,6	0,4	4,1	15,5	1.073	1.149	441	1.073	591	11,4	9,34	1,16	186
o (34°07', 71°44', 304)	13,6	13,3	5,5	9,4	18,0	898	1.628	524	897	682	8,6	5,51	0,07	324
(34°24', 70°52', 319)	13,7	13,2	2,9	8,1	19,8	582	1.643	569	489	695	11,7	2,98	0,26	298
cente (34°26', 71°04', 215)	14,5	·	·	7,5	20,9	577	1.734	606	577	726	13,3	3,33	0,17	295
rnando (34°35', 71°00', 350)	13,4	12,2	3,7	7,4	19,9	792	1.607	576	792	691	12,5	4,93	0,38	293
to Viejo (34°46', 71°06', 245)	14,5	·	·	7,8	21,1	628	1.743	613	628	728	13,3	3,61	0,01	301
(34°59', 71°13', 211)	14,3	13,2	3,6	7,9	21,3	738	1.718	617	738	722	13,4	4,30	0,29	311
Grande (35°12', 71°06', 450)	12,6	·	·	7,0	18,3	1.012	1.512	534	1.012	666	11,3	6,70	0,05	266
ución (35°19', 72°25', 12)	14,1	14,6	6,0	10,3	18,2	898	1.685	527	897	693	7,9	5,33	0,48	347
35°26', 71°40', 97)	14,7	13,6	3,7	8,3	21,9	737	1.763	634	737	737	13,6	4,18	0,33	320
lo (35°37', 71°16', 400)	13,7	·	·	8,2	19,6	1.380	1.649	570	1.380	696	11,4	8,37	0,09	301
e Ancoa (35°54', 71°17', 410)	13,3	·	·	7,8	19,3	1.639	1.601	563	1.639	686	11,5	10,24	0,17	289
nes (35°57', 72°19', 177)	15,2	14,1	4,6	9,4	22,1	642	1.847	656	632	757	12,7	3,42	0,42	339
(36°11', 71°50', 160)	13,7	·	·	7,5	20,2	992	1.649	586	992	701	12,7	6,02	0,28	287
e Digua (36°15', 71°32', 380)	13,2	·	·	7,3	19,5	1.459	1.579	566	1.459	683	12,2	9,24	0,34	277
(36°36', 72°06', 144)	14,1	12,4	3,5	8,0	20,7	1.025	1.689	593	1.025	710	12,7	6,07	0,99	300
Tumbes (36°37', 73°06', 120)	12,1	13,0	6,7	9,5	15,1	908	1.456	442	908	641	5,6	6,24	0,76	318
e Coihueco (36°39', 71°48', 330)	13,3	·	·	7,7	19,6	1.490	1.597	557	1.490	684	11,9	9,33	0,58	287
iano (36°43', 73°07', 5)	12,7	12,2	6,3	9,3	16,6	1.107	1.525	483	1.106	658	7,3	7,26	1,17	312
ción (36°49', 73°03', 15)	13,1	13,3	5,0	9,1	18,0	1.294	1.570	521	1.294	672	8,9	8,24	1,08	314
n (36°52', 71°38', 710)	11,8		·	6,7	17,6	2.172	1.420	508	2.172	644	10,9	15,30	1,01	252
(37°19', 71°32', 740)	9,5	6,8	0,4	3,6	15,6	2.211	1.142	453	2.211	592	12,0	19,36	3,11	167
Laja (37°22', 71°22', 1.375)	6,8	3,0	-0,9	1,1	14,0	2.012	813	384	2.012	514	12,9	24,75	4,78	89
(37°41', 72°00', 225)	12,3	·	·	7,6	17,7	1.530	1.478	511	1.529	661	10,1	10,35	2,11	279
(37°47', 72°42', 77)	13,3	11,8	4,3	8,1	19,5	1.055	1.592	553	1.054	690	11,4	6,62	0,97	294
37°53', 71°37', 550)	11,5	9,5	3,2	6,0	17,0	3.306	1.384	494	3.306	644	11,0	23,89	5,50	242
lli (37°57', 72°27', 240)	12,5	15,0	-1,5	7,5	17,9	1.348	1.497	519	1.347	665	10,4	9,00	1,64	260
mo (38°02', 73°13', 30)	12,7	13,6	4,8	8,6	17,4	1.961	1.519	501	1.961	666	8,8	12,91	2,67	311
en (38°15', 72°40', 177)	12,2	11,6	4,1	7,4	18,0	1.208	1.468	517	1.208	660	10,6	8,23	1,54	279
may (38°26', 71°15', 900)	8,4	6,6	-2,8	1,5	15,5	1.851	1.005	431	1.851	570	14,0	18,42	3,01	178

ABLA 1: VARIABLES E ÍNDICES BIOCLIMÁTICOS DE UNA SELECCIÓN DE ESTACIONES METEOROLÓGICAS CHILENAS (CO

tación (LS, LO, Alt.)	T	M	m	Tmin	Tmax	P	Tp	Tps	Pp	EP	Ic	Io	Ios2
rillanca (38°41', 72°25', 200)	10,0	9,7	2,3	6,0	14,6	1.394	1.202	417	1.394	606	8,6	11,60	3,26
erquenco (38°41', 72°01', 510)	9,7	10,7	1,2	6,0	15,0	2.555	1.168	417	2.555	598	9,0	21,88	6,46
erto Saavedra (38°46', 73°24', 5)	12,3	12,7	6,5	9,6	15,7	1.182	1.479	452	1.182	649	6,1	8,00	2,50
muco (38°46', 72°39', 114)	12,0	12,0	4,1	7,6	17,2	1.191	1.445	497	1.191	653	9,6	8,24	2,11
ncoche (39°33', 72°38', 115)	12,5	11,8	3,3	7,6	18,4	2.139	1.502	504	2.138	667	10,8	14,24	3,97
ldivia (39°41', 73°04', 53)	11,9	11,0	4,7	7,7	17,0	2.540	1.427	487	2.540	649	9,3	17,80	4,13
nahue (39°51', 72°03', 230)	10,8	10,6	3,3	7,0	15,2	2.035	1.300	440	2.035	623	8,2	15,65	4,27
trono (40°07', 72°23', 150)	13,9	10,5	7,9	9,2	18,7	1.641	1.663	545	1.641	699	9,5	9,86	2,88
Unión (40°15', 73°02', 29)	11,6	10,8	3,6	7,2	16,5	1.267	1.379	471	1.267	640	9,3	9,19	2,57
mehue (40°35', 73°09', 73)	11,4	11,4	3,2	7,3	16,2	1.383	1.371	464	1.383	637	8,9	10,08	3,61
lolfo Matthei (40°35', 73°06', 70)	11,4	·	·	6,9	16,1	1.331	1.372	467	1.330	638	9,2	9,70	2,77
rranque (40°55', 73°01', 58)	10,9	10,0	3,0	6,5	15,6	1.542	1.310	455	1.542	625	9,1	11,77	5,31
Tepual (41°26', 73°07', 88)	10,7	10,5	4,1	7,3	14,6	2.021	1.283	419	2.021	618	7,3	15,75	6,83
erto Montt (41°28', 72°56', 110)	11,0	10,4	4,6	7,6	15,2	1.982	1.326	439	1.982	626	7,6	14,95	7,63
ullín (41°37', 73°35', 47)	10,9	11,1	4,0	7,6	14,8	1.890	1.309	429	1.890	623	7,2	14,43	5,87
nta Corona (41°47', 73°52', 56)	10,5	10,2	5,5	7,9	13,8	2.148	1.265	400	2.148	611	5,9	16,98	6,79
stro (42°29', 73°48', 24)	10,4	10,4	3,2	6,9	14,4	1.942	1.247	414	1.942	613	7,5	15,57	5,41
a de Guafo (43°34', 74°45', 140)	9,7	9,2	5,4	7,3	12,7	1.279	1.159	369	1.279	594	5,4	11,04	5,24
erto Cisnes (44°45', 72°42', 10)	9,2	·	·	4,4	14,1	3.488	1.099	405	3.487	595	9,7	31,74	12,55
lla Mañihuales (45°10', 72°09', 400)	9,2	·	·	3,9	14,5	1.565	1.103	410	1.564	596	10,6	14,19	4,01
lla Ortega (45°22', 71°59', 340)	7,2	·	·	1,7	12,0	896	860	340	896	553	10,3	10,42	2,79
erto Aysén (45°24', 72°42', 10)	9,0	7,2	2,2	4,5	14,1	2.941	1.085	404	2.941	594	9,6	27,11	14,89
yhaique (45°34', 72°02', 343)	8,6	·	·	2,5	14,2	837	1.032	404	837	584	11,7	8,11	2,31
lmaceda (45°54', 71°43', 520)	5,9	3,1	-5,6	-1,3	11,5	723	732	337	506	513	12,8	6,91	2,29
bo Raper (46°50', 75°35', 40)	8,5	8,0	3,7	5,9	11,3	2.033	1.019	327	2.033	573	5,4	19,95	14,17
a San Pedro (47°43', 74°55', 22)	8,2	7,9	3,2	5,5	11,2	4.486	982	326	4.486	576	5,7	45,68	34,06
rres del Paine (51°11', 72°58', 46)	7,4	·	·	1,5	12,6	722	891	359	721	567	11,1	8,10	4,94
erto Bories (51°42', 72°31', 22)	6,8	5,3	-2,8	1,4	12,1	304	814	344	304	554	10,7	3,73	2,18
angelistas (52°24', 75°06', 52)	6,4	5,9	2,5	4,4	8,8	2.569	770	258	2.569	543	4,4	33,36	26,17
nta Dungenss (52°24', 68°26', 5)	7,0	5,1	0,3	2,5	11,4	248	841	329	248	557	8,9	2,95	1,96
zy Harbour (52°30', 70°33', 90)	5,6	2,4	-3,5	-0,6	10,1	256	679	293	238	524	10,7	3,5	3,13
mpenaike (52°41', 70°54', 12)	6,5	3,7	-1,4	1,2	11,1	302	776	320	302	557	9,9	3,89	2,86
nta Arenas (53°02', 70°51', 33)	6,7	4,4	-0,3	2,5	11,7	400	805	325	400	563	9,2	4,97	2,78
bo San Isidro (53°47', 70°58', 20)	5,9	4,5	0,2	2,4	9,3	842	705	270	842	548	6,9	11,94	7,93
a Navarino (55°10', 67°03', 8)	6,0	4,8	-0,5	2,2	9,4	448	721	278	447	550	7,2	6,21	4,90

El índice ombrotérmico (Io) evalúa la disponibilidad hídrica anual, relacionando la precipitación y la temperatura acumulada de los meses con temperatura media mayor a 0°C. El Io también puede ser calculado para periodos mensuales, lo que es de especial utilidad para la identificación de bioclimas mediterráneos, donde es importante atender a la disponibilidad hídrica durante la estación cálida.

El índice de termicidad (It) es una medida de las restricciones térmicas del clima, definidas por la temperatura media anual y las temperaturas medias máximas y mínimas del mes más frío del año. Esto último es también un buen reflejo de la continentalidad en climas tropicales, pero en las zonas extratropicales muy oceánicas o muy continentales es necesario incluir valores de compensación, para lo que se utiliza el índice de termicidad compensado (Itc).

2.2.2. Macrobioclimas

La clasificación bioclimática de Rivas-Martínez define cinco macrobioclimas a escala mundial: tropical, mediterráneo, templado, [anti]boreal[1] y polar, basados en la magnitud y estacionalidad de las temperaturas y precipitaciones. Según Amigo y Ramírez [52], en Chile están presentes los cinco macrobioclimas.

La definición de clima mediterráneo es de importancia central en la bioclimatología chilena y resulta a menudo difícil de conceptualizar [315]. Di Castri y Hajek [315] consideraron como límite superior del clima mediterráneo el valor 7 del índice de aridez estival que relaciona la precipitación estival con la media de las temperaturas máximas del mes más cálido [397]. De acuerdo con Rivas-Martínez [1308, 1311], el clima mediterráneo se identifica por una fuerte estacionalidad del ombroclima y el termoclima, con precipitaciones invernales (el trimestre más frío del año es el de mayor precipitación) y sequía estival (el trimestre más cálido del año es el de menor precipitación), en que el periodo de aridez es de al menos dos meses consecutivos ($Ios_2<2$). Esta definición amplía el rango geográfico del bioclima mediterráneo en relación con su circunscripción tradicional tanto a escala global (*e.g.*, refs. 117, 224) como en el caso de Chile [872].

El macrobioclima tropical se caracteriza por un régimen térmico (corregido por altitud) cálido (se cumplen al menos dos de los valores calculados teóricamente a elevaciones inferiores a 200 m: $T \geqslant 21$, $M \geqslant 18$, $It \geqslant 470$) y una concentración de precipitaciones en el verano (el periodo cálido recibe más precipitación que el periodo frío). Rivas-Martínez [1311] identifica dentro del clima tropical la variante antitropical, en que las precipitaciones se concentran en invierno, cumpliéndose las restricciones térmicas antes mencionadas. La variante antitropical en Chile señala la transición hacia la zona de clima mediterráneo.

El macrobioclima templado se caracteriza por la ausencia de un periodo estival de déficit hídrico de al menos dos meses consecutivos, a diferencia del macrobioclima mediterráneo. En las zonas de contacto entre ambos macrobioclimas se presenta un área de transición, correspondiente a la variante submediterránea del clima templado [1311], que se identifica por un déficit hídrico estival leve, es decir, al menos un mes del verano con $P<2{,}8T$. La existencia de una zona de transición submediterránea también ha sido reconocida por otros autores que se han referido al tema [117, 224, 1189].

[1] La denominación boreal implica una connotación geográfica que no es apropiada para zonas situadas en el Hemisferio Sur. En concordancia con otros autores aquí se emplea el término antiboreal (*cf.* refs. 1299, 1316, 1571, 1572, véase ref. 1074, donde se critica el empleo del término antiboreal).

El macrobioclima antiboreal se caracteriza, según sea el valor de Ic, por un régimen térmico frío que lo diferencia del macrobioclima templado, de acuerdo con los siguientes valores calculados teóricamente a elevaciones inferiores a 200 m: Ic<11, T<6, Tmax<10, Tps<290; Ic 11-21, T<5.3, Tp<720; Ic 21-28, T<4.8, Tp<740; Ic 28-46, T<3.8, Tp<800; Ic>46, T<0, Tp<800.

Finalmente, el macrobioclima polar se define por un régimen térmico aún más frío que el antiboreal, donde Tp<380 es calculado teóricamente para elevaciones inferiores a 100 m. En el hemisferio austral se encuentra únicamente al sur de 56°S [1310].

2.2.3. Bioclimas

Los bioclimas se determinan, para cada macrobioclima, a partir de la combinación de los valores del índice ombrotérmico (Io) y del índice de continentalidad (Ic). Para los bioclimas los valores de los índices, según Rivas-Martínez [1311], son los siguientes (* indica bioclimas ausentes en Chile continental):

Bioclimas tropicales	Io
Pluvial*	>3,6[2]
Pluviestacional	>3,6[3]
Xérico	1,0–3,6
Desértico	0,2–1,0
Hiperdesértico	<0,2

Bioclimas mediterráneos	Io	Ic
Pluviestacional-oceánico	>2,0	<21
Pluviestacional-continental*	>2,0	>21
Xérico-oceánico	1,0–2,0	<21
Xérico-continental*	1,0–2,0	>21
Desértico-oceánico	0,2–1,0	<21
Desértico-continental*	0,2–1,0	>21
Hiperdesértico	<0,2	

Bioclimas templados	Io	Ic
Hiperoceánico	>3,6	<11
Oceánico	>3,6	11–21
Continental*	>3,6	>21
Xérico	<3,6	

Bioclimas antiboreales	Io	Ic
Hiperoceánico	>3,6	<11
Oceánico*	>3,6	11–21
Subcontinental*	>3,6	21–28
Continental*	>3,6	28–46
Hipercontinental*		>46
Xérico*	<3,6	<46

[2]Índice ombrotérmico del bimestre más seco del año, $Iod_2 \geqslant 2{,}5$ o, si $Tp < 950$, sin tres meses consecutivos [d]el año $Pi < 10$ mm [1311].

[3]$Iod_2 < 2{,}5$ o, si $\geqslant 2{,}5$ y $Tp < 950$, al menos tres meses consecutivos [d]el año $Pi < 10$ mm [1311].

Bioclimas polares*	Io	Ic
Hiperoceánico*	>3,6	<11
Oceánico*	>3,6	11–21
Continental*	>3,6	>21
Xérico*	<3,6	
Pergélido*	0	

2.2.4. Pisos bioclimáticos

Los pisos bioclimáticos se definen para cada macrobioclima en función de ombrotipo (horizontes ómbricos) y termotipo (horizontes térmicos). Los ombrotipos se construyen sobre la base del índice ombrotérmico (Io), mientras que los termotipos se determinan a partir de los valores que asumen el índice de termicidad (It, Itc) y la temperatura positiva (Tp). Cada una de las categorías de ombrotipos y termotipos puede ser subdividida en dos subcategorías, inferior y superior, con rangos equivalentes de variación de los índices. Los valores del índice ombrotérmico para la definición de los ombrotipos, según Rivas-Martínez [1311], son los siguientes:

Ombrotipos	Io
Ultrahiperárido inferior	< 0.1
Ultrahiperárido superior	0.1–0.2
Hiperárido inferior	0.2–0.3
Hiperárido superior	0.3–0.4
Árido inferior	0.4–0.7
Árido superior	0.7–1.0
Semiárido inferior	1.0–1.5
Semiárido superior	1.5–2.0
Seco inferior	2.0–2.8
Seco superior	2.8–3.6
Subhúmedo inferior	3.6–4.8
Subhúmedo superior	4.8–6.0
Húmedo inferior	6.0–9.0
Húmedo superior	9.0–12.0
Hiperhúmedo inferior	12.0–18.0
Hiperhúmedo superior	18.0–24.0
Ultrahiperhúmedo	> 24.0

Los termotipos se definen independientemente para cada macrobioclima. Los valores de los índices de termicidad (It), de termicidad compensado (Itc) y de continentalidad (Ic) para la definición de los termotipos, según Rivas-Martínez [1311], son los siguientes (* indica termotipos ausentes en Chile continental):

Termotipos tropicales	It	Tp
Infratropical inferior*	> 800	> 3200
Infratropical superior*	710–800	2900–3200
Termotropical inferior*	600–710	2600–2900
Termotropical superior	490–600	2300–2600
Mesotropical inferior	405–490	2000–2300
Mesotropical superior	320–405	1700–2000
Supratropical inferior	240–320	1325–1700
Supratropical superior	160–240	950–1325
Orotropical inferior	(120)–160	700–950
Orotropical superior	-	450–700
Criorotropical inferior	-	100–450
Criorotropical superior	-	1–100
Gélido	-	0

Termotipos mediterráneos	Itc	Tp
Inframediterráneo inferior*	515–580	> 2600
Inframediterráneo superior	450–515	2400–2600
Termomediterráneo inferior	400–450	2250–2400
Termomediterráneo superior	350–400	2100–2250
Mesomediterráneo inferior	285–350	1800–2100
Mesomediterráneo superior	220–285	1500–1800
Supramediterráneo inferior	150–220	1200–1500
Supramediterráneo superior	(120)–150	900–1200
Oromediterráneo inferior	-	675–900
Oromediterráneo superior	-	450–675
Crioromediterráneo inferior	-	100–450
Crioromediterráneo superior	-	1–100
Gélido	-	0

Termotipos templados	Itc	Tp
Infratemplado*	> 410	> 2351
Termotemplado inferior*	350–410	2176–2350
Termotemplado superior	290–350	2000–2175
Mesotemplado inferior	240–290	1700–2000
Mesotemplado superior	190–240	1400–1700
Supratemplado inferior	(120)–190	1100–1400
Supratemplado superior	-	800–1100
Orotemplado inferior	-	590–800
Orotemplado superior	-	380–590
Criorotemplado inferior	-	100–380
Criorotemplado superior	-	1–100
Gélido	-	0

TERMOTIPOS ANTIBOREALES	Itc	Tp
Termoboreal inferior	<120	(740)–(800)
Termoboreal superior	<120	680–(740)
Mesoboreal inferior	<120	630–680
Mesoboreal superior	<120	580–630
Supraboreal inferior	<120	530–580
Supraboreal superior	<120	480–530
Oroboreal inferior	<120	430–480
Oroboreal superior	<120	380–430
Crioroboreal inferior	<120	280–380
Crioroboreal medio	<120	100–280
Crioroboreal superior	<120	1–100
Gélido	-	0

TERMOTIPOS POLARES*	Itc	Tp
Termopolar inferior*	<120	330–380
Termopolar superior*	<120	280–330
Mesopolar inferior*	<120	190–280
Mesopolar superior*	<120	100–190
Suprapolar inferior*	<120	50–100
Suprapolar superior*	<120	1–50
Gélido*	-	0

La notable carencia de datos meteorológicos confiables para localidades de altitud lleva a una difícil estimación de la distribución geográfica de los termotipos, que por lo general se presentan en sucesión altitudinal debido a la variación de la temperatura con la altitud [151, 183, 772, 774, 778, 1311, 1318, 1522]. Este problema se extiende a todo Chile y constituye una seria limitación para el progreso de la bioclimatología. La utilización de la constante de enfriamiento adiabático (*e.g.*, ref. 226) permite interpolar y extrapolar la distribución altitudinal de las temperaturas y los termotipos y establecer el rango en que se distribuyen los pisos bioclimáticos. El caso de las precipitaciones y consecuentemente los ombrotipos, es más complejo porque no se observan patrones claros, aunque se sabe que en las laderas de las vertientes occidentales de las cordilleras de los Andes y de la Costa la precipitación aumenta con la elevación. Para superar estos problemas es que también se ha recurrido a la utilización de superficies climáticas. Sin embargo, la calidad de las superficies climáticas está también condicionada a la disponibilidad de datos de estaciones meteorológicas. Una mayor densidad de estaciones meteorológicas posibilita interpolaciones con menor error y por lo tanto superficies climáticas más confiables. Debido a que la densidad de estaciones meteorológicas con datos pluviométricos en Chile es mayor que la de estaciones con datos térmicos (Figura 1), la confiabilidad de las superficies climáticas para variables pluviométricas es mayor [1158].

2.2.5. TIPOS DE CONTINENTALIDAD

Los tipos de continentalidad se definen sobre la base del índice de continentalidad (Ic), en forma independiente del macrobioclima, de acuerdo con los siguientes valores, según Rivas-Martínez [1311] (* indica tipos de continentalidad ausentes en Chile):

Tipos de Continentalidad	Ic
Hiperoceánico	0–11
Ultrahiperoceánico*	0–4
Euhiperoceánico	4–8
Subhiperoceánico	8–11
Oceánico	11–21
Semihiperoceánico	11–14
Euoceánico*	14–17
Semicontinental*	18–21
Continental*	21–66
Subcontinental*	21–28
Eucontinental*	28–46
Hipercontinental*	46–66

2.3. Análisis vegetacional

2.3.1. Vegetación zonal

Para identificar las formaciones vegetales de Chile se utilizaron como referencia trabajos generales sobre vegetación de Chile continental [199, 213, 278, 313, 326, 347, 355–357, 380, 381, 423, 499, 506, 508, 517, 521, 522, 580, 603, 608, 663, 672, 693, 696, 712, 713, 747, 754, 763, 807, 871, 882, 995, 1008, 1009, 1014, 1039, 1040, 1083, 1107, 1115, 1117–1119, 1132, 1136, 1140–1142, 1156, 1190, 1200–1202, 1288, 1315, 1354, 1357, 1442, 1471–1473, 1477, 1478, 1485, 1517, 1528, 1530, 1535, 1563, 1564, 1596, 1602, 1608, 1637, 1644, 1678, 1691] y áreas adyacentes de Argentina [1, 45, 193–196, 198, 405, 408, 432, 434–436, 542, 597, 664, 666, 715, 827, 904, 905, 918, 919, 965, 969, 1330, 1331, 1335, 1364, 1365, 1370, 1459, 1493, 1494, 1527], Bolivia [680, 834, 996–1000, 1045, 1369, 1559] y Perú [65, 222, 320, 528–530, 532, 533, 535, 536, 766, 785, 950–953, 1015, 1021, 1297, 1663]. Las formaciones vegetales se definen sobre la base de la fisionomía de las especies dominantes, tomando como referencia la pauta propuesta por Ellenberg y Mueller-Dombois [395] y considerando solo las formaciones vegetales zonales.

Dentro de cada formación vegetal definida se estableció la correspondencia con los pisos bioclimáticos sobre la base de una revisión intensiva de la literatura vegetacional (véanse refs. 51, 522, 869, 873, 896, 897, 1229–1232, además de la bibliografía en página 281). Para ello se examinó la distribución geográfica de los pisos bioclimáticos y de las formaciones vegetales en función de su ubicación geográfica general (*i.e.* latitud y grandes unidades morfológicas del territorio: vertiente occidental de la cordillera de la Costa, vertiente oriental de la cordillera de la Costa, depresión intermedia, cordillera de los Andes) y rango altitudinal, lo que permitió identificar la variación bioclimática de las formaciones vegetales. En concordancia con la literatura analizada, se identificaron las especies dominantes que pueden ser asociadas a cada formación vegetal y piso bioclimático. El resultado de este análisis permitió obtener una lista preliminar de pisos de vegetación.

Debido a que la definición de pisos de vegetación implica una posición determinada a lo largo de un gradiente de elevación, fue necesario identificar pisos diferentes en cada una de las grandes formaciones geomorfológicas (cordillera de la Costa y cordillera de los Andes) cuando estas se presentan a una misma latitud. Esta distinción genera una mayor diversidad de pisos de vegetación cuando los datos observacionales disponibles indican que la fisionomía de la vegetación zonal, las especies dominantes y el piso bioclimático asociado son los mismos a lo largo de gradientes de elevación distintos, *i.e.*, las vertientes occidental y oriental de la cordillera de la Costa y de los Andes. En tales casos los pisos de vegetación ubicados en la parte más baja de la depresión intermedia son a su vez el piso basal de los gradientes de elevación de la vertiente oriental de la cordillera de la Costa y de la vertiente occidental de la cordillera de los Andes. Análogamente, los pisos de vegetación que se encuentran en las partes más altas de las cordilleras son al mismo tiempo el piso superior a lo largo de los gradientes de elevación de ambas vertientes. Adicionalmente, esta distinción permite implicar indirectamente las diferencias florísticas que han sido observadas entre la vegetación de la cordillera de los Andes y la de la Costa (*e.g.*, refs. 838, 845, 1151, 1162, 1288), aunque tales diferencias han sido aún poco exploradas [548, 1489].

Debido a que la distribución geográfica de la vegetación no es explicada solo por los factores climáticos, en algunos casos no fue posible establecer una correspondencia unívoca entre formaciones vegetales, pisos bioclimáticos y especies dominantes. Esta situación puede expresarse de dos maneras:

1. *Una formación vegetal con especies dominantes específicas se distribuye en más de un piso bioclimático.* Ocurre cuando las características observadas del complejo vegetacional se mantienen en un espacio mesoclimáticamente variable. En este caso es posible identificar un piso de vegetación en más de un piso bioclimático, lo que puede ocurrir por dos razones: (i) no existe información suficiente para discriminar especies dominantes diferentes en cada uno de los pisos bioclimáticos, o bien (ii) la información es suficiente e indica que una formación vegetal con especies dominantes específicas se encuentra en más de un piso bioclimático. En ambas situaciones es posible extender la distribución de un piso de vegetación a más de un piso bioclimático.

2. *Dentro de un piso bioclimático es posible identificar más de una formación vegetal con especies dominantes específicas.* En este caso se recurrió a información bioclimática adicional, bioclimas y/o tipos de continentalidad que pudiese ayudar a discriminar la variación vegetacional en pisos de vegetación distintos. Esto es posible debido a que los tipos de continentalidad son jerárquicamente independientes de los bioclimas y de los pisos bioclimáticos, ya que los pisos bioclimáticos y los bioclimas se definen en forma paralela dentro de un mismo macrobioclima. En algunos casos la literatura permite incluso una diferenciación adicional sobre la base de los límites altitudinales de algunas formaciones vegetales con especies dominantes específicas que se distribuyen dentro de un mismo piso bioclimático, en relación con la diferenciación inferior/superior que es posible establecer para los termotipos y ombrotipos. Si la información bioclimática adicional no permite discriminar, ello se puede explicar por dos causas: (i) la información bioclimática disponible no tiene la resolución suficiente, en cuyo caso la heterogeneidad vegetacional es explícitamente asumida dentro de un mismo piso de vegetación, privilegiando la homogeneidad bioclimática en la definición de los pisos de vegetación o (ii) la segregación espacial de la vegetación es tan evidente que no puede ser explicada por problemas de resolución, pero el bioclima, tal como es abordado aquí, no explica o explica parcialmente la variabilidad vegetacional, en cuyo caso la definición de los pisos

de vegetación privilegia la homogeneidad vegetacional (dado que al cumplirse la homogeneidad mesoclimática se cumple con la definición de piso de vegetación), y se deben buscar otros factores explicativos para la distribución de la vegetación; en ambas situaciones cada caso es analizado y discutido en forma particular.

Una vez obtenida una delimitación cartográfica de pisos de vegetación los límites de las unidades fueron controlados con 2.157 registros puntuales de vegetación georreferenciados, previamente recopilados y digitalizados por los autores [874]. Los límites de los pisos de vegetación fueron corregidos en los casos en que la información vegetacional puntual no coincidió con las unidades definidas para ese punto. Las correcciones fueron efectuadas toda vez que los puntos y su información pueden ser asignados a ese lugar y las inconsistencias no pueden ser asociadas a errores en la georreferencia, ya sea por error en la fuente, en la transcripción, o en la precisión de la georreferencia (véase Sección 2.5, página 46). Tampoco fueron consideradas las inconsistencias derivadas de registros de inventarios de vegetación asignables a unidades intra o extrazonales, o a la heterogeneidad de los pisos de vegetación. En esta última situación la descripción de la heterogeneidad de un piso de vegetación pudo ser actualizada en algunos casos sobre la base de la información vegetacional asociada a los puntos georreferenciados.

Seis tipos de vegetación identificados en la primera edición [873] como unidades que no pueden ser representadas cartográficamente, se incluyen ahora como entidades cartográficas puntuales y se incorporan a la heterogeneidad de los pisos de vegetación donde estos puntos se encuentran. Ellos son (se indica la fuente de donde se obtuvo la información puntual): bosquetes de *Polylepis rugulosa* [753, 779, 863, 978, 1359] (queñoales), bosquetes de *Polylepis tarapacana* (queñoales de altura) [258, 268, 285, 863, 1303, 1631], bosques esclerofilos con presencia de *Jubaea chilensis* (palmares) [269, 474, 598, 672, 735, 795, 1363, 1441, 1690], bosques esclerofilos con presencia de *Austrocedrus chilensis* en la zona central de Chile [49, 819, 1436], bosques de *Prumnopitys andina* (lleuque) [57] y bosques laurifolios costeros de *Aextoxicon punctatum* (olivillo costero) [662, 1014, 1063, 1262, 1476, 1491, 1603].

Los pisos de vegetación se denominaron haciendo referencia a la fisionomía de la vegetación dominante, el macrobioclima, la ubicación geográfica general y una o dos especies vegetales dominantes, representativas y, en lo posible, diferenciales del piso de vegetación. Para las especies dominantes se sigue la propuesta de EcoVeg [433], donde un guion (-) denota especies de un mismo estrato, mientras que un *slash* (/) indica especies pertenencientes a estratos distintos. La denominación "interior" se emplea para las unidades ubicadas en la depresión intermedia de Chile.

Las descripciones de los pisos de vegetación incluyen las comunidades zonales que distintos autores han citado para el área correspondiente, sin pretender que las listas de comunidades que se entregan sean exhaustivas. En la mayoría de los casos se ha mantenido la nomenclatura utilizada por los autores con la cita bibliográfica respectiva. Luego se mencionan las unidades de vegetación intra y extrazonal (definidas en la Sección 2.3.2) identificadas para cada piso de vegetación. También se esboza la composición característica de especies de plantas vasculares de la vegetación zonal, en lo posible con referencia a la literatura donde es posible encontrar listados florísticos más detallados.

En cada piso de vegetación se ha incorporado una breve reseña de aspectos de la dinámica natural y antropogénica, abordando, en la medida de lo posible, los aspectos de la dinámica de sucesión [1095] y regeneración [1595], de acuerdo con la bibliografía disponible, que también es señalada de manera específica. La distribución geográfica y altitudinal es señalada junto con la posición bioclimática y la diagnosis correspondiente para cada piso de vegetación en función de la variación media del índice de termicidad (It, Itc), temperatura positiva (Tp) índice ombrotérmico (Io), índice de continentalidad (Ic), precipitación media anual en mm (P) y temperatura media anual en °C (T), obtenidos de las superficies climáticas [1158] y de las estaciones meteorológicas. De cualquier modo, toda la bibliografía utilizada en cada piso de vegetación es citada en un párrafo de referencias aparte.

2.3.2. Vegetación intra y extrazonal

La vegetación intrazonal y extrazonal fue caracterizada a partir de la revisión de 239 publicaciones especializadas. Para cada una de ellas se identificó la totalidad de las comunidades vegetales que poseen un carácter intra o extrazonal. Los nombres originales de las comunidades, indicados en cada trabajo, fueron registrados en una base de datos. En este mismo lugar se anotaron las localidades donde se han citado las diferentes comunidades vegetales y sus respectivas coordenadas geográficas, cuando este dato estuvo disponible. La mayoría de las referencias bibliográficas mencionan localidades identificables, pero sin indicar las coordenadas asociadas a ellas. En estos casos las coordenadas geográficas se obtuvieron desde fuentes secundarias [721, 1304] o del sitio web http://www.geonames.org/. Comunidades vegetales descritas en la literatura sin indicación de localidad exacta fueron igualmente registradas, pero no se les asignó coordenadas espaciales.

Como resultado de esta revisión se obtuvo una lista georreferenciada de las comunidades vegetales intra y extrazonales descritas para Chile, en la que se registra un total de 643 nombres de comunidades distintos. Esta lista de comunidades se comparó con las descripciones de los pisos de vegetación. De este modo, se determinó si las comunidades vegetales descritas tienen una expresión zonal en otra área donde los factores que determinan su carácter intra o extrazonal se expresan en el clima regional. Esto permitió identificar unidades extrazonales. La discriminación entre unidades intrazonales y extrazonales no es siempre clara (*e.g.*, bosques de *Nothofagus antarctica*, turberas), de modo que esta distinción puede contener grados de arbitrariedad. Las unidades de vegetación extrazonal se agruparon dentro de las mismas formaciones vegetales que los pisos de vegetación y su denominación incluye la fisionomía de la vegetación y una o dos especies dominantes.

Las comunidades vegetales restantes descritas en la literatura se consideraron parte de la vegetación intrazonal. Éstas fueron agrupadas en unidades de vegetación más amplias. Para esto se consideró la fisionomía de la vegetación, las especies dominantes y el factor o factores ambientales que determinan su carácter intrazonal. Para identificar grandes clases de vegetación se utilizó como guía la directiva de hábitats de la Unión Europea [311, 430, 968] y su aplicación a Sudamérica [310]. Las unidades que se identificaron dentro de estas grandes clases pretenden reflejar la variabilidad en la fisionomía y ecología de la vegetación, pero su asignación a estas grandes clases puede contener grados de arbitrariedad. Además, algunas unidades son aún demasiado amplias y la propuesta en este nivel carece de consistencia respecto a los criterios de clasificación. Para mejorar este último aspecto parece necesario poner mayor atención a la composición de especies, pero este paso no se materializó, ya que el nivel de conocimiento alcanzado es todavía insuficiente para ello. En consecuencia, el resultado que se presenta debe considerarse como provisional.

Para cada unidad de vegetación intrazonal y extrazonal se proporciona el nombre de las comunidades vegetales incluidas con sus respectivas referencias bibliográficas, su distribución geográfica general y su presencia en pisos de vegetación de acuerdo con la información espacial disponible. En algunos casos, especialmente las comunidades descritas por Gajardo [522], no hay indicación de localidad, pero sí una referencia geográfica general que permite su asignación a pisos de vegetación particulares. En otros casos esto no es posible, de manera que la información sobre distribución geográfica y presencia en pisos de vegetación es necesariamente incompleta.

2.4. Nomenclatura

La nomenclatura de especies, en general, está de acuerdo con el catálogo de la flora del Cono Sur de Zuloaga *et al.* [1699] y adiciones posteriores de Muñoz-Schick y Morales [990], excepto los siguientes casos: en Caricaceae se sigue a Carvalho [216]; para las especies de *Cynanchum* (Apocynaceae) se utilizan los nombres bajo *Diplolepis* propuestos en Hechem *et al.* [665]; para las especies nativas de *Gnaphalium* (Asteraceae) se utilizan los nombres bajo *Pseudognaphalium*, siguiendo a Anderberg [61]; en *Parastrephia* (Asteraceae) se sigue a Cabrera [197]; y los nombres y sinonimia de *Gaultheria* (Ericaceae) se utilizan siguiendo a Teillier y Escobar [1539]. Un registro de todos los nombres de plantas utilizados en este trabajo, con sus respectivas autoridades, se encuentra en la página 365.

2.5. Coberturas cartográficas y resolución espacial

Los aspectos cartográficos de la clasificación fueron manejados con Sistemas de Información Geográfica (SIG). La espacialización de unidades bioclimáticas se efectuó utilizando las superficies climáticas generadas por Pliscoff *et al.* [1158], que espacializan variables climáticas interpolando información puntual obtenida de estaciones meteorológicas. Estas superficies tienen una resolución espacial de 1 km^2 y se encuentran disponibles en https://www.unil.ch/ecospat/home/menuguid/ecospat-resources/data.html. La necesidad de utilizar superficies climáticas generadas por los autores en lugar de las ya disponibles y ampliamente usadas del proyecto WORLDCLIM [683] surge del resultado de un análisis que muestra que estas últimas presentan desviaciones considerables respecto de los datos de estaciones meteorológicas chilenas disponibles a los autores, especialmente en las variables térmicas [811, 1158]. Probablemente esto se debe, por un lado, a que la densidad de estaciones utilizadas en el proyecto WORLDCLIM es en general baja para Chile, y, por otro, a que la disponibilidad de datos de temperatura es menor que la de datos pluviométricos (Figura 1, página 32). En la construcción de estas superficies climáticas se ha considerado una mayor cantidad de estaciones meteorológicas que las del proyecto WORLDCLIM, haciendo uso del método de interpolación descrito en Hutchinson [716] e implementado en el programa Anusplin v.4.36 [717]. Las variables e índices bioclimáticos se calcularon haciendo uso de álgebra de mapas en el programa ArcGIS v.10.3 [421] y en el paquete de R [1224] RASTER [684].

Las formaciones vegetacionales definidas se espacializaron de acuerdo con una reclasificación de la cartografía de Gajardo [522], que fue originalmente elaborada a escala

1:500.000 [517]. Para la zona de los archipiélagos patagónicos se utilizó adicionalmente la cartografía de Pisano [1141], que tiene un mayor nivel de detalle en el área de las islas, aunque la escala del mapa es mucho menor (1:2.000.000–1:1.000.000). Para la realización de los procesos de análisis SIG entre estas coberturas se trabajó en formato *raster* con una unidad mínima de análisis de 1 km^2. La delimitación altitudinal definitiva de los pisos de vegetación se realizó sobre la base del modelo digital de elevación (MDE) SRTM [450] que tiene una resolución espacial de 0.0018 km^2. Con respecto al MDE utilizado en la edición anterior [1226], este tiene una mayor precisión, especialmente en la zona de los archipiélagos australes

La delimitación cartográfica de los pisos de vegetación definidos no establece distinciones entre áreas de vegetación natural y áreas reemplazadas de origen antrópico. La cartografía de vegetación natural actual o remanente se obtuvo mediante la superposición de la cartografía de pisos de vegetación y las áreas de uso urbano, agropecuario y plantaciones forestales que identifica el Catastro de los Recursos Vegetacionales Nativos de Chile [267], las superficies de plantaciones forestales obtenidas del mapa asociado al anuario forestal 2015 del INFOR [722] y las áreas de intervención de proyectos mineros al año 2014 proporcionadas por la División de Recursos Naturales y Biodiversidad del Ministerio de Medio Ambiente [812]. Las áreas reemplazadas, que fueron superpuestas en formato vectorial a la delimitación definitiva de pisos de vegetación, se obtuvieron de la versión actualizada de este catastro [267], que originalmente se elaboró a escala 1:50.000, excepto en las regiones de Tarapacá, Antofagasta, Atacama, Coquimbo (1:250.000) y Magallanes y Antártica Chilena (1:100.000 y 1:250.000).

Tanto el control de los límites de los pisos de vegetación (Sección 2.3.1) como la espacialización de unidades extrazonales e intrazonales (Sección 2.3.2) se realizó mediante el tratamiento cartográfico de información puntual. Las coordenadas geográficas fueron tomadas de la fuente. Si la fuente indica coordenadas, éstas fueron directamente transcritas a una base de datos. Si la fuente solo indica localidad, las coordenadas geográficas se obtuvieron de fuentes secundarias [721, 1304] o del sitio web http://www.geonames.org/, asignándose las coordenadas al nivel de minuto. Este método tiene la limitante de que ignora que en muchos casos la localidad indicada en la fuente es un punto de referencia que no necesariamente indica el lugar exacto de donde provienen los registros y por lo tanto tiene un error asociado [1679]. Todas las coordenadas fueron posteriormente transformadas a grados decimales para su procesamiento en SIG.

La cartografía de áreas bajo protección oficial se obtuvo del registo nacional de áreas protegidas de Chile (disponible a través de http://areasprotegidas.mma.gob.cl/). La cartografía de áreas protegidas privadas se obtuvo del proyecto GEF-PNUD "Creación de un Sistema Nacional Integral de Áreas Protegidas para Chile" [1013].

2.6. Análisis de representatividad de áreas protegidas

Se estimó el porcentaje de superficie protegida de cada uno de los pisos de vegetación definidos mediante la superposición de la cartografía de pisos de vegetación y los respectivos mapas de áreas protegidas creadas hasta el año 2015. Esto incluye las áreas del Sistema Nacional de Áreas Silvestres Protegidas del Estado (SNASPE), iniciativas de conservación privadas (ICP), Bienes Nacionales Protegidos (BNP) y Santuarios de la Naturaleza (SN) [1155].

La estimación del porcentaje de superficie protegida se efectuó considerando la superficie total de los pisos de vegetación así como la superficie remanente, a través de los siguientes cálculos alternativos efectuados para cada piso de vegetación:

$$\% \text{ de superficie protegida} = \frac{\textit{superficie total protegida}}{\textit{superficie total}} \tag{1}$$

$$\% \text{ de superficie protegida} = \frac{\textit{superficie remanente protegida}}{\textit{superficie total}} \tag{2}$$

$$\% \text{ de superficie protegida} = \frac{\textit{superficie remanente protegida}}{\textit{superficie remanente}} \tag{3}$$

La estimación más conservadora (que genera valores de superficie protegida más altos) estaría expresada en (1) donde se calcula el porcentaje respecto a superficies totales, *i.e.*, sin considerar las áreas que han sido reemplazadas. Sin embargo, los valores serían equivalentes en (3) si la superficie remanente protegida fuese proporcional a la superficie (total) remanente en las diferentes unidades, no obstante que en la medida que las áreas protegidas incluyen solamente o en gran parte áreas remanentes, los valores obtenidos de superficie protegida con base en (3) serían incluso más altos que los generados a partir de (1). El caso más dramático se reflejaría con el cálculo realizado con la fórmula (2), donde los valores de superficie protegida deben resultar notablemente más bajos debido a que considera la superficie protegida remanente respecto a la superficie total de cada piso de vegetación. Se considera que el mínimo aceptable de superficie protegida es el 17% de acuerdo con el plan estratégico para la diversidad biológica 2011–2020 y la meta N°11 de Aichi para la diversidad biológica [241].

2.7. Análisis del estado de conservación de la vegetación

La lista roja de ecosistemas desarrollada por la Unión Internacional de Conservación de la Naturaleza (UICN) busca establecer un estándar internacional para la evaluación del riesgo de colapso o grado de amenaza de los ecosistemas [1323, 1324]. El modelo de UICN se compone de cuatro grandes criterios para el análisis de síntomas de riesgo de que el ecosistema pierda sus rasgos característicos. De estos cuatro, dos se relacionan directamente con la distribución espacial del ecosistema. Estos son "reducción de la distribución" (criterio A) y "distribución restringida" (criterio B). Los otros dos criterios se relacionan con síntomas funcionales. Uno evalúa la degradación del ambiente abiótico (criterio C) y el otro la alteración de procesos e interacciones biológicas (criterio D). Además se cuenta con un quinto criterio (criterio E) relacionado con un modelo de estimaciones probabilísticas del riesgo de colapso [165, 750].

Las categorías de amenaza o riesgo aquí utilizadas para la clasificación son las mismas que las de la Lista Roja de Especies Amenazadas de UICN [725] adaptadas para ecosistemas [1324]: En Peligro Crítico (CR), En Peligro (EN) y Vulnerable (VU). Ecosistemas que casi cumplen con los criterios cuantitativos para las tres categorías de amenaza se clasifican como Casi Amenazado (NT). Ecosistemas que no cumplen con ninguno de los criterios cuantitativos se incluyen bajo la categoría Preocupación Menor (LC). Ecosistemas para los cuales no se cuenta con datos suficientes para aplicar los criterios son designados como con Datos Insuficientes (DD). Ecosistemas que no han sido evaluados, No Evaluado (NE). Por último se incluye la categoría de Ecosistema Colapsado (CO), equivalente a la categoría de especie extinta.

Aquí se utilizan los pisos de vegetación como unidades de análisis, que para efectos prácticos sustituyen a los ecosistemas y para los cuales se aplican los criterios de la UICN descritos a continuación. Siguiendo el principio precautorio, la categorización final del riesgo de colapso se obtiene, en cada caso particular, del resultado de la aplicación del criterio que arroje la mayor severidad [165, 1323]. Los umbrales cuantitativos para la aplicación de los criterios fueron tomados de Bland *et al.* [165].

Criterio A: Reducción en la distribución

Una reducción en la distribución gatilla distintos tipos de procesos; entre ellos disminuye su capacidad de carga, la diversidad de los nichos y las oportunidades para que exista una efectiva repartición de los recursos, lo cual aumenta los niveles de presión a la que están sometidas las especies, produciendo evasión de competidores, depredadores y patógenos. La disminución de la distribución lleva también a la pérdida paulatina de la diversidad biológica y la extinción de especies constituyentes. Bajo este criterio se definen tres periodos en los cuales evaluar la reducción en la distribución, que corresponden a subcriterios: (A1) disminución en el tiempo presente, que evalúa la reducción durante los últimos 50 años; (A2) reducción futura, durante los próximos 50 años (A2a) o a lo largo de cualquier periodo de 50 años que incluya el presente y el futuro (A2b); y (A3) disminución histórica, que se calcula desde 1750. En el presente trabajo se aplicaron los subcriterios (A2b) y (A3), utilizando la metodología presentada por Pliscoff [1153] para la definición de la cobertura histórica y la superficie remanente actual y reciente.

Criterio B: Distribución restringida

Este criterio busca identificar los ecosistemas cuya distribución se encuentra tan restringida que están en riesgo de colapso por la concurrencia de eventos o procesos amenazantes. Se subdivide en tres subcriterios: (B1) Extensión de la ocurrencia, definida a partir de un polígono convexo, análogo al cálculo que se realiza para especies; (B2) área de ocupación, la que se calcula contando el número de celdas ocupadas en una grilla; (B3) combinación del número de localidades y el riesgo del ecosistema a sufrir colapso. Los antecedentes disponibles permitirían aplicar el subcriterio (B2). Sin embargo, el área de ocupación de un ecosistema depende al nivel de percepción en que este se define, lo que puede generar estimaciones arbitrarias de amenaza. Además, los ecosistemas tienden a distribuirse independientemente de las fronteras entre países, de modo que no parece apropiado aplicarlo para un conjunto de unidades definidas dentro de un solo país.

Criterio C: Degradación ambiental

La degradación del medio abiótico puede tener una injerencia importante en la reducción y desaparición de ciertos nichos. En este sentido, la identificación de la degradación de componentes del hábitat constituye una medida indirecta del riesgo al que se encontrarían expuestos los otros componentes del sistema. No obstante, pueden existir ecosistemas con una capacidad de resiliencia mayor que otros, por lo cual la estandarización de las variables es un elemento fundamental en la construcción de un modelo genérico y robusto. En términos prácticos, la evaluación de este criterio debe considerar tanto el nivel de degradación como su extensión espacial. Por ejemplo, un ecosistema puede encontrarse severamente degradado en zonas muy acotadas de su distribución total o puede, en cambio, presentar una degradación leve pero en toda su distribución. Esto se conoce como severidad relativa. Los subcriterios se refieren a los mismos tres periodos que para el criterio A, en los que se evalúa la combinación de distintos umbrales de extensión y severidad relativa: (C1) últimos 50 años; (C2) próximos 50 años (C2a) o cualquier periodo de 50 años que incluya el presente y el futuro (C2b); (C3) desde 1750. Debido a las dificultades técnicas para su aplicación, este criterio no fue utilizado.

Criterio D: Alteración de procesos e interacciones bióticas

Las funciones que se desprenden de los procesos de interacción biótica son de vital importancia para el funcionamiento del sistema, como por ejemplo los ciclos de carbono, nitrógeno o la generación de oxígeno. La disrupción de dichas interacciones también generaría una degradación ecosistémica, la cual puede, al igual que el criterio anterior, expresarse en zonas acotadas de la distribución del ecosistema o en toda su extensión. Algunos ejemplos de esto son la fragmentación del hábitat, la introducción de especies exóticas y la explotación antropogénica. Los subcriterios se basan en los mismos tres periodos definidos para el criterio A, donde cada categoría se define por la combinación de distintos umbrales de extensión y severidad relativa: (D1) últimos 50 años; (D2) próximos 50 años (D2a) o cualquier periodo de 50 años que incluya el presente y el futuro (D2b); y (D3) desde 1750. Este criterio se podría aplicar mediante el empleo de un indicador de alteración de procesos e interacciones bióticas, por ejemplo, utilizando un modelo de condición de paisaje [266]. Para ello sería necesario mostrar que el indicador utilizado efectivamente se relaciona con la alteración de procesos o interacciones bióticas en un periodo de tiempo determinado [165]. Debido a que los autores no cuentan a la fecha con la información necesaria mostrar dicha relación al nivel nacional, este criterio tampoco fue utilizado.

Criterio E: Estimaciones cuantitativas del riesgo de colapso de los ecosistemas

Se fundamenta en modelos matemáticos predictivos de la probabilidad de degradación de un ecosistema. Para ser evaluado requiere de una amplia disponibilidad de datos cuantificables en el criterio D. La ventaja de este criterio es que permite explorar las interacciones y sinergias potenciales entre varios mecanismos de colapso. Su desventaja radica en la dificultad para construir la base de datos necesaria para su ejecución. El colapso ecosistémico se define como "el umbral teórico, más allá del cual un ecosistema ya no puede sostener la mayor parte de su biota nativa característica o la abundancia de biota que tiene un papel clave en la organización del ecosistema (*e.g.*, dominantes tróficos o estructurales, grupos funcionales únicos). El colapso ha ocurrido cuando la composición, estructura y función de un ecosistema se han desplazado fuera de su intervalo natural de variabilidad espacial y temporal. Algunos de los múltiples elementos previos al colapso pueden permanecer en un ecosistema ya colapsado, pero sus abundancias relativas pueden diferir y pueden organizarse e interaccionar en nuevas maneras, con un nuevo set de normas operativas. El colapso de ecosistemas puede verse como una analogía a la extinción de especies, que precede o al menos coincide con la eliminación de toda la biota característica [1323]. No se dispone de antecedentes para aplicar este criterio de manera uniforme en todas las unidades de vegetación.

2.8. Análisis de escenarios de cambio climático

El uso de modelos de vegetación dinámicos [1175] permite establecer la relación causal entre parámetros físicos (climáticos) y la presencia de una fisionomía de la vegetación particular. Una vez que esta relación es parametrizada es posible proyectar la vegetación tanto en el espacio como en el tiempo. A escala regional, en que un grano más pequeño permite identificar una mayor heterogeneidad espacial y ambiental, la cual es reflejada por la vegetación, se han utilizado técnicas que permiten establecer una correlación entre distintas variables climáticas y la presencia de la vegetación. Este último enfoque se conoce como modelos de envoltorio bioclimático [177], que derivan en un enfoque metodológico que se ha desarrollado con éxito a nivel de especies (modelos de nicho o modelos de distribución de especies, véase ref. 620). La correlación espacial entre las variables climáticas seleccionadas y la presencia de un tipo de vegetación en particular se puede transformar en una probabilidad de presencia mediante distintas técnicas estadísticas [620]. Esta probabilidad se proyecta en el espacio, generando un mapa de distribución, que se puede entender como la probabilidad potencial de presencia de un tipo de vegetación en el presente. Este mapa de distribución se puede proyectar temporalmente utilizando variables climáticas estableciendo así un mapa de distribución futura de la vegetación bajo distintos escenarios de cambio climático.

Para el análisis de la variación espacial potencial de las unidades de vegetación bajo escenarios de cambio climático se siguió la metodología de modelos de envoltorio bioclimático, que corresponde a la relación espacial entre variables bioclimáticas y unidades de vegetación zonal (*i.e.*, pisos de vegetación). Una vez establecida, esta relación se proyectó bajo escenarios de cambio climático, para generar una estimación de la variabilidad temporal de la distribución espacial de la vegetación.

Para el modelamiento se utilizaron cuatro variables bioclimáticas (P, T, Tmin, Tmax, véase página 31), ya que estas presentan una baja correlación entre ellas. Para relacionar la vegetación y las variables bioclimáticas descritas cada uno de los 125 pisos de vegetación fue transformado a formato *raster* (1 km^2), con el objeto de obtener una representación espacial común con las variables bioclimáticas seleccionadas. Una vez transformados se seleccionaron en forma aleatoria 1.000 pixeles dentro de cada piso de vegetación. En el caso de 18 pisos de vegetación (P2, P3, P4, P9, P10, P14, P28, P29, P30, P46, P57, P71, P74, P81, P83, P86, P110, P119) el número total de pixeles de la unidad fue menor a 1.000. En este caso se seleccionó la totalidad de los pixeles que definen esos pisos de vegetación.

Se utilizó la técnica de modelación de Máxima Entropía [1094], dentro del ambiente de modelación BIOMOD2 [1550]. El Método de Máxima Entropía (MaxEnt) permite realizar predicciones o inferencias a partir de información incompleta. MaxEnt estima la probabilidad de presencia de una entidad biológica maximizando la entropía de su valor bruto (no normalizado), lo que es equivalente a minimizar la entropía relativa en el espacio de variables predictoras [390]. Este procedimiento es especialmente apropiado para analizar datos de solo presencia, es decir, cuando la base de datos no presenta auténticas ausencias [389]. Para la ejecución de los modelos los datos de presencia de cada unidad de vegetación fueron divididos al azar en dos subconjuntos, un 70% de los cuales fue usado para el modelo de predicción y un 30% para la validación del modelo. Se utilizó la versión 3.3.3k con los parámetros definidos por defecto por el programa y un máximo de 1.000 iteraciones. Para evaluar el ajuste del modelo el programa calcula la curva ROC (Receiver Operating Characteristics) y el área bajo esta curva (AUC, por sus siglas en inglés), cuyos valores varían entre 0,5 (predicción al azar) y 1 (discriminación perfecta). El resultado del modelamiento es una superficie de valores de probabilidad de presencia de la entidad modelada, en este caso los pisos de vegetación. Con el propósito de obtener modelos binarios (presencia/ausencia) se utilizó un umbral de corte correspondiente a máxima sensitividad + especificidad [839]. Lo modelos binarios se utilizaron para calcular las superficies finales actuales de cada piso de vegetación.

Para la proyección futura de cada uno de los pisos de vegetación se seleccionó el Modelo de Circulación Global (MCG) HADGEM2-ES [746], con sus dos escenarios extremos de emisión de carbono (trayectorias de concentración representativas 2,6 y 8,5), para el periodo correspondiente a los años 2040–2070. A partir de este MCG los envoltorios climáticos actuales obtenidos para cada piso de vegetación fueron proyectados utilizando las mismas variables bioclimáticas ya selecionadas, obteniendo así las distribuciones potenciales futuras de cada uno de los 125 pisos de vegetación para ambos escenarios de cambio climático. También se determinó la dirección del cambio futuro para cada piso de vegetación. Para esto se determinaron los centroides de cada unidad vegetacional, tanto de la proyección actual como de la futura, utilizando programa ArcGIS v.10.3 [421]. La dirección de cambio se determinó basándose en la distancia euclidiana entre ambos centroides.

Capítulo 3
Sinopsis bioclimática

3.1. Patrones espaciales de variación climática

Numerosos estudios dan cuenta de la variación del clima de Chile y los factores que determinan dicha variación. De acuerdo con Romero [1342], los factores que determinan los patrones de distribución espacial del clima en Chile pueden ser agrupados en cuatro tipos: (i) factores atmosféricos, (ii) factores orográficos, (iii) factores oceanográficos y (iv) factores "cósmicos" o latitudinales. Estos factores actúan de manera combinada en la configuración de las condiciones climáticas del territorio [554, 558, 561, 567, 568, 1373, 1458] (Figura 2).

3.1.1. Régimen hídrico

La Figura 3 muestra el patrón general de variación latitudinal de la precipitación media anual en Chile. El extremo norte de Chile presenta montos de precipitación anual que varían entre *ca.* 0 y 600 mm. Los montos y la magnitud de la variación decrecen hacia el sur hasta el paralelo 25, a partir del que comienza a aumentar hasta alcanzar máximos de precipitación y dispersión hacia 47°S, donde empiezan nuevamente a descender.

La ubicación, intensidad y desplazamiento del Anticiclón del Pacífico es uno de los principales factores que determinan el gradiente latitudinal de precipitaciones [2, 554, 557, 558, 568, 655, 708, 928, 1178, 1188, 1670]. El Anticiclón del Pacífico es un sistema semipermanente de altas presiones centrado a *ca.* 27°S [2, 558, 563, 568, 928] que en la zona centro-norte de Chile limita la influencia del sistema frontal de vientos del oeste (*westerlies*), que es el causante directo de las precipitaciones invernales [764, 928]. El desplazamiento del Anticiclón del Pacífico hacia el sur durante el verano austral genera condiciones estacionales de aridez en Chile central, con precipitaciones concentradas en invierno. Durante este desplazamiento la influencia de los frentes tropicales produce lluvias estivales en la zona andina [764, 1300], las que se hacen cada vez más episódicas hacia el sur, producto de la misma posición latitudinal y del efecto de sombra de lluvias que ejerce la cordillera andina [59, 554, 567, 568, 655, 708]. Hacia el sur la influencia del Anticiclón del Pacífico se debilita, debido a su posición latitudinal, y el sistema de vientos del oeste provoca una mayor intensidad y regularidad de precipitaciones [1147] con una influencia máxima a 47°S. Al sur de esta latitud la disminución de la influencia del sistema de vientos del oeste, la disminución de la temperatura (asociada a una menor evaporación) y la mayor influencia anticiclónica desde la zona antártica, generan la disminución latitudinal de las precipitaciones [186, 401, 561].

La variación espacial de las precipitaciones en el extremo norte está asociada con la elevación, donde se observa una relación positiva exponencial entre precipitación anual

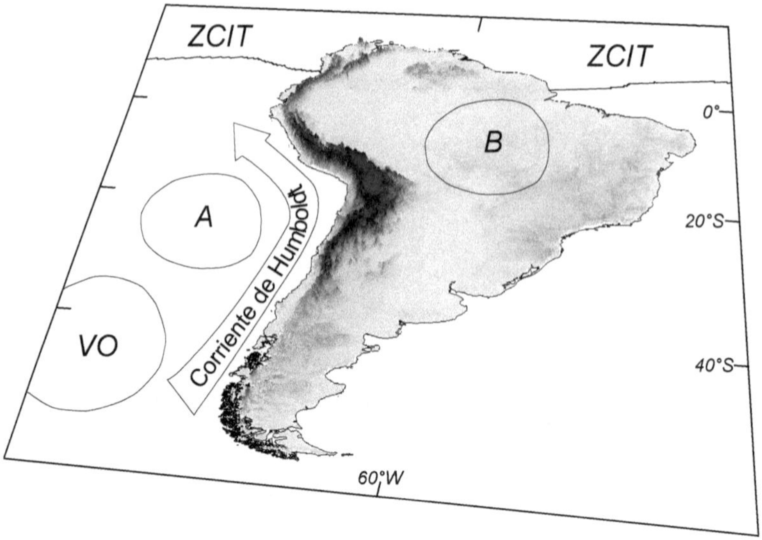

Figura 2: Esquema de los principales factores que influyen sobre la distribución de las condiciones climáticas de Chile. A = Anticiclón del Pacífico, B = Depresión amazónica, ZCIT = zona de convergencia intertropical (posición media aproximada durante el invierno austral), VO = Vientos del Oeste. El Anticiclón del Pacífico (A) se desplaza hacia el sur durante el verano del hemisferio sur producto del movimiento hacia el sur de la ZCIT, limitando estacionalmente la influencia del sistema de Vientos del Oeste (VO) en Chile central, al mismo tiempo que permite una mayor penetración de los sistemas de vientos tropicales de la depresión amazónica (B) que aportan precipitaciones estivales en el Altiplano. Tal influencia está limitada por el efecto de sombra de lluvias ejercido por la cordillera de los Andes (área gris oscura). Altas precipitaciones en la zona sur de Chile tienen un componente frontal (VO) y uno orográfico por la elevación de las masas de aire causada por la presencia de la cordillera de los Andes. Las vertientes orientales de la cordillera de la Costa y de los Andes reciben menos precipitación que las respectivas vertientes occidentales en Chile central y sur debido al efecto de sombra de lluvias de ambas cordilleras. La temperatura disminuye en altitud y latitud, pero en las zonas costeras las temperaturas medias son menores que en las interiores bajas producto de la influencia de la corriente fría de Humboldt, la que a su vez refuerza la aridez anticiclónica en el centro y, especialmente, en el norte de Chile.

y altitud [59, 708, 1300, 1422]. La precipitación anual también muestra un patrón de variación geográfica en sentido noreste-sudoeste: las localidades situadas más hacia el noreste presentan los mayores montos de precipitación estival, que progresivamente decrecen hacia el sudoeste [28, 29, 52, 114, 315, 507, 509, 510, 708, 710, 863, 1422]. La precipitación del Altiplano (*ca.* 4.000 m) durante el verano es esencialmente dependiente del transporte de humedad desde la vertiente oriental de los Andes [28, 59, 223, 552–554, 557, 558, 567, 1177, 1343, 1616, 1649].

La zona central de Chile se caracteriza por presentar una fuerte estacionalidad, con precipitaciones concentradas durante el periodo invernal, que se alternan con un periodo de aridez estival cuya duración e intensidad disminuyen hacia el sur [52, 64, 104, 201, 224, 313–315, 420, 507, 509, 510, 651, 734, 764, 856, 872, 875, 1189, 1421, 1446]. Las precipitaciones invernales están controladas por el transporte de humedad desde el oeste [557].

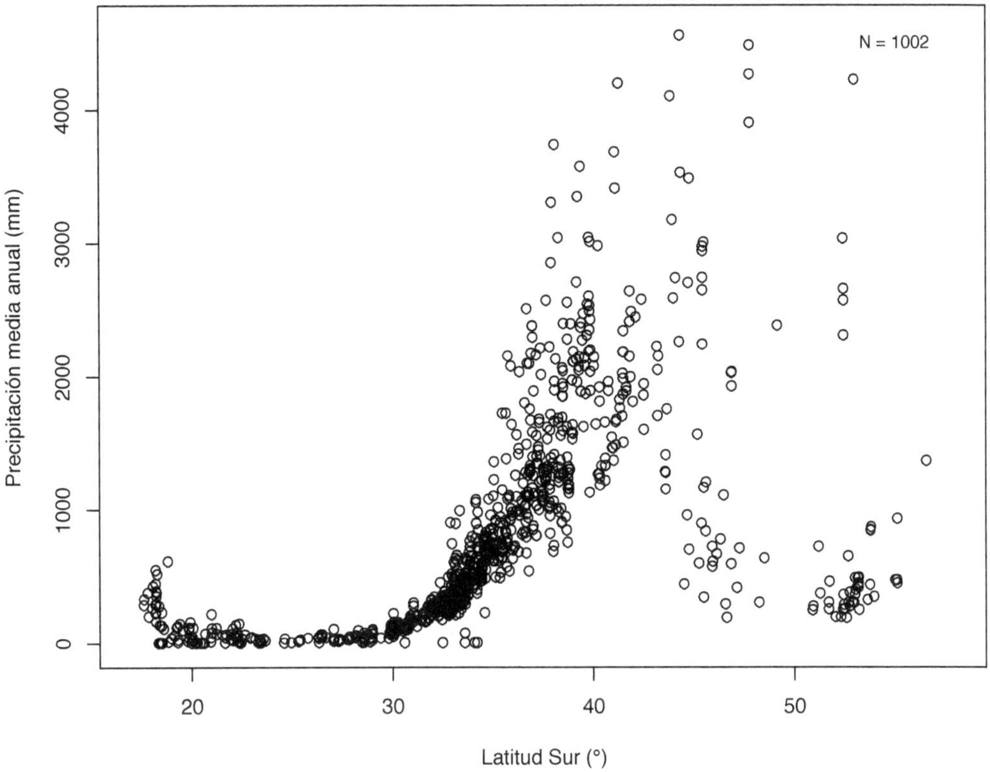

Figura 3: Variación latitudinal de la precipitación media anual en Chile.

La posición del Anticiclón del Pacífico determina condiciones generales de aridez en la costa e interior del norte de Chile [2, 223, 554, 568, 1178, 1357, 1372, 1373, 1425, 1426, 1670]. El desplazamiento estacional de la influencia anticiclónica permite la penetración de masas de aire desde el este en verano y desde el oeste en invierno, marcando una zona de transición donde la penetración de masas de aire húmedo, tanto desde el este como del oeste, es marginal, generando condiciones de máxima aridez en torno a esa área. El fenómeno de aridez se ve acentuado por la influencia de la corriente fría de Humboldt, que produce un desecamiento del aire en toda el área, y el efecto de sombra de lluvias provocado por la cordillera de los Andes [114, 223, 554, 568, 576, 655, 708, 928, 1148, 1301, 1372, 1523, 1558]. Sin embargo, estudios de modelamiento climático han sugerido que la elevación de los Andes tendría una influencia directa relativamente limitada en la aridez del norte de Chile [554, 562], mientras que el solevantamiento de los Andes podría haber influido en la intensificación de la influencia de la corriente de Humboldt [1462].

Producto de lo anterior, la transición entre la zona de concentración de precipitaciones estivales e invernales muestra una forma diagonal [52] (Figura 4): por los Andes esta transición se sitúa en torno al paralelo 28 [99, 114, 115, 708, 861, 1505], mientras que por la costa se proyecta hacia el norte [52, 313, 1452], incluso hasta Perú [527, 529, 1457], lo que en términos pluviométricos marca la transición tropical-mediterránea (véase Figura 13 página 78).

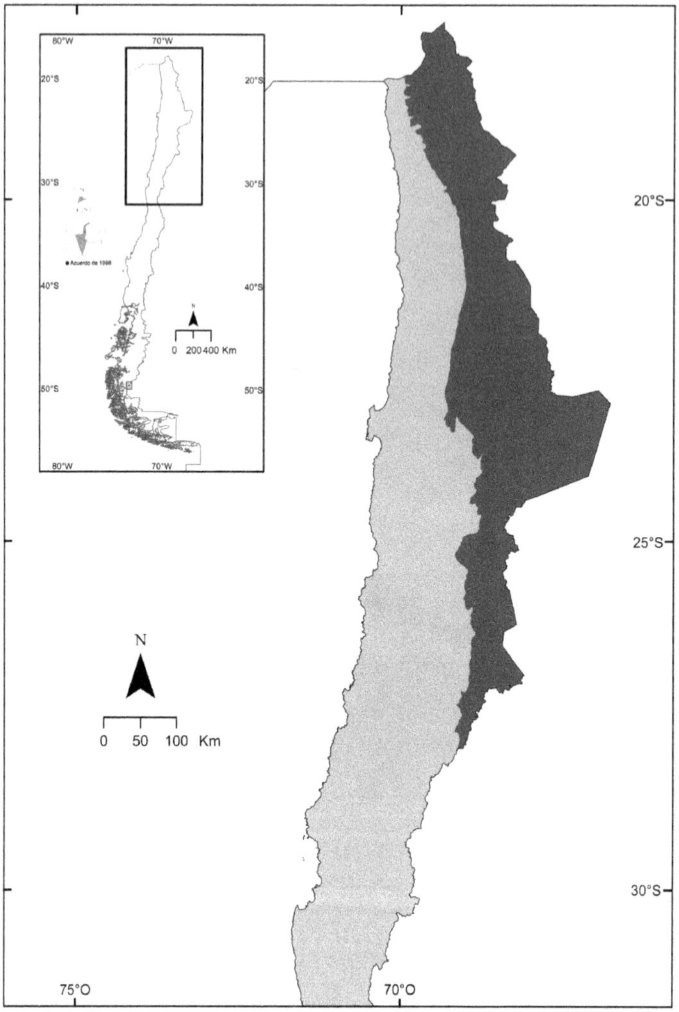

Figura 4: Distribución de las precipitaciones de verano e invierno en el norte de Chile. La zona más oscura señala precipitaciones de verano mayores que las de invierno.

Uno de los rasgos más notables del clima de las zonas norte y centro de Chile es la variación interanual de las precipitaciones [494, 545, 568, 1301, 1350, 1424, 1452]. Los montos de precipitación varían de un año a otro, ocurriendo periodos de uno o más años secos. La duración e intensidad de los periodos secos tiende a variar en el espacio geográfico y tiene una fuerte influencia sobre la vegetación [324, 494, 609, 702, 703, 993, 1357, 1424, 1451]. En la zona costera, tanto la intensidad como la duración de los periodos secos tienden a aumentar conforme disminuye la latitud [28, 710, 1452]. Los patrones de variación interanual de precipitaciones están asociados con el ciclo El Niño Oscilación Sur (ENSO), en cuyas fases cálidas la precipitación invernal tiende a ser mayor que lo normal en las zonas subtropicales de Sudamérica, al mismo tiempo que en el extremo sur se observan condiciones más secas que lo normal [3, 560, 568, 943, 1452, 1652], mientras que las precipitaciones estivales en el Altiplano tienden a ser mayores durante las fases frías del ciclo ENSO [554, 557, 567, 568, 1651, 1652]. Las variaciones interdecadales estarían asociadas con mecanismos diferentes, aunque la estructura espacial de las anomalías en la circulación atmosférica son similares a las observadas durante ciclos ENSO [560, 568, 908, 1452].

La influencia de neblinas costeras ("camanchaca", "garúa") es un factor crucial en la distribución de la vegetación del centro y norte de Chile [244–246, 249, 320–323, 386, 393, 478, 479, 481, 559, 740, 741, 786, 790, 856, 865, 928, 954, 993, 1110, 1275, 1289, 1293, 1295, 1356, 1357, 1360, 1382, 1451, 1548], aunque generalmente no es captada en los análisis climáticos basados en datos de estaciones meteorológicas [223, 243, 248, 250–252, 393, 787, 788, 810, 1434]. Esta influencia, que decrece hacia el norte y hacia el interior en términos de número de días con niebla [243, 250], compensa parcialmente la variabilidad interanual de las precipitaciones y el déficit hídrico al que están sometidas algunas zonas costeras, en un promedio de entre 0,8 y 8,5 l/día [245, 248, 810] para colectores de niebla estándar ($1m^2$, ref. 1433), lo que depende fundamentalmente del relieve, la elevación que alcanzan los cerros, su cercanía a la costa y la dirección y fuerza de los vientos predominantes [246, 248, 251, 1434, 1457]. La zona de incidencia de las neblinas está limitada altitudinalmente en una rango intermedio, sobre y bajo el cual su influencia, y consecuentemente también la humedad, disminuye. Dependiendo de las geoformas, la neblina puede penetrar en mayor o menor medida hacia el interior de la zona costera [248, 559].

La ocurrencia y los límites altitudinales de la franja de neblinas costeras tienen control atmosférico. La franja de neblinas es una capa de estratocúmulos que se forma producto de la subsidencia anticiclónica que produce una inversión térmica estable y persistente que mantiene el agua del océano evaporada bajo el aire seco y cálido subsidente [1434]. El límite superior de la capa de neblina corresponde por lo tanto a la franja de inversión, cuya elevación varía espacial y temporalmente, bajo la que el aire húmedo se encuentra en contacto con el agua del océano que es más fría [559, 1434]. Procesos de enfriamiento radiativo que operan en la parte alta de la franja de neblinas son importantes en la mantención de una capa límite bien mezclada durante la noche [511], de tal manera que el límite inferior de la franja de estratocúmulos corresponde al nivel de condensación de la capa límite [511, 559, 566, 1434].

Precipitaciones estivales ocasionales caen en la zona andina de Chile central. Se producen tanto por una condición de flujo oeste intenso en el que la advección de aire húmedo costero de origen extratropical penetra hacia el interior y asciende por la ladera andina, así como por una condición de flujo oeste débil asociado a una advección de aire húmedo desde la región transandina, que asciende por la vertiente oriental de la cordillera hasta el punto de condensación en torno a 4.000–4.500 m [565]. Episodios de lluvia más prolongados pueden ocurrir durante la transición entre una condición de flujo oeste intenso y una de flujo oeste débil, debido a la liberación de una condición de inestabilidad generada por condiciones térmicas contrastantes entre ambas fases (véanse refs. 564, 565).

La presencia de cadenas montañosas costeras al norte de 43°S produce una elevación de las masas de aire provenientes desde el océano Pacífico cargadas de humedad, generando un efecto de sombra de lluvias que se manifiesta en altos montos de precipitación en la vertiente occidental y las cumbres de la cordillera de la Costa y una disminución hacia las zonas orientales bajas, especialmente donde la cordillera alcanza mayores altitudes (*e.g.*, La Campana-El Roble-Chicauma, Altos de Cantillana [28, 203, 545, 734, 1149, 1150, 1421], cordillera de Nahuelbuta, cordillera Pelada, cordillera de Piuchué [28, 870, 1547]).

Este fenómeno se vuelve a repetir en la cordillera de los Andes, donde las masas de aire son elevadas aun a mayor altitud [28, 150, 270, 447, 555, 568, 1421, 1547] (Figura 5). Es por esta razón que la zona de aridez estival se extiende hacia el sur por la depresión intermedia y hacia el norte por las faldas occidentales de ambas cordilleras describiendo una forma de U característica (véanse refs. 15, 50, 52, 313, 315, 710 y Figura 14, página 79).

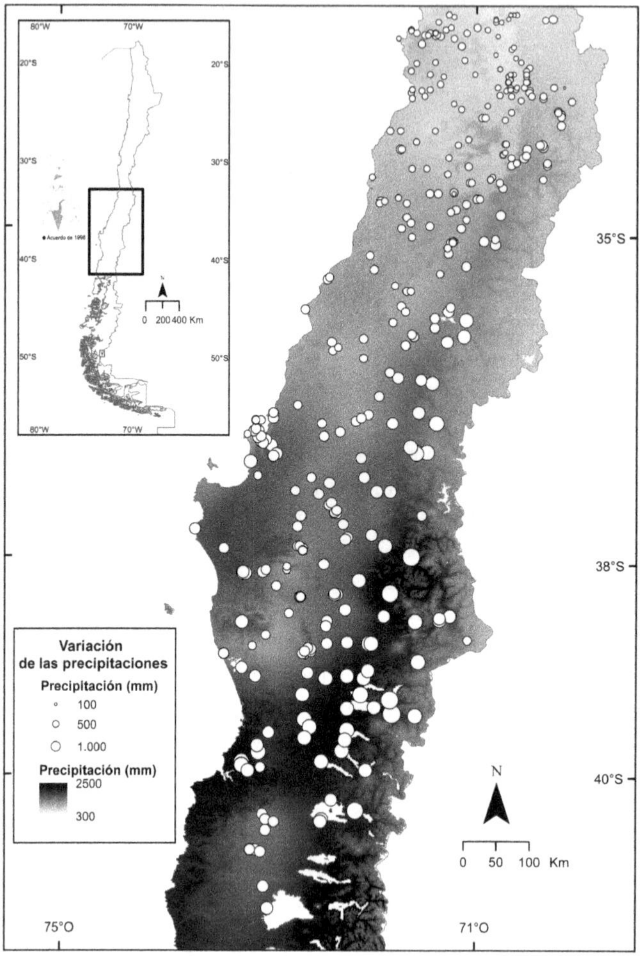

Figura 5: Variación de las precipitaciones en las vertientes occidental y oriental de la cordillera de la Costa y de los Andes de Chile central. Los tonos de gris indican la variación de las precipitaciones de acuerdo con las superficies climáticas, mientras que los tamaños de los círculos corresponden a información de estaciones meteorológicas.

Al norte del río Aconcagua este patrón se modifica por la presencia de cordones montañosos transversales que generan una disminución secuencial de las precipitaciones de una cuenca intermontana a otra de sur a norte; en esta zona a menudo es difícil diferenciar entre una vertiente occidental y una oriental en la cordillera de la Costa, y la zona de sombra de lluvias se hace más estrecha y se ubica más al interior. En las zonas bajas de las cuencas intermontanas se presentan bajos montos de precipitación y las nubes penetran al interior por los valles y su influencia se hace patente al verse forzadas a ascender. En las zonas altas cercanas a la costa, en cambio, las masas de aire precipitan inmediatamente, y vuelven a hacerlo una vez que los grandes macizos andinos vuelven a forzar aún más su elevación, generando una zona de aridez extrema a sotavento, en la llamada pampa desértica [28, 169, 223, 507, 509, 510, 1425, 1426].

Al sur del paralelo 43 las precipitaciones también muestran un patrón de variación geográfica en latitud y longitud. Los montos y la variación son máximos a 47°S (véase Figura 3, página 55), donde las precipitaciones disminuyen desde el mar hacia el interior por el efecto orográfico que genera zonas de sombra de lluvia a sotavento de las cordilleras, y zonas de alta precipitación a barlovento y en las cumbres [186, 270, 401, 561, 568, 928, 1188, 1486, 1692].

3.1.2. Régimen térmico

Los trabajos sobre temperaturas son comparativamente más escasos que los relativos a precipitaciones. A pesar de ello los patrones de distribución espacial son mejor conocidos. Hajek y Gutiérrez [650] establecen unidades térmicas para Chile con base en la temperatura media anual de 43 estaciones meteorológicas. Al igual que otros trabajos [29, 710], se observa una disposición vertical de las isotermas entre el extremo norte y *ca.* 40°S, con muy poca o nula variación latitudinal, que se explica por el pronunciado gradiente de elevación en esa zona. Al sur del paralelo 40 comienza a manifestarse el efecto latitudinal que, junto con una disminución de la altitud de la cordillera de los Andes, produce un gradiente de disminución de las temperaturas desde el norte hacia el sur, con poca o nula variación longitudinal. Los antecedentes proporcionados por Arroyo *et al.* [105, 113], Espinoza *et al.* [419] y Luebert y Pliscoff [870] muestran sin embargo una clara disminución latitudinal, tanto de las temperaturas medias anuales como de las máximas y mínimas medias anuales, a lo largo de todo el territorio chileno. Los datos de estaciones meteorológicas aquí analizados también indican que las temperaturas medias presentan una marcada disminución latitudinal en todo Chile considerando estaciones situadas en los mismos rangos de altitud (Figura 6). La ubicación latitudinal tiene influencia en los regímenes térmicos, debido a que la distancia relativa al macizo de hielos Antártico y la menor incidencia de radiación solar a mayores latitudes genera un gradiente de disminución de las temperaturas hacia el sur [568, 710, 711, 1342].

El aumento de la altitud en las montañas también va acompañado de una disminución de la temperatura. La tasa de enfriamiento adiabático varía entre 0,6 y 0,7 K/100 m (refs. 226, 388, 587, 1548, véase sin embargo ref. 186, que para el extremo austral de Chile establece una tasa de enfriamiento adiabático de 0,4 K/100 m). Esta variación permite identificar rangos de temperatura sobre la base de los cuales se definen tipos u horizontes térmicos y finalmente pisos bioclimáticos (Figura 7).

La temperatura de la corriente de Humboldt produce, con relación a otras regiones del mundo, una disminución de las temperaturas [50], por lo que las zonas costeras tienden a ser, en promedio, más frías que las zonas interiores bajas, al menos en las zonas norte y central de Chile [650, 764, 1342, 1457]. Este patrón se ve agudizado en la zona de los valles transversales, probablemente debido al mayor efecto radiativo en relación con otras zonas costeras, producto de la menor acumulación de nubosidad por ausencia de una cordillera costera bien definida.

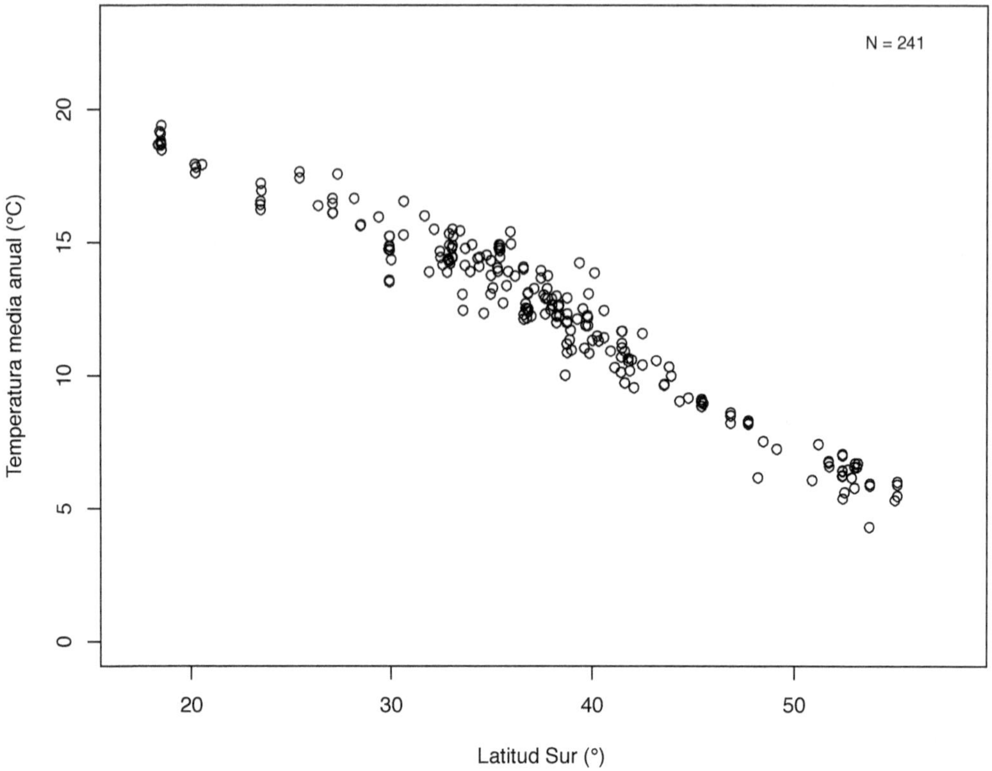

Figura 6: Variación latitudinal de la temperatura media anual en Chile. Solo se consideran estaciones meteorológicas situadas bajo 300 m.

La amplitud térmica aumenta hacia el interior, producto de la distancia al océano, siendo más abrupto el aumento a sotavento de las grandes cadenas montañosas, como la Sierra de Vicuña Mackenna (23–24°S) [223, 1357] o la cordillera de la Costa del centro-sur de Chile (refs. 203, 870, Figura 8, página 62), en cuya zona costera la oscilación térmica es comparativamente muy baja en relación con otras zonas del planeta [105, 113]. En la zona norte de Chile se observa una menor continentalidad en el interior que en la costa de Arica, Iquique y Copiapó. Esto se refleja tanto en las superficies climáticas como en los datos de estaciones meteorológicas. La menor continentalidad se debe a una menor alza en la temperatura de verano (Tmax) en el interior que en la costa, mientras que las temperaturas de invierno (Tmin) se mantienen relativamente constantes (*e.g.*, estaciones de Arica y Codpa en Tabla 1, página 33). Lo contrario parece ocurrir en el gradiente altitudinal, donde las temperaturas máximas tienden a mantenerse constantes y se observa una variación de las mínimas [398]. El efecto de oceaneidad se ve reforzado por los grandes cuerpos de aguas continentales en la región de Los Lagos, de modo que en esa zona no existe necesariamente una relación directa entre continentalidad y distancia al mar, a pesar de lo cual se observan heladas nocturnas advectivas invernales en torno a los lagos [153, 1547]. En el extremo austral de Chile la influencia oceánica está presente de manera muy pronunciada en el área de los archipiélagos, disminuyendo gradualmente hacia el noreste, producto del aumento de la distancia al mar y la presencia de masas

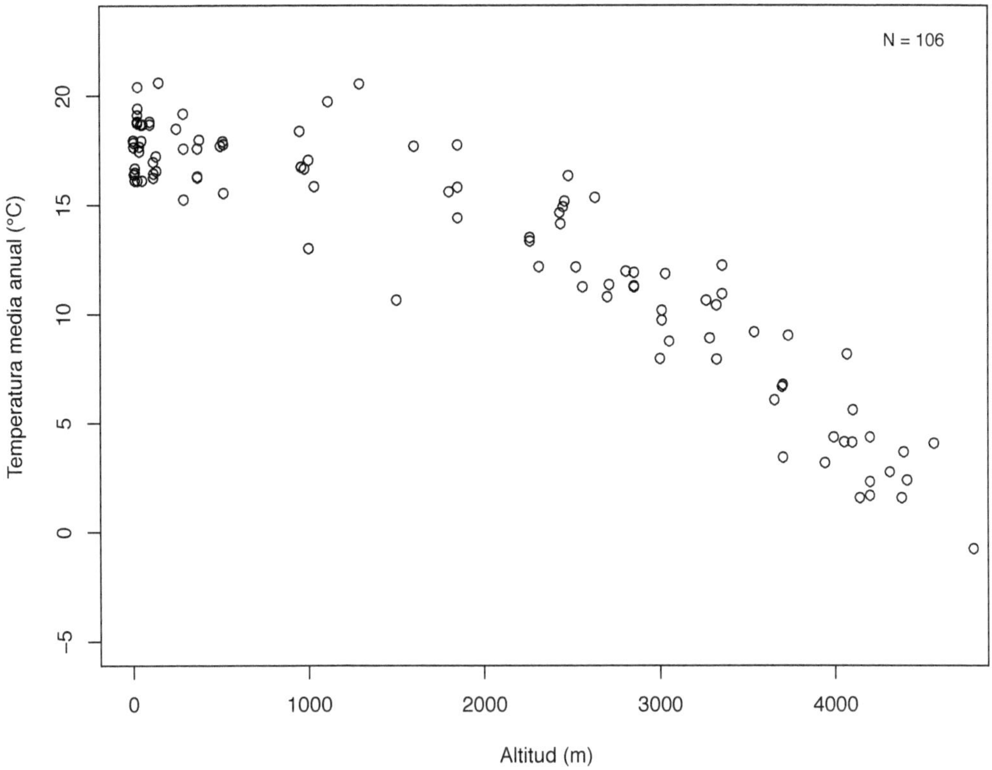

Figura 7: Variación altitudinal de la temperatura media anual entre 18 y 28°S.

montañosas que limitan la penetración de la influencia del océano hacia el interior [1692], aunque de manera muy leve [186].

A diferencia de las precipitaciones, las variaciones estacionales de la temperatura siguen un patrón común en todo el territorio, con temperaturas medias más bajas durante el periodo invernal [315, 648, 1423, 1425, 1426, 1428, 1429, 1692] (véase Figura 12). La zona norte de Chile, con mayor influencia tropical, tiende a presentar menor amplitud térmica o índice de continentalidad (Ic) que las estaciones situadas hacia el sur (Figura 8). Las variaciones en la amplitud térmica anual parecen ser independientes de la altitud [104, 1422, 1425, 1426], aunque entre 0 y 1.000 m de elevación es posible visualizar una leve tendencia al incremento altitudinal del índice de continentalidad. El factor más importante en las variaciones de continentalidad parece ser la presencia de grandes macizos montañosos ubicados en la zona central de Chile que limitan la influencia oceánica hacia el interior (Figura 8, véase ref. 928).

Las variaciones interanuales de las temperaturas son explicadas por dos componentes, uno asociado a ENSO y otro a una tendencia de largo plazo [1349, 1650, 1653]. En el altiplano se observa una tendencia de calentamiento (que disminuye con la elevación) de *ca.* 0,1°C/década entre 1938 y 1998 y de *ca.* 0,3°C/década entre 1974 y 1998 [1650], lo que indica un aumento en la tasa de calentamiento en las últimas décadas [1653], tendencia similar a la reportada para otras localidades de Chile y Argentina [1349]. Esta tendencia se sobrepone con oscilaciones térmicas debidas a ENSO [1349, 1653] y a oscilaciones inter-

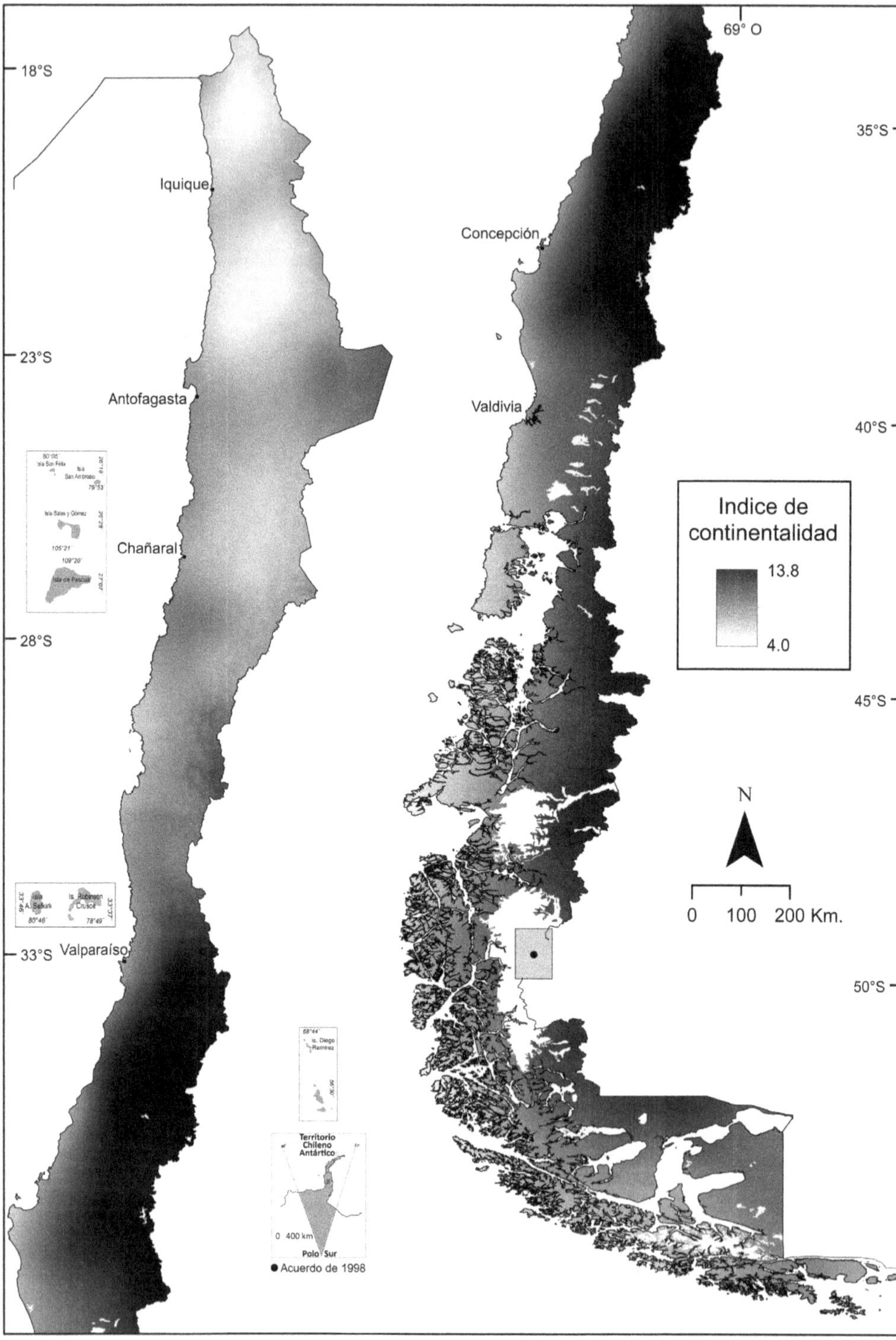

Figura 8: Variación espacial del índice de continentalidad (Ic) en Chile.

decadales. En la zona tropical andina las diferencias de temperatura media entre periodos El Niño/La Niña han sido estimadas en torno a 1°C, con una significación que disminuye de norte a sur [1651], en concordancia con lo observado por Rosenblüth *et al.* [1349] en zonas más australes (véanse también refs. 401, 1693). Oscilaciones interdecadales tienden a tener una influencia mayor en las tendencias de las temperaturas costeras que en las andinas, lo que implica un mayor calentamiento en estas últimas [1654].

3.1.3. Régimen ombrotérmico

Los regímenes climáticos hídrico y térmico manifiestan una influencia combinada sobre la vegetación. Un parámetro de interés para evaluar el régimen ombrotérmico es el balance hídrico. Varios estudios dan cuenta del balance hídrico con propósitos aplicados al desarrollo de actividades productivas agrícolas (*e.g.*, refs. 9, 201, 723, 1421–1423, 1427–1430), mediante la definición de distritos agroclimáticos o agroclimas caracterizados, entre otras variables, por las precipitaciones y la EP. La Figura 9 muestra la variación latitudinal del balance hídrico anual. La tendencia es similar a la registrada para las precipitaciones, aunque con mayor dispersión, lo que se explica por la variedad de situaciones térmicas distintas, dado que la temperatura es uno de los principales elementos que determinan la EP [816, 1549]. La variación espacial del balance hídrico anual se representa en el mapa de la Figura 10.

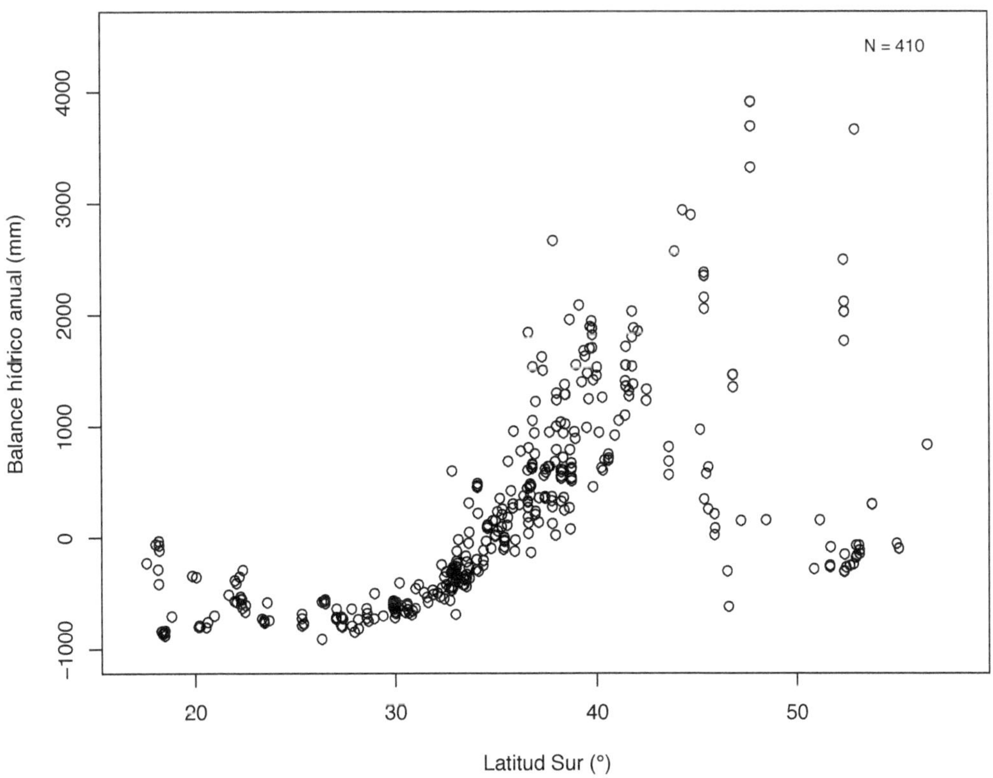

Figura 9: Variación latitudinal del balance hídrico anual.

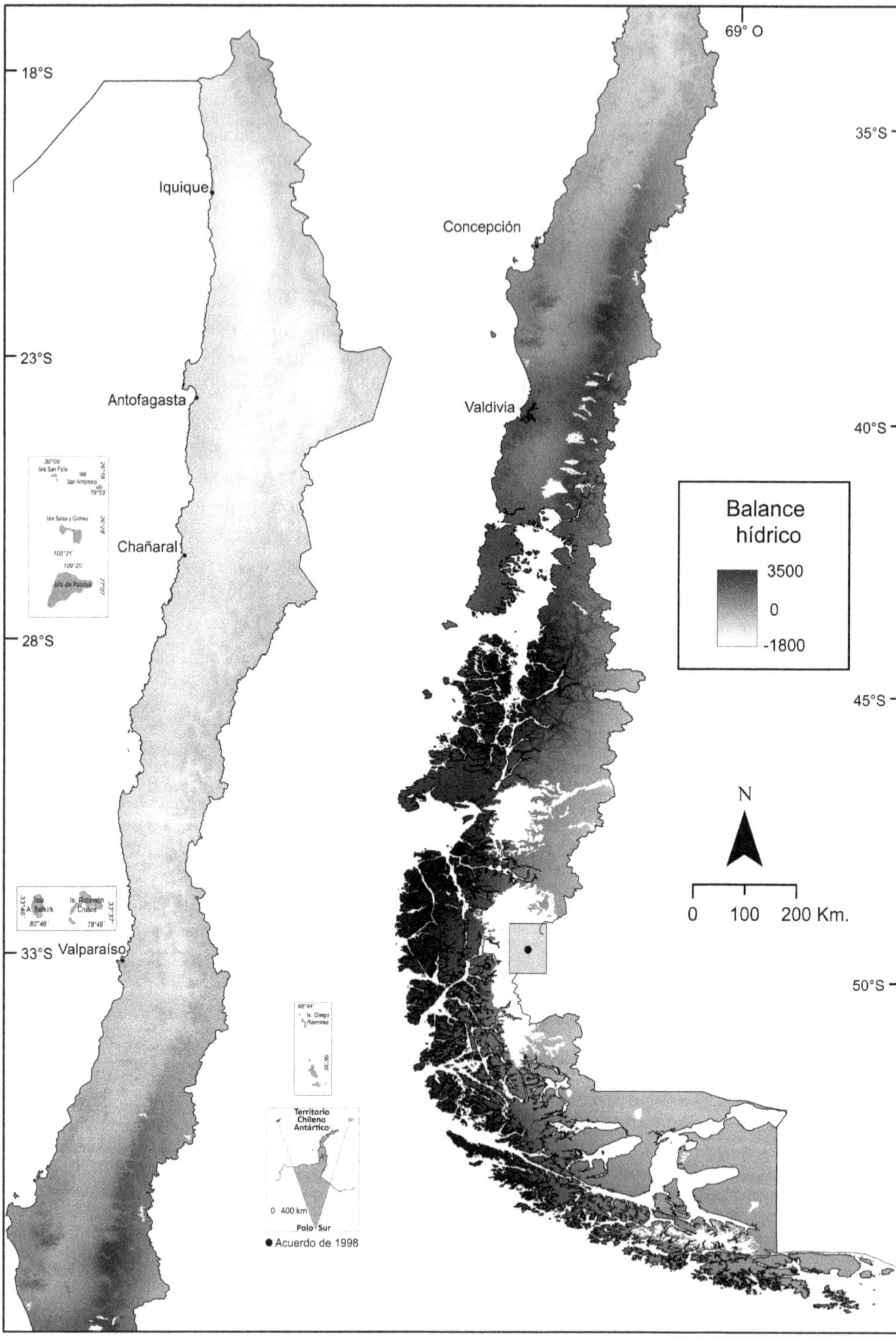

Figura 10: Variación espacial del balance hídrico anual en Chile.

La Figura 11 muestra el balance hídrico anual y estival (*i.e.* considerando solo los tres meses más cálidos del año) para estaciones meteorológicas de la cordillera de la Costa del centro-sur de Chile. Se observa que las estaciones situadas a sotavento tienen un balance hídrico menos positivo que las correspondientes situadas a barlovento, mostrando que el efecto de sombra de lluvias que ejerce la cordillera impacta en el balance hídrico.

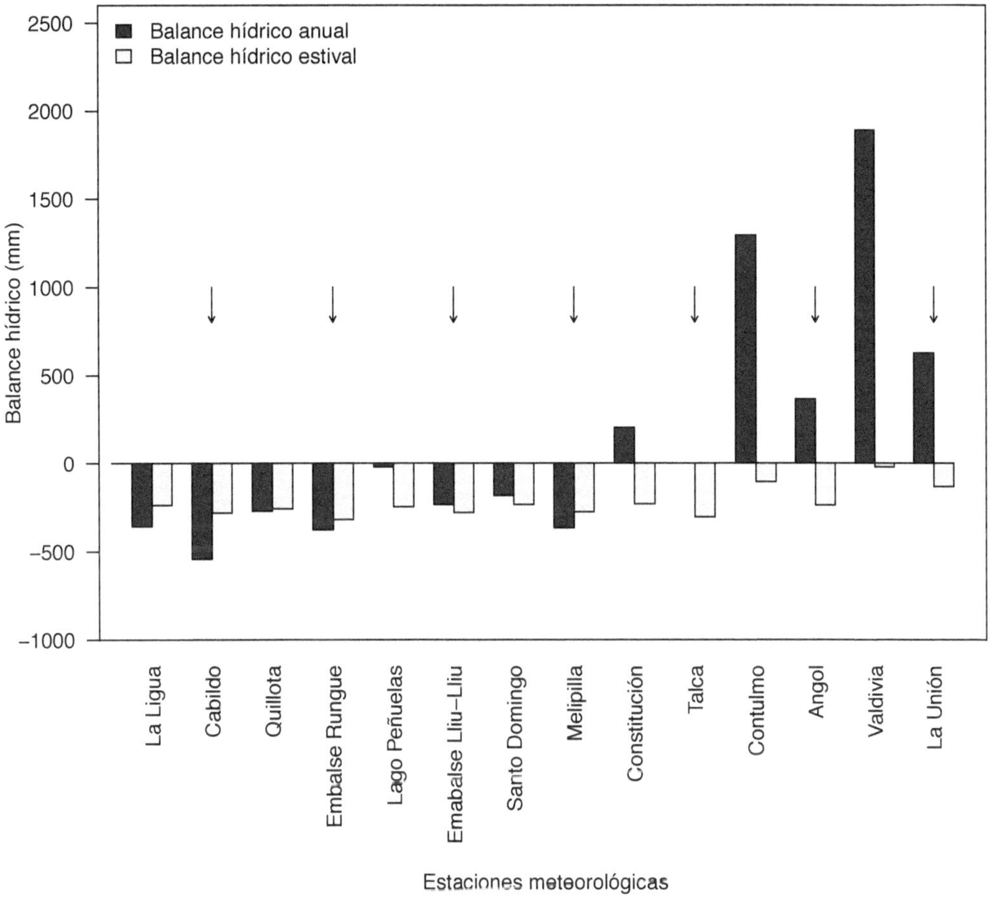

Figura 11: Balance hídrico anual y estival de 14 estaciones meteorológicas (Tabla 1) de la cordillera de la Costa de Chile central. Las flechas indican las estaciones situadas a sotavento de la cordillera de la Costa.

La variación geográfica del régimen ombrotérmico también puede ser apreciada por la serie de diagramas ombrotérmicos (Figura 12) de las diferentes estaciones meteorológicas del territorio. Los diagramas ombrotérmicos muestran la relación, mes a mes, de la temperatura media y la precipitación y permiten observar los periodos más secos del año en que el valor la precipitación medida en mm es menor al doble del valor de la temperatura medida en °C. Se observa que las estaciones que presentan meses con déficit hídrico ($P<2T$) se encuentran latitudinalmente limitadas en el sur de la región de La Araucanía (*ca.* 38°30'S), pero, como es de esperar, el déficit hídrico también presenta variaciones interanuales y, en algunos años, la zona de sequía puede extenderse incluso hasta el sur de la región de Los Lagos (*ca.* 39°30', refs. 556, 651).

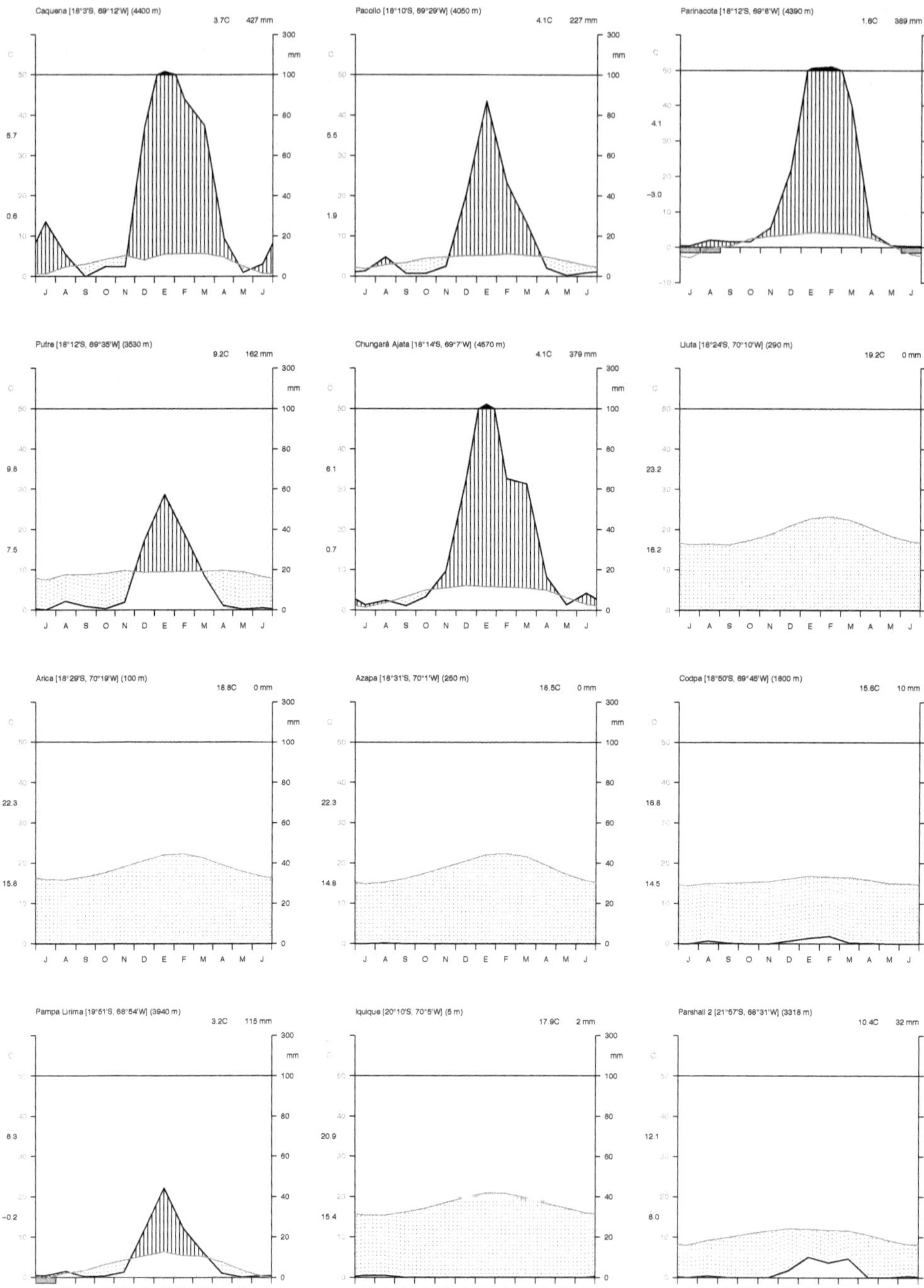

Figura 12: Diagramas ombrotérmicos de estaciones meteorológicas representadas en la Tabla 1. T y P se indican en la parte superior de cada diagrama. Tmax y Tmin se indican en el lado izquierdo de cada diagrama. Meses con helada segura se indican por medio de barras grises.

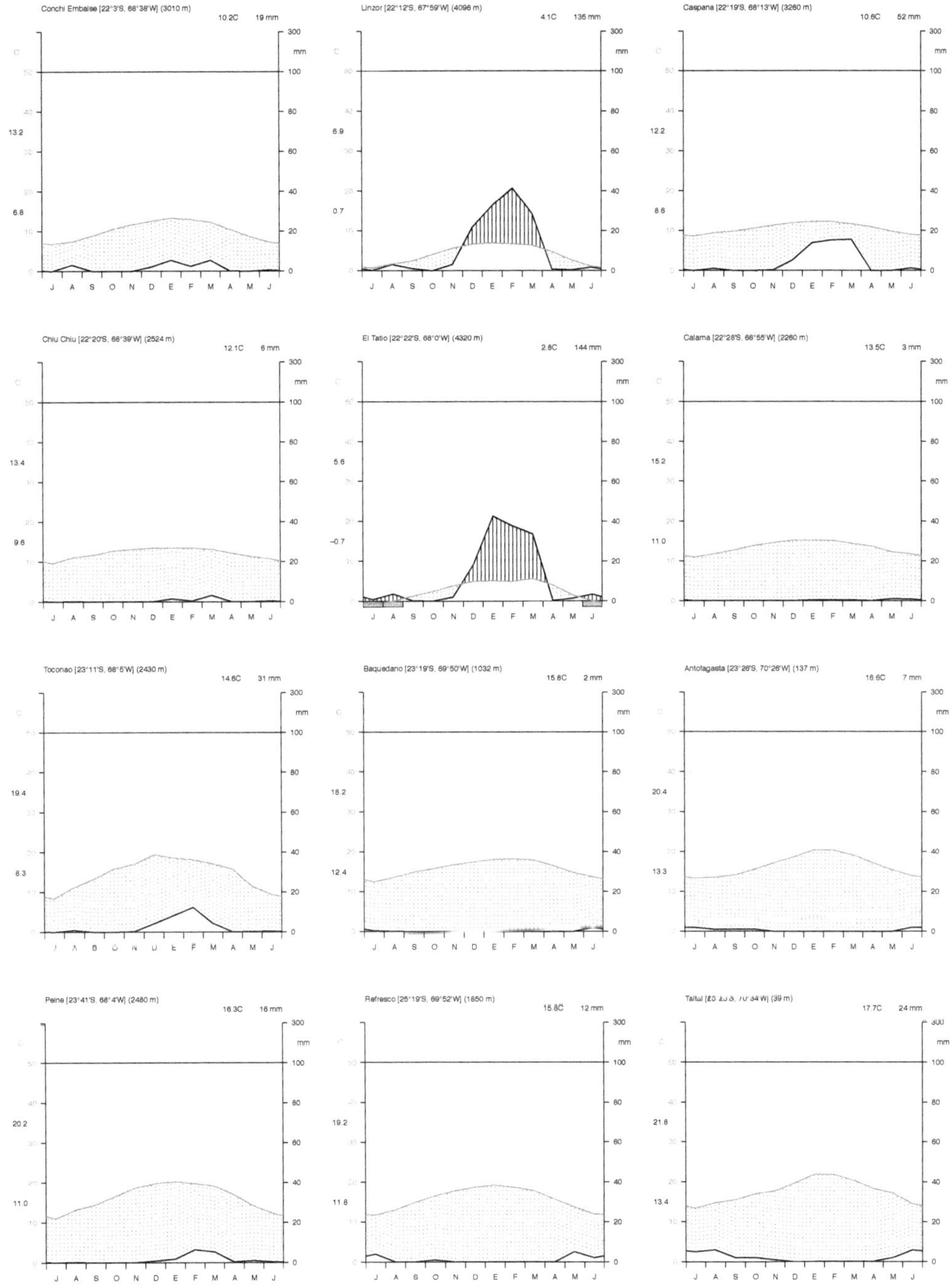

Figura 12: Diagramas ombrotérmicos de estaciones meteorológicas representadas en la Tabla 1 (continuación). T y P se indican en la parte superior de cada diagrama. Tmax y Tmin se indican en el lado izquierdo de cada diagrama. Meses con helada segura se indican por medio de barras grises.

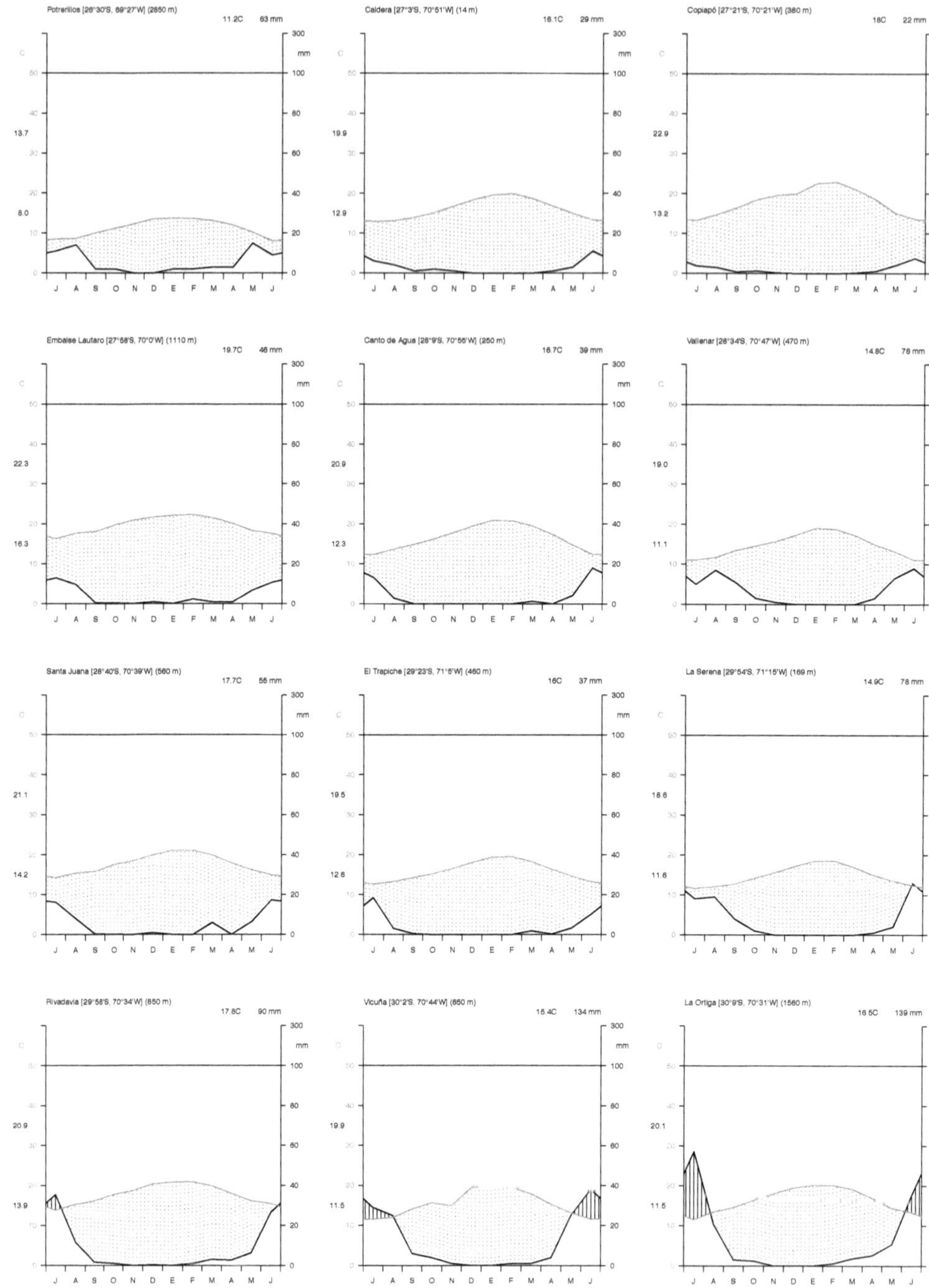

Figura 12: Diagramas ombrotérmicos de estaciones meteorológicas representadas en la Tabla 1 (continuación). T y P se indican en la parte superior de cada diagrama. Tmax y Tmin se indican en el lado izquierdo de cada diagrama. Meses con helada segura se indican por medio de barras grises.

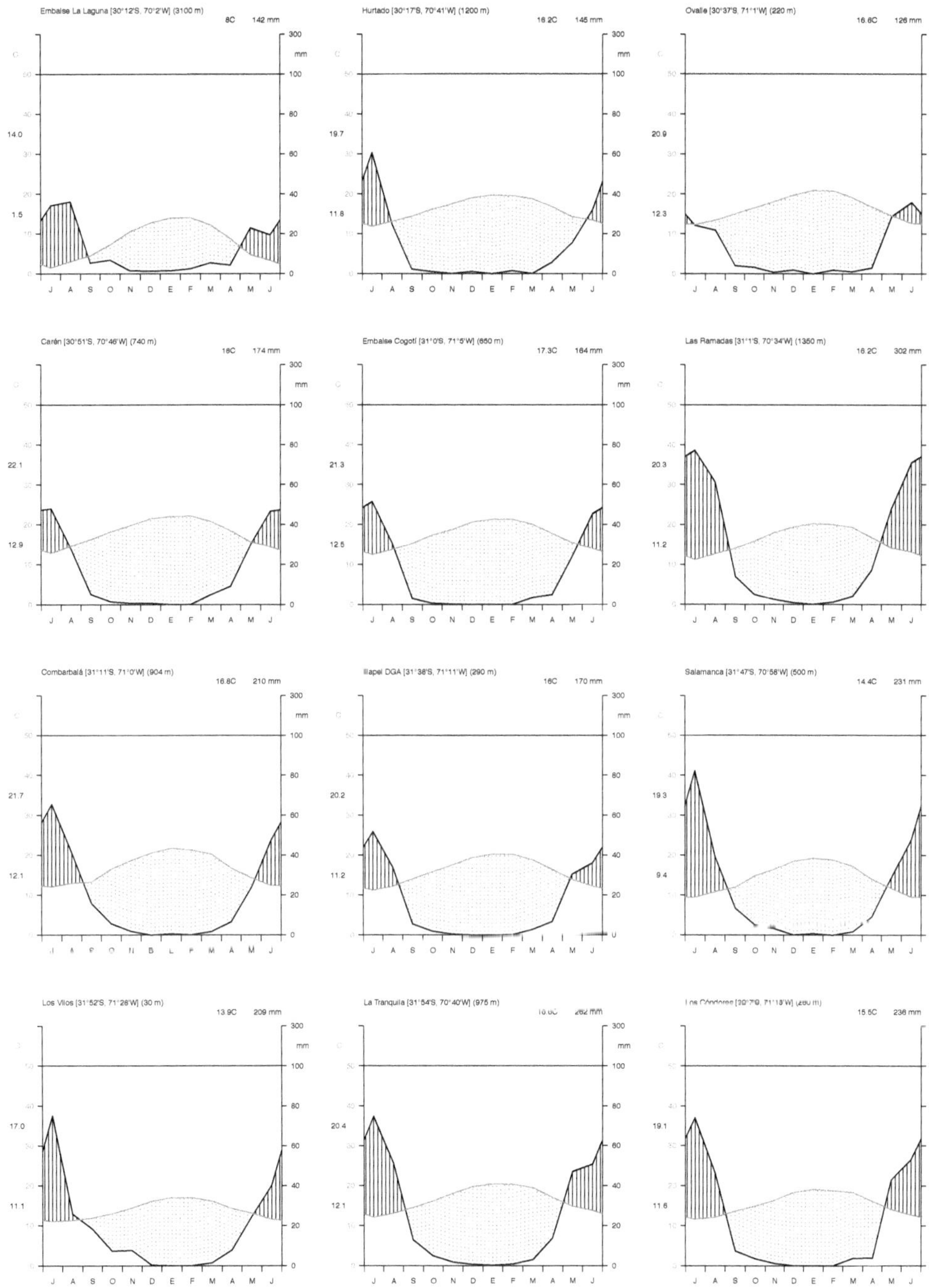

Figura 12: Diagramas ombrotérmicos de estaciones meteorológicas representadas en la Tabla 1 (continuación). T y P se indican en la parte superior de cada diagrama. Tmax y Tmin se indican en el lado izquierdo de cada diagrama. Meses con helada segura se indican por medio de barras grises.

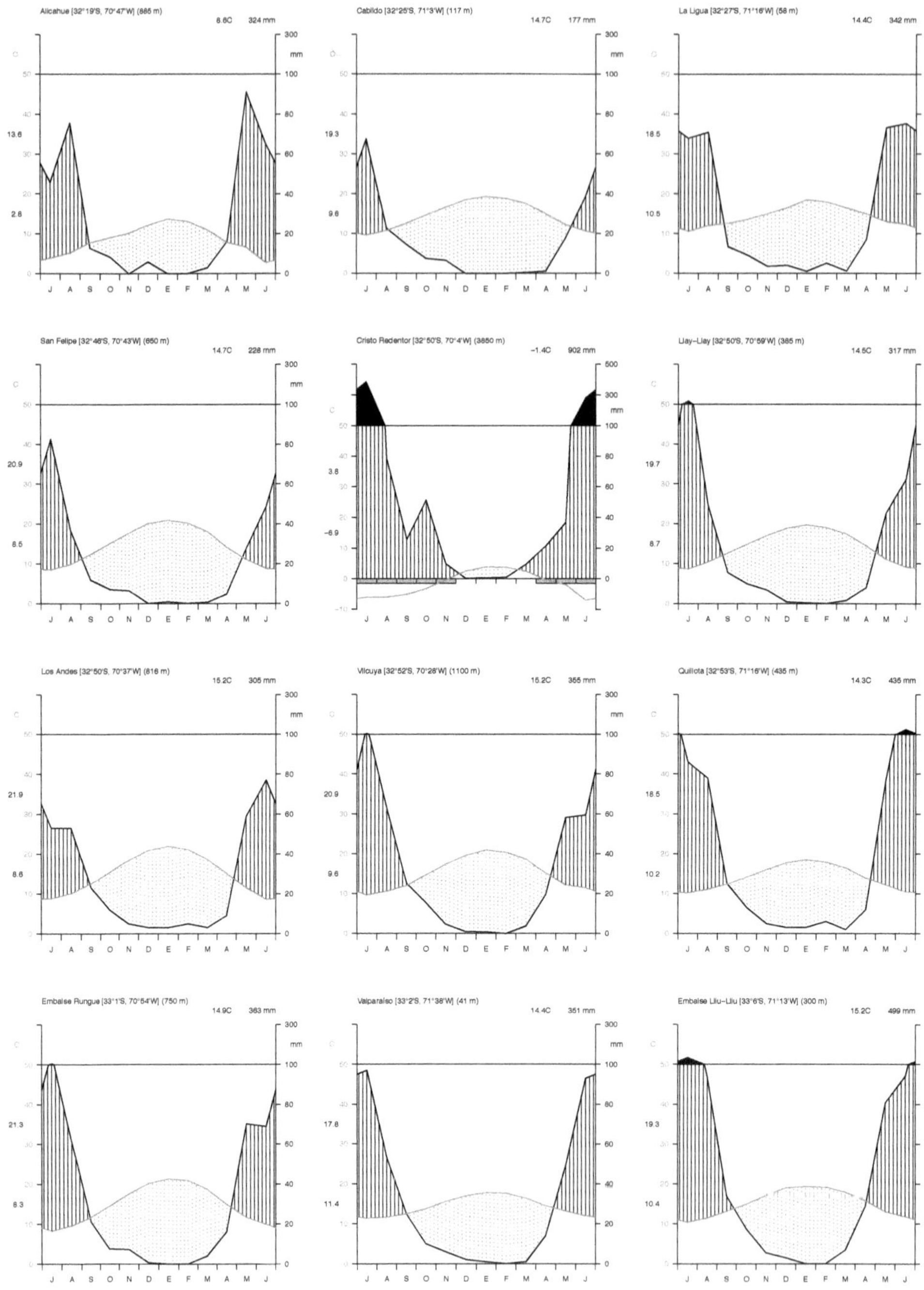

Figura 12: Diagramas ombrotérmicos de estaciones meteorológicas representadas en la Tabla 1 (continuación). T y P se indican en la parte superior de cada diagrama. Tmax y Tmin se indican en el lado izquierdo de cada diagrama. Meses con helada segura se indican por medio de barras grises.

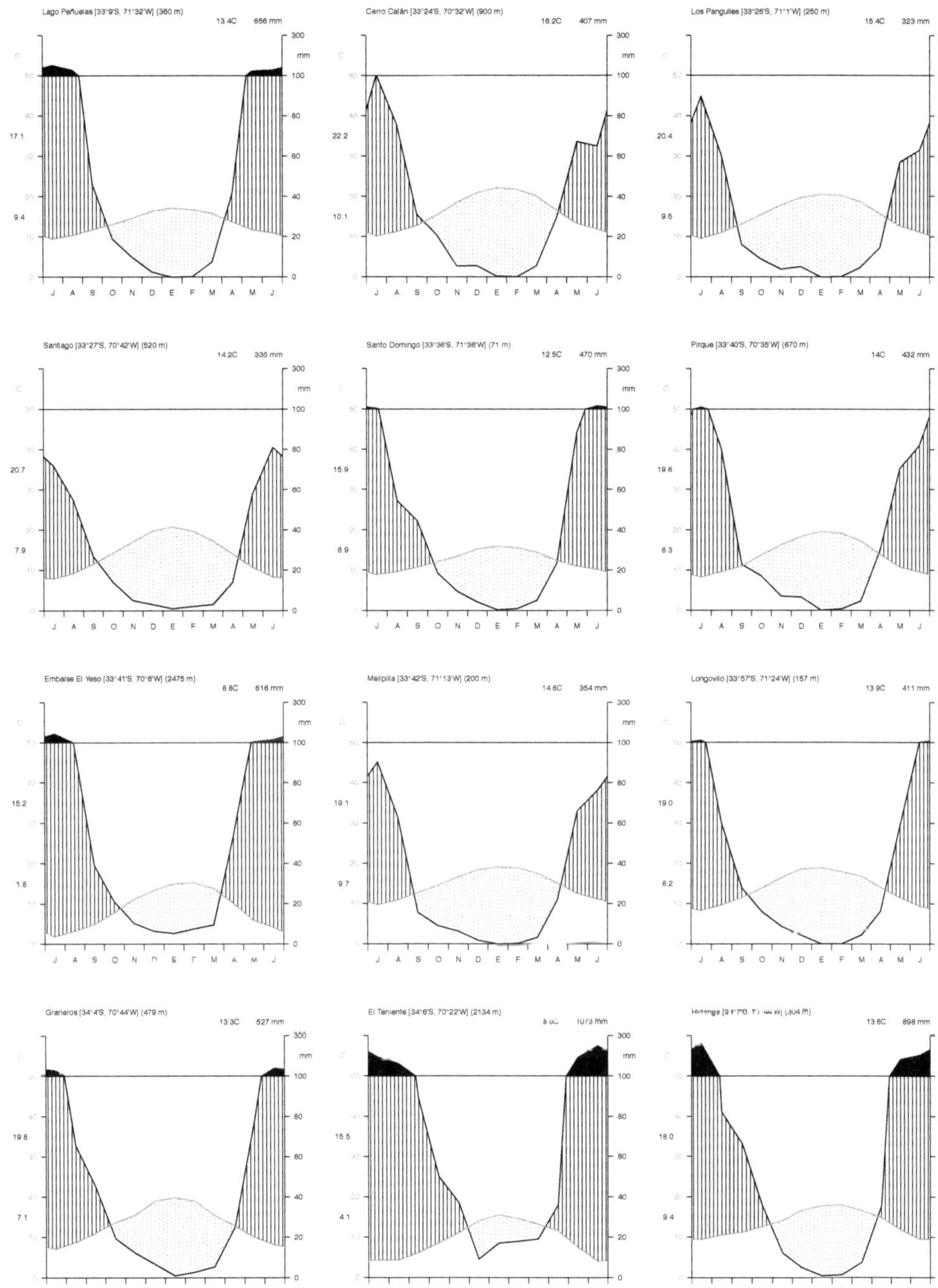

Figura 12: Diagramas ombrotérmicos de estaciones meteorológicas representadas en la Tabla 1 (continuación). T y P se indican en la parte superior de cada diagrama. Tmax y Tmin se indican en el lado izquierdo de cada diagrama. Meses con helada segura se indican por medio de barras grises.

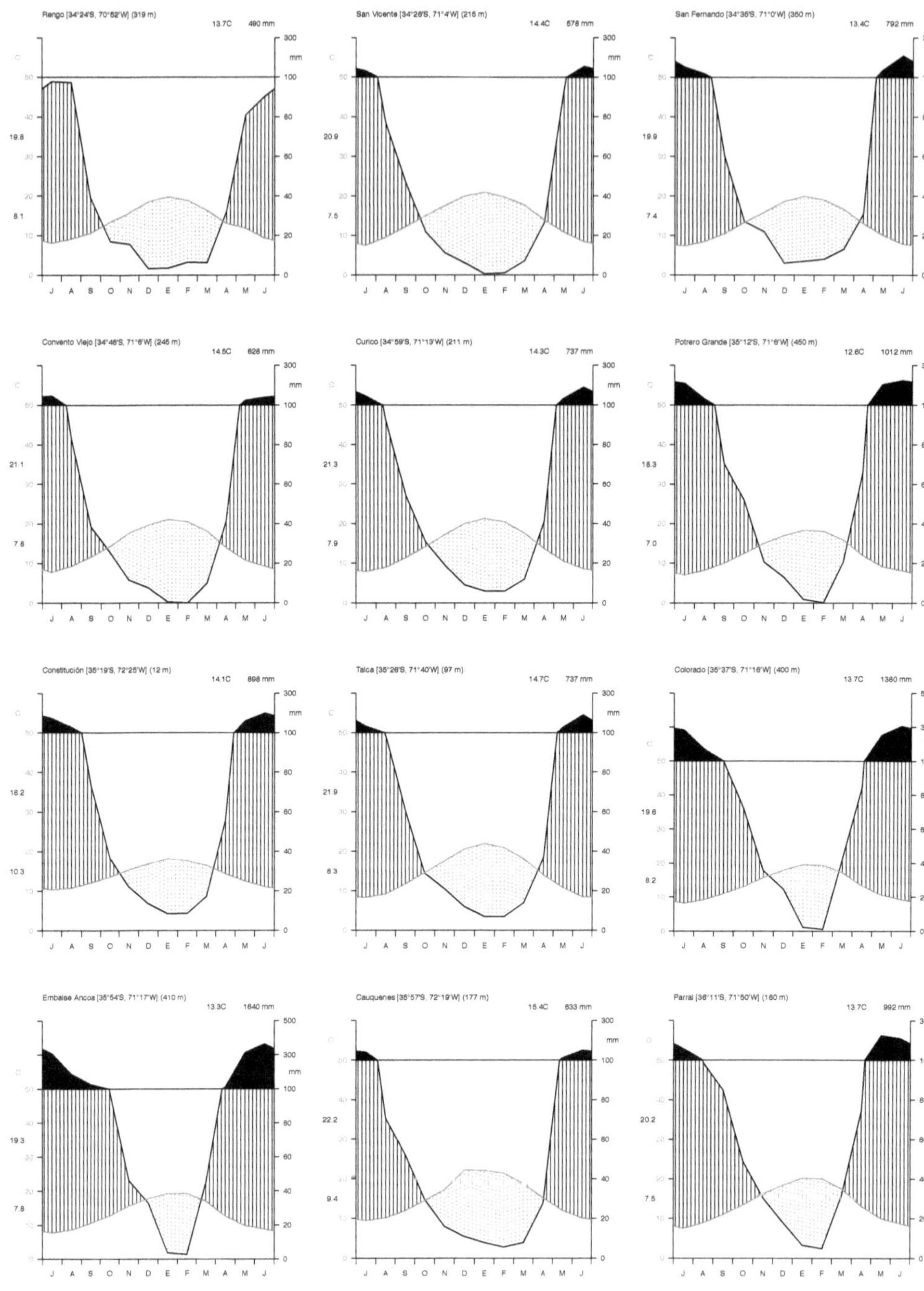

Figura 12: Diagramas ombrotérmicos de estaciones meteorológicas representadas en la Tabla 1 (continuación). T y P se indican en la parte superior de cada diagrama. Tmax y Tmin se indican en el lado izquierdo de cada diagrama. Meses con helada segura se indican por medio de barras grises.

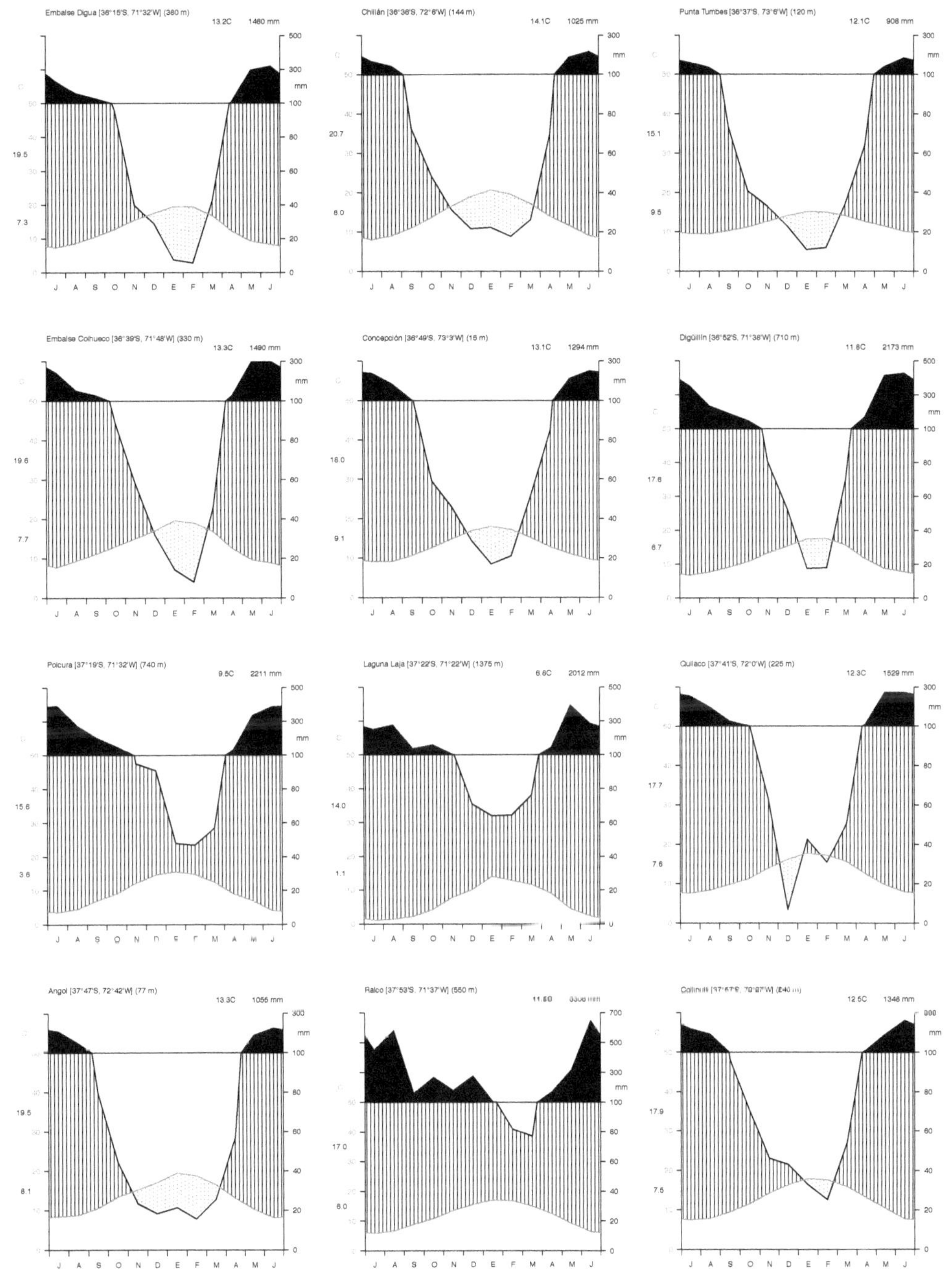

Figura 12: Diagramas ombrotérmicos de estaciones meteorológicas representadas en la Tabla 1 (continuación). T y P se indican en la parte superior de cada diagrama. Tmax y Tmin se indican en el lado izquierdo de cada diagrama. Meses con helada segura se indican por medio de barras grises.

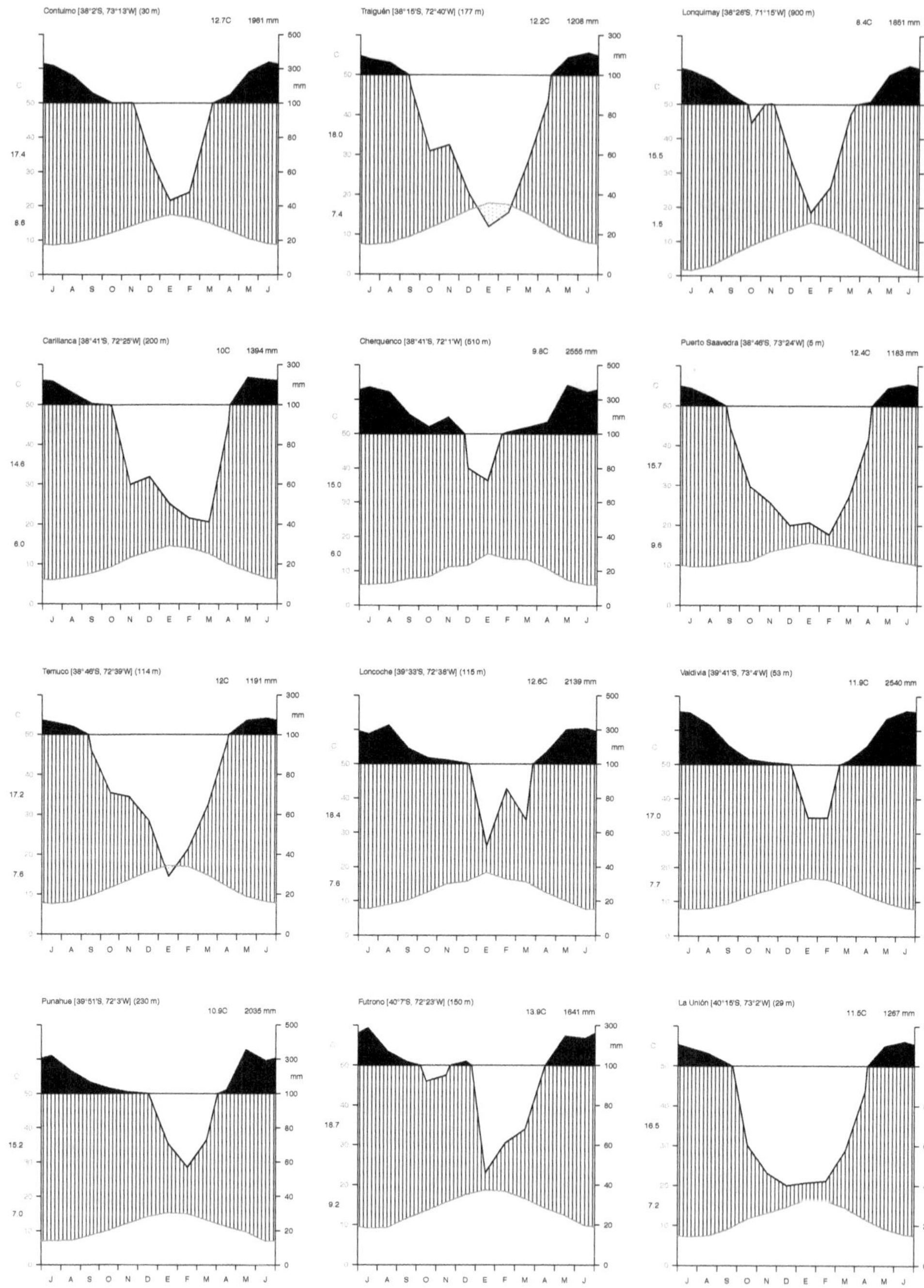

Figura 12: Diagramas ombrotérmicos de estaciones meteorológicas representadas en la Tabla 1 (continuación). T y P se indican en la parte superior de cada diagrama. Tmax y Tmin se indican en el lado izquierdo de cada diagrama. Meses con helada segura se indican por medio de barras grises.

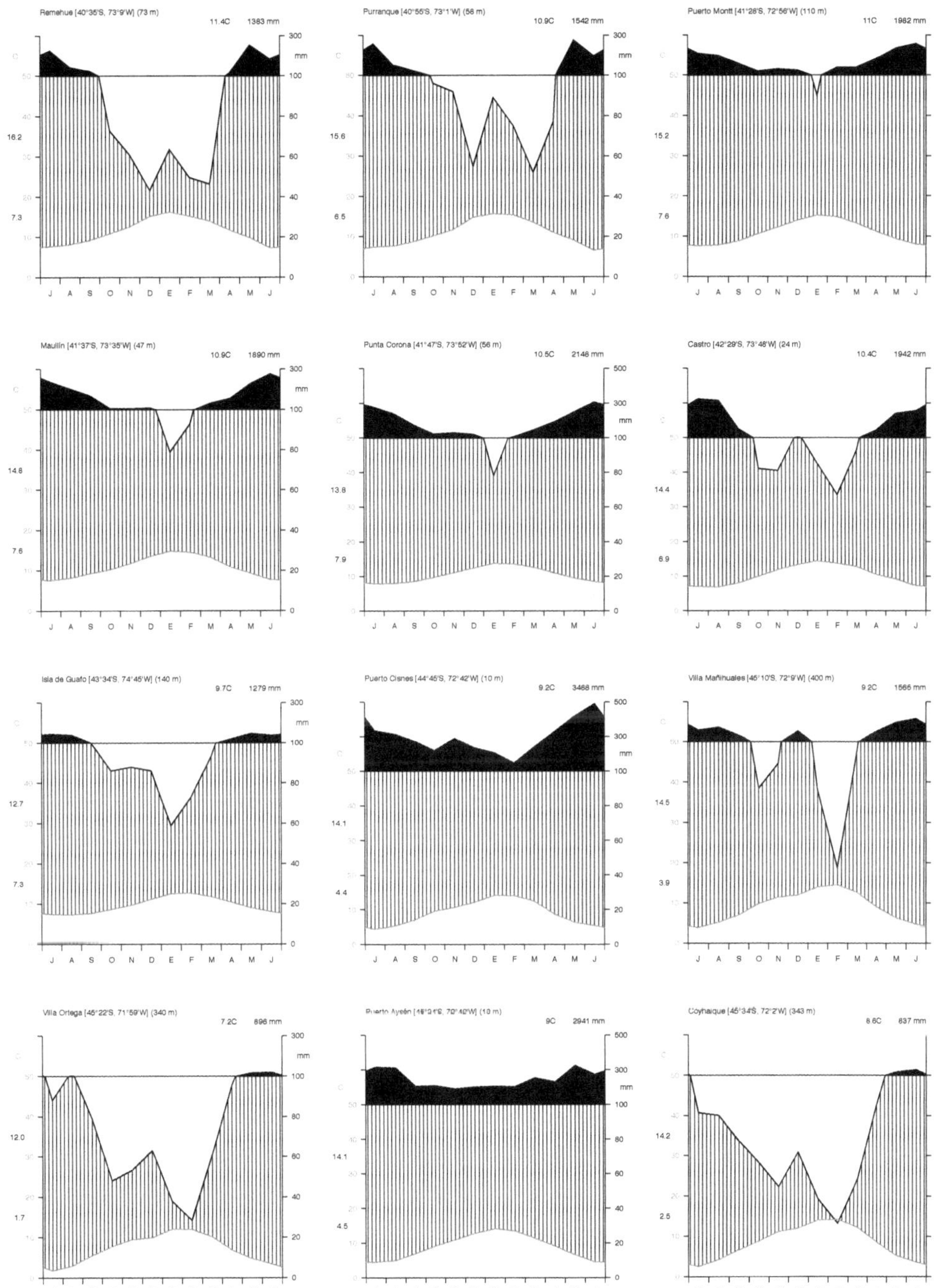

Figura 12: Diagramas ombrotérmicos de estaciones meteorológicas representadas en la Tabla 1 (continuación). T y P se indican en la parte superior de cada diagrama. Tmax y Tmin se indican en el lado izquierdo de cada diagrama. Meses con helada segura se indican por medio de barras grises.

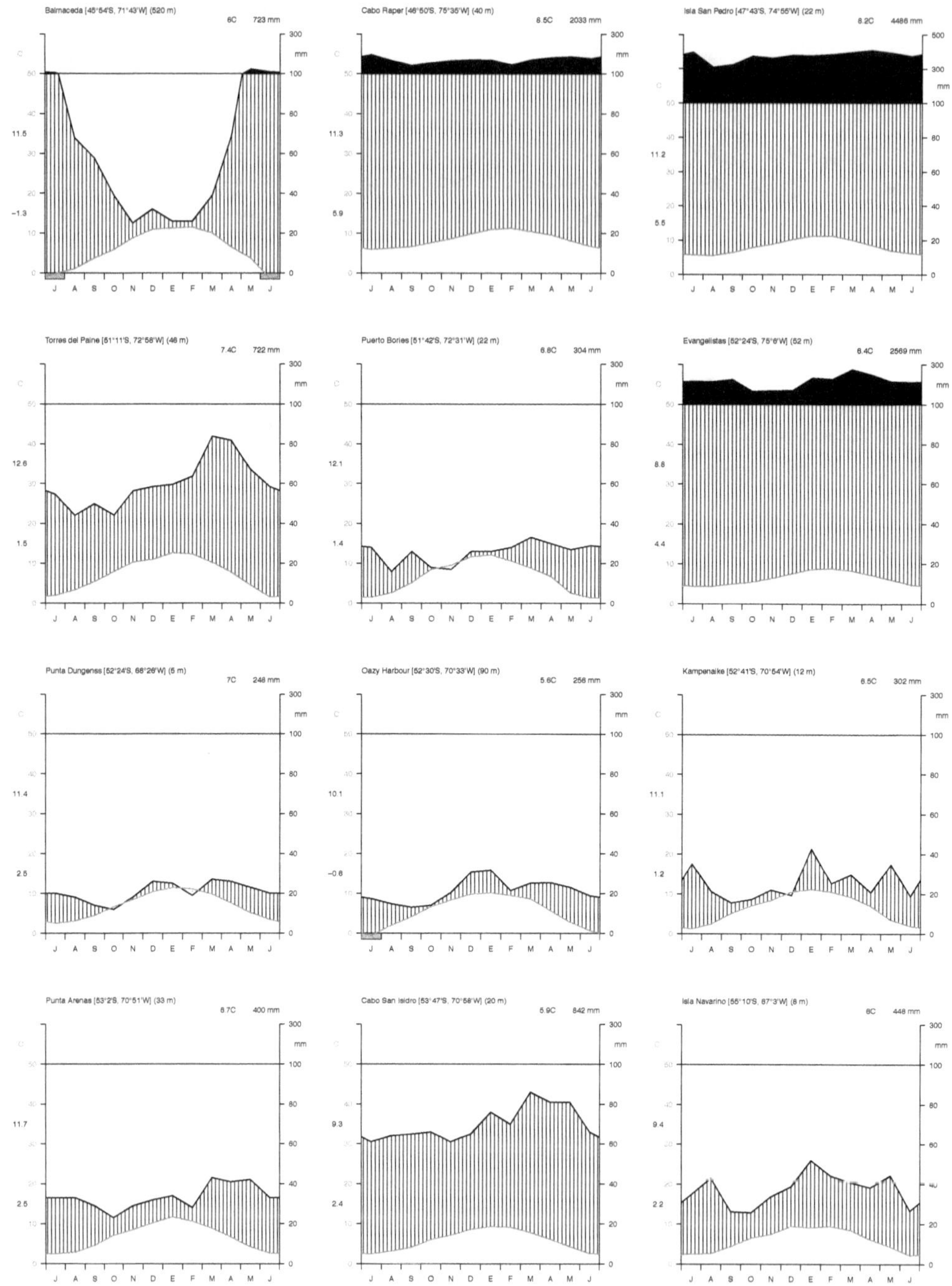

Figura 12: Diagramas ombrotérmicos de estaciones meteorológicas representadas en la Tabla 1 (continuación). T y P se indican en la parte superior de cada diagrama. Tmax y Tmin se indican en el lado izquierdo de cada diagrama. Meses con helada segura se indican por medio de barras grises.

3.2. Clasificación bioclimática

Varios autores han planteado clasificaciones climáticas para Chile (*e.g.*, refs. 52, 313, 315, 507, 509, 510, 1057, 1189). La más utilizada como marco de estudios de ciencias naturales ha sido la de Di Castri y Hajek [315], y en el último tiempo ha cobrado importancia la aproximación de Amigo y Ramírez [52], que toma la propuesta global de Rivas-Martínez [1308]. El esquema de clasificación que se presenta a continuación está basado en Amigo y Ramírez [52], e incorpora nuevos elementos.

La zona norte de Chile está en su mayor parte bajo macrobioclima tropical, que se distribuye en las laderas altas y medias de los Andes hasta *ca.* 31°S y desciende en forma casi diagonal con límite sur a 23°S en la zona costera (Figura 13). El macrobioclima mediterráneo caracteriza la zona central de Chile y se extiende hacia el sur por la depresión intermedia casi hasta el paralelo 39, y por las faldas occidentales de ambas cordilleras hasta *ca.* 37°S y vuelve a reaparecer en las zonas patagónicas orientales de Aisén y Magallanes (Figura 13). En casi toda la zona sur de Chile domina el macrobioclima templado, pero en la zona sudoccidental de la zona austral se presenta el macrobioclima antiboreal (Figura 13). La delimitación presentada no es del todo concordante con lo expuesto por Amigo y Ramírez [52], quienes excluyen del área austral el macrobioclima mediterráneo, mientras que los límites tropical/mediterráneo, mediterráneo/templado y templado/antiboreal son ligeramente distintos a los presentados en este trabajo (Figura 13). Las Figuras 14 y 15 muestran la distribución geográfica de ombrotipos y termotipos, respectivamente.

En las siguientes secciones, donde se describen los macrobioclimas, los pisos de vegetación se indican mediante sus códigos (*e.g.*, P1, P2), tal como se presentan en la Sección 4.3.2 (página 99). El listado completo de pisos de vegetación por bioclima se encuentra en el Apéndice electrónico (http://dx.doi.org/10.5281/zenodo.60800).

3.2.1. Macrobioclima tropical

Se encuentra en la zona norte de Chile, desde el extremo norte hasta los 31°S por los altos Andes y descendiendo en forma diagonal hacia el norte hasta los 23°S en la costa (Figura 13), lo que coincide en gran medida con lo expuesto por Amigo y Ramírez [52]. Reúne los bioclimas tropical pluviestacional, xérico, desértico e hiperdesértico, y la variante bioclimática antitropical.

El bioclima tropical pluviestacional se distribuye en el área altiplánica del norte de la región de Tarapacá (Figura 16) y se extiende hacia el sur solo por las partes más elevadas de los Andes, con ombrotipos subhúmedo, húmedo e hiperhúmedo, y termotipos orotropical y criorotropical. La vegetación corresponde a matorrales bajos, principalmente dominados por especies de *Parastrephia* (pisos de vegetación P98–P101) y el herbazal de altitud dominado por *Chaetanthera sphaeroidalis* (piso de vegetación P117).

El área de distribución del bioclima tropical xérico es casi continua en las laderas altas de los Andes tropicales, interrumpiéndose en el área de máxima penetración altitudinal de la aridez a 24–25°S (Figura 16). Los ombrotipos que se encuentran en este bioclima son seco y semiárido, con los termotipos supratropical, orotropical y criorotropical. La vegetación corresponde a matorrales bajos de altitud dominados por especies de *Fabiana* (pisos de vegetación P97, P103), *Parastrephia* (piso de vegetación P100), *Adesmia* (pisos de vegetación P108 y P109) y *Mulinum* (piso de vegetación P105), el herbazal de altitud

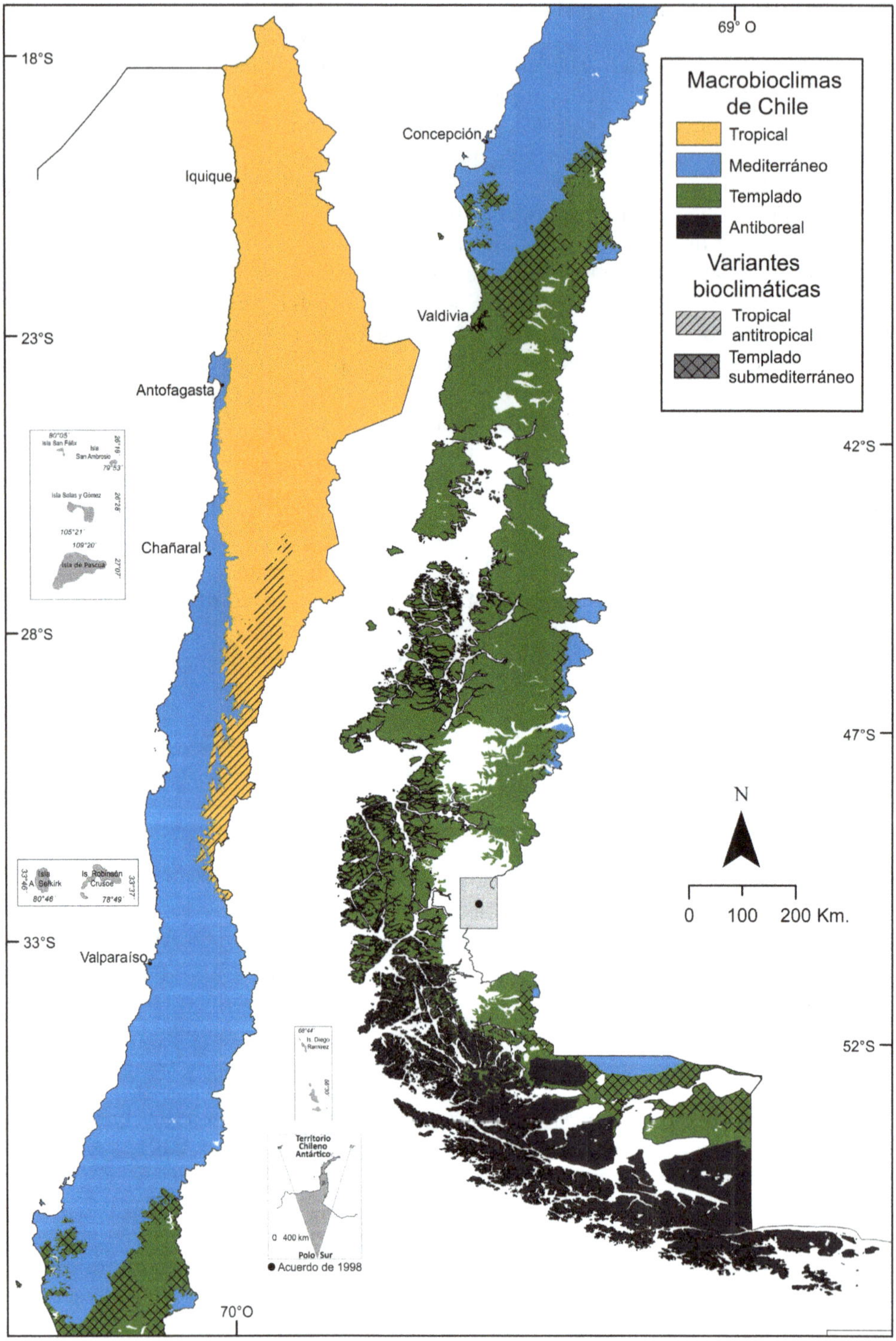

Figura 13: Representación espacial de los macrobioclimas de Chile y sus variantes bioclimáticas.

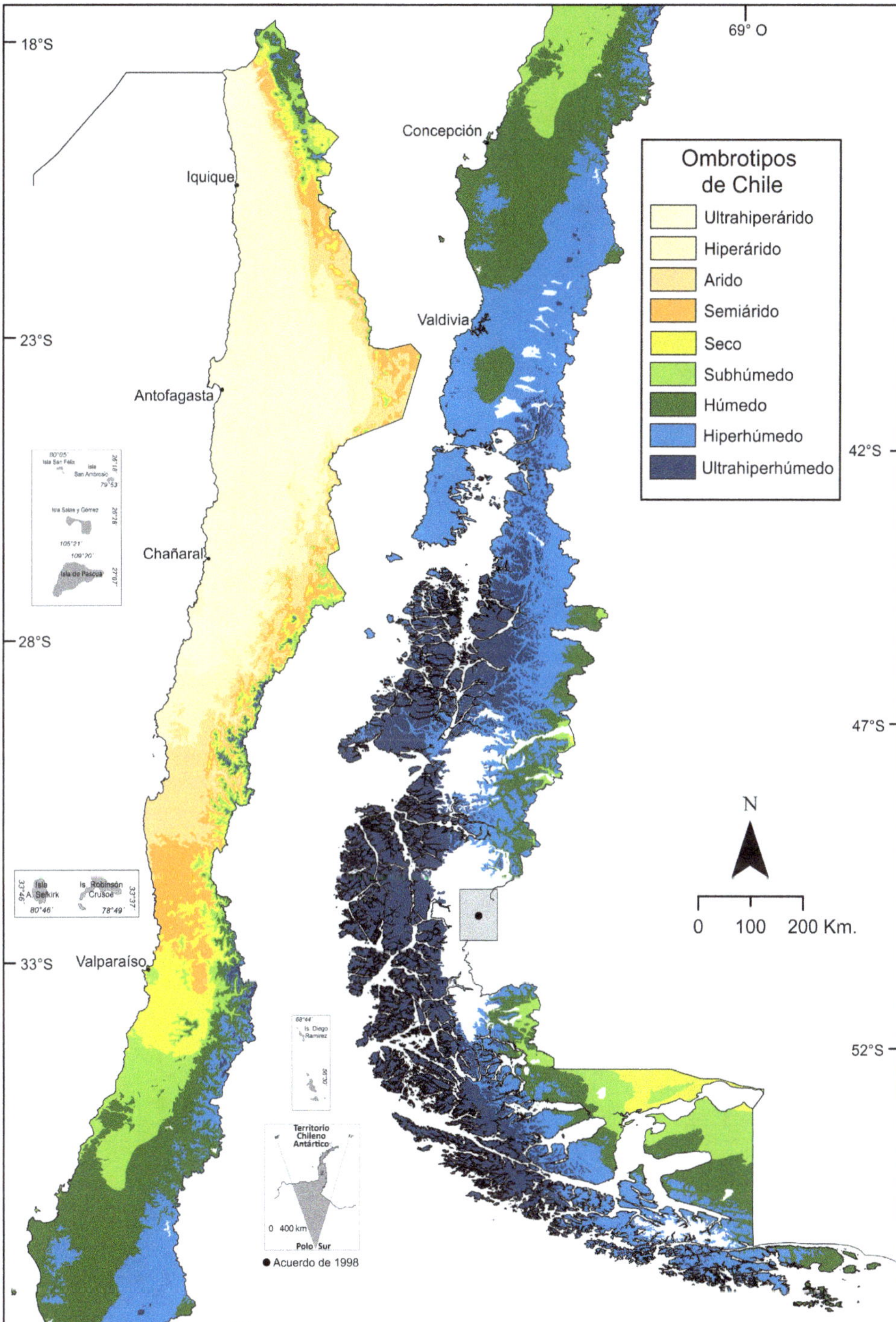

Figura 14: Representación espacial de los ombrotipos de Chile.

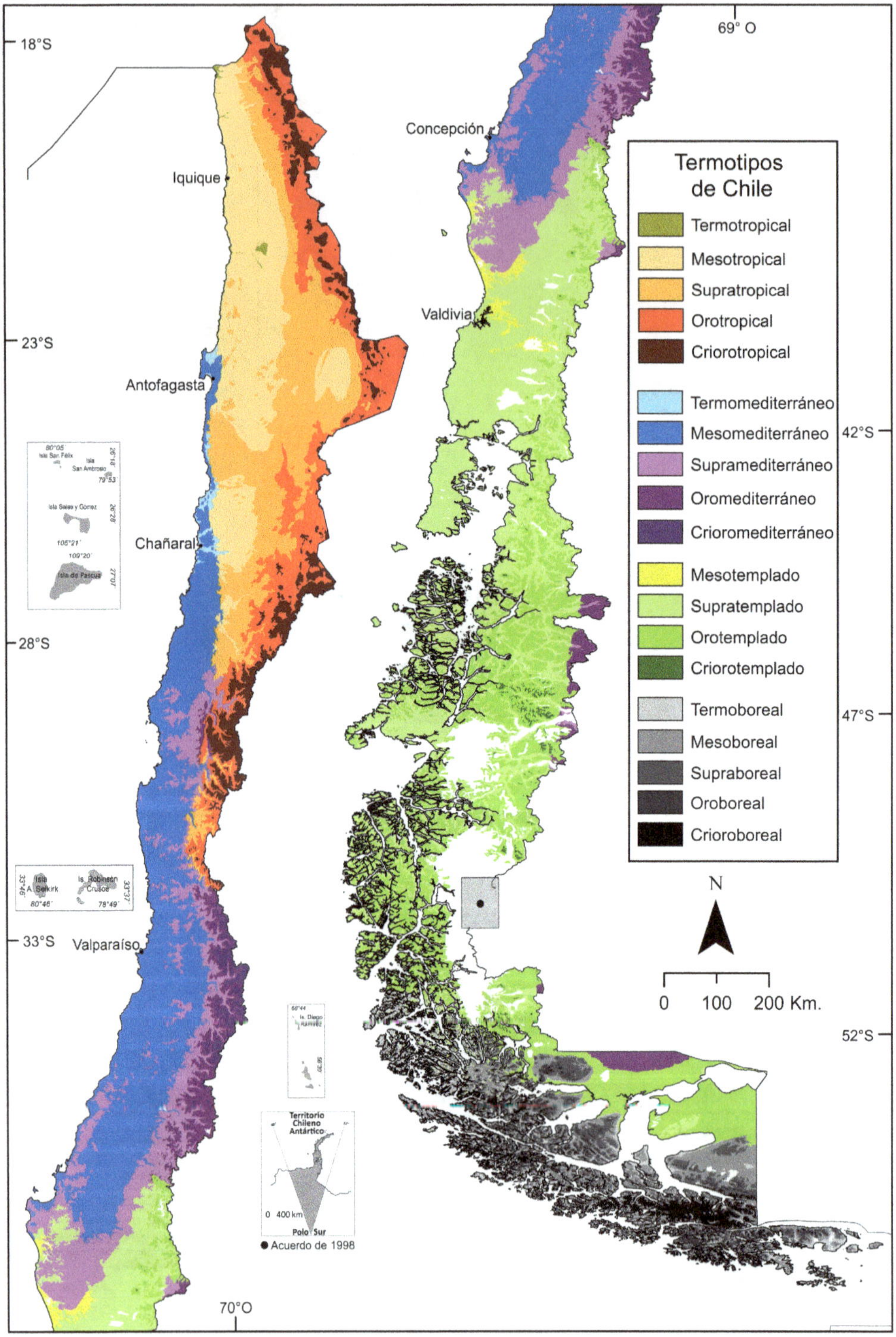

Figura 15: Representación espacial de los termotipos de Chile.

dominado por *Chaetanthera sphaeroidalis* (piso de vegetación P117) y marginalmente el matorral bajo desértico de *Atriplex imbricata* y *Acantholippia deserticola* (piso de vegetación P23).

El bioclima tropical desértico se extiende en forma continua por debajo del bioclima anterior en las laderas bajas y medias de los Andes, con su máxima expresión en la Puna de Atacama (Figura 16). Los ombrotipos que se encuentran en este bioclima son árido e hiperárido y los termotipos supratropical, orotropical y criorotropical. La vegetación es variada y se compone de matorrales bajos desérticos con *Atriplex imbricata* o *Adesmia atacamensis* (pisos de vegetación P22, P23 y P25), matorrales bajos de altitud (pisos de vegetación P97, P102–P109), herbazal de altitud dominado por *Chaetanthera sphaeroidalis* (piso de vegetación P117), matorrales desérticos (pisos de vegetación P4 y P5) y bosques espinosos de suculentas columnares (*Browningia*) (piso de vegetación P31).

Las áreas tropicales restantes se encuentran bajo la influencia del bioclima tropical hiperdesértico, que comprende las zonas bajas costeras e interiores del norte de Chile entre el límite con Perú y los 27°S en su límite más austral (Figura 16). Solo se encuentran en este bioclima los ombrotipos ultrahiperáridos, mientras que los termotipos son termotropical, mesotropical, supratropical y, marginalmente, algunos sectores orotropicales en la zona de máxima penetración altitudinal de la aridez (24-25°S). A pesar de presentar fuertes restricciones hídricas para el desarrollo de la vida vegetal, por su amplia extensión geográfica y variedad de situaciones térmicas, alberga una importante diversidad de pisos de vegetación, entre los que se cuentan desiertos absolutos (piso de vegetación P1), dunas de aerófitos (piso de vegetación P2), herbazales efímeros (piso de vegetación P3), matorrales desérticos (pisos de vegetación P4–P7, P15, P16), matorrales bajos desérticos (pisos de vegetación P22–P25), matorrales bajos de altitud (pisos de vegetación P106, P107) y bosques espinosos (pisos de vegetación P29, P30), algunos de ellos asociados a condiciones edáficas o topográficas que permiten la compensación del déficit hídrico.

En las zonas precordilleranas bajas del área sur de distribución del macrobioclima tropical se presenta la variante antitropical (Figura 13, página 78), dentro de la que se encuentran representados los pisos de vegetación de matorral bajo de altitud (pisos de vegetación P108, P109), matorral bajo desértico (piso de vegetación P25) y herbazal de altitud (piso de vegetación P117), que marcan la transición hacia el macrobioclima mediterráneo.

Dentro del macrobioclima tropical, la mayor parte de los territorios corresponde al tipo de continentalidad euhiperoceánico, y solo en la cordillera andina de la Puna de Atacama se presenta el tipo subhiperoceánico (Figura 17), que corresponde a una fase más continental, posiblemente producto del efecto de barrera que, en conjunto, ejercen la sierra de Vicuña Mackenna y la cordillera de Domeyko.

3.2.2. Macrobioclima mediterráneo

La zona bajo influencia de clima mediterráneo de Chile ha sido objeto de varios estudios climáticos específicos locales (*e.g.*, refs. 788, 856, 1149, 1150, 1152, 1456) y regionales (*e.g.*, refs. 5, 224, 314, 420, 872, 1189, 1421). Los límites del macrobioclima mediterráneo, tal como es definido en este trabajo (Figura 13), son bastante concordantes con los planteados por Caviedes y Daget [224] y Amigo y Ramírez [52], pero difieren de los definidos por Di Castri y Hajek [315], quienes extienden este macrobioclima hacia la zona perhúmeda, que no está incorporada en la definición de Rivas-Martínez [1310, 1311] y

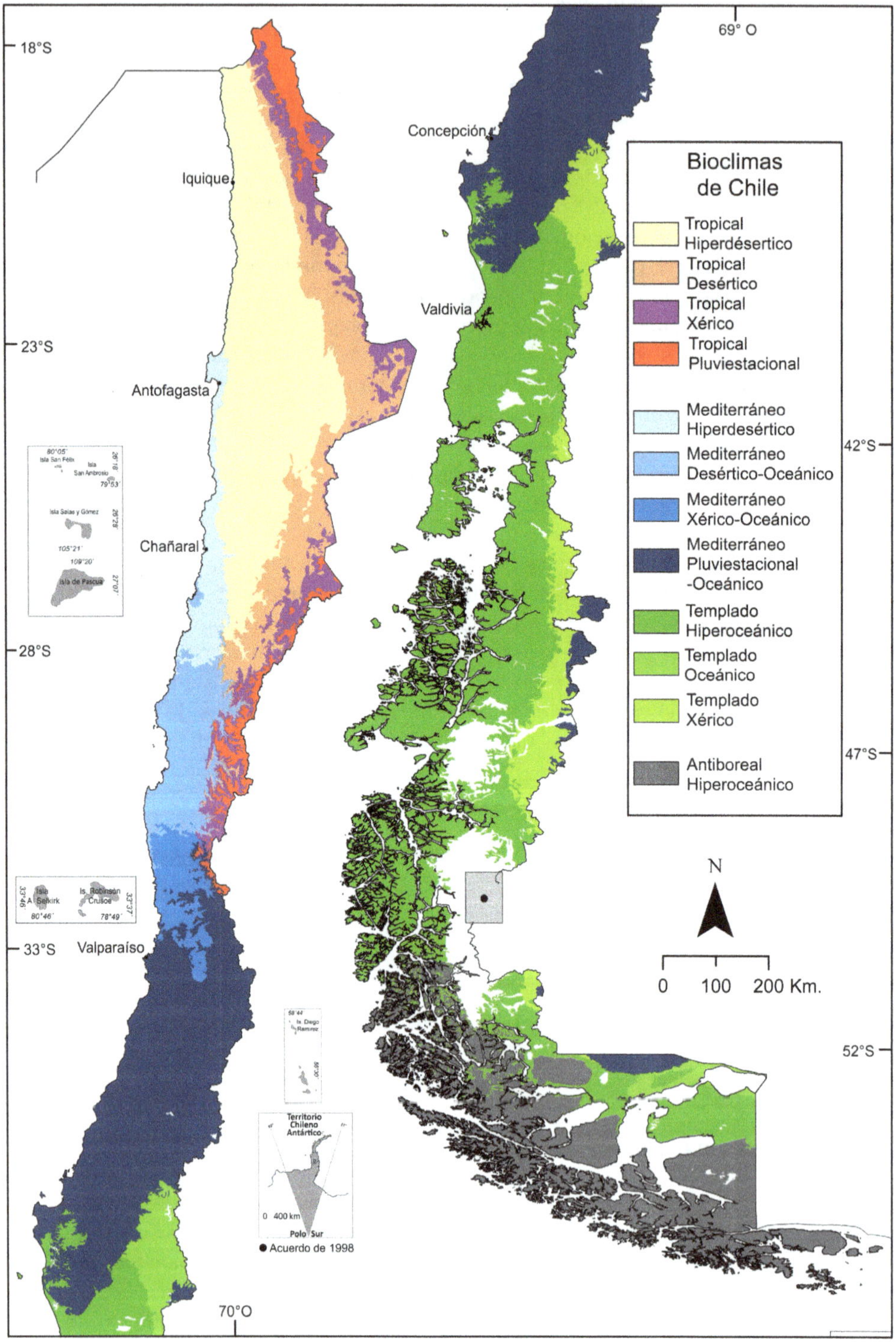

Figura 16: Representación espacial de los bioclimas de Chile.

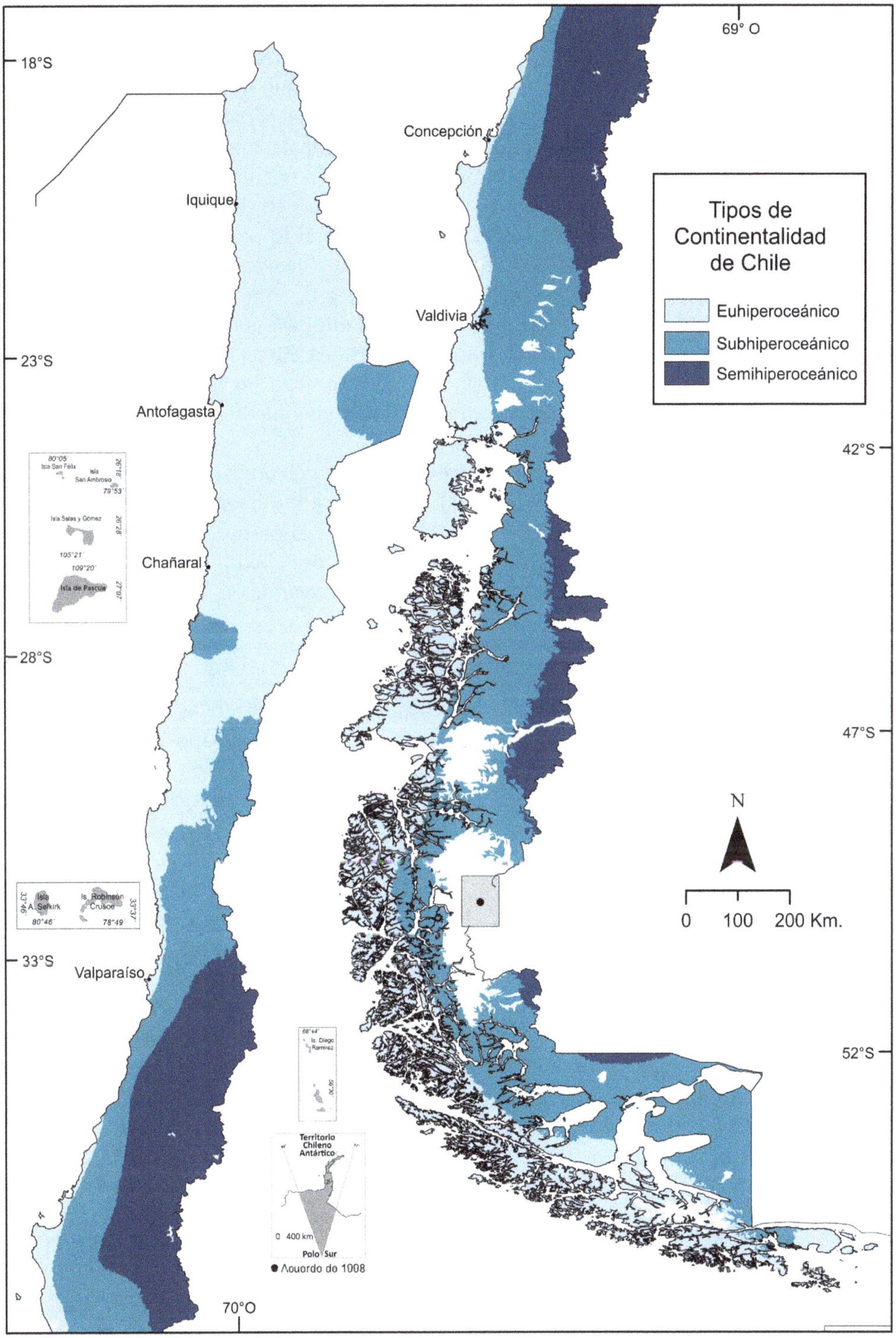

Figura 17: Representación espacial de los tipos de continentalidad de Chile.

es en cambio más coincidente con la definición propuesta por Aschmann [117]. El macrobioclima mediterráneo se distribuye fundamentalmente en la zona central de Chile, pero ocupa la franja costera desde 23°S y penetra hacia el interior aproximadamente a la latitud del paralelo 25, donde asume una forma diagonal que alcanza las altas cumbres de los Andes a *ca.* 31°S, extendiéndose por todo el ancho del territorio nacional hasta *ca.* 37°S, latitud donde sufre un angostamiento para extenderse solo en la depresión intermedia, desapareciendo definitivamente a 39°S (Figura 13, página 78). En este trabajo el macrobioclima mediterráneo también aparece marginalmente representado en las zonas más orientales de Aisén y Magallanes, lo que no había sido planteado antes, pero que es concordante con la penetración de algunos tipos de estepa patagónica hacia territorio chileno en esas áreas (Figura 21, página 96, véanse pisos de vegetación P122–P124, páginas 235–236), lo que de algún modo da cuenta de las afinidades florísticas y fisionómicas que se observan entre la vegetación andino-mediterránea típica y la estepa patagónica, aunque un paralelo fitogeográfico para esas unidades todavía no se ha realizado formalmente. El macrobioclima mediterráneo reúne los bioclimas mediterráneo hiperdesértico, desértico-oceánico, xérico-oceánico y pluviestacional.

El bioclima mediterráneo hiperdesértico se distribuye en toda el área norte del macrobioclima, abarcando la zona costera desde 23°S y penetrando hacia el interior aproximadamente a la latitud del paralelo 25 (Figura 16). Incluye el ombrotipo ultrahiperárido y los termotipos inframediterráneo, termomediterráneo y mesomediterráneo. La vegetación corresponde a matorrales desérticos costeros (pisos de vegetación P7–P11, P13, P14) e interiores (pisos de vegetación P12, P15).

El área de distribución de bioclima mediterráneo desértico-oceánico se encuentra justo al sur del bioclima anterior, por la costa, el interior y las laderas andinas bajas, limitando hacia el sur con el bioclima mediterráneo xérico-oceánico a la latitud de 31°S (Figura 16). Implica los ombrotipos hiperárido y árido, y los termotipos termomediterráneo, mesomediterráneo y supramediterráneo. Los principales pisos de vegetación que se encuentran bajo la influencia de este bioclima son matorrales desérticos (pisos de vegetación P13–P15, P17–P21), matorrales bajos desérticos (piso de vegetación P26) y muy marginalmente en los matorrales bajos de altitud dominados por *Adesmia hystrix* del piso de vegetación P108.

El bioclima mediterráneo xérico-oceánico tiene una distribución que se extiende por las faldas cordilleranas de los Andes del norte de la región de Coquimbo, por el interior y las zonas costeras desde los 31°S hacia el sur, angostando finalmente su distribución solo al interior del sur de la región de Valparaíso hasta algo más al sur el paralelo 33 (Figura 16). El ombrotipo semiárido es el único representado en este bioclima, mientras que los termotipos son principalmente termomediterráneo, mesomediterráneo y supramediterráneo, pero también están presentes, aunque con baja representación, los termotipos oromediterráneo y crioromediterráneo. A pesar de ser uno de los bioclimas con menor repartición geográfica, los pisos de vegetación son variados: matorrales desérticos (pisos de vegetación P20 y P21), matorrales espinosos (piso de vegetación P27), bosques espinosos (piso de vegetación P32 y marginalmente P33), matorrales esclerofilos (pisos de vegetación P36 y P37), y algunos bosques esclerofilos pobremente representados en este bioclima (pisos de vegetación P38–P40).

La repartición geográfica del bioclima mediterráneo pluviestacional es la mayor de todos los bioclimas mediterráneos, abarcando todos los sectores ubicados al sur de la latitud 33°S hasta el límite del macrobioclima (Figura 16). Incluye los ombrotipos seco, subhúmedo y húmedo, y todos los termotipos desde el termomediterráneo al crioromediterráneo. La vegetación se compone de matorrales espinosos (piso de vegetación P27 y P28), bosques espinosos (pisos de vegetación P32–P35), matorrales esclerofilos (piso de vegetación P37), bosques esclerofilos (pisos de vegetación P38–P45), bosques caducifolios de *Nothofagus macrocarpa* (piso de vegetación P46), *N. glauca* (pisos de vegetación P49–P51), *N. obliqua* (pisos de vegetación P47, P48, P52, P53, P55) y marginalmente *N. alpina* (piso de vegetación P57) o *N. pumilio* (piso de vegetación P60), matorral caducifolio de *Nothofagus antarctica* (piso de vegetación P69), bosque resinoso de *Araucaria araucana* (piso de vegetación P76), matorrales bajos de altitud (pisos de vegetación P110–P113), herbazales de altitud (pisos de vegetación P118, P119), en estepas y pastizales (pisos de vegetación P122–P124).

En la zona mediterránea de Chile la influencia continental se expresa más que en el macrobioclima tropical, encontrándose los tipos de continentalidad euhiperoceánico en las zonas más próximas al mar, subhiperoceánico en las faldas occidentales de la cordillera de la Costa y en los Andes de la región de Coquimbo, y semihiperoceánico a sotavento de la cordillera de la Costa de toda la zona central de Chile y en la Patagonia, definiendo el área con menor influencia oceánica de Chile, producto del efecto barrera que ejerce la presencia de la misma cordillera (Figura 17).

3.2.3. Macrobioclima templado

Es el que ocupa la mayor superficie de Chile continental, extendiéndose desde el límite con el macrobioclima mediterráneo (37°S por las faldas de ambas cordilleras, 39°S por la depresión intermedia) casi hasta el extremo austral, excluyendo la zona sudoccidental de Tierra del Fuego y la zona más austral de los archipiélagos magallánicos que corresponden al macrobioclima antiboreal; también se excluyen algunas zonas orientales de Aisén y Magallanes bajo la influencia del macrobioclima mediterráneo (Figura 13, página 78). Dentro del macrobioclima templado de Chile se distinguen tres bioclimas: templado hiperoceánico, oceánico y xérico. En las zonas limítrofes con el macrobioclima mediterráneo se identifica la variante bioclimática templada submediterránea, en concordancia con lo ya planteado por Quintanilla [1189].

El bioclima templado hiperoceánico es el de más amplia repartición, extendiéndose por casi todas las zonas costeras, interiores y andinas que abarca el macrobioclima (Figura 16). Incluye por lo tanto los ombrotipos húmedo, hiperhúmedo y ultrahiperhúmedo y todos los termotipos posibles entre el termotemplado y el criorotemplado. La vegetación incluye bosques caducifolios de *Nothofagus obliqua* (piso de vegetación P54), *N. alpina* (pisos de vegetación P56, P58 y P59) o *N. pumilio* (P61–P63, P65 y P66), matorrales caducifolios de *N. antarctica* (pisos de vegetación P67, P68 y P70), bosques laurifolios (pisos de vegetación P71–P73), bosques resinosos de coníferas (pisos de vegetación P74, P75, P77–P80), bosques siempreverdes (pisos de vegetación P81, P82 y P84–P91), matorral siempreverde (piso de vegetación P92), turberas (pisos de vegetación P93 y P96), matorral bajo de altitud (piso de vegetación P115), herbazal de altitud (piso de vegetación P120) y estepas y pastizales (pisos de vegetación P125–P125).

El bioclima templado oceánico está presente de manera importante en la zona andina del sur de la región del Biobío y norte de La Araucanía y ocupa algunas áreas limítrofes en la región de Los Lagos y de Aisén (Figura 16). Este bioclima comprende los ombrotipos húmedo e hiperhúmedo y los termotipos mesotemplado, supratemplado y orotemplado.

La vegetación existente son bosques caducifolios (pisos de vegetación P58–P64), matorrales caducifolios (piso de vegetación P69), bosques resinosos de coníferas (pisos de vegetación P75, P76 y P78), bosque siempreverde (pisos de vegetación P83, P87 y P88), matorral bajo de altitud (pisos de vegetación P114 y P115), herbazal de altitud (piso de vegetación P120) y estepas y pastizales (pisos de vegetación P122, P124).

El bioclima templado xérico se encuentra solamente en la zona sudoriental de Magallanes (Figura 16). Se encuentra solo el ombrotipo seco y los termotipos supratemplado y principalmente orotemplado. La vegetación corresponde a estepas y pastizales del piso de vegetación P123.

Las zonas templadas del límite con el macrobioclima mediterráneo corresponden a la variante bioclimática templada submediterránea (Figura 13, página 78), que tiene representados pisos de vegetación de bosque caducifolio (pisos de vegetación P54, P56–P61, P63, P64), matorral caducifolio (piso de vegetación P69) bosque laurifolio (pisos de vegetación P71 y P73), bosques resinosos de coníferas de *Araucaria araucana* (pisos de vegetación P74–P76), matorral bajo de altitud (pisos de vegetación P114 y P115), hebazal de altitud (piso de vegetación P120) y estepas y pastizales (pisos de vegetación P122–P125).

Los tipos de continentalidad que se encuentran dentro del macrobioclima templado son euhiperoceánico en las zonas litorales, subhiperoceánico en las zonas interiores y andinas y semihiperoceánico en algunas áreas andinas (Figura 17, página 83). La distribución de los bosques caducifolios de *Nothofagus alpina* parece estar limitada a las zonas subhiperoceánicas y semihiperoceánicas.

3.2.4. Macrobioclima antiboreal

Se distribuye en la parte sudoccidental de los archipiélagos magallánicos (Figuras 13 y 16, páginas 78 y 82 respectivamente). Solo incluye el bioclima antiboreal hiperoceánico, en el que a su vez se presentan los ombrotipos húmedo, hiperhúmedo y ultrahiperhúmedo y los termotipos termoboreal a crioroboreal. La vegetación corresponde a turberas (pisos de vegetación P94–P96), bosque caducifolio (piso de vegetación P66), matorral caducifolio (piso de vegetación P70), bosque siempreverde (pisos de vegetación P89–P91), matorral bajo de altitud (piso de vegetación P116) y herbazal de altitud (piso de vegetación P121). La zona antiboreal de Chile presenta los tipos de continentalidad euhiperoceánico y subhiperoceánico (Figura 17, página 83).

Capítulo 4
Sinopsis de la vegetación

4.1. Límites de la vegetación

La distribución de la vegetación se encuentra limitada por factores climáticos tanto térmicos como hídricos. Las restricciones definidas por estas limitantes constituyen un marco de referencia espacial para circunscribir la vegetación. En zonas con nula precipitación, sin influencia de neblinas y sin acumulación de agua en el sustrato, no es posible encontrar plantas vasculares. Esto ocurre en vastas extensiones del desierto de Atacama en el norte de Chile, el que es considerado el lugar más seco del planeta, sobrepasando el límite de aridez incluso para la vida microbiana [1003]. Sin embargo, la falta de humedad no es espacialmente continua, sino que está frecuentemente interrumpida por la ocurrencia de situaciones puntuales en las que, debido a las condiciones del sustrato, es posible el desarrollo de vegetación, lo que genera un mosaico en el que alternan áreas desprovistas de vegetación con áreas pobladas por comunidades vegetales. El territorio donde la extensión de las áreas desprovistas de vegetación es mucho mayor que la de las áreas con comunidades vegetales dependientes del sustrato, es conocido como desierto absoluto y definido más adelante como una unidad de vegetación (véase página 99).

Las limitantes térmicas son en cambio mucho más severas, porque cruzado un determinado umbral no es posible el establecimiento de plantas vasculares, incluso bajo condiciones de sustrato especiales. Este es el caso de la mayor parte de las áreas del territorio antártico y de los campos de hielo en el sur de Chile. Debido a que la temperatura tiende a disminuir con la elevación, este umbral también es sobrepasado en las altas montañas. Existe por lo tanto una altitud a la que las plantas vasculares dejan de ocurrir, definiendo el límite altitudinal de la vegetación. Esta elevación es variable, porque la temperatura puede cambiar localmente a una misma elevación dependiendo de la topografía, especialmente la exposición [774]. Los registros de plantas vasculares a mayor elevación provienen de los Himalaya, donde se han encontrado plantas vasculares hasta los 6.350 m, mientras que en los Andes se han reportado plantas vasculares hasta los 5.800 m, límite sobre el cual es posible encontrar comunidades compuestas por musgos, hepáticas, líquenes y algas [652]. Debido a que la temperatura disminuye con la latitud, el límite altitudinal de la vegetación decrece latitudinalmente. Sin embargo, puesto que la presión atmosférica también es una limitante para el desarrollo de la vida vegetal y ésta disminuye con la elevación, pero aumenta con la latitud [776], la relación entre latitud y límite altitudinal de la vegetación no es directamente proporcional.

El límite altitudinal de la vegetación a diferentes latitudes en Chile no ha sido establecido con precisión, pero existen numerosos reportes puntuales que dejan ver un patrón de variación. Estos reportes son recogidos en la Figura 18, donde se observa una clara disminución del límite altitudinal de la vegetación con la latitud, desde aproximadamente 5.000 m en el extremo norte de Chile [863] hasta alrededor de 1.200 m en Tierra del

Fuego [893]. Las variaciones locales que se observan son probablemente causadas por variaciones en la topografía. La compilación no cubre adecuadamente el rango latitudinal comprendido entre la latitud de Santiago (~33°S) y la de Temuco (~38°S) y el de las zonas más australes, donde hubo muy pocos registros.

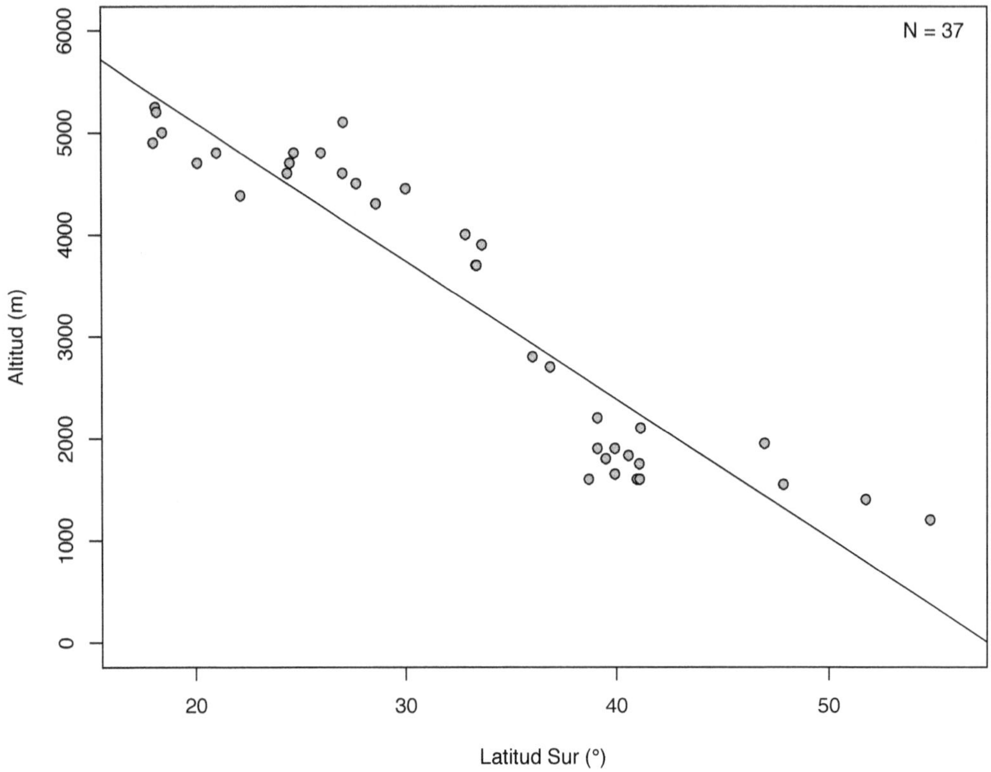

Figura 18: Variación latitudinal del límite altitudinal de la vegetación en Chile. La diagonal corresponde a un ajuste lineal (R^2=0.87). Compilado de diferentes fuentes bibliográficas [107, 108, 114, 236, 456, 488, 652, 794, 846, 861, 863, 893, 992, 1076, 1123, 1195, 1285, 1476, 1505, 1531, 1541, 1630, 1631, 1672].

4.2. Variación espacial de la vegetación

La Figura 19 esquematiza la variación espacial de la vegetación de Chile continental mediante el uso de perfiles longitudinales a seis latitudes desde el extremo norte hasta el límite austral. Para ello se utiliza la clasificación de pisos de vegetación que se desarrolla en detalle en la Sección 4.3.2 (página 99).

La zona norte de Chile (*ca.* 17–28°S) presenta una marcada variación longitudinal de la vegetación en concordancia con las grandes unidades geomorfológicas y ombroclimáticas. La zona costera, generalmente expuesta a la influencia de neblinas y lluvias orográficas, la pampa desértica, con muy escasas precipitaciones, y la zona andina, donde la precipitación vuelve a incrementarse.

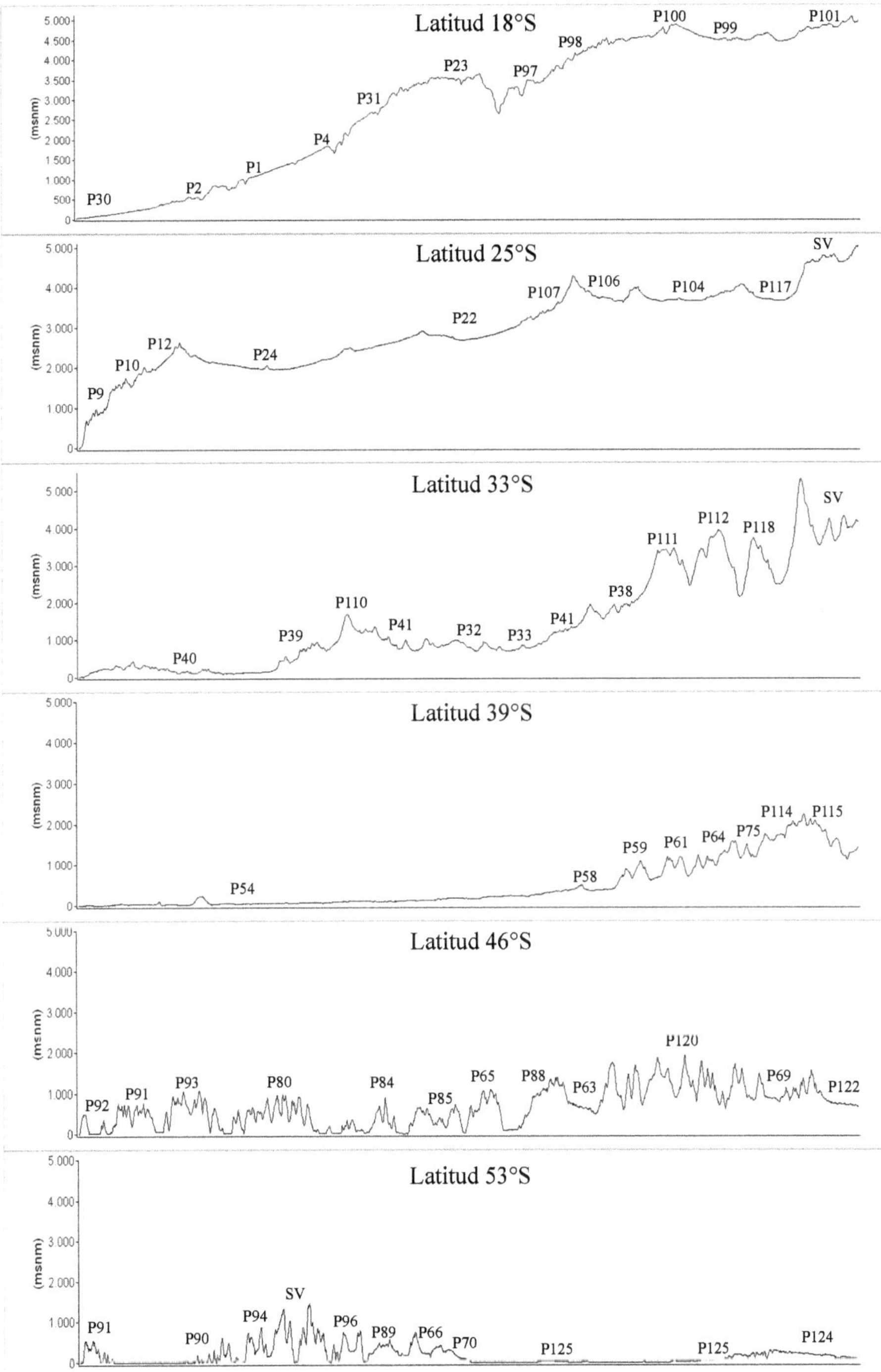

Figura 19: Perfiles longitudinales de vegetación a diferentes latitudes en Chile. Los códigos (P1 a P125) corresponden a las unidades de vegetación zonal (pisos de vegetación) que se presentan en la Sección 4.3.2 (página 99) y en el mapa adjunto en la contratapa.

La vegetación costera, llamada desierto costero [517, 522, 800, 1357], jaral costero [508] o formación de "lomas" [320, 322, 459, 1663] que se extiende por el litoral desde La Serena hasta Perú, se caracteriza por presentar una marcada "zona de neblinas" o "piso fértil" [740, 889, 993, 1085, 1110, 1295, 1357, 1360, 1450, 1451, 1673], donde la vegetación alcanza gran desarrollo y se caracteriza por la presencia de cactáceas columnares del género *Eulychnia* (*e.g. E. breviflora, E. saint-pieana, E. iquiquensis*), las que se ven asociadas a una gran diversidad de arbustos de diferentes géneros como *Nolana, Heliotropium, Euphorbia, Tetragonia*, y suculentas de los géneros *Deuterocohnia, Tillandsia, Puya, Neoporteria*, entre otros, cuyas abundancias varían tanto en altitud como en latitud. Por debajo y por sobre el piso fértil la vegetación es más abierta y se caracteriza por la presencia de cactáceas del género *Copiapoa* (*e.g., C. cinerea, C. cinerascens, C. humilis, C. rupestris*) y de algunas especies arbustivas como *Gypothamnium pinifolium, Oxyphyllum ulicinum* y *Heliotropium pycnophyllum*. Las plantas herbáceas también son frecuentes, pero su abundancia está principalmente determinada por la ocurrencia de precipitaciones (Figura 25, página 110).

La vegetación de la cordillera de los Andes presenta una marcada zonación altitudinal, producto de la influencia combinada del descenso de la temperatura y del aumento de las precipitaciones [114, 115, 863, 1194, 1632, 1633]. Las zonas intermedias del gradiente altitudinal son las que presentan mayor desarrollo estructural de la vegetación, porque se encuentran bajo condiciones térmicas e hídricas moderadas. La vegetación de las zonas bajas está limitada por el descenso de las precipitaciones, mientras que la de las zonas altas lo están por el de las temperaturas. La composición y estructura de la vegetación también es variable con la latitud. En las zonas andinas bajas se desarrolla un matorral bajo abierto dominado por *Atriplex imbricata*, que está presente desde la porción septentrional de la región de Atacama hasta el extremo norte de Chile [861, 863, 926, 1630–1632]. Las franjas altitudinales intermedias presentan una vegetación de matorrales bajos y pajonales cuyas especies dominantes varían con la latitud: la zona de transición entre lluvias invernales y estivales, de máxima aridez, se caracteriza por la presencia de *Jarava frigida*, asociada a especies arbustivas como *Artemisia copa, Adesmia melanthes* y *Fabiana bryoides* [99, 861, 1085, 1288, 1673]; el sector más septentrional, con lluvias estivales, está caracterizado por matorrales dominados por distintas especies del género *Parastrephia*, y pajonales dominados por *Festuca orthophylla*, entre los que pueden desarrollarse pequeños bosquetes de *Polylepis tarapacana*. En las zonas precordilleranas, que contactan catenalmente con los matorrales bajos desérticos de *Atriplex imbricata*, la vegetación dominante es un matorral de *Fabiana ramulosa* y *Diplostephium meyenii*, que en el extremo norte alterna su distribución con pequeños bosquetes de *Polylepis rugulosa* [863, 1531, 1630, 1631]. En los sectores de mayor elevación, generalmente por sobre los 4.700 m, que están sometidos a fuertes procesos de gelifracción producto del congelamiento permanente del sustrato, la vegetación es generalmente muy abierta y dominada por plantas en cojín o hierbas perennes en roseta: la vegetación de la zona comprendida entre los 24 y 30°S está dominada por *Chaetanthera sphaeroidalis* [108, 861, 1505], mientras que las zonas más septentrionales por *Azorella compacta, Pycnophyllum molle* y *Senecio zoellneri* [863, 1531, 1630, 1631].

La pampa desértica, situada en la zona intermedia entre la costa y la cordillera de los Andes [169], presenta una vegetación más abierta que la de la costa y los Andes, con amplios territorios totalmente desprovistos de plantas vasculares. La vegetación se concentra en los oasis, que generalmente presentan napas freáticas salinas sobre las que se desarrollan formaciones dominadas por especies del género *Prosopis*, y las quebradas donde se observan bosques y matorrales, fuertemente intervenidos, cuyas especies dominantes varían dependiendo del rango altitudinal y latitudinal en que se encuentren (*cf.* refs. 6, 522, 641, 858, 966, 1085, 1117–1119, 1160, 1695–1698), como por ejemplo *Acacia macracantha*, *Cortaderia atacamensis*, *Geoffroea decorticans*, *Morella pavonis* (Figura 29, página 130), *Salix humboldtiana*, *Tessaria absinthioides.* Las pequeñas hondonadas de la pampa, donde se acumula algo de humedad, muestran una vegetación muy rala, generalmente compuesta por *Cistanthe salsoloides* y *Adesmia atacamensis* [160, 1631] (Figura 28 página 122).

Al sur de los 28°S la vegetación de la zona costera corresponde a matorrales con presencia de plantas suculentas dominados por *Chuquiraga ulicina*, *Encelia canescens*, *Oxalis virgosa*, *Balbisia peduncularis* y varias especies de *Nolana* [87, 88, 1016, 1357, 1555]. El interior, más árido por la sombra de lluvia ejercida por una cordillera costera baja [170], se caracteriza por presentar un matorral abierto dominado por *Adesmia argentea*, *Bulnesia chilensis*, *Heliotropium sinuatum* y otras [517, 522, 926, 1079, 1081, 1085]. Ambos sectores presentan una estrata de herbáceas y arbustos bajos que se hace muy abundante durante la primavera de los años lluviosos [633, 634, 642, 768, 922, 980, 1620]. En las zonas andinas bajas se presenta un matorral dominado por *Haplopappus baylahuen* y *Ephedra breana* [108, 926], el que, con la disminución de las precipitaciones hacia el norte, es reemplazado por el ya mencionado matorral de *Atriplex imbricata.* Las zonas altoandinas, sometidas a lluvias invernales, mantienen una vegetación de matorral que se caracteriza por la dominancia de *Adesmia hystrix* y *Jarava chrysophylla*, el que con el aumento de la elevación es sustituido por un matorral bajo de *Adesmia subterranea* y *A. echinus*, y luego por un herbazal abierto de *Chaetanthera sphaeroidalis*, que se extienden al menos hasta la latitud de 30°S [108, 522, 926, 1505].

Hacia el sur de los 30°S la vegetación de tierras bajas comienza a perder su carácter desértico, tanto respecto de su fisionomía como de su composición. Esto se expresa claramente en el esquema de clasificación de Gajardo [517, 522] con las formaciones vegetacionales del Matorral Estepario. En la medida que aumenta la latitud y hasta el río Aconcagua, la presencia de la cordillera de la Costa se hace menos evidente y se interrumpe por la penetración de los llamados Valles Transversales. La vegetación se caracteriza por matorrales xeromórficos donde dominan los arbustos *Haplopappus foliosus*, *Porlieria chilensis*, *Flourensia thurifera*, *Colliguaja odorifera*, *Heliotropium stenophyllum*, las suculentas *Trichocereus chiloensis*, *T. coquimbanus*, *Eulychnia acida*, *Puya venusta*, *P. chilensis*, entre otros [225, 424, 426, 428, 514, 1351, 1580, 1671]. En las partes de mayor elevación la vegetación vuelve a tomar un aspecto de matorral bajo y, al igual que más al norte, también es posible identificar tipos de vegetación que se suceden el gradiente altitudinal [115, 853, 1505, 1507, 1508, 1632].

Gran parte de los trabajos publicados sobre la vegetación del centro-norte de Chile se han referido a interesantes excepciones, como los bosques relictuales de *Aextoxicon punctatum* (*e.g.*, refs. 279, 481, 735, 787, 788, 790, 851, 982, 1062, 1063, 1078, 1424, 1481, 1502, 1567, 1628, 1629, 1638, 1700), *Pouteria splendens* (*e.g.*, refs. 790, 956), bosques pantanosos de mirtáceas (*e.g.*, refs. 832, 1411, 1414, 1416, 1624) y humedales (*e.g.*, refs. 167, 304, 1271) que son relativamente escasos en términos de superficie, pero han recibido, comparativamente, más atención que otros tipos de vegetación en estudios específicos.

Al sur del río Aconcagua la presencia de formaciones boscosas comienza a aparecer de manera continua en el paisaje vegetal. La vegetación boscosa es dominante hasta el extremo sur de Chile, pero está limitada altitudinalmente en toda su extensión a una elevación que tiende a decrecer con la latitud en lo que se conoce como el límite arbóreo o *treeline* (Figura 20). Las principales especies que definen el límite arbóreo son *Kageneckia angustifolia* en la zona mediterránea y *Nothofagus pumilio* en la zona templada, aunque otras especies también pueden constituir este límite (Figura 20). La causa más frecuentemente citada para la formación del límite arbóreo es el descenso de la temperatura, la que a partir de un cierto umbral no permite el crecimiento de esta forma de vida [777]. Variaciones locales en el límite altitudinal podrían ser explicadas por variaciones locales en la temperatura, de la misma manera que para el límite absoluto de la vegetación (véase página 87). Este umbral térmico parece situarse en el rango de 5,5–7,5°C para la temperatura media del aire de la estación de crecimiento [773], o 6–7°C para la temperatura media del suelo de la estación de crecimiento [692, 777] en comparaciones globales. Recientemente se ha sugerido que la temperatura no es el único factor controlador del límite arbóreo en zonas bajo clima mediterráneo, sugiriendo que el descenso de la humedad podría también jugar un rol importante en estas zonas [1113]. Los bosques de *Polylepis tarapacana* en el norte de Chile parecen estar situados a elevaciones superiores a las esperadas [925] (véase Figura 20), pero la temperatura a la que crecen se ajusta al patrón global [691]. Körner [775] presenta un análisis detallado de los aspectos funcionales del límite arbóreo a escala global.

También al sur del río Aconcagua la cordillera de la Costa vuelve a elevarse, alcanzando altitudes que superan los 2.000 m en los macizos de La Campana - El Roble - Chicauma (*ca.* 33°S) y Altos de Cantillana - Altos de Loncha (*ca.* 34°S). La vegetación característica de las zonas costeras occidentales corresponde a un bosque esclerofilo típicamente dominado por *Cryptocarya alba* y *Peumus boldus*, que en sus fases de máximo desarrollo tiene una importante participación de elementos laurifolios (*e.g.*, *Beilschmiedia miersii*, *Dasyphyllum excelsum*, *Persea lingue*) y epífitas vasculares (*e.g.*, *Proustia pyrifolia*, *Cissus striata*, *Boquila trifoliolata*, *Lardizabala biternata*, *Tropaeolum ciliatum*, *Bomarea salsilla*, *Eccremocarpus scaber*) [74]. Este tipo de vegetación se ve favorecido por factores de compensación climática, asociados a su posición ecológica (baja altitud, cercanía al mar, exposición sur, vertiente occidental de la cordillera de la Costa), que atenúan los efectos de la sequía en el verano (lluvias orográficas, baja radiación, neblinas costeras) y las heladas en invierno (temperaturas medias relativamente cálidas y baja amplitud térmica) [867]. Alternando con este tipo de vegetación, en exposiciones más xéricas, se observan matorrales dominados por plantas suculentas (*e.g.*, *Puya berteroniana*, *Trichocereus chiloensis*) y arbustos espinosos, generalmente deciduos de verano (*e.g.* *Retanilla trinervia*, *Trevoa quinquenervia*, *Adesmia confusa*, *Proustia cuneifolia*) (véanse refs. 697, 944, 945, 948, 949, 1023, 1024). En los fondos de quebrada la vegetación corresponde a un bosque laurifolio higrófilo, donde, además de las ya mencionadas especies laurifolias, son también dominantes *Drimys winteri*, *Crinodendron patagua*, *Luma chequen*, *Aristotelia chilensis*, *Rhaphithamnus spinosus* y otras (Figura 31, página 141). Por sobre los 1.000 m de altitud es posible observar un bosque caducifolio dominado por *Nothofagus macrocarpa*, cuya distribución altitudinal está limitada en las cumbres de los cerros más altos de la costa (*e.g.*, La Campana, El Roble, Chicauma, Cantillana), donde se observa la presencia de un matorral bajo típicamente andino dominado por *Chuquiraga oppositifolia* y *Mulinum spinosum* [122, 523, 549, 867, 988, 1191, 1340, 1344, 1363, 1643, 1645]. Un patrón similar de distribución de la vegetación se produce a latitudes y elevaciones equivalentes de la vertiente oriental de la cordillera de la Costa y de la cordillera de los Andes,

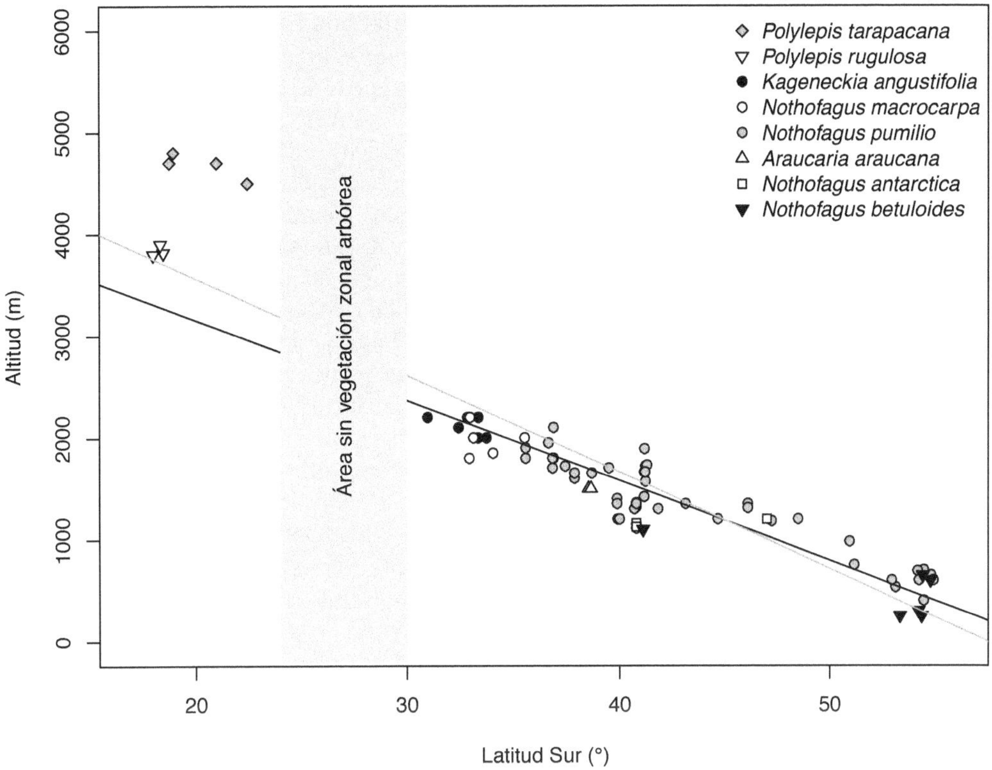

Figura 20: Variación latitudinal del límite altitudinal de la vegetación boscosa en Chile dominados por diferentes especies. La línea negra corresponde a un ajuste lineal ($R^2=0.89$) excluyendo Polylepis tarapacana, *mientras que la línea gris la incluye ($R^2=0.86$).* Compilado de diferentes fuentes bibliográficas [36, 98, 103, 107, 122, 147, 258, 268, 281, 282, 285, 442, 443, 488, 549, 753, 777, 779, 794, 808, 846, 862, 863, 867, 893, 912, 931, 935, 992, 1112, 1113, 1123, 1129, 1195, 1278, 1303, 1338, 1363, 1412, 1438, 1476, 1541, 1592, 1593, 1600].

pero en los correspondientes bosques esclerofilos faltan casi completamente los elementos laurifolios, ya que gran parte de los factores de compensación climática están ausentes; los bosques caducifolios tampoco se expresan y en su lugar se observan bosques esclerofilos con importante participación de especies del género *Kageneckia* [74, 517, 522, 992] y algunos enclaves de bosquetes de *Austrocedrus chilensis* [1089, 1436]. El matorral bajo se extiende en altitud en los Andes conforme se hacen disponibles nuevos ambientes y su fisionomía y composición se transforma, de manera que es posible identificar otros tipos de vegetación que se suceden en el gradiente altitudinal donde las plantas arbustivas pierden importancia y se hacen dominantes subarbustos, gramíneas y hierbas en roseta (véanse refs. 71, 236, 606, 694, 862, 915, 992, 1195, 1197, 1198, 1201, 1204, 1632). Las partes planas de la depresión intermedia están generalmente dominadas por formaciones de bosques espinosos de *Acacia caven* (espinales), que se extienden en las zonas semiáridas, secas y subhúmedas [74, 213, 355, 480, 517, 522, 1027, 1354].

Bosques esclerofilos, dominados por *Peumus boldus*, *Cryptocarya alba*, *Azara integrifolia* y *Lomatia hirsuta* se extienden hacia el sur de 34°S, hasta la región del Maule, al interior del macrobioclima mediterráneo en las partes bajas de ambas cordilleras

[58, 74, 355, 357, 522]. Los sectores planos de la depresión intermedia siguen dominados por espinales de *Acacia caven* hasta *ca.* 36°S (véase Figura 30, página 134 y refs. 9, 213, 480, 1014, 1027), que luego son reemplazados por bosques esclerofilos de *Quillaja saponaria* [522], y finalmente por bosques caducifolios de *Nothofagus obliqua* que marcan la transición hacia la zona de clima templado a *ca.* 38°S [351, 355–357, 1014]. Las laderas medias de las cordilleras, aproximadamente desde el paralelo 35 al sur y en especial en sus vertientes occidentales, reciben comparativamente mayor humedad que las zonas bajas, aun cuando se mantienen bajo la influencia del clima mediterráneo hasta *ca.* 37°S. Tales situaciones están pobladas por bosques caducifolios dominados por *Nothofagus glauca* o *N. obliqua* [58, 351, 355–357, 1266, 1404, 1489, 1535] en cuyos sotobosques se desarrollan tanto elementos esclerofilos (*e.g. Cryptocarya alba*, *Peumus boldus*, *Quillaja saponaria*) como laurifolios (*e.g. Aextoxicon punctatum*, *Laurelia sempervirens*, *Persea lingue*), con una disminución de los primeros y un incremento de los segundos conforme aumenta la latitud [688], alternando con formaciones esclerofilas que se ubican en las exposiciones más xéricas. En los pisos altitudinales superiores con vegetación boscosa comienza a ser importante la presencia de *Austrocedrus chilensis*, que participa tanto en los elencos florísticos del bosque caducifolio como del esclerofilo [351, 355–357, 522, 1014, 1443].

La exposición tiene una influencia particularmente importante en la vegetación de toda la zona central de Chile, ya que modifica las condiciones locales de humedad, lo que a su vez tiene efectos en la estructura y composición de la vegetación [74, 81, 82, 125, 137, 306, 514, 1352, 1354, 1437, 1645], determinando cambios a lo largo de gradientes de aridez que se expresan en superficies de extensión reducida (véase Figuras 27, 31, 33, páginas 120, 141, 151).

La zona central de Chile es la que presenta mayor concentración de población humana. La vegetación natural ha estado y está sometida a severos regímenes de perturbación antrópica que han transformado fuertemente el paisaje vegetal y afectado la dinámica natural de los ecosistemas [84, 91, 135, 137, 379, 391, 392, 490–492, 496–498, 516, 543, 544, 571, 639, 700, 701, 789, 1025–1027]. Los principales factores de esta perturbación parecen ser la habilitación de terrenos para cultivo agrícola, los incendios, la extracción de leña y tierra de hojas y el pastoreo (véanse refs. 72, 79, 121, 137, 420, 490, 516, 1205, 1214, 1218, 1354), que en algunos sectores han generado serios problemas de desertificación [427, 495, 516, 634, 1500, 1575].

La transición entre los bioclimas mediterráneo y templado se caracteriza por la presencia de bosques caducifolios mixtos con presencia de elementos esclerofilos [52] al igual que en regiones equivalentes de Europa y Norteamérica [166, 964, 1052, 1054, 1317]. En esta zona la discriminación cartográfica de unidades vegetacionales resulta bastante compleja, debido a que en la realidad algunas unidades típicamente mediterráneas se encuentran en ambientes templados y viceversa, especialmente en el área andina, lo que se ve acentuado por la presencia de grandes macizos montañosos y la fuerte influencia antrópica que alteran la expresión zonal de la vegetación.

Dentro de los ambientes templados se presentan bosques caducifolios (dominados por *Nothofagus obliqua*, *N. alpina*, *N. pumilio* o *N. antarctica*), bosques laurifolios (dominados por *Aextoxicon punctatum*, *Dasyphyllum diacanthoides*, *Laureliopsis philippiana*, *Luma apiculata*, *Weinmannia trichosperma*), bosques siempreverdes (dominados por *Nothofagus dombeyi*, *N. nitida* o *N. betuloides*), bosques resinosos de coníferas (dominados por *Araucaria araucana*, *Fitzroya cupressoides* o *Pilgerodendron uviferum*) y turberas (dominadas por *Astelia pumila*, *Donatia fascicularis*, *Oreobolus obtusangulus*) (véanse refs.

53, 357, 409, 522, 1129, 1141, 1162, 1332, 1334, 1394, 1572, 1602, 1608, 1666). Los bosques caducifolios dominados por *Nothofagus* de hoja grande (*N. obliqua, N. alpina*, véase ref. 1253) se encuentran asociados a los sectores más secos, mientras que los caducifolios dominados por especies de *Nothofagus* de hoja pequeña (*N. antarctica, N. pumilio*) se distribuyen ampliamente en los sectores andinos más fríos [585, 647, 689, 1664]. En la medida que el bioclima se hace más húmedo hacia el sur aumenta la importancia de los elementos laurifolios en los estratos intermedios de los bosques caducifolios [688]. Los bosques laurifolios, siempreverdes y resinosos de coníferas se ubican en posiciones climáticas más húmedas que los caducifolios [52, 1669]. En este rango los bosques laurifolios están asociados a los ambientes más cálidos y de menor continentalidad, cerca del mar o en las zonas adyacentes a los lagos. En tanto que aumentan las precipitaciones y disminuye la temperatura en latitud y altitud, los bosques siempreverdes y resinosos de coníferas se hacen dominantes, frecuentemente asociados a sustratos orgánicos turbosos. Las turberas, también asociadas a sustratos orgánicos, se ubican en las zonas más frías y húmedas, generalmente sometidas a una fuerte influencia glacial. La zona también está poblada por formaciones intrazonales de diferentes tipos, especialmente bosques pantanosos de mirtáceas, que han sido extensamente estudiados (*e.g.*, refs. 1246, 1264, 1409, 1411, 1414, 1416).

El área situada por sobre el límite de la vegetación boscosa de Chile central y sur está cubierta por formaciones de matorrales bajos, pajonales con plantas en cojín y herbazales de altitud cuya composición de especies varía notoriamente de norte a sur, aunque siempre dominan Compuestas, Umbelíferas y gramíneas (*cf.* refs. 158, 488, 893, 1032, 1123, 1332, 1623) y se alternan con áreas de vegas ubicadas sobre suelos saturados [1366].

Las estepas patagónicas se ubican en las zonas orientales de mayor continentalidad [1665] del sur de Chile asociadas a un macrobioclima mediterráneo y templado submediterráneo. Son espacialmente muy homogéneas y generalmente dominadas por gramíneas duras donde destaca la presencia de *Festuca pallescens* en Aisén [940] y *Festuca gracillima* en Magallanes [805, 1332].

En el extremo sur de Chile los bosques caducifolios, dominados por *Nothofagus pumilio*, están asociados a las zonas húmedas del macrobioclima templado [805, 1332, 1333], mientras que las zonas más frías tienden a presentar una vegetación de plantas pulvinadas de aspecto desértico donde destaca la presencia de especies del género *Bolax* [1129, 1141]. En las zonas antiboreales, al parecer, las variaciones pluviométricas, si bien generan cambios en la vegetación, a menudo son poco significativas en relación con las limitantes térmicas. Las zonas hiperhúmedas del macrobioclima templado se encuentran pobladas por bosques siempreverdes microfilos donde la principal especie dominante es *Nothofagus betuloides*. En las áreas de clima templado de gran humedad y bajas temperaturas asociadas a una importante influencia oceánica se encuentra la vegetación de turberas [1665], también llamada tundra magallánica o tundra subantártica, en la que dominan varias especies, destacando entre ellas el musgo *Sphagnum magellanicum* y la Juncácea *Marsippospermum grandiflorum* en las áreas más secas, y *Donatia fascicularis* y *Astelia pumila* en las áreas más húmedas. En las zonas de los archipiélagos magallánicos los bosques de *Nothofagus betuloides* tienden a ocupar ubicaciones costeras, mientras que al interior de las islas se encuentran las comunidades turbosas (véase Figura 41, página 212 y refs. 1129, 1141, 1334).

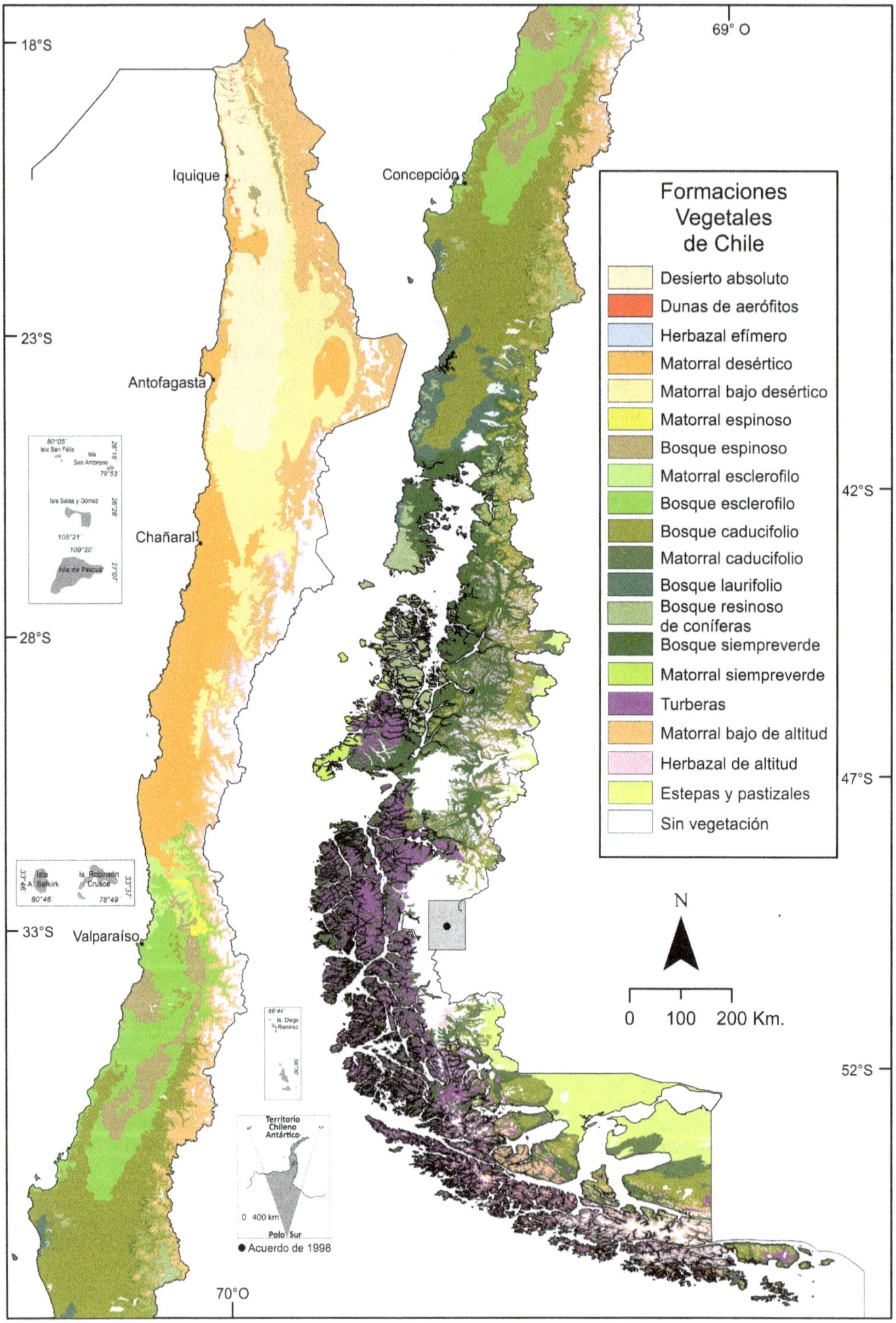

Figura 21: Representación espacial de las formaciones vegetales de Chile.

4.3. Clasificación de la vegetación

Esta sección está dividida en tres partes. En la primera (Sección 4.3.1, abajo) se describen los grandes tipos de vegetación, las clases de formaciones vegetales. En estas clases se pueden incluir todos los tipos de vegetación presentes en Chile.

En la segunda parte (Sección 4.3.2, página 99) se describen los 125 tipos de vegetación zonal o pisos de vegetación, numerados consecutivamente desde P1 a P125, los cuales se agrupan en formaciones vegetales (Figura 21, página 96). Al final de cada formación vegetal se describe la distribución de unidades extrazonales correspondientes a esa formación vegetal. Las unidades de vegetación extrazonal están numeradas independientemente y de manera consecutiva (E1–E22). La distribución espacial de los pisos de vegetación se representa en el mapa adjunto en la contratapa. Las coberturas cartográficas digitales están disponibles a través del repositorio Zenodo (http://dx.doi.org/10.5281/zenodo.60800).

Finalmente, en la tercera parte (Sección 4.3.3, página 239) se presenta la vegetación intrazonal con sus unidades (I1–I31) también agrupadas en unidades mayores.

4.3.1. Clases de formaciones

Según la clasificación de Ellenberg y Mueller-Dombois [395], se reconocen las siguientes clases de formaciones en Chile continental, dentro de las que pueden ser agrupadas formaciones vegetales y pisos de vegetación (vegetación zonal), así como las unidades de vegetación extrazonal e intrazonal.

Bosque cerrado

Formaciones vegetales dominadas por árboles, cuyas copas se traslapan en el plano horizontal. Se incluyen las formaciones bosque esclerofilo *p.p.* (página 137), bosque caducifolio (página 148), bosque laurifolio (página 180), bosque siempreverde (página 194) y bosques resinoso de coníferas (página 186). En Chile los bosques cerrados zonales tienen una distribución potencial en los macrobioclimas mediterráneo, templado y antiboreal, ombrotipo semiárido a ultrahiperhúmedo, limitados altitudinalmente por la disminución de las temperaturas (véase página 93), estando ausentes en los termotipos criorómediterráneo, criorotemplado y oroboreal. La vegetación intrazonal palustre (página 245) y riparia (página 250) incluye formaciones de bosques cerrados.

Bosque abierto

Formaciones vegetales dominadas por árboles, cuyas copas generalmente no se sobreponen en el plano horizontal. Incluye las formaciones bosque espinoso (página 127) y bosque esclerofilo *p.p.* (página 137). Se consideran en esta categoría unidades no incluidas por Ellenberg y Mueller-Dombois [395]. Los bosques abiertos de Chile se encuentran bajo la influencia de los macrobioclimas tropical y mediterráneo, ombrotipos ultrahiperárido a húmedo, termotipos mesotropical, supratropical, termomediterráneo, mesomediterráneo y supramediterráneo.

Matorral

Formaciones dominadas por arbustos altos (>0,5 m), cuyas copas pueden o no traslaparse. Pueden estar presentes individuos arbóreos aislados. En esta clase están las formaciones matorral desértico (página 103), matorral espinoso (página 125), matorral esclerofilo (página 135), matorral caducifolio (página 175) y matorral siempreverde (página 194). En Chile están presentes en los macrobioclimas tropical, mediterráneo, templado y antiboreal, generalmente asociados a condiciones limitantes de baja temperatura (termotipos supratemplado, orotemplado, mesoboreal) o escasa precipitación (ombrotipos ultrahiperárido a seco). La vegetación intrazonal de matorrales se encuentra en las unidades de vegetación costera (página 241), de vegas (página 248), riparia (página 250) y rupícola (página 253).

Matorral bajo

Formaciones vegetales dominadas por arbustos bajos (<0,5 m) con cobertura variable. Incluye las formaciones de matorral bajo desértico (página 121) y matorral bajo de altitud (página 214). Se presenta en todos los macrobioclimas y casi todos los ombrotipos (ultrahiperárido a hiperhúmedo), generalmente en los pisos altitudinales superiores por sobre los termotipos supratropical, supramediterráneo, orotemplado y mesoboreal. Matorrales bajos intrazonales se presentan en las unidades de vegetación costera (página 241), halófila (página 243) y rupícola (página 253).

Vegetación herbácea terrestre

Formaciones vegetales dominadas por plantas herbáceas, incluyendo gramíneas y graminoides. Las formaciones de herbazal efímero (página 102), herbazal de altitud (página 231), estepas y pastizales (página 234) y turberas (página 209) están incluidas en esta clase. Se distribuye en todos los macrobioclimas, en los ombrotipos ultrahiperárido a ultrahiperhúmedo, generalmente en los termotipos criorotropical, supramediterráneo, oromediterráneo, crioromediterráneo, supratemplado, orotemplado, criorotemplado, mesoboreal, supraboreal y oroboreal. La formaciones herbáceas están ampliamente representadas en las unidades de vegetación intrazonal costera (página 241), halófila (página 243), palustre (página 245), de vegas y turberas (página 248), riparia (página 250) y rupícola (página 253).

Desiertos y otras áreas con vegetación escasa

Formaciones vegetales dominadas por formas de vida diversas, pero que presentan coberturas bajas o nulas, de manera que el paisaje está dominado por terrenos descubiertos de vegetación. Se incluyen las formaciones desierto absoluto (página 99) y dunas de aerófitos (página 100). Se distribuye en el macrobioclima tropical, ombrotipo ultrahiperárido, termotipos termotropical y mesotropical.

Vegetación acuática

La vegetación acuática está compuesta por formas de vida herbáceas flotantes o sumergidas que desarrollan todo su ciclo de vida en el agua (hidrófitos). Se encuentran en ambientes lénticos o lóticos de corriente lenta. La vegetación acuática solo está representada por unidades intrazonales (página 239).

4.3.2. Vegetación zonal: pisos de vegetación

Los pisos de vegetación que a continuación se describen están organizados jerárquicamente en la secuencia Formación vegetal-Piso de vegetación. El orden en que se describen es en lo posible, pero no necesariamente, el orden espacial de latitud/longitud en que están ubicadas tales unidades, independientemente del macrobioclima en que se encuentran. Los pisos de vegetación están numerados de P1 a P125. La distribución espacial de los pisos de vegetación se representa en el mapa adjunto en la contratapa. Las corberturas cartográficas digitales están disponibles en el Apéndice electrónico a través del repositorio Zenodo (http://dx.doi.org/10.5281/zenodo.60800). La superficie de cada uno de los pisos de vegetación se presenta en la Tabla 2 (página 260).

En esta sección también se describen unidades de vegetación extrazonal (E1 a E12). Estas corresponden a vegetación zonal que se encuentra fuera de su rango de distribución zonal, en situaciones locales de compensación. Las unidades están agrupadas en las mismas formaciones vegetales que los pisos de vegetación y por lo tanto se intercalan al final de la descripción de los pisos de vegetación de cada formación vegetal. Las descripciones de las unidades de vegetación extrazonal incluyen una breve diagnosis de su distribución ecológica, las comunidades incluidas con sus respectivas referencias bibliográficas, y los pisos de vegetación en que se presentan de acuerdo con los antecedentes disponibles. Estos fueron en su mayor parte recopilados por Vanezza Morales.

Desierto absoluto

Se incluyen aquí las áreas ultrahiperáridas prácticamente desprovistas de vegetación del Desierto de Atacama en el norte de Chile. Solo se ha individualizado un piso de vegetación dentro del macrobioclima tropical.

P1. Desierto tropical interior con vegetación escasa

Descripción: Zona que carece casi completamente de vida vegetal (Figura 22), excepto en algunos sectores con presencia de napa subterránea salobre donde se observa un matorral halófilo dominado por *Tessaria absinthioides*. Es posible que existan otras comunidades vegetales, pero el conocimiento botánico sobre estas áreas está muy poco desarrollado en Chile, por lo que no se dispone de información sobre la composición florística.

Unidades intrazonales: I9, Vegetación halófila freatófila; I21, Matorral desértico ripario.

Figura 22: Desierto tropical interior con vegetación escasa (piso de vegetación P1). La Negra (Región de Antofagasta), Septiembre 2009 (Foto: F. Luebert).

Distribución: Pampa desértica en el interior de las regiones de Arica y Parinacota, Tarapacá y Antofagasta, entre 600 y 2.100 m de altitud, pisos bioclimáticos mesotropical ultrahiperárido y supratropical inferior ultrahiperárido hiperoceánico.

It: 309–455; Tp: 1673–2123; Io: 0,00–0,06; Ic: 4,3–7,1; T: 13,9–17,6; P: 0–4; EP: 1159–1701.

Referencias: 378, 513, 517, 522, 800, 801, 1049, 1202, 1375, 1425, 1639.

Dunas de aerófitos

Esta formación incluye las comunidades dominadas por aerófitos del género *Tillandsia*, distribuidas en áreas tropicales costeras ultrahiperáridas con influencia de neblinas. La forma de vida dominante ha sido tradicionalmente incluida dentro de las epífitas. Por su ecología y fisiología [1355, 1362, 1675], en que las plantas no poseen raíces asimilatorias y tanto el agua como los nutrientes son obtenidos directamente de la atmósfera, constituye una forma de vida diferente [531]. Rauh [1275] denominó esta forma de vida como epífitos atmosféricos. Aunque estas particularidades han sido reconocidas en estudios vegetacionales, incluso a escala global (*e.g.*, refs. 183, 1074, 1657), las clasificaciones vegetacionales fisionómicas normalmente no incluían una formación específica donde estas especies son dominantes. Por esta razón esta formación no aparece en la clasificación de Ellenberg y Mueller-Dombois [395], aunque podría ser asociada con dunas de plantas herbáceas en áreas desérticas.

P2. Dunas tropicales costeras de *Tillandsia landbeckii* - *T. marconae*

Descripción: Comunidades monoespecíficas usualmente compuestas por *Tillandsia landbeckii* (Figura 23), a excepción de una localidad, donde se ha observado la presencia de *T. marconae* (Altos de Poconchile). Estas comunidades dependen completamente de la neblina costera. Las plantas se distribuyen en bandas paralelas orientadas en dirección opuesta a la incidencia de la neblina. La cobertura media es de *ca.* 25%, pero varía entre 5 y *ca.* 40%, incrementándose con la altitud. En el extremo sur de su distribución estas comunidades contactan directamente con el matorral costero, donde las poblaciones de *Tillandsia* pueden encontrarse acompañadas de otras especies como *Tetragonia angustifolia*, *Lycium leiostemum*, *Ophryosporus floribundus*, *Nolana peruviana* y *N. sedifolia*.

Figura 23: Dunas tropicales costeras de Tillandsia landbeckii - T. marconae *(piso de vegetación P2). Comunidad de* Tillandsia landbeckii. Punta Gruesa (Región de Tarapacá), Septiembre 2004 (Foto: F. Luebert).

Comunidades: Lomas de *Tillandsia* [1355, 1362], Campos de *Tillandsia* [244], Tillandsiales [1104, 1107].

Composición florística: *Tillandsia landbeckii*, *T. marconae*. Solo en el extremo sur: *Alstroemeria violacea*, *Leucocoryne appendiculata*, *Lycium leiostemum*, *Nolana intonsa*, *N. peruviana*, *N. sedifolia*, *Ophryosporus floribundus*, *Oxalis bulbocastanum*, *Tetragonia angustifolia*.

Dinámica: Se ha sugerido que la dinámica de este tipo de vegetación es cíclica, iniciándose con una expansión de las plantas durante su crecimiento en la dirección de las neblinas incidentes. El crecimiento está fuertemente controlado por el aporte de nutrientes de las neblinas [594]. En la medida que se genera nuevo tejido, las partes más antiguas no expuestas a la neblina se tornan senecentes y finalmente mueren, pero se descomponen muy lentamente, de manera que permanecen por mucho tiempo hasta que finalmente quedan enterradas bajo la arena [1362]. Dataciones de restos enterrados han mostrado que las formaciones pueden llegar a tener 3.000 años de antigüedad [814].

Distribución: Zonas interiores cercanas a la costa de las regiones de Arica y Parinacota y Tarapacá entre 800 y 1.400 m, piso bioclimático mesotropical ultrahiperárido hiperoceánico. En la primera edición de este libro [873] se siguió a Quintanilla [1202] para definir la distribución de este tipo de vegetación. Los antecedentes proporcionados por Pinto [1104] y Pinto *et al.* [1107] claramente indican que ello era erróneo. Los límites de este piso de vegetación fueron tomados directamente del mapa de Pinto *et al.* [1107]. Los tillandsiales descritos para el interior de Caldera (Región de Atacama) [221, 1104] se integran como parte de la variabilidad del piso de vegetación P15 (matorral desértico tropical-mediterráneo interior de *Skytanthus acutus - Atriplex deserticola*).

It: 336–425; Tp: 1776–2021; Io: 0,00–0,03; Ic: 5,0–6,3; T: 14,7–16,8; P: 0–4; EP: 1139–1456.

Referencias: 171, 244, 249, 513, 594, 800, 801, 814, 993, 1104, 1107, 1110, 1202, 1355, 1362, 1425, 1450, 1451, 1675.

Herbazal efímero

Esta formación corresponde a áreas costeras bajas tropicales ultrahiperáridas del extremo norte de Chile que se encuentran desprovistas de vegetación la mayor parte del tiempo, pero que algunos años después de lluvias esporádicas se pueden ver cubiertas de plantas herbáceas anuales o perennes (geófitas). Los arbustos están completamente ausentes. Las condiciones para su desarrollo se manifiestan en la zona comprendida entre la latitud de Iquique y el norte de la península de Mejillones [865, 993, 1110], donde el farellón costero no cae abruptamente hacia el mar, sino que desemboca en una plataforma costera de pendiente relativamente suave donde se desarrolla este tipo de vegetación.

P3. Herbazal efímero tropical costero de *Nolana adansonii - N. lycioides*

Descripción: Formación dominada por herbáceas anuales en el que dominan local y temporalmente *Nolana adansonii*, *N. jaffuelii* y *N. lycioides*, dejando amplias extensiones de terreno descubiertas, incluso durante los periodos lluviosos. Hay muy pocos antecedentes publicados, puesto que la mayoría de los estudios se ha concentrado en el piso altitudinal superior, en la zona de neblinas, o bien no hacen referencia clara a la posición ecológica de las especies, de modo que la composición florística es difícil de precisar. En la parte más austral de este piso de vegetación se pueden observar, aunque con coberturas extremadamente bajas, algunas especies arbustivas como *Eremocharis fruticosa*, *Nolana linearifolia* y *N. peruviana*.

Comunidades: Matorral desértico de *Nolana peruviana* [865].

Composición florística: *Cristria molinae, Eremocharis fruticosa, Leucocoryne appendiculata, Malesherbia tocopillana, Nolana adansonii, N. jaffuelii, N. linearifolia, N. lycioides, N. peruviana, Polyachyrus annus, Tetragonia ovata.*

Dinámica: Las plantas se observan solo después de lluvias intensas asociadas a eventos El Niño, probablemente a partir de bancos de semillas generados durante el periodo lluvioso anterior. Se ha mostrado en *Nolana jaffuelii* que existen mecanismos físicos y fisiológicos que permitirían a las semillas permanecer en latencia por largos periodos a la espera de condiciones favorables para la germinación [200].

Distribución: Zona costera baja del sur de las regiones de Tarapacá y Antofagasta, 0–400 m, pisos bioclimáticos termotropical superior y mesotropical inferior ultrahiperárido hiperoceánico.

It: 432–506; Tp: 2122–2408; Io: 0,00–0,01; Ic: 5,8–6,7; T: 17,6–20,0; P: 0–1; EP: 1268–1439.

Referencias: 200, 741, 742, 921, 993, 1100, 1110.

Matorral desértico

Esta formación, dominada por arbustos en zonas hiperáridas, áridas y semiáridas dentro de los macrobioclimas tropical y mediterráneo, se encuentra ampliamente distribuida en el norte de Chile tanto en las zonas costeras como interiores, alcanzando hacia el este las partes bajas de la cordillera de los Andes. La vegetación de las zonas costeras, también conocida como vegetación de lomas, ha sido objeto de numerosos estudios vegetacionales (*e.g.*, refs. 740, 741, 993, 1110, 1450, 1451) y se extiende hasta Perú [323, 889, 1021, 1275]. Las áreas interiores son comparativamente mucho menos conocidas. En las áreas costeras sometidas a la influencia de neblinas y en su límite sur de distribución, estos matorrales pueden alcanzar coberturas considerables. Las cactáceas son componentes importantes de la vegetación de matorrales desérticos [614, 781, 822].

P4. Matorral desértico tropical interior de *Malesherbia auristipulata - Tarasa operculata*

Descripción: Matorral muy abierto y extremadamente xeromórfico en el que dominan plantas sufruticosas como *Malesherbia auristipulata* y *Ambrosia artemisioides* y algunas anuales como *Tarasa operculata.* Su conocimiento es prácticamente nulo y no han sido definidas comunidades vegetales, tratándose de un piso de vegetación que podría albergar endemismos. La cobertura de la vegetación es extremadamente baja y las plantas tienden a concentrarse en depresiones donde se acumula la humedad.

Composición florística: *Ambrosia artemisioides, Cistanthe celosioides, Hoffmannseggia ternata, Malesherbia auristipulata, Reyesia chilensis, Solanum peruvianum, Tarasa operculata, Tiquilia paronychioides, Trixis cacalioides, Verbena gynobasis.*

Dinámica: Dadas las condiciones de aridez en que se encuentra, la única explicación posible para su permanencia es que recibe precipitaciones ocasionales de verano provenientes de los Andes.

Distribución: Ocupa una angosta franja altitudinal (1.900–2.400 m), en la precordillera andina baja de la región de Arica y Parinacota. Se encuentra en el piso bioclimático supratropical ultrahiperárido e hiperárido hiperoceánico.

It: 204–255; Tp: 1359–1552; Io: 0,15–0,30; Ic: 3,8–5,2; T: 11,3–12,9; P: 16–51; EP: 1062–1166.

Referencias: 1296.

P5. Matorral desértico tropical interior de *Atriplex atacamensis - Tessaria absinthioides*

Descripción: Matorral alto, freatófilo, dominado por los arbustos *Atriplex atacamensis* y *Tessaria absinthioides* y la gramínea *Distichlis spicata*. Su presencia, asociada a los salares, está determinada por la existencia de una napa freática que proporciona la humedad suficiente para compensar el déficit hídrico provocado por la escasez de las precipitaciones, a pesar de lo cual se ha considerado como una unidad independiente. Ocasionalmente es posible observar la presencia de los árboles espinosos *Prosopis alba* y *Geoffroea decorticans*. Debido a que está edáficamente condicionada no es posible reconocer comunidades zonales e intrazonales.

Comunidades: *Atriplex atacamensis - Tessaria absinthioides*, *Prosopis chilensis - Geoffroea decorticans*, *Tessaria absinthioides - Distichlis spicata* [522].

Composición florística: *Atriplex atacamensis*, *A. madariagae*, *Baccharis juncea*, *B. scandens*, *Caesalpinia aphylla*, *Distichlis scoparia*, *D. spicata*, *Geoffroea decorticans*, *Heliotropium curassavicum*, *Juncus balticus*, *Lycium humile*, *Nitrophila atacamensis*, *Prosopis alba*, *Puccinellia frigida*, *Sarcocornia fruticosa*, *Tessaria absinthioides*, *Tetroncium magellanicum*.

Dinámica: No existen antecedentes sobre la dinámica de este piso de vegetación, sin embargo, es posible suponer una historia de intervención antrópica, aunque a menudo es muy difícil distinguir entre situaciones naturales y antropizadas [522, 641].

Distribución: Grandes fosas salinas de las regiones de Tarapacá (600–900 m) y Antofagasta (2.400–2.500 m), en los pisos bioclimáticos mesotropical ultrahiperárido e hiperárido hiperoceánico.

It: 380–469; Tp: 1699–2274; Io: 0,00–0,25; Ic: 4,9–8,6; T: 14,1–18,9; P: 0–21; EP: 1493–1786.

Referencias: 501, 513, 517, 522, 641, 800, 801, 813, 972, 995, 1049, 1080, 1085, 1159, 1202, 1375, 1425, 1426, 1639.

P6. Matorral desértico tropical costero de *Nolana sedifolia* / *Eulychnia iquiquensis*

Descripción: Terrenos prácticamente desprovistos de plantas vasculares, donde solo es posible observar enclaves de vegetación costera en las zonas montañosas altas cercanas a la costa, donde existe incidencia de neblinas (*e.g.*, Alto Junín, Punta Madrid y Cerro Camaraca), donde las especies dominantes son *Eulychnia iquiquensis* y *Haageocereus australis*, acompañadas por *Cryptantha filiformis*, *Heliotropium krauseanum*, *Nasa urens* y *Oxalis bulbocastanum*, entre otras.

Comunidades zonales: *Nolana sedifolia - Frankenia chilensis - community, Ephedra breana - Cumulopuntia sphaerica - community* [1450, 1451].

Composición florística: *Alstroemeria lutea, Cistanthe celosioides, Cryptantha filiformis, Cumulopuntia sphaerica, Ephedra breana, Eulychnia iquiquensis, Haageocereus australis, Heliotropium krauseanum, Leucocoryne appendiculata, Nasa urens, Nolana jaffuelii, N. sedifolia, Oxalis bulbocastanum, Oziroë biflora, Tetragonia ovata* (véase ref. 1110).

Dinámica: La dinámica regenerativa debe estar asociada a los escasos eventos de precipitación que se producen. Se ha sugerido que en ausencia prolongada de dichos eventos las especies dominantes, especialmente Cactaceae, tienden a desaparecer, lo que se ve reflejado en la gran cantidad de individuos muertos observados [1105, 1108, 1109, 1451]. Sin embargo no se conocen antecedentes sobre existencia de bancos de semillas ni de la longevidad de las especies, elementos que podrían interactuar con eventos esporádicos de precipitación y modelar la dinámica de la vegetación a escalas de tiempo aún no estudiadas.

Distribución: Zona costera del norte de las regiones de Arica y Parinacota y de Tarapacá, 0–1.100 m, piso bioclimático mesotropical ultrahiperárido hiperoceánico.

It: 375–454; Tp: 1867–2132; Io: 0,00–0,01; Ic: 5,4–6,5; T: 15,5–17,7; P: 0; EP: 1081–1388.

Referencias: 247, 249, 386, 501, 513, 517, 522, 741, 800, 801, 809, 868, 993, 1100, 1103, 1105, 1106, 1108–1110, 1202, 1357, 1425, 1450, 1451.

P7. Matorral desértico tropical-mediterráneo costero de *Ephedra breana / Eulychnia iquiquensis*

Descripción: Matorral abierto extremadamente xeromórfico con suculentas columnares, dominado por *Ephedra breana, Solanum brachyantherum* y *Eulychnia iquiquensis*, que marca la fisionomía de la vegetación, con participación de los arbustos *Frankenia chilensis, Nolana balsamiflua, N. clivicola, Solanum chilense.* Gran parte del territorio de este piso se desarrolla en condiciones de relieve que favorecen la condensación de las neblinas. En el área de Cerro Moreno - La Chimba son importantes *Heliotropium eremogenum* y *Lycium leiostemum.* Esta última zona tiene una composición de especies particular, pero está relacionada florísticamente con la vegetación del área de Tocopilla - Cobija [1451].

Comunidades zonales: *Eulychnia iquiquensis - Frankenia chilensis* [522], Matorral desértico de *Eulychnia iquiquensis* y *Ephedra breana* [865], *Eulychnia - Ephedra - Lycium - Gemeinschaft, Eulychnia - Nolana - Tetragonia - Gemeinschaft* [1450], *Eulychnia iquiquensis - Lycium leiostemum-community, Eulychnia iquiquensis - Copiapoa calderana - community* [1451].

Unidades intrazonales: I21, Matorral desértico ripario.

Composición florística: En Tocopilla - Cobija: *Alstroemeria violacea, Argylia radiata, Cleome chilensis, Copiapoa humilis, Cumulopuntia sphaerica, Ephedra breana, E. iquiquensis, Frankenia chilensis, Heliotropium jaffuelii, Leucocoryne coronata, Nolana balsamiflua, N. clivicola, N. jaffuelii, N. peruviana, N. stenophylla, N. tocopillensis,*

Ophryosporus triangularis, *Oxalis bulbocastanum*, *O. ornithopus*, *Oziroë biflora*, *Solanum brachyantherum*, *S. chilense*, *Tetragonia angustifolia* (véanse refs. 728, 741, 865). En Cerro Moreno - La Chimba: *Atriplex taltalensis*, *Bahia ambrosioides*, *Chenopodium petiolare*, *Chiropetalum canescens*, *Copiapoa boliviana*, *Ephedra breana*, *Eulychnia iquiquensis*, *Gutierrezia espinosae*, *Heliotropium eremogenum*, *H. pycnophyllum*, *Lycium leiostemum*, *Nassella pungens*, *Nolana lachimbensis*, *N. sedifolia*, *Ophryosporus triangularis*, *Oxalis bulbocastanum*, *Oziroë biflora*, *Polyachyrus fuscus*, *Solanum remyanum*, *Spergularia arbuscula*, *Synammia espinosae* (véanse refs. 809, 1019).

Dinámica: Las precipitaciones ocurren en esta zona cada 4 a 7 años. Durante los periodos secos algunos arbustos y las cactáceas se mantienen gracias a la influencia de las neblinas y se van secando con los años debido al déficit hídrico permanente, pero las plantas herbáceas desaparecen totalmente. Durante los años lluviosos todas las plantas renuevan sus tejidos y florecen, para pasar nuevamente un largo periodo de sequía.

Distribución: Cerros costeros del norte de la región de Antofagasta, entre 300 y 1.300 m de altitud, en el piso bioclimático mesotropical ultrahiperárido, mesomediterráneo ultrahiperárido y marginalmente en el termomediterráneo superior ultrahiperárido hiperoceánico.

It: 352–422; Itc: 334–409; Tp: 1747–2034; Io: 0,00–0,01; Ic: 5,4–7,6; T: 14,5–16,9; P: 0–3; EP: 1049–1293.

Referencias: 322, 478, 479, 481, 517, 522, 728, 735, 741, 743, 809, 865, 1019, 1049, 1194, 1202, 1298, 1357, 1426, 1450, 1451.

P8. Matorral desértico mediterráneo costero de *Copiapoa boliviana* - *Heliotropium pycnophyllum*

Descripción: Matorral abierto extremadamente xeromórfico en el que dominan *Heliotropium pycnophyllum* y *Nolana peruviana*, con presencia de *Copiapoa boliviana*. Por lo general la cobertura de la vegetación es muy baja, pero se incrementa levemente durante los años más húmedos por la emergencia de plantas herbáceas. Presenta amplias zonas desprovistas de plantas vasculares. Existen muy pocos antecedentes específicos sobre este piso de vegetación.

Comunidades zonales: *Copiapoa - Gemeinschaft* [1450], *Copiapoa calderana - community* [1451].

Composición florística: *Cistanthe celosioides*, *Copiapoa boliviana*, *Cristaria integerrima*, *Dinemandra ericoides*, *Heliotropium pycnophyllum*, *Nolana leptophylla*, *N. peruviana*, *Polyachyrus fuscus*, *Tetragonia maritima*.

Dinámica: No existen antecedentes, pero se presume que debe estar determinada por la ocurrencia muy ocasional de precipitaciones invernales.

Distribución: Zona costera baja del centro de la región de Antofagasta, entre 0 y 450 m, pisos bioclimáticos inframediterráneo superior y termomediterráneo superior ultrahiperárido hiperoceánico.

Itc: 400–460; Tp: 1994–2212; Io: 0,01–0,02; Ic: 6,9–7,6; T: 16,6–18,4; P: 3–7; EP: 977–1212.

Referencias: 322, 478, 479, 481, 741, 743, 1019, 1049, 1085, 1298, 1357, 1381, 1450, 1451.

P9. Matorral desértico mediterráneo costero de *Gypothamnium pinifolium - Heliotropium pycnophyllum*

Descripción: Matorral abierto xeromórfico dominado por los arbustos *Heliotropium pycnophyllum*, *Gypothamnium pinifolium*, *Chuquiraga ulicina*, *Tetragonia maritima* y *Nolana divaricata*, con una importante participación de cactáceas del género *Copiapoa* (*e.g.* *C. cinerea*, *C. cinerascens*). En algunos sectores planos cercanos al mar *Skytanthus acutus* es dominante. Las herbáceas son escasas, destacando la presencia de *Cheilanthes mollis*, *Viola polypoda*, *Cruckshanksia pumila* y *Perityle emoryi*. Contacta hacia las partes altas con el Matorral desértico mediterráneo costero de *Euphorbia lactiflua* y *Eulychnia iquiquensis* (piso de vegetación P10, véase Figura 25).

Comunidades zonales: *Skytanthetum* [1118, 1119], *Nolana mollis* - Ges. [769], *Copiapoa cinerascens*, *Eulychnia saint-pieana - Copiapoa columna-alba* [926], *Nolana sedifolia*, *Skytanthus acutus* [522], *Bajada communities*, *Cactus plains* [1356], *Skytanthus - Gemeinschaft*, *Copiapoa - Deuterocohnia - Gemeinschaft*, *Copiapoa - Heliotropium - Gemeinschaft* [1450], *Heliotropium pycnophyllum - Tetragonia maritima - community* [1451].

Unidades intrazonales: I9, Vegetación halófila freatófila; I12, Pastizales y herbazales semiacuáticos; I21, Matorral desértico ripario.

Composición florística: *Argylia radiata*, *Atriplex clivicola*, *Cheilanthes mollis*, *Chuquiraga ulicina*, *Cistanthe celosioides*, *Copiapoa cinerascens*, *C. cinerea*, *C. rupestris*, *Cristaria viridiluteola*, *Cruckshanksia pumila*, *Dinemandra ericoides*, *Diplolepis viridis*, *Encelia canescens*, *Ephedra breana*, *Eremocharis fruticosa*, *Eulychnia saint-pieana*, *Fagonia chilensis*, *Frankenia chilensis*, *Gypothamnium pinifolium*, *Heliotropium linariifolium*, *H. pycnophyllum*, *Huidobria fruticosa*, *Nolana aplocaryoides*, *N. divaricata*, *N. mollis*, *N. sedifolia*, *Ophryosporus triangularis*, *Perityle emoryi*, *Polyachyrus cinereus*, *P. fuscus*, *Skytanthus acutus*, *Tetragonia maritima*, *T. ovata*, *Viola polypoda* (véanse refs. 1356, 1360).

Dinámica: Las especies arbustivas dominantes de este piso de vegetación y las cactáceas son xerófitos muy bien adaptados a condiciones de aridez extrema, por lo que son capaces de mantener sus estructuras vegetativas durante los años secos, cuando las plantas herbáceas están casi completamente ausentes. Por el contrario, los años lluviosos muestran una mayor abundancia de herbáceas y mucho mayor desarrollo de las estructuras reproductivas de los arbustos y las cactáceas.

Distribución: Zona costera baja del norte de la región de Atacama y sur de Antofagasta, 0–350 m, en los pisos bioclimático inframediterráneo superior y termomediterráneo ultrahiperárido hiperoceánico.

Itc: 393–481; Tp: 2002–2270; Io: 0,04–0,10; Ic: 7,0–8,1; T: 16,6–18,9; P: 8–33; EP: 960–1287.

Referencias: 322, 325, 387, 517, 522, 740, 769, 786, 809, 818, 854, 926, 957, 1049, 1085, 1118, 1119, 1202, 1295, 1298, 1356–1358, 1360, 1426, 1450, 1451, 1551.

P10. Matorral desértico mediterráneo costero de *Euphorbia lactiflua* / *Eulychnia iquiquensis*

Descripción: Matorral denso con suculentas columnares (Figura 24), dominado por un conjunto diversificado de arbustos altos entre los que se destaca la presencia de *Euphorbia lactiflua*, que a veces llega a formar doseles muy cerrados, *Proustia tipia*, *Lycium deserti*, *Heliotropium taltalense*, *H. philippianum*, *Oxalis gigantea*, entre los cuales se encuentra la Cactácea columnar *Eulychnia iquiquensis* y las suculentas rosuladas *Puya chilensis* y *Deuterocohnia chrysantha*. Las herbáceas son abundantes en los años lluviosos, destacando la presencia de *Oxalis bulbocastanum* y *Alstroemeria violacea*, pero en las cercanías de las quebradas pueden estar presentes incluso en los años secos. Las epífitas vasculares también están presentes, representadas entre otras por *Tillandsia geissei* y *Tropaeolum tricolor*. Corresponde a la máxima expresión estructural del desierto costero, con una vegetación de carácter excepcional en una zona donde las condiciones generales de aridez son muy rigurosas, pero que en este piso se ven compensadas por la ocurrencia de neblinas costeras de gran intensidad. No se ha reportado comunidades intrazonales formalmente definidas. Hacia las partes más bajas se produce la transición hacia el Matorral desértico mediterráneo costero de *Gypothamnium pinifolium* y *Heliotropium pycnophyllum* (piso de vegetación P9, véase Figura 25).

Figura 24: Matorral desértico mediterráneo costero de Euphorbia lactiflua / Eulychnia iquiquensis *(piso de vegetación P10).* Quebrada Matancilla (Región de Antofagasta), Octubre 2005 (Foto: Nicolás García).

Comunidades zonales: *Euphorbietum*, *Trichocereetum deserticola* [1118, 1119], *Cassia brongniartii - Dinemandra ericoides*, *Mathewsia incana* [522], *Euphorbia - Eulychnia - Gemeinschaft*, *Euphorbia - Eulychnia - Nolana - Gemeinschaft*, *Eulychnia - Nolana*

- *Gemeinschaft, Eulychnia - Ophryosporus - Gemeinschaft, Euphorbia - Eulychnia - Heliotropium - Gemeinschaft, Eulychnia - Copiapoa - Gemeinschaft* [1450].

Composición florística: *Alstroemeria violacea, Anisomeria littoralis, Atriplex taltalensis, Bahia ambrosioides, Balbisia peduncularis, Chenopodium petiolare, Chiropetalum canescens, C. cremnophilum, Cleome chilensis, Copiapoa humilis, Croton chilensis, Deuterocohnia chrysantha, Diplolepis boerhaviifolia, Eulychnia iquiquensis, Euphorbia lactiflua, Gutierrezia espinosae, Heliotropium inconspicuum, H. philippianum, H. taltalense, Lycium deserti, Solanum chilense, Monttea chilensis, Nicotiana solanifolia, Nolana diffusa, N. ramosissima, Ophryosporus triangularis, Oxalis bulbocastanum, O. gigantea, Palaua dissecta, Peperomia doellii, Proustia tipia, Puya boliviensis, Salvia gilliesii, Solanum remyanum, Stachys pannosa, Synammia espinosae, Tigridia philippiana, Tillandsia geissei, Trichocereus deserticola, Tropaeolum tricolor, Viola polypoda, Zephyra elegans* (véanse refs. 740, 1360, 1375).

Dinámica: Muy similar a la descrita para el piso de vegetación P11 (matorral desértico mediterráneo costero de *Euphorbia lactiflua / Eulychnia saint-pieana*), en que la abundancia de plantas herbáceas está determinada por la intensidad de las precipitaciones. Sin embargo, y al igual que en el resto de los pisos de vegetación identificados para el desierto, no existen estudios específicos sobre la dinámica regenerativa de las especies perennes dominantes.

Distribución: Laderas medias de la vertiente occidental de los cerros costeros del sur de la región de Antofagasta, 300–1.000 m, asociado al piso bioclimático termomediterráneo ultrahiperárido hiperoceánico.

Itc: Itc: 350–447; Tp: 1721–2138; Io: 0,01–0,08; Ic: 7,5–8,0; T: 14,3–17,8; P: 4–21; EP: 975–1248.

Referencias: 322, 387, 481, 517, 522, 735, 740, 786, 800, 809, 1022, 1049, 1085, 1118, 1119, 1202, 1289, 1293, 1295, 1298, 1357, 1360, 1375, 1426, 1450, 1451.

P11. Matorral desértico mediterráneo costero de *Euphorbia lactiflua / Eulychnia saint-pieana*

Descripción: Matorral con suculentas columnares dominado por *Euphorbia lactiflua, Eulychnia saint-pieana, Trichocereus deserticola*, a las que se asocian algunos arbustos y suculentas como *Oxalis gigantea, Puya boliviensis, Balbisia peduncularis* y *Tetragonia maritima.* La epífita vascular *Tillandsia geissei* también está presente, aunque con baja abundancia. Su ubicación está fuertemente determinada por la influencia de neblinas, las que compensan parcialmente el déficit hídrico provocado por la escasez y variabilidad de las precipitaciones.

Comunidades zonales: *Euphorbietum, Trichoceretum deserticola* [1118, 1119], *Eulychnia saint-pieana - Euphorbia lactiflua, Euphorbia lactiflua* [926], *Fog zone* [1356], *Euphorbia - Eulychnia - Nolana - Gemeinschaft, Euphorbia - Oxalis - Gemeinschaft* [1450], *Euphorbia lactiflua - Eulychnia iquiquensis - community, Euphorbia lactiflua - Eulychnia breviflora - community* [1451].

Unidades intrazonales: I21, Matorral desértico ripario.

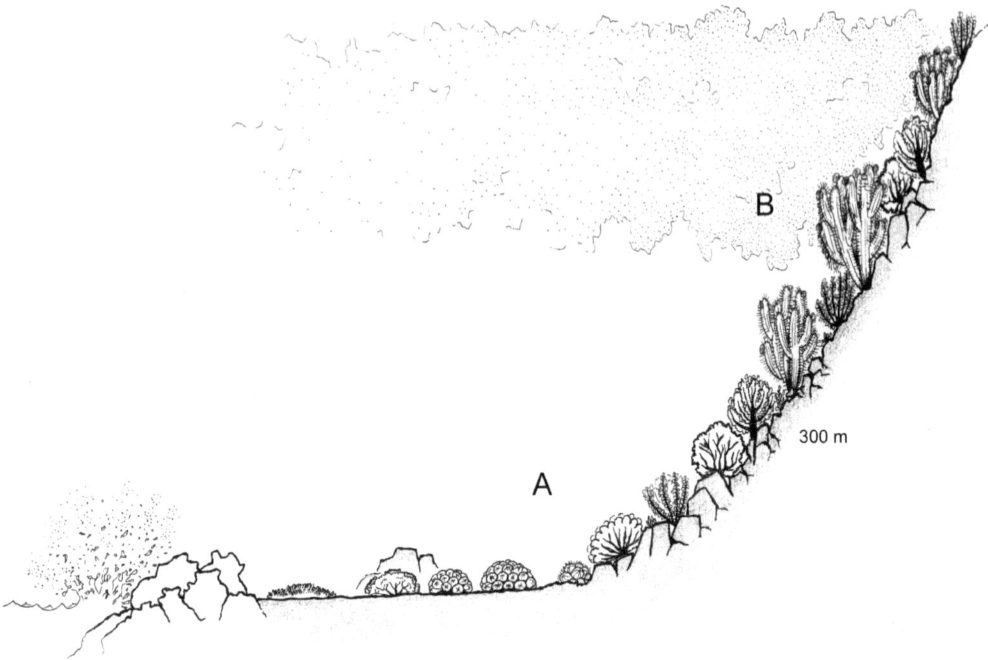

Figura 25: Esquema de zonación de la vegetación en la zona costera del sur de la región de Antofagasta. A: Matorral desértico mediterráneo costero de Gypothamnium pinifolium - Heliotropium pycnophyllum *(piso de vegetación P9); B: Matorral desértico mediterráneo costero de* Euphorbia lactiflua / Eulychnia iquiquensis *(piso de vegetación P10).* La escala de tamaños de las plantas está exagerada en relación con la escala del paisaje. Perfiles vegetacionales detallados para la vegetación desértica costera de Chile se encuentran en los trabajos de Schulz [1450, 1451].

Composición florística: *Adesmia melanocaulos, Balbisia peduncularis, Centaurea cachinalensis, Chiropetalum cremnophilum, Deuterocohnia chrysantha, Eulychnia saintpieana, Euphorbia lactiflua, Frankenia chilensis, Heliotropium inconspicuum, Nolana incana, N. salsoloides, Oxalis gigantea, Polyachyrus fuscus, Puya boliviensis, Senecio cachinalensis, Stachys pannosa, Tetragonia maritima, Tillandsia geissei, Trichocereus deserticola.*

Dinámica: Controlada por la ocurrencia de precipitaciones, la que determina la abundancia de la estrata herbácea. La escasez de plantas anuales indica que las neblinas compensan parcialmente el déficit hídrico durante los años secos, que, sin embargo, muestran una menor abundancia de plantas herbáceas que en los años lluviosos [1356].

Distribución: Laderas medias de la vertiente occidental de los cerros costeros del norte de la región de Atacama y sur de Antofagasta, 200–700 m de elevación, asociado al piso bioclimático termomediterráneo ultrahiperárido hiperoceánico.

Itc: 357–411; Tp: 1842–2119; Io: 0,08–0,18; Ic: 6,9–7,8; T: 15,3–17,6; P: 22–35; EP: 940–1054.

Referencias: 322, 387, 517, 522, 740, 800, 809, 818, 926, 1022, 1049, 1085, 1118, 1119, 1202, 1289, 1356, 1357, 1426, 1450, 1451, 1551.

P12. Matorral desértico mediterráneo interior de *Oxyphyllum ulicinum - Gymnophyton foliosum*

Descripción: Matorral abierto xeromórfico dominado por los arbustos *Oxyphyllum ulicinum*, *Gymnophyton foliosum*, *Gypothamnium pinifolium*, *Nolana villosa*, entre las que se desarrollan otras especies de arbustos, algunas de ellas comunes al matorral desértico mediterráneo costero de *Gypothamnium pinifolium* y *Heliotropium pycnophyllum* (piso de vegetación P9), como *Heliotropium linariifolium* y *Polyachyrus fuscus*. Recibe muy poca influencia de neblinas costeras.

Comunidades zonales: *Copiapoa - Gypothamnium - Gemeinschaft*, *Copiapoa - Gemeinschaft* [1450].

Composición florística: *Alstroemeria graminea*, *Chuquiraga ulicina*, *Copiapoa cinerea*, *Diplolepis viridis*, *Eremocharis fruticosa*, *Gutierrezia taltalensis*, *Gymnophyton foliosum*, *Gypothamnium pinifolium*, *Heliotropium linariifolium*, *H. pycnophyllum*, *Nolana villosa*, *Ophryosporus triangularis*, *Oxyphyllum ulicinum*, *Reyesia parviflora*, *Senecio almeidae*.

Dinámica: Determinada únicamente por la ocurrencia ocasional de precipitaciones, las que gatillan el desarrollo del tapiz herbáceo [1295]. Los arbustos están fuertemente adaptados a condiciones de aridez extrema, de modo que, bajo condiciones locales de humedad favorable, pueden desarrollar sus estructuras reproductivas todos los años.

Distribución: Zona oriental de la cordillera de la Costa del norte de la región de Atacama y sur de Antofagasta, entre 400 y 1.300 m, asociado al piso bioclimático termomediterráneo y mesomediterraneo inferior ultrahiperárido hiperoceánico.

Itc: 324–422; Tp: 1662–2096; Io: 0,04–0,15; Ic: 6,6–7,9; T: 13,8–17,4; P: 7–26; EP: 957–1228.

Referencias: 740, 818, 1022, 1049, 1085, 1295, 1298, 1356, 1357, 1360, 1450, 1451, 1551.

P13. Matorral desértico mediterráneo costero de *Heliotropium floridum - Atriplex clivicola*

Descripción: Matorral abierto dominado por *Heliotropium floridum* y *Atriplex clivicola*, en el que también destaca la presencia de los arbustos *Frankenia chilensis*, *Fagonia chilensis*, *Polyachyrus poeppigii*, *Skytanthus acutus* y *Encelia canescens*, y las herbáceas *Leucocoryne ixioides*, *Oziroë biflora* y *Argylia radiata*, que durante años lluviosos llegan a ser muy abundantes.

Comunidades zonales: *Skytanthetum* [1118, 1119], *Nolana divaricata - Tetragonia maritima* Ges. [769], *Frankenia chilensis*, *Nolana* spp. - *Skytanthus acutus* [926], *Skytanthus acutus* [522], *Skytanthus acutus - Heliotropium floridum - community* [1451].

Unidades intrazonales: I6, Vegetación de dunas litorales.

Unidades extrazonales: E2, Bosque espinoso de *Acacia caven*.

Composición florística: *Argylia radiata*, *Atriplex clivicola*, *Chuquiraga ulicina*, *Cristaria viridiluteola*, *Cruckshanksia pumila*, *Encelia canescens*, *Fagonia chilensis*, *Frankenia chilensis*, *Heliotropium floridum*, *Leucocoryne ixioides*, *Nolana albescens*, *N. carnosa*,

N. divaricata, *N. sedifolia*, *Ophryosporus triangularis*, *Oxalis gigantea*, *Oziroë biflora*, *Perityle emoryi*, *Polyachyrus fuscus*, *P. poeppigii*, *Skytanthus acutus*, *Spergularia arbuscula*, *Tetragonia maritima*, *Tiquilia litoralis*, *Viola polypoda* (véanse refs. 573, 1085).

Dinámica: Fuertemente determinada, al igual que en los pisos de vegetación anteriormente descritos, por la variabilidad interanual de las precipitaciones. Los años más secos muestran una vegetación casi totalmente ausente, con la mayor parte de los arbustos con sus tejidos externos secos, mientras que en los años lluviosos se observa gran cantidad de plantas herbáceas, anuales y perennes, y los arbustos con sus tejidos externos renovados.

Distribución: Zona costera baja del centro de la región de Atacama, entre 0 y 200 m, en los pisos bioclimáticos termomediterráneo inferior ultrahiperárido e hiperárido hiperoceánico.

Itc: 401–426; Tp: 1960–2051; Io: 0,15–0,31; Ic: 7,7–8,3; T: 16,3–17,0; P: 38–60; EP: 989–1170.

Referencias: 138, 452, 517, 522, 573, 577, 769, 800, 818, 926, 966, 1085, 1118, 1119, 1202, 1450, 1451, 1551, 1673.

P14. Matorral desértico mediterráneo costero de *Oxalis virgosa* / *Eulychnia breviflora*

Descripción: Matorral abierto dominado por *Oxalis virgosa* y *Eulychnia breviflora*, a las que se asocian los arbustos *Atriplex clivicola*, *Frankenia chilensis*, *Heliotropium filifolium*, *H. megalanthum*, *Ophryosporus triangularis*, *Tetragonia maritima*, las cactáceas *Copiapoa dealbata*, *C. echinoides*, *Pyrrhocactus eriosyzoides* y algunas especies geófitas consideradas como emblemáticas de lo que algunos llaman el desierto florido, *Leontochir ovallei* y *Rhodophiala ananuca*. En las zonas litorales arenosas es posible observar comunidades casi totalmente dominadas por *Heliotropium floridum* y *Chuquiraga ulicina*. En los cerros más elevados (*e.g.*, Cerro Negro) se observa una clara zonación altitudinal de la vegetación [1450].

Comunidades zonales: *Eulychnia spinibarbis - Oxalis gigantea* [926], *Encelia tomentosa - Nolana paradoxa* [522], *Copiapoa - Haplopappus - Gemeinschaft*, *Oxalis - Balbisia - Gemeinschaft*, *Tetragonia - Encelia - Gemeinschaft* [1450].

Unidades intrazonales: I9, Vegetación halófila freatófila.

Composición florística: *Atriplex clivicola*, *Balbisia peduncularis*, *Chuquiraga ulicina*, *Copiapoa dealbata*, *C. echinoides*, *Cristaria glaucophylla*, *Cruckshanksia pumila*, *Encelia canescens*, *Eulychnia breviflora*, *Fagonia chilensis*, *Frankenia chilensis*, *Heliotropium filifolium*, *H. floridum*, *H. longistylum*, *H.megalanthum*, *H. sinuatum*, *Leontochir ovallei*, *Leucocoryne ixioides*, *Mirabilis elegans*, *Nolana coelestis*, *N. sedifolia*, *Ophryosporus triangularis*, *Oxalis virgosa*, *Oziroë biflora*, *Polyachyrus poeppigii*, *Pyrrhocactus eriosyzoides*, *Rhodophiala ananuca*, *Schizopetalon maritimum*, *Senna acuta*, *Skytanthus acutus*, *Tetragonia maritima*, *Zephyra elegans* (véase ref. 1018).

Dinámica: La dinámica de este piso de vegetación está asociada a la variabilidad interanual de precipitaciones [88, 1621]. En años secos la vegetación experimenta poco desarrollo, e incluso algunos arbustos tienden a eliminar gran parte o la totalidad de sus tejidos externos y dejan de florecer. Durante los años lluviosos emergen las anuales y geófitas, los arbustos renuevan sus tejidos y florecen.

Distribución: Zonas costeras occidentales del centro de la región de Atacama, 0–400 m, pisos bioclimáticos termomediterráneo ultrahiperárido e hiperárido hiperoceánico.

Itc: 373–410; Tp: 1910–2030; Io: 0,18–0,23; Ic: 6,8–7,6; T: 15,9–16,9; P: 37–42; EP: 1056–1195.

Referencias: 88, 247, 322, 452, 517, 522, 595, 769, 800, 818, 854, 926, 1018, 1073, 1079, 1081, 1357, 1450, 1451, 1551, 1621.

P15. Matorral desértico tropical-mediterráneo interior de *Skytanthus acutus - Atriplex deserticola*

Descripción: Matorral muy abierto en el que dominan los arbustos *Skytanthus acutus* y *Atriplex deserticola*, a los que se asocian los subarbustos *Encelia canescens*, *Fagonia chilensis*, *Nolana rostrata*, *Heliotropium myosotifolium*, *H. megalanthum* y las herbáceas *Argylia radiata*, *Nolana baccata*, *Cistanthe longiscapa*, *Tetragonia copiapina*, *T. macrocarpa* y otras, las que emergen solo durante los años más lluviosos. En las zonas aluviales es posible observar comunidades intrazonales dominadas por *Heliotropium sinuatum* (Figura 26), que no han sido formalmente definidas. Este piso de vegetación contrasta con el situado inmediatamente hacia la costa (piso de vegetación P14, Matorral desértico mediterráneo costero de *Oxalis virgosa / Eulychnia breviflora*), puesto que está sometido al efecto de sombra de lluvias provocado por la cordillera de la Costa.

Comunidades zonales: *Nolanetum baccatae*, *Skytanthus acutus - Hippeastrum ananuca* Ges. [767], *Eulychnia acida* var. *acida*, *Skytanthus acutus - Nolana rostrata - Atriplex* sp., *Atriplex deserticola - Suaeda divaricata*, *Atriplex clivicola - Skytanthus acutus* [926], *Skytanthus acutus - Hippeastrum ananuca*, *Skytanthus acutus*, *Encelia tomentosa - Nolana paradoxa*, *Nolana baccata - Cryptantha parviflora* [522], Tillandsiales [221, 1104].

Unidades extrazonales: E2, Bosque espinoso de *Acacia caven*.

Composición florística: *Argylia radiata*, *Aristolochia chilensis*, *Atriplex clivicola*, *A. deserticola*, *A. mucronata*, *Caesalpinia angulata*, *Cistanthe calycina*, *C. longiscapa*, *Senna acuta*, *Chorizanthe commissuralis*, *Cruckshanksia pumila*, *Cryptantha parviflora*, *Cumulopuntia sphaerica*, *Encelia canescens*, *Eulychnia acida*, *Euphorbia copiapina*, *Fagonia chilensis*, *Heliotropium chenopodiaceum*, *H. megalanthum*, *H. myosotifolium*, *Leucocoryne coronata*, *Nolana baccata*, *N. rostrata*, *Pectocarya dimorpha*, *Perityle emoryi*, *Rhodophiala ananuca*, *Senecio chamomillifolius*, *Skytanthus acutus*, *Tetragonia copiapina*, *T. macrocarpa*, *Viola polypoda* (véase ref. 767).

Dinámica: Las dos especies dominantes tienden a mantener sus estructuras vegetativas y generativas incluso durante los años secos, siendo en estos periodos casi las únicas especies posibles de diferenciar, mientras que el resto de las plantas pierde prácticamente todos su órganos aéreos, renovándolos durante los periodos más húmedos.

Distribución: Llano interior de la región de Atacama y sur de Antofagasta, 200–1.500 m, pisos bioclimáticos mesotropical ultrahiperárido, termomediterráneo ultrahiperárido y marginalmente en el mesomediterráneo inferior ultrahiperárido hiperoceánico.

It: 329–433; Itc: 324–428; Tp: 1631–2036; Io: 0,07–0,20; Ic: 6,5–8,3; T: 13,5–16,9; P: 18–36; EP: 1085–1338.

Referencias: 221, 322, 452, 517, 522, 767, 768, 800, 818, 926, 980, 1049, 1073, 1079, 1081, 1104, 1202, 1356, 1357, 1551, 1673.

Figura 26: Representación esquemática de la distribución espacial de la vegetación en el Matorral desértico tropical-mediterráneo interior de Skytanthus acutus - Atriplex deserticola *(piso de vegetación P15). Se observan cambios en la vegetación en las quebradas aluviales (A) que atraviesan los llanos interiores (B) de la región de Atacama.* La escala de tamaños de las plantas está exagerada en relación con la escala del paisaje.

P16. Matorral desértico tropical interior de *Huidobria chilensis - Nolana leptophylla*

Descripción: Matorral muy abierto en el que dominan *Nolana leptophylla*, *Huidobria chilensis* y *Encelia canescens*, a las que ocasionalmente se agregan *Atriplex deserticola*, *A. imbricata* y *Heliotropium glutinosum*. Salvo referencias antiguas, no existen mayores antecedentes sobre este piso de vegetación.

Comunidades zonales: *Encelia canescens - Nolana leptophylla - Calandrinia salsoloides* [926].

Unidades intrazonales: I21, Matorral desértico ripario.

Composición florística: *Argylia tomentosa*, *Atriplex deserticola*, *A. imbricata*, *Encelia canescens*, *Gymnophyton flexuosum*, *Heliotropium glutinosum*, *Huidobria chilensis*, *Malesherbia lactea*, *Nolana leptophylla*, *N. sessiliflora*.

Dinámica: No existe información acerca de la dinámica de este piso vegetacional.

Distribución: Precordillera del norte de la región de Atacama, 1.600–2.500 m, pisos bioclimáticos mesotropical superior ultrahiperárido inferior y supratropical inferior ultrahiperárido hiperoceánico.

It: 285–382; Tp: 1442–1772; Io: 0,06–0,12; Ic: 5,6–6,1; T: 12,0–14,7; P: 23–37; EP: 1119–1261.

Referencias: 517, 522, 818, 926, 1085, 1551.

P17. Matorral desértico mediterráneo costero de *Oxalis virgosa - Heliotropium stenophyllum*

Descripción: Matorral muy abierto dominado por los arbustos *Heliotropium stenophyllum* y *Oxalis virgosa* con participación importante de *Flourensia thurifera*, *Nolana coelestis*, *Nolana crassulifolia* y *Encelia canescens*. En las terrazas litorales es frecuente la presencia de *Haplopappus cerberoanus*, el que es reemplazado por *H. pulchellus* en las laderas de los cerros y *H. parvifolius* en las zonas más altas del límite del piso de vegetación. Durante la primavera de los años lluviosos el suelo se cubre de una estrata de herbáceas efímeras tanto nativas (*e.g. Cryptantha glomerata*, *Cistanthe coquimbensis*) como introducidas (*e.g.*, *Erodium cicutarium*, *Schismus arabicus*). Lo último es reflejo de los regímenes de perturbación antrópica a que está sometido.

Comunidades zonales: Tipo *Chenopodium paniculatum* (ruderal), Tipo *Erodium cicutarium* (ruderal), Tipo *Fuchsia lycioides*, Tipo *Gutierrezia resinosa* (ruderal), Tipo *Haplopappus pulchellus*, Tipo *Heliotropium stenophyllum*, Tipo *Oxalis gigantea*, Tipo *Plantago tumida* (ruderal), [426], *Alona filifolia - Plantago hispidula* (ruderal), *Heliotropium stenophyllum - Oxalis gigantea* [522], *Haplopappus - Bahia - Gemeinschaft*, *Pleocarphus - Eulychnia - Gemeinschaft*, *Oxalis - Balbisia - Heliotropium - Gemeinschaft* [1450], *Haplopappus foliosus - Bahia ambrosioides - community*, *Oxalis virgosa - Balbisia peduncularí[s] - community*, *Pleocarphus revolutus - Eulychnia acida - community* [1451].

Unidades intrazonales: I1, Vegetación acuática flotante; I6, Vegetación de dunas litorales; I7, Vegetación de roqueríos y farellones costeros; I12, Pastizales y herbazales semiacuáticos; I20, Bosque lauri-esclerofilo ripario; I21, Matorral desértico ripario.

Unidades extrazonales: E2, Bosque espinoso de *Acacia caven*; E6, Bosque esclerofilo de *Kageneckia oblonga*; E7, Bosque esclerofilo de *Lithraea caustica*.

Composición florística: *Adesmia tenella*, *Bahia ambrosioides*, *Balbisia peduncularis*, *Cryptantha glomerata*, *Chorizanthe glabrescens*, *Chuquiraga ulicina*, *Cistanthe coquimbensis*, *Encelia canescens*, *Erodium cicutarium*, *Fagonia chilensis*, *Flourensia thurifera*, *Fuchsia lycioides*, *Gutierrezia resinosa*, *Haplopappus cerberoanus*, *H. parvifolius*, *H. pulchellus*, *Heliotropium stenophyllum*, *Lobelia polyphylla*, *Nolana coelestis*, *N. crassulifolia*, *Ophryosporus triangularis*, *Oxalis virgosa*, *Pleocarphus revolutus*, *Schismus arabicus*, *Trichocereus coquimbanus* (véanse refs. 87, 1451).

Dinámica: Se ha propuesto que las formaciones de vegetación actual corresponden a fases sucesionales de otras unidades de mayor desarrollo. En el área de este piso de vegetación las situaciones favorables de mayor humedad, en ausencia de intervención antrópica, conducirían a formaciones boscosas dominadas por *Lithraea caustica* [1351]. Pese a ello, al parecer la mayor parte del área está permanentemente limitada en su evolución, por la variación interanual de las precipitaciones y por la baja incidencia de neblinas en las zonas costeras de menor elevación.

Distribución: Zonas litorales del sur de las regiones de Atacama y norte de Coquimbo, 0–300 m, pisos bioclimáticos termomediterráneo superior hiperárido superior y árido inferior hiperoceánico.

Itc: 332–378; Tp: 1715–1853; Io: 0,32–0,66; Ic: 6,2–7,3; T: 14,2–15,4; P: 48–122; EP: 803–1095.

Referencias: 67, 87, 88, 92, 131, 135, 206, 322, 426, 517, 522, 633, 634, 636, 637, 735, 769, 800, 818, 854, 855, 926, 980, 1078, 1196, 1201, 1202, 1263, 1265, 1351, 1357, 1379, 1450, 1451, 1481, 1506, 1551, 1620, 1684–1686.

P18. Matorral desértico mediterráneo interior de *Adesmia argentea - Bulnesia chilensis*

Descripción: Matorral muy abierto dominado por arbustos altos como *Adesmia argentea, Bulnesia chilensis, Balsamocarpon brevifolium, Cordia decandra, Heliotropium sinuatum, Pintoa chilensis, Proustia ilicifolia* y otras. También son frecuentes los arbustos bajos, principalmente *Caesalpinia angulata, Encelia canescens, Pleurophora pungens* y las cactáceas *Cumulopuntia sphaerica* y *Trichocereus coquimbanus.* Las herbáceas son abundantes durante la primavera de los años lluviosos, destacando la presencia de *Cruckshanksia pumila* y *Argylia radiata.* Ha sido muy poco estudiado en cuanto a composición y estructura, habiéndose identificado para el área solo una comunidad de carácter zonal, pero, con base en referencias indirectas, es probable que entre las comunidades extrazonales existan algunas propias de quebradas dominadas por *Schinus polygama* y *Prosopis flexuosa* o por *Acacia caven* y *Prosopis chilensis*, aunque no han sido formalmente definidas.

Comunidades zonales: *Bulnesia chilensis, Bulnesia chilensis - Pintoa chilensis, Cordia decandra, Cordia decandra - Balsamocarpon brevifolium* [926], *Balsamocarpon brevifolium* [522].

Composición florística: *Adesmia argentea, Aloysia salviifolia, Argylia radiata, Aristolochia chilensis, Austrocylindropuntia miquelii, Balbisia peduncularis, Balsamocarpon brevifolium, Bulnesia chilensis, Caesalpinia angulata, Calliandra chilensis, Chuquiraga ulicina, Cordia decandra, Cruckshanksia pumila, Cumulopuntia sphaerica, Encelia canescens, Heliotropium chenopodiaceum, H. sinuatum, Krameria cistoidea, Pintoa chilensis, Pleurophora pungens, Proustia ilicifolia, Trichocereus coquimbanus.*

Dinámica: No existen antecedentes sobre la dinámica natural de este piso de vegetación. Las fuertes presiones antrópicas, principalmente para su explotación como recurso dendroenergético, han producido procesos de degradación severa de este piso vegetacional.

Distribución: Sector interior del sur de las regiones de Atacama y norte de Coquimbo, 300–1.900 m, asociado a los pisos bioclimáticos termomediterráneo superior y mesomediterráneo (antitropical) hiperárido y árido inferior hiperoceánico.

Itc: 241–376; Tp: 1296–1841; Io: 0,24–0,50; Ic: 6,5–7,6; T: 10,8–15,3; P: 39–80; EP: 897–1291.

Referencias: 108, 131, 135, 206, 322, 452, 517, 522, 800, 818, 926, 1060, 1073, 1079, 1081, 1085, 1201, 1202, 1357, 1551, 1672.

P19. Matorral desértico mediterráneo interior de *Heliotropium stenophyllum - Flourensia thurifera*

Descripción: Matorral alto, compuesto por arbustos esclerofilos más o menos esparcidos, donde domina *Heliotropium stenophyllum* y *Flourensia thurifera*, mientras que los arbustos *Adesmia microphylla, Gutierrezia resinosa* y *Cordia decandra* son localmente abundantes. Las cactáceas *Austrocylindropuntia miquelii*, *Cumulopuntia sphaerica* y *Eulychnia acida* son frecuentes en este piso de vegetación y en algunos casos marcan la fisionomía. En zonas de intervención severa se observa una pradera compuesta prácticamente solo por herbáceas anuales, como *Erodium cicutarium* y *Adesmia tenella*. Es una zona en que el mosaico vegetacional muestra una alta complejidad, posiblemente debido a la variedad de influencias climáticas, topográficas y antrópicas, lo que ha dado pie a la definición de un importante número de comunidades, no obstante lo cual los patrones regionales de distribución de la vegetación son aún muy poco conocidos. En este piso de vegetación se encuentra el famoso bosque de Fray Jorge, así como las singulares comunidades de matorral de las zonas orientales al bosque, que han sido objeto de numerosos estudios.

Comunidades zonales: *Adesmia bedwellii - Ophryosporus triangularis*, *Proustia pungens - Adesmia bedwellii*, *Porlieria chilensis - Adesmia bedwellii*, *Baccharis concava - Berberis* sp., *Baccharis concava - Haplopappus foliosus*, *Haplopappus limarensis - Baccharis concava* [982], Tipo *Adesmia microphylla*, Tipo *Adesmia tenella* (ruderal), Tipo *Cordia decandra*, Tipo *Erodium cicutarium* (ruderal), Tipo *Flourensia thurifera*, Tipo *Gutierrezia resinosa* (ruderal), Tipo *Haplopappus pulchellus*, Tipo *Heliotropium stenophyllum*, Tipo *Plantago tumida* (ruderal), Tipo *Proustia cuneifolia*, [426], *Adesmia microphylla - Senna coquimbensis*, *Adesmia tenella - Erodium cicutarium* (ruderal), *Flourensia thurifera - Heliotropium stenophyllum*, *Fabiana barriosii - Junellia selaginoides*, *Gutierrezia resinosa - Atriplex semibaccata* (ruderal) [522].

Unidades intrazonales: I7, Vegetación de roqueríos y farellones costeros; I9, Vegetación halófila freatófila; I20, Bosque lauri-esclerofilo ripario; I21, Matorral desértico ripario.

Unidades extrazonales: E3, Bosque espinoso de *Prosopis chilensis - Schinus polygama*; E6, Bosque esclerofilo de *Kageneckia oblonga*; E7, Bosque esclerofilo de *Lithraea caustica*; E15, Bosque laurifolio de *Aextoxicon punctatum*.

Composición florística: *Adesmia bedwellii*, *Adesmia microphylla*, *Adesmia tenella*, *Austrocylindropuntia miquelii*, *Baccharis paniculata*, *Bahia ambrosioides*, *Bromus berteroanus*, *Cordia decandra*, *Cumulopuntia sphaerica*, *Erodium cicutarium*, *Eulychnia acida*, *Flourensia thurifera*, *Gutierrezia resinosa*, *Gymnophyton robustum*, *Haplopappus parvifolius*, *H. pulchellus*, *Heliotropium stenophyllum*, *Jarava plumosula*, *Lycium chilense*, *Nolana rostrata*, *Ophryosporus paradoxus*, *Porlieria chilensis*, *Proustia cuneifolia*, *Senna cumingii*, *Suaeda foliosa*, *Trichocereus coquimbanus*, *Vasconcellea chilensis*.

Dinámica: Se ha planteado que el tipo de vegetación predominante en este piso vegetacional, donde dominan *Heliotropium stenophyllum* y/o *Flourensia thurifera*, corresponde a una fase regresiva de un matorral arborescente dominado por *Cordia decandra*, donde las praderas y los matorrales con alta presencia de *Gutierrezia resinosa* corresponden a los estados de perturbación antrópica más severa [1351]. La sobrevivencia de plántulas tiende a ser mayor en los lugares más húmedos [215, 825] o bajo el efecto nodriza de otras plantas [284]. Cambios en la disponibilidad hídrica están modulados por ciclos asociados a eventos El Niño [1506].

Distribución: Zonas interiores áridas cercanas a la costa del centro-norte de la región de Coquimbo, 100–900 m, en los pisos bioclimáticos termomediterráneo superior y mesomediterráneo inferior árido hiperoceánico.

Itc: 297–396; Tp: 1575–1914; Io: 0,48–0,93; Ic: 7,0–8,2; T: 13,1–15,9; P: 70–145; EP: 923–1400.

Referencias: 13, 68, 69, 131, 135, 145, 181, 206, 215, 279, 284, 307, 424, 426, 481, 517, 522, 559, 625, 630, 634, 635, 640, 642, 643, 735, 737, 742, 751, 765, 787, 788, 790, 800, 825, 854, 856, 885, 888, 922, 982, 985, 1011, 1014, 1016, 1062, 1063, 1070, 1078, 1176, 1196, 1201, 1351, 1382, 1424, 1481, 1502–1504, 1506, 1512–1515, 1555, 1557, 1567, 1629, 1638, 1684–1686, 1700.

P20. Matorral desértico mediterráneo interior de *Flourensia thurifera* - *Colliguaja odorifera*

Descripción: Matorral abierto esclerofilo dominado por *Flourensia thurifera* y *Colliguaja odorifera*, las que generalmente están acompañadas por los arbustos *Bridgesia incisifolia*, *Ophryosporus paradoxus*, *Proustia baccharoides*, *Senna coquimbensis*, *Ephedra chilensis* y otros, la Cactácea *Cumulopuntia sphaerica* y varias herbáceas, tanto anuales como perennes (*e.g. Pasithea caerulea*, *Erodium cicutarium*). En las zonas degradadas, *Gutierrezia resinosa* se hace dominante. Hay un marcado efecto de la exposición. En las laderas de exposición norte, más áridas, donde la vegetación es abierta, *Heliotropium stenophyllum* es más frecuente, generalmente acompañado por cactáceas columnares como *Eulychnia acida* y *Trichocereus coquimbanus*, mientras que en las laderas de exposición sur se presentan algunos elementos más higrófilos (*e.g.*, *Cordia decandra*, *Porlieria chilensis*) y la densidad de la vegetación es mayor. En los cursos de agua es posible observar matorrales (con *Pleocarphus revolutus*) o bosques higromórficos (con *Salix humboldtiana*, *Maytenus boaria*) y en los bajos de ladera cerca de las quebradas una franja de espinales dominados por *Acacia caven*, que en conjunto presentan una zonación característica (Figura 27). Ha sido objeto de una intensa intervención humana.

Comunidades zonales: *Porlieria chilensis*, *Colliguaja odorifera*, *Colliguaja odorifera* - *Proustia cinerea*, *Adesmia microphylla*, *Flourensia thurifera* [514, 522], Tipo *Colliguaja odorifera*, Tipo *Erodium moschatum* (ruderal), Tipo *Flourensia thurifera*, Tipo *Gutierrezia resinosa* (ruderal), Tipo *Haplopappus angustifolius*, Tipo *Heliotropium stenophyllum*, Tipo *Pectocarya dimorpha* (ruderal) [424, 428], Tipo *Flourensia thurifera* - *Bahia ambrosioides*, Tipo *Flourensia thurifera* - *Colliguaja odorifera*, Tipo *Flourensia thurifera* - *Trichocereus coquimbanus*, Tipo *Flourensia thurifera* - *Trichocereus coquimbanus* - *Puya berteroniana*, Tipo *Gutierrezia resinosa* - *Flourensia thurifera*, Tipo *Gutierrezia resinosa* - *Trichocereus chilensis*, Tipo *Heliotropium stenophyllum* - *Flourensia thurifera*, Tipo *Heliotropium stenophyllum* - *Trichocereus chilensis*, Tipo *Mulinum spinosum*, Tipo *Plantago hispidula* - *Stipa lachnophylla* [428], *Flourensia thurifera* - *Heliotropium stenophyllum*, *Gutierrezia resinosa* - *Atriplex semibaccata* (ruderal) [522].

Unidades intrazonales: I11, Bosques pantanosos; I20, Bosque lauri-esclerofilo ripario; I21, Matorral desértico ripario; I28, Vegetación rupícola interior.

Unidades extrazonales: E2, Bosque espinoso de *Acacia caven*, E3, Bosque espinoso de *Prosopis chilensis* - *Schinus polygama*.

Composición florística: *Adesmia confusa*, *A. microphylla*, *Bahia ambrosioides*, *Bridgesia incisifolia*, *Colliguaja odorifera*, *Cordia decandra*, *Cumulopuntia sphaerica*, *Ephedra chilensis*, *Eulychnia acida*, *Flourensia thurifera*, *Gutierrezia resinosa*, *Haplopappus angustifolius*, *Heliotropium stenophyllum*, *Jarava plumosula*, *Nassella chilensis*, *Llagunoa glandulosa*, *Lobelia polyphylla*, *Ophryosporus paradoxus*, *Pasithea caerulea*, *Porlieria chilensis*, *Proustia cinerea*, *Senna cumingii*, *Trichocereus coquimbanus*, *Vulpia myuros* (véase ref. 514).

Dinámica: Se ha planteado que corresponde a una fase de degradación de una formación boscosa esclerofila desertificada [135], aunque ello no se sustenta del todo por las condiciones climáticas en que se desarrolla; también podría corresponder a una situación natural producto de un efecto de desertización en retroceso. La degradación del matorral típico de este piso vegetacional conduce a una pradera anual que es colonizada, en una primera fase, por *Gutierrezia resinosa*, mientras que los elementos típicos de un estado avanzado de la sucesión podrían ser *Cordia decandra* en los sectores más áridos y *Porlieria chilensis-Quillaja saponaria* en los más húmedos [1351]. El efecto nodriza parace ser importante en el reclutamiento de cactáceas columnares como *Eulychnia acida* y *Trichocereus coquimbanus* [211]. La presencia de bancos de semillas permite a las plantas, especialmente anuales, su renovación después de eventos de lluvias asociados a El Niño [638].

Distribución: Interior del centro-sur de la región de Coquimbo, entre 300 y 2.000 m. Se encuentra en los pisos bioclimáticos termomediterráneo superior y mesomediterráneo árido y semiárido inferior hiperoceánico.

Itc: 255–372; Tp: 1401–1829; Io: 0,54–1,33; Ic: 7,6–8,7; T: 11,6–15,2; P: 104–226; EP: 1125–1464.

Referencias: 92, 131, 135, 206, 211, 213, 417, 424, 426, 428, 514, 517, 522, 638, 731, 735, 800, 1014, 1078, 1201, 1351, 1580.

P21. Matorral desértico mediterráneo costero de *Bahia ambrosioides* / *Puya chilensis*

Descripción: Matorral con suculentas dominado por *Bahia ambrosioides* y *Haplopappus foliosus*, con una presencia importante de *Puya chilensis* que determina la fisionomía de la vegetación. Muestra un carácter transicional, ya que se encuentra interpenetrado por algunos componentes de los matorrales costeros desérticos situados inmediatamente al norte (*e.g. Oxalis virgosa*, véase piso de vegetación P17) así como por las formaciones arborescentes de la costa inmediatamente al sur (*e.g. Schinus latifolia*, véase piso de vegetación P36). Sin embargo, ya sea en términos de bioclima como de las formaciones vegetales dominantes, no puede ser claramente adscrita a ninguna de esas unidades. Se encuentra fuertemente intervenida, presentando sectores en que el matorral ha sido totalmente desplazado por praderas.

Comunidades zonales: Tipo *Baccharis concava*, Tipo *Bahia ambrosioides*, Tipo *Erodium cicutarium* (ruderal), Tipo *Fuchsia lycioides*, Tipo *Heliotropium stenophyllum*, Tipo *Oxalis gigantea*, Tipo *Piptochaetium montevidense* (ruderal), Tipo *Plantago tumida* (ruderal), Tipo *Puya chilensis - Eulychnia acida*, Tipo *Senecio bahioides*, Tipo *Stipa speciosa* (ruderal) [424, 426], *Bahia ambrosioides - Puya chilensis*, *Helenium aromaticum - Sagina apetala* (ruderal), *Adesmia tenella - Erodium cicutarium* (ruderal) [522].

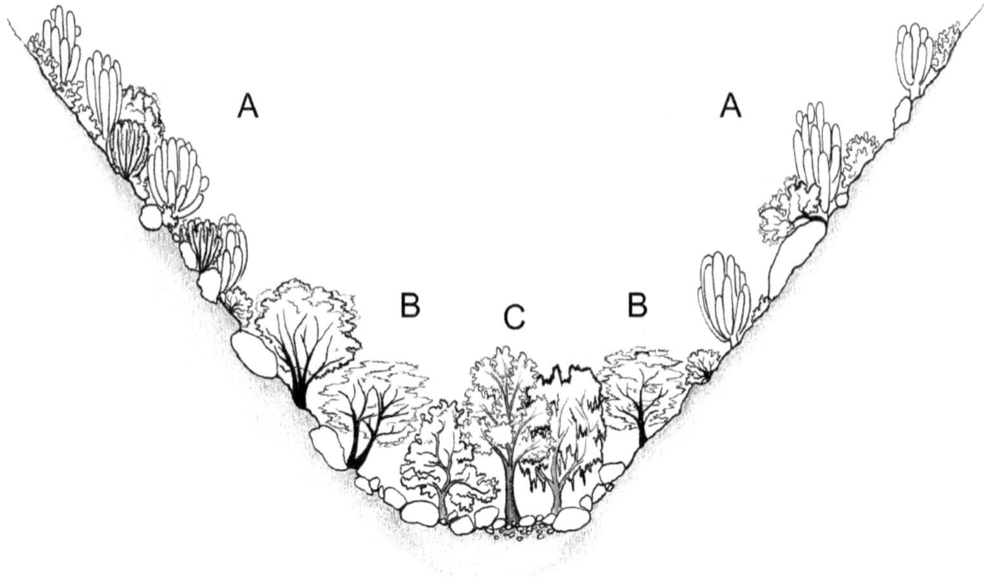

Figura 27: Esquema de la distribución local de la vegetación en el Matorral desértico mediterráneo interior de Flourensia thurifera - Colliguaja odorifera *(piso de vegetación P20). A: vegetación zonal de matorral desértico en las laderas altas; B: vegetación extrazonal de bosque espinoso dominado por* Acacia caven *en las laderas bajas (unidad E2); C: bosque ripario intrazonal dominado por* Salix humboldtiana *en la quebrada (unidad I20). La ladera de exposición norte (a la derecha de la figura) muestra que la vegetación es algo más xeromórfica que la que está situada en la ladera de exposición sur (a la izquierda de la figura; véanse refs. 424, 514).* La escala de tamaños de las plantas está exagerada en relación con la escala del paisaje.

Unidades intrazonales: I6, Vegetación de dunas litorales; I7, Vegetación de roqueríos y farellones costeros; I13, Vegetación herbácea de lagunas efímeras; I20, Bosque lauriesclerofilo ripario; I21, Matorral desértico ripario.

Unidades extrazonales: E4, Matorral arborescente esclerofilo de *Azara celastrina - Schinus latifolia*; E7, Bosque esclerofilo de *Lithraea caustica*.

Composición florística: *Baccharis macraei*, *Bahia ambrosioides*, *Bromus berteroanus*, *Eulychnia acida*, *Erodium moschatum*, *Fuchsia lycioides*, *Haplopappus foliosus*, *Heliotropium stenophyllum*, *Oxalis virgosa*, *Plantago hispidula*, *Puya chilensis*, *Solanum pinnatum*, *Vulpia myuros*.

Dinámica: Es posible, especialmente en la zona sur de este piso de vegetación, que las potencialidades climáticas permitan la existencia de bosques o al menos de matorrales arborescentes, los que probablemente han sido eliminados de sus áreas originales, presentándose solo en pequeños fragmentos remanentes [135]. Las condiciones de aridez del área dificultan una rápida recuperación de tales formaciones [1351].

Distribución: Zona litoral del centro-sur de la región de Coquimbo, 0–500 m, pisos bioclimáticos termomediterráneo superior y mesomediterráneo inferior árido superior y semiárido inferior hiperoceánico.

Itc: 330–380; Tp: 1660–1826; Io: 0,83–1,12; Ic: 7,3–8,2; T: 13,8–15,2; P: 144–184; EP: 996–1218.

Referencias: 135, 167, 206, 424, 426, 517, 522, 570, 735, 769, 800, 1201, 1263, 1351.

Distribución extrazonal de matorrales desérticos

E1. Matorral desértico de *Flourensia thurifera*

Descripción: Matorral desértico dominado por *Flourensia thurifera* correspondiente al piso de vegetación P19, que se encuentran en laderas áridas de matorrales esclerofilos.

Comunidades incluidas: *Flourensia thurifera - Heliotropium stenophyllum* [522].

Pisos de vegetación: Matorral esclerofilo (P37).

Matorral bajo desértico

Aquí se reúne la vegetación dominada por arbustos bajos de zonas ultrahiperáridas a semiáridas que ocupan posiciones marginales al desierto absoluto o a matorrales desérticos. Se encuentran en zonas interiores y en las partes bajas de los Andes del norte de Chile, generalmente por sobre 1.500 m de altitud, bajo macrobioclima tropical y mediterráneo. Han recibido muy pocos estudios, con excepción de aquellas unidades del desierto andino, que por su ubicación han sido incluidas en trabajos sobre la vegetación de altitud.

P22. Matorral bajo desértico tropical interior de *Adesmia atacamensis - Cistanthe salsoloides*

Descripción: Matorral muy abierto extremadamente xeromórfico en el que dominan *Adesmia atacamensis* y *Cistanthe salsoloides*, acompañadas por un elenco variable de especies, entre las que pueden mencionarse *Huidobria fruticosa*, *Dinemandra ericoides* y *Ephedra breana*. Generalmente la vegetación se asocia a situaciones microtopográficas favorables, donde se acumula la escasa humedad (Figura 28). Recibe influencias marginales de lluvias de verano.

Comunidades zonales: *Adesmia atacamensis - Calandrinia salsoloides*, *Encelia canescens - Nolana leptophylla - Calandrinia salsoloides* [926], *Adesmia atacamensis - Calandrinia salsoloides*, *Adesmia atacamensis - Coldenia atacamensis* [522].

Unidades intrazonales: I9, Vegetación halófila freatófila; I21, Matorral desértico ripario; I25, Pastizal alto ripario.

Composición florística: *Adesmia atacamensis*, *Argylia tomentosa*, *Atriplex imbricata*, *Cistanthe salsoloides*, *Dinemandra ericoides*, *Encelia canescens*, *Ephedra breana*, *Hoffmannseggia doellii*, *Huidobria fruticosa*, *Nolana leptophylla*, *Tiquilia atacamensis*, *Urmenetea atacamensis*.

Dinámica: No se conocen referencias acerca de la dinámica de este piso de vegetación, pero se puede suponer que la regeneración de las plantas está controlada por la ocurrencia de eventos de precipitación estival excepcionales, los que son muy ocasionales.

Distribución: Ampliamente repartida en las partes más bajas de la precordillera andina, desde el norte de la región de Tarapacá hasta el norte de la región de Atacama, entre 2.100 y 3.600 m en la zona sur y entre 2.000–3.000 m en la zona norte, pisos bioclimáticos mesotropical superior y supratropical inferior ultrahiperárido hiperoceánico.

It: 243–377; Tp: 1171–1617; Io: 0,07–0,18; Ic: 4,6–7,0; T: 9,7–13,4; P: 3–20; EP: 1305–1582.

Referencias: 160, 517, 522, 641, 800, 818, 887, 1049, 1085, 1194, 1375, 1426, 1536, 1551, 1633, 1634.

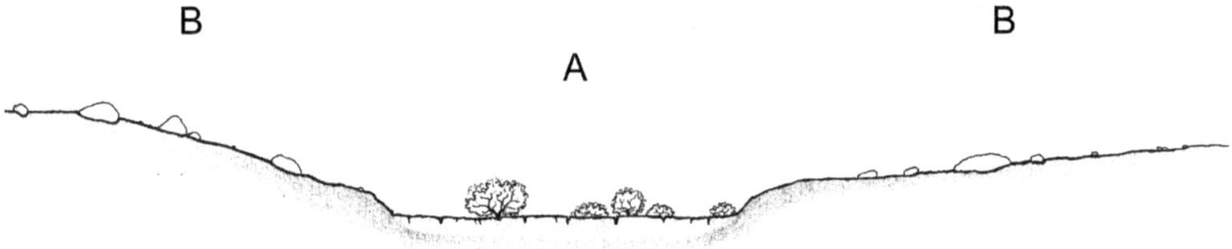

Figura 28: Representación esquemática de la distribución espacial de la vegetación en el Matorral bajo desértico tropical interior de Adesmia atacamensis - Cistanthe salsoloides *(piso de vegetación P22). La vegetación está concentrada en las depresiones que acumulan humedad (A), mientras que la mayor parte de la superficie está desprovista de plantas vasculares (B).*

P23. Matorral bajo desértico tropical andino de *Atriplex imbricata - Acantholippia deserticola*

Descripción: Matorral muy abierto, con o sin suculentas, generalmente dominado por *Atriplex imbricata*, *Acantholippia deserticola* y *Ambrosia artemisioides*, en el que otras especies como *Chuquiraga kuschelii*, *Oreocereus leucotrichus* o *Jarava frigida* pueden ser localmente abundantes. En algunos sectores del norte de la región de Antofagasta es posible observar formaciones de *Echinopsis atacamensis* asociadas altitudinalmente a la transición entre este piso de vegetación y el inmediatamente superior: piso de vegetación P102, Matorral bajo tropical andino de *Fabiana denudata - Chuquiraga atacamensis*.

Comunidades zonales: *Acantholippia deserticola - Franseria meyeniana*, *Franseria meyeniana - Helogyne macrogyne - Helianthocereus atacamensis* [1630], Asociación de *Atriplex microphylla* y *Franseria meyeniana* [1631], *Atriplex imbricata*, *Acantholippia punensis - Franseria meyeniana*, *Atriplex imbricata - Cristaria andicola* [522], *Oreocereo leucotrichi - Ambrosietum artemisioidis* [863], *Acantholippio deserticolae - Atriplicetum imbricatae* [861, 863, 1001].

Unidades intrazonales: I21, Matorral desértico ripario; I25, Pastizal alto ripario.

Composición florística: *Acantholippia deserticola*, *Adesmia atacamensis*, *Ambrosia artemisioides*, *Atriplex imbricata*, *Bryantiella glutinosa*, *Chuquiraga kuschelii*, *Jarava frigida*, *Maihueniopsis atacamensis*, *Oreocereus celsianus*, *O. leucotrichus*.

Dinámica: No existen datos, pero es posible suponer que la ocurrencia marginal de precipitaciones estivales permitiría la regeneración de las especies dominantes y la renovación del banco de semillas de las especies herbáceas.

Distribución: Ampliamente distribuido en la zonas precordilleranas de las regiones de Arica y Parinacota, Tarapacá y Antofagasta, 2.500–3.300 m (zona norte) y 3.400–3.600 m (zona sur). Se encuentra asociado a los pisos bioclimáticos supratropical ultrahiperárido, hiperárido y árido inferior hiperoceánico, alcanzando posiciones orotropicales inferiores y, marginalmente, mesotropicales superiores.

It: 120–339; Itc: 85–329; Tp: 1017–1474; Io: 0,11–0,72; Ic: 4,4–8,2; T: 8,4–12,2; P: 12–51; EP: 1151–1596.

Referencias: 6, 21, 22, 99, 265, 308, 513, 517, 522, 800, 801, 813, 857, 861, 863, 972, 995, 1001, 1049, 1059, 1080, 1085, 1202, 1300, 1375, 1425, 1426, 1536, 1630, 1631, 1633, 1635.

P24. Matorral bajo desértico tropical interior de *Nolana leptophylla - Cistanthe salsoloides*

Descripción: Matorral abierto extremadamente xeromórfico, dejando grandes extensiones completamente desprovistas de vegetación. No es posible identificar especies dominantes sino solo un elenco florístico construido sobre la base de referencias indirectas, de modo que las especies que se indican en el nombre de este piso de vegetación han sido escogidas de manera algo arbitraria, guiándose por las escasas referencias existentes. Presenta algunos grados de parentesco florístico con los pisos de vegetación adyacentes tanto hacia el este como el oeste, pero con la información disponible no es posible asimilarlo a ninguno de los dos. No se han identificado formalmente comunidades intrazonales, pero es posible afirmar la presencia de matorrales dominados por *Distichlis spicata* y *Tessaria absinthioides* sobre suelos halomórficos [1375].

Comunidades zonales: *Nolana leptophylla - Heliotropium chenopodiaceum - Calandrinia salsoloides*, *Nolana leptophylla - Nolana peruviana - Heliotropium chenopodiaceum* [926], *Atriplex deserticola - Lycium minutifolium*, *Nolana baccata - Cryptantha parviflora*, *Skytanthus acutus - Hippeastrum ananuca* [522].

Unidades intrazonales: I9, Vegetación halófila freatófila.

Composición florística: *Adesmia atacamensis*, *Argylia glutinosa*, *Atriplex deserticola*, *Cistanthe celosioides*, *C. salsoloides*, *Cryptantha werdermanniana*, *Dinemandra ericoides*, *Fagonia chilensis*, *Gymnophyton foliosum*, *Heliotropium chenopodiaceum*, *H. linariifolium*, *Lycium minutifolium*, *Malesherbia deserticola*, *Nolana flaccida*, *N. leptophylla*, *Reyesia parviflora*, *Skytanthus acutus*.

Dinámica: Aunque no existen antecedentes, debe ser similar a la del piso de vegetación P22 (matorral bajo desértico tropical interior de *Adesmia atacamensis - Cistanthe salsoloides*), aunque con una menor recurrencia y magnitud de precipitaciones estivales, de modo que las opciones para el reclutamiento de semillas también son menores.

Distribución: Interior del norte de la región de Atacama y sur de Antofagasta, 1.000–2.800 m, pisos bioclimáticos mesotropical y supratropical ultrahiperárido inferior hiperoceánico.

It: 245–439; Tp: 1242–1954; Io: 0,05–0,07; Ic: 5,8–7,3; T: 10,3–16,2; P: 8–19; EP: 1037–1476.

Referencias: 517, 522, 818, 898, 926, 1049, 1085, 1202, 1375, 1426, 1551.

P25. Matorral bajo desértico tropical andino de *Atriplex imbricata*

Descripción: Matorral abierto, pobre en especies, dominado casi exclusivamente por *Atriplex imbricata*, y acompañado por algunos elementos propios del piso altitudinal superior, como *Cristaria andicola* y *Adesmia hystrix*. También están presentes fuertes influencias desérticas que se manifiestan en la presencia ocasional de *Adesmia atacamensis* y *Argylia tomentosa*. Existen muy pocos datos directos de terreno publicados y, al igual que para las unidades anteriores, gran parte de la información se basa en el trabajo de Philippi [1085].

Comunidades zonales: *Atriplex microphylla* [926], *Atriplex imbricata - Cristaria andicola* [522].

Unidades intrazonales: I21, Matorral desértico ripario.

Composición florística: *Adesmia atacamensis*, *A. hystrix*, *Argylia tomentosa*, *Atriplex imbricata*, *Cristaria andicola*, *Ephedra breana*, *Malesherbia lactea*.

Dinámica: Debe ser muy similar a lo señalado para el piso de vegetación P23 (matorral bajo desértico tropical andino de *Atriplex imbricata - Acantholippia deserticola*), aunque con menor recurrencia de precipitaciones estivales, y mayor de invernales que gatillan la regeneración, pero no existe información comprobable al respecto.

Distribución: Zona precordillerana andina de la región de Atacama (1.500–)2.000–3.000(–3.800) m, en los pisos bioclimáticos supratropical y mesotropical superior (antitropical) ultrahiperárido superior e hiperárido hiperoceánico.

It: 163–324; Tp: 940–1533; Io: 0,12–0,40; Ic: 5,5–7,5; T: 7,8–12,7; P: 28–62; EP: 1011–1212.

Referencias: 517, 522, 800, 818, 926, 995, 1049, 1085, 1551.

P26. Matorral bajo desértico mediterráneo andino de *Senecio proteus - Haplopappus baylahuen*

Descripción: Matorral dominado por *Senecio proteus* y *Haplopappus baylahuen*, con participación de *Ephedra breana*, *Chuquiraga ulicina*, *Fabiana viscosa* y otros arbustos, además de un importante contingente de plantas herbáceas. Su conocimiento es prácticamente nulo y su presencia se ha deducido a través de chequeo de referencias indirectas, por lo que la composición florística que se presenta podría ser muy inexacta. En consecuencia no se conocen comunidades intrazonales definidas para la zona, aunque es de suponer que en las quebradas están presentes *Prosopis chilensis*, *Acacia caven* y *Schinus polygama*.

Comunidades zonales: Matorral de *Senecio johnstonianus* [108], *Ephedra breana - Haplopappus baylahuen* [926].

Composición florística: *Adesmia parviflora*, *Asteriscium chilense*, *Atriplex imbricata*, *Chaetanthera limbata*, *Chorizanthe commissuralis*, *Chuquiraga ulicina*, *Ephedra breana*, *Fabiana viscosa*, *Haplopappus baylahuen*, *H. linifolius*, *H. saxatilis*, *Larrea nitida*, *Lycium minutifolium*, *L. rachidocladum*, *Muehlenbeckia hastulata*, *Ophryosporus paradoxus*, *Pectocarya dimorpha*, *Polyachyrus carduoides*, *Reyesia parviflora*, *Senecio johnstonianus*, *S. proteus* (véase ref. 108).

Dinámica: No existen antecedentes sobre la dinámica de este piso de vegetación, pero es posible que pueda ser similar a la que presentan los matorrales altoandinos del piso inmediatamente superior (véase piso de vegetación P108, Matorral bajo tropical-mediterráneo andino de *Adesmia hystrix* - *Ephedra breana*, página 223).

Distribución: Zona subandina del sur de la región de Atacama y norte de Coquimbo, entre 1.700 y 2.900 m, pisos bioclimáticos supramediterráneo y mesomediterráneo superior hiperárido superior y árido hiperoceánico.

Itc: 127–243; Tp: 737–1195; Io: 0,38–0,90; Ic: 7,4–8,8; T: 6,1–9,9; P: 64–90; EP: 937–1138.

Referencias: 108, 206, 417, 800, 818, 926, 1419, 1551.

Matorral espinoso

El matorral espinoso representa la transición entre los matorrales desérticos y el bosque espinoso. Las dominantes son arbustos altos espinosos, generalmente caducifolios de verano [579], grandes plantas suculentas arrosetadas también espinosas. Su delimitación es compleja debido por un lado a su carácter transicional y por otro a la escasez de estudios en el área. Se encuentra distribuido en zonas interiores de serranías en áreas mediterráneas secas y semiáridas.

P27. Matorral espinoso mediterráneo interior de *Trevoa quinquenervia* - *Colliguaja odorifera*

Descripción: Matorral espinoso dominado por *Trevoa quinquenervia*, *Colliguaja odorifera* y *Schinus polygama*, con presencia ocasional de algunos elementos esclerofilos como *Quillaja saponaria*, *Lithraea caustica* y *Kageneckia angustifolia* en las partes más altas. Los arbustos *Proustia cinerea* y *Adesmia confusa* son también frecuentes, y en las zonas altas andinas se puede observar la presencia de *Colliguaja integerrima*, *Tetraglochin alatum* y *Schinus montana*. Las laderas de exposición norte están dominadas por *Trichocereus chiloensis* y *Puya berteroniana*, con presencia de *Puya coerulea* en los sectores de mayor elevación.

Comunidades zonales: *Colliguaja odorifera* - *Adesmia microphylla*, *Colliguaja odorifera* - *Proustia cinerea*, *Flourensia thurifera*, *Trevoa trinervia* - *Colliguaja odorifera*, *Fabiana imbricata* - *Ephedra andina* [522], Matorral espinoso de talhuén y espinillo [862].

Unidades intrazonales: I20, Bosque lauri-esclerofilo ripario; I22, Matorral esclerofilo ripario.

Composición florística: *Acacia caven, Adesmia confusa, Colliguaja integerrima, C. odorifera, Flourensiathurifera, Kageneckia angustifolia, Lithraea caustica, Nassella chilensis, Porlieria chilensis, Proustia cinerea, Quillaja saponaria, Retanilla trinervia, Schinus montana, S. polygama, Solanum crispum, Tetraglochin alatum, Trevoa quinquenervia, Vulpia myuros.*

Dinámica: Es un piso de vegetación sometido a fuertes presiones antrópicas, por lo que podría corresponder a una fase de degradación de un bosque esclerofilo original o de un matorral arborescente. Aparentemente la degradación produce una pérdida de cobertura y la expansión de *Trevoa*, así como la inmigración de especies introducidas, especialmente en la estrata herbácea [379].

Distribución: Serranías interiores bajas y medias de la región de Valparaíso, entre 700 y 1.500 m, en los pisos bioclimáticos termomediterráneo superior y mesomediterráneo semiárido y seco inferior hiperoceánico y oceánico.

Itc: 237–354; Tp: 1471–1819; Io: 1,27–2,58; Ic: 10,2–11,3; T: 12,2–15,1; P: 248–420; EP: 1248–1454.

Referencias: 206, 379, 493, 517, 522, 862, 1014, 1090, 1191, 1201, 1431.

P28. Matorral espinoso mediterráneo interior de *Puya coerulea - Colliguaja odorifera*

Descripción: Matorral espinoso dominado por *Puya coerulea* y *Colliguaja odorifera.* Se presenta muy diversificado, destacando la participación de *Eryngium paniculatum, Haplopappus integerrimus, Calceolaria polifolia, Chorizanthe virgata, Gamochaeta americana, Tweedia birostrata, Adesmia confusa, Gochnatia foliolosa, Ephedra chilensis* y otras especies. *Dioscorea saxatilis* es común entremedio de los arbustos. Individuos arbustivos bajos de *Lithraea caustica* también son frecuentes.

Comunidades zonales: *Puyetum violaceae* [136, 1645], *Puya berteroniana - Adesmia arborea, Puya violacea - Colliguaja odorifera, Colliguaja odorifera - Proustia cinerea* [522], *Haplopappo - Colliguajetum odoriferae, Puyetum coeruleae* [475].

Unidades intrazonales: I20, Bosque lauri-esclerofilo ripario; I22, Matorral esclerofilo ripario.

Composición florística: *Adesmia conferta, A. confusa, Calceolaria polifolia, Cheilanthes glauca, Chorizanthe virgata, Chusquea cumingii, Clinopodium gilliesii, Colliguaja odorifera, Dioscorea saxatilis, Ephedra chilensis, Eryngium paniculatum, Flourensia thurifera, Galium suffruticosum, Gamochaeta americana, Gochnatia foliolosa, Haplopappus integerrimus, Lithraea caustica, Puya coerulea, Pyrrhocactus curvispinus, Quillaja saponaria, Retanilla ephedra, Tristerix corymbosus, Tweedia birostrata* (véase ref. 1645).

Dinámica: No hay antecedentes acerca de la dinámica de este piso de vegetación. Es posible que al estar sometida a procesos de remoción en masa la colonización de elementos esclerofilos esté permanentemente limitada por esas perturbaciones.

Distribución: Laderas altas de la vertiente oriental de la cordillera de la Costa y de la precordillera andina de las regiones Coquimbo y de Valparaíso, 1.400–2.200 m, piso bioclimático supramediterráneo seco hiperoceánico.

Itc: 122–215; Tp: 1017–1362; Io: 2,12–3,17; Ic: 8,8–9,4; T: 8,4–11,3; P: 310–410; EP: 1010–1158.

Referencias: 136, 206, 475, 517, 522, 867, 988, 1191–1193, 1643, 1645.

Bosque espinoso

Corresponde a comunidades dominadas por árboles espinosos. Entre ellas se encuentran en el extremo norte de Chile bajo macrobioclima tropical, los bosques de las grandes quebradas dominados por *Geoffroea decorticans*, los bosques de *Prosopis tamarugo* de la Pampa del Tamarugal, y las comunidades subandinas dominadas por *Browningia candelaris*. Esta última es una Cactácea columnar con un solo fuste y de ramificación apical que puede también ser considerada como de forma arbórea [766]. Además se encuentran aquí los espinales, comunidades dominadas por *Acacia caven* de la zona mediterránea de Chile. Con excepción de los bosques de las grandes quebradas del norte de Chile, donde la vegetación natural ha sido fuertemente alterada por la instalación de terrenos de cultivo, la vegetación de esta formación se encuentra relativamente bien estudiada. En especial los espinales han recibido bastante atención en estudios específicos (*e.g.*, refs. 480, 900, 1026).

P29. Bosque espinoso tropical interior de *Prosopis tamarugo* / *Tessaria absinthioides*

Descripción: Bosque espinoso abierto en el que domina *Prosopis tamarugo* en el dosel superior, que puede alcanzar 15 e incluso 20 m de altura, y en el que también está presente *Prosopis alba*. La estrata arbustiva está compuesta principalmente por *Tessaria absinthioides*, *Atriplex atacamensis*, *Caesalpinia aphylla*, *Prosopis strombulifera* y *P. burkartii*, mientras que la estrata herbácea está casi completamente dominada por *Distichlis spicata*. No es posible diferenciar entre comunidades zonales e intrazonales dentro de este piso de vegetación, ya que toda es de carácter freatófilo.

Comunidades: *Prosopietum tamarugii* [1118, 1119], *Prosopis tamarugo - Distichlis spicata*, *Atriplex atacamensis - Acantholippia trifida*, *Tessaria absinthioides - Distichlis spicata* [522].

Composición florística: *Atriplex atacamensis*, *Caesalpinia aphylla*, *Cressa truxillensis*, *Distichlis spicata*, *Euphorbia tarapacana*, *Prosopis alba*, *P. burkartii*, *P. flexuosa*, *P. strombulifera*, *P. tamarugo*, *Schinus molle*, *Tagetes minuta*, *Tessaria absinthioides*.

Dinámica: La dinámica natural de las comunidades dominadas por *Prosopis tamarugo* parece estar controlada por grandes inundaciones de la pampa provocadas por avenidas provenientes de la cordillera andina, producto de precipitaciones estivales excepcionales, las que ocurren con una periodicidad de 30 a 40 años. El agua permanece apozada en la superficie por tiempo suficiente para permitir la infiltración a grandes profundidades, lo que favorece la regeneración de *P. tamarugo*, de la que se observaron numerosas plántulas luego de inundaciones ocurridas en 1977 [4], aunque este tipo de regeneración es muy abierta y heterogénea [14]. La explotación de agua en el área de distribución de esta especie puede generar disminuciones en la profundidad del acuífero y causar estrés hídrico en las plantas [297]. Se ha sugerido que 20 m de profundidad del acuífero sería el umbral crítico para la sobrevivencia de *P. tamarugo* [256]. Muchos de los ejemplares existentes han sido plantados en forma artificial, pero existen formaciones nativas en el salar de Llamara [212, 257].

Distribución: Pampa desértica de la región de Tarapacá, 700–1.150 m, piso bioclimático mesotropical ultrahiperárido inferior hiperoceánico.

It: 393–451; Tp: 1902–2095; Io: 0,00; Ic: 5,1–6,2; T: 15,8–17,4; P: 0; EP: 1411–1827.

Referencias: 4, 14, 212, 256, 257, 295, 297, 501, 513, 517, 522, 765, 800, 801, 995, 1118, 1119, 1202, 1275, 1357, 1425, 1554, 1673.

P30. Bosque espinoso tropical interior de *Geoffroea decorticans - Prosopis alba*

Descripción: Bosques espinosos dominados por *Geoffroea decorticans* y *Prosopis alba* en el dosel superior, en el que también participa *Salix humboldtiana* y ocasionalmente *Acacia macracantha*. El estrato arbustivo está compuesto por *Baccharis scandens*, *Equisetum giganteum*, *Trixis cacalioides* y *Tessaria absinthioides*, y en la estrata basal se encuentran *Fagonia chilensis*, *Distichlis spicata*, *Heliotropium curassavicum* y otras. Ha estado sometido a fuertes presiones antrópicas, principalmente a cambio de uso del suelo para instalación de cultivos, por lo que la expresión original de la vegetación es actualmente casi inexistente y su presencia potencial se infiere solo a partir de referencias indirectas o de documentos botánicos antiguos. Debido a que está asociada a las grandes quebradas y la vegetación se encuentra edáficamente condicionada, no es posible diferenciar comunidades zonales e intrazonales.

Comunidades: *Geoffroetum* [1118, 1119], *Tessaria absinthioides - Distichlis spicata*, *Geoffroea decorticans - Prosopis alba*, *Asclepias curassavica - Telanthera densiflora* (ruderal), *Sarcocornia fruticosa - Juncus acutus* [522].

Composición florística: *Acacia macracantha*, *Ambrosia artemisioides*, *Atriplex atacamensis*, *A. chizae*, *Baccharis scandens*, *Caesalpinia spinosa*, *Distichlis spicata*, *Equisetum giganteum*, *Fagonia chilensis*, *Flaveria bidentis*, *Heliotropium curassavicum*, *Geoffroea decorticans*, *Grindelia glutinosa*, *Solanum chilense*, *Pitraea cuneato-ovata*, *Pluchea chingoyo*, *Prosopis alba*, *Salix humboldtiana*, *Solanum elaeagnifolium*, *Tecoma fulva*, *Tessaria absinthioides*, *Trixis cacalioides*, *Xanthium spinosum*.

Dinámica: No se conocen antecedentes sobre su dinámica natural. La mayor parte de las superficies originalmente cubiertas por este tipo de vegetación se encuentra hoy sometida a un uso agrícola que ha terminado por sustituir prácticamente la totalidad de las áreas naturales en las quebradas.

Distribución: Grandes quebradas de la pampa desértica de las regiones de Arica y Parinacota, Tarapacá y Antofagasta, 0–1.500 m, piso bioclimático mesotropical ultrahiperárido inferior hiperoceánico.

It: 332–486; Tp: 1870–2343; Io: 0,00–0,04; Ic: 4,4–6,8; T: 15,5–19,5; P: 0–3; EP: 1172–1604.

Referencias: 90, 501, 513, 517, 522, 612, 800, 801, 995, 1118, 1119, 1160, 1202, 1425, 1673, 1695–1698.

P31. Bosque espinoso tropical andino de *Browningia candelaris* - *Corryocactus brevistylus*

Descripción: Bosque muy abierto extremadamente xeromórfico dominado por *Browningia candelaris* y *Corryocactus brevistylus* en el dosel superior, con una estrata arbustiva baja con suculentas, en la que participan de manera destacada *Ambrosia artemisioides*, *Cumulopuntia sphaerica* y *Haageocereus fascicularis*, y una estrata de herbáceas efímeras. En las quebradas pueden observarse comunidades higromórficas que contrastan con el paisaje desértico de las laderas (Figura 29).

Comunidades zonales: *Browningia candelaris* [522], *Corryocacto aurei - Browningietum candelaris* [530, 532, 535, 858].

Unidades intrazonales: I19, Bosque laurifolio ripario.

Composición florística: *Ambrosia artemisioides*, *Argyrochosma nivea*, *Atriplex imbricata*, *Balbisia microphylla*, *Browningia candelaris*, *Bryantiella glutinosa*, *Cheilanthes pruinata*, *Corryocactus brevistylus*, *Cumulopuntia sphaerica*, *Descurainia stricta*, *Ephedra rupestris*, *Haageocereus fascicularis*, *Mentzelia scabra*, *Ophryosporus pinifolius*, *Oreocereus hempelianus*, *Oreocereus leucotrichus*, *Tarasa operculata*, *Trixis cacalioides* (véase ref. 1348).

Dinámica: Se ha planteado que este piso de vegetación ha sido objeto de una intensa explotación que ha disminuido notablemente la densidad de cactus columnares [522]. De acuerdo con los datos entregados por Rosello y Belmonte [1348] es posible suponer que *Browningia* produce semillas en forma continua, a pesar de la irregularidad de las precipitaciones, pero debido a la escasez de ejemplares juveniles el reclutamiento debe producirse únicamente después de años con lluvias excepcionales.

Distribución: Precordillera de la región de Arica y Parinacota y norte de Tarapacá. Se encuentra entre 2.300 y 2.800 m de altitud, pisos bioclimáticos supratropical hiperárido y árido inferior hiperoceánico. Se extiende hasta el departamento de Arequipa en Perú.

It: 157–246; Tp: 1140–1374; Io: 0,19–0,53; Ic: 3,8–6,1; T: 9,5–11,4; P: 8–58; EP: 1036–1467.

Referencias: 501, 513, 517, 522, 529, 530, 532, 535, 624, 781, 800, 801, 822, 858, 995, 1160, 1348, 1425, 1631.

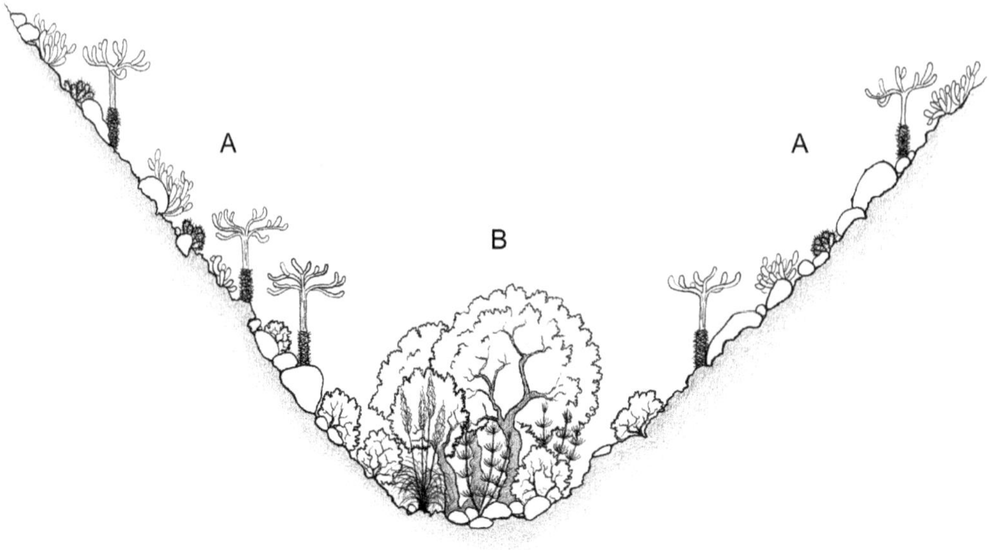

Figura 29: Esquema de la distribución local de la vegetación en el Bosque espinoso tropical andino de Browningia candelaris - Corryocactus brevistylus *(piso de vegetación P31). A: vegetación zonal de bosque espinoso de suculentas columnares en las laderas; B: bosque ripario intrazonal dominado por* Morella pavonis *en la quebrada (unidad I19) (véase ref. 858).* La escala de tamaños de las plantas está exagerada en relación con la escala del paisaje.

P32. Bosque espinoso mediterráneo interior de *Acacia caven - Prosopis chilensis*

Descripción: Bosque espinoso abierto dominado por *Prosopis chilensis* y *Acacia caven*, con una estrata arbustiva compuesta principalmente por *Cestrum parqui*, *Muehlenbeckia hastulata*, *Schinus polygama*, *Solanum crispum* y *Proustia cuneifolia*. En la estrata herbácea destacan las plantas introducidas como *Avena barbata* y *Cynara cardunculus*, que reflejan el fuerte nivel de degradación que presenta. La presencia del parásito *Ligaria cuneifolia* en las copas de las dos especies dominantes es frecuente y localmente muy abundante. Más ocasional es la presencia de especies esclerofilas como *Quillaja saponaria* y *Lithraea caustica* (Figura 30A, página 134).

Comunidades zonales: *Cestro - Trevoetum* [1014], *Prosopis chilensis - Acacia caven*, *Acacia caven - Flourensia thurifera*, *Prosopis chilensis - Schinus polygama* [522], Bosque espinoso abierto de algarrobo y espino [862].

Unidades intrazonales: I1, Vegetación acuática flotante; I9, Vegetación halófila freatófila; I12, Pastizales y herbazales semiacuáticos; I13, Vegetación herbácea de lagunas efímeras; I20, Bosque lauri-esclerofilo ripario; I22, Matorral esclerofilo ripario.

Composición florística: *Acacia caven*, *Avena barbata*, *Baccharis linearis*, *B. paniculata*, *Bromus berteroanus*, *Cestrum parqui*, *Colliguaja odorifera*, *Cynara cardunculus*, *Ligaria cuneifolia*, *Lithraea caustica*, *Maytenus boaria*, *Muehlenbeckia hastulata*, *Porlieria chilensis*, *Prosopis chilensis*, *Proustia cuneifolia*, *Quillaja saponaria*, *Schinus polygama*, *Solanum crispum*, *Trichocereus chiloensis* (véase ref. 656).

Dinámica: Se ha planteado que el espinal en general corresponde a una fase de degradación del bosque esclerofilo original [1014]. Al menos en el caso de este piso de vegetación, esa hipótesis resulta dudosa, ya que las condiciones hídricas necesarias para la presencia de bosques esclerofilos (ombrotipo seco a húmedo) no se cumplen en la mayor parte del rango de distribución de esta unidad vegetacional. Las áreas de espinales se encuentran fuertemente intervenidas y en algunos casos se aprecia una importante pérdida de cobertura arbórea e incluso la transformación completa de la formación a una pradera [492, 700, 1014, 1025]. Se ha documentado una contracción reciente de las poblaciones de *Acacia caven* y *Prosopis chilensis* producto de perturbación antrópica, lo que tendría como resultado la eventual desaparición de este piso de vegetación [1581].

Distribución: Sectores planos o de pendiente suave de la depresión intermedia de las regiones de O'Higgins, Metropolitana y de Valparaíso, 200–900 m. Se encuentra en los pisos bioclimáticos termomediterráneo superior semiárido inferior hiperoceánico y mesomediterráneo inferior semiárido superior y seco oceánico.

Itc: 303–359; Tp: 1688–1877; Io: 1,30–3,15; Ic: 9,7–12,9; T: 14,0–15,6; P: 253–515; EP: 1283–1422.

Referencias: 39, 92, 167, 213, 301, 304, 423, 462, 480, 492, 517, 522, 621, 656, 694, 700, 852, 862, 989, 1014, 1025, 1090, 1091, 1191, 1201, 1354, 1441, 1581, 1677.

P33. Bosque espinoso mediterráneo andino de *Acacia caven* / *Baccharis paniculata*

Descripción: Matorral espinoso arborescente, abierto, dominado por *Acacia caven* y *Baccharis paniculata*. Ocasionalmente se encuentran algunos individuos arbóreos aislados de *Quillaja saponaria*, *Lithraea caustica* o *Kageneckia oblonga*. Las especies arbustivas más comunes son *Colliguaja odorifera*, *Retanilla trinervia* y *Trevoa quinquenervia*. En la estrata herbácea, que suele ser muy abundante en primavera, participan varias especies introducidas, como *Avena barbata*, *Bromus berteroanus* y *Centaurea melitensis*, y nativas, principalmente *Helenium aromaticum*, *Moscharia pinnatifida* y *Phacelia brachyantha* (Figura 30B, página 134).

Comunidades zonales: *Acacietum cavenii* [1118, 1119], *Cestro - Trevoetum*, *Bromo - Lolietum* (ruderal), *Meliloto - Avenetum* (ruderal) [1014], *Acacia caven - Lithraea caustica* [522], *Acacia caven - Baccharis paniculata* [44].

Unidades intrazonales: I20, Bosque lauri-esclerofilo ripario.

Composición florística: *Acacia caven*, *Avena barbata*, *Baccharis paniculata*, *Bromus berteroanus*, *B. hordeaceus*, *Centaurea melitensis*, *Cestrum parqui*, *Colliguaja odorifera*, *Gochnatia foliolosa*, *Helenium aromaticum*, *Kageneckia oblonga*, *Lithraea caustica*, *Madia sativa*, *Moscharia pinnatifida*, *Muehlenbeckia hastulata*, *Retanilla trinervia*, *Pasithea caerulea*, *Phacelia brachyantha*, *Podanthus mitiqui*, *Quillaja saponaria*, *Solanum crispum*, *Trevoa quinquenervia*, *Vulpia myuros*.

Dinámica: De acuerdo con los antecedentes y con la posición ecológica, probablemente corresponde a una fase de degradación del bosque esclerofilo original, que se recuperaría en ausencia de presión antrópica [213].

Distribución: Laderas bajas (piedemonte) de la cordillera de los Andes de las regiones Metropolitana y de O'Higgins, entre 600 y 1.100 m. Se encuentra en los pisos bioclimáticos mesomediterráneo inferior semiárido y seco oceánico.

Itc: 290–334; Tp: 1620–1786; Io: 1,63–3,50; Ic: 11,5–12,9; T: 13,5–14,8; P: 279–470; EP: 1318–1420.

Referencias: 44, 92, 213, 423, 480, 497, 517, 522, 1014, 1025, 1089, 1118, 1119, 1191, 1195, 1201, 1204, 1207, 1354.

P34. Bosque espinoso mediterráneo costero de *Acacia caven - Maytenus boaria*

Descripción: Matorral espinoso arborescente abierto dominado por *Acacia caven* y con presencia de *Maytenus boaria* en una estrata arbórea baja, *Proustia cuneifolia*, *Muehlenbeckia hastulata* y *Cestrum parqui* en la estrata arbustiva y una estrata de herbáceas, tanto perennes como anuales, nativas e introducidas, donde destaca la presencia de *Bromus berteroanus* y *Vulpia myuros* (Figura 30C, página 134).

Comunidades zonales: *Puyo - Trichocereetum chilensis*, *Colliguajo - Trevoetum trinervis*, *Gutierrezio - Baccharidetum linearis* [137], *Acacia caven - Maytenus boaria*, *Baccharis linearis - Plantago hispidula*, *Trevoa trinervia - Colliguaja odorifera*, *Avena barbata - Erodium botrys* (ruderal) [522].

Unidades intrazonales: I6, Vegetación de dunas litorales; I9, Vegetación halófila freatófila; I11, Bosques pantanosos; I13, Vegetación herbácea de lagunas efímeras.

Composición florística: *Acacia caven*, *Baccharis linearis*, *Berberis chilensis*, *Bromus berteroanus*, *Cestrum parqui*, *Gochnatia foliolosa*, *Ligaria cuneifolia*, *Maytenus boaria*, *Medicago polymorpha*, *Muehlenbeckia hastulata*, *Proustia cuneifolia*, *Retanilla trinervia*, *Vulpia myuros.*

Dinámica: La degradación del espinal conduce a la formación de una pradera compuesta principalmente por especies introducidas [302]. Se ha especulado que el espinal mismo corresponde a una fase regresiva del bosque esclerofilo original de *Lithraea caustica* y *Cryptocarya alba* o del matorral de *Puya berteroniana* y *Trichocereus chiloensis* [84, 137]. Estudios con series temporales de imágenes satelitales muestran que la degradación del bosque esclerofilo efectivamente conduce a su reemplazo permanente por formaciones de *Acacia caven* [1586].

Distribución: Lomajes costeros del sur de las regiones de Valparaíso, Metropolitana y norte de O'Higgins, entre 0 y 400 m de altitud, piso bioclimático mesomediterráneo seco hiperoceánico y oceánico.

Itc: 311–348; Tp: 1677–1826; Io: 2,38–3,62; Ic: 9,0–11,7; T: 13,9–15,2; P: 447–651; EP: 1088–1255.

Referencias: 84, 137, 167, 204, 213, 302, 476, 517, 522, 574, 769, 902, 1082, 1263, 1416, 1448, 1449, 1586.

P35. Bosque espinoso mediterráneo interior de *Acacia caven - Lithraea caustica*

Descripción: Matorral espinoso arborescente típicamente dominado por *Acacia caven* y *Lithraea caustica* en el dosel superior. Presenta una cobertura variable pudiendo llegar a constituir, en situaciones favorables, doseles cerrados, bajo los que se desarrolla una pradera muy diversificada y compuesta por una combinación de plantas nativas e introducidas (Figura 30D, página 134).

Comunidades zonales: *Cestro - Trevoetum*, *Chaetanthero - Vulpietum* (ruderal) [1014], *Acacia caven - Maytenus boaria*, *Baccharis linearis - Plantago hispidula*, [522], Espinal de *Acacia caven* con fragmentos de matorral esclerofilo, Espinal de *Acacia caven* con remanentes de matorral esclerofilo y *Trevoa quinquenervia* [1027].

Unidades intrazonales: I11, Bosques pantanosos; I13, Vegetación herbácea de lagunas efímeras; I20, Bosque lauri-esclerofilo ripario; I22, Matorral esclerofilo ripario.

Composición florística: *Acacia caven*, *Agrostis capillaris*, *Avena barbata*, *Baccharis linearis*, *Briza minor*, *Bromus berteroanus*, *B. hordeaceus*, *Cestrum parqui*, *Gochnatia foliolosa*, *Lithraea caustica*, *Medicago polymorpha*, *Muehlenbeckia hastulata*, *Maytenus boaria*, *Peumus boldus*, *Plantago hispidula*, *Podanthus mitiqui*, *Proustia cuneifolia*, *Quillaja saponaria*, *Solanum crispum*, *Trevoa quinquenervia*, *Vulpia myuros* (véanse refs. 1014, 1027).

Dinámica: Algunos autores afirman que el espinal corresponde a una fase regresiva del bosque esclerofilo original, que se mantiene en el tiempo debido a la influencia permanente del hombre [84, 137, 213, 1014], mientras que otros señalan que se trata de la vegetación original [1354]. En cualquier caso, la degradación de los espinales conduce a una pradera compuesta fundamentalmente por especies herbáceas perennes y anuales introducidas y algunos arbustos.

Distribución: Planicies aluviales de la depresión intermedia del sur de la región de O'Higgins, del Maule y norte del Biobío, entre 100 y 600 m. Corresponde al piso bioclimático mesomediterráneo subhúmedo oceánico.

Itc: 277–316; Tp: 1586–1686; Io: 4,69–5,83; Ic: 10,6–13,1; T: 13,2–14,0; P: 703–955; EP: 1227–1297.

Referencias: 9, 58, 84, 92, 137, 167, 213, 305, 355, 357, 480, 517, 522, 901, 983, 1014, 1027, 1028, 1264, 1354, 1411, 1414, 1416, 1535.

Distribución extrazonal de bosques espinosos

E2. Bosque espinoso de *Acacia caven*

Descripción: Bosques espinosos dominados por *Acacia caven* correspondientes a los pisos de vegetación P33–P35, que se encuentran en laderas húmedas cercanas a fondos de quebrada en la zona de matorrales desérticos en su área sur de distribución (véase Figura 27, página 120), aunque también han sido señalados para sectores secos en áreas de bosques esclerofilos.

Comunidades incluidas: *Acacia caven - Flourensia thurifera*, *Acacia caven - Atriplex repanda*, *Acacia caven - Lithraea caustica* [522].

Pisos de vegetación: Matorral desértico (P13, P15, P17, P20); Bosque esclerofilo (P43).

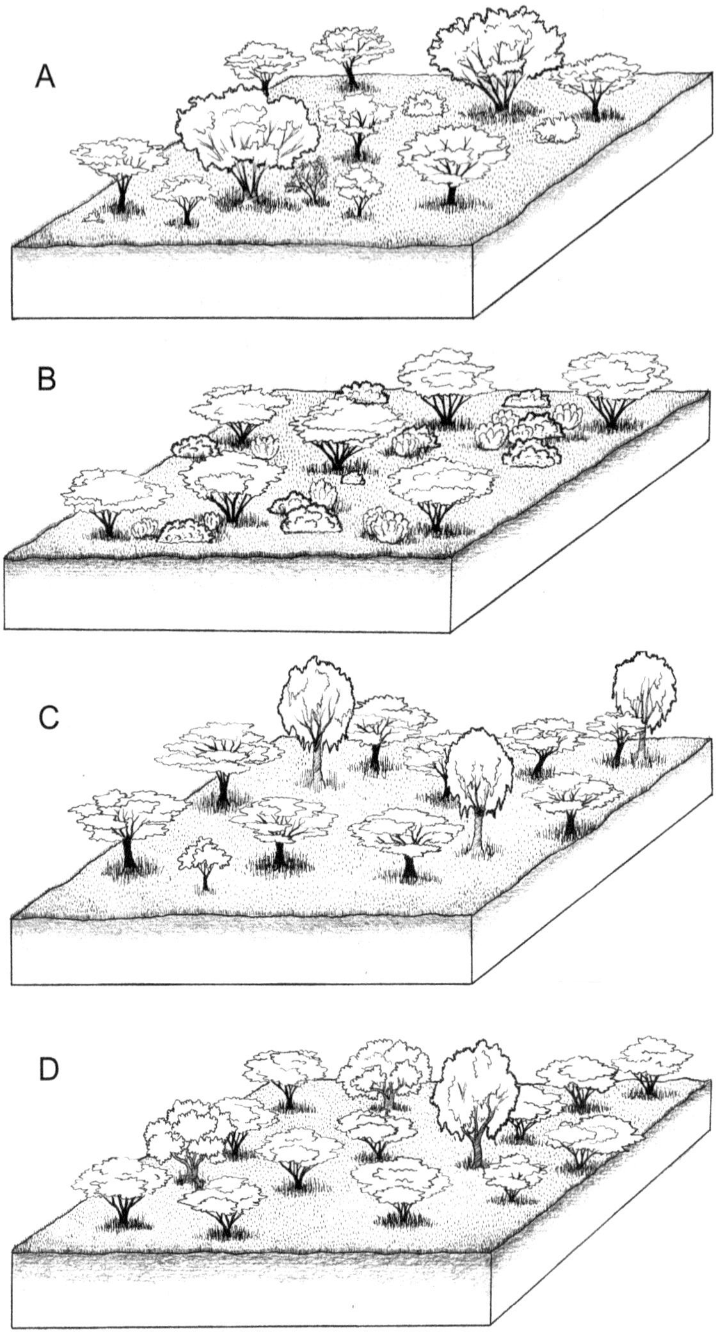

Figura 30: Representación esquemática de los diferentes tipos de bosque espinoso dominado por Acacia caven *en Chile. A: Bosque espinoso mediterráneo interior de* Acacia caven - Prosopis chilensis *(piso de vegetación P32), B: Bosque espinoso mediterráneo andino de* Acacia caven / Baccharis paniculata *(piso de vegetación P33), C: Bosque espinoso mediterráneo costero de* Acacia caven - Maytenus boaria *(piso de vegetación P34), D: Bosque espinoso mediterráneo interior de* Acacia caven - Lithraea caustica *(piso de vegetación P35).*

E3. Bosque espinoso de *Prosopis chilensis - Schinus polygama*

Descripción: Bosques espinosos donde dominan *Prosopis chilensis* y *Schinus polygama*, que se pueden asociar al piso de vegetación P32. Se encuentran en situaciones locales de mayor humedad dentro del área de matorrales desérticos.

Comunidades incluidas: *Prosopis chilensis - Schinus polygama* [522].

Pisos de vegetación: Matorral desértico (P17, P19, P20).

Matorral esclerofilo

Esta es una formación vegetal dominada por plantas siempreverdes arbustivas o arborescentes de hoja dura. Se encuentran en las áreas transicionales entre formaciones xeromórficas de matorrales desérticos y espinosos y bosques esclerofilos. Se encuentra bajo condiciones mediterráneas secas y semiáridas. Se reconocen dos pisos de vegetación, uno de los cuales (P37) ha sido pobremente estudiado.

P36. Matorral arborescente esclerofilo mediterráneo costero de *Peumus boldus - Schinus latifolia*

Descripción: Matorral arborescente dominado por especies esclerofilas como *Peumus boldus*, *Schinus latifolia*, *Lithraea caustica*, *Cryptocarya alba* y *Azara celastrina*. Son frecuentes los arbustos como *Bahia ambrosioides*, *Fuchsia lycioides*, *Podanthus mitiqui*, *Eupatorium glechonophyllum*, *E. salvium* y *Lobelia polyphylla*. En el mosaico se presentan sectores de matorral de *Bahia ambrosioides* y *Puya chilensis*, comunidades herbáceas (praderas) y matorrales arborescentes de *Pouteria splendens* asociados a los roqueríos costeros. Áreas cubiertas por espinales de *Acacia caven* son comunes en este piso de vegetación.

Comunidades zonales: *Schinetum* [1118, 1119], Tipo *Baccharis concava*, Tipo *Fuchsia lycioides*, Tipo *Peumus boldus - Schinus latifolia*, Tipo *Schinus latifolia - Cryptocarya alba* [426], Tipo *Lithraea caustica*, Tipo *Lithraea caustica - Schinus latifolia* [428], *Neoporterio - Colletietum* [1408], *Peumus boldus - Podanthus mitiqui*, *Azara celastrina - Schinus latifolia*, *Piptochaetium montevidense - Haplopappus rosulatus* [522], *Colletio hystricis - Schinetum polygamae* [866], *Schinus polygama - Haplopappus uncinatus* [859].

Unidades intrazonales: I1, Vegetación acuática flotante; I2, Vegetación acuática natante; I3, Vegetación acuática sumergida; I6, Vegetación de dunas litorales; I7, Vegetación de roqueríos y farellones costeros; I10, Vegetación halófila intermareal (marismas); I11, Bosques pantanosos; I12, Pastizales y herbazales semiacuáticos; I13, Vegetación herbácea de lagunas efímeras; I20, Bosque lauri-esclerofilo ripario; I21, Matorral desértico ripario; I28, Vegetación rupícola interior.

Unidades extrazonales: E15, Bosque laurifolio de *Aextoxicon punctatum*.

Composición florística: *Anisomeria littoralis*, *Azara celastrina*, *Bahia ambrosioides*, *Cryptocarya alba*, *Eupatorium glechonophyllum*, *E. salvium*, *Fuchsia lycioides*, *Lepechi-*

nia salviae, Lithraea caustica, Lobelia polyphylla, Peumus boldus, Podanthus mitiqui, Puya chilensis, P. venusta, Schinus latifolia (véanse refs. 745, 849, 877, 956, 1671).

Dinámica: Es probable que comparta características con el resto de los bosques esclerofilos costeros, aunque en este caso posiblemente la degradación favorece la penetración de elementos con afinidades desérticas. En la mayor parte del territorio la vegetación se encuentra en estados sucesionales regresivos [1351], como espinales de *Acacia caven* [677, 678]. La regeneración natural se incrementa en la cercanía a parches de vegetación original remanente [502].

Distribución: Zonas litorales del norte de la región de Valparaíso y sur de Coquimbo, 0–800 m, pisos bioclimáticos termomediterráneo superior y mesomediterráneo inferior semiárido hiperoceánico.

Itc: 309–373; Tp: 1643–1892; Io: 1,19–2,03; Ic: 7,7–8,4; T: 13,6–15,7; P: 211–368; EP: 1064–1249.

Referencias: 47, 66, 135–137, 167, 206, 213, 423, 426, 428, 483, 502, 517, 522, 673, 677, 678, 735, 745, 769, 790, 832, 849, 859, 866, 877, 949, 956, 1014, 1062, 1118, 1119, 1191, 1201, 1263, 1264, 1266, 1351, 1354, 1374, 1398, 1408, 1440, 1441, 1464, 1495, 1535, 1624, 1671.

P37. Matorral arborescente esclerofilo mediterráneo interior de *Quillaja saponaria / Porlieria chilensis*

Descripción: Formación arborescente abierta dominada por arbustos altos como *Porlieria chilensis* o *Cordia decandra*, entre los cuales crecen individuos de *Quillaja saponaria* o *Lithraea caustica*, acompañados por *Colliguaja odorifera* y *Acacia caven*. Debido a la fuerte intervención que ha sufrido, actualmente su estructura y composición florística están transformadas a un matorral abierto y fuertemente penetrado por elementos de los matorrales desérticos, como *Flourensia thurifera* y *Heliotropium stenophyllum*, e incluso adopta la fisionomía de una pradera anual donde la vegetación leñosa ha sido completamente eliminada. Áreas con presencia de *Jubaea chilensis* han sido mencionadas para este piso de vegetación.

Comunidades zonales: Tipo *Colliguaja odorifera*, Tipo *Erodium moschatum*, Tipo *Flourensia thurifera*, Tipo *Gutierrezia resinosa* (ruderal), Tipo *Haplopappus angustifolius*, Tipo *Pectocarya dimorpha* (ruderal) [424, 428], *Trevoa trinervia - Colliguaja odorifera, Puya berteroniana - Trichocereus chilensis, Puya berteroniana - Adesmia arborea, Quillaja saponaria - Porlieria chilensis, Lithraea caustica - Colliguaja odorifera* [522], Palmares (*Jubaea chilensis*) [598], *Puyetumtum berteronianae* [475].

Unidades intrazonales: I20, Bosque lauri-esclerofilo ripario; I21, Matorral desértico ripario; I28, Vegetación rupícola interior.

Unidades extrazonales: E1, Matorral desértico de *Flourensia thurifera*.

Composición florística: *Acacia caven, Avena barbata, Baccharis paniculata, Bridgesia incisifolia, Bromus berteroanus, Colliguaja odorifera, Cordia decandra, Ephedra chilensis, Erodium cicutarium, Flourensia thurifera, Heliotropium stenophyllum, Kageneckia oblonga, Lithraea caustica, Llagunoa glandulosa, Ophryosporus paradoxus, Porlieria chilensis, Proustia cuneifolia, Quillaja saponaria, Retanilla trinervia.*

Dinámica: Probablemente sea similar a la citada para los bosques esclerofilos, donde la colonización de algunos individuos arbustivos crea las condiciones para la inmigración de otros individuos, generándose una estructura horizontal agrupada de las comunidades vegetales [306, 497]. La degradación antrópica severa conduce a un matorral dominado por *Gutierrezia resinosa*. Los matorrales de *Flourensia thurifera* probablemente se encuentran en las fases intermedias de la sucesión [424, 428].

Distribución: Interior y laderas andinas de las regiones de Valparaíso y Coquimbo, 600–1.500 m, en los pisos bioclimáticos mesomediterráneo semiárido y seco inferior hiperoceánico.

Itc: 220–334; Tp: 1418–1768; Io: 1,33–2,14; Ic: 8,4–10,0; T: 11,8–14,7; P: 222–327; EP: 1157–1399.

Referencias: 137, 206, 306, 424, 428, 475, 497, 522, 598, 991, 1195, 1201.

Distribución extrazonal de matorrales esclerofilos

E4. Matorral arborescente esclerofilo de *Azara celastrina - Schinus latifolia*

Descripción: Matorrales arborescentes esclerofilos correspondientes al piso de vegetación P36. Se encuentran en situaciones locales de mayor humedad dentro del área de matorrales desérticos costeros.

Comunidades incluidas: *Azara celastrina - Schinus latifolia* [522].

Pisos de vegetación: Matorral desértico (P21).

Bosque esclerofilo

Esta es la formación de mayor extensión en la zona mediterránea de Chile central, donde se han llevado a cabo numerosos estudios que hacen de ella una vegetación relativamente bien conocida y existen varias revisiones generales (*e.g.*, refs. 74, 213, 355, 1354, 1535). Se encuentra en las partes bajas de la costa y el interior bajo condiciones semiáridas a húmedas. Las especies dominantes son árboles de hoja dura. La zonas costeras, más húmedas, están fuertemente influenciadas por la presencia de elementos lauri-esclerofilos como *Cryptocarya alba* y *Peumus boldus*, mientras que en las zonas interiores, más secas, tienden a ser más dominantes *Quillaja saponaria*, *Lithraea caustica* y *Kageneckia oblonga*. El límite altitudinal de la vegetación arbórea está marcado por comunidades dominadas por *Kageneckia angustifolia*.

P38. Bosque esclerofilo mediterráneo andino de *Kageneckia angustifolia / Guindilia trinervis*

Descripción: Bosque esclerofilo abierto dominado por *Kageneckia angustifolia* en la es trata arbórea y por *Guindilia trinervis* y *Colliguaja integerrima* en la estrata arbustiva. Es frecuente la presencia de elementos propios de los pisos altitudinales inmediatamente inferiores (*e.g.*, *Kageneckia oblonga*, *Baccharis rhomboidalis*) y superior (*e.g. Tetraglochin alatum*, *Viviania marifolia*, *Phacelia secunda*), por lo que en algunos trabajos se le ha otorgado un carácter transicional entre el bosque esclerofilo y el matorral bajo de altitud. La estrata herbácea está típicamente dominada por *Acaena pinnatifida* y *Stachys grandidentata*. En laderas de exposición norte es frecuente observar matorrales espinosos dominados por *Puya berteroniana* y *Trichocereus chiloensis*. En las zonas marginales más húmedas es posible encontrar un bosque abierto dominado por *Austrocedrus chilensis* y *Schinus montana*.

Comunidades zonales: *Fabianetum imbricatum* [1118, 1119], *Azaro - Escallonietum* [1014], *Kageneckia angustifolia - Guindilia trinervis*, *Colliguaja integerrima - Tetraglochin alatum*, *Fabiana imbricata - Ephedra chilensis*, *Puya berteroniana - Trichocereus chiloensis*, *Austrocedrus chilensis - Schinus montana* [522, 1010], Bosque esclerofilo de frangel [862], *Quillaja saponaria - Mutisia ilicifolia*, *Kageneckia angustifolia*, [44], *Mutisio latifoliae - Quillajetum saponariae*, *Colliguajo integerrimae - Quillajetum saponariae*, *Schino montani - Austrocedretum chilensis* [49, 475], *Adesmietum rubroviridis*, *Schino montani - Colliguajetum integerrimae* [475].

Unidades intrazonales: I15, Matorrales de vegas altoandinas; I22, Matorral esclerofilo ripario; I28, Vegetación rupícola interior.

Composición florística: *Acaena pinnatifida*, *Azara petiolaris*, *Baccharis rhomboidalis*, *Colliguaja integerrima*, *Ephedra chilensis*, *Guindilia trinervis*, *Gymnophyton isatidicarpum*, *Haplopappus velutinus*, *Kageneckia angustifolia*, *K. oblonga*, *Mulinum spinosum*, *Phacelia secunda*, *Quinchamalium chilense*, *Ribes polyanthes*, *Schinus montana*, *Stachys grandidentata*, *Tetraglochin alatum*, *Tristerix corymbosus*, *Valeriana stricta*, *Viviania marifolia* (véanse refs. 116, 992).

Dinámica: El reclutamiento de *Kageneckia angustifolia* parece estar asociado a la acumulación de nieve. La mayor cantidad de nieve tiende a retardar la germinación y las plántulas tienen menos posibilidades de sobrevivir a la estación seca, por lo que bajo los individuos preexistentes de *Kageneckia* la probabilidad de sobrevivencia es mayor, ya que la acumulación de nieve es menor, lo que explicaría la distribución espacial agrupada en manchones. La formación de nuevos manchones de vegetación ocurre a través de mecanismos de facilitación de las especies colonizadoras, que permitirían la colonización por parte de las especies arbóreas [1058]. La acumulación de hojarasca en el suelo reduce la germinación de *Kageneckia* y otras especies [231], aunque este efecto es reducido en comparación con el efecto nodriza producido por las plantas madres [235].

Distribución: Laderas medias de la cordillera de los Andes de las regiones de O'Higgins, Metropolitana, de Valparaíso y de Coquimbo, entre 1.400 y 2.200 m, pisos bioclimáticos supramediterráneo y mesomediterráneo superior semiárido, seco, subhúmedo y húmedo inferior hiperoceánico y oceánico.

Itc: 142–269; Tp: 1021–1471; Io: 1,45–6,90; Ic: 8,4–12,7; T: 8,5–12,2; P: 263–578; EP: 1079–1318.

Referencias: 24, 44, 49, 63, 71, 106, 116, 147, 206, 227, 231, 235, 273, 355, 357, 379, 410, 423, 464, 475, 517, 522, 697, 819, 844, 846, 862, 916, 992, 1010, 1058, 1089, 1112, 1113, 1118, 1119, 1191, 1195, 1197, 1198, 1203, 1204, 1207, 1354, 1436, 1443, 1535, 1537, 1540, 1543.

P39. Bosque esclerofilo mediterráneo costero de *Cryptocarya alba* - *Peumus boldus*

Descripción: Bosque lauri-esclerofilo dominado por especies esclerofilas, *Cryptocarya alba* y *Peumus boldus*, que en algunos casos se ven acompañadas por elementos laurifolios como *Dasyphyllum excelsum* y *Persea lingue*. La estrata arbustiva destaca la presencia de *Sophora macrocarpa* y *Lobelia excelsa*. Se caracteriza por un importante contingente de epífitas vasculares (*e.g.*, *Proustia pyrifolia*, *Cissus striata*, *Lardizabala biternata*, *Tropaeolum ciliatum*), lo que revela su carácter de alta humedad. La estructura y composición del bosque está fuertemente determinada por el sitio, especialmente la exposición, pudiendo observarse situaciones fuertemente contrastantes en laderas contiguas (Figura 31, página 141). En las zonas de exposición norte son frecuentes los matorrales dominados por *Colliguaja odorifera* con presencia de suculentas como *Puya berteroniana* y *Trichocereus chiloensis*. En contraste, las situaciones más húmedas de fondos de quebrada o bajos de ladera la composición florística cambia y se integran otros elementos florísticos como los árboles *Beilschmiedia miersii* y *Crinodendron patagua*, los arbustos *Adenopeltis serrata* y *Senna stipulacea* y las epífitas *Bomarea salsilla*, *Boquila trifoliolata* e incluso *Hydrangea serratifolia*. En algunos sectores es posible observar este bosque mezclado con individuos de *Jubaea chilensis*. Existen actualmente muchas áreas de espinales dominados por *Acacia caven*.

Comunidades zonales: *Beilschmiedietum miersii* [47, 136, 137, 475, 1014, 1441], *Myrceugenio - Dasyphylletum excelsi* [122, 136, 137, 1645], Palmares (*Jubaea chilensis*) [269, 598, 735, 1441], *Chaetanthero - Vulpietum*, *Boldo - Cryptocaryetum* (*Peumo - Cryptocaryetum albae)* [47, 122, 136, 137, 475, 659, 1014, 1266, 1645], *Gutierrezio - Rosmarinifolietum* (*Gutierrezio - Baccharidetum linearis*), [122, 136, 137, 659, 1014, 1266, 1645], *Chusqueetum cumingii*, *Puyo - Trichocereetum chilensis*, *Colliguajo - Trevoetum* [122, 136, 137, 1645], *Cryptocarya alba - Beilschmiedia miersii - Drimys winteri*, Palmares de *Jubaea chilensis* con sotobosque esclerofilo [355], *Chusquea cumingii*, *Cryptocarya alba - Schinus latifolia*, *Jubaea chilensis - Lithraea caustica*, *Lithraea caustica - Peumus boldus*, *Peumus boldus - Trevoa trinervia*, *Puya berteroniana - Trichocereus chiloensis*, *Trevoa trinervia - Colliguaja odorifera* [522], Comunidad de *Cryptocarya alba* y *Retanilla trinervia* [34], *Jubaeetum chilensis*, *Azaro dentatae - Lithraeetum causticae* [49, 475], Matorral de *Acacia*, *Bromo - Lolietum* (ruderal) [659], *Puyetumtum berteronianae* [475].

Unidades intrazonales: I1, Vegetación acuática flotante; I2, Vegetación acuática natante; I9, Vegetación halófila freatófila; I11, Bosques pantanosos; I12, Pastizales y herbazales semiacuáticos; I13, Vegetación herbácea de lagunas efímeras; I20, Bosque lauri-esclerofilo ripario; I22, Matorral esclerofilo ripario; I28, Vegetación rupícola interior.

Unidades extrazonales: E15, Bosque laurifolio de *Aextoxicon punctatum*.

Composición florística: *Adesmia phylloidea*, *Adiantum chilense* var. *chilense*, *A. chilense* var. *sulphureum*, *Aristotelia chilensis*, *Azara celastrina*, *A. dentata*, *A. petiolaris*, *Blechnum hastatum*, *Chusquea cumingii*, *Cissus striata*, *Cryptocarya alba*, *Dasyphyllum excelsum*, *Eupatorium glechonophyllum*, *E. salvium*, *Lardizabala biternata*, *Lithraea caustica*, *Lobelia excelsa*, *Myrceugenia obtusa*, *Persea lingue*, *Peumus boldus*, *Podanthus mitiqui*, *Proustia pyrifolia*, *Pseudognaphalium robustum*, *Quillaja saponaria*, *Schinus latifolia*, *Sophora macrocarpa*, *Tropaeolum ciliatum* (véanse refs. 122, 1645).

Dinámica: Las perturbaciones antrópicas, especialmente los incendios y cortas recurrentes, producen una degradación del bosque original, con una pérdida de cobertura vegetal, cambio en la fisionomía de la comunidad (paso de bosque a matorral) e invasión de elementos de matorrales espinosos y esclerofilos como *Retanilla trinervia*, *Gutierrezia resinosa*, *Muehlenbeckia hastulata* y *Baccharis linearis*. En ausencia de perturbaciones la recuperación del bosque se produciría a partir de elementos esclerofilos (*Lithraea caustica*, *Quillaja saponaria*) que generarían las condiciones para el restablecimiento de las especies dominantes originales *Cryptocarya alba* y *Peumus boldus* [84, 137, 213, 357, 639, 701, 1535], aunque plantas introducidas, como *Pinus radiata*, también favorecen la regeneración de especies nativas [161].

Distribución: Laderas occidentales de la cordillera de la Costa de las regiones de Coquimbo, Valparaíso, Metropolitana y de O'Higgins, 100–1.300 m, pisos bioclimáticos mesomediterráneo seco y subhúmedo inferior hiperoceánico y oceánico.

Itc: 235–335; Tp: 1451–1786; Io: 1,99–4,08; Ic: 8,2–12,2; T: 12,0–14,8; P: 318–599; EP: 1085–1288.

Referencias: 34, 39, 47, 49, 80, 81, 84, 122, 136, 137, 161, 173, 184, 206, 213, 269, 273, 302, 355, 357, 423, 475, 516, 517, 522, 523, 593, 598, 639, 659, 701, 730, 735, 745, 845, 848, 851, 867, 902, 988, 1014, 1033, 1062, 1191–1193, 1201, 1213, 1217, 1264, 1320–1322, 1354, 1363, 1416, 1440, 1441, 1449, 1535, 1643, 1645, 1690.

P40. Bosque esclerofilo mediterráneo costero de *Lithraea caustica* - *Cryptocarya alba*

Descripción: Bosque esclerofilo dominado por *Lithraea caustica*, a la que generalmente se asocian *Cryptocarya alba*, *Peumus boldus* y *Schinus latifolia*. Presenta un importante contingente de arbustos esclerofilos y espinosos como *Colliguaja odorifera*, *Escallonia pulverulenta*, *Eupatorium glechonophyllum*, *Lobelia excelsa*, *Retanilla trinervia* y otros. La presencia de herbáceas es más bien escasa, principalmente *Solenomelus pedunculatus* y *Vulpia myuros*, mientras que las epífitas están prácticamente ausentes. En las laderas más secas es frecuente la presencia de matorrales dominados por *Retanilla trinervia* y *Colliguaja odorifera*. En algunos sectores se asocia con *Jubaea chilensis*. En ciertas quebradas se observan bosques de *Aextoxicon punctatum*. Gran parte del área de este piso de vegetación ha sido reemplazada por espinales de *Acacia caven*.

Comunidades zonales: *Cereus- Puya - Acacia - Gemeinschaft* [795], *Cestro - Trevoetum* [122, 137, 475, 1014], Palmares (*Jubaea chilensis*) [474, 598, 795, 1441], *Boldo - Lithraeetum* [49, 122, 137, 475, 1014], *Colletia spinosissima - Neoporteria subgibbosa* Ges. [769], *Cryptocarya alba - Lithraea caustica*, Palmares de *Jubaea chilensis* con sotobosque esclerofilo [355], *Neoporterio - Colletietum spinosae* [1263], *Jubaea chilensis - Lithraea caustica*, *Lithraea caustica - Peumus boldus*, *Peumus boldus - Trevoa trinervia*, *Trevoa trinervia - Colliguaja odorifera*, *Puya berteroniana - Trichocereus chilensis* [522], *Puyetumtum berteronianae* [475], *Quillajo - Lithraeetum causticae*, *Adesmio - Colliguajetum odoriferae*, *Retano - Chusqueetum cumingii*, *Puyo - Trichocereetum chiloensis* [1273].

Unidades intrazonales: I1, Vegetación acuática flotante; I2, Vegetación acuática natante; I3, Vegetación acuática sumergida; I6, Vegetación de dunas litorales; I12, Pastizales

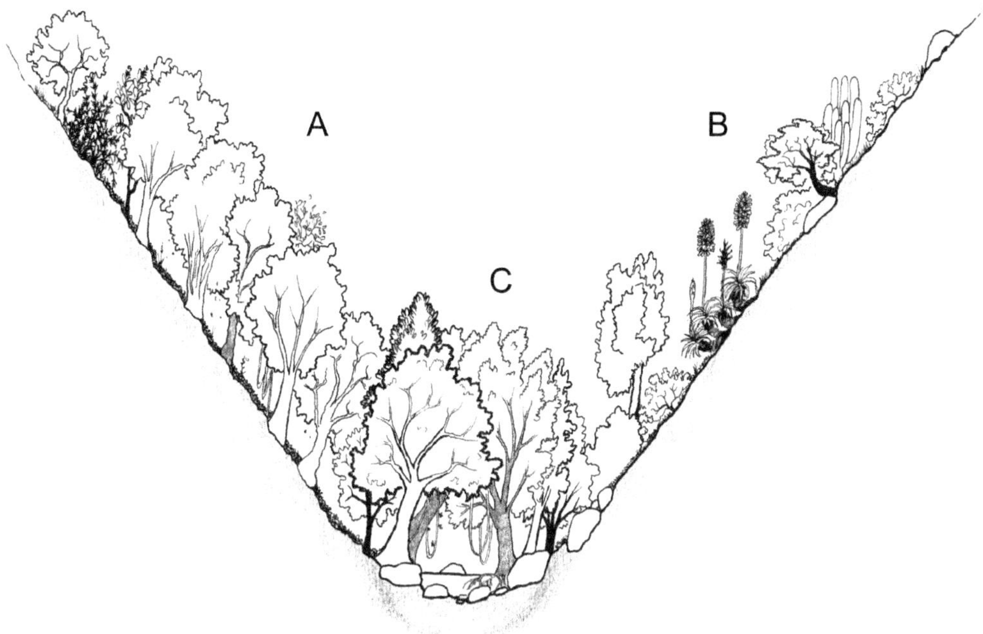

Figura 31: Esquema de la distribución local de la vegetación en el Bosque esclerofilo mediterráneo costero de Cryptocarya alba - Peumus boldus *(piso de vegetación P39). A: vegetación zonal de bosque esclerofilo en las laderas de exposición sur; B: matorral espinoso de* Puya berteroniana *y* Colliguaja odorifera *en las laderas de exposición norte; C: bosque ripario intrazonal dominado por* Beilschmiedia miersii *y* Crinodendron patagua *en las quebradas (unidad I20).* La escala de tamaños de las plantas está exagerada en relación con la escala del paisaje.

y herbazales semiacuáticos; I13, Vegetación herbácea de lagunas efímeras; I20, Bosque lauri-esclerofilo ripario; I22, Matorral esclerofilo ripario; I28, Vegetación rupícola interior.

Unidades extrazonales: E15, Bosque laurifolio de *Aextoxicon punctatum.*

Composición florística: *Aristotelia chilensis, Azara celastrina, Baccharis linearis, Cardionema ramosissima, Cestrum parqui, Colliguaja odorifera, Cryptocarya alba, Escallonia pulverulenta, Eupatorium glechonophyllum, Lithraea caustica, Lobelia excelsa, Muehlenbeckia hastulata, Nassella chilensis, Peumus boldus, Podanthus mitiqui, Pseudognaphalium robustum, Quillaja saponaria, Retanilla trinervia, Schinus latifolia, S. polygama, Solenomelus pedunculatus, Vulpia myuros* (véase ref. 355).

Dinámica: Similar a lo expuesto para el piso vegetacional anterior, donde la degradación antrópica produce una transformación estructural del bosque, pérdida de cobertura y favorece la inmigración de especies arbustivas y herbáceas más xerófitas; una recuperación de la vegetación original sería posible en ausencia de perturbaciones [84, 137], donde la presencia de plantas nodriza cumple una función importante en el establecimiento de las especies vegetales nativas [161]. En sitios afectados por incendios recurrentes los bancos de semillas pueden jugar un rol importante en la regeneración [736].

Distribución: Zonas bajas de la vertiente occidental de la cordillera de la Costa de las regiones de Coquimbo, Valparaíso y Metropolitana, 0–900 m, pisos bioclimáticos termomediterráneo superior y mesomediterráneo inferior semiárido superior y seco hiperoceánico.

Itc: 304–370; Tp: 1668–1886; Io: 1,70–3,13; Ic: 7,9–11,2; T: 13,9–15,7; P: 284–474; EP: 1076–1336.

Referencias: 47, 49, 82, 84, 122, 136, 137, 159, 161, 167, 206, 213, 273, 355, 423, 474, 483, 497, 517, 522, 549, 593, 598, 730, 735, 736, 745, 769, 795, 902, 929, 949, 1014, 1033, 1062, 1063, 1082, 1191–1193, 1201, 1205, 1214, 1217, 1218, 1263, 1266, 1271, 1273, 1354, 1363, 1408, 1441, 1449, 1535, 1638, 1643.

P41. Bosque esclerofilo mediterráneo andino de *Quillaja saponaria - Lithraea caustica*

Descripción: Bosque esclerofilo, típicamente dominado por *Lithraea caustica*, *Quillaja saponaria* y *Kageneckia oblonga*; *Cryptocarya alba* es localmente abundante en los sectores de mayor humedad. La estrata arbustiva es muy diversa, destacando la presencia de *Escallonia pulverulenta*, *Proustia cuneifolia*, *Colliguaja odorifera*, *Clinopodium gilliesii* y *Teucrium bicolor*. La estrata herbácea también es diversa, con importante presencia de geófitas, como *Alstroemeria ligtu*, *Pasithea caerulea* y *Solenomelus pedunculatus*. Las laderas rocosas de exposición norte generalmente presentan un matorral dominado por *Colliguaja odorifera*, *Puya berteroniana* y *Trichocereus chiloensis*, con presencia de individuos aislados de *Quillaja saponaria* o *Lithraea caustica*.

Comunidades zonales: *Quillajo - Lithraeetum* [49, 122, 136, 137, 1014, 1645], *Quillaja saponaria - Lithraea caustica* [355], *Quillaja saponaria - Lithraea caustica*, *Quillaja saponaria - Colliguaja odorifera*, *Cryptocarya alba - Quillaja saponaria*, *Cryptocarya alba - Lithraea caustica*, *Puya berteroniana - Adesmia arborea*, *Chusquea cumingii* [522, 1010], *Lithraea caustica - Baccharis paniculata*, *Lithraea caustica - Kageneckia oblonga Quillaja saponaria - Lithraea caustica*, *Cryptocarya alba* [44].

Unidades intrazonales: I20, Bosque lauri-esclerofilo ripario; I22, Matorral esclerofilo ripario.

Composición florística: *Alstroemeria ligtu*, *Azara petiolaris*, *Baccharis paniculata*, *B. rhomboidalis*, *Clinopodium gilliesii*, *Colliguaja odorifera*, *Cryptocarya alba*, *Eccremocarpus scaber*, *Escallonia pulverulenta*, *Gochnatia foliolosa*, *Kageneckia oblonga*, *Lithraea caustica*, *Nassella chilensis*, *Pasithea caerulea*, *Podanthus mitiqui*, *Porlieria chilensis*, *Proustia cuneifolia*, *Quillaja saponaria*, *Schinus polygama*, *Solanum crispum*, *Solenomelus pedunculatus*, *Teucrium bicolor*, *Trevoa quinquenervia*, *Tristerix corymbosus* (véanse refs. 355, 992).

Dinámica: Los bosques esclerofilos de Chile han estado sometidos a fuertes presiones antrópicas (incendios, talas, pastoreo), razón por la que actualmente se encuentran muy degradados. La degradación de bosque esclerofilo original tiene como efecto una transformación estructural y cambios en la composición florística, que dependen del tipo y nivel de perturbación. Los primeros estadios de degradación producen la transformación estructural de bosque a matorral arborescente y una penetración de elementos más xerófitos como *Baccharis linearis* y *Muehlenbeckia hastulata*. Perturbaciones más severas podrían producir la transformación completa del bosque en un espinal dominado por *Acacia caven* o incluso en una pradera anual. Teóricamente, en ausencia de perturbaciones, estas comunidades de degradación tienden a recuperarse a través de mecanismos de facilitación, para retornar a su estado original, cuya composición de especies dominantes dependerá de las condiciones específicas del sitio, en especial la disponibilidad hídrica [79, 84, 137, 213, 357, 639, 1014, 1535] y la presencia de parches de vegetación original remanente [502].

Distribución: Laderas bajas de la cordillera de los Andes y de la vertiente oriental de la cordillera de la Costa de las regiones de O'Higgins, Metropolitana y de Valparaíso, 200–1.400 m, pisos bioclimáticos mesomediterráneo seco, subhúmedo y húmedo inferior oceánico.

Itc: 221–338; Tp: 1353–1813; Io: 2,40–6,29; Ic: 11,5–13,0; T: 11,2–15,1; P: 398–706; EP: 1179–1356.

Referencias: 44, 49, 71, 72, 79–81, 84, 120, 122, 125, 137, 156, 157, 213, 306, 355, 357, 410, 423, 425, 461, 465, 490, 497, 502, 516, 517, 522, 591, 592, 623, 656, 672, 694, 697, 732, 846, 847, 867, 916, 924, 945–949, 955, 992, 1010, 1014, 1089, 1090, 1191, 1195, 1197, 1198, 1201, 1204, 1207, 1213, 1354, 1363, 1437, 1535, 1537, 1543, 1643, 1645, 1689.

P42. Bosque esclerofilo mediterráneo costero de *Lithraea caustica - Azara integrifolia*

Descripción: Piso de vegetación boscosa esclerofila en que la estrata arbórea está dominada por *Lithraea caustica*, *Cryptocarya alba* y *Azara integrifolia*, mostrando un carácter más oceánico que el piso anterior, con presencia de elementos del bosque caducifolio maulino. Se encuentra muy diversificada, siendo importante la presencia de las leñosas *Lomatia hirsuta*, *Rosa rubiginosa*, *Sophora macrocarpa* y *Myrceugenia obtusa* y de las epífitas *Bomarea salsilla*, *Lardizabala biternata* y *Proustia pyrifolia* como elementos característicos locales.

Comunidades zonales: *Lithraea caustica - Azara integrifolia*, *Jubaea chilensis - Lithraea caustica*, *Teline monspessulana - Sarothamnus scoparius* (ruderal) [522], *Lomatio hirsutae - Lithraeetum causticae*, *Lomatio hirsutae - Lithraeetum causticae* var. *Teline monspessulana* [58], Palmares (*Jubaea chilensis*) [598].

Unidades intrazonales: I6, Vegetación de dunas litorales; I7, Vegetación de roqueríos y farellones costeros; I11, Bosques pantanosos; I13, Vegetación herbácea de lagunas efímeras; I20, Bosque lauri-esclerofilo ripario; I22, Matorral esclerofilo ripario.

Unidades extrazonales: E13, Matorral arborescente caducifolio edafohigrófilo de *Nothofagus antarctica*; E15, Bosque laurifolio de *Aextoxicon punctatum*; E19, Bosque siempreverde de *Nothofagus dombeyi*.

Composición florística: *Adiantum chilense* var. *chilense*, *Alstroemeria revoluta*, *Azara integrifolia*, *Baccharis rhomboidalis*, *Blechnum hastatum*, *Bomarea salsilla*, *Chusquea cumingii*, *Colletia hystrix*, *Cryptocarya alba*, *Escallonia revoluta*, *Gaultheria insana*, *Genista monspessulana*, *Lardizabala biternata*, *Lithraea caustica*, *Lomatia hirsu-*

ta, *Muehlenbeckia hastulata*, *Myrceugenia obtusa*, *Peumus boldus*, *Podanthus mitiqui*, *Proustia pyrifolia*, *Ribes punctatum*, *Rosa rubiginosa*, *Sophora macrocarpa*, *Teucrium bicolor*, *Triptilion spinosum*, *Ugni molinae* (véanse refs. 58, 959).

Dinámica: La corta reiterada y la quema de vegetación producen efectos similares a los descritos para la unidad anterior, pero la presión de pastoreo en estas áreas costeras es considerablemente menor. Ha sido muy degradado, dando paso a un matorral arborescente en gran parte de su extensión, pero que en algunos casos alcanza una fisionomía boscosa con bastante desarrollo estructural, tanto horizontal como vertical [137]. La presencia de grandes extensiones en áreas adyacentes que han sido reemplazadas por plantaciones de *Pinus radiata* provoca la invasión de especies introducidas como *Genista monspessulana* y *Rosa rubiginosa* [1404]. Este piso de vegetación constituye a su vez los matorrales secundarios de sustitución del Bosque caducifolio de *Nothofagus glauca* y *Persea lingue* [58].

Distribución: Laderas occidentales bajas de la cordillera de la Costa de las regiones de O'Higgins, del Maule y norte del Biobío, 0–600 m de altitud, bajo la influencia de los pisos bioclimáticos mesomediterráneo subhúmedo y húmedo inferior hiperoceánico y oceánico.

Itc: 283–334; Tp: 1506–1697; Io: 4,17–7,66; Ic: 7,6–11,7; T: 12,5–14,1; P: 651–1190; EP: 1002–1223.

Referencias: 58, 84, 137, 138, 167, 213, 355, 357, 377, 399, 425, 453, 454, 497, 517, 522, 589, 598, 769, 959, 1014, 1046, 1062, 1084, 1168, 1263, 1264, 1284, 1319, 1354, 1402, 1404, 1408, 1410, 1411, 1414, 1416, 1521, 1529.

P43. Bosque esclerofilo mediterráneo interior de *Lithraea caustica* - *Peumus boldus*

Descripción: Bosque esclerofilo dominado por *Lithraea caustica* y *Peumus boldus* en el dosel superior y con presencia más ocasional de *Quillaja saponaria* y *Cryptocarya alba*, pero que generalmente asume la forma de un matorral arborescente producto de la fuerte extracción que ha sufrido. La estrata arbustiva está conformada por *Clinopodium gilliesii*, *Podanthus mitiqui*, *Colletia hystrix* y *Retanilla trinervia*, gramíneas y algunas geófitas en la estrata herbácea.

Comunidades zonales: *Boldo - Lithraeetum* [1014], Bosque de *Quillaja saponaria - Lithraea caustica* [355], *Colletia spinosa - Baccharis rhomboidalis*, *Jubaea chilensis - Lithraea caustica*, *Lithraea caustica - Peumus boldus* [522], Palmares (*Jubaea chilensis*) [598].

Unidades intrazonales: I11, Bosques pantanosos; I13, Vegetación herbácea de lagunas efímeras; I20, Bosque lauri-esclerofilo ripario; I22, Matorral esclerofilo ripario.

Unidades extrazonales: E2, Bosque espinoso de *Acacia caven*; E13, Matorral arborescente caducifolio edafohigrófilo de *Nothofagus antarctica*.

Composición florística: *Alstroemeria revoluta*, *Aristotelia chilensis*, *Baccharis linearis*, *B. rhomboidalis*, *Calceolaria dentata*, *Chusquea cumingii*, *Clinopodium gilliesii*, *Colletia hystrix*, *Colliguaja odorifera*, *Cryptocarya alba*, *Eryngium paniculatum*, *Escallonia pulverulenta*, *Gochnatia foliolosa*, *Lithraea caustica*, *Muehlenbeckia hastulata*, *Nassella chilensis*, *Peumus boldus*, *Podanthus mitiqui*, *Proustia pyrifolia*, *Quillaja saponaria*, *Retanilla trinervia*, *Ribes punctatum*, *Sophora macrocarpa* (véase ref. 58).

Dinámica: La corta reiterada y la quema de vegetación producen un cambio en la fisionomía de la vegetación, desde un bosque a un matorral esclerofilo, donde el rebrote de las especies arbóreas dominantes con capacidad de regeneración vegetativa cambian de un hábito arbóreo a uno arbustivo, lo que va acompañado por la invasión de especies arbustivas propias de ambientes más secos como *Baccharis linearis*, *Muehlenbeckia hastulata* o *Retanilla trinervia* [84]. La presión de pastoreo de estos ambientes lleva progresivamente a una pérdida de los elementos arbóreos característicos y a la incorporación de elementos del bosque espinoso de *Acacia caven* [357]. Se ha planteado que la exclusión del pastoreo puede permitir la recuperación del bosque esclerofilo [84].

Distribución: Laderas orientales de la cordillera de la Costa y depresión intermedia de las regiones de O'Higgins, del Maule y norte de la del Biobío, entre 0 y 600 m, en los pisos bioclimáticos mesomediterráneo subhúmedo y húmedo inferior hiperoceánico y oceánico.

Itc: 272–317; Tp: 1544–1704; Io: 4,54–7,10; Ic: 10,4–12,7; T: 12,8–14,2; P: 674–1264; EP: 1188–1290.

Referencias: 32, 33, 58, 84, 137, 167, 213, 355, 357, 471, 472, 497, 517, 522, 598, 1014, 1264, 1354, 1404, 1411, 1413, 1414, 1416.

P44. Bosque esclerofilo mediterráneo andino de *Lithraea caustica - Lomatia hirsuta*

Descripción: Formación boscosa esclerofila dominada por *Lithraea caustica*, *Cryptocarya alba*, *Peumus boldus*, *Kageneckia oblonga* y *Lomatia hirsuta* en el estrato arbóreo (Figura 32), *Sophora macrocarpa*, *Aristotelia chilensis*, *Azara petiolaris*, *Escallonia pulverulenta*, *Lomatia dentata* y *Otholobium glandulosum* en el estrato arbustivo, *Nassella chilensis* en la estrata herbácea y las epífitas *Bomarea salsilla* y *Proustia pyrifolia*. En su límite superior contacta con el bosque caducifolio, compartiendo algunas especies en la zona ecoclinal. Las comunidades intrazonales están ubicadas en suelos inundados y cursos de agua. En las partes más bajas de su distribución ha sido reemplazada por áreas de cultivo.

Comunidades zonales: *Boldo - Lithraeetum* [1014], *Lithraea caustica - Azara integrifolia*, *Colletia spinosa - Baccharis rhomboidalis*, *Colliguaja salicifolia* [522], *Lomatio hirsutae - Lithraeetum causticae* [49, 58].

Unidades intrazonales: I11, Bosques pantanosos; I13, Vegetación herbácea de lagunas efímeras; I20, Bosque lauri-esclerofilo ripario.

Composición florística: *Adesmia denticulata*, *Adiantum chilense* var. *chilense*, *A. chilense* var. *scabrum*, *Aristotelia chilensis*, *Azara integrifolia*, *A. petiolaris*, *Baccharis linearis*, *B. rhomboidalis*, *Berberis actinacantha*, *Blechnum hastatum*, *Bomarea salsilla*, *Calceolaria dentata*, *Chusquea cumingii*, *Colletia hystrix*, *Cryptocarya alba*, *Cynanchum pachyphyllum*, *Eryngium paniculatum*, *Escallonia pulverulenta*, *Gochnatia foliolosa*, *Kageneckia oblonga*, *Lardizabala biternata*, *Lithraea caustica*, *Lomatia hirsuta*, *Luma apiculata*, *Maytenus boaria*, *Myrceugenia obtusa*, *Nassella chilensis*, *Otholobium glandulosum*, *Peumus boldus*, *Proustia pyrifolia*, *Quillaja saponaria*, *Ribes punctatum*,

Figura 32: Bosque esclerofilo mediterráneo andino de Lithraea caustica - Lomatia hirsuta *(piso de vegetación P44).* Cordillera de Linares (Región del Maule), Enero 2016 (Foto: F. Luebert).

Rosa rubiginosa, *Rubus ulmifolius*, *Sophora macrocarpa*, *Teucrium bicolor*, *Triptilion spinosum*, *Viola portalesia* (véase ref. 58).

Dinámica: Los patrones dinámicos para este piso de vegetación son similares a los descritos para la unidad P43 (bosque esclerofilo mediterráneo interior de *Lithraea caustica* - *Peumus boldus*). Este tipo de vegetación invade y sustituye las áreas alteradas del bosque caducifolio adyacente [58].

Distribución: Laderas bajas andinas de las regiones de O'Higgins, del Maule y norte de la del Biobío, entre 300 y 1.100 m, pisos bioclimáticos mesomediterráneo superior subhúmedo superior y húmedo inferior oceánico.

Itc: 228–286; Tp: 1404–1601; Io: 5,35–8,52; Ic: 12,2–13,3; T: 11,7–13,3; P: 705–1620; EP: 1181–1267.

Referencias: 32, 33, 49, 58, 84, 167, 213, 355, 357, 497, 500, 517, 522, 1014, 1264, 1354, 1411.

P45. Bosque esclerofilo psamófilo mediterráneo interior de *Quillaja saponaria* / *Fabiana imbricata*

Descripción: Bosque esclerofilo dominado en el dosel superior por *Quillaja saponaria* y *Lithraea caustica*, con presencia importante de *Fabiana imbricata* en la estrata arbustiva, que ocasionalmente se presenta en poblaciones puras. A pesar de que ocupa la posición latitudinal más austral del bosque esclerofilo, se desarrolla sobre condiciones de sustrato arenoso o pedregoso con escasa capacidad de retención, generando condiciones de déficit hídrico en el suelo y una fisionomía vegetacional más xeromórfica y pobre en especies que las unidades anteriores.

Comunidades zonales: *Lithraea caustica - Azara integrifolia*, *Quillaja saponaria - Fabiana imbricata* [522].

Unidades intrazonales: I11, Bosques pantanosos; I13, Vegetación herbácea de lagunas efímeras; I22, Matorral esclerofilo ripario.

Unidades extrazonales: E15, Bosque laurifolio de *Aextoxicon punctatum.*

Composición florística: *Aira caryophyllea*, *Fabiana imbricata*, *Haplopappus integerrimus*, *Lithraea caustica*, *Maihuenia poeppigii*, *Quillaja saponaria*, *Schinus polygama.*

Dinámica: A pesar de que no existen mayores antecedentes sobre la dinámica de este piso de vegetación, es posible suponer que la principal fuente de alteración es el reemplazo por plantaciones de *Pinus radiata*, y que las áreas remanentes actúan como receptoras de plantas introducidas provenientes de las plantaciones. Al mismo tiempo, perturbaciones antropogénicas como fuego o tala podrían generar procesos sucesionales secundarios que permiten la instalación de los componentes originales de la vegetación como *Quillaja saponaria* y *Fabiana imbricata.*

Distribución: Zonas arenosas de la depresión intermedia de la región del Biobío entre 50 y 350 m, bajo la influencia del piso bioclimático mesomediterráneo húmedo inferior hiperoceánico y oceánico.

Itc: 276–309; Tp: 1552–1638; Io: 6,42–8,31; Ic: 9,9–11,5; T: 12,9–13,6; P: 1059–1338; EP: 1165–1249.

Referencias: 167, 517, 522, 1063, 1264, 1411, 1414, 1535.

Distribución extrazonal de bosques esclerofilos

E5. Bosque esclerofilo de *Kageneckia angustifolia / Guindilia trinervis*

Descripción: Corresponde al bosque esclerofilo del piso de vegetación P38 ocupando situaciones de laderas áridas hacia el sur de su rango de distribución en áreas de bosque caducifolio.

Comunidades incluidas: *Kageneckia angustifolia - Valenzuelia trinervis* [522].

Pisos de vegetación: Bosque caducifolio (P48).

E6. Bosque esclerofilo de *Kageneckia oblonga*

Descripción: Corresponde a bosque esclerofilo que podría ser adscrito al piso de vegetación P36. Ha sido reportado para áreas bajo influencia de neblinas costeras en Santa Inés, Fray Jorge y Talinay, así como para Tongoy [735, 982], que se encuentran en una matriz de matorrales desérticos.

Comunidades incluidas: *Kageneckia oblonga - Fuchsia lycioides* [982].

Pisos de vegetación: Matorral desértico (P17, P19).

E7. Bosque esclerofilo de *Lithraea caustica*

Descripción: Bosques costeros dominados por *Lithraea caustica*, correspondientes a los pisos de vegetación P36 y P42. El primero se distribuye hacia el norte en zonas húmedas de matorral desértico costero, mientras que el segundo lo hace hacia el sur en zonas secas dentro del bosque caducifolio costero.

Comunidades incluidas: *Lithraea caustica - Myrceugenella apiculata - Colletia spinosa - Baccharis rosmarinifolia - Formation* [792], Tipo *Lithraea caustica* [424], *Lithraea caustica - Azara integrifolia*, *Lithraea caustica - Porlieria chilensis* [522].

Pisos de vegetación: Matorral desértico (P17, P19, P21); Bosque caducifolio (P47, P52, P53).

E8. Bosque esclerofilo de *Peumus boldus*

Descripción: Corresponde a un bosque esclerofilo dominado por *Peumus boldus*, que se desarrolla en sectores secos en una matriz de bosque caducifolio de *Nothofagus obliqua*. Se entremezcla frecuentemente con elementos del bosque caducifolio. El caso más conocido es la cuenca del río Bueno, pero existen reportes para otros sectores más septentrionales, donde también se encuentra en las zonas costeras de bosque laurifolio.

Comunidades incluidas: *Boldo - Cryptocaryetum* [661, 1014], *Hartlaubwald mit Cryptocarya rubra*, *Peumus boldus* u.a [1440], *Nothofago - Perseetum boldetosum* [798, 1014, 1248, 1263, 1268, 1447, 1552], Bosque de *Peumus boldus* [799].

Pisos de vegetación: Bosque caducifolio (P47, P54); Bosque laurifolio (P71).

Bosque caducifolio

Esta formación es dominante en las zonas bajas y montanas de la transición mediterráneo-templada de Chile y en la cordillera de los Andes en toda la zona centro-sur de Chile, donde la estacionalidad del clima determina que las especies dominantes pierdan las hojas en invierno. Todas estas especies pertenecen al género *Nothofagus*, donde se pueden distinguir especies caducifolias de hoja grande (*N. alessandrii*, *N. alpina*, *N glauca*, *N. obliqua*) y hoja pequeña (*N. antarctica*, *N. pumilio*) [1253]. Las primeras son dominantes en las zonas más bajas cálidas, mientras que las segundas lo son en las partes altas más frías [55, 585, 647, 1664] y frecuentemente definiendo el límite altitudinal de la vegetación arbórea (véase Figura 20, página 93). La única excepción la constituye *Nothofagus macrocarpa*, la especie más septentrional del género, que siendo una especie de hoja grande tiende a ocupar posiciones elevadas y definir el límite de la vegetación arbórea en la cordillera de la Costa de Chile central. Las comunidades dominadas por los demás *Nothofagus* de hoja grande contactan hacia el norte con los bosques esclerofilos, y poseen muchos elementos de esos bosques, mientras que las áreas más australes limitan con bosques laurifolios y siempreverdes, cuya influencia también se observa en su composición florística [485, 688]. Se han identificado aquí 21 pisos de vegetación que podrían ser agrupados según su especie dominante, lo que no se ha hecho para mantener la consistencia de la estructura jerárquica de la clasificación.

P46. Bosque caducifolio mediterráneo costero de *Nothofagus macrocarpa / Ribes punctatum*

Descripción: Bosque caducifolio con una estrata arbórea dominada por *Nothofagus macrocarpa*, una estrata arbustiva donde destacan *Ribes punctatum*, *Berberis actinacantha*, *Calceolaria meyeniana*, *Azara petiolaris* y algunos elementos esclerofilos y una estrata herbácea caracterizada por la presencia de *Adiantum chilense* var. *sulphureum* y *Alstroemeria zoellneri*.

Comunidades zonales: *Elymo-Nothofagetum obliquae* [136, 1645], *Chusquea cumingii*, *Nothofagus macrocarpa - Cryptocarya alba*, *Puya coerulea - Colliguaja integerrima* [522], *Nothofagetum obliquo - macrocarpae* [122], Comunidad de *Nothofagus macrocarpa* [34], Bosque de *Nothofagus macrocarpa*, Bosque de *Lomatia hirsuta* [1341].

Unidades intrazonales: I20, Bosque lauri-esclerofilo ripario.

Unidades extrazonales: E10, Bosque caducifolio de *Nothofagus glauca*.

Composición florística: *Adiantum chilense* var. *sulphureum*, *Alstroemeria zoellneri*, *Aristotelia chilensis*, *Azara petiolaris*, *Berberis actinacantha*, *Calceolaria meyeniana*, *Chusquea cumingii*, *Loasa tricolor*, *Lomatia hirsuta*, *Misodendrum linearifolium*, *Nothofagus macrocarpa*, *Oxalis laxa*, *Ribes punctatum*, *Schinus montana*, *Schizanthus hookeri*, *Senecio anthemidiphyllus*, *Valeriana lepidota* (véanse refs. 122, 1341, 1645).

Dinámica: Producto de la actividad antrópica, especialmente tala e incendios, la mayor parte de los bosques de este piso de vegetación presenta regeneración de monte bajo, donde la mayoría de los individuos no ha alcanzado la madurez reproductiva. En cualquier caso se ha observado que, aunque algunos individuos producen semillas y algunas de ellas germinan, las plántulas no sobreviven y no hay regeneración.

Distribución: Laderas altas de la vertiente occidental de la cordillera de la Costa de las regiones de O'Higgins, Metropolitana y de Valparaíso, entre 900 y 1.900 m, pisos bioclimáticos mesomediterráneo superior seco superior y subhúmedo inferior hiperoceánico y supramediterráneo subhúmedo superior y húmedo inferior oceánico.

Itc: 146–261; Tp: 1069–1479; Io: 3,41–7,39; Ic: 10,0–12,4; T: 8,9–12,3; P: 495–655; EP: 1038–1208.

Referencias: 34, 35, 47, 122, 136, 351, 355–357, 376, 414, 415, 423, 517, 522, 523, 546, 549, 584, 730, 795, 843, 845, 867, 902, 988, 1062, 1191, 1205, 1213, 1268, 1288, 1320–1322, 1340, 1340, 1341, 1344, 1363, 1407, 1441, 1535, 1643, 1645.

P47. Bosque caducifolio mediterráneo interior de *Nothofagus obliqua - Cryptocarya alba*

Descripción: Bosque caducifolio dominado por *Nothofagus obliqua*, pero con presencia importante de elementos esclerofilos en su composición florística, como *Cryptocarya alba* y *Peumus boldus*. En algunas situaciones de degradación este piso vegetacional se encuentra totalmente sustituido por comunidades de bosque esclerofilo, pero en su expresión potencial marca la transición de los bosques caducifolios mediterráneos a los templados. Los bosques dominados por *Nothofagus glauca* (piso de vegetación P51, Bosque caducifolio mediterráneo andino de *Nothofagus glauca - N. obliqua*) interrumpen la distribución de este piso de vegetación en el margen occidental de la cordillera de Linares, al parecer porque encuentran su óptimo en situaciones más húmedas y sin demasiada incidencia de heladas. Gran parte del área de este piso de vegetación ha sido reemplazada por cultivos agrícolas y plantaciones forestales.

Comunidades zonales: *Nothofago - Perseetum boldetosum* [37, 1014, 1407, 1447], *Rubo - Ulicetum* (ruderal) [685], *Nothofago - Perseetum quillaetosum* [1407], *Nothofagus obliqua - Cryptocarya alba, Aristotelia chilensis - Rubus ulmifolius, Aster vahlii*, (ruderal), *Echium vulgare* (ruderal de poscultivo) [522], *Alstroemerio aurantiacae - Aristotelietum chilensis* [54].

Unidades intrazonales: I11, Bosques pantanosos; I12, Pastizales y herbazales semiacuáticos; I13, Vegetación herbácea de lagunas efímeras; I20, Bosque lauri-esclerofilo ripario.

Unidades extrazonales: E7, Bosque esclerofilo de *Lithraea caustica*; E8, Bosque esclerofilo de *Peumus boldus*; E11, Bosque caducifolio de *Nothofagus alpina*; E15, Bosque laurifolio de *Aextoxicon punctatum*; E19, Bosque siempreverde de *Nothofagus dombeyi*.

Composición florística: *Aextoxicon punctatum, Aristotelia chilensis, Azara dentata, A. petiolaris, Blechnum hastatum, Bomarea salsilla, Chusquea quila, Cissus striata, Colliguaja odorifera, Cryptocarya alba, Escallonia pulverulenta, Gevuina avellana, Lapageria rosea, Lardizabala biternata, Lithraea caustica, Lomatia hirsuta, Nothofagus glauca, N. obliqua, Osmorhiza chilensis, Persea lingue, Peumus boldus, Podocarpus salignus, Quillaja saponaria, Sophora microphylla, Uncinia phleoides* (véase ref. 1014).

Dinámica: La degradación antrópica de los bosques caducifolios produce la formación de un matorral de quila (*Chusquea quila*) a partir del que se regeneraría el bosque original cuando es cortado sin la intervención del suelo. La tala y subsecuente alteración del suelo por pastoreo permite el establecimiento de praderas permanentes que después son invadidas por matorrales de *Rubus ulmifolius* y *Aristotelia chilensis* [54, 1014, 1535].

Distribución: Laderas andinas del sector sur de las regiones de O'Higgins y norte del Maule y depresión intermedia de las regiones del Biobío y de La Araucanía, 0–1.000 m, en el piso bioclimático mesomediterráneo húmedo hiperoceánico y oceánico.

Itc: 225–296; Tp: 1391–1569; Io: 6,97–9,46; Ic: 9,2–11,8; T: 11,5–13,0; P: 1001–1550; EP: 1061–1236.

Referencias: 30, 31, 37, 39, 54, 167, 301, 327, 351, 355–357, 370, 500, 505, 517, 522, 632, 791, 792, 837, 838, 1005, 1014, 1044, 1162, 1243, 1246, 1264, 1285, 1288, 1407, 1411, 1414, 1417, 1440, 1441, 1447, 1535, 1619, 1682.

P48. Bosque caducifolio mediterráneo andino de *Nothofagus obliqua - Austrocedrus chilensis*

Descripción: Bosque caducifolio mixto dominado por *Nothofagus obliqua* con presencia de *Austrocedrus chilensis*, pero que alterna su distribución local en función de la exposición (Figura 33), con bosques de *Austrocedrus chilensis* con especies esclerofilas, especialmente *Quillaja saponaria* y *Lithraea caustica*, las que también se encuentran dentro del bosque caducifolio. *Nothofagus glauca* también es localmente abundante, especialmente en el sector precordillerano de Linares donde codomina junto con *Austrocedrus*. El estrato arbustivo es muy diverso, conformado por las esclerofilas ya mencionadas, además de *Ribes punctatum*, *Kageneckia oblonga*, *Aristotelia chilensis*, *Lomatia dentata*, *Lomatia hirsuta*, *Sophora macrocarpa*, *Colletia ulicina*, *Ugni molinae*, mientras que las principales herbáceas son *Elymus angulatus* y *Osmorhiza chilensis*. En estos bosques, llamados a veces de "roble de altura", la especie dominante podría ser en realidad *Nothofagus macrocarpa* en lugar de *Nothofagus obliqua*, pero faltan antecedentes para asegurarlo.

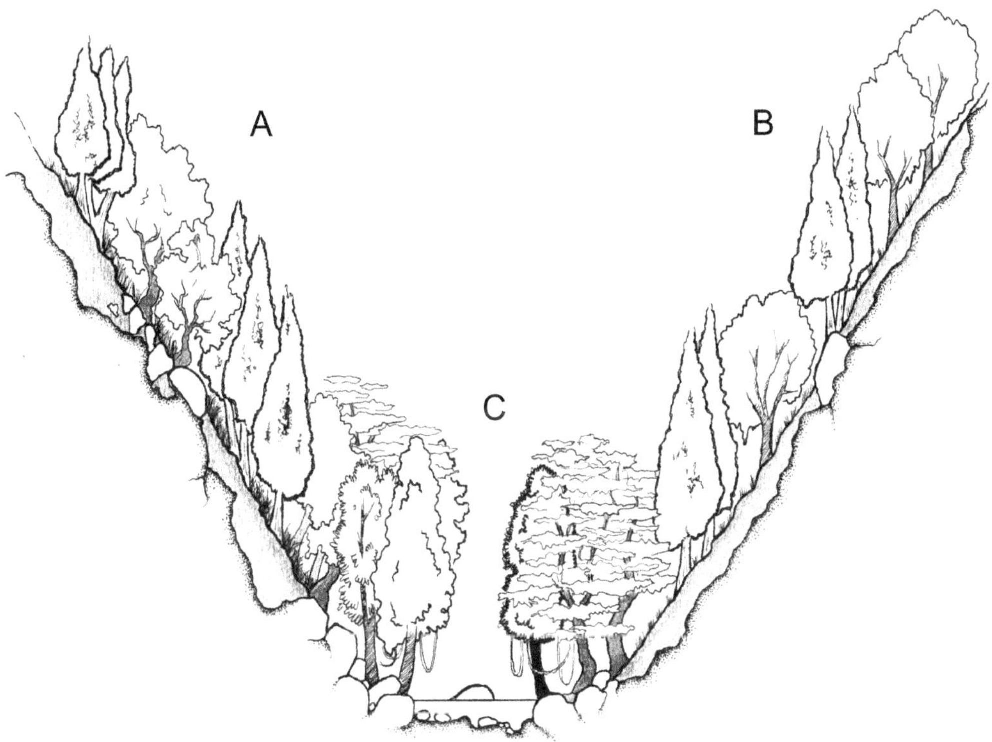

Figura 33: Representación esquemática de la distribución local de la vegetación en el Bosque caducifolio mediterráneo andino de Nothofagus obliqua *y* Austrocedrus chilensis *(piso de vegetación P48). A: vegetación zonal de bosque caducifolio con* Austrocedrus *en las laderas altas; B bosque esclerofilo de* Quillaja saponaria, *también con* Austrocedrus *en las laderas de exposición norte; C: bosque extrazonal dominado por* Nothofagus dombeyi *en la quebrada (unidad E19).* La escala de tamaños de las plantas está exagerada en relación con la escala del paisaje.

Comunidades zonales: *Austrocedro - Lithraeetum* [49, 136, 1014], *Azaro - Escallonietum*, *Collctio - Fabianetum* [136, 1014], *Elymo - Nothofagetum obliquae* [1014, 1407], *Austrocedretum chilense* [1443], *Nothofago - Perseetum austocedretosum*, *Nothofagetum glaucae austrocedretosum* [1407], *Nothofagus obliqua - Ribes punctatum*, *Austrocedrus chilensis - Nothofagus obliqua*, *Nothofagus glauca - Austrocedrus chilensis* [522], *Austrocedrus chilensis - Nothofagus obliqua* [422].

Unidades intrazonales: I20, Bosque lauri-esclerofilo ripario.

Unidades extrazonales: E5, Bosque esclerofilo de *Kageneckia angustifolia / Guindilia trinervis*; E11, Bosque caducifolio de *Nothofagus alpina*; E12, Bosque caducifolio de *Nothofagus pumilio*; E19, Bosque siempreverde de *Nothofagus dombeyi.*

Composición florística: *Aextoxicon punctatum, Aristotelia chilensis, Austrocedrus chilensis, Azara integrifolia, Azorella spinosa, Baccharis rhomboidalis, Berberis actinacantha, Colletia ulicina, Cynanchum pachyphyllum, Elymus angulatus, Escallonia pulverulenta, Gochnatia foliolosa, Hypericum perforatum, Kageneckia oblonga, Lithraea caustica, Lomatia dentata, Lomatia hirsuta, Maytenus boaria, Myoschilos oblongum, Nothofagus dombeyi, N. glauca, N. obliqua, Osmorhiza chilensis, Persea lingue, Peumus boldus, Podocarpus salignus, Quillaja saponaria, Ribes punctatum, Schinus montana, S. polygama, Senecio cymosus, Sophora macrocarpa, Ugni molinae, Vicia nigricans* (véanse refs. 355, 1014).

Dinámica: El factor más importante en la dinámica de los bosques con *Austrocedrus* parece ser el fuego, puesto que en ocasiones los incendios generan una importante mortalidad de individuos [355, 820]. Sin embargo, *Austrocedrus chilensis* presenta una buena capacidad para regenerar y una amplia tolerancia ecológica para establecerse en situaciones restrictivas e incluso bajo dosel abierto [357, 1604], especialmente en el rango norte de distribución donde las poblaciones que no fueron cubiertas por glaciares al parecer poseen alta variabilidad genética [1042, 1043]. Es probable que la alteración antrópica, principalmente de extracción de madera, genere condiciones favorables para la colonización de elementos esclerofilos hacia situaciones originales de bosque caducifolio. Las comunidades extrazonales dominadas por *Nothofagus dombeyi*, asociadas a cursos de agua son invadidas por *Rubus ulmifolius* producto de la intervención antrópica [1014].

Distribución: Laderas medias de la cordillera de los Andes de la región de O'Higgins, de la región del Maule y norte del Biobío, 700–1.950 m, asociado a los pisos bioclimáticos supramediterráneo húmedo oceánico.

Itc: 90–210; Tp: 904–1331; Io: 8,00–11,61; Ic: 12,1–13,4; T: 7,5–11,0; P: 1073–2156; EP: 1014–1178.

Referencias: 31–33, 49, 136, 275, 291, 351, 355–357, 370, 422, 500, 517, 520, 522, 720, 804, 820, 836, 935, 1014, 1042, 1043, 1076, 1162, 1213, 1266, 1274, 1346, 1347, 1407, 1412, 1443, 1604, 1619.

P49. Bosque caducifolio mediterráneo costero de *Nothofagus glauca - Azara petiolaris*

Descripción: Formación boscosa dominada por *Nothofagus glauca, Gevuina avellana, Lomatia hirsuta* y *Azara petiolaris* como especies arbóreas principales. Es importante la presencia de elementos típicos del bosque esclerofilo, como *Cryptocarya alba, Aristotelia chilensis, Peumus boldus* y *Kageneckia oblonga*, con el que se encuentra altamente superpuesto. Los bosques y matorrales esclerofilos constituyen en este piso la fase de sustitución producto de la intervención antrópica. En algunas situaciones de perturbación profunda la vegetación se encuentra totalmente transformada formando matorrales ruderales asociados a las plantaciones de *Pinus radiata.*

Comunidades zonales: Bosque de hualo costero o bosque maulino [351], Bosques de *Nothofagus glauca* [355–357, 838, 1404], *Nothofagetum glaucae lomatietosum* [1407], *Nothofagus glauca - Azara petiolaris*, *Teline monspessulana - Sarothamnus scoparius* (ruderal) [522], *Bomareo salsillae - Nothofagetum glaucae*, *Bomareo salsillae - Nothofagetum glaucae* var. *Escallonia pulverulenta* [58, 688].

Unidades intrazonales: I1, Vegetación acuática flotante; I2, Vegetación acuática natante; I3, Vegetación acuática sumergida; I11, Bosques pantanosos; I12, Pastizales y herbazales semiacuáticos; I13, Vegetación herbácea de lagunas efímeras; I20, Bosque lauri-esclerofilo ripario.

Unidades extrazonales: E11, Bosque caducifolio de *Nothofagus alpina*; E13, Matorral arborescente caducifolio edafohigrófilo de *Nothofagus antarctica*; E19, Bosque siempreverde de *Nothofagus dombeyi.*

Composición florística: *Adiantum chilense* var. *chilense*, *Alstroemeria revoluta*, *Aristotelia chilensis*, *Azara integrifolia*, *A. petiolaris*, *Blechnum hastatum*, *Cissus striata*, *Cryptocarya alba*, *Dioscorea brachybotrya*, *Gevuina avellana*, *Kageneckia oblonga*, *Lithraea caustica*, *Lomatia dentata*, *L. hirsuta*, *Luma apiculata*, *Nassella chilensis*, *Nothofagus glauca*, *N. obliqua*, *Peumus boldus*, *Proustia pyrifolia*, *Ribes punctatum* (véase ref. 58).

Dinámica: La degradación por tala o quema del dosel arbóreo favorece la colonización de elementos del bosque esclerofilo que sustituyen a los bosques caducifolios [58]. Perturbaciones antrópicas más severas, como cosecha de plantaciones de *Pinus radiata* o quema total de la vegetación, permiten la colonización de matorrales dominados por *Genista monspessulana* que impiden la regeneración del bosque original [58, 1404]. Muchas especies nativas parecen ser capaces de establecerse en plantaciones de *Pinus radiata* con distintos tipos de manejo [671].

Distribución: Laderas orientales de la cordillera de la Costa de la región del Maule y norte del Biobío entre 0 y 600 m. Corresponde a los pisos bioclimáticos mesomediterráneo subhúmedo superior y húmedo inferior hiperoceánico.

Itc: 266–313; Tp: 1409–1591; Io: 5,61–7,13; Ic: 8,6–9,6; T: 11,7–13,2; P: 905–1108; EP: 1050–1158.

Referencias: 58, 110, 167, 351, 355–357, 517, 522, 671, 688, 838, 1245, 1264, 1401–1404, 1407, 1409, 1411, 1413–1415.

P50. Bosque caducifolio mediterráneo costero de *Nothofagus glauca - Persea lingue*

Descripción: Bosque caducifolio dominado por *Nothofagus glauca*, *Nothofagus obliqua*, *Gevuina avellana* y *Persea lingue*, con *Gaultheria insana*, *Ugni molinae* y *Escallonia pulverulenta* como diferenciales de la estrata arbustiva. Corresponde a una fase más húmeda y oceánica que la unidad anterior, de manera que la estructura vegetacional es más compleja, con presencia importante de epífitas como *Bomarea salsilla*, *Lardizabala biternata* y *Lapageria rosea*. Localmente es posible encontrar bosques donde *Nothofagus alessandrii* comparte la dominancia del dosel superior con *Nothofagus glauca*. También se encuentra interpenetrado y a veces completamente sustituido por elementos esclerofilos, en un paisaje fuertemente fragmentado, donde las plantaciones de *Pinus radiata* son dominantes.

Comunidades zonales: *Nothofagetum glaucum* [1118, 1119], *Nothofago - Perseetum boldetosum* [1014], Bosque de hualo costero o bosque maulino [351], Bosques de *Nothofagus glauca*, Bosquetes de *Nothofagus alessandrii* [355–357, 838, 1404], *Nothofagetum alessandrii* [58, 1402, 1406, 1407], *Nothofagetum glaucae perseetosum* [838, 1407], *Nothofagus glauca - Gevuina avellana*, *Teline monspessulana - Sarothamnus scoparius* (ruderal) [522], *Bomareo salsillae - Nothofagetum glaucae*, *Bomareo salsillae-Nothofagetum glaucae* var. *Pernettya insana* [58, 688, 1402], Bosques de ruil, Bosques de hualo, Bosques de roble [1402].

Unidades intrazonales: I20, Bosque lauri-esclerofilo ripario.

Unidades extrazonales: E9, Bosque caducifolio de *Nothofagus obliqua*; E13, Matorral arborescente caducifolio edafohigrófilo de *Nothofagus antarctica*; E19, Bosque siempreverde de *Nothofagus dombeyi*.

Composición florística: *Adiantum chilense* var. *chilense*, *Aextoxicon punctatum*, *Aristotelia chilensis*, *Azara celastrina*, *A. integrifolia*, *A. serrata*, *Blechnum hastatum*, *Bomarea salsilla*, *Boquila trifoliolata*, *Citronella mucronata*, *Colliguaja dombeyana*, *Coriaria ruscifolia*, *Cryptocarya alba*, *Escallonia pulverulenta*, *Galium hypocarpium*, *Gaultheria insana*, *Gevuina avellana*, *Gomortega keule*, *Kageneckia oblonga*, *Lardizabala biternata*, *Lapageria rosea*, *Lithraea caustica*, *Lomatia dentata*, *Myrceugenia obtusa*, *M. ovata*, *Nassella chilensis*, *Nothofagus alessandrii*, *N. glauca*, *N. obliqua*, *Persea lingue*, *Peumus boldus*, *Pitavia punctata*, *Proustia pyrifolia*, *Rhaphithamnus spinosus*, *Ribes punctatum*, *Senecio cymosus*, *Ugni molinae*, *Uncinia phleoides*, *Viola portalesia* (véanse refs. 58, 1406).

Dinámica: Es muy similar a lo descrito para el bosque caducifolio mediterráneo costero de *Nothofagus glauca - Azara petiolaris* (piso de vegetación P49, véanse refs. 58, 1404), aunque por tratarse de situaciones más húmedas, la composición de las comunidades de sustitución ante perturbación severa podría estar dominada por *Ulex europaeus* en lugar de *Genista monspessulana* y los elementos esclerofilos que colonizan el bosque degradado deberían ser más higrófilos. Sin embargo no existen estudios detallados que permitan establecer claramente tales diferencias. La instalación de bosques esclerofilos como sustituyentes secundarios del bosque caducifolio [58] también ha sido reportada como una posible tendencia futura en estos bosques, con una mayor transformación florística [191], un incremento en la predación de semillas de *Nothofagus glauca* [185] y un menor reclutamiento [1582] en los pequeños fragmentos que en el bosque continuo. Los antecedentes no son concluyentes en señalar que *Pinus radiata* se comporta como invasor en los bosques nativos [190].

Distribución: Laderas occidentales de la cordillera de la Costa de la región del Maule y norte del Biobío entre 100 y 600 m, bajo la influencia del piso bioclimáticos mesomediterráneo subhúmedo superior y húmedo inferior hiperoceánico.

Itc: 265–313; Tp: 1386–1560; Io: 5,87–7,12; Ic: 8,0–10,7; T: 11,5–13,0; P: 898–1095; EP: 994–1172.

Referencias: 58, 110, 185, 190, 191, 233, 351, 355–357, 446, 517, 522, 588, 590, 615, 616, 632, 688, 838, 971, 984, 1118, 1119, 1264, 1284, 1319, 1401–1404, 1406, 1407, 1409–1411, 1413–1416, 1420, 1463, 1520, 1521, 1535, 1582.

P51. Bosque caducifolio mediterráneo andino de *Nothofagus glauca* - *N. obliqua*

Descripción: Bosque caducifolio en el que dominan *Nothofagus glauca* y *Nothofagus obliqua*, que por lo general forman bosques espacialmente segregados y solo se mezclan en las exposiciones más húmedas. El estrato arbóreo intermedio está constituido típicamente por elementos esclerofilos y laurifolios (*Quillaja saponaria*, *Cryptocarya alba*, *Peumus boldus*, *Azara integrifolia*, *Aextoxicon punctatum*, *Persea lingue*, *Podocarpus salignus*, *Gevuina avellana*, *Beilschmiedia berteroana*), mientras que la estrata arbustiva lo está por *Aristotelia chilensis*, *Luma apiculata*, *Lomatia dentata*, *Sophora macrocarpa*, *Ugni molinae*, *Ribes punctatum* y *Viola portalesia*. La principal componente herbácea es *Nassella chilensis*, y las epífitas están muy diversificadas (*Lardizabala biternata*, *Boquila trifoliolata*, *Bomarea salsilla*, *Proustia pyrifolia*, *Cissus striata*, *Lapageria rosea*).

Comunidades zonales: *Nothofagetum glaucae drimetosum* [1407], *Nothofagus obliqua* - *Azara petiolaris*, *Nothofagus glauca* - *Gevuina avellana* [522], *Nothofagetum glaucae* [838], *Bomareo salsillae* - *Nothofagetum glaucae*, *Bomareo salsillae* - *Nothofagetum glaucae* var. *Escallonia pulverulenta* [58, 688].

Unidades intrazonales: I11, Bosques pantanosos; I20, Bosque lauri-esclerofilo ripario.

Unidades extrazonales: E9, Bosque caducifolio de *Nothofagus obliqua*; E11, Bosque caducifolio de *Nothofagus alpina*; E19, Bosque siempreverde de *Nothofagus dombeyi*.

Composición florística: *Aextoxicon punctatum*, *Aristotelia chilensis*, *Azara integrifolia*, *A. petiolaris*, *Baccharis rhomboidalis*, *Beilschmiedia berteroana*, *Blechnum hastatum*, *Bomarea salsilla*, *Boquila trifoliolata*, *Chusquea cumingii*, *Cissus striata*, *Colliguaja dombeyana*, *Cryptocarya alba*, *Cynanchum pachyphyllum*, *Fabiana imbricata*, *Gaultheria phillyreifolia*, *Gevuina avellana*, *Gochnatia foliolosa*, *Lapageria rosea*, *Lardizabala biternata*, *Legrandia concinna*, *Lithraea caustica*, *Lomatia dentata*, *L. hirsuta*, *Luma apiculata*, *Nassella chilensis*, *Nothofagus alpina*, *N. glauca*, *N. obliqua*, *Persea lingue*, *Peumus boldus*, *Podocarpus salignus*, *Proustia pyrifolia*, *Quillaja saponaria*, *Retanilla stricta*, *Ribes punctatum*, *Sophora macrocarpa*, *Ugni molinae*, *Uncinia phleoides*, *Viola portalesia* (véanse refs. 58, 109).

Dinámica: La regeneración de los individuos caducifolios del dosel superior se establece cíclicamente aprovechando la luminosidad que ingresa al interior del bosque a través de los claros del dosel dejados por el desmoronamiento de los individuos más longevos, conformando una estructura multietánea [1579]. Fajardo y Alaback [438] concluyen que *Nothofagus glauca* puede establecerse como pionero en condiciones de sitio desfavorables, así como aprovechando los claros que se generan en bosques maduros. La degradación antrópica por extracción principalmente maderera posibilita el establecimiento de renovales coetáneos y la colonización de elementos esclerofilos que llegan a ser dominantes en situaciones de perturbación severa [58].

Distribución: Laderas occidentales bajas de la cordillera de los Andes del sur de la región del Maule y norte del Biobío, entre 300 y 1.000 m. Se encuentra en los pisos bioclimáticos mesomediterráneo superior y supramediterráneo inferior húmedo oceánico.

Itc: 194–271; Tp: 1318–1580; Io: 7,42–9,49; Ic: 11,9–12,8; T: 10,9–13,1; P: 1456–2087; EP: 1167–1267.

Referencias: 31–33, 58, 109, 182, 351, 353, 355–357, 438, 517, 522, 632, 688, 836–838, 984, 1061, 1162, 1266, 1407, 1411, 1535, 1579.

P52. Bosque caducifolio mediterráneo costero de *Nothofagus obliqua - Gomortega keule*

Descripción: Vegetación boscosa decidua dominada por *Nothofagus obliqua*, con presencia de elementos laurifolios, destacando la presencia diferencial de *Gomortega keule*, *Podocarpus salignus*, *Gevuina avellana*, *Lomatia dentata*, *Caldcluvia paniculata*, *Lapageria rosea* y *Aextoxicon punctatum*, a pesar de encontrarse actualmente restringido solo a algunos enclaves específicos.

Comunidades zonales: *Nothofago - Perseetum boldetosum*, *Nothofago-Perseetum typicum*, [1447], *Nothofago - Perseetum gomortegaetosum* [1407], *Nothofagus obliqua-Gomortega keule*, *Teline monspessulana-Sarothamnus scoparius* (ruderal), *Aristotelia chilensis - Rubus ulmifolius* (ruderal) [522].

Unidades intrazonales: I6, Vegetación de dunas litorales; I7, Vegetación de roqueríos y farellones costeros; I11, Bosques pantanosos; I20, Bosque lauri-esclerofilo ripario.

Unidades extrazonales: E7, Bosque esclerofilo de *Lithraea caustica*; E19, Bosque siempreverde de *Nothofagus dombeyi*.

Composición florística: *Aextoxicon punctatum*, *Aristotelia chilensis*, *Berberidopsis corallina*, *Boquila trifoliolata*, *Caldcluvia paniculata*, *Cryptocarya alba*, *Cytisus scoparius*, *Genista monspessulana*, *Gevuina avellana*, *Gomortega keule*, *Greigia sphacelata*, *Lapageria rosea*, *Lardizabala biternata*, *Lomatia dentata*, *Luma apiculata*, *Luzuriaga radicans*, *Nothofagus obliqua*, *Pitavia punctata*, *Podocarpus salignus* (véase ref. 1006).

Dinámica: Una importante proporción de superficie que ha sido fragmentada y reemplazada por plantaciones de *Pinus radiata* y la escasez de estudios hacen muy difícil hacer consideraciones sobre la dinámica de este piso. Algunos antecedentes antiguos [1006] señalan que la intervención humana ha generado el reemplazo de los bosques por matorrales y praderas secundarias florísticamente muy diversificadas que en algunos casos conservan parte de su composición original, con una fuerte componente de elementos esclerofilos e introducidos.

Distribución: Laderas de la vertiente occidental de la cordillera de la Costa de la región del Biobío, 10–600 m, bajo influencia del piso bioclimático mesomediterráneo húmedo hiperoceánico.

Itc: 256–311; Tp: 1376–1546; Io: 8,02–10,74; Ic: 6,4–9,4; T: 11,4–12,8; P: 1139–1471; EP: 938–1099.

Referencias: 233, 351, 355–357, 505, 517, 522, 769, 986, 1006, 1034, 1263, 1264, 1288, 1407, 1410, 1414, 1447, 1556, 1682.

P53. Bosque caducifolio mediterráneo de *Nothofagus obliqua - Persea lingue*

Descripción: Piso de vegetación dominado por *Nothofagus obliqua* y *Persea lingue* en el dosel superior, con presencia diferencial de *Ribes trilobum* y *Rhamnus diffusus* en la estrata arbustiva. Se encuentra profundamente degradado por tala selectiva, por lo que en la mayor parte de su extensión presenta la forma de un matorral arborescente abierto. En algunas situaciones ha sido totalmente reemplazado por áreas de cultivo agrícola. Su distribución es principalmente costera, pero la penetración de la influencia marina al sur de la cordillera de Nahuelbuta permite su presencia en localidades del interior, en situaciones más húmedas que el Bosque caducifolio mediterráneo interior de *Nothofagus obliqua - Cryptocarya alba* (piso de vegetación P47).

Comunidades zonales: *Nothofago-Perseetum* [1014, 1248, 1407, 1447], *Rhaphithamno - Aristotelietum Ulex-Stadium* (ruderal) [1014], *Chusqueetum coleu*, *Fuchsio - Chusqeetum quilae* (ruderal), *Hyperico - Agrostidetum* (ruderal) [1014, 1258], *Nothofago - Perseetum* grupo C [1395], *Mentho - Agrostidetum* (ruderal) [272, 1258, 1385, 1396], *Nothofagus obliqua - Persea lingue*, *Aristotelia chilensis - Rubus ulmifolius* (ruderal), *Avena fatua - Rumex acetosella* (ruderal), *Echium vulgare* (ruderal, poscultivo), *Aster vahlii* (ruderal, pratense) [522], *Agrosto - Lolietum perennis* (ruderal), *Airo - Agrostidetum capillariae* (ruderal), *Cynosuro - Agrostidetum capillariae* (ruderal), *Cynosuro - Piptochaetetum montevidense* (ruderal), *Junco - Agrostidetum capillariae* (ruderal), *Bromo - Poetum annuae* (ruderal) [1258], *Alstroemerio aurantiacae - Aristotelietum chilensis*, *Rhaphithamno spinosi - Aristotelietum chilensis* [54].

Unidades intrazonales: I2, Vegetación acuática natante; I3, Vegetación acuática sumergida; I6, Vegetación de dunas litorales; I9, Vegetación halófila freatófila; I10, Vegetación halófila intermareal (marismas); I11, Bosques pantanosos; I12, Pastizales y herbazales semiacuáticos; I13, Vegetación herbácea de lagunas efímeras; I20, Bosque lauri-esclerofilo ripario.

Unidades extrazonales: E7, Bosque esclerofilo de *Lithraea caustica*; E15, Bosque laurifolio de *Aextoxicon punctatum*.

Composición florística: *Aextoxicon punctatum*, *Agrostis capillaris*, *Alstroemeria aurea*, *Blechnum hastatum*, *Boquila trifoliolata*, *Chusquea quila*, *Cissus striata*, *Gevuina avellana*, *Lapageria rosea*, *Laurelia sempervirens*, *Lomatia dentata*, *Luma apiculata*, *Luzuriaga radicans*, *Nothofagus obliqua*, *Osmorhiza chilensis*, *Persea lingue*, *Rhamnus diffusus*, *Rhaphithamnus spinosus*, *Ribes trilobum*, *Rubus constrictus*, *Uncinia phleoides* (véase ref. 1395).

Dinámica: Muy similar a lo descrito para el piso de vegetación P47 (bosque caducifolio mediterráneo interior de *Nothofagus obliqua - Cryptocarya alba*) [1014, 1535], aunque por tratarse de situaciones más húmedas es posible que los matorrales que invaden la pradera permanente estén dominados por *Aristotelia chilensis* y *Rubus constrictus* en lugar de *Genista monspessulana* [54, 1395].

Distribución: Laderas y planos de la depresión intermedia de la región del Biobío y en la vertiente occidental de la cordillera de la Costa, depresión intermedia y laderas bajas andinas del norte de La Araucanía, 0–800 m, en el piso bioclimático mesomediterráneo húmedo hiperoceánico y oceánico.

Itc: 221–287; Tp: 1300–1473; Io: 7,80–11,00; Ic: 7,8–11,9; T: 10,8–12,2; P: 1124–1858; EP: 936–1214.

Referencias: 37, 39, 54, 167, 272, 301, 357, 517, 522, 660, 769, 939, 1014, 1097, 1248, 1254, 1258, 1264, 1292, 1376, 1377, 1385, 1395, 1396, 1399, 1405, 1407, 1447, 1535, 1602.

P54. Bosque caducifolio templado de *Nothofagus obliqua - Laurelia sempervirens*

Descripción: Formación boscosa de amplia extensión, dominada por *Nothofagus obliqua*, en situaciones de mayor regularidad y montos de precipitación que la comunidad anterior, lo que favorece la diversidad del elenco florístico que la conforma. Destaca la presencia de elementos laurifolios como *Laurelia sempervirens*, *Aextoxicon punctatum*, *Podocarpus salignus*, *Eucryphia cordifolia*, con presencia importante de epífitas como *Lapageria rosea*, *Boquila trifoliolata*, *Cissus striata*, *Sarmienta scandens* y *Luzuriaga radicans* que marcan su carácter más húmedo. En algunos casos es importante la presencia de *Nothofagus dombeyi* o *Laureliopsis philippiana*. En los márgenes lacustres la vegetación presenta un mayor desarrollo y una mayor diversificación, con una tendencia a la desaparición de la especie decidua dominante *Nothofagus obliqua* (véase Figura 34 y ref. 1547).

Comunidades zonales: *Laureletum sempervirensii* [1118, 1119], *Nothofago-Perseetum* [466, 688, 1014, 1239, 1247, 1248, 1251, 1257, 1268, 1270, 1395, 1465, 1547, 1552], *Aristotelio - Rubetum constrictae* (ruderal) [1251, 1270], *Bromo - Lolietum* (ruderal), *Sisymbrio - Hordeetum* (ruderal), *Sisymbrio - Crisietum* (ruderal), *Polygono - Conietum* (ruderal), *Violo - Avenetum fatuae* (ruderal), *Rumicetum chilensis* (ruderal), *Rhaphithamno - Aristotelietum Ulex-Stadium* (ruderal) [1014], *Alstroemerio - Aristotelietum* (ruderal), *Tropaeolo - Loasetum* (ruderal), *Hyperico - Agrostidetum* (ruderal) [41, 1014, 1240, 1248, 1251, 1270], Tipo *Nothofagus obliqua - Laurelia sempervirens - Persea - Aextoxicon* [1608, 1610], Aristotelio - Telinetum (ruderal), *Rubus constrictus - Berberidion* - Ges. (ruderal), *Rubo - Ulicetum* (ruderal) [685], *Podocarpo - Nothofagetum obliquae*, [1248], *Nothofagus obliqua - Laurelia sempervirens*, *Nothofagus obliqua - Podocarpus salignus*, *Rubus ulmifolius - Ulex europaeus* (ruderal), *Aristotelia chilensis - Rubus ulmifolius* (ruderal), *Holcus lanatus - Agrostis tenuis* (ruderal), *Sisymbrium officinale - Dactylis glomerata* (ruderal), *Plantago major - Poa annua* (ruderal), *Avena fatua - Rumex acetosella* (ruderal) [522], Bosque de roble [1268], *Poo – Rumicetum sanguineus* (ruderal), *Carduo - Conietum maculatae* (ruderal), *Lolio - Carduetum pycnocephalae* (ruderal), *Solivo - Plantaginetum lanceolatae* (ruderal), *Trifolio - Vulpietum bromoidis* (ruderal), *Bromo - Lolietum multiflorae* (ruderal) [1260], *Agrostio - Ranunculetum repentis* (ruderal) [1257], *Alstroemerio aurantiacae - Aristotelietum chilensis*, *Rhaphithamno spinosi - Aristotelietum chilensis* [54], *Loto - Agrostidetum capillariae* [16].

Unidades intrazonales: I1, Vegetación acuática flotante; I2, Vegetación acuática natante; I3, Vegetación acuática sumergida; I10, Vegetación halófila intermareal (marismas); I11, Bosques pantanosos; I12, Pastizales y herbazales semiacuáticos; I13, Vegetación herbácea de lagunas efímeras; I20, Bosque lauri-esclerofilo ripario; I24, Matorral siempreverde ripario; I31, Vegetación de cavernas.

Unidades extrazonales: E8, Bosque esclerofilo de *Peumus boldus*; E11, Bosque caducifolio de *Nothofagus alpina*; E15, Bosque laurifolio de *Aextoxicon punctatum*; E18,

Bosque resinoso de *Pilgerodendron uviferum*; E22, Turbera de *Sphagnum magellanicum.*

Composición florística: *Aextoxicon punctatum, Agrostis capillaris, Aristotelia chilensis, Arachnitis uniflora, Berberis darwinii, Blechnum hastatum, Boquila trifoliolata, Chusquea quila, Cissus striata, Drimys winteri, Eucryphia cordifolia, Gevuina avellana, Greigia sphacelata, Lapageria rosea, Laurelia sempervirens, Lomatia hirsuta, Luma apiculata, Luzuriaga radicans, Nertera granadensis, Nothofagus dombeyi, Nothofagus obliqua, Persea lingue, Podocarpus salignus, Rhaphithamnus spinosus, Ribes trilobum, Rubus constrictus, Uncinia phleoides* (véanse refs. 466, 1014, 1251, 1395, 1547).

Dinámica: Algunos estudios sugieren que la regeneración natural de *Nothofagus obliqua* requiere de algún tipo de perturbación masiva que genere claros iluminados, mientras que los elementos laurifolios acompañantes solo pueden regenerar bajo dosel [485, 1598, 1602]. Esto podría ser también válido para las unidades P47 y P53. La alteración por tala o quema produce efectos semejantes a los descritos para el piso de vegetación P53 (bosque caducifolio mediterráneo de *Nothofagus obliqua - Persea lingue*), con matorrales de reemplazo dominados por *Chusquea quila* cuando no hay alteración profunda del suelo y por *Rubus constrictus - Ulex europaeus* o *Aristotelia chilensis - Rubus constrictus* cuando sí la hay [54, 522, 1014]. Los sectores pantanosos son reemplazados por comunidades dominadas por *Juncus procerus* [1014]. La floración y muerte masiva de *Chusquea quila* tiende a favorecer la regeneración de especies semitolerantes a la sombra, pero no la de *Nothofagus obliqua.*

Distribución: Sectores planos y piedemontes de la depresión intermedia de las regiones de La Araucanía, de Los Ríos y de Los Lagos, 0–600 m, bajo la influencia de los pisos bioclimáticos mesotemplado inferior húmedo superior (submediterráneo) y mesotemplado hiperhúmedo inferior hiperoceánico.

Itc: 220–279; Tp: 1226–1414; Io: 10,14–17,28; Ic: 7,6–9,8; T: 10,2–11,7; P: 1406–2225; EP: 851–1028.

Referencias: 16, 39, 41, 54, 60, 148, 218, 301, 357, 371, 373, 466, 485, 517, 522, 657, 660, 661, 685, 686, 688, 738, 780, 798, 799, 913, 939, 941, 942, 976, 1007, 1014, 1063, 1077, 1084, 1093, 1098, 1099, 1118, 1119, 1239, 1240, 1246–1248, 1251, 1252, 1257, 1259–1261, 1263, 1264, 1268, 1270, 1306, 1386, 1388, 1395, 1397, 1465, 1496, 1511, 1519, 1547, 1552, 1583, 1598, 1602, 1608, 1610, 1655.

P55. Bosque mixto mediterráneo costero de *Nothofagus dombeyi - N. obliqua*

Descripción: Complejo de comunidades de bosque caducifolio, laurifolio y siempreverde donde *Nothofagus dombeyi, Nothofagus obliqua* y *Eucryphia cordifolia* alternan la dominancia, definiendo un piso altitudinal intermedio en la vertiente occidental de Nahuelbuta, los que conforman un mosaico de asociaciones de gran complejidad. Es frecuente la presencia de elementos laurifolios como *Weinmannia trichosperma, Laureliopsis philippiana, Aextoxicon punctatum, Podocarpus salignus, Caldcluvia paniculata* y *Persea lingue.* El estrato arbustivo está compuesto fundamentalmente por *Gevuina avellana, Dasyphyllum diacanthoides, Ugni molinae, Luma apiculata,* y la herbácea *Pilea elegans* en los lugares más húmedos, mientras que la principal epífita es *Lardizabala biternata.*

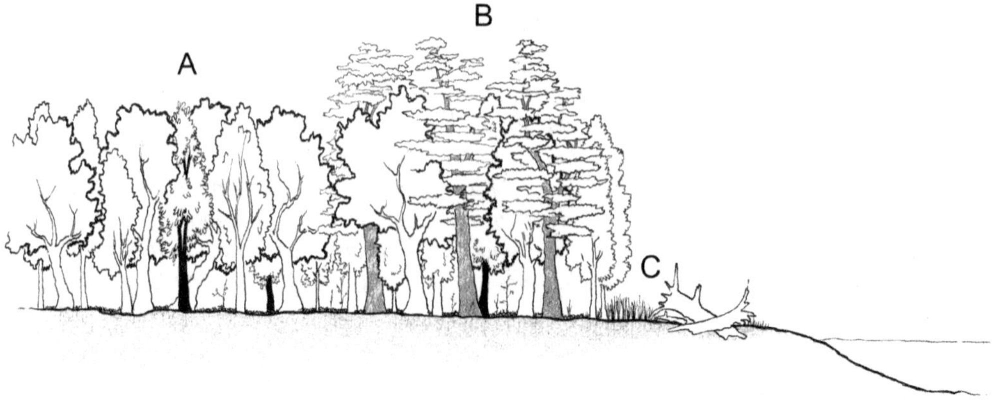

Figura 34: Esquema de zonación de la vegetación del Bosque caducifolio templado de Nothofagus obliqua - Laurelia sempervirens *(piso de vegetación P54) en las cercanías de los lagos. Se observa el bosque caducifolio (A) y el ecotono que se produce hacia el margen del cuerpo de agua donde el bosque se diversifica y alcanza un mayor desarrollo estructural (B). En el borde (C), la vegetación semiacuática está dominada por gramíneas, Ciperáceas y otras plantas herbáceas* (unidad intrazonal I12, véase ref. 1547).

Comunidades zonales: *Nothofago - Perseetum gevuinetum*, *Dombeyo - Eucryphietum* [1447], Coihue - Laurel - *forest*, Roble - Ulmo - *forest* [400], *Nothofagus obliqua - Nothofagus dombeyi*, *Aristotelia chilensis - Rubus ulmifolius* (ruderal) [522], *Rhaphithamno spinosi - Aristotelietum chilensis* [54].

Unidades intrazonales: I6, Vegetación de dunas litorales; I11, Bosques pantanosos.

Composición florística: *Aextoxicon punctatum*, *Aristotelia chilensis*, *Caldcluvia paniculata*, *Dasyphyllum diacanthoides*, *Drimys winteri*, *Eucryphia cordifolia*, *Gevuina avellana*, *Lapageria rosea*, *Lardizabala biternata*, *Laureliopsis philippiana*, *Luma apiculata*, *Nothofagus dombeyi*, *N. obliqua*, *Persea lingue*, *Pilea elegans*, *Podocarpus salignus*, *Raukaua laetevirens*, *Rhaphithamnus spinosus*, *Sophora microphylla*, *Ugni molinae*, *Weinmannia trichosperma* (véase ref. 132).

Dinámica: Muy poco conocida. La cubierta boscosa natural ha sido intensamente modificada por la extracción maderera y la introducción de ganado, lo que ha provocado la degradación estructural de la vegetación y la colonización de elementos introducidos como *Rubus ulmifolius* y *Rosa moschata* en las comunidades nativas [1447].

Distribución: Laderas occidentales medias de la cordillera de Nahuelbuta (regiones del Biobío y de La Araucanía), entre 0 y 600 m, en los pisos bioclimáticos mesomediterráneo húmedo superior e hiperhúmedo inferior hiperoceánico.

Itc: 232–302; Tp: 1224–1475; Io: 9,43–12,22; Ic: 6,8–9,4; T: 10,2–12,2; P: 1235–1561; EP: 930–1057.

Referencias: 30, 54, 132, 233, 400, 517, 522, 739, 769, 1006, 1014, 1097, 1248, 1263, 1264, 1283, 1447, 1529, 1682.

P56. Bosque caducifolio templado costero de *Nothofagus alpina - Persea lingue*

Descripción: Comunidad boscosa dominada por *Nothofagus alpina* y acompañada por *Nothofagus dombeyi* y *Nothofagus obliqua* en la estrata arbórea y con presencia de *Gevuina avellana, Persea lingue, Dasyphyllum diacanthoides* y *Desfontainia fulgens* en la estrata arbustiva. Define un claro piso altitudinal en ambas vertientes de la cordillera de Nahuelbuta, en situaciones de alta precipitación y baja influencia oceánica debido al efecto de la altitud.

Comunidades zonales: *Nothofagetum alpinae* [1447], Coihue - *forest* [400], *Nothofagetum alpino - procerae* [1248], *Nothofagus alpina - Nothofagus dombeyi, Nothofagus obliqua - Nothofagus alpina, Aristotelia chilensis - Rubus ulmifolius* (ruderal) [522], *Dasyphyllo diacanthoidis - Nothofagetum alpinae perseetosum* var. *typica, Nothofagetum dombeyi - alpinae azaretosum* [1162].

Unidades extrazonales: E19, Bosque siempreverde de *Nothofagus dombeyi.*

Composición florística: *Asteranthera ovata, Azara lanceolata, A. microphylla, Berberis darwinii, Blechnum hastatum, Boquila trifoliolata, Chusquea culeou, Colletia ulicina, Dasyphyllum diacanthoides, Desfontainia fulgens, Elytropus chilensis, Gaultheria phillyreifolia, Gavilea araucana, Gevuina avellana, Laurelia sempervirens, Lomatia dentata, Luma apiculata, Maytenus magellanica, Mutisia spinosa, Myrceugenia ovata, Nothofagus alpina, N. dombeyi, Persea lingue, Raukaua laetevirens, Ribes integrifolium, Senecio yegua, Vicia nigricans* (véase ref. 1162).

Dinámica: Para los bosques dominados por *Nothofagus alpina* se ha propuesto un modelo que combina perturbaciones de pequeña y gran escala, donde la mortalidad de algunos individuos como de grandes parches, respectivamente, genera las condiciones de luminosidad para la regeneración natural de *Nothofagus alpina.* Estos dos tipos de perturbaciones ocurren también a diferentes escalas temporales; las perturbaciones de pequeña escala ocurren en lapsos cortos generando estructuras multietáneas, mientras que las de gran escala ocurren en tiempos más largos generando estructuras coetáneas. El modelo de pequeña escala es también aplicable a perturbaciones antrópicas como corta selectiva [1162].

Distribución: Laderas occidentales y orientales altas de la cordillera de Nahuelbuta (regiones del Biobío y de La Araucanía), entre 500 y 1.000 m de altitud, en los pisos bioclimáticos mesotemplado superior y supratemplado inferior (submediterráneo) hiperhúmedo inferior hiperoceánico.

Itc: 186–238; Tp: 1057–1242; Io: 11,94–14,63; Ic: 7,9–9,8; T: 8,8–10,3; P: 1561–1848; EP: 867–1012.

Referencias: 30, 400, 460, 517, 522, 739, 1014, 1097, 1162, 1248, 1283, 1447, 1682.

P57. Bosque caducifolio mediterráneo-templado andino de *Nothofagus alpina - N. obliqua*

Descripción: Bosque caducifolio dominado por *Nothofagus alpina* y *N. obliqua*, con presencia de *Aextoxicon punctatum, Gevuina avellana, Persea lingue, Laurelia sempervirens* y ocasionalmente *Nothofagus glauca* y *Prumnopitys andina* en el estrato arbóreo, aunque la distribución local de las especies dominantes está fuertemente controlada por la exposición. Los estratos intermedios están compuestos por *Sophora macrocarpa*, *Lomatia dentata* e individuos de menor tamaño de las especies mencionadas para el estrato arbóreo, a lo que se suma la presencia de elementos esclerofilos como *Azara petiolaris*, *Cryptocarya alba*, *Lithraea caustica* y *Quillaja saponaria*. La estrata herbácea se caracteriza por la presencia de *Adiantum chilense* var. *chilense*, *A. chilense* var. *sulphureum*, *Viola portalesia* y *V. maculata*, mientras que las epífitas que aparecen con mayor frecuencia son *Bomarea salsilla* y *Proustia pyrifolia*. Algunos trabajos vegetacionales plantean dudas sobre la presencia de *Nothofagus obliqua* en estos bosques, señalando en su lugar a *Nothofagus macrocarpa* [1162], aunque no hay estudios específicos que permitan afirmarlo con certeza.

Comunidades zonales: *Nothofagetum obliquo - alpinae* [1407], *Nothofagus obliqua - Nothofagus alpina* [522], *Dasyphyllo diacanthoidis - Nothofagetum alpinae perseetosum* var. *typica*, *Nothofagetum dombeyi - alpinae azaretosum* [1162], *Nothofagus mixed forest* [1076], *Nothofago obliquae - Prumnopitydetum andinae* [57].

Unidades extrazonales: E19, Bosque siempreverde de *Nothofagus dombeyi*.

Composición florística: *Adiantum chilense* var. *chilense*, *A. chilense* var.*sulphureum*, *Aextoxicon punctatum*, *Azara petiolaris*, *Blechnum hastatum*, *Bomarea salsilla*, *Boquila trifoliolata*, *Chusquea culeou*, *Cissus striata*, *Citronella mucronata*, *Clinopodium multiflorum*, *Colletia hystrix*, *Cryptocarya alba*, *Diplolepis menziesii*, *Drimys winteri*, *Gevuina avellana*, *Hydrangea serratifolia*, *Laurelia sempervirens*, *Lapageria rosea*, *Lardizabala biternata*, *Libertia sessiliflora*, *Lithraea caustica*, *Lomatia dentata*, *L. hirsuta*, *Luma apiculata*, *Nothofagus alpina*, *N. glauca*, *N. obliqua*, *Osmorhiza chilensis*, *Persea lingue*, *Polystichum chilense*, *Proustia pyrifolia*, *Prumnopitys andina*, *Quillaja saponaria*, *Ribes punctatum*, *Sophora macrocarpa*, *Viola maculata*, *V. portalesia* (véase ref. 1162).

Dinámica: *Nothofagus alpina* y *N. obliqua* no presentan una regeneración continua manteniéndose, en ausencia de perturbaciones, un dosel superior coetáneo. La ocurrencia de perturbaciones de gran escala promueve el reclutamiento de individuos de ambas especies, lo que conduce a estructuras con una marcada estratificación etaria, formando cohortes coetáneas [1165]. La presencia combinada de elementos esclerofilos y laurifolios posiblemente es consecuencia de una variación de mediano plazo en los montos de precipitación estival, propia de la transición mediterránea-templada, que favorecen diferencialmente la expansión de las poblaciones de unos u otros elementos [1544].

Distribución: Laderas occidentales de la cordillera de los Andes de la región del Biobío, entre 600 y 1.200 m, en los pisos bioclimáticos supramediterráneo inferior húmedo superior y supratemplado (submediterráneo) hiperhúmedo inferior oceánico.

Itc: 143–224; Tp: 1044–1411; Io: 8,74–13,94; Ic: 11,8–12,5; T: 8,7–11,7; P: 2023–2352; EP: 1083–1223.

Referencias: 57, 351, 355–357, 517, 522, 1076, 1162, 1165, 1283, 1407, 1544, 1667, 1668.

P58. Bosque caducifolio templado andino de *Nothofagus alpina - Dasyphyllum diacanthoides*

Descripción: Bosque caducifolio dominado por *Nothofagus alpina* en el estrato arbóreo superior y compuesto por elementos propios del bosque laurifolio como *Aextoxicon punctatum*, *Persea lingue*, *Dasyphyllum diacanthoides*, *Laurelia sempervirens*, *Laureliopsis philippiana*, *Saxegothaea conspicua* y *Raukaua laetevirens* en los estratos arbóreos inferiores. La presencia de epífitas como *Hydrangea serratifolia*, *Lapageria rosea*, *Boquila trifoliolata* y *Elytropus chilensis* es también importante. En las partes más bajas se encuentran algunos elementos de los bosques caducifolios de *Nothofagus obliqua*, mientras que en las partes más altas, sobre 800 m, se vuelven importantes elementos del bosque siempreverde como *Blechnum magellanicum* y *Desfontainia fulgens*.

Comunidades zonales: Tipo *Nothofagus dombeyi - Nothofagus alpina - Laurelia philippiana - Saxegothaea* [1608, 1610], *Nothofagetum alpino - procerae*, *Nothofagetum alpino - obliquae* [1248], *Rubus ulmifolius - Aristotelia chilensis* (ruderal), *Avena fatua - Rumex acetosella* (ruderal) [522], *Nothofago alpinae - Dasyphylletum diacanthoides* [466], *Nothofagus alpina - Laureliopsis philippiana*, *Acaena ovalifolia - Agrostis uliginosa* (ruderal) [158], *Dasyphyllo diacanthoidis - Nothofagetum alpinae*, *Dasyphyllo diacanthoidis - Nothofagetum alpinae perseetosum*, *Nothofagetum procerae* [688, 864, 1161, 1162], *Rhaphithamno spinosi - Aristotelietum chilensis*, *Azaro microphyllae - Aristotelietum chilensis* [54].

Unidades intrazonales: I2, Vegetación acuática natante; I3, Vegetación acuática sumergida; I11, Bosques pantanosos.

Unidades extrazonales: E15, Bosque laurifolio de *Aextoxicon punctatum*; E16, Bosque laurifolio de *Laureliopsis philippiana - Weinmannia trichosperma*.

Composición florística: *Aextoxicon punctatum*, *Amomyrtus luma*, *Aristotelia chilensis*, *Asplenium dareoides*, *Asteranthera ovata*, *Azara lanceolata*, *Berberis darwinii*, *Blechnum hastatum*, *B. magellanicum*, *B. mochaenum*, *Boquila trifoliolata*, *Caldcluvia paniculata*, *Chusquea culeou*, *Cissus striata*, *Dasyphyllum diacanthoides*, *Desfontainia fulgens*, *Dysopsis glechomoides*, *Elytropus chilensis*, *Gaultheria phillyreifolia*, *Gevuina avellana*, *Hydrangea serratifolia*, *Lapageria rosea*, *Laurelia sempervirens*, *Laureliopsis philippiana*, *Lomatia dentata*, *L. ferruginea*, *L. hirsuta*, *Luma apiculata*, *Luzuriaga radicans*, *Mitraria coccinea*, *Myrceugenia chrysocarpa*, *Nothofagus alpina*, *N. dombeyi*, *N. obliqua*, *Ourisia coccinea*, *Persea lingue*, *Raukaua laetevirens*, *Saxegothaea conspicua* (véanse refs. 466, 1161, 1162).

Dinámica: Presenta una estructura coetánea de *Nothofagus alpina* sin regeneración permanente producto de la cubierta que establecen las especies laurifolias para la penetración de luz al interior del bosque. La regeneración ocurre cuando tienen lugar perturbaciones de pequeña escala (caída de árboles, corta selectiva), lo que permite la regeneración de *Nothofagus alpina* en los claros, conformándose una estructura multietánea, de modo que *N. alpina* participa de las diferentes etapas de la sucesión [1165, 1166]; la estructura de las poblaciones de *N. alpina* vuelve a ser coetánea después de perturbaciones de mayor escala como volcanismo, incendios o derrumbes [1162]. La intervención antrópica del bosque produce la invasión de especies introducidas como *Rubus ulmifolius*, *Rosa moschata* y *Acaena ovalifolia* y por la expansión de comunidades arbustivas dominadas por *Aristotelia chilensis*, *Rhaphithamnus spinosus* y *Berberis darwinii* [54, 864].

Distribución: Laderas occidentales bajas de la cordillera de los Andes de las regiones del Biobío, de La Araucanía y de Los Ríos, entre 300 y 900 m. Se encuentra en los pisos bioclimáticos mesotemplado superior y supratemplado inferior húmedo superior e hiperhúmedo hiperoceánico y oceánico. Parte de este piso se encuentra dentro de la variante templada submediterránea.

Itc: 175–242; Tp: 1085–1358; Io: 11,62–19,83; Ic: 9,8–12,0; T: 9,0–11,3; P: 1903–2719; EP: 931–1180.

Referencias: 54, 158, 375, 385, 466, 467, 517, 522, 524, 525, 539, 688, 780, 803, 864, 1007, 1071, 1161, 1162, 1165, 1166, 1248, 1547, 1602, 1608, 1610, 1667, 1668.

P59. Bosque caducifolio templado andino de *Nothofagus alpina* - *N. dombeyi*

Descripción: Bosque caducifolio mixto dominado en el estrato arbóreo superior por *Nothofagus alpina* y *N. dombeyi*. El estrato arbustivo está compuesto por *Raukaua laetevirens*, *Azara lanceolata*, *Chusquea culeou*, *Maytenus magellanica*, *Myrceugenia chrysocarpa*, *Berberis trigona* y ocasionalmente por *Laureliopsis philippiana*. La estrata herbácea se caracteriza por la presencia de *Alstroemeria aurea*, *Polystichum plicatum* y en las partes más altas por especies propias del bosque de *Nothofagus pumilio* como *Viola reichei* y *Adenocaulon chilense*.

Comunidades zonales: *Nothofagetum procerae* [466, 1014, 1161, 1162, 1247], Tipo *Nothofagus dombeyi* - *Nothofagus alpina* - *Laurelia philippiana* - *Saxegothaea* [1608, 1610], *Nothofagetum alpino - dombeyi* [1248], *Nothofagus alpina* - *Nothofagus dombeyi*, *Aristotelia chilensis* - *Rubus ulmifolius* (ruderal), *Avena fatua* - *Rumex acetosella* (ruderal), *Corynabutilon vitifolium* - *Aristotelia chilensis* (ruderal) [522], *Nothofagetum dombeyi - alpinae* [271, 408, 688, 864, 1161, 1162], *Nothofagus alpina* - *Nothofagus dombeyi* [158], *Azaro microphyllae - Aristotelietum chilensis* [54], *Nothofago obliquae - Prumnopitydetum andinae* [57].

Unidades intrazonales: I28, Vegetación rupícola interior.

Unidades extrazonales: E18, Bosque resinoso de *Pilgerodendron uviferum*; E19, Bosque siempreverde de *Nothofagus dombeyi*.

Composición florística: *Alstroemeria aurea*, *Aristotelia chilensis*, *Azara lanceolata*, *A. microphylla*, *Berberis microphylla*, *B. montana*, *B. trigona*, *Blechnum magellanicum*, *Blechnum penna-marina*, *Chusquea culeou*, *Desfontainia fulgens*, *Dioscorea brachybotrya*, *Dysopsis glechomoides*, *Elytropus chilensis*, *Gaultheria phillyreifolia*, *Laureliopsis philippiana*, *Maytenus boaria*, *M. chubutensis*, *M. magellanica*, *Myrceugenia chrysocarpa*, *M. ovata*, *Nothofagus alpina*, *N. dombeyi*, *Polystichum plicatum*, *Prumnopitys andina*, *Raukaua laetevirens*, *Schinus patagonica*, *Vicia nigricans*, *Viola reichei* (véanse refs. 408, 1161, 1162).

Dinámica: El estrato caducifolio superior traslúcido favorece la entrada permanente de luz al interior del bosque, lo que por un lado permite un desarrollo importante de *Chusquea culeou* en el sotobosque [1611] y por otro la regeneración continua de

Nothofagus alpina y *N. dombeyi*, por lo que la estructura forestal tiende a ser multietánea [1162, 1165, 1166]. Perturbaciones de gran escala (*e.g.*, incendios, volcanismo) conducen a estructuras coetáneas que luego se vuelven a transformar en multietáneas debido a la regeneración permanente de las especies dominantes y la existencia de perturbaciones de menor escala como caída de árboles o corta selectiva, las que a su vez contribuyen a la mantención de la composición del bosque en el tiempo [1163, 1164, 1166, 1602, 1603, 1609]. La intervención antrópica más profunda y permanente de estos bosques produce la penetración de elementos introducidos como *Rumex acetosella*, *Prunella vulgaris* y *Rubus ulmifolius* y la expansión de elementos arbustivos como *Aristotelia chilensis*, *Berberis darwinii* y *B. microphylla* [404, 408].

Distribución: Laderas medias andinas de las regiones del Biobío, Araucanía y Los Ríos, 700–1.300 m. Piso bioclimático supratemplado inferior hiperhúmedo hiperoceánico y oceánico. Parte de este piso se encuentra dentro de la variante templada submediterránea. También presente en Argentina.

Itc: 124–187; Tp: 866–1108; Io: 14,91–22,41; Ic: 9,4–11,6; T: 7,2–9,2; P: 1923–2743; EP: 822–1056.

Referencias: 54, 57, 158, 198, 271, 357, 404, 405, 408, 467, 469, 517, 522, 524, 525, 539, 688, 699, 794, 835, 864, 1007, 1014, 1050, 1071, 1161–1166, 1247, 1248, 1331, 1443, 1510, 1541, 1602, 1603, 1608–1611, 1667, 1668.

P60. Bosque caducifolio mediterráneo-templado andino de *Nothofagus pumilio - N. obliqua*

Descripción: Piso de vegetación sobre el que se tiene muy poca información, la mayor parte de ella de antecedentes indirectos o trabajos de vegetación muy antiguos. Corresponde a bosques caducifolios dominados por *Nothofagus pumilio*, con presencia de *N. obliqua* y *N. dombeyi* en las partes más bajas. En el estrato arbustivo se encuentran *Chusquea culeou*, *Azara alpina* y, en algunos sectores, *Nothofagus antarctica*. El estrato herbáceo está compuesto principalmente por *Adenocaulon chilense*, *Perezia prenanthoides* y *Valeriana laxiflora*.

Comunidades zonales: *Nothofagetum pumiliae maytenetosum* [1407], *Nothofagus obliqua - Baccharis obovata*, *Nothofagus pumilio - Nothofagus antarctica* [522], *Nothofagus obliqua - Nothofagus pumilio* [422], *Nothofagus pumilio forest* [1076].

Unidades intrazonales: I14, Herbazales de vegas altoandinas; I27, Vegetación rupícola altoandina.

Unidades extrazonales: E14, Matorral arborescente caducifolio edafoxerófilo de *Nothofagus antarctica*; E19, Bosque siempreverde de *Nothofagus dombeyi*.

Composición florística: *Adenocaulon chilense*, *Azara alpina*, *Berberis rotundifolia*, *Chusquea culeou*, *Codonorchis lessonii*, *Escallonia alpina* var. *carmelitana*, *Gaultheria poeppigii*, *Lomatia ferruginea*, *Nothofagus antarctica*, *N. dombeyi*, *N. obliqua*, *N. pumilio*, *Perezia prenanthoides*, *Potentilla chiloensis*, *Rubus geoides*, *Valeriana laxiflora*, *Viola maculata*.

Dinámica: Prácticamente no existen antecedentes, pero se podría suponer, de acuerdo con la bibliografía, que las situaciones de intervención antrópica profunda son reemplazadas por praderas permanentes dominadas por *Euphorbia portulacoides* y *Rumex acetosella*, las que posteriormente son colonizadas por matorrales de *Chusquea culeou.*

Distribución: Laderas occidentales altas de la cordillera de los Andes de la región del Biobío, entre 1.000 y 1.600 m, en los pisos bioclimáticos supramediterráneo superior húmedo superior y supratemplado superior (submediterráneo) hiperhúmedo inferior oceánico.

Itc: 104–175; Tp: 885–1181; Io: 9,43–15,64; Ic: 11,8–12,7; T: 7,3–9,8; P: 1832–2328; EP: 1031–1138.

Referencias: 158, 210, 296, 422, 439, 517, 522, 688, 689, 729, 804, 935, 1014, 1076, 1092, 1113, 1283, 1288, 1338, 1602.

P61. Bosque caducifolio templado andino de *Nothofagus pumilio - Araucaria araucana*

Descripción: Bosque caducifolio mixto dominado por *Nothofagus pumilio* y *Araucaria araucana.* El estrato arbustivo está compuesto por *Chusquea culeou*, *Maytenus disticha*, *Myrceugenia chrysocarpa*, *Azara alpina* y *Gaultheria poeppigii*, mientras que en el piso del bosque es frecuente la presencia de *Osmorhiza chilensis*, *Festuca scabriuscula*, *Sisyrinchium arenarium*, *Senecio angustissimus*, *Senecio pilquensis*, *Hypochaeris arenaria*, *Acaena ovalifolia*, *Viola magellanica*, *Adenocaulon chilense* y *Anemone antucensis.* En algunos sectores bajos es posible observar la presencia de *Nothofagus dombeyi.*

Comunidades zonales: *Carici - Araucarietum* [56, 409, 864, 1014, 1228], *Araucaria araucana - Nothofagus pumilio* [522, 1683], *Chusqueo - Nothofagetum pumilionis*, *Macrachaenio - Nothofagetum* var. *Araucaria araucana*, *Festuco scabriusculae - Nothofagetum pumilionis*, *Empetrum - Araucaria* Ges. [466], *Nothofagus pumilio - Araucaria araucana* [155, 158], *Nothofagetum pumilionis - Araucarietum araucanae* [409], *Nothofago obliquae - Prumnopitydetum andinae* [57].

Unidades intrazonales: I14, Herbazales de vegas altoandinas.

Unidades extrazonales: E19, Bosque siempreverde de *Nothofagus dombeyi.*

Composición florística: *Acaena ovalifolia*, *Adenocaulon chilense*, *Alstroemeria aurea*, *Anemone antucensis*, *Araucaria araucana*, *Azara alpina*, *Berberis serratodentata*, *Blechnum microphyllum*, *Carex lateriflora*, *Chusquea culeou*, *Codonorchis lessonii*, *Festuca scabriuscula*, *Gaultheria poeppigii*, *Hypochaeris arenaria*, *Maytenus disticha*, *Myoschilos oblongum*, *Myrceugenia chrysocarpa*, *Nothofagus pumilio*, *Osmorhiza chilensis*, *Perezia prenanthoides*, *Poa obvallata*, *Ribes magellanicum*, *Senecio angustissimus*, *S. pilquensis*, *Sisyrinchium arenarium*, *S. chilense*, *Valeriana laxiflora*, *Vicia nigricans*, *Viola magellanica*, *V. reichei* (véanse refs. 409, 466).

Dinámica: Las evidencias señalan que la sucesión es iniciada con una perturbación masiva en áreas que son invadidas por *Nothofagus pumilio*, la que forma rodales coetáneos a los que posteriormente se integra *Araucaria araucana.* En ausencia de perturbaciones masivas tanto *Araucaria araucana* como *Nothofagus pumilio* siguen una dinámica de regeneración favorecida por la formación de claros, que conduce a estructuras multietáneas de ambas especies. Las perturbaciones antrópicas severas como tala rasa o quema conducen a la formación de una pradera que es luego colonizada por un matorral de *Chusquea culeou* que posteriormente parece ser nuevamente reemplazado por la formación boscosa original [1593, 1602, 1604]. González *et al.* [602] concluyen que el fuego es el principal agente de disturbios que modela el paisaje vegetal en la zona de los bosques de *Araucaria - Nothofagus*. El efecto del fuego varía según la intensidad, generando dinámicas secundarias con la ocurrencia de incendios de superficie, y dinámicas primarias luego de incendios que producen el reemplazo total de la vegetación; los primeros son más frecuentes que los segundos [602] y favorecen la coexistencia de las especies dominantes [440].

Distribución: Laderas altas de la cordillera de los Andes de las regiones del Biobío y de La Araucanía, entre 600 y 1.400 m, pisos bioclimáticos mesotemplado superior y supratemplado hiperhúmedo hiperoceánico y oceánico. Parte de este piso se encuentra dentro de la variante templada submediterránea. Se encuentra también en el centro-norte de la provincia de Neuquén en Argentina.

Itc: 120–201; Tp: 855–1165; Io: 13,84–22,11; Ic: 10,5–12,7; T: 7,1–9,7; P: 1679–2718; EP: 902–1129.

Referencias: 46, 56, 57, 155, 158, 198, 357, 409, 440, 466, 467, 469, 515, 517, 522, 524, 602, 688, 748, 780, 803, 804, 835, 864, 935, 973, 1004, 1007, 1014, 1050, 1071, 1228, 1288, 1331, 1336, 1337, 1439, 1443, 1573, 1593, 1602, 1604, 1608, 1683.

P62. Bosque caducifolio templado andino de *Nothofagus pumilio / Drimys andina*

Descripción: Bosque caducifolio dominado por *Nothofagus pumilio* en la estrata arbórea, con una estrata arbustiva baja compuesta por *Drimys andina*, *Maytenus magellanica*, *Empetrum rubrum*, *Ribes cucullatum*, *Berberis serratodentata*, *Berberis montana* entre otras. En la estrata herbácea se encuentran *Macrachaenium gracile*, *Rubus geoides*, *Valeriana lapathifolia*, *Adenocaulon chilense*, *Codonorchis lessonii*, *Viola reichei*, *Lagenophora hirsuta*. En las partes bajas de la vertiente occidental se observa una estrecha franja altitudinal de bosque caducifolio mixto dominado por *Nothofagus pumilio* y *Nothofagus betuloides* con un denso sotobosque de *Chusquea montana*.

Comunidades zonales: *Anemone - Nothofagetum pumilionis* [56, 1014, 1247, 1248, 1541, 1608, 1641], *Nothofagus betuloides - Nothofagus pumilio* [522, 1599, 1608, 1610, 1611], *Dombeyi - Nothofagetum pumiliae* [689, 1623], *Senecio - Nothofagetum pumilionis* [409, 688, 689, 1623], *Nothofagetum pumilionis* [1552], Tipo *Nothofagus pumilio* [1608], *Carici - Nothofagetum pumilionis* [488], *Nothofagetum pumiliae - betuloidis* [1248], *Macrachaenio - Nothofagetum pumilionis* [56, 409, 689], *Nothofagus pumilio - Drimys andina* [522], *Senecioni acanthifolii - Nothofagetum pumilionis* [56], ? *Valeriano - Nothofagetum pumilionis* [688].

Unidades extrazonales: E21, Turbera de *Astelia pumila - Donatia fascicularis*.

Composición florística: *Acaena magellanica*, *A. ovalifolia*, *Adenocaulon chilense*, *Berberis montana*, *B. microphylla*, *B. serratodentata*, *B. trigona*, *Blechnum penna-marina*, *Carex lateriflora*, *Chusquea montana*, *Codonorchis lessonii*, *Drimys andina*, *Empetrum rubrum*, *Escallonia alpina*, *Gaultheria poeppigii*, *Gavilea lutea*, *Gunnera magellanica*, *Lagenophora hirsuta*, *Macrachaenium gracile*, *Maytenus magellanica*, *Myoschilos oblongum*, *Nothofagus betuloides*, *N. pumilio*, *Osmorhiza chilensis*, *Perezia pedicularidifolia*, *P. prenanthoides*, *Ribes cucullatum*, *R. magellanicum*, *Rubus geoides*, *Se-*

necio acanthifolius, *Uncinia negeri*, *Valeriana lapathifolia*, *Viola reichei* (véanse refs. 409, 457, 987, 1640).

Dinámica: La regeneración está asociada a eventos catastróficos masivos como avalanchas e incendios, así como a perturbaciones de pequeña escala. Los primeros originan parches coetáneos, bajo los que la regeneración es escasa hasta que los bosques alcanzan edades maduras. Las perturbaciones de pequeña escala, como caída de árboles, permiten formación de claros y la regeneración de algunos individuos de *Nothofagus pumilio*, pero favorecen mayormente a *Nothofagus betuloides* en los sectores donde coexisten, de modo que la estructura de los bosques tiende a conformar un mosaico de parches coetáneos de *Nothofagus pumilio* debido a la acción de perturbaciones de gran escala. Las poblaciones de *Nothofagus betuloides*, en tanto, tienden a mostrar una distribución más homogénea de clases de edades debido a una regeneración más continua (*cf.* refs. 287, 1167, 1592, 1600, 1602–1604). Eventos de muerte masiva de *Chusquea* generan el despegue simultáneo de plantas juveniles de *Nothofagus* en grandes parches, lo que también resulta en la formación de parches coetáneos [707].

Distribución: Laderas altas de la cordillera de los Andes de las regiones de Los Ríos y de Los Lagos, entre 1.000 y 1.500 m, pudiendo llegar a 500 m en algunas áreas. Se encuentra asociado a los pisos bioclimáticos supratemplado hiperhúmedo hiperoceánico y orotemplado inferior ultrahiperhúmedo oceánico. También está presente en el suroeste de Neuquén y oeste de Río Negro en Argentina, 1.100–1.600 m.

Itc: 44–161; Tp: 624–1041; Io: 16,08–27,32; Ic: 9,5–11,3; T: 5,1–8,6; P: 1386–2147; EP: 746–882.

Referencias: 17, 18, 36, 46, 56, 205, 286–288, 357, 405, 409, 457, 473, 477, 488, 517, 522, 583, 670, 688, 689, 707, 755, 911, 913, 987, 1014, 1167, 1186, 1247, 1248, 1286, 1288, 1438, 1541, 1552, 1592, 1599, 1600, 1602–1604, 1608, 1610, 1611, 1623, 1640, 1641, 1655, 1659.

P63. Bosque caducifolio templado andino de *Nothofagus pumilio* / *Berberis ilicifolia*

Descripción: Bosque caducifolio dominado en una estrata arbórea alta por *Nothofagus pumilio* y frecuentemente también *N. betuloides*. El estrato arbustivo se caracteriza por la presencia de *Berberis ilicifolia*, *Escallonia alpina*, *Berberis serratodentata*, *Myoschilos oblongum*, *Maytenus disticha*, en tanto que la estrata herbácea está compuesta por *Macrachaenium gracile*, *Viola reichei*, *Adenocaulon chilense* y *Dysopsis glechomoides* como las más frecuentes. En la medida que se desplaza hacia el oriente el carácter mixto del piso se va perdiendo haciéndose *Nothofagus pumilio* la única especie arbórea dominante, mientras que *Chiliotrichum rosmarinifolium* se hace más frecuente al igual que *Anthoxanthum redolens* y *Poa alopecurus*, que indican una transición gradual de pisos de vegetación de bosque hasta estepa (Figura 35).

Comunidades zonales: *Nothofagus pumilio* Ass., *Nothofagus pumilio - betuloides* Ass. [1476], Asoc. *Nothofagus pumilio - N. betuloides - Podocarpus nubigenus* [1123], *Anemone - Nothofagetum pumilionis* [1608], *Nothofagetum pumiliae - betuloidis* [1248], *Berberido ilicifoliae - Nothofagetum pumilionis* [409, 689], *Nothofagus betuloides - Nothofagus pumilio*, *Lomatia hirsuta - Nothofagus betuloides*, *Embothrium coccineum - Baccharis obovata*, *Pernettya mucronata - Chiliotrichum diffusum* (ruderal), *Taraxa-*

cum officinale - Holcus lanatus (ruderal) [522], ?*Poo alopecuri - Nothofagetum pumilionis*, ?*Valeriano - Nothofagetum pumilionis* [688], Bosque de coihue, lenga y michay, Bosque de coihue y lenga, Bosque de lenga [550], *Mayteno - Nothofagetum pumilionis* [1617], *Mutisio - Schinetum patagonicae* [1272].

Unidades extrazonales: E13, Matorral arborescente caducifolio edafohigrófilo de *Nothofagus antarctica*; E18, Bosque resinoso de *Pilgerodendron uviferum*; E19, Bosque siempreverde de *Nothofagus dombeyi*; E20, Bosque siempreverde de *Nothofagus betuloides*; E22, Turbera de *Sphagnum magellanicum*.

Composición florística: *Acaena ovalifolia, Adenocaulon chilense, Anthoxanthum redolens, Berberis ilicifolia, B. serratodentata, Blechnum penna-marina, Chiliotrichum diffusum, C. rosmarinifolium, Codonorchis lessonii, Dysopsis glechomoides, Embothrium coccineum, Escallonia alpina, Gaultheria poeppigii, Gunnera magellanica, Lagenophora hariotii, Leucheria thermarum, Macrachaenium gracile, Maytenus disticha, Myoschilos oblongum, Nothofagus betuloides, N. pumilio, Osmorhiza chilensis, Poa alopecurus, Ribes magellanicum, Rubus geoides, Valeriana lapathifolia, Viola reichei* (véase ref. 409).

Dinámica: Aparentemente el bosque no presenta una regeneración continua bajo dosel y su dinámica está controlada en parte por perturbaciones de mediana y gran escala como tala, incendios, erupciones volcánicas o arrastres en masa que conducen a estructuras coetáneas en el estrato superior, comportándose *Nothofagus pumilio* como un colonizador de terrenos desprovistos de bosque, incluso sobre arrastres masivos de cenizas volcánicas [1647]. La formación de pequeños claros genera ambientes lumínicos que favorecen la regeneración de *Nothofagus betuloides*, pero también la de *N. pumilio*, lo que permite la codominancia de ambas especies [1602, 1604]. La ocurrencia de incendios altera la composición florística del sotobosque e incrementa la probabilidad de transformación del bosque en un matorral [1036]. Se ha sugerido que áreas quemadas pueden ser colonizadas por *Nothofagus antarctica* y *N. betuloides* [550].

Distribución: Laderas orientales de la cordillera de los Andes de las regiones de Los Lagos y de Aisén, Chile, entre 200 y 1.200 m. Se encuentra asociado a los pisos bioclimáticos supratemplado y orotemplado húmedo superior e hiperhúmedo hiperoceánico y oceánico. Parte de este piso se encuentra dentro de la variante templada submediterránea. Se encuentra también en la provincia de Chubut, Argentina, 900–1.400 m.

Itc: 22–136; Tp: 575–942; Io: 9,10–21,29; Ic: 10,5–11,7; T: 4,6–7,8; P: 691–1687; EP: 633–848.

Referencias: 292, 348, 349, 349, 350, 357, 409, 416, 437, 439, 441–443, 473, 477, 517, 522, 550, 688, 689, 748, 1035, 1036, 1123, 1143, 1208, 1210–1212, 1216, 1248, 1272, 1418, 1476, 1477, 1602, 1604, 1608, 1617, 1647, 1674.

P64. Bosque caducifolio templado andino de *Nothofagus pumilio* / *Azara alpina*

Descripción: Bosque caducifolio achaparrado, formado por individuos bajos de *Nothofagus pumilio* en un dosel superior muy denso que no supera los 4 m de altura. Marca el límite altitudinal de la vegetación boscosa. El estrato arbustivo está conformado

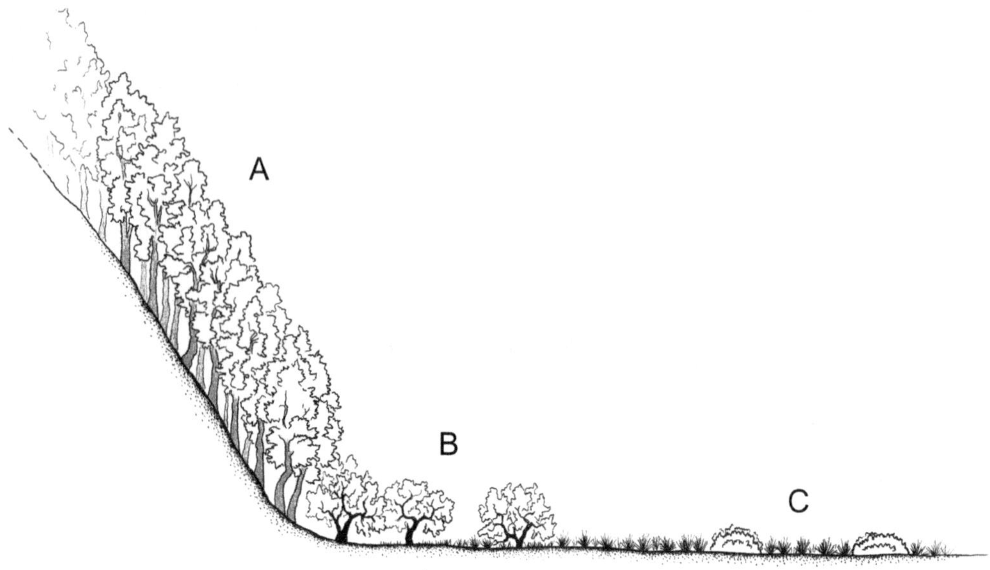

Figura 35: Representación esquemática de la zonación de la vegetación en la vertiente oriental andina de la región de Aisén, mostrando la ecoclina bosque-matorral-estepa. A: Bosque caducifolio templado andino de Nothofagus pumilio / Berberis ilicifolia *(piso de vegetación P63), B: Matorral arborescente caducifolio mediterráneo-templado oriental de* Nothofagus antarctica / Berberis microphylla *(piso de vegetación P69), C: Estepa mediterránea-templada oriental de* Festuca pallescens / Mulinum spinosum *(piso de vegetación P122).* La escala de tamaños de las plantas está exagerada en relación con la escala del paisaje.

por *Azara alpina*, *Berberis microphylla*, *B. rotundifolia*, *Maytenus disticha*, *Myoschilos oblongum*, *Gaultheria pumila*, mientras que en la estrata herbácea destacan *Festuca acanthophylla* y *Rumex acetosella*, este último se comporta como un invasor de áreas degradadas. No existen mayores antecedentes florísticos sobre este tipo de vegetación con excepción de los aportados para la cordillera de Talca y algunas referencias antiguas. En el área de distribución de este piso de vegetación también se encuentran matorrales de *Nothofagus antarctica* en situaciones de mayor intrazonalidad térmica, pero con frecuencia se entremezcla con las poblaciones de *Nothofagus pumilio*. En algunas situaciones, en especial en el límite chileno-argentino, es posible observar la presencia ocasional de *Araucaria araucana*, que parece tener un comportamiento ecológico independiente.

Comunidades zonales: *Anemone - Nothofagetum pumilionis* [409, 466, 688, 689, 1248], *Nothofagetum pumiliae maytenetosum* [1407], *Nothofagus pumilio - Nothofagus antarctica* [522], *Pernettyo - Nothofagetum pumilionis* [466], ?*Drimydo-Nothofagetum pumilionis* [688], *Nothofagus pumilio Krummholz* [1076], *Nothofago obliquae - Prumnopitydetum andinae* [57].

Unidades intrazonales: I30, Vegetación psamófila interior (arenales).

Unidades extrazonales: E14, Matorral arborescente caducifolio edafoxerófilo de *Nothofagus antarctica.*

Composición florística: *Acaena ovalifolia*, *Azara alpina*, *Berberis empetrifolia*, *B. microphylla*, *B. rotundifolia*, *Diplolepis nummulariifolia*, *Escallonia alpina*, *Euphorbia peplus*, *Festuca acanthophylla*, *Gastridium phleoides*, *Gaultheria poeppigii*, *G. pumila*, *Maytenus disticha*, *Myoschilos oblongum*, *Nothofagus antarctica*, *N. pumilio*, *Potentilla chiloensis*, *Ribes magellanicum*, *Rumex acetosella*.

Dinámica: Solo existen algunos antecedentes generales para las formaciones de bosque de lenga achaparrado. En las áreas donde coexisten *Nothofagus pumilio* y *N. antarctica*, el primero parece reemplazar al segundo en ausencia de perturbaciones, debido a su mayor capacidad para crecer en forma erecta a partir de individuos achaparrados. *Nothofagus antarctica* se mantendría ante la acción de perturbaciones como depositación de escorias volcánicas y avalanchas gracias a su mayor capacidad para tolerar condiciones extremas [357, 1600].

Distribución: Laderas elevadas de la cordillera de los Andes de las regiones del Maule, del Biobío y de La Araucanía, 1.400–1.800 m, pisos bioclimáticos supratemplado y orotemplado inferior (submediterráneo) húmedo superior e hiperhúmedo oceánico. En Argentina se distribuye en el noroeste de la provincia de Neuquén, 1.600–1.900 m.

Itc: 78–140; Tp: 714–1006; Io: 10,63–20,72; Ic: 11,4–13,0; T: 5,9–8,3; P: 1382–2208; EP: 916–1076.

Referencias: 57, 357, 409, 443, 466, 467, 488, 688, 689, 729, 835, 1032, 1076, 1092, 1113, 1248, 1283, 1407, 1600.

P65. Bosque caducifolio templado andino de *Nothofagus pumilio* / *Ribes cucullatum*

Descripción: Bosques caducifolios achaparrados dominados por *Nothofagus pumilio* en el estrato arbóreo denso de hasta 4 m de altura, con una presencia constante y característica de *Maytenus disticha*, *Chiliotrichum rosmarinifolium*, *Ribes cucullatum* y *Gaultheria poeppigii*, en el estrato arbustivo. El estrato herbáceo es pobre con presencia ocasional de *Rubus geoides*, *Adenocaulon chilense*, *Valeriana laxiflora* y otras especies. En algunas situaciones *Nothofagus pumilio* tiende a asociarse con *N. antarctica*.

Comunidades zonales: *Nothofagus - Ribes* Ass. [1476], Tipo *Nothofagus pumilio* subandino [1608], *Carici - Nothofagetum pumilionis* [488], *Nothofagus pumilio - Ribes cucullatum* [522], *Macrachaenio - Nothofagetum pumilionis pernettyetosum nanae*, *Senecioni linariifolii - Nothofagetum pumilionis pernettyetosum nanae* [409], ?*Empetro - Nothofagetum pumilionis* [688, 1389, 1617], Bosque caducifolio achaparrado de *Nothofagus pumilio* y *Nothofagus antarctica* [1498].

Unidades intrazonales: I14, Herbazales de vegas altoandinas.

Unidades extrazonales: E21, Turbera de *Astelia pumila - Donatia fascicularis*.

Composición florística: *Baccharis magellanica*, *Berberis empetrifolia*, *B. montana*, *B. microphylla*, *Chiliotrichum rosmarinifolium*, *Empetrum rubrum*, *Euphrasia trifida*, *Gaultheria poeppigii*, *Lycopodium magellanicum*, *Maytenus disticha*, *Nothofagus antarctica*, *N. pumilio*, *Poa obvallata*, *Polystichum plicatum*, *Quinchamalium chilense*, *Ribes cucullatum*, *Rubus geoides*, *Uncinia negeri*, *Valeriana laxiflora* (véanse refs. 409, 1286, 1600).

Dinámica: Es propiamente lo ya descrito para el piso de vegetación 64 (Bosque caducifolio templado andino de *Nothofagus pumilio* y *Azara alpina*) donde las perturbaciones de gran escala propias de los límites de vegetación (volcanismo, avalanchas) producen una mayor disminución de la abundancia de *Nothofagus pumilio* en relación a *N. antarctica*, y favorecen el descenso altitudinal de las formaciones achaparradas debido a las condiciones restrictivas que se generan hacia abajo en la pendiente. La forma achaparrada de los individuos de lenga y ñirre está en parte determinada por el peso de la nieve y la acción del viento sobre los árboles en estas condiciones. La mayor capacidad de *Nothofagus pumilio* para recuperar su forma erecta favorecería el reemplazo de *N. antarctica* por *N. pumilio* en situaciones sin alteración, lo que produciría el ascenso del límite altitudinal inferior de las formaciones achaparradas [357, 1600].

Distribución: Laderas altas de la cordillera de los Andes de las regiones de Los Ríos, de Los Lagos y de Aisén en Chile entre 1.000 y 1.500 m, pero llegando incluso hasta 200 m en las áreas más australes. También se encuentra en las provincias de Neuquén, Río Negro y Chubut en Argentina, 1.600–1.900 m. Pisos bioclimáticos supratemplado y orotemplado hiperhúmedo a ultrahiperhúmedo hiperoceánico.

Itc: 54–147; Tp: 585–903; Io: 16,28–33,32; Ic: 8,6–10,5; T: 4,8–7,5; P: 1367–2569; EP: 558–799.

Referencias: 357, 405, 409, 473, 477, 488, 517, 522, 748, 1014, 1035, 1113, 1216, 1286, 1331, 1389, 1438, 1476, 1498, 1541, 1600, 1608, 1617, 1623, 1641.

P66. Bosque caducifolio templado-antiboreal andino de *Nothofagus pumilio* / *Maytenus disticha*

Descripción: Bosque caducifolio dominado exclusivamente por *Nothofagus pumilio* en el dosel superior (Figura 36), con una importante participación de *Maytenus disticha* en la estrata arbustiva, a la que se asocian *Gaultheria mucronata*, *Empetrum rubrum*, *Berberis ilicifolia*, *B. microphylla* y ocasionalmente *Ribes magellanicum*, cuyas abundancias varían de acuerdo con las características del dosel y la humedad del suelo. La composición de la estrata herbácea también es variable, destacando la presencia de *Blechnum penna-marina*, *Acaena magellanica*, *Lycopodium magellanicum*, *Osmorhiza chilensis*, *Rubus geoides*, *Senecio acanthifolius*, *Macrachaenium gracile* y *Viola reichei*. En las partes altas los individuos de *Nothofagus pumilio* adquieren un aspecto achaparrado. En las zonas ecotonales es posible observar algunos individuos de *Nothofagus betuloides* hacia el límite con los bosques perennifolios al oeste. En las áreas orientales más xéricas la presencia de *Chiliotrichum diffusum* se hace más importante en la estrata arbustiva, y es posible observar algunos componentes de la estepa patagónica, cuya abundancia se incrementa en la medida que el dosel arbóreo es más abierto.

Comunidades zonales: *Nothofagus pumilio* Ass., *Nothofagus pumilio - antarctica* Ass. [1476], *Nothofagetum pumilii* [1127, 1129, 1143], Bosque de *Nothofagus pumilio* [336, 337], *Mayteno - Nothofagetum pumilionis* [409, 689, 1332, 1617], *Violo magellanicae - Nothofagetum pumilionis* [409, 689, 1332], *Elymo - Chiliotrichetum* (ruderal) [1332], Matorral de *Chiliotrichum diffusum* (ruderal), Matorral abierto de *Chiliotrichum diffusum - Berberis buxifolia* (ruderal) [805], *Nothofagus pumilio - Maytenus disticha* [522], *Pernettyo mucronatae - Nothofagetum pumilionis* [409].

Figura 36: Bosque caducifolio templado-antiboreal andino de Nothofagus pumilio / Maytenus disticha *(piso de vegetación P66).* Parque Nacional Torres del Paine (Región de Magallanes), Enero 2016 (Foto: F. Luebert).

Unidades extrazonales: E13, Matorral arborescente caducifolio edafohigrófilo de *Nothofagus antarctica*; E22, Turbera de *Sphagnum magellanicum*.

Composición florística: *Acaena magellanica*, *A. ovalifolia*, *Adenocaulon chilense*, *Berberis ilicifolia*, *B. microphylla*, *Blechnum penna-marina*, *Calceolaria filicaulis*, *C. uniflora*, *Cardamine glacialis*, *Chiliotrichum diffusum*, *Codonorchis lessonii*, *Cystopteris fragilis*, *Draba magellanica*, *Dysopsis glechomoides*, *Empetrum rubrum*, *Escallonia alpina*, *Galium aparine*, *G. fuegianum*, *Gaultheria mucronata*, *Gunnera magellanica*, *Lycopodium magellanicum*, *Macrachaenium gracile*, *Maytenus disticha*, *Misodendrum brachystachium*, *M. punctulatum*, *M. quadriflorum*, *Noccaea magellanica*, *Nothofagus pumilio*, *Osmorhiza chilensis*, *Perezia recurvata*, *Poa lanuginosa*, *P. nemoralis*, *Ribes magellanicum*, *Rubus geoides*, *Senecio acanthifolius*, *S. patagonicus*, *Taraxacum officinale*, *Vicia magellanica*, *Viola maculata*, *V. magellanica*, *V. reichei* (véanse refs. 409, 1129, 1332).

Dinámica: Debido a que el bosque no presenta especies tolerantes a la sombra bajo el dosel, la ocurrencia de perturbaciones a diferentes escalas provoca la apertura del dosel y la liberación de la regeneración. En ausencia de perturbaciones la caída de los árboles maduros genera la renovación del bosque, el que tiende a formar estructuras coetáneas [1602]. Se ha reportado que el límite altitudinal abrupto del bosque responde a la disminución altitudinal de la sobrevivencia de las plántulas [281–283]. Respecto de las perturbaciones causadas por incendios, *Gaultheria mucronata* rebrota profusamente y los terrenos son invadidos a partir de semillas de otras especies como *Ribes magellanicum* y *Senecio patagonicum*; las herbáceas rizomatosas como *Viola magellanica* también se ven favorecidas por el fuego [1332]. Rebertus y Veblen [1279] reportan la formación de ondas parciales en la distribución espacial de mortalidad/regeneración en bosques interiores de Tierra del Fuego, en los que la caída de árboles causada por el viento juega un papel importante. En la incidencia de procesos de alteración humana, principalmente incendios, el bosque puede ser reemplazado por matorrales dominados por *Chiliotrichum diffusum* y otros componentes provenientes de la estepa [1332].

Distribución: Vertiente occidental andina de la región de Magallanes, entre 100-700 m (100–900 m en el rango norte de distribución), pisos bioclimáticos mesoboreal, supraboreal y orotemplado húmedo e hiperhúmedo inferior hiperoceánico.

Itc: 15–87; Tp: 500–689; Io: 7,19–14,36; Ic: 8,2–10,5; T: 4,0–5,7; P: 411–789; EP: 512–607.

Referencias: 19, 27, 76, 149, 189, 202, 232, 263, 276, 281–283, 332, 336–338, 357, 409, 484, 517, 522, 551, 674, 689, 698, 719, 727, 748, 759, 805, 906, 907, 909, 910, 912, 931, 969, 1014, 1035, 1127, 1129, 1136, 1143, 1180, 1279, 1281, 1288, 1291, 1332, 1336, 1339, 1476, 1477, 1572, 1602, 1608, 1618.

Distribución extrazonal de bosques caducifolios

E9. Bosque caducifolio de *Nothofagus obliqua*

Descripción: Se trata de bosques caducifolios correspondientes a los pisos de vegetación P52 y P53 que se encuentran en zonas de quebrada de bosques de *Nothofagus glauca* de los pisos de vegetación P50 y P51, respectivamente. También se encuentran en sectores expuestos dentro de áreas de bosque laurifolio.

Comunidades incluidas: *Nothofagus obliqua - Gomortega keule*, *Nothofagus obliqua - Persea lingue* [522], *Nothofago - Perseetum lingueae* [662, 1465].

Pisos de vegetación: Bosque caducifolio (P50, P51); Bosque laurifolio (P73).

E10. Bosque caducifolio de *Nothofagus glauca*

Descripción: Se trata de bosques caducifolios correspondientes al piso de vegetación P49 que se encuentran en una matriz de bosque de *Nothofagus macrocarpa* en el área sur de su distribución costera. Ocupa generalmente los lugares más húmedos en laderas de exposición sur.

Comunidades incluidas: Bosque de *Nothofagus glauca* [414], Comunidad de *Nothofagus glauca* [34], *Nothofagetum glaucae* [122], *Nothofagus glauca - Azara petiolaris* [522].

Pisos de vegetación: Bosque caducifolio (P46).

E11. Bosque caducifolio de *Nothofagus alpina*

Descripción: Bosques de *Nothofagus alpina* (pisos de vegetación P56–P59) aparecen como vegetación extrazonal hacia el norte de su área de distribución en matrices de bosques caducifolio de *N. obliqua* o de *N. glauca*, preferentemente en la cordillera de los Andes, pero también en la de la Costa. También se distribuyen en forma extrazonal hacia el sur de su distribución en áreas de bosque laurifolio, especialmente en la cordillera de la Costa.

Comunidades incluidas: *Nothofagus alpina - Drimys winteri* [522], *Nothofagus alpina - Aextoxicon punctatum*, *Nothofagus alpina - Gevuina avellana*, *Nothofagus alpina - Nothofagus obliqua* [837], *Dasyphyllo diacanthoides - Nothofagetum alpinae perseetosum* var. *Bomarea salsilla Nothofagetum procerae* [1162, 1240, 1268], Bosque de raulí - coihue (*Nothofagetum alpino/procerae*, *Dasyphyllo - Nothofagetum alpinae*, *Nothofagetum procerae*) [1257], Bosque de raulí (*Nothofagus alpina*) [1402, 1403], *Nothofagetum obliquo - alpinae* [1407], Bosques de *Nothofagus alpina* [1401].

Pisos de vegetación: Bosque caducifolio (P47–P49, P51, P54); Bosque laurifolio (P72, P73).

E12. Bosque caducifolio de *Nothofagus pumilio*

Descripción: Bosques de *Nothofagus pumilio* (piso de vegetación P60) se distribuyen de manera extrazonal en el área de Vilches en una matriz de bosque de *N. obliqua*. Comunidades del piso de vegetación P66 también han sido mencionadas para el área de bosques siempreverdes de *Nothofagus betuloides*.

Comunidades incluidas: *Chusqueo - Nothofagetum pumiliae*, *Nothofagetum pumiliae maytenetosum* [1412], *Nothofagus pumilio - Maytenus disticha* [522].

Pisos de vegetación: Bosque caducifolio (P48); Bosque siempreverde (P88).

Matorral caducifolio

En esta formación se consideran las comunidades dominadas por *Nothofagus antarctica*. Esta especie tiene una gran amplitud ecológica y participa en diversos tipos de vegetación [55], encontrándose bajo condiciones generalmente extremas en áreas muy secas o muy frías. Es generalmente considerada como una especie arbórea [1327], pero asume frecuentemente formas arbustivas o de árbol pequeño en la mayor parte de las situaciones donde se encuentra (*e.g.*, refs. 55, 541, 1129, 1332).

P67. Matorral caducifolio templado andino de *Nothofagus antarctica*

Descripción: Matorrales caducifolios dominados por *Nothofagus antarctica*, típicos de zonas muy húmedas, que definen el límite altitudinal superior de la vegetación. La estrata arbustiva está compuesta principalmente por *Berberis microphylla* y *Gaultheria pumila* y la estrata herbácea por *Poa pratensis*, *Ranunculus peduncularis* y *Trisetum cernuum*. Existen muy pocos antecedentes sobre este piso de vegetación, la mayor parte de ellos muy indirectos.

Comunidades zonales: *Nothofagus antarctica, Holcus lanatus - Trifolium repens* (ruderal) [522].

Composición florística: *Acaena ovalifolia, Alopecurus magellanicus, Anemone multifida, Azorella trifurcata, Berberis microphylla, Blechnum penna-marina, Deschampsia flexuosa, Galium antarcticum, Gaultheria pumila, Macrachaenium gracile, Nothofagus antarctica, Poa pratensis, Ranunculus peduncularis, Trisetum cernuum.*

Dinámica: Aunque no existen antecedentes directos, la composición florística indica que es posible que la extracción de madera provoque la invasión de especies de gramíneas pratenses, las que llegan a conformar una pradera frente a alteraciones profundas. Algunas observaciones de la Patagonia austral [1332] señalan que las comunidades de *Nothofagus antarctica* presentan en general una buena capacidad de recuperación ante tales perturbaciones.

Distribución: Altas cumbres de la cordillera de los Andes de las regiones de Los Lagos y de Aisén, 700–1.300 m, piso bioclimático orotemplado hiperhúmedo a ultrahiperhúmedo hiperoceánico.

Itc: 19–113; Tp: 464–790; Io: 17,85–36,66; Ic: 8,8–10,5; T: 3,7–6,5; P: 1098–2332; EP: 534–739.

Referencias: 517, 522, 1332, 1477.

P68. Matorral caducifolio templado andino de *Nothofagus antarctica / Empetrum rubrum*

Descripción: Corresponde a un matorral arborescente dominado por *Nothofagus antarctica*, que se encuentra en las partes altas de las formaciones periglaciares y sobre el límite altitudinal de las formaciones boscosas, como una versión empobrecida de los bosques mixtos que se encuentran inmediatamente en el nivel altitudinal inferior. El estrato superior alcanza una altura máxima de 4 m y en él concurren *Embothrium coccineum, Nothofagus pumilio* y *N. betuloides* además de *N. antarctica.* En el estrato inferior se encuentran *Gunnera magellanica* y *Empetrum rubrum.*

Comunidades zonales: *Empetrum - Nothofagus antarctica* Ass. [1476], Asoc. *Nothofagus antarctica - Empetrum rubrum* [1123], *Nothofagetum antarcticae* [1608], Chaparral de ñirre [336, 337], *Nothofagus antarctica - Gunnera magellanica* [522], *Senecio acanthifoliae - Nothofagetum antarcticae* [1617], *Chusqueo - Nothofagetum antarcticae* [1389].

Unidades intrazonales: I2, Vegetación acuática natante; I12, Pastizales y herbazales semiacuáticos; I14, Herbazales de vegas altoandinas.

Unidades extrazonales: E21, Turbera de *Astelia pumila - Donatia fascicularis*; E22, Turbera de *Sphagnum magellanicum.*

Composición florística: *Baccharis patagonica, Berberis empetrifolia, B. ilicifolia, B. microphylla, Blechnum penna-marina, Calceolaria tenella, Caltha appendiculata, Chiliotrichum diffusum, Donatia fascicularis, Embothrium coccineum, Escallonia rosea, E. virgata, Gaultheria mucronata, Gunnera magellanica, Nothofagus antarctica, N. betuloides, N. pumilio, Oreobolus obtusangulus, Osmorhiza chilensis, Ourisia breviflora, P. myrtilloides, Polystichum plicatum, Tribeles australis* (véanse refs. 1123).

Dinámica: Solo están disponibles algunos antecedentes generales de más al sur [1332] o de comunidades similares de más al norte [522]. La dinámica de degradación antropogénica está controlada en el área por los incendios y la explotación, lo que permite el establecimiento artificial de hierbas pratenses como *Dactylis glomerata*, *Holcus lanatus* y *Trifolium repens*. Hay indicaciones que permiten suponer una buena recuperación de la formación original. En los sitios deforestados se observa abundante regeneración de *Nothofagus antarctica*, lo que no ocurre en la formación adulta.

Distribución: Laderas altas de la cordillera andina del centro-sur de la región de Aisén y del norte de la región de Magallanes, entre 0 y 1.200 m. Pisos bioclimáticos supratemplado y orotemplado hiperhúmedo y ultrahiperhúmedo hiperoceánico.

Itc: 48–193; Tp: 541–1023; Io: 16,84–35,53; Ic: 8,2–10,1; T: 4,4–8,5; P: 1273–2420; EP: 546–665.

Referencias: 76, 332, 336, 337, 340, 517, 522, 1123, 1134, 1137, 1138, 1143, 1389, 1470, 1476, 1477, 1608, 1617, 1674.

P69. Matorral arborescente caducifolio mediterráneo-templado oriental de *Nothofagus antarctica / Berberis microphylla*

Descripción: Matorral caducifolio arborescente dominado por *Nothofagus antarctica* (Figura 37), que se ubica en el límite con las formaciones típicas de la estepa patagónica y alternan su distribución con los bosques caducifolios locales de *Nothofagus pumilio* (piso de vegetación P63, Bosque caducifolio templado andino de *Nothofagus pumilio / Berberis ilicifolia*). El estrato arbustivo está compuesto por *Berberis microphylla*, *Ovidia andina* y *Ribes magellanicum* y en la estrata herbácea dominan *Blechnum penna-marina*, *Potentilla chiloensis*, *Geranium berteroanum*, *Osmorhiza chilensis*. En la zona ecoclinal con la estepa patagónica aparecen varios elementos correspondientes a esta última unidad. Este piso de vegetación corresponde a la zona intermedia de la transición desde el bosque a la estepa (Figura 35).

Comunidades zonales: *Nothofagus antarctica* Ass. [1476], *Nothofagetum antarcticae* [1014], *Nothofagus antarctica - Berberis microphylla*, *Pernettya mucronata - Chiliotrichum diffusum* (ruderal), *Taraxacum officinale - Holcus lanatus* (ruderal) [522], *Anemone polyphyllae - Nothofagetum antarcticae* [1617].

Unidades extrazonales: E13, Matorral arborescente caducifolio edafohigrófilo de *Nothofagus antarctica*.

Composición florística: *Acaena pinnatifida*, *Acaena splendens*, *Baccharis patagonica*, *Berberis darwinii*, *B. microphylla*, *Blechnum penna-marina*, *Chusquea culeou*, *Festuca pallescens*, *Gaultheria poeppigii*, *Geranium berteroanum*, *Mulinum spinosum*, *Holcus lanatus*, *Nothofagus antarctica*, *Osmorhiza chilensis*, *Ovidia andina*, *Potentilla chiloensis*, *Ranunculus peduncularis*, *Ribes cucullatum*, *R. magellanicum*, *Taraxacum officinale*, *Trifolium repens*.

Dinámica: Este piso de vegetación ha sido particularmente afectado por el pastoreo, el que practicado en forma persistente produce el reemplazo de las especies arbustivas en la dominancia de las comunidades [1332, 1604]. La habilidad de *Nothofagus antarctica* para reproducirse vegetativamente le permite rebrotar después de los incendios,

Figura 37: Matorral arborescente caducifolio mediterráneo-templado oriental de Nothofagus antarctica / Berberis microphylla *(piso de vegetación P69).* Alrededores de Cochrane (Región de Aisén), Enero 2015 (Foto: F. Luebert).

en tanto que la muerte de individuos en grandes extensiones ha sido interpretada alternativamente como respuesta a la aridización por un lado o como consecuencia del estado de senescencia que alcanzan los árboles por otro [1604, 1607]. La ocurrencia de incendios no parece afectar la composición florística original [1036].

Distribución: Laderas orientales bajas andinas y margen patagónico de la región de Aisén, y zonas adyacentes argentinas entre 200 y 1.600 m, pisos bioclimáticos supratemplado y orotemplado (submediterráneo) húmedo oceánico.

Itc: -13–149; Tp: 557–927; Io: 7,23–12,18; Ic: 11,2–12,0; T: 4,3–7,7; P: 490–919; EP: 664–796.

Referencias: 348–350, 517, 522, 550, 709, 748, 1014, 1035, 1036, 1210–1212, 1331, 1332, 1460, 1476, 1553, 1602, 1604, 1607, 1617.

P70. Matorral arborescente caducifolio templado-antiboreal andino de *Nothofagus antarctica / Chiliotrichum diffusum*

Descripción: Matorral caducifolio dominado por *Nothofagus antarctica* y *Chiliotrichum diffusum*, o bien solo por uno de ellos. En la estrata arbustiva destaca la presencia de *Baccharis magellanica* y *Ribes magellanicum*, mientras que la estrata herbácea se encuentra muy diversificada, siendo las especies más frecuentes *Osmorhiza chilensis*, *Galium fuegianum*, *G. aparine* y *Acaena pinnatifida*. Por su carácter diferencial es de interés la presencia de *Poa lanuginosa*, *Hieracium antarcticum* y *Elymus angulatus*.

Comunidades zonales: *Nothofagetum pumilii*, subas. *N. pumilio - N. antarctica*, fase de *Chiliotrichum diffusum - Berberis buxifolia* [1129, 1143], *Festuco - Nothofagetum antarcticae*, *Triseto - Nothofagetum antarcticae* [1332], *Chiliotrichum diffusum*, *Nothofagus antarctica* [522].

Unidades intrazonales: I3, Vegetación acuática sumergida; I12, Pastizales y herbazales semiacuáticos; I13, Vegetación herbácea de lagunas efímeras; I14, Herbazales de vegas altoandinas.

Unidades extrazonales: E13, Matorral arborescente caducifolio edafohigrófilo de *Nothofagus antarctica*; E22, Turbera de *Sphagnum magellanicum*.

Composición florística: *Acaena pinnatifida*, *A. splendens*, *Baccharis magellanica*, *Calceolaria biflora*, *Chiliotrichum diffusum*, *Elymus angulatus*, *Galium aparine*, *G. fuegianum*, *Gamochaeta spiciformis*, *Geum magellanicum*, *Hieracium antarcticum*, *Hypochaeris arenaria*, *Leptinella scariosa*, *Nothofagus antarctica*, *Osmorhiza chilensis*, *Poa lanuginosa*, *P. scaberula*, *Ribes magellanicum*, *Vicia magellanica* (véase ref. 1332).

Dinámica: Se ha especulado que la renovación natural se produce por la caída de ejemplares senescentes que generan condiciones lumínicas adecuadas para el establecimiento de la regeneración. La degradación del matorral dominado por *Nothofagus antarctica* favorece la expansión de *Chiliotrichum diffusum*, el que puede llegar a ser dominante y, en casos de alteración severa, los terrenos son invadidos por elementos de la estepa de *Festuca gracillima* [341], siendo matorrales dominados por *Empetrum rubrum* los que se instalan en situaciones de degradación extrema.

Distribución: Transición entre las estepas patagónicas y los bosques caducifolios de la región de Magallanes, entre 0 y 750 m, pisos bioclimáticos orotemplado inferior, termoboreal y mesoboreal húmedo hiperoceánico.

Itc: 44–111; Tp: 552–789; Io: 6,40–9,58; Ic: 8,6–10,7; T: 4,5–6,5; P: 369–586; EP: 535–707.

Referencias: 19, 27, 76, 134, 261, 341, 343, 344, 396, 517, 522, 551, 674, 759, 805, 912, 1002, 1035, 1129, 1143, 1332, 1333, 1339, 1476, 1545, 1572.

Distribución extrazonal de matorrales caducifolios

E13. Matorral arborescente caducifolio edafohigrófilo de *Nothofagus antarctica*

Descripción: Matorrales caducifolios dominados por *Nothofagus antarctica* correspondientes al piso de vegetación P68 que se encuentran sobre suelos anegados turbosos o en cursos de agua, en ocasiones muy lejos de su rango de distribución zonal. Han sido reportados para áreas con bosques esclerofilos, caducifolios, laurifolios, resinosos, siempreverdes, turberas, matorrales bajos y estepa patagónica.

Comunidades incluidas: *Baccharido - Nothofagetum antarcticae* [1257, 1268], Bosque bajo de ñire [550], Bosque de *Nothofagus antarctica* [336, 338, 835], *Carex - Nothofagus wetland* [261], *Chusqueo - Nothofagetum antarcticae* [1267, 1389, 1617], *Escallonio - Nothofagetum antarcticae*, *Gunnero - Nothofagetum antarcticae* [1332], *Marsippospermum - Nothofagus* Ass. [1476], Monte de ñirre (*Nothofagus antarctica*) [342], *Nothofagetum antarcticae* [1641], *Nothofagus antarctica - Baccharis patagonica*, *Nothofagus antarctica - Berberis buxifolia* [522], *Scirpo - Nothofagetum antarcticae* [1402, 1407, 1413–1415], Turbera de *Sphagnum magellanicum* [1392].

Pisos de vegetación: Bosque esclerofilo (P42, P43); Bosque caducifolio (P49, P50, P63, P66); Matorral caducifolio (P69, P70); Bosque laurifolio (P73); Bosque resinoso de coníferas (P77); Bosque siempreverde (P88, P91); Turberas (P96); Matorral bajo de altitud (P114); Estepas y pastizales (P122, P125).

E14. Matorral arborescente caducifolio edafoxerófilo de *Nothofagus antarctica*

Descripción: Matorrales caducifolios dominados por *Nothofagus antarctica* correspondientes al piso de vegetación P67 que se encuentran sobre sustratos rocosos más áridos que la vegetación zonal, que han sido reportados para el área de termas de Chillán tanto en bosques caducifolios como matorrales bajos. También han sido mencionados para bosques y matorrales siempreverdes y turberas del sur de Chile.

Comunidades incluidas: *Nothofagus antarctica - Escallonia serrata* [522], *Nothofagus antarctica Krummholz* [1076].

Pisos de vegetación: Bosque caducifolio (P60, P64); Bosque siempreverde (P88); Matorral siempreverde (P92); Turberas (P93); Matorral bajo de altitud (P115).

Bosque laurifolio

Formación dominada por plantas arbóreas siempreverdes de hoja ancha (laurifolias) que se distribuyen principalmente en las áreas hiperhúmedas meso y termotempladas de Chile centro-sur. La importancia de las especies laurifolias decrece hacia el sur y hacia las partes más elevadas de las cordilleras por el descenso de las temperaturas, mientras que hacia el norte el clima es muy seco. Es por ello que esta formación se distribuye en un área relativamente restringida y está ausente a sotavento de la cordillera de la Costa, donde es reemplazada por bosques caducifolios. Las especies arbóreas más importantes son *Aextoxicon punctatum, Eucriyhia cordifolia, Laurelia sempervirens, Laureliopsis philippiana, Weinmannia trichosperma* [522, 1442, 1530]. En estos bosques crece un conjunto diversificado de arbustos y plantas epífitas tanto vasculares como no vasculares [214, 575, 1097, 1099, 1383, 1681].

P71. Bosque laurifolio templado costero de *Aextoxicon punctatum - Laurelia sempervirens*

Descripción: Piso de vegetación laurifolia dominado por *Aextoxicon punctatum*, acompañado por *Laurelia sempervirens, Eucryphia cordifolia, Laureliopsis philippiana, Caldcluvia paniculata* y *Myrceugenia planipes* en los rebordes montañosos occidentales bajos de Nahuelbuta. Su ubicación responde a la alta precipitación orográfica de la vertiente occidental de la cordillera de Nahuelbuta, asociada a un régimen térmico de escasa continentalidad. La plataforma costera está dominada por bosques caducifolios de *Nothofagus obliqua* y los correspondientes matorrales de sustitución, debido a una menor influencia de precipitación orográfica.

Comunidades zonales: *Lapagerio - Aextoxiconetum* [1014, 1447], Tipo *Eucryphia - Aextoxicon - Laurelia philippiana* [1608], Olivillo - Peumo - *forest*, Ulmo - Laurel - *forest* [400], *Aextoxicon punctatum - Laurelia sempervirens, Aster vahlii* (ruderal, suelos erosionados), *Chusquea quila* (ruderal), *Aristotelia chilensis - Rubus ulmifolius* (ruderal), *Teline monspessulana - Sarothamnus scoparius* (ruderal) [522], Bosque de olivillo [821].

Unidades intrazonales: I6, Vegetación de dunas litorales; I7, Vegetación de roqueríos y farellones costeros; I11, Bosques pantanosos; I13, Vegetación herbácea de lagunas efímeras.

Unidades extrazonales: E8, Bosque esclerofilo de *Peumus boldus*.

Composición florística: *Aextoxicon punctatum*, *Amomyrtus luma*, *Aristotelia chilensis*, *Azara lanceolata*, *Boquila trifoliolata*, *Caldcluvia paniculata*, *Chusquea quila*, *Cissus striata*, *Drimys winteri*, *Eucryphia cordifolia*, *Gevuina avellana*, *Gomortega keule*, *Hydrangea serratifolia*, *Mitraria coccinea*, *Lapageria rosea*, *Laurelia sempervirens*, *Laureliopsis philippiana*, *Luma apiculata*, *Myrceugenia planipes*, *Persea lingue*, *Peumus boldus*, *Rhaphithamnus spinosus*, *Weinmannia trichosperma* (véase ref. 132).

Dinámica: Se trata de un bosque laurifolio, donde la regeneración de los elementos arbóreos dominantes del bosque está fuertemente condicionada por los ambientes lumínicos. Mientras que *Aextoxicon punctatum* presenta los mayores niveles de regeneración en ambientes de baja luminosidad, *Eucryphia cordifolia* muestra preferencias por ambientes de luminosidad intermedia que conducen a estructuras multietáneas debido a la regeneración continua [1646]. En consecuencia, la apertura del dosel arbóreo por explotación podría producir alteraciones en la dinámica regenerativa de las especies dominantes y los consecuentes cambios en la composición y estructura del bosque más allá de su rango histórico natural. Las comunidades intervenidas aparentemente son invadidas por arbustos e incluso reemplazadas por matorrales dominados por *Aristotelia chilensis*, *Chusquea quila* y *Rubus ulmifolius* [400, 522, 1014].

Distribución: Se encuentra en isla Mocha y laderas occidentales bajas de la cordillera de Nahuelbuta (región del Biobío), 0–250 m, piso bioclimático termotemplado superior (submediterráneo) húmedo superior hiperoceánico.

Itc: 285–318; Tp: 1427–1517; Io: 9,61–11,26; Ic: 7,1–8,1; T: 11,8–12,6; P: 1323–1524; EP: 985–1051.

Referencias: 39, 132, 301, 400, 517, 522, 796, 821, 1014, 1051, 1263, 1264, 1287, 1288, 1447, 1608, 1646.

P72. Bosque laurifolio templado costero de *Weinmannia trichosperma - Laureliopsis philippiana*

Descripción: Piso de vegetación de bosque laurifolio costero sin la presencia de *Nothofagus*, que agrupa las comunidades dominadas por *Aextoxicon punctatum* y *Eucryphia cordifolia* en las partes bajas y por *Eucryphia cordifolia* y *Weinmannia trichosperma* en las laderas medias (Figura 38). Está constituido por un conjunto diversificado de especies arbóreas, entre las que destacan *Aextoxicon punctatum*, *Weinmannia trichosperma*, *Eucryphia cordifolia*, *Saxegothaea conspicua*, *Gevuina avellana*, *Laureliopsis philippiana*, *Caldcluvia paniculata*, *Luma apiculata*, *Myrceugenia planipes*, *Dasyphyllum diacanthoides*, con una estrata arbustiva conformada por *Greigia sphacelata*, *Rhaphithamnus spinosus*, *Raukaua laetevirens* y *Azara lanceolata*, asociadas a un importante contingente de epífitas como *Lapageria rosea*, *Hydrangea serratifolia*, *Griselinia ruscifolia*, *Luzuriaga radicans* y *Mitraria coccinea* y hierbas higrófilas como *Pilea elliptica* y *Nertera granadensis*. Son también abundantes los helechos de la familia Hymenophyllaceae.

Figura 38: Bosque laurifolio templado costero de Weinmannia trichosperma - Laureliopsis philippiana *(piso de vegetación P72).* Lago Huelde, Chiloé (Región de Los Lagos), Enero 2015 (Foto: F. Luebert).

Comunidades zonales: *Lapagerio - Aextoxiconetum*, *Laurelio - Weinmannietum* [688, 1014, 1247, 1257, 1262, 1268, 1552, 1608], *Aristotelio - Fuchsietum* (ruderal), *Rumicetum chilensis* (ruderal), [1014], *Rhaphithamno - Aristotelietum* (ruderal), *Acaeno - Agrostidetum* (ruderal) [685, 1014, 1257], Tipo *Eucryphia - Aextoxicon - Laurelia philippiana* [1608, 1610], Tipo *Eucryphia - Weinmannia - Laurelia philippiana* [1610], *Rubo - Ulicetum* (ruderal), *Chusqueo - Ugnetum candollei* [685], *Fuchsio - Chusqueetum quilae* (ruderal) [1257], *Centello - Agrostidetum* (ruderal), *Airo - Agrostidetum* (ruderal) [1240], *Aextoxicon punctatum - Eucryphia cordifolia*, *Eucryphia cordifolia - Weinmannia trichosperma*, *Corynabutilon vitifolium - Aristotelia chilensis* (ruderal), *Berberis buxifolia - Rhaphithamnus spinosus* (ruderal), *Aristotelia chilensis - Rubus ulmifolius* (ruderal) [522], Bosque de canelo, tepa y mirtáceas, Bosque de olivillo [1627], *Chusqueetum quilae* (ruderal) [1257, 1262], *Chusqueetum uliginosae baccharietosum* [1257], *Fuchsio magellanicae - Chusqueetum quilae*, *Aristotelio chilensis - Fuchsietum magellanicae*, *Lomatio ferrugineae - Amomyrtetum lumae* [54]

Unidades intrazonales: I6, Vegetación de dunas litorales; I7, Vegetación de roqueríos y farellones costeros; I11, Bosques pantanosos; I31, Vegetación de cavernas.

Unidades extrazonales: E11, Bosque caducifolio de *Nothofagus alpina*; E18, Bosque resinoso de *Pilgerodendron uviferum*.

Composición florística: *Aextoxicon punctatum*, *Amomyrtus luma*, *A. meli*, *Azara lanceolata*, *Caldcluvia paniculata*, *Chusquea quila*, *Crinodendron hookerianum*, *Dasyphyllum diacanthoides*, *Drimys winteri*, *Eucryphia cordifolia*, *Fascicularia bicolor*, *Gevuina avellana*, *Greigia sphacelata*, *Griselinia ruscifolia*, *Hydrangea serratifolia*, *Jovellana punctata*, *Lapageria rosea*, *Latua pubiflora*, *Laurelia sempervirens*, *Laureliopsis philippiana*, *Lomatia ferruginea*, *Luma apiculata*, *Luzuriaga radicans*, *Mitraria coccinea*, *Myrceugenia ovata*, *M. planipes*, *Nertera granadensis*, *Persea lingue*, *Pilea elliptica*, *Podocarpus nubigenus*, *Raukaua laetevirens*, *Rhaphithamnus spinosus*, *Saxegothaea conspicua*, *Vestia foetida*, *Weinmannia trichosperma* (véanse refs. 1014, 1627).

Dinámica: En ausencia de perturbaciones alogénicas el bosque mantiene una estructura multietánea debido a la regeneración continua de las especies más tolerantes a la sombra [357, 360, 1603]. La única excepción la constituiría *Weinmannia trichosperma*, que presenta un comportamiento intolerante a la sombra, similar al que presentan las especies de *Nothofagus*, aunque con tasas de crecimiento distintas; la regeneración de esta especie ocurre en sectores abiertos, por lo que su mantención en bosques maduros estaría condicionada a la formación de claros [880]. Se ha especulado que la ausencia de *Nothofagus* en estos bosques se debe a la ausencia de perturbaciones de gran escala [1603]. En algunas zonas este tipo de bosque no ha recibido perturbaciones masivas por milenios, lo que ha permitido alcanzar un nivel de estabilidad que favorece el control interno del sistema sobre los flujos de energía [667] y la composición de especies [188].

Distribución: Laderas bajas y medias de la vertiente occidental de la cordillera de la Costa de las regiones de Los Ríos y de Los Lagos, entre 0 y 700 m en la cordillera Pelada y 0 y 400 m en la cordillera de Piuchué, en los pisos bioclimáticos mesotemplado y supratemplado inferior hiperhúmedo hiperoceánico.

Itc: 168–257; Tp: 999–1311; Io: 15,54–21,14; Ic: 5,8–7,1; T: 8,3–10,9; P: 1771–2144; EP: 674–800.

Referencias: 54, 73, 78, 188, 218, 357, 360, 371, 373, 517, 522, 547, 622, 627, 631, 667, 685, 686, 688, 698, 739, 880, 939, 1014, 1077, 1084, 1097, 1206, 1219, 1240, 1242, 1244, 1247, 1257, 1259, 1262–1264, 1268, 1294, 1345, 1383, 1384, 1408, 1489, 1511, 1526, 1547, 1552, 1603, 1608, 1610, 1627, 1681.

P73. Bosque laurifolio templado interior de *Nothofagus dombeyi - Eucryphia cordifolia*

Descripción: Formación boscosa dominada por *Nothofagus dombeyi* y *Eucryphia cordifolia*, de amplia repartición. Son importantes los elementos laurifolios como *Eucryphia cordifolia*, *Persea lingue*, *Podocarpus salignus*, *Weinmannia trichosperma*, *Laureliopsis philippiana* y *Dasyphyllum diacanthoides* en la estrata arbórea, pero la presencia dominante de *Nothofagus dombeyi* marca la fisionomía y revela un carácter menos húmedo que la unidad anterior, por lo que su riqueza específica y complejidad estructural son probablemente también menores. En la cordillera Pelada son localmente importantes algunos bosquetes dominados por *Nothofagus alpina*.

Comunidades zonales: *Nothofagetum dombeyii* [1118, 1119], *Leucomyrtillo - Pernettyetum poeppigii* [1014, 1623], *Dombeyo - Eucryphietum* [662, 688, 1014, 1240, 1247, 1248, 1250, 1257, 1267, 1268, 1465, 1541, 1547, 1552, 1623, 1641], *Lomatio - Weinmannietum*, Tipo *Nothofagus dombeyi - Eucryphia - Laurelia philippiana - Saxegot-*

haea [1608, 1610], *Fuchsio - Chusqueetum quilae* (ruderal), *Rubus constrictus - Berberidion* - Ges. (ruderal), *Escallonio - Gaultherietum*, *Chiliotrichio - Pernettyetum poeppigii* [685], *Rhaphithamno - Aristotelietum* [54, 685], *Rubo - Ulicetum* (ruderal) [662, 685, 1257], *Acaeno - Agrostidetum* (ruderal) [1238, 1240, 1257], *Nothofagus dombeyi - Laureliopsis philippiana*, *Rubus ulmifolius - Ulex europaeus* (ruderal), *Holcus lanatus - Agrostis tenuis* (ruderal), *Avena barbata - Rumex acetosella* (ruderal), *Aristotelia chilensis - Rubus ulmifolius* (ruderal) [522], *Lapagerio - Aextoxiconetum punctatii* [662], *Trifolio - Vulpietum bromoidis* (ruderal), *Junco - Agrostietum capillaris* (ruderal) [1238], *Azaro microphyllae - Aristotelietum chilensis*, *Aristotelio chilensis - Fuchsietum magellanicae* [54].

Unidades intrazonales: I1, Vegetación acuática flotante; I2, Vegetación acuática natante; I3, Vegetación acuática sumergida; I6, Vegetación de dunas litorales; I7, Vegetación de roqueríos y farellones costeros; I10, Vegetación halófila intermareal (marismas); I11, Bosques pantanosos; I12, Pastizales y herbazales semiacuáticos; I13, Vegetación herbácea de lagunas efímeras; I24, Matorral siempreverde ripario; I28, Vegetación rupícola interior.

Unidades extrazonales: E9, Bosque caducifolio de *Nothofagus obliqua*; E11, Bosque caducifolio de *Nothofagus alpina*; E13, Matorral arborescente caducifolio edafohigrófilo de *Nothofagus antarctica*; E15, Bosque laurifolio de *Aextoxicon punctatum*.

Composición florística: *Aextoxicon punctatum*, *Amomyrtus luma*, *A. meli*, *Aristotelia chilensis*, *Asplenium dareoides*, *Azara lanceolata*, *Blechnum blechnoides*, *B. cordatum*, *Boquila trifoliolata*, *Caldcluvia paniculata*, *Chusquea quila*, *C. uliginosa*, *Dasyphyllum diacanthoides*, *Drimys winteri*, *Eucryphia cordifolia*, *Fuchsia magellanica*, *Gevuina avellana*, *Hydrangea serratifolia*, *Hymenoglossum cruentum*, *Hymenophyllum caudiculatum*, *H. pectinatum*, *Laureliopsis philippiana*, *Lomatia ferruginea*, *L. hirsuta*, *Luma apiculata*, *Luzuriaga radicans*, *Mitraria coccinea*, *Myrceugenia planipes*, *Nertera granadensis*, *Nothofagus dombeyi*, *Persea lingue*, *Podocarpus salignus*, *Pteris semiadnata*, *Raukaua laetevirens*, *R. valdiviensis*, *Rhaphithamnus spinosus*, *Sarmienta scandens*, *Saxegothaea conspicua*, *Weinmannia trichosperma* (véanse refs. 1014, 1267).

Dinámica: La regeneración de la especie dominante, *Nothofagus dombeyi*, al parecer depende fuertemente de perturbaciones de gran escala ya sean naturales o antrópicas como incendios, aluviones o deslizamientos, comportándose como colonizador de terrenos desprovistos de bosque. Bajo el dosel de *Nothofagus dombeyi* se asocian especies más tolerantes a la sombra que colonizan los claros creados por la caída de uno o pocos árboles y se mantienen bajo el dosel incrementando su dominancia hasta la desaparición definitiva de los individuos más longevos de *N. dombeyi* [1167, 1602, 1604]. *Nothofagus dombeyi* y *Eucryphia cordifolia* son capaces de regenerar ante perturbaciones de pequeña escala provocadas por caídas de árboles, cuando tienen condiciones de sustrato favorables y bajas densidades de plantas en el sotobosque [1167]. Perturbaciones de gran escala (*e.g.*, aluviones, arrastres de lava) favorecen la instalación inicial de comunidades de *Racomitrium lanuginosum*, que posteriormente son reemplazadas por herbazales de *Senecio chilensis* y luego por matorrales de *Gaultheria poeppigii* que finalmente dan paso a la formación boscosa [1014]. La comunidad pratense *Holcus lanatus - Agrostis tenuis* aparece donde ha sido introducido el ganado, las que al abandonarse son reemplazadas por comunidades de *Rubus ulmifolius - Ulex europaeus* [1257]. Donde el bosque ha sido talado se presentan los matorrales secundarios de *Aristotelia chilensis - Rubus ulmifolius* [54, 1014]. En el área norte de este piso de vegetación tanto *Nothofagus alpina* como *N. obliqua* pueden ser dominantes en bosques secundarios.

Distribución: Lomajes y laderas medias de la vertiente oriental de la cordillera de la Costa, algunas zonas de la depresión intermedia y laderas occidentales bajas de la cordillera de los Andes de las regiones de La Araucanía, de Los Ríos y de Los Lagos, desde 0 a 900 m, en los pisos bioclimáticos supratemplado inferior y mesotemplado hiperhúmedo hiperoceánico. Parte de este piso se encuentra dentro de la variante templada submediterránea. Algunos enclaves locales de este tipo de bosque también están presentes en el área de Lago Puelo, Argentina.

Itc: 175–265; Tp: 1089–1381; Io: 12,64–19,81; Ic: 6,9–9,8; T: 9,0–11,5; P: 1629–2445; EP: 769–980.

Referencias: 39, 54, 73, 214, 218, 301, 371, 373, 374, 517, 522, 575, 657, 658, 662, 685, 686, 688, 769, 829, 939, 977, 1014, 1077, 1084, 1093, 1097, 1099, 1116, 1118, 1119, 1162, 1167, 1238, 1241, 1246–1248, 1250, 1257, 1264, 1267, 1268, 1331, 1399, 1465, 1497, 1510, 1511, 1519, 1529, 1541, 1547, 1552, 1602, 1604, 1608, 1610, 1623, 1640, 1641, 1655.

Distribución extrazonal de bosques laurifolios

E15. Bosque laurifolio de *Aextoxicon punctatum*

Descripción: Corresponde a bosques de *Aextoxicon punctatum* de los pisos de vegetación P71 y parte del P72, distribuidos principalmente en la costa de la zona centro-norte de Chile, donde están asociados a neblinas costeras y quebradas en las que las condiciones hídricas son más favorables que en la matriz. También se encuentran en la zona centro-sur, asociados a bosques caducifolios, donde también ocupan situaciones de quebrada.

Comunidades incluidas: *Aextoxico punctati - Cryptocaryetum albae* [47], Tipo *Aextoxicum punctatum - Drimys winteri* [426], *Aextoxicon punctatum - Eucryphia cordifolia*, *Aextoxicon punctatum - Laurelia sempervirens*, *Aextoxicon punctatum - Rhaphithamnus spinosus* [522], *Aextoxicon punctatum - Myrceugenia correifolia* [483], *Aextoxicon punctatum - Lomatia dentata* [483], *Forêt d'hydrophytes tempérées* [1685], Bosque de hidrófitos templados [1684], *Jubaea - Aextoxicum - Cryptocarya - Peumus - Gemeinschaft* [795], *Lapagerio - Aextoxiconetum punctatii* [1251, 1638, 1641], *Aextoxicon punctatum - Drimys winteri*, *Aextoxicon punctatum - Myrceugenia correifolia* [982], *Peperomio - Aextoxiconetum* [137, 1014, 1063], *Aextoxicon punctatum* [1062], *Aextoxicum* Ass. [1476], *Aextoxicon - Drimys* [1481], *Aextoxiconetum* [1623], *Aextoxicon punctatum - Griselinia scandens* [1700], *Taler und Schluchten - Formation* [792].

Pisos de vegetación: Matorral desértico (P19); Matorral esclerofilo (P36); Bosque esclerofilo (P39, P40, P42, P45); Bosque caducifolio (P47, P53, P54, P58); Bosque laurifolio (P73); Bosque siempreverde (P84).

E16. Bosque laurifolio de *Laureliopsis philippiana - Weinmannia trichosperma*

Descripción: Bosques laurifolios correspondientes al piso de vegetación P72, que se extienden hacia el sur de su distribución zonal ocupando situaciones abrigadas de compensación térmica, principalmente en áreas de bosque siempreverde.

Comunidades incluidas: *Eucryphia cordifolia - Weinmannia trichosperma* [522], *Laurelio philippianae - Weinmannietum trichospermae* [42].

Pisos de vegetación: Bosque caducifolio (P58); Bosque resinoso de coníferas (P80); Bosque siempreverde (P85); Matorral siempreverde (P92).

Bosque resinoso de coníferas

En esta formación son dominantes las coníferas *Araucaria araucana*, *Fitzroya cupressoides* y *Pilgerodendron uviferum*, las que forman unidades de vegetación tanto en la cordillera de la Costa como en la de los Andes. Los bosques de *Araucaria araucana* son los más septentrionales, bajo condiciones relativamente frías y secas [586, 938] y en algunos casos marcan el límite altitudinal de la vegetación [1601] (véase Figura 20, página 93). Luego se ubican los bosques de *Fitzroya cupressoides*, florísticamente relacionados con los bosques siempreverdes [1014], bajo condiciones de precipitación relativamente más alta [364, 369]. Aun más al sur se hacen dominantes los bosques de *Pilgerodendron*, incluso a menores temperaturas y mayores montos de precipitación y capaces de tolerar mal drenaje y por lo tanto alta humedad edáfica [1601].

P74. Bosque resinoso templado costero de *Araucaria araucana*

Descripción: Complejo de comunidades vegetales propias de las altas cumbres de Nahuelbuta, individualizadas por la presencia de *Araucaria araucana* (Figura 39) que se asocia principalmente con *Nothofagus dombeyi*, pero en la que también se encuentran bosques y matorrales caducifolios de *Nothofagus pumilio* y *N. antarctica* a los que se encuentra asociado *Araucaria*.

Comunidades zonales: *Carici - Araucarietum* [1014, 1447], *Araucaria araucana - Nothofagus dombeyi* [938], *Anemone - Nothofagetum pumilionis*, *Nothofagetum antarcticae* [1447], Tipo *Araucaria araucana* [1608], Araucaria - Coihue - *forest*, Araucaria - Ñirre - *forest* [400], *Araucaria araucana - Nothofagus pumilio*, *Araucaria araucana - Nothofagus dombeyi*, *Nothofagus antarctica* [522].

Composición florística: *Adenocaulon chilense*, *Anemone antucensis*, *Araucaria araucana*, *Baccharis magellanica*, *Berberis darwinii*, *B. trigona*, *Carex aphylla*, *Chiliotrichum rosmarinifolium*, *Codonorchis lessonii*, *Drimys andina*, *Embothrium coccineum*, *Festuca scabriuscula*, *Gaultheria pumila*, *G. tenuifolia*, *Lagenophora hirsuta*, *Macrachaenium gracile*, *Maytenus disticha*, *Nothofagus antarctica*, *N. dombeyi*, *N. obliqua*, *N. pumilio*, *Perezia prenanthoides*, *Potentilla chiloensis*, *Senecio calocephalus*, *Viola maculata* (véase ref. 938).

Dinámica: La explotación e incendios del bosque determinan el inicio de la sucesión primaria que comienza con una pradera de gramíneas cuya composición florística es variable y está determinada por las condiciones locales de humedad. Posteriormente es colonizada por un matorral cuya composición también es variable. La primera asociación forestal que sigue a los matorrales está compuesta por *Gevuina*, *Lomatia* y *Escallonia* para, en una fase posterior, restablecerse la asociación original de *Araucaria araucana* y *Nothofagus dombeyi* [938]. Cuando los incendios no son tan intensos puede producirse un proceso sucesional secundario que se inicia en un estado intermedio de la secuencia descrita. De acuerdo con Veblen [1593] y Veblen *et al.* [1604], la regeneración de bosques de *Araucaria* - *Nothofagus* en Nahuelbuta es gatillada por la formación de claros, siendo la regeneración de las especies de *Nothofagus* dependiente de la formación de grandes claros; no se reportan evidencias de reemplazo mutuo, ya que en bosques en estados sucesionales maduros ambas especies codominan en ausencia de perturbaciones de gran escala.

Distribución: Laderas altas y cumbres de la cordillera de Nahuelbuta (regiones del Biobío y de La Araucanía), 900–1.400 m, bajo la influencia de los pisos bioclimáticos supratemplado inferior (submediterráneo) hiperhúmedo hiperoceánico.

Itc: 140–187; Tp: 858–1039; Io: 15,02–18,68; Ic: 8,5–9,5; T: 7,1–8,6; P: 1849–2060; EP: 869–942.

Referencias: 30, 89, 219, 233, 357, 362, 382, 400, 460, 517, 522, 586, 739, 913, 932, 938, 973, 1014, 1097, 1283, 1288, 1447, 1593, 1604, 1608, 1682.

Figura 39: Bosque resinoso templado costero de Araucaria araucana *(piso de vegetación P74).* Cordillera de Nahuelbuta (Región de La Araucanía), Enero 2016 (Foto: F. Luebert).

P75. Bosque resinoso templado andino de *Araucaria araucana - Nothofagus dombeyi*

Descripción: Bosque perennifolio dominado por *Araucaria araucana* y *Nothofagus dombeyi*. En el estrato arbustivo se encuentran *Chusquea culeou*, *Raukaua laetevirens*, *fulgens* y *Drimys andina* como especies principales y la estrata herbácea está compuesta entre otras especies por *Adenocaulon chilense* y *Lagenophora hirsuta*. Corresponde a una situación transicional entre los bosques de *Nothofagus dombeyi* y *Gaultheria phillyreifolia* y los de *Araucaria araucana* y *Nothofagus pumilio*, por lo que el elenco florístico está conformado por especies de ambas situaciones y aparentemente es de gran diversidad.

Comunidades zonales: *Araucanetum araucanum* [1118, 1119], Tipo *Araucaria araucana* [1608], *Araucaria araucana - Nothofagus dombeyi* [522], *Gaultherio - Nothofagetum dombeyi araucarietosum* [466], *Nothofago obliquae - Prumnopitydetum andinae* [57].

Composición florística: *Adenocaulon chilense*, *Araucaria araucana*, *Berberis microphylla*, *Chusquea culeou*, *Desfontainia fulgens*, *Drimys andina*, *Embothrium coccineum*, *Escallonia virgata*, *Gaultheria mucronata*, *Lagenophora hirsuta*, *Libertia chilensis*, *Lycopodium magellanicum*, *Macrachaenium gracile*, *Maytenus magellanica*, *Myoschilos oblongum*, *Nothofagus dombeyi*, *Osmorhiza chilensis*, *Raukaua laetevirens* (véase ref. 466).

Dinámica: Los sitios que han sido sometidos a perturbaciones masivas como volcanismo e incendios son colonizados con éxito por *Nothofagus*, bajo cuyo dosel puede regenerar *Araucaria* y permanecer en el sotobosque gracias a su mayor tolerancia a la sombra, lo que también ocurre después de la formación de pequeños claros. Los individuos de *Araucaria* que permanecen bajo dosel, sin embargo, pueden liberarse y acceder al dosel superior después de múltiples episodios de formación de claros. Este patrón conduce a estructuras multietáneas para *Araucaria araucana*, que regenera esporádicamente. La estrategia reproductiva de largo plazo de *Araucaria* como adaptación a condiciones ambientales rigurosas contrasta con la de *Nothofagus*, más oportunista y que depende de la frecuencia de perturbaciones [1593, 1604], generando un traslape de escalas temporales asociado a la diferente longevidad de ambas especies.

Distribución: Laderas altas de la cordillera de los Andes de las regiones del Biobío y de La Araucanía, entre 1.200 y 1.600 m. Está asociado al piso bioclimático supratemplado (submediterráneo) hiperhúmedo hiperoceánico y oceánico.

Itc: 92–154; Tp: 731–974; Io: 14,34–22,42; Ic: 10,7–12,8; T: 6,0–8,1; P: 1470–2385; EP: 866–1072.

Referencias: 57, 466–468, 517, 522, 539, 586, 600, 601, 780, 794, 932, 973, 977, 1048, 1118, 1119, 1187, 1247, 1305, 1443, 1577, 1593, 1604, 1608, 1683.

P76. Bosque resinoso mediterráneo-templado andino de *Araucaria araucana / Festuca scabriuscula*

Descripción: Bosque muy abierto donde destaca la presencia de *Araucaria araucana* en un estrato arbóreo muy disperso bajo el que se encuentra muy bien diferenciada una estrata inferior con plantas arbustivas y herbáceas propias de la pradera andina como

Festuca scabriuscula, *Poa obvallata* y *Quinchamalium chilense*. Ocasionalmente pueden estar presentes *Nothofagus pumilio* y *N. antarctica*, pero con abundancias bajas.

Comunidades zonales: *Carici - Araucarietum* [409, 1014, 1247], *Araucaria araucana - Poa obvallata* [938], *Araucaria araucana - Festuca scabriuscula* [158, 522], *Baccharis patagonica - Stipa neaei*, *Nothofagus obliqua - Baccharis obovata* [522], *Nothofagus antarctica - Pernettya pumila*, *Chusquea argentina - Acaena ovalifolia* (ruderal) [158], *Nothofago obliquae - Prumnopitydetum andinae* [57].

Unidades intrazonales: I14, Herbazales de vegas altoandinas; I23, Matorral espinoso ripario.

Unidades extrazonales: E21, Turbera de *Astelia pumila - Donatia fascicularis*.

Composición florística: *Adesmia emarginata*, *Araucaria araucana*, *Azara alpina*, *Codonorchis lessonii*, *Embothrium coccineum*, *Empetrum rubrum*, *Escallonia virgata*, *Festuca scabriuscula*, *Gaultheria poeppigii*, *G. pumila*, *Lycopodium magellanicum*, *Maytenus disticha*, *Nothofagus antarctica*, *N. pumilio*, *Perezia pedicularidifolia*, *Poa obvallata*, *Quinchamalium chilense*, *Ribes cucullatum*, *Senecio bipontinii*, *Valeriana fonckii* (véase ref. 938).

Dinámica: Se ha señalado que en estos tipos de bosques el fuego afecta la dinámica del estrato herbáceo y arbustivo, pero que los ejemplares de *Araucaria* sobreviven a los incendios [187, 1604], ya que debido a la estructura del bosque no existe combustible suficiente ni un estrato arbóreo que permita que el fuego alcance la altura de las copas. El fuego actúa como un promotor de la coexistencia entre especies arbóreas y arbustivas [187]. Se ha postulado que estos bosques se encuentran en retroceso debido a cambios climáticos que tienden a una aridización progresiva [748]. Por el contrario, también se ha sugerido que la estructura de los rodales de *Araucaria* indica una dinámica de largo plazo como adaptación a ambientes rigurosos frecuentemente perturbados [1604].

Distribución: Laderas y mesetas altas de la vertiente oriental de la cordillera de los Andes, entre 800 y 1.500 m, de la región de La Araucanía, Chile, en los pisos bioclimáticos supratemplado inferior (submediterráneo) húmedo superior e hiperhúmedo inferior oceánico. Se encuentra también en las zonas adyacentes de la provincia de Neuquén, Argentina.

Itc: 124–198; Tp: 886–1153; Io: 11,05–17,60; Ic: 12,3–13,2; T: 7,3–9,6; P: 1000–1893; EP: 1025–1147.

Referencias: 57, 158, 187, 409, 517, 522, 586, 688, 748, 932, 938, 1014, 1331, 1336, 1573, 1604.

P77. Bosque resinoso templado costero de *Fitzroya cupressoides*

Descripción: Corresponde a un complejo de comunidades vegetales ubicadas en las altas cumbres de las cordilleras Pelada, Sarao y Piuchué. Destaca la presencia de los bosques de *Fitzroya cupressoides*, pero también es posible identificar comunidades boscosas de *Pilgerodendron uviferum*, de *Nothofagus nitida* y de *N. betuloides*, y comunidades turbosas bajas de *Lepidothamnus fonkii* y de *N. antarctica*. En los bosques de *Fitzroya* el elenco florístico está constituido por *Philesia magellanica*, *Blechnum magellanicum*,

Berberis serratodentata, *Chusquea montana*, *Oreobolus obtusangulus*, *Tepualia stipularis* y *Desfontainia fulgens* como especies diferenciales. Ha estado sometido a fuerte explotación, de modo que en algunos sectores es posible observar grandes extensiones de bosques quemados en pie.

Comunidades zonales: *Fitzroyetum* (*Fitzroyetum cupressoidis*) [688, 1014, 1118, 1119, 1240, 1247, 1256, 1257, 1268, 1394, 1465, 1552, 1608], Matorral de *Baccharis magellanica* (ruderal) [1256], Tipo *Fitzroya cupressoides* [1608], *Nothofagetum nitidae* [1240, 1247, 1257, 1268], *Fitzroya cupressoides - Tepualia stipularis*, *Fitzroya cupressoides - Oreobolus obtusangulus*, *Nothofagus nitida - Podocarpus nubigenus* [522], *Luzuriago polyphyllae - Nothofagetum nitidae* [53], *Lomatio ferrugineae - Amomyrtetum lumae* [54].

Unidades intrazonales: I18, Turberas ácidas.

Unidades extrazonales: E13, Matorral arborescente caducifolio edafohigrófilo de *Nothofagus antarctica*; E18, Bosque resinoso de *Pilgerodendron uviferum*; E20, Bosque siempreverde de *Nothofagus betuloides*; E22, Turbera de *Sphagnum magellanicum*.

Composición florística: *Asteranthera ovata*, *Berberis serratodentata*, *Blechnum magellanicum*, *Campsidium valdivianum*, *Chusquea montana*, *Desfontainia fulgens*, *Drimys winteri*, *Embothrium coccineum*, *Fitzroya cupressoides*, *Hymenophyllum pectinatum*, *Lomatia ferruginea*, *Lycopodium gayanum*, *L. paniculatum*, *Maytenus magellanica*, *Myoschilos oblongum*, *Nothofagus betuloides*, *Oreobolus obtusangulus*, *Philesia magellanica*, *Podocarpus nubigenus*, *Saxegothaea conspicua*, *Sticherus quadripartitus*, *Tepualia stipularis*, *Ugni candollei* (véanse refs. 364, 1256).

Dinámica: Los antecedentes disponibles indican que la regeneración de *Fitzroya cupressoides* en bosques poco alterados es bastante abundante en los claros, mostrando una estructura multietánea que tiende al autorreemplazo en los niveles altitudinales superiores, a pesar de que las otras especies del elenco florístico arbóreo también presentan altos montos de regeneración y son mejores competidores en altitudes medias. En bosques explotados la regeneración de *Fitzroya* varía en relación con el método de explotación [369, 1597]. Devall *et al.* [309] no encontraron una relación entre el deterioro del clima y la reducción de *Fitzroya cupressoides* en el último siglo.

Distribución: Cumbres de la cordillera costera de las regiones de Los Ríos y de Los Lagos, 300–950 m, en los pisos bioclimáticos supratemplado inferior hiperhúmedo superior y ultrahiperhúmedo hiperoceánico.

Itc: 140–183; Tp: 869–1032; Io: 20,72–24,55; Ic: 5,9–6,9; T: 7,2–8,6; P: 1950–2202; EP: 644–716.

Referencias: 53, 54, 73, 89, 152, 218, 274, 309, 357, 364, 369, 413, 517, 522, 667, 688, 739, 806, 878–880, 1014, 1064, 1064, 1068, 1077, 1084, 1093, 1097, 1118, 1119, 1206, 1219, 1225, 1227, 1240, 1256, 1257, 1268, 1269, 1288, 1371, 1392, 1394, 1443, 1465, 1490, 1518, 1526, 1552, 1578, 1589, 1597, 1608, 1627, 1683, 1694.

P78. Bosque resinoso templado andino de *Fitzroya cupressoides*

Descripción: Bosque perennifolio dominado por la conífera *Fitzroya cupressoides*, el que puede estar acompañado por *Podocarpus nubigenus* y *Nothofagus nitida* o *N. be-*

tuloides en el estrato arbóreo intermedio. Las estratas arbórea baja y arbustiva se componen típicamente por *Gevuina avellana*, *Chusquea macrostachya*, *Drimys andina*, *Embothrium coccineum*, *Desfontainia fulgens*, *Ugni molinae* y *U. candollei*, entre otras. La estrata herbácea es pobre y se compone principalmente por helechos (*e.g.* *Synammia feuillei*, *Hymenophyllum pectinatum*) y algunas Ciperáceas, mientras que las epífitas *Philesia magellanica*, *Asteranthera ovata* y *Campsidium valdivianum* son muy frecuentes.

Comunidades zonales: *Fitzroyetum* (*Fitzroyetum cupressoidis*) [688, 1014, 1118, 1119, 1247, 1465, 1498, 1552, 1608, 1641], *Nothofagetum dombeyi fitzroyetosum* [1623], Tipo *Fitzroya cupressoides* [1608], *Fitzroya cupressoides - Nothofagus betuloides*, *Fitzroya cupressoides - Nothofagus nitida*, *Fitzroya cupressoides - Tepualia stipularis* [522].

Unidades intrazonales: I14, Herbazales de vegas altoandinas.

Unidades extrazonales: E18, Bosque resinoso de *Pilgerodendron uviferum*.

Composición florística: *Amomyrtus luma*, *Asplenium dareoides*, *Asteranthera ovata*, *Berberis trigona*, *Azara lanceolata*, *Blechnum magellanicum*, *Campsidium valdivianum*, *Chusquea macrostachya*, *Crinodendron hookerianum*, *Desfontainia fulgens*, *Drimys andina*, *Embothrium coccineum*, *Escallonia rubra*, *Fitzroya cupressoides*, *Gaultheria phillyreifolia*, *G. poeppigii*, *Gevuina avellana*, *Hydrangea serratifolia*, *Hymenophyllum pectinatum*, *Maytenus magellanica*, *Mitraria coccinea*, *Myrceugenia chrysocarpa*, *M. parvifolia*, *Nothofagus betuloides*, *N. dombeyi*, *N. nitida*, *Philesia magellanica*, *Podocarpus nubigenus*, *Raukaua laetevirens*, *Saxegothaea conspicua*, *Synammia feuillei*, *Tepualia stipularis*, *Ugni candollei*, *U. molinae* (véase ref. 364).

Dinámica: Los patrones observados muestran que la regeneración de *Fitzroya cupressoides* es abundante en los claros y sitios desnudos, mientras que la de otras especies dominantes como *Nothofagus nitida* presentan regeneración continua incluso bajo dosel, lo que permitiría especular acerca de la mantención del bosque en el tiempo con una estructura multietánea de las especies dominantes. *Fitzroya cupressoides* parece comportarse como colonizador de áreas perturbadas, ya sea por explotación o por causas naturales como deslizamientos [369]. La longevidad de *Fitzroya* contrasta con la del resto del elenco arbóreo, de modo que una generación de esta especie puede coexistir con varias del resto de las especies. *Fitzroya cupressoides* regenera por vía sexual y vegetativa, encontrándose un aumento de la regeneración vegetativa positivamente correlacionado con la elevación [1037].

Distribución: Laderas medias y altas de la cordillera de los Andes de la región de Los Lagos y zonas adyacentes de Argentina, entre 150 y 1.300 m, bajo la influencia de los pisos bioclimáticos supratemplado y orotemplado inferior hiperhúmedo y ultrahiperhúmedo hiperoceánico.

Itc: 70–181; Tp: 710–1120; Io: 16,28–28,23; Ic: 9,3–11,1; T: 5,9–9,3; P: 1587–2175; EP: 748–920.

Referencias: 262, 357, 364, 369, 403, 517, 522, 688, 780, 1014, 1037, 1097, 1118, 1119, 1209, 1247, 1288, 1331, 1443, 1465, 1498, 1552, 1578, 1608, 1623, 1641.

P79. Bosque resinoso templado costero de *Pilgerodendron uviferum - Tepualia stipularis*

Descripción: Bosque resinoso siempreverde dominado y caracterizado por *Pilgerodendron uviferum*, *Tepualia stipularis* y *Drimys winteri*, con presencia también importante de *Weinmannia trichosperma* en la estrata arbórea, *Berberis ilicifolia*, *Lomatia ferruginea* y *Desfontainia fulgens* en la estrata arbustiva y *Blechnum cordatum*, *Philesia magellanica*, *Sticherus quadripartitus* y *Lebetanthus myrsinites* en el piso del bosque.

Comunidades zonales: *Pilgerodendronetum* [1014, 1465], Tipo *Tepualia - Pilgerodendron* [1608], Bosque de *Aextoxicon punctatum* [1063], *Pilgerodendron uviferum - Philesia magellanica*, *Pilgerodendron uviferum - Tepualia stipularis* [522].

Composición florística: *Berberis ilicifolia*, *Blechnum cordatum*, *Campsidium valdivianum*, *Desfontainia fulgens*, *Drimys winteri*, *Embothrium coccineum*, *Gaultheria mucronata*, *Gevuina avellana*, *Lebetanthus myrsinites*, *Lomatia ferruginea*, *Myrceugenia parvifolia*, *Nothofagus betuloides*, *N. nitida*, *Philesia magellanica*, *Pilgerodendron uviferum*, *Podocarpus nubigenus*, *Raukaua laetevirens*, *Saxegothaea conspicua*, *Sticherus quadripartitus*, *Tepualia stipularis*, *Weinmannia trichosperma* (véase ref. 280).

Dinámica: Los antecedentes indican que el bosque tiende a mantenerse en el tiempo debido a la regeneración continua de *Pilgerodendron uviferum*, lo que se traduce en estructuras de bosque multietáneo donde el dosel arbóreo no es capaz de impedir la regeneración en el piso del bosque. Sin embargo, cuando *Tepualia stipularis* es muy abundante puede inhibir la regeneración de *Pilgerodendron*, que se mantiene gracias a su capacidad de reproducirse vegetativamente pero que finalmente es completamente reemplazado. Sin embargo, la presencia de bosques maduros de *Pilgerodendron*, con árboles longevos de más de 800 años, indican que este bosque es un estado sucesional avanzado que se mantiene en el tiempo [142]. La intervención por incendios reiterados produce tales cambios en el suelo que el bosque no es capaz de volver a instalarse en esos sitios [143, 280]. Al igual que en otros bosques dominados por *Pilgerodendron*, las variaciones del nivel freático podrían producir cambios en la regeneración de *Pilgerodendron*, donde esta especie parece tener un óptimo de regeneración en un rango intermedio del nivel freático respecto a *Nothofagus nitida* y las especies de turberas.

Distribución: Sectores de pendiente suave y planos inundados del sur de la isla de Chiloé, región de Los Lagos, 0–350 m, piso bioclimático mesotemplado superior hiperhúmedo hiperoceánico.

Itc: 191–227; Tp: 1124–1247; Io: 15,04–18,87; Ic: 5,5–6,5; T: 9,3–10,3; P: 1833–2262; EP: 654–735.

Referencias: 139, 140, 142–144, 280, 357, 517, 522, 1014, 1035, 1063, 1206, 1443, 1465, 1476, 1477, 1608.

P80. Bosque resinoso templado costero de *Pilgerodendron uviferum / Astelia pumila*

Descripción: Bosque resinoso, en general muy abierto, en el que domina *Pilgerodendron uviferum*, que en ocasiones asume una fisionomía arbustiva. Bajo la cubierta de *Pilgerodendron* hay una sinusia de plantas pulvinadas sobre un sustrato turboso, donde las especies más frecuentes son *Astelia pumila*, *Donatia fascicularis* y *Oreobolus obtusangulus*.

Comunidades zonales: *Pilgerodendronetum* [1014], *Pilgerodendron uviferum - Astelia pumila, Pilgerodendron uviferum - Tepualia stipularis* [522]

Unidades extrazonales: E16, Bosque laurifolio de *Laureliopsis philippiana - Weinmannia trichosperma*; E21, Turbera de *Astelia pumila - Donatia fascicularis.*

Composición florística: *Astelia pumila, Asteranthera ovata, Baccharis magellanica, Blechnum magellanicum, Campsidium valdivianum, Desfontainia fulgens, Donatia fascicularis, Drimys winteri, Drosera uniflora, Embothrium coccineum, Gaultheria mucronata, Griselinia ruscifolia, Lebetanthus myrsinites, Lomatia ferruginea, Luzuriaga radicans, Mitraria coccinea, Myrteola nummularia, Nothofagus antarctica, N. betuloides, N. nitida, Oreobolus obtusangulus, Philesia magellanica, Pilgerodendron uviferum, Podocarpus nubigenus, Raukaua laetevirens, Tepualia stipularis, Weinmannia trichosperma* (véase ref. 1288).

Dinámica: Al igual que en otros tipos de bosques, el fuego parece tener gran importancia en la dinámica de este piso vegetacional. Los datos sugieren que los incendios han ocurrido en la zona desde antes de la colonización europea, y que *Pilgerodendron* es capaz de recolonizar los sitios incendiados siempre que no ocurran nuevos incendios que modifiquen sustancialmente el suelo, tal como ha ido ocurriendo con posterioridad a la colonización europea. Variaciones en los niveles freáticos producen también variaciones en el bosque, con expansión y regeneración abundante de *Pilgerodendron* con el incremento del nivel freático debido a procesos tectónicos, lo que a su vez produciría una declinación en la abundancia de otras especies como *Weinmannia trichosperma* y *Podocarpus nubigenus* (*cf.* refs. 357, 645, 646, 1525). La regeneración de *Pilgerodendron* puede verse favorecida en los montículos formados por especies de turbera, donde la cantidad de agua es menor y la cantidad de materia orgánica es mayor que en los sitios desnudos.

Distribución: En las islas del archipiélago de Los Chonos, región de Aisén, 0–750 m, en los pisos bioclimáticos mesotemplado superior y supratemplado inferior hiperhúmedo superior y ultrahiperhúmedo hiperoceánico.

Itc: 124–217; Tp: 800–1143; Io: 23,05–30,11; Ic: 5,8–7,9; T: 6,6–9,5; P: 2496–2999; EP: 543–660.

Referencias: 357, 517, 522, 645, 646, 1014, 1035, 1288, 1443, 1476, 1525.

Distribución extrazonal de bosques resinosos de coníferas

E17. Bosque resinoso de *Fitzroya cupressoides*

Descripción: Corresponde a bosques de *Fitzroya cupressoides* de los pisos de vegetación P77 y P78, que se encuentran en áreas de la depresión intermedia sobre suelos pobremente drenados, donde la matriz está constituida por bosques siempreverdes. Se ha sugerido que estos bosques estaban ampliamente repartidos en esta zona previo a la colonización española [487].

Comunidades incluidas: *Fitzroya cupressoides forest* [487], *Fitzroyetum* [1014].

Pisos de vegetación: Bosque siempreverde (P84).

E18. Bosque resinoso de *Pilgerodendron uviferum*

Descripción: Bosques de *Pilgerodendron uviferum* de los pisos de vegetación P79 y P80, que se distribuyen hacia el sur y norte de su rango zonal sobre suelos turbosos, en áreas generalmente planas y de drenaje pobre, en ocasiones ocupando amplias extensiones de terreno. Se encuentran en áreas donde la matriz está constituida por bosques caducifolios, laurifolios y siempreverdes, o turberas. También han sido mencionados para áreas de bosque resinoso dominadas por *Fitzroya cupressoides*.

Comunidades incluidas: *Pilgerodendrum uviferum - Astelia pumila*, *Pilgerodendrum uviferum - Philesia magellanica*, *Pilgerodendrum uviferum - Tepualia stipularis* [522], Asociación *Pilgerodendron uviferum* [1123], Bosque de *Pilgerodendron uviferum* [1496], Bosque pantanoso con *Pilgerodendron uviferum* [1179], *Pilgerodendronetum uviferae* [903, 1014, 1257, 1268, 1465, 1641], *Coniferen - Moorgebüsch* [1227], *Empetro - Pilgerodendronetum uviferae* [1389, 1617], Bosque de *Pilgerodendron uviferum* [1526], *Saxegothaea - Weinmannietum pilgerodendroneetosum* [1623], *Libocedrus - Dacrydium* Ass. [1476].

Pisos de vegetación: Bosque caducifolio (P54, P59, P63); Bosque laurifolio (P72); Bosque resinoso de coníferas (P77, P78); Bosque siempreverde (P81, P82, P84, P85, P91); Matorral siempreverde (P92); Turberas (P94).

Bosque siempreverde

Esta formación incluye la vegetación dominada por especies de *Nothofagus* siempreverdes (*N. betuloides*, *N. dombeyi*, *N. nitida*). En su área más septentrional, *Nothofagus dombeyi* es la especie dominante, ubicándose en sectores montañosos de la cordillera de los Andes y contactando con formaciones de bosque caducifolio [408]. Más al sur, *Nothofagus nitida* es la especie dominante, ocupando sectores relativamente más fríos pero de baja continentalidad [53]. En áreas aun más frías, la especie dominante es *Nothofagus betuloides* [1181]. Bosques de estas tres especies se sobreponen espacialmente en las áreas de transición y en algunos casos la diferenciación entre ellas no es clara. En estos bosques la presencia de coníferas como *Austrocedrus chilensis*, *Podocarpus nubigenus* y *Saxegothaea conspicua* puede llegar a ser importante [1601].

P81. Bosque siempreverde templado andino de *Nothofagus dombeyi / Gaultheria phillyreifolia*

Descripción: Bosque perennifolio dominado por *Nothofagus dombeyi* en la estrata superior y con una estrata arbustiva donde *Gaultheria phillyreifolia* es muy abundante. El estrato arbóreo intermedio está compuesto por *Saxegothaea conspicua*, *Weinmannia trichosperma* y ocasionalmente *Araucaria araucana* e incluso *Nothofagus pumilio* que son componentes de los niveles altitudinales superiores. Además de *Gaultheria*, en el estrato arbustivo están presentes *Azara lanceolata*, *Blechnum magellanicum*, *Chusquea culeou*, *Desfontainia fulgens* y *Fuchsia magellanica* y la estrata herbácea por *Hymenophyllum tortuosum*, *Grammitis magellanica* y *Nertera granadensis*. Entre las epífitas destaca la presencia de *Asteranthera ovata*. En las partes más altas presenta una fuerte influencia florística del bosque de *Araucaria araucana* y *Nothofagus pumilio*.

Comunidades zonales: *Chrysosplenio - Nothofagetum* [1014], Bosque de coigüe rico en especies [1228], Tipo *Nothofagus dombeyi - N. pumilio* [1608, 1610], *Nothofagus dombeyi - Gaultheria phillyreifolia* [522], *Gaultherio phillyreifoliae - Nothofagetum dombeyi* [466], *Nothofagus dombeyi - Nothofagus pumilio* [158], *Rhaphithamno spinosi - Aristotelietum chilensis*, *Azaro microphyllae - Aristotelietum chilensis*, *Aristotelio chilensis - Fuchsietum magellanicae* [54].

Unidades intrazonales: I11, Bosques pantanosos.

Unidades extrazonales: E18, Bosque resinoso de *Pilgerodendron uviferum.*

Composición florística: *Araucaria araucana*, *Asteranthera ovata*, *Azara lanceolata*, *Berberis trigona*, *Blechnum magellanicum*, *Chusquea culeou*, *Desfontainia fulgens*, *Drimys andina*, *Dysopsis glechomoides*, *Fuchsia magellanica*, *Gaultheria phillyreifolia*, *Grammitis magellanica*, *Hydrangea serratifolia*, *Hymenophyllum tortuosum*, *Myrceugenia chrysocarpa*, *M. ovata*, *Nertera granadensis*, *Nothofagus dombeyi*, *N. pumilio*, *Osmorhiza chilensis*, *Polystichum multifidum*, *Ribes magellanicum*, *Saxegothaea conspicua*, *Uncinia phleoides*, *Viola maculata*, *Weinmannia trichosperma* (véase ref. 466).

Dinámica: Su dinámica podría responder a la que ha sido estudiada en general para los bosques dominados por *Nothofagus dombeyi* (*cf.* piso de vegetación P82: Bosque siempreverde templado andino de *Nothofagus dombeyi - Saxegothaea conspicua*), en los que la regeneración de la especie está completamente determinada por la frecuencia de perturbaciones de gran escala, lo que conduce a bosques coetáneos. En ausencia de perturbaciones *Nothofagus dombeyi* tiende a desaparecer en la medida que los individuos mueren por senescencia y la dominancia es asumida por otras especies capaces de regenerar bajo dosel (véanse refs. 1602–1604).

Distribución: Laderas altas de la cordillera andina de las regiones del Biobío, de La Araucanía y norte de Los Ríos y muy localmente en el área de Nahuel-Huapi en Argentina, entre 1.100 y 1.600 m, en los pisos bioclimáticos supratemplado y orotemplado hiperhúmedo hiperoceánico y oceánico. La zona norte de este piso de vegetación está bajo la variante bioclimática templada submediterránea.

Itc: 100–153; Tp: 763–969; Io: 16,37–23,66; Ic: 9,4–12,1; T: 6,3–8,0; P: 1863–2571; EP: 779–1031.

Referencias: 54, 158, 403, 408, 466, 467, 469, 517, 522, 539, 803, 903, 1007, 1014, 1228, 1331, 1602–1604, 1608, 1610.

P82. Bosque siempreverde templado andino de *Nothofagus dombeyi - Saxegothaea conspicua*

Descripción: Bosque siempreverde dominado por *Nothofagus dombeyi* en el estrato arbóreo superior y por *Saxegothaea conspicua*, *Podocarpus nubigenus*, *Laureliopsis philippiana* y ocasionalmente *Weinmannia trichosperma* en los estratos arbóreos intermedios. También pueden estar presentes *Amomyrtus luma*, *Dasyphyllum diacanthoides* y *Drimys winteri.* En la estrata arbustiva es común la presencia de *Chusquea culeou*, *Azara lanceolata*, *Ribes punctatum.* Las epífitas vasculares son muy importantes, siendo destacable la presencia de *Hydrangea serratifolia*, *Asteranthera ovata*, *Asplenium dareoides*, *Luzuriaga radicans*, *Griselinia racemosa* y de diversas especies de Hymenophyllaceae.

Comunidades zonales: *Nothofagus dombeyi - Saxegothaea* Ass. [1476], *Laurelio - Weinmannietum* [688, 1014, 1498, 1552, 1608, 1623, 1641], *Aristotelio - Fuchsietum* (ruderal), *Rhaphithamno - Aristotelietum* (ruderal) [1014], Bosque de *Nothofagus dombeyi* con *Saxegothaea conspicua* [403, 408], *Dombeyo - Eucryphietum saxegotheaeetosum* [1623, 1641], *Nothofagetum dombeyii*, *Saxegothaea - Weinmannietum* [1623], Tipo *Nothofagus dombeyi - Laurelia philippiana - Saxegothaea - Weinmannia* [1608, 1610], *Chrysosplenio - Nothofagetum* [1247], *Nothofagus dombeyi - Laureliopsis philippiana*, *Nothofagus dombeyi - Gevuina avellana* [522], *Rhaphithamno spinosi - Aristotelietum chilensis*, *Aristotelio chilensis - Fuchsietum magellanicae*, *Escallonio alpinae - Fuchsietum magellanicae* [54].

Unidades intrazonales: I14, Herbazales de vegas altoandinas; I28, Vegetación rupícola interior.

Unidades extrazonales: E18, Bosque resinoso de *Pilgerodendron uviferum*; E21, Turbera de *Astelia pumila - Donatia fascicularis*.

Composición florística: *Amomyrtus luma*, *Asplenium dareoides*, *Asteranthera ovata*, *Azara lanceolata*, *Blechnum blechnoides*, *Caldcluvia paniculata*, *Chusquea culeou*, *Dasyphyllum diacanthoides*, *Drimys winteri*, *Griselinia racemosa*, *Hydrangea serratifolia*, *Hymenoglossum cruentum*, *Hymenophyllum dentatum*, *H. pectinatum*, *Laureliopsis philippiana*, *Luma apiculata*, *Luzuriaga radicans*, *Megalastrum spectabile*, *Mitraria coccinea*, *Myrceugenia planipes*, *Nothofagus dombeyi*, *Podocarpus nubigenus*, *Raukaua laetevirens*, *Rhaphithamnus spinosus*, *Ribes punctatum*, *Saxegothaea conspicua*, *Weinmannia trichosperma* (véase ref. 1641).

Dinámica: En los bosques estudiados de este tipo no se observa regeneración de *Nothofagus dombeyi*, pero sí de otras especies, en particular *Saxegothaea conspicua* y *Laureliopsis philippiana*, sugiriendo que en ausencia de perturbaciones fuertes estas últimas especies tienden a reemplazar a la primera [1602, 1603, 1609]. El comportamiento general es similar al descrito para el piso de vegetación P73 (bosque laurifolio templado interior de *Nothofagus dombeyi - Eucryphia cordifolia*). Los matorrales de *Berberis* son comunidades antropogénicas de reemplazo en estos bosques [404, 408, 1014].

Distribución: Laderas occidentales medias de la cordillera de los Andes de las regiones de Los Ríos y de Los Lagos, penetrando marginalmente en algunos sectores andinos argentinos, entre 0 y 1.300 m, pisos bioclimáticos mesotemplado superior y supratemplado hiperhúmedo y ultrahiperhúmedo hiperoceánico.

Itc: 92–221; Tp: 817–1260; Io: 16,94–25,43; Ic: 9,3–10,8; T: 6,8–10,5; P: 1764–2359; EP: 782–927.

Referencias: 54, 205, 403, 404, 408, 517, 522, 688, 1029, 1248, 1286, 1306, 1331, 1476, 1498, 1529, 1552, 1602, 1603, 1608–1610, 1623, 1641, 1655.

P83. Bosque siempreverde templado andino de *Austrocedrus chilensis - Nothofagus dombeyi*

Descripción: Bosque perennifolio donde el estrato arbóreo superior está dominado por *Nothofagus dombeyi* que en ocasiones se encuentra acompañado por *Austrocedrus chilensis* que es más frecuente en una estrata arbórea inferior, junto con algunos ejemplares de *Lomatia hirsuta*. El estrato de arbustos altos es poco reconocible, generalmente compuesto por *Aristotelia chilensis* y *Schinus patagonica*, en tanto que una estrata arbustiva baja se presenta dominada por *Maytenus disticha*, *Berberis darwinii* y otras especies. La estrata herbácea es también pobre, generalmente con *Adenocaulon chilense*, *Acaena ovalifolia*, *Polystichum plicatum* y *Osmorhiza chilensis*.

Comunidades zonales: *Libocedrus chilensis* Ass., *Berberis empetrifolia* Ass. (ruderal) [1476], *Austrocedretum chilensii* [1118, 1119], *Austrocedro - Nothofagetum dombeyi* [403, 408, 1552], Tipo *Austrocedrus chilensis* [1608], *Austrocedrus chilensis - Lomatia hirsuta* [522].

Unidades extrazonales: E20, Bosque siempreverde de *Nothofagus betuloides*.

Composición florística: *Acaena ovalifolia*, *Adenocaulon chilense*, *Alstroemeria aurea*, *Aristotelia chilensis*, *Austrocedrus chilensis*, *Azara lanceolata*, *Berberis darwinii*, *B. trigona*, *Bromus catharticus*, *Calceolaria valdiviana*, *Carex patagonica*, *Chusquea culeou*, *Cystopteris fragilis*, *Diplolepis diemii*, *Gavilea glandulifera*, *G. odoratissima*, *Lomatia hirsuta*, *Luma apiculata*, *Maytenus boaria*, *M. disticha*, *Misodendrum gayanum*, *Mutisia decurrens*, *Nothofagus dombeyi*, *Osmorhiza chilensis*, *Polystichum plicatum*, *Relchela panicoides*, *Ribes valdivianum*, *Schinus patagonica*, *Uncinia phleoides*, *Vicia nigricans* (véase ref. 408).

Dinámica: Una de las mayores perturbaciones es el fuego, que produce gran mortalidad en individuos de *Austrocedrus* y cuya recurrencia parece estar influenciada por la actividad humana y las variaciones climáticas de corto y mediano plazo [757, 1604, 1605, 1642]. Tanto *Nothofagus dombeyi* como *Austrocedrus chilensis* son capaces de regenerar después de un incendio [1606]. La formación de grandes claros en bosques jóvenes y adultos permite la instalación de la regeneración de ambas especies conduciendo a estructuras multietáneas y asegurando el reemplazo del dosel. La hipótesis de que los bosques con *Austrocedrus* se encuentran en retroceso debido a una progresiva aridización climática [748] ha sido rebatida sobre la base de datos de regeneración en el límite del bosque con la estepa y estudios palinológicos [1607]. La presión por herbivoría puede producir cambios en la composición y estructura de la vegetación (*e.g.*, incremento en la abundancia de *Berberis* spp., véase ref. 404) y afectar dramáticamente la regeneración de *Austrocedrus*, como se ha reportado para la Patagonia norte, afectando la persistencia del bosque en el largo plazo [1290]. El "Arrayanal", bosquecillos dominados por *Luma apiculata*, es la última fase de degradación de este piso de vegetación bajo condiciones de pastoreo intensivo, según se ha reportado para Argentina [407].

Distribución: Marginalmente representado en Chile en algunos sectores del sur de la región de Los Lagos, entre 200 y 1.200 m, piso bioclimático supratemplado hiperhúmedo oceánico. Su mayor área de dispersión se encuentra en las laderas de la vertiente oriental de la cordillera de los Andes de las provincias de Neuquén y Río Negro en Argentina, 800–1.100 m.

Itc: 98–179; Tp: 899–1177; Io: 13,24–19,58; Ic: 11,2–11,9; T: 7,4–9,8; P: 1404–2073; EP: 865–976.

Referencias: 205, 271, 312, 357, 403–405, 407, 408, 435, 436, 517, 522, 756, 757, 780, 1042, 1043, 1118, 1119, 1290, 1331, 1459, 1552, 1594, 1604–1608, 1642, 1659.

P84. Bosque siempreverde templado interior de *Nothofagus nitida* - *Podocarpus nubigenus*

Descripción: Vegetación boscosa dominada por *Nothofagus nitida* y *Podocarpus nubigenus*, que se encuentra asociada a zonas frías de laderas altas, zonas costeras y alrededores de ríos y canales interiores (Figura 40). Son también frecuentes *Drimys winteri*, *Saxegothaea conspicua*, *Amomyrtus luma* y *Weinmannia trichosperma* como componentes arbóreos, *Tepualia stipularis*, *Desfontainia fulgens*, *Raukaua laetevirens* y *Chusquea quila* en la estrata arbustiva, *Nertera granadensis* en la estrata herbácea y las epífitas *Mitraria coccinea* y *Asteranthera ovata*. En los sectores donde el régimen térmico es aún más frío es posible encontrar bosquetes de *Nothofagus antarctica*. En algunos sectores de la zona interior del archipiélago de Chiloé el bosque está dominado por *Eucryphia cordifolia* y *Laureliopsis philippiana*, sin *Nothofagus*, mientras que en la depresión intermedia de los alrededores de Puerto Montt existen algunos bosquetes de *Fitzroya cupressoides*. En la parte noroeste de la Isla Grande de Chiloé también se encuentran bosques laurifolios sin *Nothofagus*. Las principales comunidades de reemplazo cuando el bosque ha sido alterado son las de *Fuchsia magellanica* - *Aristotelia chilensis*, o bien un conjunto diversificado de comunidades pratenses asociadas al ganado.

Comunidades zonales: *Nothofagus dombeyi* Ass., *Eucryphia* - *Myrceugenia* Ass., *Nothofagus nitida* Ass., *Nothofagus nitida* - *Libocedrus* Ass. [1476], *Nothofagetum nitidum* [1118, 1119], *Blechno* - *Pernettyetum mucronatae*, *Empetro* - *Pernettyetum mucronatae*, *Violo* - *Avenetum fatuae* (ruderal), *Sisymbrio* - *Crisietum* (ruderal), *Rumicetum chilensis* (ruderal), *Aristotelio* - *Fuchsietum* (ruderal), *Rhaphithamno* - *Aristotelietum* (ruderal) [1014], Tipo *Nothofagus nitida* - *Saxegothaea* - *Podocarpus nubigenus* - *Weinmannia* [1608, 1610], *Rubo* - *Ulicetum* (ruderal), *Gleichenio* - *Myteoletum nummulariae* [685], *Nothofagetum nitidae* [1247, 1248], *Lophosoria quadripinnata* - Ges. [687], *Nothofagus nitida* - *Podocarpus nubigenus*, *Nothofagus nitida* - *Tepualia stipularis*, *Chusquea quila* - *Fuchsia magellanica* (ruderal), *Luma apiculata* - *Laureliopsis philippiana* (ruderal), *Rubus ulmifolius* - *Ulex europaeus* (ruderal), *Berberis buxifolia* - *Rhaphithamnus spinosus* (ruderal), *Holcus lanatus* - *Agrostis tenuis* (ruderal), *Plantago major* - *Poa annua* (ruderal pratense), *Sisymbrium officinale* - *Dactylis glomerata* (ruderal), *Avena barbata* - *Rumex acetosella* (ruderal) [522], *Luzuriago polyphyllae* - *Nothofagetum nitidae* [53, 1389, 1498, 1617], *Lomatio ferrugineae* - *Amomyrtetum lumae* [54].

Unidades intrazonales: I2, Vegetación acuática natante; I3, Vegetación acuática sumergida; I5, Vegetación de playas; I6, Vegetación de dunas litorales; I7, Vegetación de roqueríos y farellones costeros; I10, Vegetación halófila intermareal (marismas); I11, Bosques pantanosos; I12, Pastizales y herbazales semiacuáticos; I13, Vegetación herbácea de lagunas efímeras; I24, Matorral siempreverde ripario; I26, Comunidades herbáceas riparias; I28, Vegetación rupícola interior; I31, Vegetación de cavernas.

Figura 40: Bosque siempreverde templado interior de Nothofagus nitida - Podocarpus nubigenus *(piso de vegetación P84).* Río Baker (Región de Aisén), Enero 2015 (Foto: F. Luebert).

Unidades extrazonales: E15, Bosque laurifolio de *Aextoxicon punctatum*; E17, Bosque resinoso de *Fitzroya cupressoides*; E18, Bosque resinoso de *Pilgerodendron uviferum*; E21, Turbera de *Astelia pumila - Donatia fascicularis*; E22, Turbera de *Sphagnum magellanicum*.

Composición florística: *Amomyrtus luma*, *Asplenium dareoides*, *Asteranthera ovata*, *Caldcluvia paniculata*, *Chusquea quila*, *Crinodendron hookerianum*, *Desfontainia fulgens*, *Drimys winteri*, *Embothrium coccineum*, *Eucryphia cordifolia*, *Fascicularia bicolor*, *Gaultheria mucronata*, *Gevuina avellana*, *Hebe salicifolia*, *Hymenoglossum cruentum*, *Hymenophyllum caudiculatum*, *H. pectinatum*, *H. ferrugineum*, *Laureliopsis philippiana*, *Luma apiculata*, *Lomatia ferruginea*, *Luzuriaga polyphylla*, *L. radicans*, *Mitraria coccinea*, *Myrceugenia planipes*, *Nertera granadensis*, *Nothofagus nitida*, *Philesia magellanica*, *Podocarpus nubigenus*, *Raukaua laetevirens*, *Sarmienta scandens*, *Saxegothaea conspicua*, *Tepualia stipularis*, *Weinmannia trichosperma* (véanse refs. 418, 470, 1139, 1282, 1542).

Dinámica: Los antecedentes sugieren que este bosque presenta una regeneración relativamente continua, en contraste con la mayoría de los bosques dominados por *Nothofagus* en Chile. Las zonas que se ven sometidas a perturbaciones de gran escala son generalmente colonizadas por *Nothofagus nitida* y *Embothrium coccineum*, las que permiten la colonización de especies más tolerantes bajo un dosel coetáneo. La formación permanente de claros favorece la regeneración de *Nothofagus nitida*, mientras que la otra especie dominante, *Podocarpus nubigenus*, más tolerante que *N. nitida*, es capaz de regenerar bajo dosel, lo que sugiere una relativa estabilidad del bosque [77, 626, 724, 1602]. Después de perturbaciones severas como incendios, el reclutamiento de las especies leñosas se ve favorecido por parches de vegetación ya existentes, en torno a los cuales la vegetación boscosa tiende a re-establecerse y expandirse [20]. El reclutamiento también se ve afectado por factores ambientales, siendo notable el drenaje del suelo [192, 318].

Distribución: Planos inundados de ñadis y laderas de las regiones de Los Lagos y de Aisén, 0–700 m, asociado a los pisos bioclimáticos mesotemplado y supratemplado inferior hiperhúmedo y ultrahiperhúmedo hiperoceánico.

Itc: 146–243; Tp: 979–1274; Io: 15,12–25,10; Ic: 6,5–10,0; T: 8,1–10,6; P: 1850–3031; EP: 678–895.

Referencias: 20, 39, 53, 54, 70, 73, 77, 89, 141, 192, 214, 253, 254, 301, 316–319, 357, 360, 363, 411, 418, 446, 463, 470, 487, 517, 522, 581, 582, 596, 625–629, 631, 685, 687, 698, 724, 769, 881, 913, 961, 975, 1014, 1035, 1038, 1065–1067, 1069, 1084, 1097, 1118, 1119, 1139, 1206, 1215, 1225, 1242, 1247, 1248, 1259, 1264, 1282, 1294, 1353, 1378, 1383, 1384, 1387, 1389, 1391, 1399, 1465, 1469, 1476, 1477, 1498, 1524, 1542, 1546, 1566, 1584, 1602, 1608, 1610, 1617, 1623, 1627.

P85. Bosque siempreverde templado interior de *Nothofagus betuloides / Desfontainia fulgens*

Descripción: Bosque siempreverde dominado por *Nothofagus betuloides*, *Drimys winteri* y *Podocarpus nubigenus* en el dosel superior. El estrato arbustivo se caracteriza por la presencia muy constante de *Desfontainia fulgens*, la que se ve acompañada por *Blechnum magellanicum*, *Fuchsia magellanica* y *Raukaua laetevirens*. Al nivel del suelo destaca la presencia de *Lebetanthus myrsinites* y las epífitas más importantes son *Philesia magellanica* y *Campsidium valdivianum*. Algunos trabajos [382, 850] mencionan a *Nothofagus dombeyi* como dominante en lugar de *N. betuloides*.

Comunidades zonales: *Nothofagus betuloides* Ass. [1476], *Nothofagetum betuloidis* [1014, 1617], *Lophosoria quadripinnata* - Ges. [687], *Nothofagus betuloides - Podocarpus nubigenus*, *Fuchsia magellanica - Aristotelia chilensis* (ruderal) [522].

Unidades intrazonales: I11, Bosques pantanosos; I24, Matorral siempreverde ripario.

Unidades extrazonales: E16, Bosque laurifolio de *Laureliopsis philippiana - Weinmannia trichosperma*; E18, Bosque resinoso de *Pilgerodendron uviferum*.

Composición florística: *Blechnum magellanicum*, *Campsidium valdivianum*, *Desfontainia fulgens*, *Drimys winteri*, *Fuchsia magellanica*, *Lebetanthus myrsinites*, *Luzuriaga marginata*, *Maytenus magellanica*, *Mitraria coccinea*, *Nothofagus betuloides*, *Philesia magellanica*, *Podocarpus nubigenus*, *Raukaua laetevirens*, *Weinmannia trichosperma*.

Dinámica: Aparentemente la cubierta arbustiva inhibe la regeneración de *Nothofagus betuloides*, pero esta especie parece ser capaz de regenerar en pequeños claros, a diferencia de las codominantes, especialmente *Podocarpus nubigenus* que regenera bien bajo dosel. En consecuencia y de forma similar a lo que ocurre en otros bosques de

Nothofagus, la frecuencia de perturbaciones de pequeña y gran escala está determinando la dinámica de este tipo de bosque, alternando fases de bosques dominados por un dosel coetáneo y fases de estructura multietánea asociadas respectivamente a perturbaciones masivas y a formación de claros dentro del bosque [357, 724, 1602, 1604]. La intervención antrópica conduce a formaciones de matorral dominadas por *Fuchsia magellanica* [522].

Distribución: Laderas altas de la vertiente occidental de los Andes de las regiones de Los Lagos y de Aisén, entre 0 y 1.100 m descendiendo hasta el nivel del mar en su rango de distribución sur. Se encuentra en los pisos bioclimáticos supratemplado y orotemplado inferior hiperhúmedo superior y ultrahiperhúmedo hiperoceánico.

Itc: 83–193; Tp: 673–1047; Io: 21,87–32,90; Ic: 7,9–10,0; T: 5,6–8,7; P: 2068–3171; EP: 576–810.

Referencias: 357, 382, 517, 522, 687, 724, 850, 1014, 1035, 1139, 1179, 1476, 1477, 1542, 1602, 1604, 1617.

P86. Bosque siempreverde templado andino de *Nothofagus betuloides - Laureliopsis philippiana*

Descripción: Bosque perennifolio donde *Nothofagus betuloides* domina en el dosel superior, junto a la que se desarrollan otras especies arbóreas como *Laureliopsis philippiana, Amomyrtus luma, Saxegothaea conspicua* o, más ocasionalmente, *Weinmannia trichosperma*. El estrato arbustivo está compuesto por *Azara lanceolata, Fuchsia magellanica, Ribes valdivianum* y *Chusquea culeou* como especies principales. La presencia de epífitas vasculares como *Mitraria coccinea, Hydrangea serratifolia* o *Luzuriaga radicans* también es importante.

Comunidades zonales: *Evergreen Nothofagus - Weinmannia* [1610], *Nothofagus betuloides - Laureliopsis philippiana, Lomatia hirsuta - Nothofagus betuloides, Holcus lanatus - Trifolium repens* (ruderal, pratense) [522].

Unidades intrazonales: I24, Matorral siempreverde ripario.

Composición florística: *Amomyrtus luma, Asplenium dareoides, Asteranthera ovata, Azara lanceolata, Blechnum blechnoides, B. cordatum, Chusquea culeou, C. quila, Fuchsia magellanica, Hydrangea serratifolia, Lagenophora hirsuta, Laureliopsis philippiana, Luzuriaga radicans, Mitraria coccinea, Nothofagus betuloides, Ribes valdivianum, Saxegothaea conspicua, Weinmannia trichosperma.*

Dinámica: No existen antecedentes específicos sobre la dinámica de este piso vegetacional. De la información existente para otros bosques dominados por *Nothofagus betuloides* [1334, 1602, 1604] se puede inferir que el sotobosque conformado por plantas tolerantes a la sombra probablemente inhibe la regeneración de *Nothofagus betuloides* al interior del bosque, pero la formación de pequeños claros provocados por la caída de árboles o, más aún, la formación de grandes claros, podrían favorecer la regeneración de la especie y por consiguiente la permanencia del bosque.

Distribución: Laderas bajas andinas del centro-norte de las regiones de Los Lagos y de Aisén, entre 50 y 1200 m, bajo influencia de los pisos bioclimáticos mesotemplado superior, supratemplado y orotemplado inferior hiperhúmedo superior a ultrahiperhúmedo hiperoceánico.

Itc: 78–198; Tp: 767–1203; Io: 19,00–26,18; Ic: 10,1–10,6; T: 6,3–10,0; P: 2150–2857; EP: 762–924.

Referencias: 517, 522, 687, 1216, 1334, 1602, 1604, 1610.

P87. Bosque siempreverde templado andino de *Nothofagus betuloides / Chusquea macrostachya*

Descripción: Bosque siempreverde dominado exclusivamente por *Nothofagus betuloides* en la estrata superior y con un sotobosque que está compuesto por *Chusquea macrostachya*, *Azara lanceolata*, *Drimys andina*, *Adenocaulon chilense* entre otras especies arbustivas y herbáceas. Es posible observar la presencia de algunas epífitas como *Asteranthera ovata*. En algunos sectores de esta unidad se ha señalado a *Nothofagus dombeyi* como especie dominante.

Comunidades zonales: *Lophosoria quadripinnata* - Ges. [687], *Nothofagus betuloides - Chusquea macrostachya*, *Chusquea culeou - Berberis serratodentata* (ruderal), *Holcus lanatus - Trifolium repens* (ruderal, pratense) [522].

Unidades intrazonales: I24, Matorral siempreverde ripario.

Unidades extrazonales: E22, Turbera de *Sphagnum magellanicum*.

Composición florística: *Adenocaulon chilense*, *Asteranthera ovata*, *Azara lanceolata*, *Berberis serratodentata*, *B. trigona*, *Chusquea macrostachya*, *Drimys andina*, *Fuchsia magellanica*, *Gaultheria poeppigii*, *Holcus lanatus*, *Lagenophora hirsuta*, *Maytenus disticha*, *M. magellanica*, *Myrceugenia chrysocarpa*, *Nothofagus betuloides*, *N. dombeyi*, *Ribes magellanicum*, *Taraxacum officinale*, *Trifolium repens*, *Valeriana lapathifolia*, *Viola reichei*.

Dinámica: No existen datos directos. *Nothofagus betuloides* presentaría una regeneración más exitosa frente a perturbaciones de mediana escala, como formación de grandes claros, que frente a la creación de pequeños claros, donde la regeneración es parcialmente inhibida por las especies del sotobosque como *Drimys andina* y *Chusquea macrostachya*; incluso puede llegar a comportarse como colonizadora de áreas sometidas a perturbaciones masivas [1334, 1602].

Distribución: Laderas altas de la cordillera de los Andes de las regiones de Los Lagos y de Aisén, entre 300 y 1.200 m, descendiendo hasta 50 m en algunos valles, asociado a los pisos bioclimáticos supratemplado y orotemplado inferior hiperhúmedo y ultrahiperhúmedo hiperoceánico y oceánico.

Itc: 44–178; Tp: 656–1147; Io: 15,92–25,20; Ic: 10,1–11,4; T: 5,4–9,5; P: 1388–2501; EP: 643–925.

Referencias: 431, 517, 522, 687, 1216, 1334, 1546, 1602, 1608.

P88. Bosque mixto templado andino de *Nothofagus betuloides* / *Berberis ilicifolia*

Descripción: Mosaico de bosques siempreverdes mixtos dominados por *Nothofagus betuloides* y *N. pumilio* y matorrales mixtos dominados por *N. antarctica* y *N. betuloides.* El bosque presenta una estrata arbustiva comúnmente compuesta por *Berberis ilicifolia* y *Gaultheria mucronata*, y una estrata herbácea que presenta elementos de carácter subantártico (*e.g.*, *Adenocaulon chilense*, *Viola maculata*, *Osmorhiza chilensis*). La presencia de *Nothofagus betuloides* es permanente, con variaciones de abundancia en toda el área de distribución. Esta unidad presenta afinidades con el piso de vegetación P91 (bosque siempreverde templado-antiboreal costero de *Nothofagus betuloides* - *Drimys winteri*), especialmente en la parte sur de su rango de distribución [550], pero aún faltan estudios en el área para determinar si es justificable unirlas en un solo piso vegetacional. Varios estudios tienden a confirmar que, al menos en las partes de menor elevación, la especie dominante es *Nothofagus dombeyi* en lugar de *N. betuloides* [550, 653, 1326, 1389, 1476, 1617].

Comunidades zonales: *Nothofagus betuloides* Ass. [1476], *Nothofagetum betuloidis* [1014, 1389, 1617], Asociación *Nothofagus pumilio* - *N. betuloides* - *Podocarpus nubigenus* [1123], Tipo *Nothofagus betuloides* subalpino [1608, 1610], *Nothofagus betuloides* - *Berberis serratodentata*, *Chusquea culeou* - *Berberis serratodentata* (ruderal), *Holcus lanatus* - *Trifolium repens* (ruderal, pratense) [522].

Unidades intrazonales: I28, Vegetación rupícola interior.

Unidades extrazonales: E12, Bosque caducifolio de *Nothofagus pumilio*; E13, Matorral arborescente caducifolio edafohigrófilo de *Nothofagus antarctica*; E14, Matorral arborescente caducifolio edafoxerófilo de *Nothofagus antarctica*; E22, Turbera de *Sphagnum magellanicum*.

Composición florística: *Acaena ovalifolia*, *Adenocaulon chilense*, *Berberis ilicifolia*, *Chiliotrichum diffusum*, *Drimys winteri*, *Escallonia serrata*, *Gaultheria mucronata*, *Geranium berteroanum*, *Holcus lanatus*, *Hypochaeris radicata*, *Lebetanthus myrsinites*, *Luzuriaga marginata*, *Nothofagus antarctica*, *N. betuloides*, *N. pumilio*, *Osmorhiza chilensis*, *Ovidia andina*, *Philesia magellanica*, *Podocarpus nubigenus*, *Ribes magellanicum*, *Trifolium repens*, *Viola maculata* (véase ref. 1123).

Dinámica: La dinámica de los bosques mixtos de *Nothofagus betuloides* y *Nothofagus pumilio* ha sido estudiada en general para otras localidades [1334, 1598, 1599, 1611]. La regeneración de *N. betuloides* es más continua que la de *N. pumilio*, probablemente por la mayor tolerancia a la sombra de la primera. *Nothofagus pumilio* se comporta más bien como un colonizador después de las perturbaciones y genera las condiciones para el posterior establecimiento de *N. betuloides*, aunque también se ha reportado a esta última especie en fases sucesionales tempranas. La permanencia del carácter mixto del bosque estaría condicionada a la frecuencia de perturbaciones de mediana y gran escala como caídas de grupos de árboles por viento o la ocurrencia de eventos de remoción en masa.

Distribución: Laderas medias y altas de la vertiente oriental del Campo de Hielo Norte en la región de Aisén, entre 50 y 1.200 m. Se encuentra bajo la influencia de los pisos bioclimáticos supratemplado y orotemplado inferior húmedo superior e hiperhúmedo inferior hiperoceánico y oceánico.

Itc: 64–183; Tp: 614–1025; Io: 9,36–17,75; Ic: 10,4–11,2; T: 5,0–8,5; P: 875–1434; EP: 624–752.

Referencias: 348, 357, 517, 522, 550, 653, 1014, 1035, 1123, 1143, 1288, 1326, 1334, 1389, 1476, 1592, 1599, 1608, 1610, 1611, 1617, 1674.

P89. Bosque mixto templado-antiboreal andino de *Nothofagus betuloides - Nothofagus pumilio*

Descripción: Bosque mixto codominado por el árbol siempreverde *Nothofagus betuloides* y el caducifolio *N. pumilio. Drimys winteri* y *Maytenus magellanica* son localmente abundantes en el estrato arbóreo inferior. La composición de los estratos inferiores también muestra un carácter mixto respecto de bosques caducifolios y siempreverdes. El estrato arbustivo está generalmente dominado por *Berberis ilicifolia* y *Gaultheria mucronata*, con presencia ocasional de *Lebetanthus myrsinites*, en tanto que la estrata herbácea se compone generalmente de *Acaena ovalifolia*, *Asplenium dareoides*, *Gunnera magellanica*, *Hymenophyllum tortuosum*, *Luzuriaga marginata*, *Senecio acanthifolius* entre otras. Este piso de vegetación, reconocible como unidad, marca la transición entre los bosques caducifolios de *Nothofagus pumilio* y los bosques siempreverdes de *N. betuloides*, ubicados estos últimos hacia el oeste de los primeros. Esta transición también tiene un carácter bioclimáticamente complejo, puesto que los bosques caducifolios tienden a ubicarse en ambientes antiboreales subhúmedos y húmedos donde aún se manifiestan algunas influencias mediterráneas, mientras que los siempreverdes ocupan posiciones bioclimáticamente templadas.

Comunidades zonales: *Nothofagus betuloides* Ass. *Nothofagus betuloides - pumilio* Ass. [1476], Asociación *Nothofagus betuloides - Nothofagus pumilio* [1121, 1126, 1129], *Nothofagus betuloides - Nothofagus pumilio* [1608].

Unidades intrazonales: I4, Matorral costero de márgenes de playas; I5, Vegetación de playas.

Unidades extrazonales: E22, Turbera de *Sphagnum magellanicum.*

Composición florística: *Acaena ovalifolia*, *Asplenium dareoides*, *Berberis ilicifolia*, *B. microphylla*, *Blechnum penna-marina*, *Empetrum rubrum*, *Escallonia serrata*, *Gaultheria mucronata*, *Gunnera magellanica*, *Hymenophyllum tortuosum*, *Lebetanthus myrsinites*, *Luzuriaga marginata*, *Maytenus disticha*, *Nothofagus antarctica*, *N. betuloides*, *N. pumilio*, *Osmorhiza chilensis*, *Ribes magellanicum*, *Senecio acanthifolius*, *Valeriana lapathifolia* (véanse refs. 1129, 1332).

Dinámica: No existen datos directos en el área, pero la dinámica de bosques mixtos de *Nothofagus pumilio* y *N. betuloides* ha sido estudiada en otras partes de Chile (véanse refs. 1602, 1604). Aparentemente el bosque no presenta una regeneración continua bajo dosel y su dinámica está controlada en parte por perturbaciones de mediana y gran escala como tala, incendios o arrastres en masa que conducen estructuras coetáneas en el estrato superior, comportándose *Nothofagus pumilio* como un colonizador de terrenos desprovistos de bosque. La formación de pequeños claros genera ambientes lumínicos que favorecen la regeneración de *Nothofagus betuloides*, pero también la de *N. pumilio*, lo que permite la codominancia de ambas especies. La colonización de ambientes deglaciados se inicia con herbáceas geófitas y hemicriptófitas, a las que posteriormente se agregan leñosas caméfitas con un importante incremento de la cobertura herbácea; en una etapa posterior (*ca.* 40 años después del inicio de la sucesión) se integran las especies arbóreas [339].

Distribución: Zona de transición entre los bosques caducifolios y siempreverdes, principalmente en el área de isla Riesco, península Brunswick y Tierra del Fuego, región de Magallanes, entre 0 y 600 m, asociado a los pisos bioclimáticos orotemplado, termoboreal superior y mesoboreal inferior húmedo superior e hiperhúmedo inferior hiperoceánico.

Itc: 37–100; Tp: 509–761; Io: 9,12–16,99; Ic: 7,4–10,1; T: 4,2–6,3; P: 550–871; EP: 475–645.

Referencias: 19, 27, 76, 335–337, 339, 357, 517, 522, 551, 674, 805, 931, 1121, 1126, 1127, 1129, 1181–1185, 1279–1281, 1332–1334, 1476, 1545, 1572, 1602, 1604, 1608.

P90. Bosque siempreverde templado-antiboreal costero de *Nothofagus betuloides - Embothrium coccineum*

Descripción: Bosque siempreverde dominado por *Nothofagus betuloides* en el estrato superior, con participación de varios elementos arbóreos acompañantes, entre los que destacan *Embothrium coccineum*, *Lomatia ferruginea*, *Drimys winteri* y, más ocasionalmente, *Pilgerodendron uviferum* y *Nothofagus antarctica*. Las estratas inferiores se presentan altamente variables y diversificadas. Los elementos más frecuentes son *Berberis microphylla*, *Desfontainia fulgens*, *Lebetanthus myrsinites*, *Philesia magellanica*, *Gaultheria mucronata* y *Maytenus magellanica* entre los arbustos y *Blechnum penna-marina*, *Grammitis magellanicum* y *Uncinia tenuis* entre las herbáceas.

Comunidades zonales: *Nothofagus betuloides* Ass., *Nothofagus betuloides - Prionotes* Ass. [1476], *Nothofagetum betuloidis* [1014], Asociación *Nothofagus betuloides* [1129], *Embothrio - Nothofagetum betuloidis*, *Lomatio - Nothofagetum betuloidis* [1141, 1334], Bosque de *Nothofagus betuloides* [805], *Drimys winteri - Maytenus magellanica*, *Nothofagus betuloides - Chiliotrichum diffusum*, *Nothofagus betuloides* [522].

Unidades intrazonales: I5, Vegetación de playas; I10, Vegetación halófila intermareal (marismas); I14, Herbazales de vegas altoandinas; I24, Matorral siempreverde ripario.

Unidades extrazonales: E22, Turbera de *Sphagnum magellanicum*.

Composición florística: *Acaena ovalifolia*, *Berberis ilicifolia*, *B. microphylla*, *Blechnum magellanicum*, *B. penna-marina*, *Desfontainia fulgens*, *Drimys winteri*, *Embothrium coccineum*, *Empetrum rubrum*, *Gaultheria mucronata*, *Grammitis magellanica*, *Gunnera magellanica*, *Hymenophyllum pectinatum*, *Lebetanthus myrsinites*, *Lomatia ferruginea*, *Maytenus magellanica*, *Nothofagus antarctica*, *N. betuloides*, *Philesia magellanica*, *Pilgerodendron uviferum*, *Sticherus quadripartitus*, *Uncinia tenuis* (véanse refs. 1129, 1334).

Dinámica: Los terrenos descubiertos, en algunos casos correspondientes a zonas deglaciadas, son colonizados por matorrales de *Baccharis nivalis*, luego de *Gaultheria mucronata*, y posteriormente por *Nothofagus betuloides* y *Embothrium coccineum*, produciéndose una disminución en la abundancia de *Pernettya* una vez que el dosel arbóreo se establece y generándose condiciones de sombra que permiten el establecimiento de otras especies como *Drimys winteri* y *Desfontainia fulgens* [1130, 1332–1334] .

Distribución: Área oriental del archipiélago de la región de Magallanes, entre 0 y 500 m, pisos bioclimáticos supratemplado, orotemplado, termoboreal y mesoboreal hiperhúmedo a ultrahiperhúmedo hiperoceánico.

Itc: 65–135; Tp: 609–845; Io: 14,30–34,78; Ic: 7,6–9,2; T: 5,0–7,0; P: 860–1955; EP: 469–612.

Referencias: 338, 357, 517, 522, 805, 1014, 1120, 1126, 1129, 1130, 1134, 1138, 1141, 1181, 1184, 1288, 1332–1334, 1476, 1477, 1572, 1608.

P91. Bosque siempreverde templado-antiboreal costero de *Nothofagus betuloides - Drimys winteri*

Descripción: Bosque siempreverde dominado por *Nothofagus betuloides*, el que se asocia generalmente con *Tepualia stipularis*, *Drimys winteri* y *Raukaua laetevirens*, que en su conjunto conforman tres estratos. *Pilgerodendron uviferum* puede llegar a ser dominante en el estrato superior. El estrato arbustivo se compone por *Desfontainia fulgens*, *Berberis ilicifolia*, *Gaultheria mucronata*, *Lebetanthus myrsinites* y *Philesia magellanica*, todas con abundancia variable dependiendo de la situación lumínica local y del tipo de sustrato. La estrata herbácea se compone principalmente por *Grammitis magellanica*, *Gunnera magellanica*, *Hymenophyllum cuneatum*, *H. ferrugineum*, *H. pectinatum*, *H. secundum*, *H. tortuosum*, *Luzuriaga marginata*, *Marsippospermum grandiflorum* y otras. Algunas especies como *Lebetanthus myrsinites*, *Philesia magellanica*, *Luzuriaga marginata* y las del género *Hymenophyllum* se comportan como epífitos.

Comunidades zonales: *Nothofagus betuloides* Ass., *Nothofagus betuloides - Prionotes* Ass. [1476], *Nothofagetum betuloidii* [1118, 1119], *Nothofagetum betuloidis* [1014, 1141, 1334, 1389], Asociación *Baccharis nivalis - Senecio cuneatus*, Asociación *Pernettya mucronata - Empetrum rubrum*, Asociación *Nothofagus betuloides* [1121], Asociación *Nothofagus betuloides - Drimys winteri* [1124, 1129, 1143], Asociación, *Nothofagus betuloides - Drimys winteri - Pseudopanax laetevirens* [1129, 1143], *Type Nothofagus betuloides* [1610], *Nothofagus betuloides - Astelia pumila*, *Nothofagus betuloides - Drimys winteri* [522], *Desfontainio fulgense - Tepualietum stipulariae* [1255].

Unidades intrazonales: I3, Vegetación acuática sumergida; I4, Matorral costero de márgenes de playas; I5, Vegetación de playas; I6, Vegetación de dunas litorales; I10, Vegetación halófila intermareal (marismas); I18, Turberas ácidas.

Unidades extrazonales: E13, Matorral arborescente caducifolio edafohigrófilo de *Nothofagus antarctica*; E18, Bosque resinoso de *Pilgerodendron uviferum*; E22, Turbera de *Sphagnum magellanicum.*

Composición florística: *Berberis ilicifolia*, *Desfontainia fulgens*, *Drimys winteri*, *Gaultheria mucronata*, *Grammitis magellanica*, *Gunnera magellanica*, *Hymenophyllum cuneatum*, *H. ferrugineum*, *H. pectinatum*, *H. secundum*, *H. tortuosum*, *Lebetanthus myrsinites*, *Luzuriaga marginata*, *Marsippospermum grandiflorum*, *Nothofagus betuloides*, *Philesia magellanica*, *Pilgerodendron uviferum*, *Raukaua laetevirens*, *Tepualia stipularis* (véanse refs. 1129, 1334).

Dinámica: No existen datos sobre la dinámica de este piso de vegetación, pero a partir de información indirecta [1602] se podría especular que *Nothofagus betuloides* es un colonizador de terrenos turbosos con presencia de *Tepualia stipularis* y/o *Pilgerodendron uviferum*, y su permanencia está asociada a la caída de árboles que dejan pequeños claros que permiten la liberación de la regeneración, que de otro modo es inhibida por las plantas presentes en los estratos inferiores.

Distribución: Territorios de los archipiélagos de las regiones de Aisén y de Magallanes, más húmedos que el piso anterior, entre 0 y 350 m, pisos bioclimáticos supratemplado, orotemplado, termoboreal y mesoboreal hiperhúmedo y ultrahiperhúmedo hiperoceánico.

Itc: 69–176; Tp: 652–974; Io: 13,96–58,94; Ic: 6,0–8,4; T: 5,4–8,1; P: 787–3152; EP: 424–604.

Referencias: 331, 333–335, 338, 340, 357, 517, 522, 912, 1014, 1118, 1119, 1121, 1124, 1126, 1129, 1131, 1133, 1134, 1141, 1181, 1184, 1255, 1288, 1333, 1334, 1389, 1476, 1477, 1572, 1602, 1608, 1610.

Distribución extrazonal de bosques siempreverdes

E19. Bosque siempreverde de *Nothofagus dombeyi*

Descripción: Bosques de *Nothofagus dombeyi* de los pisos de vegetación P81 y P82, que se distribuyen hacia el norte de su rango zonal, especialmente en fondos de quebrada asociados a situaciones de compensación hídrica con respecto a la matriz en áreas de bosque esclerofilo y caducifolio.

Comunidades incluidas: *Nothofagus dombeyi - Fuchsia magellanica* [158], *Nothofagus dombeyi* y otras [355], *Nothofagus dombeyi - Gaultheria phillyreifolia*, *Nothofagus dombeyi - Gevuina avellana*, *Nothofagus dombeyi - Laurelia philippiana*, *Nothofagus dombeyi - Podocarpus salignus*, *Nothofagus obliqua - Nothofagus dombeyi* [522], *Nothofagus dombeyi forest* [1076], *Aristotelio - Nothofagetum dombeyi* [1407], *Pitavio - Nothofagetum dombeyi* [1402, 1404, 1407, 1409, 1521], Tipo Forestal *Nothofagus dombeyi - Drimys* - Myrtaceae [1608], Bosque de coihue y canelo [550], Bosque ribereño de *Nothofagus dombeyi* [1050].

Pisos de vegetación: Bosque esclerofilo (P42, P47); Bosque caducifolio (P48–P52, P56, P57, P59–P61, P63).

E20. Bosque siempreverde de *Nothofagus betuloides*

Descripción: Bosques de *Nothofagus betuloides* de los pisos de vegetación P85–P91, que se distribuyen hacia el norte de su rango zonal, especialmente en bolsones fríos en áreas donde la vegetación zonal corresponde a bosque caducifolio, laurifolio o siempreverde de *Nothofagus dombeyi*.

Comunidades incluidas: Matorral arborescente periglacial de coihue (*Nothofagus betuloides*) [550], *Nothofagetum betuloidis* [1257, 1268], *Nothofagus betuloides - Nothofagus pumilio*, *Nothofagus betuloides - Podocarpus nubigenus* [522].

Pisos de vegetación: Bosque caducifolio (P63); Bosque resinoso de coníferas (P77); Bosque siempreverde (P83); Matorral siempreverde (P92).

Matorral siempreverde

Corresponde a fases de bosque siempreverde sometidas a regímenes climáticos extremos, con baja continentalidad, alta precipitación y bajas temperaturas, donde las especies dominantes se comportan como arbustos o pequeños árboles. Es un área en general muy desconocida, aunque estudios vegetacionales recientes [42, 1235–1237] tienden a sugerir que esta formación se podría integrar a la anterior.

P92. Matorral siempreverde templado costero de *Pilgerodendron uviferum - Nothofagus nitida*

Descripción: Matorral alto (2 m) dominado por *Nothofagus nitida*, especie que en otras situaciones se presenta como árbol. En el mosaico vegetacional concurren bosques, matorrales y turberas, en que *Nothofagus nitida* es la especie más frecuente y *Pilgerodendron uviferum* tiende a ser localmente abundante. El piso del bosque está típicamente cubierto por musgos del género *Sphagnum* u otras briófitas, mientras que en el estrato arbustivo inferior destaca por su abundancia *Desfontainia fulgens*, que se asocia principalmente con *Philesia magellanica* y *Gaultheria phillyreifolia.*

Comunidades zonales: *Pilgerodendron uviferum - Tepualia stipularis*, *Nothofagus nitida - Tepualia stipularis* [522], *Luzuriago polyphyllae - Nothofagetum nitidae*, *Tepualietum stipulariae*, *Fuchsio magellanicae - Chusqueetum quilae*, *Aristotelio chilensis - Fuchsietum magellanicae* [42].

Unidades intrazonales: I1, Vegetación acuática flotante; I6, Vegetación de dunas litorales; I7, Vegetación de roqueríos y farellones costeros; I10, Vegetación halófila intermareal (marismas).

Unidades extrazonales: E14, Matorral arborescente caducifolio edafoxerófilo de *Nothofagus antarctica*; E16, Bosque laurifolio de *Laureliopsis philippiana - Weinmannia trichosperma*; E18, Bosque resinoso de *Pilgerodendron uviferum*; E20, Bosque siempreverde de *Nothofagus betuloides*; E21, Turbera de *Astelia pumila - Donatia fascicularis*; E22, Turbera de *Sphagnum magellanicum.*

Composición florística: *Amomyrtus luma*, *Blechnum penna-marina*, *Campsidium valdivianum*, *Cardamine glacialis*, *Drimys winteri*, *Embothrium coccineum*, *Gaultheria phillyreifolia*, *G. poeppigii*, *Lomatia ferruginea*, *Lycopodium magellanicum*, *Nothofagus betuloides*, *N. nitida*, *Philesia magellanica*, *Pilgerodendron uviferum*, *Podocarpus nubigenus*, *Schoenus antarcticus*, *Tepualia stipularis*, *Weinmannia trichosperma* (véanse refs. 42, 1542).

Dinámica: A pesar del escaso conocimiento, algunos patrones dinámicos podrían ser similares a los indicados para el piso de vegetación P80 (bosque resinoso templado costero de *Pilgerodendron uviferum / Astelia pumila*, véanse refs. 645, 646, 1525), donde la regeneración de *Pilgerodendron* se ve favorecida con el incremento del nivel freático frente a otras especies como *Nothofagus nitida*, hasta un umbral donde se hacen dominantes las especies propias de turberas. La intensidad y recurrencia de las perturbaciones antrópicas, especialmente incendios, probablemente relacionados con variaciones en el nivel freático, podrían determinar la capacidad de recuperación del matorral.

Distribución: Islas oceánicas del extremo occidental del archipiélago de Los Chonos, región de Aisén, 0–650 m, en los pisos bioclimáticos mesotemplado superior, supratemplado y orotemplado inferior hiperhúmedo superior y ultrahiperhúmedo hiperoceánico.

Itc: 104–198; Tp: 743–1076; Io: 21,37–31,06; Ic: 4,9–5,9; T: 6,1–8,9; P: 2286–2494; EP: 496–567.

Referencias: 42, 412, 517, 522, 645, 646, 1139, 1235–1237, 1476, 1525, 1542.

Turberas

Corresponde a una vegetación baja dominada por plantas en cojines planos, con presencia importante de especies graminosas y musgos. Se desarrollan en áreas donde la alta precipitación y las bajas temperaturas producen formación de turba, anegamiento y una consecuente elevada acidez edáfica en la que otras formas de vida no pueden competir. Estas condiciones se manifiestan en la zona de los archipiélagos australes [110, 1135, 1435], donde las turberas alcanzan su expresión zonal y contactan con formaciones de bosque siempreverde (Figura 41, página 212). Las llamadas turberas pulvinadas, dominadas por especies como *Astelia pumilia* y *Donatia fascicularis*, tienden a encontrarse en las áreas más expuestas al Pacífico en zonas de mayor precipitación y menor continentalidad que las denominadas turberas de esfagnosas, dominadas por *Sphagnum magellanicum*, que se encuentran más hacia el interior [759, 760, 930, 1329, 1339, 1453, 1454].

P93. Turbera templada costera de *Donatia fascicularis* - *Oreobolus obtusangulus*

Descripción: Complejo de comunidades situadas sobre sustratos de mal drenaje, de composición y fisionomía variable, donde pueden presentarse con poca frecuencia algunos matorrales altos o bosques bajos de *Pilgerodendron uviferum* o de *Nothofagus nitida*, y más frecuentemente de *N. betuloides*. El rasgo característico de este piso vegetacional es la extensa repartición de formaciones turbosas arbustivas bajas dominadas por *Donatia fascicularis* y *Oreobolus obtusangulus*, a las que se asocian en forma frecuente *Astelia pumila*, *Berberis ilicifolia*, *Festuca thermarum*, *Myrteola nummularia*, *Schoenus antarcticus*, *Tapeinia pumila* y otras especies. *Empetrum rubrum* está también presente, pero es más abundante en situaciones de drenaje moderado. Este piso se caracteriza por la presencia constante de *Lepidothamnus fonkii*, el que incluso puede llegar a ser dominante.

Comunidades zonales: *Dacrydium* Ass. [1476], *Astelia pumila - Donatia fascicularis*, *Oreobolus obtusangulus - Empetrum rubrum* [522], *Schoeno andini - Lepidothamnietum fonkii* [1255], *Drosero - Donatietum fascicularis*, *Lepidothamnietum fonkii* [1389].

Unidades extrazonales: E14, Matorral arborescente caducifolio edafoxerófilo de *Nothofagus antarctica*.

Composición florística: *Acaena pumila*, *Astelia pumila*, *Azorella lycopodioides*, *Berberis ilicifolia*, *Caltha appendiculata*, *C. dioneifolia*, *Carex magellanica*, *Chiliotrichum diffusum*, *Donatia fascicularis*, *Drosera uniflora*, *Empetrum rubrum*, *Escallonia serrata*, *Festuca thermarum*, *Gaimardia australis*, *Gaultheria antarctica*, *G. pumila*, *Gentianella magellanica*, *Gunnera lobata*, *G. magellanica*, *Juncus scheuchzerioides*, *Lepidothamnus fonkii*, *Marsippospermum grandiflorum*, *Myrteola nummularia*, *Nanodea muscosa*, *Nothofagus antarctica*, *N. betuloides*, *N. nitida*, *Oreobolus obtusangulus*, *Perezia magellanica*, *Pilgerodendron uviferum*, *Schoenus antarcticus*, *Tapeinia pumila*, *Tetroncium magellanicum* (véanse refs. 1476).

Dinámica: Existen muy pocos estudios específicos, la mayor parte en áreas más australes [1334]. La gran cantidad de precipitaciones asociadas a condiciones de frío determinan la acumulación de materia orgánica que se descompone muy lentamente, conformando un suelo turboso, que también es propio de algunas formaciones boscosas ya descritas. La sucesión se inicia con la colonización de líquenes, musgos y hepáticas que originan un sustrato sobre el que posteriormente se ubican las plantas superiores. En medio de la turbera suelen encontrarse charcos o pozos de agua. La variación de las precipitaciones genera oscilaciones en la napa freática donde el nivel puede bajar hasta secarse los pozos. Cuando los charcos están con agua, *Astelia pumila* y *Tetroncium magellanicum* parecen comportarse como invasoras debido a su mayor tolerancia a pasar periodos más o menos prolongados bajo el agua. En las fases más secas se produce la oportunidad para la colonización de especies arbóreas como *Nothofagus betuloides* y *Pilgerodendron uviferum*, que pueden llegar a modificar las condiciones de humedad de las turberas y producir la muerte a las especies más higrófilas.

Distribución: Interior del archipiélago de Las Guaitecas, región de Aisén y zona norte de los archipiélagos de la región de Magallanes, 200–1.000 m, asociado a los pisos bioclimáticos supratemplado y orotemplado ultrahiperhúmedo hiperoceánico.

Itc: 44–147; Tp: 526–866; Io: 28,17–72,13; Ic: 6,2–8,9; T: 4,3–7,2; P: 1753–2940; EP: 442–576.

Referencias: 517, 522, 698, 1014, 1139, 1141, 1255, 1288, 1334, 1389, 1476, 1477.

P94. Turbera antiboreal costera de *Astelia pumila* - *Donatia fascicularis*

Descripción: Corresponde, al igual que la unidad anterior, a un complejo de comunidades situadas sobre sustratos de drenaje restringido y altas precipitaciones de la zona del archipiélago. Dominan *Donatia fascicularis* y *Astelia pumila*, a las que se asocian *Schoenus antarcticus*, *Marsippospermum grandiflorum* y *Carpha schoenoides* con valores generalmente altos de abundancia, además de *Myrteola nummularia*, *Gaultheria pumila*, *Festuca monticola*, *Acaena pumila* entre otras con menor abundancia. *Lepidothamnus fonkii* también está presente, pero en forma muy ocasional, a diferencia del piso anterior. En este piso de vegetación están presentes algunas plantas propias del bosque siempreverde como *Nothofagus betuloides*, *Tepualia stipularis* y *Pilgerodendron uviferum*, que en algunos sectores, especialmente en las costas de las islas, llegan a formar bosques que alternan con matorrales de *Gaultheria mucronata* o praderas de *Deschampsia laxa* (Figura 41). En los sectores montanos más altos se encuentran formaciones pulvinadas dominadas por *Bolax caespitosus* y *Phyllachne uliginosa* con un carácter extrazonal, que se hacen dominantes en las tierras bajas de los archipiélagos más australes.

Comunidades zonales: *Astelia-Donatia* Ass. [1476], *Donatietum fascicularis* [1129, 1334], *Astelia pumila - Donatia fascicularis* [522].

Unidades intrazonales: I5, Vegetación de playas; I10, Vegetación halófila intermareal (marismas).

Unidades extrazonales: E18, Bosque resinoso de *Pilgerodendron uviferum*; E22, Turbera de *Sphagnum magellanicum*.

Composición florística: *Acaena pumila*, *Astelia pumila*, *Carex microglochin*, *Carpha schoenoides*, *Donatia fascicularis*, *Drosera uniflora*, *Festuca monticola*, *Gaimardia australis*, *Gaultheria pumila*, *Marsippospermum grandiflorum*, *Myrteola nummularia*, *Nothofagus betuloides*, *Oreobolus obtusangulus*, *Perezia magellanica*, *Pilgerodendron uviferum*, *Pinguicula antarctica*, *Schoenus antarcticus*, *Senecio trifurcatus*, *Tapeinia pumila*, *Tepualia stipularis*, *Tetroncium magellanicum* (véase ref. 1334).

Dinámica: Aunque no existen datos concretos, este y el piso de vegetación anterior deben tener patrones dinámicos muy similares, debido a sus fuertes similitudes florísticas y fisionómicas. En situaciones de pendiente pronunciada la erosión provoca el reemplazo de las comunidades dominadas por *Donatia* por las de *Bolax caespitosus - Phyllachne uliginosa*. Se considera que el área presenta una influencia antrópica es relativamente escasa.

Distribución: Zona central de los archipiélagos de la región de Magallanes, 0–800 m, asociado a los pisos bioclimáticos termoboreal, mesoboreal y supraboreal inferior hiperúmedo y ultrahiperhúmedo hiperoceánico.

Tp: 479–771; Io: 19,45–52,38; Ic: 6,3–9,1; T: 3,9–6,4; P: 935–2209; EP: 430–586.

Referencias: 111, 338, 517, 522, 1129, 1134, 1137, 1138, 1141, 1333, 1334, 1476, 1477, 1572.

P95. Turbera antiboreal costera de *Bolax caespitosus - Phyllachne uliginosa*

Descripción: Formación turbosa de plantas pulvinadas en que dominan *Bolax caespitosus*, *Astelia pumila* y *Phyllachne uliginosa*. Las principales especies presentes son *Perezia magellanica*, *Lycopodium confertum*, *Azorella lycopodioides*, *Drapetes muscosus*, *Viola tridentata*, *Oreobolus obtusangulus*, *Abrotanella linearifolia* y *Gaultheria pumila*. Existen muy pocos datos sobre la repartición geográfica de este piso vegetacional, pero de acuerdo con algunas indicaciones cartográficas parece estar bien distribuido en los archipiélagos australes de Magallanes bajo condiciones de bajas temperaturas y humedad moderada, ocupando las zonas de montañas altas en los archipiélagos del centro del piso de vegetación anterior, para donde esta unidad fue originalmente descrita.

Comunidades zonales: Asociación *Astelia pumila* [1124], *Bolaco - Phyllachnetum uliginosi* [1141, 1334], *Bolax gummifera - Pernettya pumila*, *Empetrum rubrum - Azorella caespitosa* [522].

Figura 41: Esquema de la distribución local de la vegetación en la Turbera antiboreal costera de Astelia pumila - Donatia fascicularis *(piso de vegetación P94) en la zona de los archipiélagos magallánicos. Se muestra la presencia de bosques bajos de* Nothofagus betuloides *(piso de vegetación P91) en las zonas más cercanas al mar (A) y la turbera en el interior de las islas (B).* La escala de tamaños de las plantas está exagerada en relación con la escala del paisaje.

Composición florística: *Abrotanella linearifolia*, *Astelia pumila*, *Azorella lycopodioides*, *Bolax caespitosus*, *Caltha dioneifolia*, *Drapetes muscosus*, *Gaimardia australis*, *Gaultheria pumila*, *Lycopodium confertum*, *Oreobolus obtusangulus*, *Perezia magellanica*, *Phyllachne uliginosa*, *Schoenus antarcticus*, *Tapeinia pumila*, *Viola tridentata* (véase ref. 760, 1334).

Dinámica: Prácticamente no existen antecedentes. Solo se puede especular que la sucesión se inicia con la colonización de criptógamas que modifican las condiciones del sustrato para la posterior colonización de plantas superiores.

Distribución: Archipiélago austral de la región de Magallanes, 100–550 m, pisos bioclimáticos termoboreal superior mesoboreal y supraboreal hiperhúmedo y ultrahiperhúmedo hiperoceánico.

Tp: 486–709; Io: 12,69–50,63; Ic: 6,2–8,0; T: 4,0–5,9; P: 592–2851; EP: 379–520.

Referencias: 111, 335, 759–762, 1075, 1124, 1134, 1141, 1329, 1333, 1334, 1339, 1476.

P96. Turbera templada-antiboreal interior de *Sphagnum magellanicum / Schoenus antarcticus*

Descripción: Complejo de comunidades turbosas donde la dominancia es alternada por musgos esfagnosos (*Sphagnum magellanicum*, *S. fimbriatum*), plantas juncoides (*Marsippospermum grandiflorum*) y cyperoides (*Schoenus antarcticus*). Entre las especies más constantes que acompañan a las dominantes se encuentran *Myrteola nummularia*, *Gunnera magellanica*, *Cortaderia pilosa*, *Carpha schoenoides* y *Rostkovia magellanica*.

Este piso de vegetación está asociado a las situaciones de menor humedad en el área de las turberas magallánicas.

Comunidades zonales: *Sphagnum - Lepicolea* Ass., *Marsippospermum* Ass., *Gunnera magellanica* Ass., *Empetrum - Pernettya pumila* Ass. [1476], *Sphagnetum* [1118, 1119], Asociación *Sphagnum fimbriatum - Hierochloe redolens* [1126], *Marsippospermetum grandiflorii*, *Sphagnetum magellanicii*, *Schoenetum antarcticis* [1126, 1129, 1138, 1334], Turbales de *Sphagnum magellanicum* [336–338], Turbera de *Sphagnum fimbriatum*, Turbera de *Marsippospermum* [336, 337], Turbales de Junquillo, Turbales de cojines y Ciperáceas [338], *Empetrum rubrum - Sphagnum magellanicum*, *Empetrum rubrum - Marsippospermum grandiflorum* [522].

Unidades extrazonales: E13, Matorral arborescente caducifolio edafohigrófilo de *Nothofagus antarctica*.

Composición florística: *Anthoxanthum redolens*, *Carex banksii*, *C. canescens*, *C. magellanica*, *Carpha schoenoides*, *Cortaderia pilosa*, *Deschampsia flexuosa*, *Empetrum rubrum*, *Festuca cirrosa*, *F. contracta*, *Gaultheria pumila*, *Gunnera magellanica*, *Marsippospermum grandiflorum*, *Myrteola nummularia*, *Perezia magellanica*, *Rostkovia magellanica*, *Schoenus antarcticus*, *S. andinus*, *Sphagnum fimbriatum*, *S. magellanicum* (véanse refs. 760, 1129).

Dinámica: Las turberas dominadas por musgos esfagnosos corresponden a la etapa inicial de la sucesión. Estas situaciones son posteriormente colonizadas por los elementos propios de los turbales juncoides o cyperoides [1334].

Distribución: Zona oriental del archipiélago de las regiones de Aisén y de Magallanes, formando un mosaico con bosques siempreverdes y caducifolios entre 0 y 1.000 m. Se encuentra en los pisos bioclimáticos supratemplado, mesoboreal y supraboreal húmedo e hiperhúmedo y orotemplado hiperhúmedo a ultrahiperhúmedo hiperoceánico.

Itc: 31–138; Tp: 500–862; Io: 8,43–57,99; Ic: 7,6–9,8; T: 4,1–7,1; P: 463–2639; EP: 469–660.

Referencias: 111, 332, 336–338, 396, 517, 522, 759–762, 805, 1014, 1118–1120, 1126, 1129, 1134, 1137, 1138, 1141, 1225, 1329, 1333, 1334, 1339, 1470, 1476, 1477, 1572.

Distribución extrazonal de turberas

E21. Turbera de *Astelia pumila - Donatia fascicularis*

Descripción: Turberas pulvinadas dominadas por *Astelia pumila* y/o *Donatia fascicularis* correspondientes a los pisos de vegetación P93 y P94, que se distribuyen hacia el norte de su rango zonal, especialmente en zonas elevadas frías y con sustratos anegados de bosques siempreverdes, laurifolios y resinosos de coníferas, tanto de la cordillera de la Costa como de la de los Andes.

Comunidades incluidas: *Astelia pumila - Marssipospermum philippi* [1227], *Astelia pumila - Donatia fascicularis*, *Oreobolus obtusangulus - Empetrum rubrum* [522], *Astelio - Oreoboletum obtusangulae* [1394], *Donatia fascicularis - Drosera uniflora* [1227], *Donatio - Oreobuletum obtusangulae* [1269], *Drosero - Donatietum fascicularis* [42, 1257, 1269, 1392, 1394], Grupo C (*Oreobolus obtusangulus*) [1366], *Oreobolo*

- *Donatietum fascicularis* [1237], *Schoeno - Oreoboletum* [1014], Turbera de *Astelia pumila* [1371], Turbera de *Donatia fascicularis* [1371].

Pisos de vegetación: Bosque caducifolio (P62, P65); Matorral caducifolio (P68); Bosque resinoso de coníferas (P76, P77, P80); Bosque siempreverde (P84); Matorral siempreverde (P92); Matorral bajo de altitud (P114).

E22. Turbera de *Sphagnum magellanicum*

Descripción: Turberas esfagnosas dominadas por *Sphagnum magellanicum* correspondientes al piso de vegetación P96, distribuidas ampliamente fuera del rango en que han sido reconocidas en la cartografía que se presenta. Se encuentra principalmente asociada a depresiones anegadas en áreas de bosques y matorrales caducifolios, siempreverdes, laurifolios y resinosos de coníferas. Tal como en el piso de vegetación P96 se incluyen aquí también los estadios sucesionales de turberas dominadas por *Marsippospermum grandiflorum.*

Comunidades incluidas: Asociación *Carex magellanica - Tetroncium magellanicum* [1121], Asociación *Sphagnetum magellanicum* [1126], Asociación *Sphagnum magellanicum* [1123, 1124], Asociación *Sphagnum magellanicum - Marsippospermum grandiflorum* [1121], *Empetrum rubrum - Sphagnum magellanicum* [522], *Gaultherio - Sphagnetum magellanici* [1014], *Marsippospermo - Astelietum pumiliae* [1394], Turbera esfagnosa de *Sphagnum magellanicum* [42], *peat-bog* [1225], *Peatland* (*Sphagnum magellanicum*) [261], *Seggenweißmoor* [1623], *Sphagnetum* [1120], *Sphagnetum magellanicii* [1257, 1389, 1392, 1394], *Sphagnetum magellanicii - frimbriatae*, *Sphagno - Festucetum thermarum*, *Sphagno - Tribeletum* [1138], *Sphagnum - Lepicolea* Ass. [1476], *Sphagnum bog* [759], Subasociación *Carex - Tetroncium magellanicum* [1126], Subasociación *Sphagnum magellanicum - Empetrum rubrum* [1124], Subasociación *Sphagnum magellanicum - Marsippospermum grandiflorum* [1126], Turba de *Sphagnum* [1584], Turbal de *Sphagnum magellanicum* [1545], Turbal de *Sphagnum magellanicum - Donatia fascicularis* [396], Turbal de *Sphagnum magellanicum - Empetrum rubrum* [805], Turbales [333], Turbales de esfagno (*Sphagnum magellanicum*) [1470], Turbal graminoideo de *Marsippospermum grandiflorum* [1133], Turbales de *Festuca monticola* [334], Turbales de junquillo [334], Turbales de *Sphagnum magellanicum* [336], Turbales esfagnosos [338, 674], Turbera de *Sphagnum magellanicum* [134, 1236, 1237, 1371, 1546], Turbera musgosa de *Sphagnum magellanicum* [335], Turberas de *Sphagnum* [344, 550], Turberas juncoideas de *Marsippospermum grandiflorum* [1144].

Pisos de vegetación: Bosque caducifolio (P54, P63, P66); Matorral caducifolio (P68, P70); Bosque laurifolio (P72); Bosque resinoso de coníferas (P77); Bosque siempreverde (P84, P87–P91); Matorral siempreverde (P92); Turberas (P94); Matorral bajo de altitud (P115, P116); Estepas y pastizales (P125.

Matorral bajo de altitud

Esta formación, dominada por arbustos bajos y plantas en cojín, se extiende a lo largo de toda la cordillera de los Andes por sobre el límite altitudinal de la vegetación arbórea, o su equivalente en áreas sin vegetación zonal arbórea [101]. En estas últimas situaciones su presencia es posible debido a la correlación entre el aumento de la altitud y la precipitación [708]. Esta formación también está presente en Chile central, donde la cordillera de la Costa es suficientemente alta para alzarse por sobre el límite arbóreo [48]. Las gramíneas son también importantes y en algunas situaciones llegan a ser dominantes. En su amplia extensión latitudinal, desde el macrobioclima tropical al antiboreal, sus especies dominantes y composición florística muestran una fuerte variación, y solo algunos géneros, como *Azorella* y *Senecio*, están presentes en todo este rango. La dominancia de plantas en cojín aumenta con la elevación y pueden marcar el límite altitudinal de la vegetación. Sin embargo, en la mayoría de los casos esta formación limita hacia arriba con el herbazal de altitud.

P97. Matorral bajo tropical andino de *Fabiana ramulosa - Diplostephium meyenii*

Descripción: Matorral denso dominado por *Fabiana ramulosa*, *Diplostephium meyenii*, *Lophopappus tarapacanus* y *Baccharis boliviensis* en la estrata arbustiva, que puede alcanzar más de 1 m de altura. Una estrata de arbustos bajos y suculentas está compuesta principalmente por *Chersodoma jodopappa*, *Balbisia microphylla*, *Junellia seriphioides* y *Maihueniopsis boliviana* subsp. *echinacea*, mientras que en la estrata herbácea participan *Nassella pubiflora*, *Eragrostis peruviana* y *Cheilanthes pruinata*. Algunas epífitas como *Mutisia acuminata* también son frecuentes. En la zona norte de este piso de vegetación es posible observar pequeños bosquetes de *Polylepis rugulosa* y *Chuquiraga spinosa* ssp. *rotundifolia*, mientras que en su área de distribución sur se han reportado comunidades dominadas por *Echinopsis atacamensis* y *Lobivia ferox*.

Comunidades zonales: *Fabiana deserticola - Fabiana viscosa*, *Fabiana deserticola - Polylepis tarapacana s.l.* [679], Asociación de *Fabiana densa - Baccharis boliviensis - Diplostephium meyenii* [1631], *Fabiana densa - Baccharis boliviensis*, *Fabiana densa - Tagetes multiflora*, *Adesmia spinosissima - Balbisia stitchkinii*, *Polylepis besseri - Fabiana densa* [522], Asociación *Polylepis rugulosa - Fabiana ramulosa* [978, 1359], *Diplostephio meyenii - Fabianctum ramulosae*, *Lophopappetum tarapacani*, *Chuquirago rotundifoliae - Polylepidetum rugulosae* [863].

Unidades intrazonales: I8, Vegetación de salares altoandinos; I17, Turberas alcalinas (bofedales).

Composición florística: *Adesmia spinosissima*, *Baccharis boliviensis*, *Balbisia microphylla*, *Cheilanthes pruinata*, *Chersodoma jodopappa*, *Diplostephium meyenii*, *Ephedra breana*, *Eragrostis peruviana*, *Fabiana ramulosa*, *Junellia seriphioides*, *Lophopappus tarapacanus*, *Lupinus oreophilus*, *Maihueniopsis boliviana* subsp.*echinacea*, *Mutisia acuminata*, *M. hamata*, *Nassella pubiflora*, *Oreocereus leucotrichus*, *Parastrephia lepidophylla*, *Senna birostris*, *Tagetes multiflora*, *Tunilla soehrensii* (véanse refs. 863, 978, 1631).

Dinámica: Navarro y Maldonado [999] han planteado que la zona presenta potencialidad boscosa y por lo tanto los matorrales de *Fabiana* corresponden a fases de sustitución del bosque de *Polylepis rugulosa*, producto de una intervención antrópica secular. Al respecto los diferentes autores que han tratado el tema no están de acuerdo con una interpretación de la presencia de los bosques de *Polylepis* en estos sectores (véase ref. 863).

Distribución: Laderas de la vertiente occidental de la precordillera de las regiones de Arica y Parinacota y de Tarapacá, entre 3.300 y 4.100 m, pisos bioclimáticos orotropical árido superior a seco inferior hiperoceánico.

It: 30–98; Tp: 569–865; Io: 0,94–2,75; Ic: 4,1–7,1; T: 4,7–7,2; P: 50–141; EP: 901–1162.

Referencias: 265, 501, 513, 517, 522, 532, 679, 779, 801, 863, 978, 995, 999, 1101, 1102, 1111, 1160, 1202, 1359, 1366, 1367, 1425, 1631, 1639.

P98. Matorral bajo tropical andino de *Parastrephia lucida - Azorella compacta*

Descripción: Matorral bajo con plantas pulvinadas, en el que dominan el arbusto *Parastrephia lucida* y el cojín *Azorella compacta*, cuyo cortejo florístico en situaciones puntuales llega a ser muy diverso y su cobertura es muy variable. En la estrata de gramíneas generalmente están presentes *Festuca orthophylla* y *Deyeuxia breviaristata*. La cactácea en cojín *Maihueniopsis boliviana* subsp. *ignescens* también es frecuente en este piso de vegetación. En situaciones intrazonales es posible observar bofedales en los que domina *Oxychloë andina* (Figura 42). En algunas situaciones, especialmente faldas de cerros con exposiciones cálidas, se presentan bosquecillos dominados por *Polylepis tarapacana*.

Comunidades zonales: *Laretia compacta - Parastrephia quadrangularis*, *Polylepis tarapacana - Festuca* sp. [679], *Parastrephia lucida* sub-asoc. de *Azorella compacta*, *Parastrephia lucida* sub-asoc. de *Polylepis tarapacana* [1631], *Azorella compacta*, *Polylepis tarapacana* [522], *Wernerio aretioidis - Parastrephietum lucidae*, *Mutisio lanigerae - Polylepidetum tarapacanae* [863].

Unidades intrazonales: I1, Vegetación acuática flotante; I3, Vegetación acuática sumergida; I8, Vegetación de salares altoandinos; I9, Vegetación halófila freatófila; I17, Turberas alcalinas (bofedales).

Composición florística: *Adesmia melanthes*, *Azorella compacta*, *Baccharis tola*, *Caiophora rosulata*, *Deyeuxia breviaristata*, *Festuca orthophylla*, *Maihueniopsis boliviana* subsp. *ignescens*, *Parastrephia lucida*, *P. quadrangularis*, *Pycnophyllum bryoides*, *Senecio nutans*, *Werneria aretioides* (véanse refs. 863, 1631).

Dinámica: Esta comunidad ha sufrido degradación debido a la intensiva extracción de leña por parte de los habitantes de la zona. Aparentemente las zonas degradadas tienden a mostrar un aumento en la abundancia de *Pycnophyllum bryoides* y una disminución de las otras especies. No existen antecedentes sobre su dinámica de regeneración natural, pero la presencia de plantas en cojín (*Azorella compacta*) y gramíneas en mechón (*Festuca orthophylla*), permite suponer que estas son colonizadoras en las fases iniciales de la sucesión y que actúan como nodrizas que facilitan el establecimiento de otras especies. Navarro y Maldonado [999] han planteado que los matorrales corresponden a fases de sustitución de los bosques de *Polylepis tarapacana*.

Distribución: Se ubica preferentemente en taludes pedregosos o rocosos de la cordillera andina de las regiones de Arica y Parinacota y de Tarapacá, entre 4.300 y 4.600 m. Se encuentra en los pisos bioclimáticos orotropical superior y criorotropical inferior subhúmedo superior y húmedo inferior hiperoceánico. Se encuentra también en el sur de Perú, en Bolivia y en Argentina.

It: -67–-2; Tp: 288–471; Io: 5,35–8,66; Ic: 4,6–6,0; T: 2,3–3,9; P: 105–342; EP: 774–938.

Referencias: 217, 501, 513, 517, 522, 529, 532, 534, 679, 758, 801, 802, 863, 995, 999, 1119, 1160, 1202, 1361, 1364, 1366, 1367, 1425, 1631.

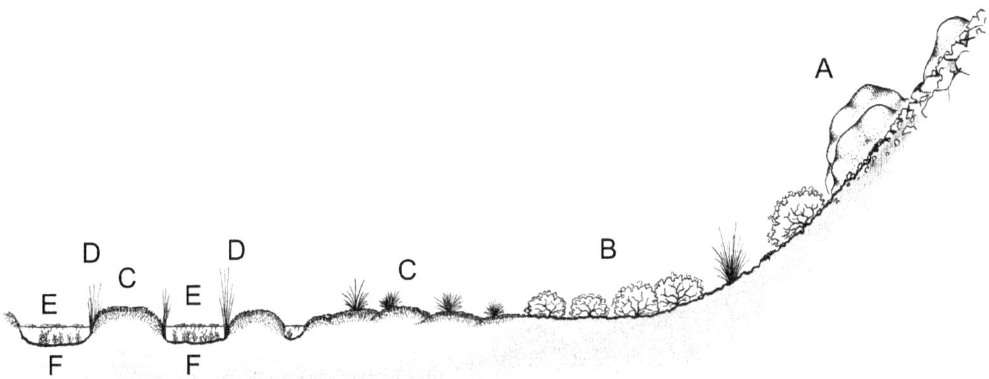

Figura 42: Representación esquemática de la vegetación del Matorral bajo tropical andino de Parastrephia lucida - Azorella compacta *(piso de vegetación P98) en la zona de contacto con los bofedales. A: vegetación zonal de matorral bajo en la ladera; B: transición hacia el bofedal correspondiente a un matorral bajo de* Parastrephia lucida *y* Senecio adenophyllus*; C: bofedal compuesto por comunidades higromórficas de* Oxychloë andina *y* Distichia muscoides *(unidad I17); D: comunidades higromórficas emergentes de* Deyeuxia chrysantha *(unidad I17); E: comunidades flotantes de* Azolla filiculoides *y* Lemna gibba *(unidad I1); F: comunidades sumergidas de* Myriophyllum aquaticum *y* Elodea potamogeton *(unidad I3, véanse refs. 863, 1569).* La escala de tamaños de las plantas está exagerada en relación con la escala del paisaje.

P99. Matorral bajo tropical andino de *Parastrephia lucida / Festuca orthophylla*

Descripción: Matorral con gramíneas en mechón, dominado por *Parastrephia lucida* y *Festuca orthophylla*, en el que participan especies de caméfitas pulvinadas como *Werneria aretioides*, *Senecio humillimus*, *Adesmia occulta* y *Pycnophyllum bryoides*, arbustos espinosos como *Tetraglochin cristatum* y *Senecio spinosus*, hierbas en roseta como *Werneria glaberrima*, *Nototriche turritella* y *Perezia ciliosa*, y otras gramíneas como *Deyeuxia breviaristata* y *D. velutina*, esta última llegando a formar pajonales puros junto con *Festuca orthophylla*. Su cobertura puede alcanzar el 40% en situaciones favorables, pero comúnmente no supera el 25%. En las faldas de algunos cerros se observan bosquetes de *Polylepis tarapacana*, mientras que en los planos inundados se presentan grandes extensiones de bofedales dominados por *Oxychloë andina*.

Comunidades zonales: *Festuca orthophylla - Parastrephia quadrangularis*, *Polylepis tarapacana - Festuca* sp. [679], *Parastrephia lucida* sub asoc. de *Festuca orthophylla*, *Parastrephia lucida* sub-asoc. de *Polylepis tarapacana*, *Festuca orthophylla* [1631], *Festuca orthophylla - Parastrephia lucida*, *Festuca orthophylla - Deyeuxia breviaristata*, *Polylepis tarapacana* [522], *Wernerio aretioidis - Parastrephietum lucidae*, *Mutisio lanigerae - Polylepidetum tarapacanae* [863].

Unidades intrazonales: I1, Vegetación acuática flotante; I3, Vegetación acuática sumergida; I9, Vegetación halófila freatófila; I17, Turberas alcalinas (bofedales).

Composición florística: *Adesmia occulta*, *Azorella compacta*, *Baccharis tola*, *Deyeuxia breviaristata*, *D. velutina*, *Festuca orthophylla*, *Maihueniopsis boliviana* subsp. *ignescens*, *Nototriche argentea*, *N. turritella*, *Parastrephia lucida*, *P. quadrangularis*, *Perezia ciliosa*, *Pycnophyllum bryoides*, *P. molle*, *Senecio humillimus*, *S. nutans S. spinosus*, *Tetraglochin cristatum*, *Werneria aretioides*, *Werneria glaberrima* (véanse refs. 863, 1631).

Dinámica: La información disponible es muy escasa, pero es posible que en algunos aspectos sea muy similar al piso anteriormente descrito (Matorral bajo tropical andino de *Parastrephia lucida* - *Azorella compacta*), debido a la presencia de numerosas plantas en cojín y gramíneas en mechón. La excesiva presión de pastoreo, especialmente en terrenos planos donde abundan las gramíneas, parece producir un incremento en la abundancia de *Tetraglochin cristatum* con relación a las otras especies [863]. Navarro y Maldonado [999] han planteado que los matorrales corresponden a fases de sustitución de los bosques de *Polylepis tarapacana.*

Distribución: Laderas, lomajes y planicies del Altiplano de las regiones de Arica y Parinacota y de Tarapacá, entre 4.000 y 5.000 m de altitud, pisos bioclimáticos orotropical superior y criorotropical inferior subhúmedo superior y húmedo inferior hiperoceánico. Se encuentra también en la puna de Bolivia y Argentina.

It: -59–20; Tp: 227–564; Io: 4,88–7,54; Ic: 4,8–6,5; T: 1,5–4,7; P: 108–321; EP: 813–945.

Referencias: 513, 517, 522, 532, 534, 679, 801, 802, 863, 999, 1119, 1160, 1199, 1202, 1361, 1364, 1367, 1425, 1631, 1688.

P100. Matorral bajo tropical andino de *Parastrephia lepidophylla* - *P. quadrangularis*

Descripción: Matorral bajo dominado por *Parastrephia lepidophylla* y *P. quadrangularis*, con participación importante de *Festuca orthophylla* y *Tetraglochin cristatum.* en el que participan algunas hierbas perennes como *Nototriche turritella*, aunque con bajos valores de constancia. En algunos sectores de coluvios o aluvios pedregosos se observan grandes extensiones dominadas por *Tetraglochin cristatum*, lo que probablemente corresponde a zonas de mayor aridez local o a una fase de degradación producto del sobrepastoreo.

Comunidades zonales: *Festuca orthophylla* - *Parastrephia quadrangularis* [679], *Parastrephia quadrangularis* - *Festuca orthophylla* [522], *Parastrephia lepidophylla* [1531], *Parastrephietum lepidophyllo-quadrangulare* [863], Pajonal de *Festuca orthophylla* [451].

Unidades intrazonales: I8, Vegetación de salares altoandinos; I17, Turberas alcalinas (bofedales); I30, Vegetación psamófila interior (arenales).

Composición florística: *Azorella compacta*, *Baccharis boliviensis*, *B. tola*, *Chersodoma jodopappa*, *Deyeuxia breviaristata*, *Festuca orthophylla*, *Maihueniopsis boliviana* subsp. *ignescens*, *Nassella nardoides*, *Nototriche turritella*, *Parastrephia lepidophylla*, *P. quadrangularis*, *Pycnophyllum bryoides*, *P. molle*, *Senecio nutans*, *Senecio spinosus*, *Tetraglochin cristatum* (véanse refs. 863, 1531).

Dinámica: La fuerte presión de pastoreo sobre las áreas con abundancia de gramíneas produce la disminución de las mismas, acompañado del incremento en la abundancia de *Tetraglochin cristatum* y/o *Pycnophyllum bryoides*, especies que presentes en grandes cantidades podrían ser utilizadas como indicadores de degradación. En relación con la dinámica natural es posible que, al igual que lo señalado para otros pisos de vegetación altoandinos, algunas plantas colonizadoras (?*Festuca orthophylla*) actúen como nodrizas que permitan el establecimiento de otras especies.

Distribución: Altiplano de las regiones de Arica y Parinacota y de Tarapacá, entre 3.900 y 4.700 m, pisos bioclimáticos orotropical superior y criorotropical inferior seco y subhúmedo hiperoceánico. Presente también en Bolivia.

It: -29–55; Tp: 339–651; Io: 2,03–5,10; Ic: 4,5–6,9; T: 2,7–5,4; P: 74–289; EP: 869–1078.

Referencias: 265, 451, 513, 517, 522, 641, 679, 801, 802, 863, 999, 1202, 1366, 1367, 1425, 1531, 1532, 1631, 1639, 1688.

P101. Matorral bajo tropical andino de *Azorella compacta - Pycnophyllum molle*

Descripción: Matorrales bajos compuestos por plantas en cojín, en que dominan *Azorella compacta* y *Pycnophyllum molle*, a las que se asocian otras especies de subarbustos como *Senecio zoellneri*, *S. puchii* y *Xenophyllum poposum* y algunas herbáceas, principalmente *Valeriana nivalis* y *Perezia purpurata*. Este piso de vegetación marca el límite altitudinal absoluto de la vegetación chilena, llegando en situaciones excepcionales hasta los 5.400 m. La cobertura de la vegetación es muy baja debido a las limitaciones que impone un régimen de bajas temperaturas en las grandes altitudes.

Comunidades zonales: Asociación de *Festuca orthophylla* variante con *Azorella compacta* y *Pycnophyllum molle* y variante con *Valeriana nivalis*, *Chaetanthera stuebelii* [1631], *Azorella compacta* [522], *Senecioni zoellneri - Azorelletum compactae* [863].

Unidades intrazonales: I1, Vegetación acuática flotante; I3, Vegetación acuática sumergida; I8, Vegetación de salares altoandinos; I17, Turberas alcalinas (bofedales); I30, Vegetación psamófila interior (arenales).

Composición florística: *Anthochloa lepidula*, *Azorella compacta*, *Deyeuxia lagurus*, *Dielsiochloa floribunda*, *Perezia purpurata*, *Pycnophyllum molle*, *Senecio algens*, *S. puchii*, *S. zoellneri*, *Valeriana nivalis*, *Xenophyllum poposum* (véanse refs. 863, 1631).

Dinámica: Probablemente las plantas en cojín son colonizadores de terrenos descubiertos y facilitan la inmigración de otras especies que las utilizan como plantas nodrizas.

Distribución: Partes altas de la cordillera andina de las regiones de Arica y Parinacota y de Tarapacá, sobre 4.500 m, piso bioclimático criorotropical húmedo e hiperhúmedo inferior hiperoceánico. Este tipo de vegetación también se ha descrito en las zonas altas del sur de Perú.

It: -115–-20; Tp: 167–354; Io: 8,57–17,81; Ic: 4,4–5,4; T: 1,1–2,9; P: 146–339; EP: 703–881.

Referencias: 513, 517, 522, 529, 534, 679, 801, 802, 863, 995, 1366, 1367, 1425, 1531, 1568, 1569, 1631.

P102. Matorral bajo tropical andino de *Fabiana denudata - Chuquiraga atacamensis*

Descripción: Matorral dominado por los arbustos *Fabiana denudata*, *Chuquiraga atacamensis*, *Fabiana ramulosa* y *Baccharis boliviensis*. También participan otros arbustos, como *Haplopappus rigidus* y *Ephedra breana* y gramíneas como *Jarava frigida* y *Anatherostipa venusta*. En algunos sectores de la zona baja de este piso de vegetación, en la transición con el piso de vegetación P23 (Matorral desértico tropical andino de *Atriplex imbricata - Acantholippia deserticola*), se desarrollan poblaciones de la Cactácea columnar *Echinopsis atacamensis*.

Comunidades zonales: *Fabiana densa - Baccharis boliviensis* [522, 1630], *Fabiana squamata - Junellia seriphioides* [1531], *Baccharis tola*-Ges. *Opuntia atacamensis*-var. [6], *Fabianetum ramuloso - denudatae* [1001].

Unidades intrazonales: I17, Turberas alcalinas (bofedales); I30, Vegetación psamófila interior (arenales).

Composición florística: *Adesmia melanthes*, *Anatherostipa venusta*, *Baccharis boliviensis*, *B. tola*, *Chenopodium petiolare*, *Chuquiraga atacamensis*, *Descurainia stricta*, *Ephedra breana*, *Fabiana denudata*, *F. ramulosa*, *F. squamata*, *Haplopappus rigidus*, *Jarava frigida*, *Junellia seriphioides*, *Lampaya medicinalis*, *Maihueniopsis glomerata*, *Mutisia hamata*, *Neuontobotrys tarapacana*, *Pseudognaphalium lacteum*, *Senecio viridis*, *Trichocline caulescens*, *Tunilla soehrensii*, *Viola frigida* (véanse refs. 6, 1536).

Dinámica: No existen antecedentes sobre la dinámica de este piso vegetacional.

Distribución: Precordillera del centro-norte de la región de Antofagasta y sur de Tarapacá, entre 3.300 y 3.800 m, asociado a los pisos bioclimáticos supratropical superior y orotropical inferior hiperárido y árido inferior hiperoceánico.

It: 117–237; Tp: 822–1086; Io: 0,29–0,47; Ic: 4,3–8,5; T: 6,8–9,0; P: 24–70; EP: 1151–1399.

Referencias: 21, 22, 308, 517, 522, 641, 813, 972, 1001, 1049, 1080, 1199, 1202, 1300, 1426, 1531, 1532, 1536, 1630, 1634, 1639.

P103. Matorral bajo tropical andino de *Fabiana squamata / Festuca chrysophylla*

Descripción: Matorral con gramíneas, dominado por los arbustos *Fabiana squamata* y *Parastrephia quadrangularis* y las gramíneas *Festuca chrysophylla*, *Jarava frigida*, *Nassella nardoides* y *Anatherostipa venusta*. También están presentes con abundancias variables los arbustos *Fabiana squamata*, *Adesmia melanthes* y *Chuquiraga atacamensis*, y los cojines *Azorella compacta* y *Pycnophyllum bryoides*.

Comunidades zonales: *Fabiana bryoides* (?*squamata*) - *Adesmia horrida* [1630], *Festuca chrysophylla - Fabiana bryoides* (?*squamata*) [522], *Festuca chrysophylla*, *Stipa nardoides*, *Baccharis tola*-Ges. *Parastrephia lepidophylla*-var. [6].

Unidades intrazonales: I8, Vegetación de salares altoandinos; I17, Turberas alcalinas (bofedales).

Composición florística: *Adesmia erinacea*, *A. horrida*, *A. melanthes*, *Anatherostipa venusta*, *Azorella compacta*, *Baccharis tola*, *Chuquiraga atacamensis*, *Conyza deserticola*,

Fabiana squamata, *Festuca chrysophylla*, *Jarava frigida*, *Junellia seriphioides*, *Maihueniopsis boliviana* subsp. *ignescens*, *Nassella nardoides*, *Parastrephia lepidophylla*, *P. quadrangularis*, *Pycnophyllum bryoides*, *Senecio nutans* (véanse refs. 1531, 1536).

Dinámica: Al igual que en otros pisos de vegetación andinos, las plantas en cojín y las gramíneas en mechón pueden comportarse como colonizadoras y facilitar la colonización posterior de las otras especies gracias al efecto nodriza.

Distribución: Laderas y planos altos de la cordillera andina del sur de la región de Tarapacá y norte de Antofagasta, 3.600-4.200 m, asociado al piso bioclimático orotropical árido hiperoceánico.

It: 35–130; Tp: 584–831; Io: 0,53–1,08; Ic: 4,4–6,7; T: 4,8–6,9; P: 40–79; EP: 1039–1158.

Referencias: 6, 21, 22, 265, 517, 522, 1049, 1080, 1366, 1426, 1531–1533, 1536, 1538, 1630, 1639.

P104. Matorral bajo tropical andino de *Fabiana bryoides* - *Parastrephia quadrangularis*

Descripción: Matorral bajo, pobre en especies, dominado por los arbustos *Parastrephia quadrangularis* y *Fabiana bryoides* y las gramíneas *Jarava frigida* y *Festuca chrysophylla*. En su composición destacan algunas otras especies que pueden ser localmente abundantes, como *Adesmia erinacea*, *A. melanthes* y *Senecio xerophilus*.

Comunidades zonales: *Fabiana bryoides* - *Parastrephia quadrangularis* [926], *Festuca chrysophylla* - *Fabiana bryoides*, *Fabiana bryoides* - *Parastrephia lepidophylla* [522], *Fabiano bryoidis* - *Adesmietum erinaceae* [857, 861], *Parastrephio quadrangulare* - *Stipetum frigidae* [1001].

Unidades intrazonales: I17, Turberas alcalinas (bofedales).

Composición florística: *Adesmia erinacea*, *A. melanthes*, *Anatherostipa venusta*, *Baccharis tola*, *Fabiana bryoides*, *Festuca chrysophylla*, *Jarava frigida*, *Parastrephia quadrangularis*, *Senecio xerophilus*.

Dinámica: No existen datos sobre la dinámica natural de este piso de vegetación.

Distribución: Altiplano de la región de Antofagasta y del norte de Atacama, 3.500–4.400 m, pisos bioclimáticos supratropical superior y orotropical hiperárido y árido hiperoceánico. También en las zonas adyacentes de Bolivia.

It: 106–233; Tp: 651–997; Io: 0,23–0,86; Ic: 6,0–9,2; T: 5,4–8,3; P: 43–133; EP: 996–1329.

Referencias: 99, 308, 517, 522, 818, 857, 861, 887, 926, 972, 995, 996, 999, 1001, 1049, 1056, 1059, 1085, 1194, 1199, 1202, 1288, 1300, 1366, 1367, 1426, 1551, 1634, 1673.

P105. Matorral bajo tropical andino de *Mulinum crassifolium* - *Urbania pappigera*

Descripción: Matorral bajo dominado por plantas pulvinadas y gramíneas en mechón, entre las que destacan *Mulinum crassifolium*, *Urbania pappigera*, *Adesmia minor* var. *caespitosa*, *Jarava frigida* y *Deyeuxia crispa*, a las que se asocia un elenco diversificado de herbáceas rosuladas, tales como *Chaetanthera revoluta*, *Nototriche auricoma* y *Perezia purpurata*. En algunos sectores marca el límite altitudinal de la vegetación vascular, en cuya extensión puede mezclarse en una transición difusa con los elementos del Herbazal tropical andino de *Chaetanthera sphaeroidalis* (piso de vegetación P117), el que en algunos casos define un piso de vegetación por encima de este. En algunos sectores muy localizados de este piso de vegetación se ha reportado la presencia de bosquetes de *Polylepis tarapacana*, que alcanzan su límite sur de distribución.

Comunidades zonales: *Mulinum crassifolium - Oxalis exigua* [1630], *Festuca chrysophylla* [926], *Polylepis tarapacana*, *Pycnophyllum molle - Oxalis exigua* [522], ?*Festuca chrysophylla*, Tolar mezclado con *Polylepis tarapacana* [1531], *Mulino crassifolii - Deyeuxietum crispae*, *Stipo frigidae - Adesmietum caespitosae*, *Senecionetum chrysolepidis* [857, 861], *Mulinum crassifolium*-Ges., *Urbania pappigera*-Ges [6], *Stipo frigidae - Senecionetum puchii* [1001].

Unidades intrazonales: I17, Turberas alcalinas (bofedales); I25, Pastizal alto ripario; I26, Comunidades herbáceas riparias.

Composición florística: *Adesmia minor* var. *caespitosa*, *Anatherostipa venusta*, *Chaetanthera revoluta*, *C. sphaeroidalis*, *Deyeuxia crispa*, *Festuca chrysophylla*, *Jarava frigida*, *Moschopsis monocephala*, *Mulinum crassifolium*, *Maihueniopsis boliviana* subsp. *ignescens*, *Nototriche auricoma*, *Oxalis hypsophila*, *Parastrephia quadrangularis*, *Perezia purpurata*, *Pycnophyllum bryoides*, *P. macropetalum*, *P. molle*, *Senecio chrysolepis*, *S. rosmarinus*, *Urbania pappigera*, *Werneria glaberrima* (véanse refs. 861, 1531, 1536).

Dinámica: Tal como se ha señalado para otros pisos de vegetación andinos, es probable que las plantas en cojín y las gramíneas en mechón actúen como colonizadores y luego permitan la llegada de otras especies mediante su efecto nodriza.

Distribución: Ampliamente repartida en las zonas cordilleranas altas de los Andes del sur de la región de Tarapacá, Antofagasta y norte de Atacama, entre 4.000 y 4.800 m. Pisos bioclimáticos orotropical y criorotropical inferior árido y semiárido hiperoceánico.

It: -16–177; Tp: 367–813; Io: 0,40–1,67; Ic: 5,4–9,2; T: 3,0–6,7; P: 63–155; EP: 958–1197.

Referencias: 6, 21, 22, 268, 308, 517, 522, 818, 857, 861, 887, 926, 995, 999, 1001, 1049, 1059, 1080, 1085, 1199, 1300, 1303, 1366, 1367, 1531, 1532, 1536, 1551, 1630, 1634, 1672, 1673.

P106. Matorral bajo tropical andino de *Artemisia copa* / *Jarava frigida*

Descripción: Matorral bajo dominado por *Adesmia melanthes* y *Artemisia copa*, en el que también participan *Jarava frigida*, *Neuontobotrys tarapacana*, *Hoffmannseggia eremophila*. En algunos sectores se presentan cactáceas en cojín del género *Maihueniopsis* (*M. atacamensis*, *M. glomerata*) y en otros, una densa estrata de hierbas anuales (*e.g.*, *Phacelia pinnatifida*, *Ipomopsis gossypifera*), que emergen después de las lluvias. En las zonas de transición hacia el piso de vegetación inmediatamente inferior en altitud se mezcla con algunos elementos de ese piso, como *Acantholippia deserticola*.

Comunidades zonales: *Adesmio melanthis - Artemisietum copae* [857, 861].

Unidades intrazonales: I17, Turberas alcalinas (bofedales).

Composición florística: *Adesmia melanthes*, *Artemisia copa*, *Baccharis tola*, *Cristaria andicola*, *Descurainia stricta*, *Ephedra breana*, *Fabiana denudata*, *Haplopappus rigidus*, *Hoffmannseggia eremophila*, *Ipomopsis gossypifera*, *Jarava frigida*, *Maihueniopsis atacamensis*, *M. glomerata*, *Neuontobotrys tarapacana*, *Phacelia pinnatifida*.

Dinámica: A pesar de que no existen datos directos, es posible que la variabilidad de las precipitaciones esté determinando ciclos de regeneración de las especies componentes de este piso de vegetación.

Distribución: Laderas medias de los Andes del centro-sur de la región de Antofagasta y norte de Atacama, 3.500–4.000, en el piso bioclimático supratropical ultrahiperárido superior e hiperárido hiperoceánico.

It: 196–276; Tp: 933–1137; Io: 0,17–0,34; Ic: 5,9–7,1; T: 7,7–9,4; P: 28–70; EP: 1190–1368.

Referencias: 99, 818, 857, 861, 995, 1049, 1059, 1085, 1366, 1536, 1551, 1673.

P107. Matorral bajo tropical andino de *Adesmia frigida / Jarava frigida*

Descripción: Matorral bajo, extremadamente xeromórfico, muy pobre en especies, dominado por las plantas en cojín *Adesmia frigida* y *A. echinus* y la gramínea *Jarava frigida*, a las que se agregan ocasionalmente algunas plantas herbáceas o arbustos bajos.

Comunidades zonales: *Adesmietum frigido-echinoris*, *Fabiano bryoidis - Adesmietum erinaceae* [857, 861].

Unidades intrazonales: I17, Turberas alcalinas (bofedales).

Composición florística: *Adesmia echinus*, *A. frigida*, *Chenopodium frigidum*, *Cristaria andicola*, *Jarava frigida*, *Senecio hirtus*, *S. leucus*, *S. rosmarinus* var. *rosmarinus* (véase ref. 861).

Dinámica: No existen antecedentes sobre la dinámica de este piso de vegetación, con excepción de la presencia de plantas pulvinadas que podrían actuar como nodrizas que permiten la regeneración de otras especies.

Distribución: Laderas altas de la cordillera de Domeyko y precordillera andina en el sur de la región de Antofagasta y norte de Atacama, 3.500–4.300, pisos bioclimáticos supratropical y orotropical inferior ultrahiperárido superior e hiperárido hiperoceánico.

It: 153–249; Tp: 725–1006; Io: 0,17–0,39; Ic: 5,4–5,9; T: 6,0–8,3; P: 26–56; EP: 1060–1279.

Referencias: 99, 818, 857, 861, 887, 1049, 1059, 1085, 1551, 1672.

P108. Matorral bajo tropical-mediterráneo andino de *Adesmia hystrix - Ephedra breana*

Descripción: Matorral espinoso, xeromórfico, que alcanza coberturas mayores a 40%. Está dominado por los arbustos *Adesmia hystrix* y *Ephedra breana* que llegan a más de un metro de altura y por el subarbusto *Viviania marifolia*. En el estrato herbáceo bajo destaca la presencia de *Jarava chrysophylla* y *Cristaria andicola*, con altos valores de importancia.

Comunidades zonales: *Adesmia hystrix - Adesmia odontophylla* [926], *Fabiana imbricata - Ephedra chilensis*, *Adesmia sentis* [522], Herbazal de *Cristaria andicola*, Matorral de *Adesmia hystrix* [890].

Unidades intrazonales: I17, Turberas alcalinas (bofedales); I21, Matorral desértico ripario.

Composición florística: *Adesmia hystrix*, *Alstroemeria andina*, *Chaetanthera flabellifolia*, *C. gnaphalioides*, *C. lanata*, *Cristaria andicola*, *Ephedra breana*, *Fabiana imbricata*, *Haplopappus baylahuen*, *Jarava chrysophylla*, *Maihueniopsis glomerata*, *Malesherbia lanceolata*, *Mentzelia bartonioides*, *Senecio micropifolius*, *Tetraglochin alatum*, *Viviania marifolia* (véanse refs. 890, 1505).

Dinámica: No existen antecedentes sobre la dinámica, pero por su posición ecológica y fisionomía es probable que tenga algunos rasgos comunes con el resto de los matorrales bajos supramediterráneos.

Distribución: Laderas medias andinas de las regiones de Atacama y Coquimbo, 1.900–3.400 m, pisos bioclimáticos supratropical, orotropical (antitropical) y oromediterráneo inferior hiperárido superior a semiárido inferior hiperoceánico.

It: 104–240; Itc: 101–234; Tp: 698–1261; Io: 0,33–1,40; Ic: 6,5–8,9; T: 5,8–10,5; P: 54–154; EP: 950–1267.

Referencias: 108, 206, 417, 517, 522, 818, 887, 890, 926, 1085, 1196, 1366, 1419, 1505, 1507, 1508, 1551, 1672.

P109. Matorral bajo tropical andino de *Adesmia subterranea - Adesmia echinus*

Descripción: Matorral bajo, abierto, xeromórfico dominado por los subarbustos espinosos *Adesmia aegiceras*, *A. echinus*, las plantas en cojín, *Adesmia subterranea* y *Azorella cryptantha* y las gramíneas como *Jarava chrysophylla*. También son importantes las hierbas rosuladas (*e.g.* *Chaetanthera minuta*, *Perezia purpurata*), pero no tienen gran representación en términos de cobertura. Se presenta generalmente con un estrato donde las diferentes formas de vida alternan la ocupación del espacio horizontal, pero también es frecuente la presencia de plantas herbáceas que utilizan los cojines y subarbustos como nodrizas.

Comunidades zonales: *Adesmia subterranea - Stipa frigida - Chaetanthera sphaeroidalis* [926], *Stipa chrysophylla - Adesmia echinus*, *Stipa chrysophylla* [522], Matorral de *Adesmia aegiceras*, Matorral de *Adesmia echinus*, Pajonal de *Pappostipa frigida* o *Pappostipa chrysophylla* [890].

Unidades intrazonales: I17, Turberas alcalinas (bofedales).

Composición florística: *Adesmia aegiceras*, *A. subterranea*, *A. echinus*, *A. spuma*, *Anarthrophyllum gayanum*, *Atriplex oreophila*, *Azorella cryptantha*, *A. madreporica*, *Calceolaria pinifolia*, *Chaetanthera minuta*, *Cistanthe picta*, *Cruckshanksia macrantha*, *Doniophyton weddellii*, *Gayophytum micranthum*, *Jarava chrysophylla*, *Menonvillea cuneata*, *Pachylaena atriplicifolia*, *Perezia purpurata*, *Phacelia cumingii*, *Viola frigida*, *V. montagnei*, *V. philippiana* (véanse refs. 890, 1505).

Dinámica: Las plantas en cojín, como *Adesmia subterranea* y *Azorella madreporica*, actúan como plantas nodriza que generan condiciones microambientales que favorecen la inmigración de otras especies, especialmente herbáceas [93, 123, 124].

Distribución: Laderas altas de la cordillera andina de las regiones de Atacama y Coquimbo, 3.000–3.800 m, pisos bioclimáticos orotropical (antitropical) árido, semiárido y seco inferior hiperoceánico.

It: 53–148; Tp: 459–849; Io: 0,53–2,19; Ic: 6,2–9,1; T: 3,7–7,0; P: 66–139; EP: 863–1079.

Referencias: 93, 108, 123, 124, 206, 242, 417, 517, 522, 597, 818, 853, 890, 926, 1196, 1366, 1367, 1419, 1505, 1507, 1508, 1551, 1672.

P110. Matorral bajo mediterráneo costero de *Chuquiraga oppositifolia - Mulinum spinosum*

Descripción: Matorral bajo, dominado por los subarbustos *Chuquiraga oppositifolia*, *Mulinum spinosum* y *Tetraglochin alatum*, aunque también es posible observar algunos elementos propios del bosque caducifolio que se encuentra inmediatamente en el piso altitudinal inferior (*e.g.*, *Schinus montana*). También se presentan algunas geófitas como *Rhodophiala rhodolirion*. Este matorral, de distribución areal muy reducida en la cordillera de la Costa, está florísticamente muy emparentado con las comunidades altoandinas y probablemente constituye un relicto climático de los periodos glaciales de expansión de las comunidades propias de ambientes andinos de altitud.

Comunidades zonales: Asociación de *Chuquiraga oppositifolia* y *Mulinum spinosum* [1645], *Mulinum spinosum - Chuquiraga oppositifolia* [522], *Berberis - Tetraglochinetum alatae* [122], Matorral subandino, Matorral andino [1341], *Mutisio acerosae - Chuquiragetum oppositifoliae*, *Mutisio acerosae - Mulinetum spinosi*, *Haplopappo velutini - Chuquiragetum oppositifoliae* [48, 475].

Unidades intrazonales: I13, Vegetación herbácea de lagunas efímeras.

Composición florística: *Acaena splendens*, *Anarthrophyllum cumingii*, *Berberis empetrifolia*, *Calceolaria campanae*, *Chuquiraga oppositifolia*, *Ephedra chilensis*, *Haplopappus ochagavianus*, *Montiopsis sericea*, *Mulinum spinosum*, *Phacelia secunda*, *Rhodophiala rhodolirion*, *Schinus montana*, *Tetraglochin alatum*, *Viviania marifolia* (véanse refs. 122, 1341, 1645).

Dinámica: Ya que se trata de un tipo de vegetación que solo se desarrolla bajo condiciones frías en las partes altas de las montañas, probablemente se encuentra en retroceso natural producto del incremento de la aridez y la temperatura propio del periodo interglacial en que nos encontramos y de su reforzamiento por causas antrópicas. Al respecto, algunos lugares parecen estar siendo colonizados por elementos provenientes de matorrales espinosos (*e.g.*, *Puya coerulea*). No se conocen mayores antecedentes sobre su dinámica regenerativa, pero es muy probable que sea muy similar a la de los matorrales bajos andinos dominados por *Chuquiraga oppositifolia*.

Distribución: Cumbres rocosas de las montañas elevadas de la cordillera de la Costa de la región de O'Higgins, Metropolitana y de Valparaíso, sobre 1.800 m, en los pisos bioclimáticos supramediterráneo y oromediterráneo inferior subhúmedo superior y húmedo hiperoceánico y oceánico.

Itc: 99–176; Tp: 848–1116; Io: 4,82–9,58; Ic: 10,4–12,2; T: 7,0–9,2; P: 521–713; EP: 940–1081.

Referencias: 48, 122, 167, 273, 517, 522, 548, 867, 988, 1191, 1213, 1288, 1340, 1341, 1344, 1363, 1643, 1645.

P111. Matorral bajo mediterráneo andino de *Chuquiraga oppositifolia - Nardophyllum lanatum*

Descripción: Matorral bajo con una cobertura vegetal que generalmente oscila entre 20 y 40%, dominado por subarbustos, donde destaca la presencia de *Chuquiraga oppositifolia, Mulinum spinosum, Nardophyllum lanatum, Viviania marifolia, Ephedra chilensis* y *Tetraglochin alatum.* Las herbáceas perennes son también frecuentes, en especial *Phacelia secunda, Tropaeolum polyphyllum* y *Argylia adscendens.*

Comunidades zonales: *Mulinetum* [1118, 1119], *Mulinum spinosum - Chuquiraga oppositifolia, Chuquiraga oppositifolia - Guindilia trinervis, Fabiana imbricata - Ephedra chilensis* [522], Matorral bajo de yerba blanca (*Chuquiraga oppositifolia*) [862], *Proustia cuneifolia - Senecio microphyllus, Chuquiraga oppositifolia - Haplopappus anthylloides, Anarthrophyllum cumingii - Chuquiraga oppositifolia* [44], *Berberido empetrifoliae - Chuquiragetum oppositifoliae* [48].

Unidades intrazonales: I13, Vegetación herbácea de lagunas efímeras; I15, Matorrales de vegas altoandinas; I17, Turberas alcalinas (bofedales); I22, Matorral esclerofilo ripario; I27, Vegetación rupícola altoandina; I29, Vegetación rupícola de acarreos.

Composición florística: *Acaena alpina, A. splendens, Alstroemeria pallida, Anarthrophyllum cumingii, Argylia adscendens, Berberis empetrifolia, Chuquiraga oppositifolia, Ephedra chilensis, Euphorbia collina, Guindilia trinervis, Junellia scoparia, Mulinum spinosum, Mutisia subulata* fma. *rosmarinifolia, Haplopappus anthylloides, Nardophyllum lanatum, Phacelia secunda, Sisyrinchium arenarium, Stachys albicaulis, Jarava chrysophylla, Tetraglochin alatum, Tropaeolum polyphyllum, Viviania marifolia* (véanse refs. 71, 236, 992).

Dinámica: Es posible que perturbaciones de mesoescala como eventos de remoción en masa estén actuando permanentemente, limitando el avance de la sucesión, aunque no es posible, con el conocimiento actual, identificar cuáles son las especies pioneras. Observaciones directas sobre la composición florística revelan la presencia de un conjunto de especies introducidas asociadas al ganado.

Distribución: Ampliamente repartida en las laderas altas de la cordillera de los Andes de la región de O'Higgins, Metropolitana, de Valparaíso y sur de Coquimbo, 1.600–2.900 m, pisos bioclimáticos supramediterráneo y oromediterráneo inferior seco, subhúmedo y húmedo hiperoceánico y oceánico.

Itc: 63–179; Tp: 700–1106; Io: 2,23–10,46; Ic: 8,7–13,0; T: 5,8–9,2; P: 285–866; EP: 951–1134.

Referencias: 44, 48, 63, 71, 94, 95, 97, 106, 112, 116, 167, 206, 220, 227, 234, 236, 237, 475, 517, 522, 548, 606, 656, 694, 697, 846, 862, 915, 916, 992, 1086, 1087, 1089, 1118, 1119, 1191, 1195, 1197, 1198, 1201, 1203, 1207, 1352, 1366, 1534, 1540, 1543.

P112. Matorral bajo mediterráneo andino de *Laretia acaulis* - *Berberis empetrifolia*

Descripción: Matorral bajo dominado por subarbustos y plantas en cojín como *Berberis empetrifolia* y *Laretia acaulis*, respectivamente. Entre las herbáceas destacan *Oxalis compacta* y las gramíneas *Poa holciformis*, *Bromus setifolius* y *Hordeum comosum*. Muestra una variación latitudinal con un aumento hacia el sur en la importancia de los elementos de los matorrales altoandinos de Coquimbo (*e.g.*, *Adesmia aegiceras*), pero en sus especies dominantes mantiene una fuerte homogeneidad a lo largo de su amplio rango de distribución. En su área sur de distribución nuevos antecedentes aún no publicados indican la existencia de una vegetación diferente, en que las especies dominantes son *Festuca thermarum* y *Senecio leucophyton*, que provisionalmente se encuadra en el ámbito de este piso de vegetación.

Comunidades zonales: *Laretietum* [1118, 1119], *Azorella madreporica* - *Laretia acaulis* [522], Asociación de *Laretia acaulis* y *Berberis empetrifolia* [71], Matorral bajo pulvinado de llaretilla y michay de cordillera, Matorral-pajonal de llareta y coirón amargo [862], *Poa holciformis* - *Laretia acaulis* [44], *Olsynio frigidi* - *Laretietum acaulis* [475].

Unidades intrazonales: I15, Matorrales de vegas altoandinas; I17, Turberas alcalinas (bofedales); I29, Vegetación rupícola de acarreos.

Composición florística: *Acaena pinnatifida*, *Adesmia aegiceras*, *A. gracilis*, *Anarthrophyllum gayanum*, *Astragalus vesiculosus*, *Azorella madreporica*, *A. monantha*, *Berberis empetrifolia*, *Bromus setifolius*, *Doniophyton weddellii*, *Glandularia microphylla*, *Hordeum comosum*, *Junellia uniflora*, *Laretia acaulis*, *Malesherbia lirana*, *Mutisia sinuata*, *Oreopolus glacialis*, *Oxalis compacta*, *O. hypsophila*, *Perezia carthamoides*, *Phacelia secunda*, *Phleum alpinum*, *Poa holciformis*, *Senecio clarioneifolius*, *S. gilliesii*, *S. subumbellatus*, *Tropaeolum polyphyllum* (véanse refs. 71, 236, 992).

Dinámica: Las condiciones climáticas severas, alta radiación solar, bajas temperaturas y fuertes vientos, determinan la fisionomía de la vegetación. Las plantas ocupan biotopos protegidos y son frecuentes las relaciones de facilitación donde plantas en cojín (*e.g.*, *Laretia acaulis* [26, 230, 237, 238] *Azorella madreporica* [240, 1222] y *A. monantha* [126, 127, 130, 230, 238, 239, 1221]) actúan como nodrizas para la regeneración y desarrollo de otras, tanto nativas como introducidas, siendo posiblemente las plantas en cojín los primeros colonizadores de terrenos descubiertos. Estas relaciones de facilitación dependen del contexto ambiental y de la especie nodriza [123, 124, 128, 229, 445, 1222]. Es posible que la presión de ganado produzca una alteración de la estructura y composición de la vegetación, disminuyendo su cobertura y provocando la invasión de especies introducidas (*cf.* ref. 644).

Distribución: Laderas occidentales altas de la cordillera de los Andes en el norte de las regiones del Biobío, del Maule, de O'Higgins, Metropolitana, de Valparaíso y sur de Coquimbo, entre 1.800 y 2.600 m en la zona sur y 2.600 y 3.300 m en la zona norte, en los pisos bioclimáticos oromediterráneo seco superior a hiperhúmedo hiperoceánico y oceánico. También presente en áreas adyacentes de Argentina.

Itc: -5–107; Tp: 515–830; Io: 4,06–15,13; Ic: 9,6–13,4; T: 3,9–6,9; P: 358–1238; EP: 863–1027.

Referencias: 25, 26, 44, 63, 71, 75, 93–95, 97, 102, 106, 112, 123, 124, 126–128, 130, 198, 206, 220, 227, 229, 230, 234, 236–240, 444, 445, 517, 522, 606, 644, 656, 694, 697,

846, 862, 915, 916, 933, 934, 974, 992, 1086, 1087, 1114, 1118, 1119, 1191, 1195, 1197, 1198, 1201, 1203, 1207, 1221–1223, 1285, 1330, 1335, 1366, 1468, 1534, 1540, 1619.

P113. Matorral bajo mediterráneo andino de *Chuquiraga oppositifolia - Discaria articulata*

Descripción: Matorral bajo, dominado por los subarbustos espinosos *Chuquiraga oppositifolia*, *Discaria articulata*, *Baccharis neaei* y *Mulinum spinosum*, las que se asocian con *Guindilia trinervis* y *Ephedra chilensis*. La estrata herbácea está compuesta por *Euphorbia collina*, *Schizanthus grahamii* y *Oxalis squamata*. En lugares húmedos se presenta una comunidad intrazonal dominada por *Fabiana imbricata* y *Calandrinia affinis*, pero no ha sido formalmente definida. La vegetación de este piso ha sido poco estudiada en la zona.

Comunidades zonales: *Chuquiraga oppositifolia - Guindilia trinervis* [522].

Composición florística: *Alstroemeria* sp., *Astragalus* sp., *Baccharis neaei*, *Berberis empetrifolia*, *Chuquiraga oppositifolia*, *Discaria articulata*, *Ephedra chilensis*, *Euphorbia collina*, *Guindilia trinervis*, *Loasa volubilis*, *Montiopsis sericea*, *Mulinum spinosum*, *Oxalis squamata*, *Quinchamalium chilense*, *Schizanthus grahamii*, *Tetraglochin alatum*, *Viviania marifolia*.

Dinámica: No existen datos, pero es posible inferir que la presión antrópica de pastoreo o extracción de leña produzca una pérdida de la cobertura de la vegetación y la introducción de especies alógenas. Debido a que naturalmente el desarrollo de suelo es incipiente, es probable que en ausencia de perturbaciones antrópicas las plantas sean capaces de recolonizar los terrenos de donde fueron eliminadas. Seguramente varios aspectos de la dinámica son similares al piso de vegetación de Matorral bajo mediterráneo andino de *Chuquiraga oppositifolia - Nardophyllum lanatum* (piso de vegetación P111).

Distribución: Laderas occidentales medias y altas de la cordillera de los Andes en la región del Maule, entre 1.200 y 2.300 m, en el piso bioclimático supramediterráneo superior y oromediterráneo inferior húmedo e hiperhúmedo oceánico.

Itc: 36–150; Tp: 676–1107; Io: 7,90–12,96; Ic: 12,3–13,5; T: 5,6–9,2; P: 1038–1669; EP: 939–1109.

Referencias: 517, 522, 1114, 1285, 1619.

P114. Matorral bajo templado andino de *Discaria chacaye / Berberis empetrifolia*

Descripción: Matorral bajo muy diverso dominado por los arbustos espinosos *Discaria chacaye* y *Berberis empetrifolia*, a los que se asocian en forma frecuente *Mulinum spinosum*, *Gaultheria pumila*, *Senecio subumbellatus*, *Quinchamalium chilense*, *Poa obvallata* y *Festuca scabriuscula*. La estrata arbustiva puede alcanzar en algunos casos más de un metro de altura y en la estrata herbácea, que se encuentra al nivel del suelo, se presenta una sinusia de gramíneas bien desarrollada.

Comunidades zonales: *Festucetum subandinae*, *Festuco - Pernettyetum nanae* [1014], *Baccharis patagonica - Stipa neaei*, *Discaria serratifolia - Colletia spinosa*, *Caltha ap-*

pendiculata - Berberis empetrifolia [522], *Phacelia secunda - Adesmia emarginata, Discaria chacaye - Berberis empetrifolia* [158], *Adesmia emarginata - Berberis empetrifolia assemblage* [1076].

Unidades intrazonales: I14, Herbazales de vegas altoandinas; I27, Vegetación rupícola altoandina; I29, Vegetación rupícola de acarreos; I30, Vegetación psamófila interior (arenales).

Unidades extrazonales: E13, Matorral arborescente caducifolio edafohigrófilo de *Nothofagus antarctica*; E21, Turbera de *Astelia pumila - Donatia fascicularis.*

Composición florística: *Acaena ovalifolia, A. pinnatifida, Adesmia emarginata, Alstroemeria patagonica, Arenaria serpens, Azorella monantha, Baccharis magellanica, Berberis empetrifolia, B. microphylla, Caltha sagittata, Cardamine glacialis, Cerastium arvense, Chaetanthera lanata, Discaria chacaye, Empetrum rubrum, Festuca scabriuscula, Gaultheria poeppigii, G. pumila, Mulinum spinosum, Nassauvia lagascae, Oreopolus glacialis, Ourisia ruelloides, Oxalis adenophylla, Phacelia secunda, Poa obvallata, Quinchamalium chilense, Ranunculus peduncularis, Senecio fistulosus, S. subumbellatus, Sisyrinchium chilense* (véanse refs. 129, 155, 504, 1032).

Dinámica: El espectro de formas de vida de este piso de vegetación sugiere que la colonización de terrenos desnudos es colonizada principalmente por plantas en cojín que actúan como nodrizas para la colonización de otras especies (véanse refs. 93, 123, 129, 936), con un incremento progresivo de la riqueza específica, tal como ocurre en otros ambientes altoandinos. Es posible que la presión de pastoreo produzca un aumento de la importancia relativa de la forma de vida arbustiva en detrimento de las gramíneas [11].

Distribución: Partes altas de la cordillera de los Andes de las regiones del Biobío y de La Araucanía, entre 1.600 y 2.300 m. En Argentina, en las zonas altas de la cordillera de los Andes de la provincia de Neuquén, entre 1.600 y 2.200 m. Se asocia a los pisos bioclimáticos supratemplado superior y orotemplado inferior (submediterráneo) hiperhúmedo oceánico.

Itc: 42 112; Tp: 600 835; Io: 12,05–20,64; Ic: 11,3–13,2; T: 4,8–6,9; P: 1095–1922; EP: 875 1024.

Referencias: 11, 93, 123, 129, 155, 158, 198, 504, 517, 522, 542, 699, 835, 936, 1012, 1014, 1032, 1076, 1331, 1366, 1541.

P115. Matorral bajo templado andino de *Adesmia longipes - Senecio bipontinii*

Descripción: Matorral enano abierto con una estrata de gramíneas donde las especies más frecuentes son *Adesmia longipes, Senecio bipontinii, Poa obvallata* y *Festuca thermarum*, a las que se asocian *Empetrum rubrum, Senecio triodon, Gaultheria pumila, Perezia pedicularidifolia, Festuca monticola* y otras.

Comunidades zonales: *Empetro - Pernettyetum pumilae, Festuca monticola - Empetrum rubrum* - Ges. [1623], *Dicranello - Pernettyetum, Erigeroni - Pernettyetum, Tapeinietum pumilae, Gunnero - Festucetum, Carici - Festucetum, Perezio - Festucetum, Nassauvietum revolutae, Azorelletum incisae, Empetrum rubrum* Ges. [488], *Adesmia longipes - Azorella incisa, Nassauvia revoluta - Nassauvia dentata* [522], *Nassauvia revoluta - Poa obvallata assemblage* [1076].

Unidades intrazonales: I14, Herbazales de vegas altoandinas; I17, Turberas alcalinas (bofedales); I27, Vegetación rupícola altoandina.

Unidades extrazonales: E14, Matorral arborescente caducifolio edafoxerófilo de *Nothofagus antarctica*; E22, Turbera de *Sphagnum magellanicum*.

Composición florística: *Acaena macrocephala, A. pinnatifida, Adesmia longipes, A. retusa, Azorella diversifolia, Baccharis nivalis, Empetrum rubrum, Erigeron leptopetalus, Euphrasia trifida, Festuca thermarum, Gaultheria poeppigii, G. pumila, Geum andicola, Hypochaeris arenaria, Luzula racemosa, Nassauvia revoluta, N. dentata, Perezia pedicularidifolia, Poa alopecurus, P. obvallata, Senecio bipontinii, S. chionophilus, S. subdiscoideus, S. subpubescens, S. trifurcatus, S. triodon, Valeriana fonckii* (véanse refs. 488, 1623).

Dinámica: El reclutamiento progresivo de las especies resulta en un incremento estable de la riqueza de especies en el tiempo. Las primeras especies en colonizar los terrenos desnudos son algas y luego líquenes que modifican el ambiente edáfico generando las condiciones para la inmigración de las primeras plantas vasculares que corresponden a plantas en cojín o arbustos enanos que nuevamente modifican el suelo y actúan como nodrizas para las otras especies, lo que permite el incremento en la riqueza y cambios en la composición florística.

Distribución: Sectores altos de los conos volcánicos de las regiones del Biobío, de La Araucanía, de Los Ríos y de Los Lagos, entre 1.300 y 2.500 m y en Argentina en las zonas altas de la cordillera de los Andes de las provincias de Río Negro, Chubut y sur de Neuquén, entre 1.500 y 2.000 m. Pisos bioclimáticos orotemplado hiperhúmedo y ultrahiperhúmedo hiperoceánico.

Itc: -10–89; Tp: 441–749; Io: 16,61–31,64; Ic: 9,7–12,1; T: 3,2–6,2; P: 1226–1767; EP: 681–908.

Referencias: 198, 456, 458, 488, 522, 794, 1012, 1014, 1076, 1331, 1366, 1541, 1623.

P116. Matorral bajo antiboreal andino de *Bolax gummifera - Azorella selago*

Descripción: Matorral bajo dominado por las plantas en cojín *Bolax gummifera* y *Azorella selago*, a las que pueden asociarse con presencia y abundancia variables *Abrotanella emarginata, Azorella lycopodioides, Empetrum rubrum, Gentianella magellanica, Drapetes muscosus, Gaultheria pumila* y otras. La cobertura es generalmente baja, usualmente dejando terrenos de roca descubierta entre las plantas.

Comunidades zonales: *Bolax gummifera* Ass. [1476], Asociación *Drapetes muscosus - Bolax gummifera* [1121], Asociación *Bolaxetum gummiferum* subas. *Bolax gummifera - Drapetes muscosus* [1126], *Bolax gummifera - Azorella selago* [1129], *Carico - Bolacetum* [1332], ?Turberas pulvinadas de *Bolax gummifera* [1144].

Unidades intrazonales: I14, Herbazales de vegas altoandinas, I18, Turberas ácidas.

Unidades extrazonales: E22, Turbera de *Sphagnum magellanicum*.

Composición florística: *Abrotanella emarginata, Azorella lycopodioides, A. selago, Bolax gummifera, Drapetes muscosus, Empetrum rubrum, Gaultheria pumila, Gentianella magellanica, Lycopodium confertum, Ourisia breviflora, Oxalis enneaphylla, Polystichum plicatum, Senecio darwinii, S. magellanicus, Viola tridentata* (véanse refs. 893, 1129, 1134, 1332).

Dinámica: No existen datos directos, pero tratándose de un tipo de vegetación altoandino con plantas pulvinadas, es posible que sean estas las que inician la colonización, generando un efecto de nodriza para el establecimiento posterior de otras especies [93, 228]. Algunas áreas recientemente deglaciadas son colonizadas por *Nothofagus antarctica* y *N. betuloides* [340, 676]. Bancos de semillas persistentes han sido reportados para este tipo de vegetación [103].

Distribución: Zonas altas de los cerros de la región de Magallanes, entre 500 y 800 m, llegando hasta 200 m en la zona más austral. Pisos bioclimáticos mesoboreal superior, supraboreal y oroboreal hiperhúmedo y ultrahiperhúmedo hiperoceánico.

Tp: 425–614; Io: 15,44–32,04; Ic: 7,2–8,4; T: 3,4–5,1; P: 803–1279; EP: 421–486.

Referencias: 93, 98, 103, 107, 228, 335, 337, 340, 675, 676, 893, 920, 931, 958, 1121, 1126, 1129, 1134, 1141, 1144, 1291, 1332, 1470, 1476, 1572.

Herbazal de altitud

Formación dominada por plantas herbáceas, generalmente arrosetadas, donde la cobertura total de la vegetación es muy baja debido a condiciones térmicas extremas. Las plantas, que son capaces de sobrevivir el invierno bajo la nieve, se encuentran usualmente en situaciones microclimáticamente favorables. Esta formación define el límite altitudinal de la vegetación en las áreas donde ocurre, y se distribuye ampliamente a lo largo de la cordillera de los Andes, por lo que su variabilidad florística es relativamente amplia. Especialmente en la zona austral, esta formación ha recibido relativamente poca atención en estudios vegetacionales.

P117. Herbazal tropical andino de *Chaetanthera sphaeroidalis*

Descripción: Desierto de altura muy abierto, donde solo se encuentran algunas plantas herbáceas, generalmente en roseta, que crecen entre las rocas, donde las condiciones de humedad y temperatura son más favorables que en los sectores expuestos al efecto desecante del viento y la baja temperatura del aire. La especie más característica de este piso de vegetación es *Chaetanthera sphaeroidalis*.

Comunidades zonales: *Adesmia subterranea - Stipa frigida - Chaetanthera sphaeroidalis* [926], *Nototricho auricomae - Chaetantheretum sphaeroidalis* [861], Tundra de *Chaetanthera sphaeroidalis* [890].

Unidades intrazonales: I17, Turberas alcalinas (bofedales).

Composición florística: *Adesmia capitellata, A. spuma, Chaetanthera pulvinata, C. sphaeroidalis, Jarava frigida, Junellia uniflora, Lenzia chamaepitys, Nototriche auricoma, N. compacta, N. hillii, Senecio pissisii, S. socompae, S. sundtii, S. volckmannii.*

Dinámica: No existen datos directos. Los suelos están sometidos a procesos permanentes de gelifracción, de manera que la dinámica depende de la recurrencia de ese tipo de perturbaciones. Probablemente la sucesión nunca supera la etapa de colonización.

Distribución: Partes altas de la cordillera de los Andes de las regiones de Atacama y sur de Antofagasta y norte de Coquimbo, sobre 4.000 (3.400) m, pisos bioclimáticos orotropical y criorotropical árido, semiárido y seco hiperoceánico. También está presente en las altas cordilleras de las áreas adyacentes de Argentina y Bolivia. Gran parte de este piso de vegetación se encuentra en la variante tropical antitropical.

It: 10–166; Tp: 319–774; Io: 0,43–3,21; Ic: 5,9–9,1; T: 2,2–6,4; P: 62–137; EP: 808–1160.

Referencias: 108, 206, 517, 522, 597, 715, 818, 861, 887, 890, 926, 996, 1049, 1059, 1366, 1505, 1507, 1508, 1551, 1672.

P118. Herbazal mediterráneo andino de *Nastanthus spathulatus - Menonvillea spathulata*

Descripción: Desierto de altura, muy abierto, donde destacan hierbas en roseta como *Menonvillea spathulata*, *Nassauvia lagascae* y *Nastanthus spathulatus* y gramíneas como *Hordeum comosum* y *Trisetum preslei*. Las plantas crecen muy esparcidas entre las rocas para refugiarse de las condiciones extremas de fuertes vientos y bajas temperaturas. No han sido definidas comunidades florísticas para la zona.

Composición florística: *Azorella trifurcata*, *A. madreporica*, *Barneoudia major*, *Deyeuxia erythrostachya*, *Erigeron andicola*, *Hordeum comosum*, *Leucheria scrobiculata*, *Menonvillea spathulata*, *Moschopsis leyboldii*, *Nassauvia lagascae*, *N. pinnigera*, *N. pyramidalis*, *Nastanthus spathulatus*, *Oxalis erythrorhiza*, *O. penicillata*, *O. compacta*, *Perezia recurvata*, *Phacelia secunda*, *Poa holciformis*, *Senecio lithostaurus*, *S. subdiscoideus*, *Trisetum preslei* (véanse refs. 236, 992).

Dinámica: Existe evidencia específica que muestra que los síndromes de polinización y dispersión de las plantas son predominantemente abióticos a grandes altitudes [220, 234], lo que probablemente favorece la autogamia y tiene influencia en la dinámica regenerativa de la vegetación, pero al parecer no se sabe exactamente cómo operan esas influencias. Se ha demostrado que las plantas anuales tienden a formar bancos persistentes de semillas con más frecuencia que las plantas perennes [102, 227], como respuesta a la variación estacional de la cobertura de nieve. Los procesos de remoción en masa son permanentes, favorecen la movilidad espacial de las semillas y están limitando permanentemente el avance de la sucesión.

Distribución: Sectores elevados de la cordillera de los Andes, sobre 2.700 m, en la región de O'Higgins, Metropolitana, de Valparaíso y sur de Coquimbo, pisos bioclimáticos oromediterráneo y crioromediterráneo subhúmedo, húmedo e hiperhúmedo hiperoceánico y oceánico.

Itc: -24–80; Tp: 418–698; Io: 3,62–16,06; Ic: 8,3–13,0; T: 2,7–5,8; P: 247–777; EP: 809–1017.

Referencias: 63, 94, 95, 97, 102, 106, 112, 206, 220, 227, 234, 236, 606, 656, 846, 915, 916, 934, 992, 1086, 1087, 1534, 1540.

P119. Herbazal mediterráneo andino de *Oxalis adenophylla* - *Pozoa coriacea*

Descripción: Corresponde a un herbazal desértico de arbustos bajos, hierbas y plantas en cojín muy esparcidas en el terreno, donde destaca la presencia de *Oxalis holosericea*, *Oxalis adenophylla*, *Ochetophila nana*, *Plantago barbata*, *Nassauvia lagascae*, *N. revoluta* y *Gaultheria pumila*. Existen muy pocos datos directos y no han sido descritas comunidades vegetales.

Composición florística: *Gaultheria pumila*, *Nassauvia lagascae*, *N. pygmaea*, *N. revoluta*, *Ochetophila nana*, *Oxalis adenophylla*, *O. holosericea*, *Plantago barbata*, *Pozoa coriacea*, *Schizanthus grahamii*, *Viola sempervivum* (véase ref. 1114).

Dinámica: El sustrato está sometido a procesos de gelifracción que producen la eliminación total de la vegetación. Las plantas tienden a instalarse en terrenos protegidos de las bajas temperaturas donde se acumula la humedad, *i.e.* entre o bajo las rocas. Los primeros colonizadores son probablemente plantas en cojín, que actúan como nodriza y permiten la llegada de otras especies, y pequeñas hierbas perennes que pueden introducirse entre las rocas.

Distribución: Laderas occidentales altas de la cordillera de los Andes, en la región del Maule, sobre 2.500 m, en los pisos bioclimáticos oromediterráneo superior y crioromediterráneo húmedo superior e hiperhúmedo oceánico. También está presente en Argentina.

Itc: -45–16; Tp: 421–588; Io: 11,95–18,20; Ic: 12,8–13,6; T: 2,6–4,6; P: 864–1067; EP: 818–915.

Referencias: 198, 1114, 1285, 1331, 1619.

P120. Herbazal templado andino de *Nassauvia dentata* - *Senecio portalesianus*

Descripción: Herbazal bajo y muy abierto dominado por los subarbustos *Nassauvia dentata*, *Senecio portalesianus* y *Senecio triodon*, a los que se asocian los subarbustos *Perezia pedicularidifolia*, *Empetrum rubrum*, *Senecio poeppigii* y *Berberis empetrifolia* y las herbáceas *Saxifraga magellanica*, *Cardamine glacialis* y *Nanodea muscosa*, variando su abundancia fundamentalmente en relación con las condiciones de humedad en el suelo.

Comunidades: Comunidad nano-arbustiva alto-andina [1123], Matorral bajo y herbazal de altitud [550], *Senecio - Empetretum rubrae* [1389].

Composición florística: *Benthamiella azorella*, *Berberis empetrifolia*, *Cardamine glacialis*, *Cystopteris fragilis*, *Empetrum rubrum*, *Luzula racemosa*, *Nanodea muscosa*, *Nassauvia dentata*, *Oreopolus glacialis*, *Oxalis enneaphylla*, *Perezia pedicularidifolia*, *Saxifraga magellanica*, *Senecio poeppigii*, *S. portalesianus*, *S. triodon*, *Valeriana moyanoi* (véase ref. 550).

Dinámica: No existen antecedentes, pero es posible que por la situación ambiental de altitud en que se encuentran, los suelos y la roca están sometidos a procesos de gelifracción que producen la eliminación total de la vegetación, la que es colonizadora de los terrenos más protegidos y de mayor humedad edáfica, *i.e.* entre las rocas o en las grietas donde es posible la formación de un suelo muy incipiente.

Distribución: Zonas montañosas altas de las regiones de Los Lagos, de Aisén y norte de Magallanes, Chile, por sobre 500 (1.200) m. Pisos bioclimáticos orotemplado y criorotemplado (submediterráneo) húmedo superior, hiperhúmedo y ultrahiperhúmedo hiperoceánico y oceánico. También está presente en las zonas altas de la cordillera de los Andes de las provincias de Río Negro y Chubut, Argentina, sobre 1.500 m.

Itc: -22–66; Tp: 360–681; Io: 11,96–33,22; Ic: 9,7–11,6; T: 2,7–5,2; P: 574–1718; EP: 530–738.

Referencias: 349, 349, 350, 550, 1123, 1143, 1331, 1380, 1389, 1476.

P121. Herbazal antiboreal andino de *Nassauvia pygmaea - N. lagascae*

Descripción: Comunidad muy abierta de plantas dispersas entre las que destaca la presencia de *Nassauvia pygmaea* y *N. lagascae*. A ellas pueden asociarse otras especies, generalmente herbáceas pequeñas como *Nassauvia aculeata*, *Oxalis enneaphylla*, *Senecio magellanicus*, *Moschopsis rosulata*, *Leucheria leontopodioides* y otras. Existen muy pocos antecedentes, pero se presume su presencia en las zonas más altas, de difícil acceso, del sector sur de Magallanes por sobre el límite del piso de plantas en cojín. Los sustratos sobre los que se encuentra este tipo de vegetación son muy inestables, estando permanentemente sometidos a procesos de gelifracción. No existen datos de comunidades florísticas para este piso vegetacional.

Composición florística: *Draba magellanica*, *Leucheria leontopodioides*, *Luzula alopecurus*, *Moschopsis rosulata*, *Nassauvia aculeata*, *N. lagascae*, *N. pygmaea*, *Oxalis enneaphylla*, *Saxifraga magellanica*, *Saxifragella bicuspidata*, *Senecio humifusus*, *S. magellanicus* (véanse refs. 337, 893, 1291).

Dinámica: Aunque no existe información, el comentario sobre el piso anterior también puede ser válido para este.

Distribución: Zonas montañosas altas del centro-sur de la región de Magallanes, entre 300 y 900 m, llegando hasta 600 m en la isla Navarino, pisos bioclimáticos supraboreal y oroboreal húmedo e hiperhúmedo hiperoceánico.

Tp: 405–595; Io: 11,20–23,51; Ic: 7,0–8,3; T: 3,2–4,9; P: 462–888; EP: 431–522.

Referencias: 335, 337, 893, 931, 958, 1291, 1476, 1572.

Estepas y pastizales

Vegetación dominada por gramíneas con dominancia variable de especies arbustivas. Se encuentra en la zona más austral de Chile en condiciones relativamente frías y secas, pero alcanza su mayor desarrollo en la Patagonia argentina, donde ha sido objeto de numerosos estudios. Se pueden diferenciar dos grandes unidades regionales [522, 666, 827, 1493, 1494]: las estepas dominadas por *Festuca pallescens*, presentes en Chile en la región de Aisén, y las estepas dominadas por *Festuca gracillima*, distribuidas en la región de Magallanes.

P122. Estepa mediterránea-templada oriental de *Festuca pallescens / Mulinum spinosum*

Descripción: Corresponde a un complejo de comunidades para las que con los datos disponibles no es posible realizar una discriminación bioclimática. La comunidad que limita con el matorral de *Nothofagus antarctica* hacia el oeste se caracteriza por la presencia de *Acaena splendens*, *Festuca pallescens* y *Mulinum spinosum*. En el área del lago General Carrera se desarrolla un matorral dominado por *Colliguaja integerrima*, *Discaria chacaye*, *Mulinum spinosum*, *Deschampsia elongata* y *Festuca argentina*, donde la presencia de *Festuca pallescens* también es importante y donde ocasionalmente es posible observar matorrales de *Adesmia boronioides*, con un carácter intrazonal. En áreas degradadas por intervención antrópica la estepa es invadida por especies introducidas como *Rumex acetosella* y *Taraxacum officinale*. Contacta catenalmente con el Matorral arborescente caducifolio mediterráneo-templado de *Nothofagus antarctica / Berberis microphylla* (piso de vegetación P69) (Figura 35, página 170).

Comunidades zonales: *Festuca - Mulinum* Ass., *Mulinum* Ass. [1476], *Festucetum* [1118, 1119], *Festuca pallescens*, *Colliguaja integerrima - Festuca pallescens* [940], *Colliguajetum integerrimae* [1461], *Acaena splendens - Baccharis patagonica*, *Baccharis patagonica - Stipa neaei*, *Festuca pallescens - Acaena splendens*, *Festuca pallescens - Mulinum spinosum*, *Colliguaja integerrima - Mulinum spinosum* [522], *Colliguajo - Schinetum marchandii* [1272].

Unidades intrazonales: I24, Matorral siempreverde ripario.

Unidades extrazonales: E13, Matorral arborescente caducifolio edafohigrófilo de *Nothofagus antarctica*.

Composición florística: *Acaena pinnatifida*, *A. splendens*, *Adesmia boronioides*, *Azorella trifurcata*, *Bromus setifolius*, *Cerastium arvense*, *Colliguaja integerrima*, *Elymus patagonicus*, *Deschampsia elongata*, *Discaria chacaye*, *Festuca argentina*, *F. pallescens*, *Galium antarcticum*, *G. fuegianum*, *Geranium berteroanum*, *Hordeum comosum*, *Jaravu humilis*, *Mulinum spinosum*, *Nassauvia aculeata*, *Olsynium junceum*, *Poa ligularis*, *Potentilla chiloensis*, *Quinchamalium chilense*, *Rytidosperma pictum*, *Senecio patagonicus*, *Vicia bijuga* (véanse refs. 940, 1336).

Dinámica: El reclutamiento de plantas jóvenes parece estar determinado por la disponibilidad de semillas en el suelo, que es mayor en los lugares donde ya existen otras plantas o cerca de ellas versus áreas desnudas. Este patrón ha sido evaluado en *Bromus setifolius*, mostrando que la presencia de un banco de semillas es el factor más importante en el reclutamiento. A pesar de que los sitios desnudos son más favorables para el establecimiento de nuevas plantas, el rol que juega la distribución espacial de la disponibilidad de semillas tiende a reforzar el patrón de distribución de la vegetación preexistente. Se ha sugerido que este patrón puede ser extendido al resto de las especies dominantes de la estepa [11, 12]. Se ha establecido que los efectos de la ganadería generan un proceso sucesional regresivo en el que aumenta la importancia de los arbustos y disminuye la de las gramíneas y leguminosas herbáceas [11, 826].

Distribución: Planos y piedemontes de la vertiente oriental de la cordillera de los Andes de la región de Aisén, 200-1.300 m, asociado con los pisos bioclimáticos oromediterráneo y orotemplado (submediterráneo) subhúmedo y húmedo oceánico. Hacia el este adquiere su mayor expresión en las provincias de Río Negro y Chubut (Argentina).

Itc: 22–139; Tp: 648–940; Io: 4,49–9,31; Ic: 11,8–12,4; T: 5,2–7,8; P: 362–636; EP: 700–845.

Referencias: 11, 12, 198, 517, 522, 826–828, 940, 969, 1041, 1118, 1119, 1272, 1331, 1332, 1336, 1461, 1476, 1493.

P123. Estepa mediterránea-templada oriental de *Festuca gracillima*

Descripción: Estepa graminosa dominada indiscutiblemente por *Festuca gracillima*, a la que generalmente se asocian las gramíneas *Festuca magellanica*, *Poa alopecurus*, *P. pratensis*, *Bromus setifolius*, *Rytidosperma virescens* y *Trisetum spicatum*. Las herbáceas más frecuentes son *Anemone multifida*, *Armeria maritima*, *Phacelia secunda*, *Olsynium biflorum* y *Sisyrinchium chilense*. Ocasionalmente pueden presentarse algunos arbustos, entre los que destaca *Chiliotrichum diffusum*, *Empetrum rubrum* y *Nardophyllum bryoides*, pero que nunca llegan a presentar abundancias significativas.

Comunidades zonales: *Festucetum* [1118, 1119], *Festucetum gracillimae*, *Festuca gracillima - Stipetum* [1129, 1332], Pradera de *Festuca gracillima* [805], *Festuca gracillima* [522].

Unidades intrazonales: I10, Vegetación halófila intermareal (marismas); I16, Pastizales de vegas; I30, Vegetación psamófila interior (arenales).

Composición florística: *Anemone multifida*, *Armeria maritima*, *Bromus setifolius*, *Chiliotrichum diffusum*, *Empetrum rubrum*, *Festuca gracillima*, *F. magellanica*, *Nardophyllum bryoides*, *Olsynium biflorum*, *Phacelia secunda*, *Poa alopecurus*, *P. pratensis*, *Rytidosperma virescens*, *Sisyrinchium chilense*, *Trisetum spicatum*, *Valeriana carnosa* (véase ref. 1129).

Dinámica: Algunos antecedentes indirectos indican que la degradación antrópica de la estepa de *Festuca gracillima*, especialmente producto del pastoreo, conduce a la pérdida de cobertura de gramíneas y la expansión de los arbustos. En sectores argentinos se ha observado que los indicadores de degradación son principalmente *Nardophyllum bryoides* y *Mulinum spinosum* [1336].

Distribución: Sector sudoriental de la región de Magallanes, entre 0 y 300 m, pisos bioclimáticos oromediterráneo y orotemplado inferior (submediterráneo) seco superior y subhúmedo inferior hiperoceánico.

Itc: 33–89; Tp: 661–781; Io: 3,09–3,76; Ic: 9,7–11,1; T: 5,4–6,5; P: 209–278; EP: 616–646.

Referencias: 19, 328–330, 346, 434, 517, 522, 805, 827, 1118, 1119, 1128, 1129, 1332, 1336, 1572.

P124. Estepa mediterránea-templada oriental de *Festuca gracillima* / *Mulinum spinosum*

Descripción: Estepa arbustiva dominada por *Mulinum spinosum* y *Festuca gracillima* o uno de ellos (Figura 43). Los arbustos más importantes de la estrata arbustiva, que acompañan a *Mulinum*, son *Empetrum rubrum*, *Baccharis magellanica* y *Berberis microphylla*, pero también ocurren *Adesmia boronioides*, *Anarthrophyllum desideratum* y

Senecio filaginoides. Las gramíneas más frecuentes son *Jarava humilis*, *Bromus setifolius*, *Deschampsia flexuosa*, *Elymus patagonicus*, *E. antarcticus*, *Poa alopecurus*, *P. scaberula* y *Trisetum spicatum*, mientras que las herbáceas más importantes son *Calceolaria uniflora*, *Hypochaeris incana*, *Leucheria purpurea*, *Loasa bergii*, entre otras. Destaca la presencia del cojín bajo *Azorella trifurcata*. La vegetación puede presentarse como un matorral denso que cubre todo el terreno o puede dejar claros de suelo descubierto en algunos sectores. Corresponde a una de las expresiones más xéricas de la estepa patagónica.

Figura 43: Estepa mediterránea oriental de Festuca gracillima / Mulinum spinosum *(piso de vegetación P124).* Tierra del Fuego (Región de Magallanes), Enero 2016 (Foto: F. Luebert).

Comunidades zonales: Asociación *Mulinetum spinosum*, Asociación *Festucetum gracillimum*, Asociación *Verbenetum tridens*, Asociación *Festuca gracillima - Baccharis magellanica* [1127], *Empetretum rubrii* [1129], *Berberido - Empetretum* [1332], Comunidades de *Empetrum rubrum - Festuca gracillima*, Brezal de *Empetrum rubrum*, Comunidades de *Verbena tridens - Stipa humilis*, Comunidades de *Mulinum spinosum - Festuca gracillima - Stipa humilis*, Pradera de *Festuca pallescens - Festuca gracillima* [805], *Festuca gracillima - Stipa humilis* [522], Matorral de romerillo, Pastizal de *Poa pratensis* (ruderal) [342].

Unidades intrazonales: I16, Pastizales de vegas; I24, Matorral siempreverde ripario; I30, Vegetación psamófila interior (arenales).

Composición florística: *Adesmia boronioides*, *Agrostis perennans*, *Amelichloa brevipes*, *Anarthrophyllum desideratum*, *Armeria maritima*, *Azorella trifurcata*, *Baccharis magellanica*, *Berberis empetrifolia*, *B. microphylla*, *Bromus setifolius*, *Calceolaria uniflora*, *Chiliotrichum diffusum*, *Deschampsia flexuosa*, *Discaria chacaye*, *Elymus angulatus*,

E. patagonicus, *Empetrum rubrum*, *Festuca gracillima*, *Hypochaeris incana*, *Jarava humilis*, *Junellia tridens*, *Leucheria purpurea*, *Loasa bergii*, *Mulinum spinosum*, *Nardophyllum bryoides*, *Nassauvia revoluta*, *Noccaea magellanica*, *Oxalis enneaphylla*, *Poa alopecurus*, *P. scaberula*, *Senecio filaginoides*, *S. miser*, *S. patagonicus*, *Trisetum spicatum* (véanse refs. 1129, 1332, 1476).

Dinámica: *Empetrum rubrum* es uno de los colonizadores de suelos desnudos alterados, pero la colonización se produce a partir de plantas que germinan en suelos no alterados y que luego avanzan sobre los terrenos desnudos [1332, 1336]. En los sectores de contacto con el bosque caducifolio este piso de vegetación podría corresponder a un estado degradado del bosque debido a la intervención antrópica secular de tala y quema.

Distribución: Sector central oriental y sudoriental de la región de Magallanes, entre 0 y 650 m, en los pisos bioclimáticos oromediterráneo y orotemplado (submediterráneo) inferior subhúmedo inferior hiperoceánico.

Itc: 36–100; Tp: 651–786; Io: 3,79–5,78; Ic: 9,0–11,2; T: 5,3–6,5; P: 256–368; EP: 595–635.

Referencias: 19, 342, 517, 522, 805, 1127, 1129, 1143, 1332, 1336, 1476.

P125. Estepa templada oriental de *Festuca gracillima* / *Chiliotrichum diffusum*

Descripción: Estepa arbustiva dominada por el arbusto *Chiliotrichum diffusum*, en la que puede presentarse también *Empetrum rubrum*, aunque con menor abundancia, y *Festuca gracillima*, asociándose a la transición entre la estepa y el bosque caducifolio. Las principales especies asociadas son el arbusto *Berberis microphylla*, y las herbáceas *Acaena magellanica*, *Cerastium arvense*, *Leptinella scariosa*, *Gentianella magellanica*, *Geum magellanicum*, *Anthoxanthum redolens*, *Festuca magellanica* y *Calceolaria biflora*.

Comunidades zonales: Asociación *Festuca gracillima - Chiliotrichum diffusum*, Asociación *Chiliotrichietum diffusum* [1129], *Elymo - Chiliotrichietum*, *Baccharido - Festucetum gracillimae* [1332], Matorral de *Chiliotrichum diffusum*, Comunidades de *Chiliotrichum diffusum - Festuca gracillima* [805] *Chiliotrichum diffusum* [522], Matorral de *Chiliotrichum diffusum*, Estepa duriherbosa de *Festuca contracta* [1144], Matorral de romerillo, Pastizal de *Poa pratensis* (ruderal) [342].

Unidades intrazonales: I5, Vegetación de playas; I9, Vegetación halófila freatófila; I16, Pastizales de vegas; I30, Vegetación psamófila interior (arenales).

Unidades extrazonales: E13, Matorral arborescente caducifolio edafohigrófilo de *Nothofagus antarctica*; E22, Turbera de *Sphagnum magellanicum*.

Composición florística: *Acaena magellanica*, *A. ovalifolia*, *A. pinnatifida*, *Adesmia pumila*, *Anthoxanthum redolens*, *Berberis microphylla*, *Calceolaria biflora*, *Cerastium arvense*, *Chiliotrichum diffusum*, *Deschampsia flexuosa*, *Empetrum rubrum*, *Festuca gracillima*, *F. magellanica*, *Gentianella magellanica*, *Geranium berteroanum*, *Geum magellanicum*, *Leptinella scariosa*, *Oxalis enneaphylla*, *Poa pratensis*, *Primula magellanica*, *Schizeilema ranunculus*, *Senecio kingii*, *Symphyotrichum vahlii*, *Viola magellanica* (véanse refs. 1129, 1332).

Dinámica: No existen antecedentes concretos sobre la dinámica, pero se sabe que desde el punto de vista florístico este piso de vegetación corresponde a situaciones transicionales entre la estepa patagónica y los matorrales y bosques caducifolios [1332]. Al respecto, podría especularse que se trata de formaciones derivadas de los bosques producto de una intervención antrópica secular, especialmente ganadera, que favorece la penetración de algunos elementos de la estepa.

Distribución: Sector sudoriental de la región de Magallanes, 0–450 m, en los pisos bioclimáticos orotemplado inferior subhúmedo (submediterráneo) y húmedo inferior hiperoceánico.

Itc: 34–95; Tp: 617–743; Io: 4,44–6,07; Ic: 8,9–10,7; T: 5,1–6,1; P: 294–417; EP: 565–610.

Referencias: 19, 264, 336, 342, 345, 517, 522, 805, 1122, 1129, 1144, 1169, 1332, 1572.

4.3.3. Vegetación intrazonal

por Vanezza Morales, Patricio Pliscoff y Federico Luebert

En esta Sección se describen unidades de vegetación intrazonal (unidades I1 a I31). Las unidades están agrupadas en tipos de vegetación de acuerdo con sus particularidades ecológicas, para las que se proporciona una breve descripción. Para cada unidad de vegetación se indican las comunidades incluidas de acuerdo con sus denominaciones originales en la literatura y se señalan los pisos de vegetación en que han sido registradas. Una clasificación de la vegetación intrazonal, como la que se presenta aquí, resulta aún muy rudimentaria, ya que gran parte de las unidades muestran una amplia heterogeneidad desde el punto de vista de las especies dominantes.

Vegetación acuática

Comprende complejos de comunidades de ambientes lénticos o lóticos de poca corriente donde pueden coexistir plantas herbáceas acuáticas sumergidas, flotantes libres y natantes (véase Figura 42, página 217). En la literatura fitosociológica estas son usualmente reconocidas como asociaciones distintas. Se encuentran principalmente en lagunas interiores de agua dulce con diferentes niveles de eutroficación. Cambios en los niveles de eutroficación pueden ocurrir a causa de intervención antrópica y determinar la aparición de estas comunidades en lagunas donde previamente estaban ausentes.

I1. Vegetación acuática flotante

Descripción: La vegetación flotante está compuesta por plantas flotantes libres, es decir, sus raíces no están ancladas al sustrato. Las comunidades flotantes están dominadas por especies de los géneros *Azolla* y *Lemna*, que generalmente cubren la superficie del cuerpo de agua impidiendo el desarrollo de plantas sumergidas [1234].

Comunidades incluidas: *Lemno - Azolletum chilense* (*Lemno - Azolletum filiculoidis*) [659, 1014, 1245, 1271, 1519], *Macro vegetation of ponds* [1547], Tipo *Azolla filiculoides*

[1569], *Lemno minutae - Lemmnetum gibbae* [863], Comunidades hidrófilas de agua [66], Vegetación de lagunas y charcos [42], *Lemna gibba - Azolla filiculoides* [989], Vegetación acuática [1033, 1481].

Pisos de vegetación: Matorral desértico (P17); Bosque espinoso (P32); Matorral esclerofilo (P36); Bosque esclerofilo (P39, P40); Bosque caducifolio (P49, P54); Bosque laurifolio (P73); Bosque siempreverde (P92); Matorral bajo de altitud (P98, P99, P101).

I2. Vegetación acuática natante

Descripción: La vegetación natante está compuesta por plantas flotantes, pero arraigadas al sustrato bajo el agua. Las comunidades natantes en Chile están dominadas usualmente por *Ludwigia*, pero comunidades dominadas por otras especies también han sido reportadas.

Comunidades incluidas: *Callitrichetum stagnalis* [1519], *Hydrocotylo - Callitrichetum*, *Jussiaetum*, *Nymphaeo - Utricularietum* (ruderal), *Potamo - Myriophylletum* [148], *Callitricho - Hydrocotyletum* [272], *Glycerietum multiflorae* [272, 1396], *Ludwigietum* [1271], *Polygono - Ludwigietum peploidis* (*Polygono - Jussiaetum*) [596, 657–659, 1245, 1386, 1388, 1519], Vegetación de bañados (hidrófitos natantes) [1261], *Ludwigia - Sagittaria* [1385], Comunidad de *Ludwigia peploides - Sagittaria montevidense* [1396], *Utriculario - Nymphaetum albae* (ruderal) [596, 1388], Vegetación de cauce (*Nymphaea alba*) (ruderal) [1261], *Myriophyllo - Potametum linguatii* [596, 657, 658, 1388], Comunidades hidrófilas de agua [66], Comunidad de lagunas [1470], *Macro vegetation of ponds* [1547], Vegetación acuática [1033].

Pisos de vegetación: Matorral esclerofilo (P36); Bosque esclerofilo (P39, P40); Bosque caducifolio (P49, P53, P54, P58); Matorral caducifolio (P68); Bosque laurifolio (P73); Bosque siempreverde (P84).

I3. Vegetación acuática sumergida

Descripción: En la vegetación sumergida las plantas se encuentran completamente bajo el agua. Estas plantas pueden estar libres o arraigadas al sustrato [1234]. Dentro de las comunidades sumergidas destancan aquellas dominadas por especies de los géneros *Potamogenton* y *Myripohyllum* entre las arraigadas y *Ceratophyllum* entre las libres.

Comunidades incluidas: *Ceratophylletum chilensis*, *Hypericetum elodes*, *Zannichello - Elodeetum*, *Myriophylletum* [1271], *Utriculario - Ceratophylletum* [1245], *Egerietum densum* [148, 1386, 1388, 1519], Vegetación de bañados (hidrófitos sumergidos) [1261], Vegetación de cauce (*Egeria densa - Potamogeton lucens - P. berteroanus*) [1261], *Juncetum supinus* (ruderal), *Zannichellietum* [148], *Juncetum bulbosii* (ruderal) [596] *Myriophylletum aquaticum* [596, 657, 658, 1388], Asociación de *Myriophyllum aquaticum* y *Potamogeton filiformis* [863], Tipo *Myriophyllum elatinoides* [1569], *Hippuris - Myriophyllum wetland* [261], *Macro vegetation of ponds* [1547], *Potametum lucentis* [596, 1245, 1386, 1388], *Potametum pectinatii* [596, 1271], *Potamogeton - Myriophyllum* - Ges. [1014], Comunidad de *Potamogeton pusillus* [1385, 1396], Comunidades hidrófilas de agua [66].

Pisos de vegetación: Matorral esclerofilo (P36); Bosque esclerofilo (P40); Bosque caducifolio: P49, P53, P54, P58); Matorral caducifolio (P70); Bosque laurifolio (P73); Bosque siempreverde (P84, P91); Matorral bajo de altitud (P98, P99, P101).

Vegetación costera

La vegetación costera incluye varios tipos de vegetación litoral, asociados a distintos sustratos.

I4. Matorral costero de márgenes de playas

Descripción: Estos matorrales corresponden a franjas de vegetación litoral, las que se ubican en el estrecho margen costero entre bosque y playa en el sur de Chile, aprovechando aquí el sustrato proporcionado por el bosque y la luminosidad de la playa. Se trata probablemente de agrupaciones de especies con altos requerimientos lumínicos que usufructúan del suelo húmico rico en materia orgánica y nutrientes y que poseen una baja tolerancia a las variaciones de temperatura. Por esta razón solo se encontrarían en una angosta franja en el borde externo de comunidades litorales, sin ingresar al interior de la formación boscosa ni a los suelos pedregosos o arenosos de las playas. Las especies más importantes son *Hebe elliptica* y *Gaultheria mucronata.*

Comunidades incluidas: Vegetación litoral con *Hebe elliptica* [1476], *Fuchsietum magellanicae*, *Hebetum ellipticae* [1129], *Ribo - Pernettyetum mucronatae*, *Hebo - Pernettyetum mucronatae* [1334].

Pisos de vegetación: Bosque siempreverde (P89, P91).

I5. Vegetación de playas

Descripción: Aquí se incluyen varias comunidades, tanto de plantas graminosas como de grandes rosetas (Figura 44), las que se encuentran en las playas gravosas o arenosas del sur de Chile. Muchas de estas comunidades son muy poco conocidas, por lo que su ubicación en esta unidad es provisoria.

Comunidades incluidas: *Greigia* Ass., *Leptocarpus* Ass., Vegetación litoral con *Apium australe* y *Poa alopecurus* [1476], *Poa - Apietum australi* [1120], Comunidad vegetal de *Bromus unioloides* var. *coloratus*, Comunidad vegetal de *Poa alopecurus* [1122], Asociación *Poa fuegiana - Agropyron magellanicum* [1121], Asociación *Armeria elongata* var. *chilensis*, Asociación *Hierochloë redolens - Alopecurus antarcticus*, Asociación *Poa robusta* [1124], *Empetro - Poetum rigidifoliae* [1138], *Gunneretum chilensis* subasoc. *Juncus cyperoides* [687], *Libertio chilensis - Leptocarpetum chilensis* [1255].

Pisos de vegetación: Bosque siempreverde (P84, P89–P91); Turberas P94); Estepas y pastizales (P125).

I6. Vegetación de dunas litorales

Descripción: La vegetación de dunas es relativamente bien conocida ya que ha recibido bastante atención en estudios fitosociológicos [406, 769, 770, 1263, 1408]. Dependiendo

Figura 44: Vegetación de playas (unidad I5): Comunidad de Gunnera tinctoria. Cucao, Chiloé (Región de Los Lagos), Enero 2015 (Foto: F. Luebert).

del nivel de consolidación de la duna y la salinidad, se pueden distinguir tres grandes grupos de dunas que se suceden espacialmente desde el litoral hacia el interior [1263]: dunas primarias (generalmente dominadas por *Nolana paradoxa*), dunas secundarias (dominadas por *Ambrosia chamissonis*) y dunas terciarias (dominadas por *Chorizanthe vaginata* o *Margyricarpus pinnatus*). En el sur de Chile se han reportado dunas calcáreas dominadas por *Senecio candidans*. Las dunas terciarias contactan hacia el interior con la vegetación zonal, formando un ecotono donde se mezclan elementos de ambas comunidades. En términos de composición, estructura y ecología de la vegetación, no es siempre posible trazar una línea divisoria clara entre vegetación de dunas y la vegetación halófila.

Comunidades incluidas: Vegetación de dunas [204, 377], Vegetación litoral con *Senecio candidans* [1476], *Nolanetum paradoxae* [406, 769, 1242, 1244, 1257, 1263, 1408], *Cristario - Ambrosietum chamissonis* [406, 769, 1263, 1408], *Poo - Ambrosietum chamissonis* [406, 769, 1263], *Carici - Ambrosietum chamissonis* [406, 769, 1242, 1244, 1262, 1263, 1408], *Chorizanthe vaginata* - Ges., *Margyricarpus* - *Chorizanthe* - Ges., *Gutierrezia paniculata* - Zwergstrauchges., *Baccharis concava - Gebüsche*, *Lupinus arboreus - Gebüsche* (ruderal), *Nolana divaricata - Tetragonia maritima* Ges., *Nolana mollis* - Ges. [769], *Ambrosia chamissonis - Carpobrotus chilensis - Calystegia soldanella*, Vegetación de dunas interiores [1464], Vegetación de las dunas calcáreas [331], *Margyricarpo - Empetretum rubrae* [1242, 1257, 1263], Comunidad de *Nolana divaricata* y *Tetragonia maritima* [406], *Chorizanthetum vaginatae*, *Margyricarpo - Chorizanthetum vaginatae*, *Tessario - Ambrosietum chamissonis* [1263], *Lupinetum arbo-*

reus (ruderal) [1263, 1408], *Ambrosietum chamissonis* [1242, 1408], *Baccharis concava - Retanilla ephedra*, *Myoporum laetum - Tamarix gallica* (ruderal), *Ammophila arenaria* (ruderal) [1408], *Ambrosia chamissonis - Distichlis spicata*, *Nolana paradoxa - Neoporteria chilensis* [522], Asociación *Ambrosia chamissonis*, Asociación *Chorizanthe vaginata - Carpobrotus aequilaterus* [866], Matorral de *Ambrosia chamissonis*, Matorral de *Carpobrotus aequilaterus* y *Chorizanthe vaginata* [859], Comunidad de dunas [66], Vegetación de las dunas longitunidales de la playa [1470], Dunas de *Nolana paradoxa* [42], *Fragarietum chiloense* [1141].

Pisos de vegetación: Matorral desértico (P13, P17, P21); Bosque espinoso (P34); Matorral esclerofilo (P36); Bosque esclerofilo (P40, P42); Bosque caducifolio (P52, P53, P55); Bosque laurifolio (P71–P73); Bosque siempreverde (P84, P91); Matorral siempreverde (P92).

I7. Vegetación de roqueríos y farellones costeros

Descripción: En esta unidad de vegetación se encuentran diferentes tipos de matorrales asociados a roqueríos costeros. Por esta razón se podrían también asociar a vegetación rupícola (página 253), pero se ha seguido la noción de Devillers y Devillers-Terschuren [310], que las incluye dentro de la vegetación costera. Las plantas crecen sobre roqueríos, humedecidas por salpicaduras de agua marina. De norte a sur, incluye las comunidades de *Myrcianthes coquimbensis*, *Puya chilensis*, *Griselinia scandens*, *Gunnera tinctoria*, y de *Griselinia jodinifolia*.

Comunidades incluidas: *Gunnera chilensis* Ass. [1476], *Griselinio jodinifoliae - Pernettyetum poeppigii* [42, 685, 1257], *Myrciantho - Bahietum* [1265], *Bahia ambrosioides - Puya chilensis*, *Griselinia scandens*, *Puya chilensis*, *Reichea coquimbensis - Trichocereus coquimbanus* [522], *Griselinio - Escallonietum rubrae* [1262], *Escallonio - Griselinietum jodinifoliae* [1257, 1263, 1268], *Eryngietum paniculati* [1238], Matorral de *Nolana crassulifolia* y *Bahia ambrosioides* [859], Asociación *Bahia ambrosioides - Nolana crassulifolia* [866].

Pisos de vegetación: Matorral desértico (P17, P19, P21); Matorral esclerofilo (P36); Bosque esclerofilo (P42); Bosque caducifolio (P52); Bosque laurifolio (P71–P73); Bosque siempreverde (P84); Matorral siempreverde (P92).

Vegetación halófila

La vegetación halófila corresponde a comunidades localizadas en lugares donde la elevada salinidad es el principal factor determinante de la composición y estructura de la vegetación. Esto ocurre en diversas situaciones, particularmente en salares, márgenes lacustres y estuarios.

I8. Vegetación de salares altoandinos

Descripción: Corresponde a un complejo de comunidades vegetales que se encuentran asociadas a los salares altoandinos del norte de Chile. Las áreas vegetadas se encuentran generalmente en los márgenes de los salares o en las cercanías de lagunas interiores.

Las formas de vida dominantes son herbáceas y arbustos bajos almohadillados, acompañadas por plantas de aspecto graminoide (cyperáceas, gramíneas y juncáceas), las que en algunas situaciones se hacen dominantes. En extensas zonas dentro de los salares la salinidad es demasiado elevada y no se presenta cobertura vegetacional. Por su extensión, la vegetación de grandes salares de tierras bajas ha sido incluida en los pisos de vegetación P5 y P29.

Comunidades incluidas: *Puccinellia frigida - Sarcocornia pulvinata* [1531], *Sarcocornia pulvinata - Puccinellia frigida, Scirpus atacamensis - Festuca deserticola* [1538], *Anthobryo triandri - Parastrephietum lucidae* [863], Bofedal salino de *Zameioscirpus atacamensis*, Llaretillar de *Frankenia triandra*, Llaretillar de *Sarcocornia pulvinata*, Tolar hídrico de *Parastrephia lucida* [451], Vegetación azonal de bofedales [1639].

Pisos de vegetación: Matorral bajo de altitud (P97, P98, P100, P101, P103).

I9. Vegetación halófila freatófila

Descripción: Aquí se incluyen varias comunidades con composiciones y fisionomías distintas, las que se ubican en lugares con presencia de aguas subterráneas o, en ocasiones, en márgenes lacustres salinos. Las dominantes pueden ser arbustos, plantas graminosas o hierbas perennes. La delimitación de esta unidad es algo difusa. Algunas de sus comunidades han sido mencionadas en la literatura para dunas (véase unidad I5) y otras para lagunas efímeras (véase unidad I13). Un estudio más detallado de los antecedentes disponibles podría resultar en una reasignación de parte de estas unidades.

Comunidades incluidas: *Salicornia peruviana - Dünen* [769], Pradera halófita de *Puccinellia magellanica* [805], *Atriplex philippi - Frankenia salina, Sarcocornia fruticosa - Juncus acutus* [522], *Saline [and freshwater] springs* [1356], Comunidad de *Phyla nodiflora* (ruderal) [39, 301, 989, 1385, 1396], *Chenopodium glaucum - Frankenia salina, Cressa truxillensis - Frankenia salina, Distichlis spicata - Frankenia salina, Distichlis spicata - Hordeum murinum, Polypogon monspeliensis - Frankenia salina* [304], *Deyeuxio curvulae - Wernerietum incisae* [863], *Bromo - Lolietum* (ruderal) [659], *Suaeda foliosa - Sarcocornia neei* [476], Sociación de *Scirpus - Salicornia* [1481], *Distichlo - Tessarietum absinthioides, Tessario - Sarcocornietum fruticosae, ?Distichlo - Scirpetum olneyi* [1263].

Pisos de vegetación: Desierto absoluto (P1); Matorral desértico (P9, P13, P14, P19, P22, P24); Bosque espinoso (P32, P34); Bosque esclerofilo (P39); Bosque caducifolio (P53); Matorral bajo de altitud (P98, P99); Estepas y pastizales (P125).

I10. Vegetación halófila intermareal (marismas)

Descripción: La vegetación de marismas ha sido objeto de algunos estudios, especialmente en el centro-sur de Chile [1252, 1387]. Se trata de comunidades halófilas herbáceas o graminosas que crecen en la zona intermareal de estuarios de ríos y canales bajo distintos regímenes de anegamiento [1387]. Usualmente las diferentes unidades se encuentran localmente segregadas en los gradientes de salinidad y humedad [1241], por lo que una sola localidad presenta varias unidades de vegetación. En el centro-sur de Chile las marismas han sufrido intervención antrópica severa, lo que hace difícil diferenciar entre comunidades naturales y ruderales. La dominancia de las diferentes especies puede cambiar según el tipo e intensidad de la intervención antrópica. Para la delimitación de las marismas se ha tomado como referencia el trabajo de San Martín *et al.* [1387].

Comunidades incluidas: *Salicornietum ambiguae* [1129], *Frankenietum chubutensis*, *Suaedo - Salicornietum ambiguae* [330], *Scirpus cernuus* Ass., [1476] Vegetación litoral con *Crassula moschata* y *Colobanthus quitensis* [1476], Asociación *Colobanthus quitensis - Plantago barbata*, Asociación *Poa robusta* [1124], Vegetación herbácea litoral [331], *Cotulo - Salicornietum* [148], *Puccinellio - Sellerietum* [148, 1241], *Colobantho - Plantagetum barbatae* [1138], *Centello - Agrostidetum*, *Cotulo - Sarcocornietum*, [1241], *Centello - Agrostidetum anthoxanthetosum*, *Triglocho - Scirpetum californiae* [1263, 1387], *Loto - Juncetum balticii* [1387, 1391], *Scirpo - Cotuletum coronopifoliae* [1263, 1387, 1391, 1398], *Anagallietum alternifoliae*, *Triglocho - Puccinellietum glaucescens* [1387, 1391, 1399], *Cotulo - Triglochietum concinnae*, *Distichlo - Sellerietum radicantae*, *Sarcocornio - Spartinetum densiflorae* [1387, 1399], *Polypogo - Cotuletum coronopifoliae* [1398], *Centello - Anthoxanthetum utriculati* [1238, 1397], Marismas de *Cotula coronopifolia* [42], *Scirpo - Lotetum corniculatae* [1263].

Pisos de vegetación: Matorral esclerofilo (P36); Bosque caducifolio (P54); Bosque laurifolio (P73); Bosque siempreverde (P84, P90, P91); Matorral siempreverde (P92); Turberas (P94); Estepas y pastizales (P123).

Vegetación palustre

La vegetación palustre corresponde a comunidades vegetales asociadas a sistemas lénticos permanentes o estacionalmente anegados. Incluye bosques pantanosos, vegetación herbácea semiacuática y vegetación herbácea de lagunas efímeras.

I11. Bosques pantanosos

Descripción: Bosques situados en depresiones inundadas del centro-sur de Chile, caracterizados por la presencia de *Myrceugenia exsucca*, a la que se asocian diversas especies, principalmente *Drimys winteri*. Se pueden identificar dos grandes unidades regionales. La más austral está caracterizada por la presencia de *Blepharocalyx cruckshanksii*, mientras que la más septentrional lo está por *Luma chequen*. Existen algunos estudios comprensivos sobre estos bosques [1246, 1264, 1414], que son relativamente bien conocidos. La intervención antrópica severa de estos bosques (*e.g.*, corta o quema) conduce al establecimiento de un pastizal higrófilo típicamente dominado por *Juncus procerus* [1014] o por un matorral de *Rubus constrictus* [1388].

Comunidades incluidas: *Agrostis tenuis - Juncus procerus* (ruderal) [939, 941, 942], *Aristotelio - Rubetum constrictae* [1260], *Blepharocalyo - Myrceugenietum exsuccae* (*Temo - Myrceugenietum exsuccae*) [16, 596, 599, 657–660, 1014, 1239, 1245, 1246, 1257, 1264, 1386, 1388, 1416, 1417, 1465, 1641], Bosques de canelo y mirtáceas [1402], *Carici - Juncetum procerii* (ruderal) [596], *Chequeno - Myrceugenietum exsuccae* (*Lumo - Myrceugenietum exsuccae*) [599, 1014, 1264, 1411], *Cissus striata - Rubus constrictus* (ruderal) [1261], *Drimys winteri - Myrceugenia exsucca* [832, 1623], *Drimys winteri - Blepharocalyx divaricatus*, *Myrceugenia exsucca - Blepharocalyx cruckshanksii*, *Myrceugenia exsucca - Luma apiculata*, *Juncus procerus - Lotus corniculatus* (ruderal) [522], *Drimys - Myrceugenella chequen* [1624], *Juncetum procerii* (ruderal) [16, 41, 148, 596, 657, 658, 1014, 1238, 1240, 1245, 1251, 1257, 1258, 1270, 1385, 1388, 1396, 1397, 1417, 1519], *Junco - Caricetum ripariae* [1385, 1396], *Mentho - Juncetum procerii* (ruderal) [1243], *Myrceugenella apiculata* - Ges. [1623], *Myrceugenielletum* [599], *Pernettyo mucronatae - Gaultherietum* (ruderal) [685], *Perseo - Myrceugenietum exsuccae* [599, 1264, 1416], *Pitavio - Myrceugenietum exsuccae* [1414], Pradera antropogénica húmeda de *Juncus procerus* (ruderal) [1179], Pradera de junquillo (*Juncus procerus*) (ruderal) [829], *Juncetum acutii* (ruderal) [659], *Rubo - Blechnetum cordatae* (ruderal) [16, 596], Vegetación de hualves o bosques pantanosos (mirtáceas) [1261], Vegetación de la Laguna Malleco (pantano) [1228], *Agrostido - Lotetum corniculatae* [1254].

Pisos de vegetación: Matorral desértico (P20); Bosque espinoso (P35); Matorral esclerofilo (P36); Bosque esclerofilo (P39, P42–P45); Bosque caducifolio (P47, P49, P52–P55, P58); Bosque laurifolio (P71–P73); Bosque siempreverde (P81, P84, P85).

I12. Pastizales y herbazales semiacuáticos

Descripción: Se incluye aquí una serie de comunidades semiacuáticas palustres compuestas por plantas emergentes. El elemento más conspicuo de esta unidad es *Schoenoplectus californicus*, que define la fisionomía de comunidades graminosas altas de bordes de lagos y pantanos, los denominados totorales. A estos se pueden asociar otras especies graminosas altas como *Arundo donax*, *Phragmites australis* o *Typha angustifolia* [1234]. Los totorales pueden estar asociados con otras comunidades herbáceas (*e.g.*, *Sagittaria montevidensis*, *Alisma plantago-aquatica*). La intervención antrópica severa en los totorales puede llevar a su reemplazo por comunidades dominadas por *Juncus microcephalus* [1388]. En el extremo sur de Chile se han reportado comunidades dominadas por *Ranunculus trullifolius* [261].

Comunidades incluidas: *Alismo - Sagittarietum montevidensis* [657, 658, 1388], *Anthoxanthetum utriculatae* (ruderal) [1258, 1385], *Aquatic macro vegetation* [1547], *Caricetum ripariae* [1397], Comunidad de *Anthoxanthum utriculatum* (ruderal) [1396], Comunidad emergente de *Sagittaria montevidense* y *Alisma plantago-aquatica* [148], Comunidad de lagunas [1470], Comunidad palustre de *Scirpus californicus* [66], Comunidad palustre de *Typha angustifolia* [66], *Juncetum microcephalii* (ruderal) [596, 1243, 1245, 1388], *Loto - Cyperetum eragrostidae* [16, 657–659, 1388, 1397], *Mentho - Juncetum microcephalii* (ruderal) [1245, 1400], *Polypogo - Polygonetum* [1014], *Ranunculus wetland* [261], *Rumici - Alismetum plantago-aquatica* [1260], *Sagittario – Allismetum* [1519], *[Saline and] freshwater springs* [1356], *Schoenoplectus wetland* [261], *Scirpetum californiae* [60, 148, 596, 657–659, 1233, 1245, 1271, 1386, 1388, 1519], *Scirpetum californiae phragmitetosum* [1386], *Scirpetum californiae typhaetosum* [596, 1249], *Scirpetum californiae* variante *Carex riparia* [596], *Scirpus californicus - Eleocharis macrostachya* [304], *Shore vegetation* [1547], *Typha angustifolia - Scirpus californicus* [304], *Typhetum angustifoliae* [658], Vegetación palustre [1261], *Veronico - Apietum nodiflorae* (ruderal) [1398].

Pisos de vegetación: Matorral desértico (P9, P17); Bosque espinoso (P32); Matorral esclerofilo (P36); Bosque esclerofilo (P39, P40); Bosque caducifolio (P47, P49, P53,

P54); Matorral caducifolio (P68, P70); Bosque laurifolio (P73); Bosque siempreverde (P84).

I13. Vegetación herbácea de lagunas efímeras

Descripción: Las lagunas efímeras, también conocidas como lagunas o humedales temporales, son cuerpos de agua que se secan estacionalmente. Tienden a ocurrir donde el clima es estacional, incluyendo las áreas bajo influencia mediterránea. La vegetación está compuesta por plantas anuales o anuales facultativas, las que pueden completar su ciclo de vida en un corto periodo y que son capaces de formar un banco de semillas que les permite sobrevivir el periodo de inundación [299]. La vegetación de lagunas efímeras de Chile ha recibido creciente atención en el último tiempo [38, 39, 43, 298, 300, 301, 1390], aunque su conocimiento es aún incipiente. Aquí destaca la presencia de especies de los géneros *Crassula*, *Lasthenia*, *Micropsis*, *Navarretia*, *Plagiobothrys*, entre otros [1234]. Se encuentran distribuidas principalmente en áreas bajo el macrobioclima mediterráneo, cuya estacionalidad permite el establecimiento de lagunas efímeras. Bliss *et al.* [167] compilaron una lista de localidades de lagunas temporales en la zona mediterránea de Chile y caracterizaron su flora. La delimitación vegetacional de esta unidad sigue la noción propuesta por Álvarez y Deil [39], que, basándose en patrones de co-ocurrencia de especies, incorpora algunas comunidades palustres no necesariamente asociadas a lagunas efímeras, pero mencionadas como tales en la literatura. Por ello esta delimitación podría cambiar una vez que se realicen análisis más detallados de los antecedentes disponibles (Miguel Álvarez, comunicación personal, abril 2016).

Comunidades incluidas: *Anagallis alternifolia - Juncus planifolius* (ruderal) [39, 1014], Comunidades vegetacionales de humedales (lagunas) temporales [167], *Crassula closiana - Microseris pygmaea*, *Hypochaeris glabra - Leontodon taraxacoides* (ruderal) [39, 302], *Eleocharietum macrostachyae* [39, 272, 301, 657, 658, 1385, 1396], *Eleocharietum pachycarpae* [39, 301, 1385, 1396], *Eleocharis pachycarpa - Lythrum portula* [301, 1396], *Eleocharis - Lythrum* [1385], *Eryngium pseudojunceum - Centipeda elatinoides* [301], *Gnaphalio cymatoidis - Polygonetum hydropiperoidis* (ruderal) [39, 301, 1385, 1396], *Gratiola peruviana - Plagiobothrys pratensis*, *Juncus bufonius - Juncus planifolius* (ruderal) [522], *Gratiolo peruviani - Littorelletum australis* [39, 148, 301, 1014], *Juncetum planifolii*, *Scirpo inundati - Limoselletum aquaticae* [39, 301, 1014], *Juncus - Glyceria wetland*, ?*Mudflat* [261], *Leontodo saxatilis - Piptochaetietum navarretietosum* [37, 39, 301, 1243], *Leontodo saxatilis - Piptochaetietum micropsietosum* [37, 39], *Leontodo - Piptochaetietum chevreulietosum* [1243], *Mentha pulegium - Juncus procerus* (ruderal) [39, 1243], *Mentho - Agrostidetum juncetosum* (ruderal) [272], *Polygono aviculare - Crassuletum paludosae* (ruderal) [39, 301, 1260].

Pisos de vegetación: Matorral desértico (P21); Bosque espinoso (P32, P34, P35); Matorral esclerofilo (P36); Bosque esclerofilo (P39, P40, P42–P45); Bosque caducifolio (P47, P49, P53, P54); Matorral caducifolio (P70); Bosque laurifolio (P71, P73); Bosque siempreverde (P84); Matorral bajo de altitud (P110, P111).

Vegetación de vegas y turberas

Se han incluido aquí varias comunidades edafohigrófilas que crecen sobre suelos saturados, con o sin acumulación de materia orgánica.

I14. Herbazales de vegas altoandinas

Descripción: Comunidades herbáceas o graminosas que se encuentran en áreas altoandinas del sur de Chile asociadas a suelos saturados producto de la presencia de una napa freática superficial o por el derretimiento permanente de nieve, pero donde no se acumula materia orgánica. Las especies más frecuentes en estas comunidades son *Caltha appendiculata* y *Gunnera magellanica.*

Comunidades incluidas: Asociación *Gunnera magellanica - Aster vahlii* [1121], Asociación *Gunnera magellanica - Deschampsia antarctica* [1126], *Aster vahlii* - Ges., *Carex decidua* - Ges., *Empetrum rubrum* - Ges., *Ourisia microphylla* - Ges., *Rieselflur mit Pinguicula alpina* [sic], *Schoenus andinus* - Ges. [488], *Azorella - Lycopodium* - Ges., *Caltha - Plantago* - Ges, *Caltha appendiculata - Senecio trifurcatus - Aster vahlii* - Ges. [1623], *Caltha appendiculata* - Ges. [1014], *Caltha sagittata - Mimulus luteus assemblage* [1076], *Gunnera magellanica* Ass. [1476], *Gunnera magellanica - Eleocharis melanostachys* [155, 158], Pastizales húmedos [1470].

Pisos de vegetación: Bosque caducifolio (P60, P61, P65); Matorral caducifolio (P68, P70); Bosque resinoso de coníferas (P76, P78); Bosque siempreverde (P82, P90); Matorral bajo de altitud (P114–P116).

I15. Matorrales de vegas altoandinas

Descripción: Aquí se han considerado dos comunidades de matorrales altoandinos de Chile central, los que crecen sobre depresiones húmedas sin acumulación de materia orgánica. Una de ellas está dominada por *Fabiana imbricata,* que se ha sugerido como una comunidad frecuente [475]. La otra, dominada por *Adesmia pinifolia,* parece ser más escasa en Chile habiendo sido reportada solo en dos ocasiones [862, 992].

Comunidades incluidas: Matorral de *Adesmia pinifolia* y *A. obovata* [992], Matorral espinoso de varilla brava (*Adesmia pinifolia*) [862], *Senecio eruciformis - Fabianetum imbricatae* [48, 475].

Pisos de vegetación: Bosque esclerofilo (P38); Matorral bajo de altitud (P111, P112).

I16. Pastizales de vegas

Descripción: Corresponden a comunidades dominadas por plantas graminosas que se encuentran sobre depresiones húmedas de la estepa patagónica.

Comunidades incluidas: Comunidades pratiformes de vegas [1144], *Hordeetum lechleri* [1332], *Hordeum comosum - Deschampsia antarctica* [522], Pradera higrófita de *Festuca gracillima* [805], Pradera húmeda de *Hordeum lechleri* [342], Vega [261].

Pisos de vegetación: Estepas y pastizales (P123–P125).

I17. Turberas alcalinas (bofedales)

Descripción: Las turberas alcalinas o bofedales comprenden varias comunidades de distribución altoandina que pueden cubrir vastas extensiones de terrenos anegados donde se acumula materia orgánica y se encuentra un pH básico [1366, 1688]. Están generalmente dominadas por Juncáceas que forman cojines, entre los que crecen otras especies, especialmente gramíneas. La presencia de *Oxychloë andina* caracteriza los bofedales a lo largo de su distribución geográfica [1366, 1368, 1509]. El gradiente local de humedad determina cambios en la dominancia y composición de las comunidades. Muchas de estas variaciones han sido descritas en la literatura como comunidades distintas que se segregan localmente (Figura 42, página 217). En su mayoría ellas han sido reunidas en este trabajo. En su rango de distribución pueden reconocerse dos grandes unidades regionales. Una presente en los Andes tropicales (Puna), donde *Oxychloë andina* se ve constantemente acompañado por *Festuca rigescens* y donde también pueden ser importantes las especies del género *Distichia*. La otra está presente en los Andes mediterráneos y está caracterizada por la presencia de *Patosia clandestina*.

Comunidades incluidas: Área pantanosa de pastos altos dominada por *Deschampsia caespitosa*, *Deyeuxia velutina*, *Carex maritima*, Área pantanosa de pastos altos dominada por *Puccinellia oresigena*, Planicie fértil dominanda por *Carex maritima* y *Calandrinia compacta* [242], Asociación *Oxychloë andina - Werneria pygmaea - Deyeuxia curvula* [1568], Bofedal no salino de *Oxychloë andina*, Bofedal no salino de *Oxychloë andina* con *Phylloscirpus deserticola*, Bofedal no salino de *Zameioscirpus atacamensis*, Bofedal salino de *Oxychloë andina*, Bofedal salino de *Oxychloë andina* y *Festuca nardifolia*, Pajonal hídrico de *Deyeuxia eminens*, Vega no salina de *Carex maritima* y *Eleocharis* sp., Vega no salina de *Deyeuxia brevifolia*, Vega no salina de *Deyeuxia brevifolia* y *Carex maritima*, Vega no salina de *Deyeuxia brevifolia* y *Festuca nardifolia*, Vega no salina de *Puccinellia frigida* y *Deyeuxia brevifolia*, Vega salina de *Carex maritima* y *Puccinelia frigida*, Vega salina de *Deyeuxia brevifolia*, Vega salina de *Deyeuxia brevifolia* y *Puccinelia frigida*, Vega salina de *Puccinelia frigida*, Vega salina de *Puccinelia frigida* y *Deyeuxia brevifolia* [451], *Deyeuxietum eminentis* [857], *Distichietum filamentosae*, *Distichietum muscoidis*, *Phylloscirpus deserticola* - Ges., *Trichophorum* spec. - Ges. [1367], *Festuca hypsophila - Oxychloë andina* [1531], Grupo A (*Distichia muscoides, D. filamentosa, Oxychloë andina, Trichophorum atacamensis*), Grupo B (*Oxychloë andina, Patosia clandestina, Trichophorum atacamensis*) [1366], *Lycietum humilis* [857, 861], *Oxychloë andina* [522, 679], *Oxychloë andina* - Ges. [6], *Oxychloëtum andinae* [857, 861, 863, 1367], Pajonales hídrícos de *Deyeuxia* y *Festuca*, Vega-pajonal hídrico de *Juncus* y *Deyeuxia* [890], *Patosia clandestina - Juncus balticus*, *Patosia clandestina - Pernettya pumila* [522], *Puccinelio frigidae - Calamagrostietum eminentis* [861], Tipo *Oxychloë andina* [1569], Vega de *Deyeuxia eminens*, Vega de *Oxychloë andina* [1059], Vegas de juncáceas [862], Vega acojinada con gramíneas cespitosas [914].

Pisos de vegetación: Matorral bajo de altitud (P97–P109, P111, P112, P115); Herbazal de altitud (P118).

I18. Turberas ácidas

Descripción: Corresponde a comunidades dominadas por plantas graminosas que se encuentran sobre sustratos turbosos ácidos. Por su composición de especies no se pueden asociar a ninguna de las unidades zonales o extrazonales de turberas. Se han considerado aquí dos situaciones. La primera corresponde a comunidades dominadas por *Schoenus antarcticus* que han sido reportados para el sur de Chile. La segunda corresponde a comunidades costeras que se encuentran sobre suelos turbosos del extremo sur y están dominadas por *Poa flabellata*.

Comunidades incluidas: Asociación *Schoenus antarcticus* [1124, 1126], *Chusqueo - Schoenetum antarcticae* [1269], Formación de *Poa flabellata* [334], *Poa flabellata* Ass. [1476], *Poetum flabellatae* [1129, 1141], Tundra graminosa subantártica de *Poa flabellata* [1133], Turbales de *Schoenus antarcticus* [334], Turbera de *Cortaderia pilosa* y *Schoenus antarcticus* [1389], Turbera *Schoenus antarcticus* [1371].

Pisos de vegetación: Bosque resinoso de coníferas (P77); Bosque siempreverde (P91); Matorral bajo de altitud (P116).

Vegetación riparia

La vegetación riparia comprende varios tipos de vegetación asociados a las riberas de cursos de agua. Las plantas en estas comunidades aprovechan la humedad edáfica generada por la cercanía al curso de agua y al mismo tiempo se ven beneficiadas por la situación topográfica cuando se encuentran en situaciones de fondo de quebradas con pendiente fuerte. La variabilidad florística y vegetacional es amplia y una delimitación de unidades con significado vegetacional, ecológico y geográfico requeriría una cantidad muy alta de entidades vegetacionales. Los agrupamientos que se proponen son por lo tanto heterogéneos y requieren de una revisión más acabada de los antecedentes.

I19. Bosque laurifolio ripario

Descripción: Bosques dominados por *Morella pavonis*, los que se localizan en algunas quebradas del norte de Chile (Figura 45), en el área del Bosque espinoso tropical andino de *Browningia candelaris - Corryocactus brevistylus* (piso de vegetación P31). En el elenco de especies destacan también *Baccharis scandens*, *B. salicifolia*, *Cortaderia atacamensis*, *Equisetum giganteum*, *Escallonia angustifolia* y *Tessaria absinthioides*.

Comunidades incluidas: Bosque de *Myrica pavonis* [858]

Pisos de vegetación: Bosque espinoso (P31).

I20. Bosque lauri-esclerofilo ripario

Descripción: Bosques dominados por especies esclerofilas o laurifolias en las quebradas de Chile central. Se incluyen aquí varias comunidades donde destacan especies como *Beilschmiedia miersii*, *B. berteroana*, *Crinodendron patagua*, *Drimys winteri*, *Luma chequen*, *Persea lingue*, *Salix humboldtiana* y *Maytenus boaria*. La degradación antrópica de estos bosques puede llevar al establecimiento de matorrales de *Chusquea cumingii* o a la invasión de especies introducidas como *Salix viminalis*, *Rubus ulmifolius* o *Acacia dealbata* [156, 503, 505, 1234, 1402].

Figura 45: Bosque laurifolio ripario de Morella pavonis *(unidad I19).* Quebrada de Imagua (Región de Tarapacá), Marzo 2004 (Foto: F. Luebert).

Comunidades incluidas: *Acacia dealbata* (ruderal), *Blepharocalyx cruckshanksii - Crinodendron patagua, Chusquea cumingii* (ruderal), *Cryptocarya alba - Luma chequen, Drimys winteri - Luma chequen, Salix chilensis - Maytenus boaria, Persea lingue - Luma chequen, Beilschmieda miersii - Cryptocarya rubra - Wald mit Lianen und Epiphyten* [1440], *Beilschmieda miersii - Crinodendron patagua* [522], *Beilschmiedietum berteronei* [836], *Beilschmiedietum miersii* [47, 137, 1014, 1266, 1440], *Beilschmiedio miersii - Crinodendretum pataguae* [47, 475], Bosque de canelo (*Luma - Perseetum lingueae*), Matorral del estero (*Salix - Bacchiridetum salicifoliae*) [122], Bosque de Lingue (*Persea lingue*), Bosque de Palo Santo (*Dasyphyllum excelsum*), Bosque de Patagua (*Crinodendron patagua*) [1643], Bosques de queule (*Gomortega keule*) [1402], *Caldcluvio - Lumetum gayanae* [1393], *Chusqueetum cumingii* (ruderal) [1402, 1409, 1645], Comunidad *Cryptocarya alba - Aristotelia chilensis* [44], Comunidades higrófilas de orilla [66], Comunidades de *Gomortega keule* [1410], *Crinodendronetum pataguae* [136, 137, 1645], *Cryptocarya alba - Persea lingue, Persea lingue - Drimys winteri* [1010], *Flussrand - Formation* [792], *Gomortegetum keule* [1415], *Hygrophilous forest* [1363], *Maytenus boaria - Salix humboldtiana - Drimys winterii* [500], *Myrceugenio - Dasyphylletum excelsi* [136, 137, 1645], *Myrceugenio - Tepualietum stipulariae* [1409, 1521], *Nothofago - Beilschmiedietum berteroanae* [1266], *Nothofago - Dasyphylletum excelsii* [136, 1407, 1645], *Nothofago - Perseetum gomortegaetosum* [1407], *Nothofagus - Beilschmiedietum berteronei* [836], *Perseetum lingueae* [136, 137, 1645], Rodales de *Beilschmiedia miersii* [184], *Rubo - Cestretum parqui* (ruderal) [1014, 1245, 1409], *Salicetum viminalis* [1260], Sociación de *Maytenus - Cestrum parqui* [1481].

Pisos de vegetación: Matorral desértico (P17, P19–P21); Matorral bajo desértico (P27, P28); Bosque espinoso (P32, P33, P35); Matorral esclerofilo (P36, P37); Bosque esclerofilo (P39–P44); Bosque caducifolio (P47–P54).

I21. Matorral desértico ripario

Descripción: Corresponde a vegetación arbustiva desértica localizada a lo largo de cursos de agua, generalmente intermitentes, donde las especies dominantes son diferentes a las de la vegetación zonal, sin dejar de poseer un carácter xeromórfico. Se han incluido aquí comunidades dominadas por arbustos del género *Nolana* reportados para quebradas costeras del Desierto de Atacama, así como comunidades interiores donde pueden dominar *Atriplex atacamensis*, *Tessaria absinthioides* o *Pleocarphus revolutus*. Estas últimas pueden estar asociadas a altos niveles de salinidad en el suelo, por lo que también podrían ser incorporadas dentro de la vegetación halófila.

Comunidades incluidas: *Arroyo communities* [1356], *Atriplex atacamensis - Tessaria absinthioides*, *Tessaria absinthioides - Distichlis spicata*, *Tessaria absinthioides - Pleocarphus revolutus* [522], Tipo *Pleocarphus revolutus* [426].

Pisos de vegetación: Desierto absoluto (P1); Matorral desértico (P7, P9, P11, P17, P16, P19, P21); Matorral bajo desértico (P22, P23, P25); Matorral esclerofilo (P36, P37); Matorral bajo de altitud (P108).

I22. Matorral esclerofilo ripario

Descripción: Vegetación arbustiva esclerofila de las quebradas de Chile central. Las situaciones más frecuentes son los matorrales de quebradas de tierras bajas y planas sobre riberas salobres donde suelen ser dominantes *Tessaria absinthiodes* y *Baccharis salicifolia*. En quebradas con mayor pendiente, más rocosas y encajonadas, tienden a dominar especies del género *Escallonia* (*E. myrtoidea*, *E. illinita*).

Comunidades incluidas: Comunidad *Aristotelia chilensis - Buddleja globosa* [44], Comunidades del *Escallonion illinito - myrtoideae* [475], *Escallonia myrtoidea - Maytenus boaria*, *Tessaria absinthioides - Baccharis pingraea* [522], Matorral esclerofilo de quebradas [862], *Tessario - Baccharidetum marginalis* [1014].

Pisos de vegetación: Matorral espinoso (P27, P28); Bosque espinoso (P32, P35); Matorral esclerofilo (P37); Bosque esclerofilo (P38–P43, P45); Matorral bajo de altitud (P111).

I23. Matorral espinoso ripario

Descripción: Se considera aquí una sola comunidad citada para la zona andina con bosques de *Araucaria araucana*.

Comunidades incluidas: *Discaria serratifolia - Colletia spinosissima* [522].

Pisos de vegetación: Bosque resinoso de coníferas (P76).

I24. Matorral siempreverde ripario

Descripción: Comunidades arbustivas del sur de Chile asociadas a cursos de agua donde la especie más frecuente es *Fuchsia magellanica*, y donde también puede ser importante *Gunnera tinctoria*. Podría ser considerada una situación sucesional secundaria de comunidades boscosas degradadas [687]. También se han incluido aquí formaciones arbustivas riparias donde domina *Adesmia boronioides*, que son características de los cursos de agua de la estepa de la región de Aisén.

Comunidades incluidas: *Fuchsia magellanica - Aristotelia chilensis* [522], *Gunneretum chilensis* subasoc. *Fuchsia magellanica* [687], *Empetro - Blechnetum penna-marinae* [1138], Vegetación de cursos de agua con *Adesmia boronioides* [1476], *Adesmia boronioides - Senecio neaei* [522].

Pisos de vegetación: Bosque caducifolio (P54); Bosque laurifolio (P73); Bosque siempreverde (P84–P87, P90); Estepas y pastizales (P122, P124).

I25. Pastizal alto ripario

Descripción: En algunas quebradas altoandinas es frecuente encontrar un pastizal alto dominado por *Cortaderia atacamensis*, existiendo pocos reportes en la literatura. Se encuentra florísticamente relacionado con el Bosque laurifolio ripario (unidad I19), localizado más al norte de esta unidad.

Comunidades incluidas: *Cortaderia atacamensis* - Ges. [6], Vegetación azonal de quebradas [1634].

Pisos de vegetación: Matorral bajo desértico (P22, P23); Matorral bajo de altitud (P105).

I26. Comunidades herbáceas riparias

Descripción: Aquí se incluye un conjunto heterogéneo de comunidades herbáceas tanto del norte como del sur de Chile en las que están presentes especies herbáceas del género *Baccharis*. Éstas son muy poco conocidas y una delimitación más precisa requiere de más estudios.

Comunidades incluidas: *Muhlenbergia asperifolia* - Ges. [6], Vegetación de cursos de agua con *Baccharis sagittalis* [1476].

Pisos de vegetación: Bosque siempreverde (P84); Matorral bajo de altitud (P105).

Vegetación rupícola

Corresponden a formaciones vegetales que ocurren sobre sustratos rocosos, que generalmente son más secos que las áreas circundantes y donde las plantas tienden a encontrarse entre las rocas, donde se acumula la humedad. Comunidades creciendo sobre acarreos pedregosos también se incluyen en esta categoría, así como la vegetación de arenales interiores y de cavernas.

I27. Vegetación rupícola altoandina

Descripción: Formaciones herbáceas o graminosas asociadas a sustratos rocosos de alta montaña, en los que las especies tienden a ocurrir entre los huecos dejados por las rocas. La mayoría de los reportes aquí recogidos vienen del centro-sur de Chile.

Comunidades incluidas: *Poa vulcanica* - Ges. [1014], *Kriptogamen - Pioniergesellschaften*, *Senecio triodon - Perezia pedicularidifolia - Valeriana fonckii* - Ges. [1623], *Polystichum plicatum* - Ges. [488, 1623], Comunidad *Poa holciformis - Cistanthe picta* [44], *Adesmia emarginata - Loasa lateritia assemblage* [1076], *Oriastro lycopodioidis - Cruckshanksietum hymenodontis* [475].

Pisos de vegetación: Bosque caducifolio (P60); Matorral bajo de altitud (P111, P114, P115).

I28. Vegetación rupícola interior

Descripción: Corresponde a vegetación edafoxerófila generalmente arbustiva que se encuentra asociada a afloramientos rocosos interiores de tierras bajas. Las comunidades vegetales aquí incluidas representan un conjunto heterogéneo de situaciones. Incluye matorrales desérticos dominados por *Bridgesia incisaefolia*, matorrales esclerofilos de *Pouteria splendens*, matorrales dominados por especies del género *Calceolaria* y matorrales dominados por especies del género *Gaultheria*, entre los que también se encuentran comunidades situadas sobre sustratos rocosos generados por acarreos de lava o depósitos de bombas volcánicas que han sido reportados para el sur de Chile. La posición ambiental de lo que se ha denominado como *Cryptocaryo - Lucumetum* [47, 1014] está aún por aclarar.

Comunidades incluidas: *Racomitrium lanuginosum* - Ges., *Pernettya myrtilloides* - Ges., *Poa fuegiana - Senecio philippi* - Ges. [1623], *Baccharido - Pernettyetum poeppigii*, *Agrostido - Senecionetum chilensis* [1014, 1623], Comunidad de *Bridgesia incisaefolia* [514], *Bridgesia incisaefolia - Flourensia thurifera* [522], Comunidad de *Calceolaria meyeniana*, *Haplopappus velutini - Calceolarietum polifoliae* [475], *Pernettya mucronata -Agrostis tenuis*, *Pernettya mucronata - Chiliotrichum diffusum*, *Pernettya myrtilloides - Ugni molinae*, *Pouteria splendens - Lepechinia salviae* [522], *Cryptocaryo - Lucumetum* [47, 1014], *Lithraeo - Lucumetum* [136, 137, 956], *Aristotelio - Pouterieetum splendens* [1273].

Pisos de vegetación: Matorral desértico (P20); Matorral esclerofilo (P36, P37); Bosque esclerofilo (P38–P40); Bosque caducifolio (P59); Bosque laurifolio (P73); Bosque siempreverde (P82, P84, P88).

I29. Vegetación rupícola de acarreos

Descripción: Aquí se incluyen algunas comunidades vegetales propias de laderas cubiertas por acarreos de piedra suelta, que por su alto drenaje generan condiciones de aridez local. Estas comunidades han sido poco estudiadas y pueden estar compuestas tanto por plantas herbáceas como por arbustos. Los escasos registros disponibles provienen de zonas de alta montaña de Chile central.

Comunidades incluidas: Desierto de los acarreos [862], Comunidad *Corynabutilon ceratocarpum - Malesherbia linearifolia* [44], *Adesmia emarginata - Pozoa coriacea assemblage* [1076].

Pisos de vegetación: Matorral bajo de altitud (P111, P112, P114).

I30. Vegetación psamófila interior (arenales)

Descripción: La vegetación psamófila interior corresponde a arenales donde se han identificado solo tres situaciones arbustivas: una en los Andes del norte de Chile dominada por *Lampaya medicinalis*, una en el centro-sur de Chile dominada por *Chusquea coleou*, y una en el extremo sur de Chile dominada por *Lepidophyllum cupressiforme.*

Figura 46: Vegetación psamófila interior (unidad I30): Comunidad de Lepidophyllum cupressiforme. Tierra del Fuego (Región de Magallanes), Enero 2016 (Foto: F. Luebert).

Comunidades incluidas: *Baccharis incarum - Lampaya medicinalis*, *Lepidophyllum cupressiforme - Festuca gracillima* [522], *Lampaya medicinalis* [1531, 1630], *Chusquea culeou* - Coirones *assemblage* [1076], Matorral abierto de *Lepidophyllum cupressiforme* [805], Matorral de *Lepydophyllum cupressiforme* [1122], *Lepidophylletum cupressiforme* [1129], Matorral de *Lepidophyllum cupressiforme* [330].

Pisos de vegetación: Bosque caducifolio (P64); Matorral bajo de altitud (P100–P102, P114); Estepas y pastizales (P123–P125).

I31. Vegetación de cavernas

Descripción: La vegetación de cavernas es quizás una de las más pobremente conocidas de Chile. Existe un estudio que da cuenta de la vegetación de cavernas en el sur de Chile [1259], donde se plantea que la composición florística está determinada por la vegetación adyacente. La vegetación de cavernas es particular debido a las condiciones de escasa luminosidad que solo algunas especies pueden tolerar. Las especies más frecuentes encontradas son *Adiantum chilense* y *Fuchsia magellanica.*

Comunidades incluidas: Vegetación de cavernas valdivianas [1259].

Pisos de vegetación: Bosque caducifolio (P54); Bosque laurifolio (P72); Bosque siempreverde (P84).

Capítulo 5
Conservación de la vegetación y cambio climático en Chile

5.1. Superficie remanente de los pisos de vegetación

El análisis combinado de la distribución potencial de los pisos de vegetación (Figura 21, página 96) con las áreas donde la vegetación natural ha sido totalmente reemplazada por cultivos agrícolas, praderas ganaderas, plantaciones forestales y áreas urbanas, mineras e industriales, permite estimar la superficie remanente de cada uno de los pisos de vegetación (Figura 47). Los resultados, expresados en superficie, se muestran en la Tabla 2. Estas estimaciones son conservadoras, en el sentido de que la superficie remanente de los pisos de vegetación incluye áreas degradadas donde la vegetación puede incluso estar dominada por elementos alóctonos naturalizados, situación que no es posible discriminar a partir de los datos proporcionados por CONAF-CONAMA-BIRF [267], dada la estructura de las bases de datos disponibles y la metodología empleada en ese estudio para la definición de entidades tipológicas. De este modo, la superficie remanente real de los pisos de vegetación sería menor a la estimada en este trabajo si fuese posible considerar tales áreas.

La superficie remanente de los pisos de vegetación es un indicador inverso de su grado de amenaza. Las áreas con menor superficie remanente se concentran en la zona centro-sur de Chile (Figura 47), que corresponde a los bioclimas mediterráneo pluviestacional-oceánico y templado hiperoceánico, donde se concentran los principales centros urbanos, la actividad agrícola y las plantaciones forestales. Los pisos de vegetación con menor superficie remanente corresponden a bosques espinosos, bosques esclerofilos, bosques caducifolios y, en menor medida, bosques laurifolios (véase Tabla 2). Los siguientes pisos de vegetación presentan menos de un 50% de superficie remanente (entre paréntesis se indica el porcentaje de superficie reemplazada):

- P45. Bosque esclerofilo psamófilo mediterráneo interior de *Quillaja saponaria / Fabiana imbricata* (84,5%)
- P53. Bosque caducifolio mediterráneo de *Nothofagus obliqua - Persea lingue* (83,7%)
- P47. Bosque caducifolio mediterráneo interior de *Nothofagus obliqua - Cryptocarya alba* (79,9%)
- P52. Bosque caducifolio mediterráneo costero de *Nothofagus obliqua - Gomortega keule* (79,4%)
- P50. Bosque caducifolio mediterráneo costero de *Nothofagus glauca - Persea lingue* (75,6%)
- P54. Bosque caducifolio templado de *Nothofagus obliqua - Laurelia sempervirens* (74,9%)
- P49. Bosque caducifolio mediterráneo costero de *Nothofagus glauca - Azara petiolaris* (74,8%)
- P55. Bosque mixto mediterráneo costero de *Nothofagus dombeyi - N. obliqua* (72,0%)
- P71. Bosque laurifolio templado costero de *Aextoxicon punctatum - Laurelia sempervirens* (71,2%)
- P43. Bosque esclerofilo mediterráneo interior de *Lithraea caustica - Peumus boldus* (67,9%)
- P32. Bosque espinoso mediterráneo interior de *Acacia caven - Prosopis chilensis* (66,0%)
- P35. Bosque espinoso mediterráneo interior de *Acacia caven - Lithraea caustica* (63,9%)
- P42. Bosque esclerofilo mediterráneo costero de *Lithraea caustica - Azara integrifolia* (63,3%)

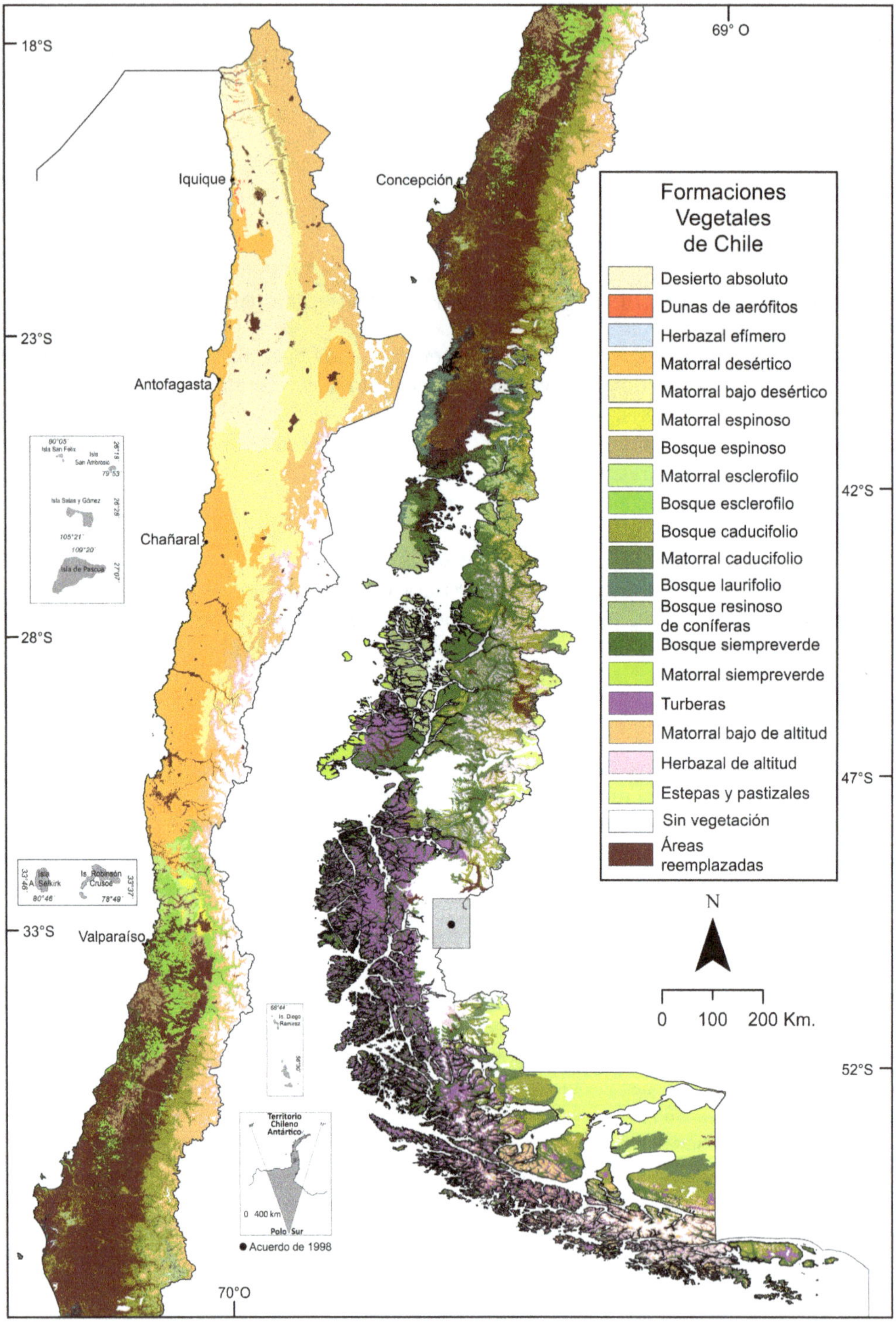

Figura 47: Representación espacial de las formaciones vegetales de Chile indicando la superficie remanente y reempalzada. La superficie reemplazada se indica en color café rojizo.

- P33. Bosque espinoso mediterráneo andino de *Acacia caven / Baccharis paniculata* (53,7%)
- P56. Bosque caducifolio templado costero de *Nothofagus alpina - Persea lingue* (52,3%)
- P58. Bosque caducifolio templado andino de *Nothofagus alpina - Dasyphyllum diacanthoides* (51,3%)

5.2. Representatividad vegetacional del Sistema Nacional de Áreas Protegidas

Los resultados del análisis de representatividad (Tabla 2) están basados en los cálculos generados a partir de la superficie remanente de los pisos de vegetación (fórmula (3), véase página 48), por ser esta la estimación más conservadora, ya que la mayor parte de la superficie incluida en las áreas protegidas actuales y propuestas corresponde a áreas remanentes. El detalle de los valores obtenidos para Chile a partir de esta y las otras fórmulas se presentan en el Apéndice electrónico (http://dx.doi.org/10.5281/zenodo.60800).

Las áreas con protección oficial, que incluyen el Sistema Nacional de Áreas Silvestres Protegidas del Estado, SNASPE (Parques Nacionales, Reservas Nacionales, Reservas Forestales y Monumentos Naturales), los Santuarios de la Naturaleza y los Bienes Nacionales Protegidos, cuentan actualmente con 159.173 km^2, lo que corresponde al 21,1% de la superficie de Chile continental. De esta superficie, 128.116 km^2 se encuentran protegiendo alguno de los pisos de vegetación descritos, lo que significa que 31.057 km^2, es decir el 19,5% de la superficie protegida, se encuentra sobre campos de hielo u otras áreas sin vegetación vascular[4]. De los 128.116 km^2 de superficie de pisos de vegetación protegidos, 434 km^2 se encuentran sobre áreas totalmente reemplazadas[5]. En consecuencia, la cobertura vegetacional efectiva de las áreas con protección oficial es de 127.682 km^2, lo que corresponde al 16,9% de la superficie del territorio de Chile continental.

El nivel de representatividad actual de Chile, calculado sobre la base de las áreas con protección oficial (Tabla 2), muestra que 86 de los 125 pisos de vegetación presentan menos del 17% de su superficie remanente actual bajo protección (Figura 48). De estas 86 unidades, 34 presentan menos del 1% de su superficie protegida, 11 de las cuales no presentan cobertura de las áreas protegidas oficiales, y son las siguientes:

- P16. Matorral desértico tropical interior de *Huidobria chilensis - Nolana leptophylla*
- P24. Matorral bajo desértico tropical interior de *Nolana leptophylla - Cistanthe salsoloides*
- P25. Matorral bajo desértico tropical andino de *Atriplex imbricata*
- P26. Matorral bajo desértico mediterráneo andino de *Senecio proteus - Haplopappus baylahuen*
- P28. Matorral espinoso mediterráneo interior de *Puya coerulea - Colliguaja odorifera*
- P35. Bosque espinoso mediterráneo interior de *Acacia caven - Lithraea caustica*
- P45. Bosque esclerofilo psamófilo mediterráneo interior de *Quillaja saponaria / Fabiana imbricata*
- P49. Bosque caducifolio mediterráneo costero de *Nothofagus glauca - Azara petiolaris*
- P53. Bosque caducifolio mediterráneo de *Nothofagus obliqua - Persea lingue*
- P102. Matorral bajo tropical andino de *Fabiana denudata - Chuquiraga atacamensis*
- P103. Matorral bajo tropical andino de *Fabiana squamata / Festuca chrysophylla*

[4] Las diferencias entre estos cálculos con los obtenidos en la primera edición [873] probablemente se deben a que la base cartográfica utilizada para las áreas protegidas es diferente. La versión utilizada en esta edición produce estimaciones de superficie más exactas.

[5] Véase nota 4.

2: Superficie total (ST), remanente (SR) y protegida (SP) de los pisos de vegetación, estado de co
espacial bajo el escenario de cambio climático 2.6 para el periodo 2040–2070. La superficie prote
base de la superficie remanente del piso de vegetación correspondiente (fórmula (3), página 48). L
e conservación son CR=En peligro crítico, EN=En peligro, VU=Vulnerable, LC=Preocupación M
reducción, mantención y expansión porcentual de su superficie potencial respectivamente. La últim
. si la superficie potencial del piso de vegetación se reduce o se expande bajo el escenario de camb

o de vegetación	ST(km^2)	SR(km^2)	SR(%)	SP(km^2)	SP(%)	EC	CC-
ierto tropical interior con vegetación escasa	58005	56722	97,8	580	1,0	LC	20,5
nas tropicales costeras de *Tillandsia landbeckii - T. marconae*	381	381	100,0	4	1,0	LC	71,5
bazal efímero tropical costero de *Nolana adansonii - N. lycioides*	757	732	96,7	12	1,6	LC	30,8
torral desértico tropical interior de *Malesherbia auristipulata - Tarasa operculata*	533	529	99,2	12	2,3	LC	79,2
torral desértico tropical interior de *Atriplex atacamensis - Tessaria absinthioides*	8803	8484	96,4	296	3,5	LC	64,6
torral desértico tropical costero de *Nolana sedifolia / Eulychnia iquiquensis*	1297	1288	99,3	4	0,3	LC	46,9
torral desértico tropical-mediterráneo costero de *Ephedra breana / Eulychnia iquiquensis*	3083	3051	99,0	58	1,9	LC	68,7
torral desértico mediterráneo costero de *Copiapoa boliviana - Heliotropium pycnophyllum*	1263	1222	96,8	122	10,0	LC	36,1
torral desértico mediterráneo costero de *Gypothamnium pinifolium - Heliotropium pycnophyllum*	826	808	97,7	102	12,6	LC	12,4
torral desértico mediterráneo costero de *Euphorbia lactiflua / Eulychnia iquiquensis*	709	709	99,9	27	3,8	LC	61,1
torral desértico mediterráneo costero de *Euphorbia lactiflua / Eulychnia saint-pieana*	1668	1668	100,0	296	17,7	LC	53,9
torral desértico mediterráneo interior de *Oxyphyllum ulicinum - Gymnophyton foliosum*	2799	2790	99,7	106	3,8	LC	77,0
torral desértico mediterráneo costero de *Heliotropium floridum - Atriplex clivicola*	1267	1253	98,9	92	7,3	LC	1,7
torral desértico mediterráneo costero de *Oxalis virgosa / Eulychnia breviflora*	758	691	91,2	160	23,2	LC	93,8
torral desértico tropical-mediterráneo interior de *Skytanthus acutus - Atriplex deserticola*	16355	16073	98,3	628	3,9	LC	56,2
torral desértico tropical interior de *Huidobria chilensis - Nolana leptophylla*	1281	1256	98,1	0	0,0	LC	80,4
torral desértico mediterráneo costero de *Oxalis virgosa - Heliotropium stenophyllum*	2964	2491	84,0	35	1,4	LC	20,9
torral desértico mediterráneo interior de *Adesmia argentea - Bulnesia chilensis*	12616	12361	98,0	52	0,4	LC	46,2
torral desértico mediterráneo interior de *Heliotropium stenophyllum - Flourensia thurifera*	4584	3953	86,2	34	0,9	LC	45,2
torral desértico mediterráneo interior de *Flourensia thurifera - Colliguaja odorifera*	9230	8739	94,7	20	0,2	LC	45,5
torral desértico mediterráneo costero de *Bahia ambrosioides / Puya chilensis*	1096	952	86,8	26	2,7	LC	59,9
torral bajo desértico tropical interior de *Adesmia atacamensis - Cistanthe salsoloides*	23934	23454	98,0	68	0,3	LC	52,1
torral bajo desértico tropical andino de *Atriplex imbricata - Acantholippia deserticola*	14073	13917	98,9	390	2,8	LC	54,1
torral bajo desértico tropical interior de *Nolana leptophylla - Cistanthe salsoloides*	14623	14570	99,6	0	0,0	LC	54,4
torral bajo desértico tropical andino de *Atriplex imbricata*	9953	9926	99,7	0	0,0	LC	48,5
torral bajo desértico mediterráneo andino de *Senecio proteus - Haplopappus baylahuen*	3656	3621	99,0	0	0,0	LC	58,8
torral espinoso mediterráneo interior de *Trevoa quinquenervia - Colliguaja odorifera*	1219	874	71,7	7	0,8	LC	45,1
torral espinoso mediterráneo interior de *Puya coerulea - Colliguaja odorifera*	493	493	99,9	0	0,0	LC	42,4
que espinoso tropical interior de *Prosopis tamarugo / Tessaria absinthioides*	685	429	62,6	213	49,7	LC	85,4
que espinoso tropical interior de *Geoffroea decorticans - Prosopis alba*	592	477	80,5	4	0,8	LC	18,8
que espinoso tropical andino de *Browningia candelaris - Corryocactus brevistylus*	2160	2129	98,5	152	7,1	LC	56,7
que espinoso mediterráneo interior de *Acacia caven - Prosopis chilensis*	3403	1156	34,0	1	0,1	VU	28,2
que espinoso mediterráneo andino de *Acacia caven / Baccharis paniculata*	1024	478	46,6	3	0,6	VU	76,9
que espinoso mediterráneo costero de *Acacia caven - Maytenus boaria*	4089	2145	52,5	5	0,2	VU	3,7
que espinoso mediterráneo interior de *Acacia caven - Lithraea caustica*	7473	2697	36,1	0	0,0	EN	52,7
torral arborescente esclerofilo mediterráneo costero de *Peumus boldus - Schinus latifolia*	1956	1465	74,9	1	0,1	LC	21,2
torral arborescente esclerofilo mediterráneo interior de *Quillaja saponaria / Porlieria chilensis*	3198	3064	95,8	35	1,1	LC	43,1
que esclerofilo mediterráneo andino de *Kageneckia angustifolia / Guindilia trinervis*	4591	4546	99,0	350	7,7	LC	39,7
que esclerofilo mediterráneo costero de *Cryptocarya alba - Peumus boldus*	4697	4220	89,9	141	3,3	LC	58,9
que esclerofilo mediterráneo costero de *Lithraea caustica - Cryptocarya alba*	4671	2623	56,2	34	1,3	LC	26,9

Tabla 2: continuación

vegetación	ST(km^2)	SR(km^2)	SR(%)	SP(km^2)	SP(%)	EC	CC-	CC=
sclerofilo mediterráneo andino de *Quillaja saponaria - Lithraea caustica*	4534	2921	64,4	92	3,1	LC	53,7	46,3
sclerofilo mediterráneo costero de *Lithraea caustica - Azara integrifolia*	5852	2138	36,5	31	1,4	CR	23,6	76,4
sclerofilo mediterráneo interior de *Lithraea caustica - Peumus boldus*	9721	3116	32,0	4	0,1	CR	16,8	83,2
sclerofilo mediterráneo andino de *Lithraea caustica - Lomatia hirsuta*	1637	1001	61,2	8	0,8	VU	70,5	29,5
sclerofilo psamófilo mediterráneo interior de *Quillaja saponaria / Fabiana imbricata*	4635	718	15,5	0	0,0	CR	37,8	62,2
aducifolio mediterráneo costero de *Nothofagus macrocarpa / Ribes punctatum*	881	881	99,9	98	11,1	LC	36,6	63,4
aducifolio mediterráneo interior de *Nothofagus obliqua - Cryptocarya alba*	8953	1801	20,1	7	0,4	CR	45,4	54,6
aducifolio mediterráneo andino de *Nothofagus obliqua - Austrocedrus chilensis*	3761	3643	96,9	214	5,9	LC	21,6	78,4
aducifolio mediterráneo costero de *Nothofagus glauca - Azara petiolaris*	1119	282	25,2	0	0,0	CR	29,5	70,5
aducifolio mediterráneo costero de *Nothofagus glauca - Persea lingue*	2513	613	24,4	2	0,3	CR	31,2	68,8
aducifolio mediterráneo andino de *Nothofagus glauca - N. obliqua*	1889	1127	59,7	12	1,1	VU	36,3	63,7
aducifolio mediterráneo costero de *Nothofagus obliqua - Gomortega keule*	2623	540	20,6	25	4,6	CR	8,3	91,7
aducifolio mediterráneo de *Nothofagus obliqua - Persea lingue*	7785	1270	16,3	0	0,0	CR	61,4	38,6
aducifolio templado de *Nothofagus obliqua - Laurelia sempervirens*	19660	4922	25,0	63	1,3	CR	51,1	48,9
ixto mediterráneo costero de *Nothofagus dombeyi - N. obliqua*	4384	1228	28,0	1	0,1	CR	52,2	47,8
aducifolio templado costero de *Nothofagus alpina - Persea lingue*	1751	835	47,7	4	0,5	CR	78,6	21,4
aducifolio mediterráneo-templado andino de *Nothofagus alpina - N. obliqua*	636	608	95,5	36	5,9	LC	20,3	79,7
aducifolio templado andino de *Nothofagus alpina - Dasyphyllum diacanthoides*	5715	2783	48,7	46	1,7	EN	38,1	61,9
aducifolio templado andino de *Nothofagus alpina - N. dombeyi*	2764	2637	95,4	211	8,0	LC	38,0	62,0
aducifolio mediterráneo-templado andino de *Nothofagus pumilio - N. obliqua*	1527	1519	99,5	285	18,8	LC	26,3	73,7
aducifolio templado andino de *Nothofagus pumilio - Araucaria araucana*	3506	3274	93,4	773	23,6	LC	37,7	62,3
aducifolio templado andino de *Nothofagus pumilio / Drimys andina*	3658	3650	99,8	1530	41,9	LC	30,4	69,6
aducifolio templado andino de *Nothofagus pumilio / Berberis ilicifolia*	10512	9641	91,7	881	9,1	LC	24,0	76,0
aducifolio templado andino de *Nothofagus pumilio / Azara alpina*	2737	2722	99,5	723	26,6	LC	37,9	62,1
aducifolio templado andino de *Nothofagus pumilio / Ribes cucullatum*	4741	4738	99,9	1897	40,0	LC	40,7	59,3
aducifolio templado-antiboreal andino de *Nothofagus pumilio / Maytenus disticha*	10775	10773	100,0	622	5,8	LC	35,4	64,6
caducifolio templado andino de *Nothofagus antarctica*	7214	7209	99,9	3007	41,7	LC	43,6	56,4
caducifolio templado andino de *Nothofagus antarctica / Empetrum rubrum*	2857	2857	100,0	1651	57,8	LC	37,9	62,1
arborescente caducifolio mediterráneo-templado oriental de *Nothofagus antarctica / Berberis* *la*	3558	3279	92,2	432	13,2	LC	21,6	78,4
arborescente caducifolio templado-antiboreal andino de *Nothofagus antarctica / Chiliotrichum*	6781	6776	99,9	656	9,7	LC	17,4	82,6
aurifolio templado costero de *Aextoxicon punctatum - Laurelia sempervirens*	986	284	28,8	27	9,5	CR	2,7	97,3
aurifolio templado costero de *Weinmannia trichosperma - Laureliopsis philippiana*	2268	2172	95,8	414	10,1	LC	23,0	77,0
aurifolio templado interior de *Nothofagus dombeyi - Eucryphia cordifolia*	10170	5927	58,3	525	8,9	LC	20,6	79,4
esinoso templado costero de *Araucaria araucana*	292	269	92,1	63	23,4	LC	69,6	30,4
esinoso templado andino de *Araucaria araucana - Nothofagus dombeyi*	2134	2117	99,2	727	34,3	LC	41,7	58,3
esinoso mediterráneo-templado andino de *Araucaria araucana / Festuca scabriuscula*	1291	1209	93,6	60	5,0	LC	11,5	88,5
esinoso templado costero de *Fitzroya cupressoides*	1261	1260	99,9	196	15,6	LC	47,0	53,0
esinoso templado andino de *Fitzroya cupressoides*	3104	3097	99,8	1463	47,2	LC	25,5	74,5
esinoso templado costero de *Pilgerodendron uviferum - Tepualia stipularis*	2829	2820	99,7	27	1,0	LC	50,8	49,2
esinoso templado costero de *Pilgerodendron uviferum / Astelia pumila*	8423	8422	100,0	4841	57,5	LC	70,1	29,9
iempreverde templado andino de *Nothofagus dombeyi / Gaultheria phillyreifolia*	651	646	99,2	120	18,6	LC	57,2	42,8
iempreverde templado andino de *Nothofagus dombeyi - Saxegothaea conspicua*	3038	3019	99,4	1549	51,3	LC	32,2	67,8
iempreverde templado andino de *Austrocedrus chilensis - Nothofagus dombeyi*	171	152	89,0	8	5,3	LC	33,1	66,9
iempreverde templado interior de *Nothofagus nitida - Podocarpus nubigenus*	18319	15497	84,6	2667	17,2	LC	28,2	71,8
iempreverde templado interior de *Nothofagus betuloides / Desfontainia fulgens*	9437	9397	99,6	3154	33,6	LC	55,2	44,8
iempreverde templado andino de *Nothofagus betuloides - Laureliopsis philippiana*	538	528	98,1	280	53,0	LC	54,7	45,3

Tabla 2: continuación

o de vegetación	ST(km^2)	SR(km^2)	SR(%)	SP(km^2)	SP(%)	EC	CC-
que siempreverde templado andino de *Nothofagus betuloides* / *Chusquea macrostachya*	4809	4650	96,7	352	7,6	LC	23,6
que mixto templado andino de *Nothofagus betuloides* / *Berberis ilicifolia*	2598	2511	96,6	520	20,7	LC	27,2
que mixto templado-antiboreal andino de *Nothofagus betuloides* - *Nothofagus pumilio*	5267	5266	100,0	1306	24,8	LC	17,4
que siempreverde templado-antiboreal costero de *Nothofagus betuloides* - *Embothrium coccineum*	7617	7617	100,0	3355	44,0	LC	24,6
que siempreverde templado-antiboreal costero de *Nothofagus betuloides* - *Drimys winteri*	38840	38840	100,0	33961	87,4	LC	20,5
torral siempreverde templado costero de *Pilgerodendron uviferum* - *Nothofagus nitida*	3463	3463	100,0	3233	93,4	LC	25,2
bera templada costera de *Donatia fascicularis* - *Oreobolus obtusangulus*	15354	15354	100,0	15154	98,7	LC	36,5
bera antiboreal costera de *Astelia pumila* - *Donatia fascicularis*	9127	9127	100,0	6454	70,7	LC	17,1
bera antiboreal costera de *Bolax caespitosus* - *Phyllachne uliginosa*	5654	5654	100,0	5403	95,6	LC	43,6
bera templada-antiboreal interior de *Sphagnum magellanicum* / *Schoenus antarcticus*	3745	3745	100,0	1178	31,5	LC	25,5
torral bajo tropical andino de *Fabiana ramulosa* - *Diplostephium meyenii*	6781	6745	99,5	1015	15,0	LC	43,5
torral bajo tropical andino de *Parastrephia lucida* - *Azorella compacta*	3168	3165	99,9	1736	54,8	LC	86,8
torral bajo tropical andino de *Parastrephia lucida* / *Festuca orthophylla*	1819	1760	96,7	863	49,0	LC	80,2
torral bajo tropical andino de *Parastrephia lepidophylla* - *P. quadrangularis*	7042	7042	100,0	1505	21,4	LC	60,4
torral bajo tropical andino de *Azorella compacta* - *Pycnophyllum molle*	2056	2052	99,8	1095	53,4	LC	84,7
torral bajo tropical andino de *Fabiana denudata* - *Chuquiraga atacamensis*	3996	3992	99,9	0	0,0	LC	74,8
torral bajo tropical andino de *Fabiana squamata* / *Festuca chrysophylla*	3962	3940	99,4	0	0,0	LC	73,6
torral bajo tropical andino de *Fabiana bryoides* - *Parastrephia quadrangularis*	7661	7661	100,0	935	12,2	LC	35,3
torral bajo tropical andino de *Mulinum crassifolium* - *Urbania pappigera*	9297	9210	99,1	657	7,1	LC	51,6
torral bajo tropical andino de *Artemisia copa* / *Jarava frigida*	2128	2128	100,0	554	26,0	LC	84,4
torral bajo tropical andino de *Adesmia frigida* / *Jarava frigida*	3479	3479	100,0	520	14,9	LC	75,7
torral bajo tropical-mediterráneo andino de *Adesmia hystrix* - *Ephedra breana*	6554	6538	99,8	45	0,7	LC	27,2
torral bajo tropical andino de *Adesmia subterranea* - *Adesmia echinus*	5315	5312	99,9	128	2,4	LC	45,4
torral bajo mediterráneo costero de *Chuquiraga oppositifolia* - *Mulinum spinosum*	55	55	100,0	3	5,5	LC	52,4
torral bajo mediterráneo andino de *Chuquiraga oppositifolia* - *Nardophyllum lanatum*	4086	4060	99,4	411	10,1	LC	21,0
torral bajo mediterráneo andino de *Laretia acaulis* - *Berberis empetrifolia*	5657	5647	99,8	294	5,2	LC	40,3
torral bajo mediterráneo andino de *Chuquiraga oppositifolia* - *Discaria articulata*	3441	3435	99,8	96	2,8	LC	0,5
torral bajo templado andino de *Discaria chacaye* / *Berberis empetrifolia*	3435	3421	99,6	970	28,4	LC	23,1
torral bajo templado andino de *Adesmia longipes* - *Senecio bipontinii*	2986	2986	100,0	1415	47,4	LC	50,3
torral bajo antiboreal andino de *Bolax gummifera* - *Azorella selago*	6961	6961	100,0	3797	54,5	LC	30,7
bazal tropical andino de *Chaetanthera sphaeroidalis*	6595	6574	99,7	361	5,5	LC	3,6
bazal mediterráneo andino de *Nastanthus spathulatus* - *Menonvillea spathulata*	2318	2310	99,7	172	7,4	LC	55,4
bazal mediterráneo andino de *Oxalis adenophylla* - *Pozoa coriacea*	953	953	100,0	6	0,6	LC	65,0
bazal templado andino de *Nassauvia dentata* - *Senecio portalesianus*	11137	11118	99,8	3407	30,6	LC	48,1
bazal antiboreal andino de *Nassauvia pygmaea* - *N. lagascae*	4401	4401	100,0	3124	71,0	LC	44,7
epa mediterránea-templada oriental de *Festuca pallescens* / *Mulinum spinosum*	3271	3127	95,6	49	1,6	LC	21,6
epa mediterránea-templada oriental de *Festuca gracillima*	6354	6354	100,0	51	0,8	LC	39,1
epa mediterránea-templada oriental de *Festuca gracillima* / *Mulinum spinosum*	6892	6890	100,0	0	0,0	LC	25,0
epa templada oriental de *Festuca gracillima* / *Chiliotrichum diffusum*	8029	7983	99,4	5	0,1	LC	25,5

Solamente tres pisos de vegetación se encuentran dentro de las áreas bajo protección oficial en más del 90%, y son las unidades de Matorral siempreverde templado costero de *Pilgerodendron uviferum - Nothofagus nitida* (piso de vegetación P92), Turbera templada costera de *Donatia fascicularis - Oreobolus obtusangulus* (piso de vegetación P93) y Turbera antiboreal costera de *Bolax caespitosus - Phyllachne uliginosa* (piso de vegetación P95).

El análisis de representatividad revela fuertes desequilibrios en la protección de los diferentes pisos de vegetación, siendo las unidades del área mediterránea las que presentan una mayor amenaza (menor superficie remanente) y menor protección, conclusión que no es diferente de lo que ya ha sido planteado de manera reiterada en otros estudios (*e.g.*, refs. 86, 100, 163, 860, 869, 873, 892, 917, 1151, 1155, 1157, 1170, 1660, 1661). Esto se suma a una serie de otros problemas que presenta la gestión de las áreas protegidas chilenas [1047] y plantea interesantes desafíos para su planificación [83, 85, 1017, 1047, 1489, 1501]. En este contexto, las propuestas de protección de biodiversidad podrían apuntar a proteger de manera prioritaria las unidades que hasta el momento no se encuentran en ningún área protegida y en formular estrategias de conservación específicas donde la planificación actual de áreas protegidas ha mostrado ser inadecuada. En tal sentido, algunos antecedentes indican que la superficie regional de las áreas protegidas del SNASPE es inversamente proporcional a la riqueza regional de especies de plantas vasculares (*cf.* ref. 76). Sin embargo, no se sabe exactamente cuáles especies vegetales están representadas en el SNASPE, ya que solo se conoce la flora de aproximadamente un tercio de las áreas protegidas [1576]. Este estudio [1576] muestra que un incremento de la representatividad de unidades de vegetación en áreas protegidas de Chile no necesariamente se refleja en un incremento de la representatividad de especies de plantas vasculares.

5.3. Estado de conservación de la vegetación de Chile

La aplicación de los criterios de la lista roja de ecosistemas de la UICN para la definición del estado de conservación de los pisos de vegetación de Chile permite identificar aquellas unidades en mayor categoría de amenaza dados los criterios aplicados. Este análisis está basado en dos subcriterios de evaluación de riesgo (véase Sección 2.7, página 48). Los subcriterios evaluados fueron la reducción en la distribución, en cualquier periodo de 50 años (A2b) y la reducción en la distribución histórica (A3).

Los resultados concuerdan con una mayor reducción en la superficie de vegetación natural concentrada en la zona central de Chile. Los pisos de vegetación ubicados en la zona costera e interior del centro de Chile, asociados a las formaciones de Bosque espinoso, esclerofilo y caducifolio son las más impactadas tanto por la pérdida de cobertura natural histórica y reciente (véase Apéndice electrónico, http://dx.doi.org/10.5281/zenodo.60800). Es relevante destacar que los resultados del subcriterio (A2b) confirman que los procesos de pérdida de hábitat natural se han seguido desarrollando en los últimos decenios [384] e incluso se han agudizado en los últimos años [669]. Esto es particularmente evidente en la zona costera de las regiones del Maule y de Biobío, producto de la actividad forestal, constituyéndose en el proceso de cambio de uso de suelo con mayor impacto para la vegetación natural del país [384, 669]. La Tabla 2 y la Figura 48 muestran que muchos pisos de vegetación que presentan niveles de amenaza altos (CR, EN, VU), a su vez tienen bajos porcentajes de su superficie protegida.

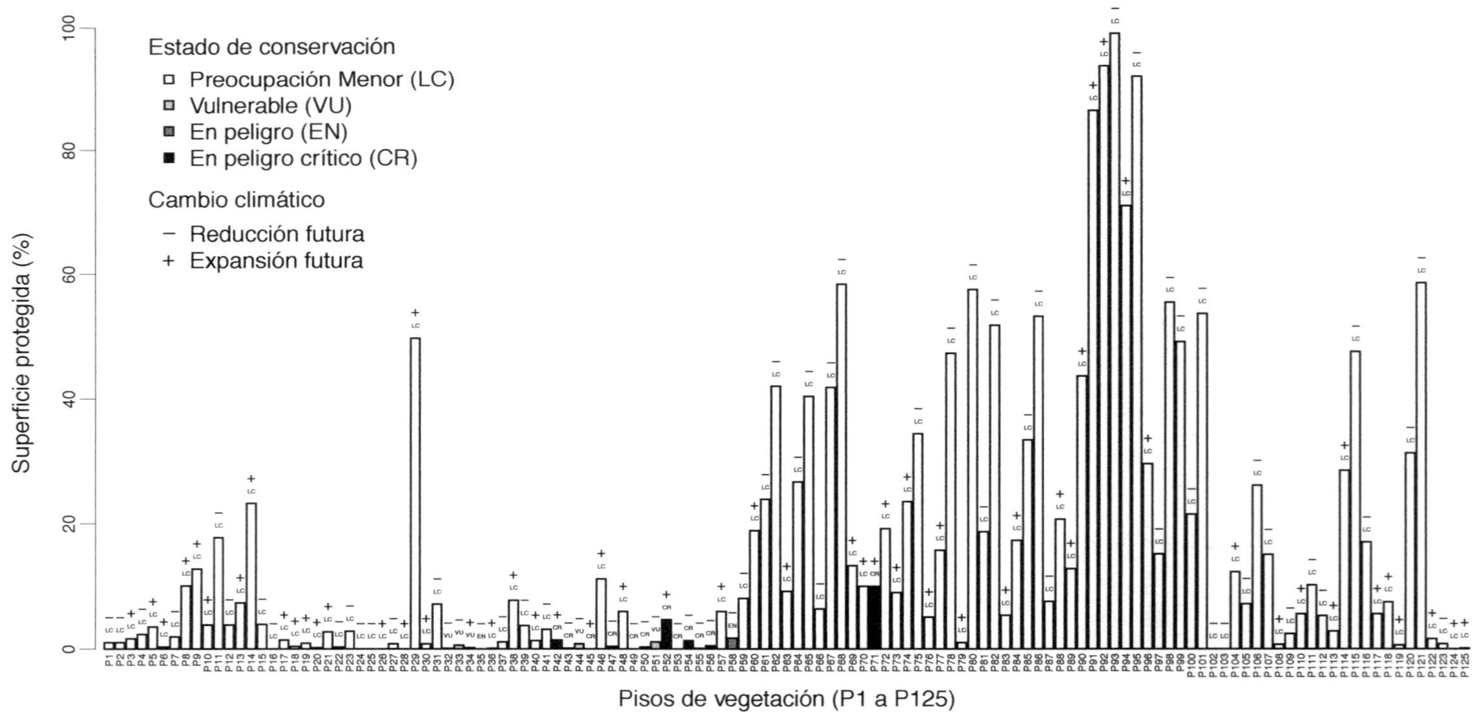

Figura 48: Representatividad, cambio climático y estado de conservación de la vegetación zonal en Chile. La barras indican el nivel de representatividad de los pisos de vegetación (P1–P125) en las áreas con protección oficial en porcentaje de superficie protegida (fórmula (3), véase página 48). Los colores de la barras corresponden al estado de conservación de cada piso de vegetación, el que además se indica sobre cada barra mediante sus acrónimos internacionales, ambos indicados en la leyenda. Los signos + y - sobre las barras indican la expansión o reducción futura de cada piso de vegetación, respectivamente, de acuerdo con el análisis de cambio climático (escenario 2.6).

5.4. Conservación de la vegetación bajo escenarios de cambio climático

Las proyecciones futuras de cambio climático en Chile señalan que se mantendrán las tendencias identificadas durante el presente siglo. Estas son la disminución de los montos de precipitación, especialmente en la zona central del país y el aumento de la temperatura promedio en todo el territorio continental, siendo esto más marcado en la zona andina y menor en la zona austral [168, 1654]. Como consecuencia de lo anterior, la mayor variabilidad en las tendencias de cambio climático se presentaría en la zona central de Chile [895].

El análisis de la variación espacial potencial bajo escenarios de cambio climático permite estimar los patrones de cambio futuro de los espacios climáticos que definen cada uno de los pisos de vegetación (Tabla 2, Figura 48). Los resultados indican un cambio en la distribución (expresado como reducción o expansión) de los espacios climáticos que definen su área de distribución a lo largo de todo el territorio. Lo anterior estaría dando cuenta del impacto que podría tener el cambio climático sobre la composición y estructura actual de los pisos de vegetación. De los 125 pisos de vegetación, un 54% (67) muestra una reducción futura de su rango de distribución actual y un 46% (58) presenta una expansión de acuerdo con los resultados correspondientes al escenario 2.6 para el periodo 2040–2070 (Tabla 2). Los resultados correspondientes al escenario 8.5 para el mismo periodo indican una reducción del 56% (70) de los pisos de vegetación (véase Apéndice electrónico, http://dx.doi.org/10.5281/zenodo.60800). En relación con la variación absoluta de la distribución futura de las unidades bajo el escenario 2.6 para el periodo 2040–2070, los pisos de vegetación con una reducción absoluta (reducción menos expansión) del espacio climático actual sobre un 50% son los siguientes (entre paréntesis se indica el porcentaje de reducción absoluta):

- P101. Matorral bajo tropical andino de *Azorella compacta - Pycnophyllum molle* (84,0%)
- P98. Matorral bajo tropical andino de *Parastrephia lucida - Azorella compacta* (79,8%)
- P99. Matorral bajo tropical andino de *Parastrephia lucida / Festuca orthophylla* (78,1%)
- P16. Matorral desértico tropical interior de *Huidobria chilensis - Nolana leptophylla* (59,1%)
- P107. Matorral bajo tropical andino de *Adesmia frigida / Jarava frigida* (56,2%)
- P2. Dunas tropicales costeras de *Tillandsia landbeckii - T. marconae* (54,8%)
- P86. Bosque siempreverde templado andino de *Nothofagus betuloides - Laureliopsis philippiana* (53,7%)
- P80. Bosque resinoso templado costero de *Pilgerodendron uviferum / Astelia pumila* (53,1%)
- P85. Bosque siempreverde templado interior de *Nothofagus betuloides / Desfontainia fulgens* (52,9%)
- P44. Bosque esclerofilo mediterráneo andino de *Lithraea caustica - Lomatia hirsuta* (51,0%)

En términos de la dirección de cambio futuro (véase Apéndice electrónico: http://dx.doi.org/10.5281/zenodo.60800) se observa un cambio de dirección entre 32–35°S. A partir de esta latitud hacia el norte la dirección de cambio predominate es Norte y Este. Esto se modifica hacia el sur, donde la dirección de cambio predominate es Sur. La única salvedad son las unidades de estepas y pastizales (pisos de vegetación P122–P125), que se comportan como los pisos de la zona norte de Chile. Si bien lo anterior ha sido sugerido de manera general en la literatura [96], este patrón de cambio latitudinal no se había identificado en estudios anteriores similares realizados a nivel nacional [1154]. Otro patrón identificado es el movimiento de las unidades de vegetación andinas hacia zonas de mayor elevación (dirección Este), lo que tiene un impacto relevante en términos de protección, ya que estas unidades podrían llegar a un punto en que su espacio climático desaparece. Este es un patrón que se ha demostrado en forma global para las zonas de montaña en distintas partes del planeta [824, 967]. En efecto, los pisos de vegetación cuyo espacio climático presenta la mayor reducción (P98, P99, P101) corresponden a las unidades situadas a las mayores altitudes de todo el país, por lo que el espacio disponible para desplazarse hacia mayores elevaciones es menor.

Los resultados presentados aquí no consideran otros efectos que el cambio climático puede tener sobre la composición y estructura de la vegetación. Algunos de estos efectos ya han sido estudiados en Chile. Por ejemplo, los trabajos de Holz [704–706] sugieren que el cambio climático interactúa con influencias antrópicas, incrementando el riesgo de incendios forestales en la zona sur de Chile. Otros estudios muestran que el cambio climático podría afectar negativamente la disponibilidad hídrica de humedales del norte de Chile [895].

Capítulo 6
Discusión y perspectivas

Los aspectos que a continuación se mencionan buscan situar la presente propuesta de clasificación de la vegetación en el contexto de otros estudios similares, identificar las principales limitaciones del presente trabajo y plantear desafíos pendientes en un contexto más general sobre estudios de clasificación de la vegetación.

En este trabajo se considera la vegetación natural de Chile continental. Una aproximación equivalente para la vegetación de Chile insular es un tema pendiente. No obstante, los principales rasgos de la vegetación y el clima de Chile insular han sido estudiados (*e.g.*, refs. 289, 290, 429, 610, 611, 649, 695, 744, 793, 797, 842, 899, 981, 1088, 1455, 1474, 1475, 1479, 1480, 1482–1484, 1499, 1590).

Tampoco está incluida la vegetación antártica, que comprende el territorio antártico y las islas Diego Ramírez. En el territorio antártico solo se han reportado dos especies de plantas vasculares nativas, *Colobanthus quitensis* y *Deschampsia antarctica* [1487], y dos especies introducidas, *Poa annua* y *P. pratensis* [489, 1488], que ocurren solo en las áreas bajo influencia marítima y forman comunidades vegetales sobre depósitos morrénicos con desarrollo de suelo donde estas especies pueden ser localmente abundantes [1612]. En las islas Diego Ramírez se han registrado ocho especies de plantas vasculares (*Callitriche antarctica*, *Cardamine glacialis*, *Colobanthus quitensis*, *Crassula moschata*, *Leptinella scariosa*, *Plantago barbata*, *Poa flabellata*, *Ranunculus biternatus*, véanse refs. 1125, 1145), que forman comunidades turbosas donde *Poa flabellata* es la especie más abundante y ampliamente repartida [1146].

Respecto a Chile continental, se reconocen 125 unidades de vegetación zonal (pisos de vegetación). Basado en trabajos previos de los autores [874, 876] se pueden establecer paralelos directos entre la presente propuesta y otros sistemas de clasificación vegetacional para el territorio chileno [506, 508, 517, 518, 522, 1117–1119, 1190, 1200, 1325]. En general, todos los trabajos utilizan, aparte de la vegetación, variables ambientales como elementos de base para el desarrollo de las clasificaciones. El clima y el relieve (principalmente la altitud) son utilizados como elementos de base en las tres clasificaciones principales [522, 873, 1200]. Otras propuestas [1014, 1288, 1442] se basan en las características de la vegetación y en la distribución geográfica de sus elementos florísticos.

Tanto las unidades básicas de la clasificación de Gajardo [517, 518, 522] como la de Quintanilla [1190, 1200] corresponden a formaciones vegetacionales (en los conceptos de Küchler [782, 784] y Gounot [605], respectivamente), donde las variables ambientales fueron utilizadas *a posteriori* para precisar la delimitación espacial de las formaciones vegetacionales definidas. En el presente trabajo también se identifican formaciones vegetacionales de acuerdo con las pautas de Ellenberg y Mueller-Dombois [395]. Las unidades básicas, pisos de vegetación, son sin embargo definidos, tanto conceptualmente como en su dimensión espacial, a través de la relación entre la información vegetacional y las variables ambientales, clima y elevación, a partir de la cual se elabora una definición operacional de piso de vegetación (véase Sección 2.1, página 29).

Es notable la correspondencia que se observa entre la clasificación propuesta por Gajardo [517, 520] al nivel de sub-regiones vegetacionales, y los "territorios vegetacionales" (*Vegetationsgebiete*) definidos por Schmithüsen [1442]. Los últimos corresponden a grandes áreas geográficas delimitadas por sus asociaciones vegetales dominantes [1444]. Lo anterior revela la fuerte influencia de este autor en la regionalización propuesta por Gajardo (véase ref. 519). La principal diferencia es la mayor precisión cartográfica provista en los mapas de Gajardo. La influencia de criterios biogeográficos en la propuesta de este autor, donde la noción de elemento florístico es esencial en la configuración territorial de la vegetación [519], está presente incluso al nivel básico (formación vegetacional), donde los elementos de base formalmente utilizados y los análisis efectuados quedan subordinados a estas nociones biogeográficas. El criterio de agrupación por elementos florísticos fue aplicado por Reiche [1288] sobre la base de los antecedentes y el conocimiento disponibles a la fecha. Revisiones más modernas de estos conceptos biogeográficos aplicados al caso chileno se encuentran en los trabajos de Villagrán e Hinojosa [1637] y Moreira-Muñoz [963].

La propuesta de Oberdorfer [1014] se basa en inventarios florísticos que son analizados según la metodología fitosociológica [179, 180, 1676] para dar origen a entidades básicas denominadas asociaciones vegetales, que corresponden al "conjunto de comunidades vegetales con una composición florística similar" [714], las que a su vez pueden agruparse en un sistema jerárquico que actualmente se rige por las normas del Código Internacional de Nomenclatura Fitosociológica [1662]. Esto da origen a una taxonomía de comunidades vegetales o Sintaxonomía en la que pueden reconocerse cuatro categorías jerárquicas principales: asociación, alianza, orden, clase, donde la primera es la unidad básica y la última es la más inclusiva. Con posterioridad a la propuesta de Oberdorfer [1014] se han efectuado numerosas contribuciones parciales a la fitosociología de Chile, pero una síntesis actualizada de dichas contribuciones es una tarea pendiente. Existen revisiones sintaxonómicas para territorios particulares (*e.g.*, refs. 55, 488, 688, 863, 1001, 1141, 1331, 1334, 1644) o tipos de vegetación específicos (*e.g.*, refs. 39, 47, 49, 53, 54, 58, 408, 409, 689, 1161). Una sinopsis sintaxonómica más completa, para los niveles de clase, orden y alianza, está disponible para toda Sudamérica [526, 538]. La metodología fitosociológica en sí misma no considera la elaboración de cartografías, de modo que la espacialización de las unidades es, en principio, solo posible a través de la georreferenciación puntual de los inventarios florísticos, aunque existen diversas propuestas de criterios sobre la base de los cuales información fitosociológica agregada es expresada cartográficamente (*e.g.*, refs. 937, 1309, 1622).

En cuanto a otras propuestas de clasificación mencionadas [506, 508, 1117–1119, 1325], todas combinan información florístico-vegetacional con información ambiental bajo diferentes criterios. Pisano [1117, 1118, 1119] utiliza información climática para definir cuatro grandes unidades ambientales de orden superior (macrozonas). Fuenzalida [506, 508] utiliza un concepto laxo de formación vegetacional, donde combina elementos vegetacionales y ambientales.

En términos de estructura jerárquica, una de las principales diferencias entre las propuestas es la forma en que se relacionan unidades básicas y unidades de orden superior en la construcción del sistema de clasificación. En el caso de Quintanilla [1190, 1200] tanto la definición como la espacialización de unidades de orden superior se realizan mediante agrupación de unidades básicas en unidades inclusivas. En el caso de Gajardo [517, 518, 522], las unidades básicas y las unidades de orden superior son definidas de manera independiente, pero la espacialización está dada por una subdivisión jerárquica de unidades desde orden superior a unidades básicas, de modo que las unidades de orden superior son superimpuestas a las unidades básicas. Rodríguez [1325] propone una unidad básica (sitio) que se agrupa en una estructura jerárquica, cuyas categorías son definidas por niveles decrecientes en la resolución de los elementos de base utilizados, los que se combinan espacialmente de manera directa. En el caso de la presente propuesta, las unidades básicas y de orden superior son definidas en forma independiente, mientras que la espacialización de las unidades de orden superior se realiza por agrupación de unidades básicas.

Gajardo [517, 518, 522] identifica cuatro niveles jerárquicos en la clasificación, tres de los cuales presentan cartografía: Regiones ecológicas (8) a las que se subordinan Subregiones ecológicas (20), dentro de las que se identifican Formaciones vegetacionales (80). Comunidades tipo son definidas como objetos puntuales, que, además de no estar cartografiadas (aunque en Gajardo [517] se indican lugares puntuales de ocurrencia conocida de Comunidades tipo), no están directamente subordinadas a las formaciones vegetacionales, ya que una Comunidad tipo puede estar presente en más de una formación vegetacional. Quintanilla [1190] define dos niveles jerárquicos que están cartografiados: Grupos de formaciones vegetacionales (5) a las que se subordinan formaciones vegetacionales (52). Quintanilla [1200, p. 17] señala que "la clasificación jerárquica de formaciones vegetales no coincide forzosamente con la regionalización ecosistémica que proponemos en la obra". Esto último dificulta la interpretación de la cartografía, porque ella no está en concordancia con lo que se señala en el texto. En el presente trabajo se definen cuatro niveles jerárquicos en la clasificación, Clases de formaciones vegetacionales (7)[6] dentro de las que se agrupan Formaciones vegetacionales (19), a las que se subordinan Pisos de vegetación (125). Solo se presenta cartografía para las dos últimas jerarquías, aunque por agrupación de formaciones vegetales es posible obtener una cartografía de clases de formaciones. También son identificadas, dentro de cada piso de vegetación, comunidades zonales, que, además de no estar cartografiadas, no están directamente subordinadas a los pisos de vegetación, ya que una comunidad puede estar presente en más de un piso de vegetación. En forma paralela son definidas jerarquías bioclimáticas, Macrobioclimas, dentro de las que se identifican tanto bioclimas como pisos bioclimáticos. Formaciones vegetacionales y pisos de vegetación son también identificados para cada macrobioclima y bioclima, aunque no existe una correspondencia jerárquica directa.

En los otros trabajos la definición de unidades jerárquicas es muy variable. Pisano [1117, 1118, 1119], por ejemplo, define cinco grandes macrozonas geográficas que dividen el territorio nacional, bajo las que se desenvuelve una sintaxonomía (el primer intento realizado en Chile) hasta el nivel de asociación. Solo el nivel superior de macrozonas está expresado cartográficamente. Fuenzalida [506, 508] identifica, dentro de las mismas macrozonas descritas por Pisano, 32 formaciones vegetacionales, que son cartografiadas en Pisano [1115]. Schmithüsen [1442] propone un nivel superior que denomina "Territorio Vegetacional" (12) (*Vegetationsgebiet*, véase ref. 1444), dentro del cual también esboza los rasgos florísticos de cada uno mediante el uso de la nomenclatura fitosociológica. Oberdorfer [1014] presenta una estructura jerárquica muy similar a la de Pisano, con la

[6]Solo seis de ellas se expresan cartográficamente, ya que la vegetación acuática solo está representada por unidades de vegetación intrazonal.

diferencia de que en el nivel superior se identifican tres "Círculos de Vegetación" (*Vegetationskreise*), que se definen por conjuntos de clases de vegetación que son dominantes y particulares a un territorio geográfico específico [179]. Debido a esta connotación espacial los círculos de vegetación no presentan necesariamente una estructura jerárquica respecto a las clases fitosociológicas. Oberdorfer [1014] no ofrece cartografía, aunque mediante el uso de tablas se indica la ubicación de los inventarios fitosociológicos.

La escala espacial en los diferentes trabajos está dada por las unidades mínimas de análisis. En el caso de Gajardo [517, 518, 522], todos los datos fueron estandarizados a Unidades Geográficas Operacionales (UGO), que corresponden a cuadrículas de 20×20 km. En el caso de Quintanilla [1190, 1200] las diversas fuentes utilizadas están a diversas escalas que van desde 1:50.000 a 1:1.000.000, siendo esta última (10×10 km) la que define las unidades geográficas operacionales. En el caso del presente trabajo la unidad básica de operación está determinada por la resolución de las superficies climáticas utilizadas (1 km^2). En términos del nivel de organización, las tres clasificaciones hacen referencia a complejos de comunidades vegetales con fuerte tendencia a la definición de mosaicos (véase ref. 1622) en los trabajos de Gajardo y Quintanilla. La representación cartográfica de las propuestas son 1:500.000 - 1:1.000.000 en Gajardo, 1:1.000.000 en Quintanilla y 1:250.000 - 1:100.000 en el presente estudio. Otras clasificaciones son expresadas cartográficamente a escalas similares a las utilizadas por Gajardo y Quintanilla; Rodríguez [1325]: 1:1.000.000; Pisano [1115]: 1:2.000.000.

La definición de pisos de vegetación propuesta presenta algunas limitaciones tanto en términos metodológicos como de su representación cartográfica. La metodología permite interpretar y representar el paisaje vegetal con una resolución más detallada que la propuesta cartográfica de Gajardo [517, 522], pero con un nivel de complejidad y detalle inferior a las unidades definidas por el Catastro de los Recursos Vegetacionales de Chile [267]. Sin embargo, algunas unidades de vegetación zonal que son jerárquicamente relevantes para ser identificadas como pisos de vegetación, es decir, que presentan una estructura y especies dominantes propias y están asociadas a un piso bioclimático particular, no pueden ser representadas cartográficamente a la misma escala. Lo anterior puede ser explicado por dos factores: (1) tales unidades no tienen una dimensión espacial que les permita ser representadas o (2) no existen antecedentes suficientes que permitan delimitarlas claramente en el espacio, sin perjuicio de la heterogeneidad de algunos pisos de vegetación. Los principales casos de este tipo son los siguientes:

- Matorrales espinosos dominados por *Puya berteroniana*, *Trichocereus chiloensis* y *Colliguaja odorifera* [1354], que se encuentran asociados a exposiciones norte en la zona central de Chile, por su reducida extensión espacial quedan incluidos en varios tipos de vegetación esclerofila: Bosque esclerofilo mediterráneo costero de *Cryptocarya alba* - *Peumus boldus* (piso de vegetación P39), Bosque esclerofilo mediterráneo costero de *Lithraea caustica* - *Cryptocarya alba* (piso de vegetación P40), Bosque esclerofilo mediterráneo andino de *Quillaja saponaria* - *Lithraea caustica* (piso de vegetación P41).

- Bosques esclerofilos de *Quillaja saponaria* con presencia de *Austrocedrus chilensis* que se presentan en las laderas de exposición norte de la zona andina de la región del Maule [357, 1443]. Su extensión local es muy reducida para individualizarlos como una unidad aparte en términos cartográficos, por lo que han sido incluidos como parte del Bosque caducifolio mediterráneo andino de *Nothofagus obliqua* y *Austrocedrus chilensis* (piso de vegetación P48).

- Bosques esclerofilos dominados por *Lithraea caustica*, *Peumus boldus* y otras especies se encuentran en las laderas de exposición norte de los faldeos precordilleranos de la región del Maule, alternando su distribución con bosques caducifolios dominados por *Nothofagus obliqua* o por *Nothofagus glauca* [357]. Por las mismas razones se incluyen dentro de los pisos de vegetación del Bosque caducifolio mediterráneo interior de *Nothofagus obliqua - Cryptocarya alba* (piso de vegetación P47) en su área de distribución andina septentrional y en el Bosque caducifolio mediterráneo andino de *Nothofagus glauca - Nothofagus obliqua* (piso de vegetación P51) respectivamente.

- Bosques y matorrales caducifolios de *Nothofagus pumilio* y *N. antarctica* de la parte alta de la cordillera de Nahuelbuta, que por su reducida extensión espacial [1447] en el presente esquema de clasificación están incluidos dentro del Bosque resinoso templado costero de *Araucaria araucana* (piso de vegetación P74).

- Bosques siempreverdes dominados por *Nothofagus dombeyi* que son sucesionalmente reemplazados por bosques laurifolios dominados alternativamente por *Drimys winteri*, *Aextoxicon punctatum* y diferentes especies de mirtáceas (*e.g.*, *Amomyrtus luma*, *Luma apiculata*, *Myrceugenia planipes*, *M. ovata*), situados en el sector oriental del archipiélago de Chiloé [77], presentan una distribución que no fue posible delimitar en términos cartográficos, debido a la falta de datos climáticos y de antecedentes sobre su extensión espacial.

- Bosques siempreverdes de *Nothofagus betuloides* y bosques siempreverdes de *Nothofagus nitida* asociados a laderas altas y cumbres de la cordillera Pelada y de Piuchué [152, 1257, 1268, 1627] se presentan en bosquetes de extensión reducida, quedando incluidos dentro del Bosque resinoso templado costero de *Fitzroya cupressoides* (piso de vegetación P77).

- Matorrales dominados por *Junellia tridens* ubicados en la zona nororiental de la región de Magallanes [805] no pudieron ser bioclimáticamente delimitados y se incorporan como parte de la heterogeneidad de la Estepa mediterránea-templada oriental de *Festuca gracillima / Mulinum spinosum* (piso de vegetación P124).

- La distribución de gran parte de las comunidades vegetales presentes en el extremo austral de Chile está controlada, al menos en parte, por las características del sustrato, en una compleja interacción con el clima dominante, lo que en ocasiones dificulta su diferenciación cartográfica, toda vez que el modelo presentado está fuertemente basado en los rasgos climáticos de temperatura y humedad. Lo anterior se refleja claramente en las formaciones turbosas, ampliamente repartidas en el área: en algunos casos se encuentran en los sectores planos formando un intrincado mosaico con comunidades boscosas, pero en otras situaciones, especialmente en la zona archipelágica, llegan a cubrir vastas extensiones que permiten, a la escala de trabajo, su delimitación cartográfica.

Las zonas límite entre los diferentes macrobioclimas son áreas de difícil discriminación bioclimática, justamente porque representan áreas de transición.

El límite tropical / mediterráneo es una de las zonas más críticas, puesto que ha sido escasamente estudiada en términos vegetacionales y existen muy pocas estaciones meteorológicas, especialmente en el área andina. La información vegetacional sobre esa área se ha obtenido principalmente a través de referencias florísticas indirectas (*e.g.*, refs. 108, 417, 1505) y es evidente que se requiere de estudios de campo más detallados para establecer la distribución altitudinal de la vegetación, sus características florísticas y fisionómicas, los patrones espaciales y los límites de las unidades definidas con un mayor nivel de seguridad.

En la zona límite entre los macrobioclimas mediterráneo y templado de Chile la discriminación de unidades bioclimáticamente homogéneas es particularmente compleja, aunque existe mucha más información. Los datos disponibles indican que algunas unidades, cuyo centro de distribución está en el ámbito mediterráneo, se encuentran también en ambientes templados y viceversa (*cf.* ref. 1544). Es evidente que la vegetación no tiene una determinación absoluta por el clima y existen otros factores ecológicos que explican su distribución. Es posible plantear, a modo de hipótesis, una variación oscilante del límite mediterráneo-templado en los últimos siglos, de modo que algunas comunidades típicamente templadas que hoy se encuentran bajo influencia mediterránea (*e.g.*, Bosques de *Nothofagus alpina*, véanse refs. 355–357, 370, 372, 837, 1162, 1401) se habrían instalado ahí bajo condiciones templadas. Evidencias palinológicas demuestran que durante el Cuaternario las fases glaciales, más frías y húmedas que las interglaciales, produjeron la expansión de los bosques de *Nothofagus* en Chile central [681, 682, 894, 1625, 1626]. Estudios genéticos sugieren que los sectores situados hacia el norte de la distribución de *Nothofagus alpina* habrían servido como refugio frente a la expansión del hielo en el área de distribución actual de la especie durante el último periodo glacial [540, 891]. Además, se ha planteado que las condiciones de tipo mediterráneo son relativamente recientes y que muchos de los linajes considerados típicamente mediterráneos habrían desarrollado sus adaptaciones bajo condiciones premediterráneas [1613, 1614] e incluso algunos de ellos, como *Beilschmiedia*, *Peumus* y *Cryptocarya*, se encuentran en el registro fósil desde el Paleógeno [690, 1565, 1636].

La definición formal de unidades de vegetación intra y extrazonal en la presente edición pone de manifiesto que los pisos de vegetación con dependencia edáfica (pisos de vegetación P5, P5, P29, P30, P93–P96) requieren ser reevaluados y eventualmente incorporados a un sistema de clasificación de la vegetación intrazonal. Sin embargo dicho sistema es una tarea pendiente y la propuesta que aquí se presenta deber ser considerada tan solo como un primer paso en esa dirección.

Una de las principales limitaciones para el desarrollo futuro del estudio de la vegetación chilena es el conocimiento básico sobre sus componentes fundamentales, las especies. El uso de conceptos taxonómicos errados o precarios puede tener efectos indeseados en el producto de estudios ecológicos, lo que en último término puede afectar nuestra comprensión de los fenómenos naturales [172]. Los estudios de vegetación no escapan a ello. Un ejemplo ilustrativo lo constituye el género *Nothofagus*. Tomando como referencia la taxonomía de Rodríguez y Quezada [1328], en Chile están presentes 10 especies de *Nothofagus*. Todas ellas son dominantes en una o más comunidades vegetales del centro-sur de Chile (véase Capítulo 4), varias tienen un alto valor económico y algunas se encuentran amenazadas de extinción [162, 523], de modo que desde el punto de vista del paisaje vegetal chileno *Nothofagus* es uno de los grupos vegetales más importantes. Sin embargo, los estudios disponibles sobre la taxonomía y sistemática de estas especies son claramente insuficientes. El caso más claro es el del raulí, para el que hasta hoy existe cierta controversia sobre su nombre científico (*cf.* refs. 607, 823, 979, 1276). Otro ejemplo es la dificultad para establecer la identidad de las especies de *Nothofagus* que son dominantes en el actual límite mediterráneo-templado; la existencia de bosques de *Nothofagus obliqua* "de altura" diferente de los que crecen en las partes bajas [351, 355, 357] es interpretada por otros autores como evidencia indirecta de la presencia de *Nothofagus macrocarpa* en las partes altas (*e.g.*, refs. 52, 1162, 1167, 1412), pero aún no existe claridad en la diferenciación poblacional local de estos taxones (*cf.* refs. 352, 354, 361, 365–367, 1328, 1591). Al mismo tiempo, la validez taxonómica de *Nothofagus macrocarpa* como especie [523, 1591] es cuestionada por Donoso *et al.* [361], en tanto que en el sector norte del rango geográfico en el que Vázquez y Rodríguez [1591] reconocen *Nothofagus macrocarpa*, Ravenna [1276, 1277] indica la existencia de una especie distinta denominada *N. rutila*, con lo que Donoso *et al.* [361] también discrepan a la luz de los antecedentes poblacionales disponibles. Las diferencias entre las especies siempreverdes de *Nothofagus* no han sido claramente establecidas, puesto que en situaciones de contacto estas especies hibridizan [358, 359] y retrocruzan [368], lo que en algunos casos hace difícil su diferenciación (véanse refs. 550, 724). Casos de hibridación se han reportado también entre especies deciduas: *N. obliqua* × *N. glauca* [365, 366], *N. obliqua* × *N. alpina* [367], *N. antarctica* × *N. pumilio* [1220], y entre especies deciduas y siempreverdes: *N. dombeyi* × *N. antarctica* [1516]. Casos como este son numerosos entre los grupos de plantas vasculares de Chile. Ante este panorama, datos de campo y estudios poblacionales intensivos se hacen inevitables si se pretende avanzar más en el conocimiento y comprensión de los patrones de distribución de la vegetación chilena. Este conocimiento ha sido notablemente incrementado en los últimos años (*e.g.*, refs. 7, 8, 1171–1174, 1220, 1615). Sin embargo, no existe un tratamiento taxonómico que lo incorpore y lo haga disponible a los usuarios de la taxonomía. Cambios en la circunscripción genérica en *Nothofagus* [668] permiten reflejar relaciones filogenéticas entre las especies, pero no representan una contribución a la diferenciación y delimitación de las mismas.

Contar con tratamientos taxonómicos actualizados y de calidad no tiene gran efecto si ellos no se utilizan. Uno de los aspectos que es frecuentemente ignorado en estudios ecológicos y vegetacionales es la vinculación entre las especies mencionadas en los trabajos y un punto de referencia para su taxonomía y nomenclatura [172]. Asumiendo que estudios vegetacionales generalmente hacen uso de una fuente de referencia taxonómica y nomenclatural, lo que probablemente es el caso, existen problemas asociados con la trazabilidad de las citas de especies a través del tiempo bajo cambios en conceptos taxonómicos [164, 733]. El caso más crítico es el de especies cuya circunscripción es redefinida para dar origen a dos o más especies aceptadas pero previamente consideradas bajo un solo nombre. Aquí es virtualmente imposible determinar a cuál de las especies actualmente aceptadas se refiere dicho nombre cuando la única información disponible es el nombre mismo [733]. La necesidad de especímenes de herbario de respaldo (*vouchers*) se hace evidente en estos casos. El uso de vouchers es una práctica habitual en estudios de sistemática, y su importancia ha sido ampliamente reconocida [512]. La colecta y depósito de vouchers en colecciones disponibles para la comunidad científica es también una necesidad en los estudios de vegetación si es que se desea reforzar su carácter acumulativo, en los que investigadores pueden basar sus estudios en los ya realizados por otros en el pasado. Esta necesidad ha sido prácticamente ignorada y no se considera como materia de buenas prácticas en estudios vegetacionales.

En la perspectiva de seguir avanzando en el conocimiento de las relaciones entre el clima y la vegetación de Chile, se visualizan algunos aspectos aún pendientes y relativos a este trabajo que parecen necesarios de afrontar en el futuro. Estos aspectos, mencionados en la primera edición de este libro [873], han sido solo parcialmente abordados a la fecha.

El perfeccionamiento de las superficies climáticas es una tarea aún susceptible de ser perfeccionada. Las superficies utilizadas en la presente edición [1158] representan un avance respecto a las del proyecto WORLDCLIM [683] utilizadas anteriormente, ya que se basan en una mayor densidad de estaciones meteorológicas. Sin embargo estas fueron desarrolladas utilizando la misma metodologóa de interpolación [716] y el resultado se encuentra a la misma escala (1 km^2) que WORLDCLIM. Actualmente se están desarrollando metodologías de generación de superficies climáticas que combinan datos puntuales de estaciones meteorológicas, reanálisis de modelos globales de circulación atmosférica e información de sensores remotos (*e.g.*, ref. 749), que prometen mayor precisión a resoluciones espaciales más altas.

La implementación de bases de datos georreferenciadas de relevamientos de vegetación, que permitan desarrollar algoritmos cuantitativos para predecir con precisión la distribución bioclimática de los diferentes tipos de vegetación y, al mismo tiempo, identificar las variables y valores climáticos que discriminen mejor la presencia de un tipo de vegetación en un lugar determinado, ha sido solo parcialmente abordada. Por una parte, en esta edición se han utilizado datos georreferenciados de relevamientos de vegetación, pero solo para evaluar y corregir los límites de las unidades de vegetación *a posteriori*. No se ha implementado una metodología que permita establecer correspondencias cuantitativas entre unidades bioclimáticas y vegetacionales, a pesar de que existen propuestas para hacerlo [154]. La predicción espacial de unidades vegetacionales, utilizando datos de presencia puntual de unidades de vegetación zonal y variables e índices bioclimáticos, es también posible, en principio, mediante la aplicación de metodologías similares a las empleadas en el modelamiento de la distribución de especies [886]. Para ello es necesario que cada inventario de vegetación sea asignado *a priori* a una unidad vegetacional. El resultado de una proyección de este tipo está limitado en su escala por la precisión con que los datos puntuales pueden ser asignados a una coordenada geográfica, lo que debe ser controlado caso a caso. Errores en la asignación de coordenadas pueden resultar en errores en la predición espacial. Una aproximación que dé cuenta de los patrones de distribución de la vegetación a escala local requiere también la consideración de otras variables de control ambiental.

Para el caso chileno, la disponibilidad de bases de datos de inventarios vegetacionales es una limitación para la implementación de una metodología de mapeo de la vegetación basada en registros puntuales. No existe en el país un servicio público ni una institución privada o autónoma que recolecte y centralice esta información en un sistema de bases de datos. Un primer esfuerzo fue realizado por Gajardo [517], pero los datos de base no han sido digitalizados. Otro intento fue llevado a cabo por los autores [874], pero sus resultados requieren ser revisados y su base de datos re-estructurada. Existen también iniciativas parciales que han abordado la conformación de bases de datos de inventarios para tipos particulares de vegetación en Chile [40, 300].

Si bien el número y densidad de inventarios de vegetación necesarios depende de la escala a la que se desea desarrollar la cartografía, Chile no cuenta con suficientes datos organizados, cualquiera sea la escala deseada. En países más avanzados respecto del estudio de la vegetación, la realidad es distinta. Por ejemplo, la base de datos de vegetación de la República Checa, cuyo territorio es casi 10 veces más pequeño que Chile continental y definitivamente más homogéneo respecto de los gradientes de elevación y latitud, cuenta con alrededor de 140.000 inventarios de vegetación georreferenciados [1432], gran parte de los cuales se ha tomado de la literatura [260]. Otros países europeos cuentan aun con más inventarios: Alemania alrededor de 1.500.000, Francia más de 350.000, Holanda cerca de 625.000 [1432]. Todos ellos son países con superficies más pequeñas y con gradientes ambientales más reducidos que Chile. El primer paso para avanzar en esta dirección es la recopilación exhaustiva de información de inventarios provenientes de la literatura. Con ello sería posible visualizar los vacíos de información a objeto de diseñar un plan racional de recopilación de inventarios de vegetación en terreno.

La conclusión general no ha variado en los últimos 10 años. El nuevo mapa de la vegetación de Chile representa un esfuerzo de largo plazo que aún no se ha materializado ni ha sido debidamente reconocido en el país. Existe mucho por avanzar en el campo del conocimiento de las relaciones entre la distribución de la vegetación y las condiciones del suelo y del sustrato geológico, así como aún hay muchas zonas del país prácticamente inexploradas desde el punto de vista de la vegetación.

Glosario

Asociación: Unidad abstracta que representa el conjunto de comunidades vegetales con una composición florística similar.

Bioclima: 1. Conjunto de todos los factores climáticos que tienen influencia sobre los organismos vivientes. 2. En la clasificación de Rivas-Martínez [1311], unidad respecto de la que se subdividen los macrobioclimas en función del régimen ombrotérmico anual, la estacionalidad de las precipitaciones y la continentalidad.

Biotopo: Conjunto de condiciones abióticas de un lugar y tiempo dados.

Bofedal: Turbera alcalina de la alta montaña tropical y mediterránea.

Bosque: Formación vegetal dominada por árboles.

Caducifolio: Propiedad de las plantas leñosas de perder el follaje durante la estación desfavorable.

Composición característica de especies: Combinación de especies que, como conjunto, permite individualizar una o varias comunidades.

Comunidad vegetal: Conjunto de especies vegetales que coexisten.

Continentalidad: Magnitud del rango de variación térmica entre temperaturas extremas (máximas y mínimas) producida por la disminución del efecto regulador térmico de las masas de agua, principalmente los océanos.

Dinámica: Cambio en la estructura y/o composición de la vegetación en el tiempo.

Duración: Tiempo total sobre el que un fenómeno es observado.

Ecoclina: Zona de gradiente, ambientalmente heterogénea, pero estable. En la situación ecoclinal hay una variación gradual en al menos uno de los factores ambientales, produciendo un área de transición continua.

Ecotono: En su conceptualización original, zona de estrés ambiental estocástico. En la situación ecotonal las fluctuaciones son bruscas y crean una serie temporal de ambientes muy diferentes pero individualmente homogéneos, donde el elenco florístico puede contener elementos de los sistemas adyacentes así como sus propias especies.

Edafohigrófilo: Plantas o comunidades vegetales que se encuentran sobre sustratos más húmedos que la matriz circundante (véase *vegetación extrazonal*, *v. intrazonal*, *v. palustre*, *v. riparia*).

Edafoxerófilo: Plantas o comunidades vegetales que se encuentran sobre sustratos más secos que la matriz circundante (véase *vegetación extrazonal*, *v. intrazonal*, *v. rupícola*).

Escala: Dimensión física espacio-temporal de fenómenos u observaciones.

Esclerofilo: 1. Propiedad de las plantas de poseer hojas perennes duras. 2. Formación vegetacional dominada por este tipo de plantas. En la ortografía de esta palabra se sigue a Font-Quer [482].

Especie: Linaje metapoblacional [293, 294].

Especies diferenciales: Especies que sin ser características de una agrupación vegetal, tienen valor diagnóstico para su delimitación florística.

Especies dominantes: Especies que presentan el mayor recubrimiento de la superficie foliar en los diferentes estratos de la formación vegetal.

Espinal: Formación vegetal dominada por árboles o arbustos espinosos.

Estepa: Formación vegetal dominada por plantas graminosas con o sin arbustos bajos.

Estrata/o: Capa vegetacional horizontal de una comunidad vegetal definida por plantas pertenecientes a la misma forma de vida y con alturas similares.

Extensión: Área total sobre la que un fenómeno es observado.

Fisionomía: Aspecto que presenta la vegetación producto de la combinación de formas de vida que posee y de su estructura vertical y horizontal.

Flora: Conjunto de especies vegetales que habitan en un lugar y tiempo determinados (*cf. Vegetación*).

Forma de vida: Respuesta adaptativa morfológica de las plantas a las condiciones del complejo ambiental en que se desarrollan.

Formación vegetal: Unidad abstracta que representa el conjunto de comunidades vegetales con una fisionomía similar.

Grano: Expresión espacial más pequeña e internamente homogénea de un fenómeno.

Laurifolio: 1. Propiedad de las plantas leñosas de poseer hojas perennes, planas, de limbo amplio. 2. Formación vegetacional dominada por este tipo de plantas.

Léntico: Referido a hábitat acuáticos estancados o de corriente lenta.

Lótico: Referido a hábitat acuáticos de agua corriente.

Macrobioclima: Categoría de mayor jerarquía del sistema de clasificación de Rivas-Martínez [1311], donde las unidades (tropical, mediterráneo, templado, antiboreal, polar) están definidas en función del régimen ombrotérmico y la estacionalidad.

Matorral: Formación vegetal dominada por arbustos.

Mesoclima: Clima local, que corresponde a una situación particular del macroclima. Normalmente es posible caracterizar un mesoclima a través de los datos de una estación meteorológica. El mesoclima hace referencia a situaciones climáticas específicas, por ejemplo, de un rango altitudinal.

Microfilo: 1. Propiedad de las plantas de poseer hojas muy reducidas. 2. Formación vegetacional dominada por este tipo de plantas.

Modelo Digital de Elevación (MDE): Estructura numérica de datos que representa la distribución espacial de la altitud sobre la superficie terrestre.

Ombrotipo: Régimen ombroclimático. Corresponde a subdivisiones del índice ombrotérmico de Rivas-Martínez [1311].

Piso bioclimático: En el sistema de Rivas-Martínez [1311], cada uno de los tipos o grupos de medios que se suceden en una cliserie altitudinal o latitudinal. Se delimitan en función de los factores termoclimáticos (termotipos) y ombroclimáticos (ombrotipos) cambiantes.

Piso de vegetación: Espacios caracterizados por un conjunto de comunidades vegetales zonales con estructura y fisionomía uniformes, situadas bajo condiciones mesoclimáticamente homogéneas, que ocupan una posición determinada a lo largo de un gradiente de elevación, a una escala espacio-temporal específica (*cf. Piso bioclimático*).

Representatividad: Propiedad del conjunto de áreas protegidas, actuales y/o propuestas, de incluir dentro de sus límites muestras de superficie adecuadas de las unidades vegetacionales definidas por un sistema de clasificación.

Resinoso: Propiedad de las plantas de secretar resinas, generalmente las coníferas.

Resolución: Intervalo o distancia entre una serie de observaciones.

Siempreverde: 1. Propiedad de las plantas de presentar hojas durante todo el año. 2. Formaciones vegetacionales dominadas por ese tipo de plantas.

Sinusia: Agrupación vegetal formada por una sola forma de vida.

Sintaxonomía: Sistema de clasificación jerárquica de comunidades vegetales.

Sucesión: Proceso gradual de cambio y sustitución progresiva de una comunidad biótica por otra a través de la colonización y extinción continua de poblaciones de especies en un sitio particular.

Sucesión primaria: Sucesión que comienza en un hábitat perturbado donde la vegetación previamente existente desaparece por completo y la colonización se inicia con la inmigración de elementos provenientes de una fuente externa al sitio perturbado (*cf. Sucesión*, *Sucesión secundaria*).

Sucesión secundaria: Sucesión que comienza en un hábitat perturbado donde al menos una parte de la vegetación previamente existente persiste e inicia el proceso de colonización (*cf. Sucesión*, *Sucesión primaria*).

Sucesión secular: Historia de la vegetación antes de la expansión de la especie humana.

Superficie climática: Estructura numérica de datos que representa la distribución espacial de una variable climática sobre la superficie terrestre.

Termotipo: Régimen termoclimático. Corresponde a subdivisiones del rango de variación del índice de termicidad (It) de Rivas-Martínez [1311] dentro de cada macrobioclima.

Vega: Área donde el sustrato se encuentra total o parcialmente anegado ya sea por el derretimiento de las nieves o la presencia de roca impermeable que limita la infiltración, o por la combinación de ambas, sin formación de turba.

Vegetación: Forma en que las especies vegetales utilizan el espacio en un lugar y tiempo determinados (*cf. Flora*).

Vegetación azonal: Vegetación dependiente de condiciones edáficas locales, como suelos saturados, salinos o afloramientos rocosos xeromórficos, independiente del clima regional (*cf. Vegetación zonal*, *Vegetación intrazonal*).

Vegetación extrazonal: Vegetación localmente distribuida en una matriz zonal, debido a la existencia de condiciones climáticas locales favorables o desfavorables, pero que muestra un rango de distribución zonal en un área vecina (*cf. Vegetación zonal*).

Vegetación flotante: Vegetación compuesta por plantas acuáticas flotantes cuyas raíces no se encuentran ancladas al sustrato (*cf. Vegetación natante*).

Vegetación halófila: Vegetación compuesta por plantas capaces de sobrevivir y reproducirse bajo condiciones de alta salinidad en el sustrato.

Vegetación intrazonal: Vegetación dependiente de condiciones edáficas locales, como suelos saturados, salinos o afloramientos rocosos xeromórficos, pero solo en un rango de condiciones climáticas restringido (*cf. Vegetación azonal*, *Vegetación zonal*).

Vegetación natante: Vegetación compuesta por plantas acuáticas flotantes cuyas raíces se encuentran ancladas al sustrato (*cf. Vegetación flotante*).

Vegetación palustre: Vegetación compuesta por plantas semiacuáticas cuyas raíces se encuentran ancladas al sustrato bajo el agua, pero la mayor parte de los órganos vegetativos y reproductivos aéreos están sobre el nivel del agua.

Vegetación riparia: Vegetación asociada a cursos de agua en ríos y quebradas que por lo general presentan mayor humedad en el sustrato que la matriz circundante.

Vegetación rupícola: Vegetación asociada a sustratos rocosos o pedregosos que por lo general presentan menor humedad en el sustrato que la matriz circundante.

Vegetación sumergida: Vegetación compuesta por plantas acuáticas sumergidas cuyas raíces se encuentran o no ancladas al sustrato.

Vegetación zonal: Vegetación dependiente de las condiciones climáticas dominantes (*cf. Vegetación azonal*, *Vegetación intrazonal*).

Referencias bibliográficas

Al final de cada referencia y entre paréntesis cuadrado se indica(n) la(s) página(s) en que ella es mencionada. La lista completa de referencias se encuentra en formato bibtex en el Apéndice electrónico (http://dx.doi.org/10.5281/zenodo.60800)

[1] Aagesen, L., M. J. Bena, S. Nomdedeu, A. Panizza, R. P. López, y F. O. Zuloaga. 2012. Areas of endemism in the southern central Andes. *Darwiniana* 50(2): 218–251. [p. 42].

[2] Aceituno, P. 1983. Relación entre la posición del Anticiclón subtropical y la precipitación en Chile. *Terra Aridae* 2: 1–11. [pp. 53, 55].

[3] Aceituno, P. 1988. On the functioning of the Southern Oscillation in the South American sector. Part I: Surface climate. *Monthly Weather Review* 116: 505–524. [p. 56].

[4] Acevedo, E., y J. Pastenes. 1983. Distribución de *Prosopis tamarugo* Phil. en la Pampa del Tamarugal (Desierto de Atacama). *Terra Aridae* 2: 317–335. [pp. 127, 128].

[5] Ackerly, D. D., W. D. Stock, y J. A. Slingsby. 2014. Geography, climate, and biodiversity: The history and future of Mediterranean-type ecosystems. *En* N. Allsopp, J. F. Colville, y G. A. Verboom (eds.), Fynbos: Ecology, Evolution, and Conservation of a Megadiverse Region, 361–375, Oxford University Press, Oxford. [p. 81].

[6] Ackermann, M. 2001. Die Vegetation der Bachläufe in der Hochatacama (II Region) in Chile. Diplomarbeit, Phillips-Universität Marburg, Marburg. [pp. 91, 123, 220, 221, 222, 249, 253].

[7] Acosta, M. C., P. Mathiasen, y A. C. Premoli. 2014. Retracing the evolutionary history of *Nothofagus* in its geo-climatic context: New developments in the emerging field of phylogeology. *Geobiology* 12(6): 497–510. [p. 273].

[8] Acosta, M. C., y A. C. Premoli. 2010. Evidence of chloroplast capture in South American *Nothofagus* (subgenus *Nothofagus*, Nothofagaceae). *Molecular Phylogenetics and Evolution* 54(1): 235–242. [p. 273].

[9] Acuña, H., J. Avendaño, y C. Ovalle. 1983. Caracterización de la variabilidad de la pradera natural del secano interior de la zona mediterránea subhúmeda. *Agricultura Técnica* 43: 27–38. [pp. 63, 94, 133].

[10] Addink, E. A., S. M. de Jong, y E. J. Pebesma. 2007. The importance of scale in object-based mapping of vegetation parameters with hyperspectral imagery. *Photogrammetric Engineering and Remote Sensing* 73(8): 905–912. [p. 26].

[11] Aguiar, M., J. Paruelo, O. Sala, y W. Lauenroth. 1996. Ecosystem responses to changes in plant functional type composition: An example from the Patagonian steppe. *Journal of Vegetation Science* 7(3): 381–390. [pp. 229, 235, 236].

[12] Aguiar, M., y O. E. Sala. 1997. Seed distribution constrains the dynamics of the Patagonian steppe. *Ecology* 78(1): 93–100. [pp. 235, 236].

[13] Aguilera, L. E., J. R. Gutiérrez, y P. L. Meserve. 1999. Variation in soil micro-organisms and nutrients underneath and outside the canopy of *Adesmia bedwellii* (Papilionaceae) shrubs in arid coastal Chile following drought and above average rainfall. *Journal of Arid Environments* 42(1): 61–70. [p. 118].

[14] Aguirre, J., y J. Wrann. 1985. The genus *Prosopis* and its management at the Tamarugal Pampa. *En* M. Habit (ed.), The current state of knowledge of Prosopis tamarugo, 3–31, FAO, Santiago. [pp. 127, 128].

[15] Alaback, P. 1991. Comparative ecology of temperate rainforest of the Americas along analogous climatic gradients. *Revista Chilena de Historia Natural* 64(3): 399–412. [p. 58].

[16] Alarcón, W. S. A. 2013. Flora, vegetación y hábitats del humedal Millahuillín en Máfil (Provincia de Valdivia, Región de Los Ríos, Chile). Tesis Ing. Recursos Naturales, Universidad Austral de Chile, Valdivia. [pp. 158, 159, 245, 246].

[17] ALAUZIS, M. V., M. J. MAZZARINO, E. RAFFAELE, y L. ROSELLI. 2004. Wildfires in NW Patagonia: Long-term effects on a *Nothofagus* forest soil. *Forest Ecology and Management* 192(2-3): 131–142. [p. 168].

[18] ALBARIÑO, R., V. DÍAZ VILLANUEVA, y L. BURIA. 2009. Leaf litter dynamics in a forested small Andean catchment, northern Patagonia, Argentina. *En* N. Verhoest, P. Boeckx, C. Oyarzún, y R. Godoy (eds.), Ecological advances on Chilean temperate rainforests, 183–211, Academia Press, Gent. [p. 168].

[19] ALBOFF, N. 1896. Contributions a la flore de la Terre de Feu. II. Enumération des plantes du Canal de Beagle et de quelques autres endroits de la Terre de Feu. *Revista del Museo de la Plata* 7: 355–402. [pp. 174, 179, 205, 236, 238, 239].

[20] ALBORNOZ, F. E., A. GAXIOLA, B. J. SEAMAN, F. I. PUGNAIRE, y J. J. ARMESTO. 2013. Nucleation-driven regeneration promotes post-fire recovery in a Chilean temperate forest. *Plant Ecology* 214(5): 765–776. [p. 200].

[21] ALDUNATE, C., J. J. ARMESTO, V. CASTRO, y C. VILLAGRÁN. 1981. Estudio etnobotánico en una comunidad precordillerana de Antofagasta: Toconce. *Boletín Museo Nacional de Historia Natural Chile* 38: 183–223. [pp. 123, 220, 221, 222].

[22] ALDUNATE, C., J. J. ARMESTO, V. CASTRO, y C. VILLAGRÁN. 1983. Ethnobotany of Pre-Altiplanic community in the Andes of northern Chile. *Economic Botany* 37(1): 120–135. [pp. 123, 220, 221, 222].

[23] ALEXANDER, R. R., y A. C. MILLINGTON. 2000. Vegetation mapping: From patch to planet. Wiley, Chichester. [p. 26].

[24] ALJARO, M. E., y G. MONTENEGRO. 1981. Growth of dominant Chilean shrubs in the Andean Cordillera. *Mountain Research and Development* 1(3/4): 287–291. [p. 138].

[25] ALLIENDE, M. C., y A. J. HOFFMANN. 1983. *Laretia acaulis*, a cushion plant of the Andes: Ethnobotanical aspects and the impact of its harvesting. *Mountain Research and Development* 3: 45–51. [p. 227].

[26] ALLIENDE, M. C., y A. J. HOFFMANN. 1985. Plants intruding *Laretia acaulis* (Umbelliferae), a high Andean cushion plant. *Vegetatio* 60: 151–156. [p. 227].

[27] ALLUÉ, C., J. A. ARRANZ, J. O. BAVA, J. M. BENEITEZ, L. COLLADO, y J. M. GARCÍA-LÓPEZ. 2010. Caracterización y cartografía fitoclimáticas del bosque nativo subantártico en la Isla Grande de Tierra del Fuego (Patagonia, Argentina). *Forest Systems* 19(2): 189–207. [pp. 174, 179, 205].

[28] ALMEYDA, E. 1950. Pluviometría de las zonas del desierto y las estepas cálidas de Chile. Editorial Universitaria, Santiago. [pp. 54, 56, 57, 58, 59].

[29] ALMEYDA, E., y F. SÁEZ. 1958. Recopilación de datos climáticos de Chile y mapas sinópticos respectivos. Dirección General de Producción Agraria y Pesquera, Ministerio de Agricultura, Santiago. [pp. 54, 59].

[30] ALTAMIRANO, A., P. APLIN, A. MIRANDA, L. CAYUELA, A. C. ALGAR, y R. FIELD. 2013. High rates of forest loss and turnover obscured by classical landscape measures. *Applied Geography* 40: 199–211. [pp. 150, 160, 161, 187].

[31] ALTAMIRANO, A., C. ECHEVERRÍA, y A. LARA. 2007. Efecto de la fragmentación forestal sobre la estructura vegetacional de las poblaciones amenazadas de *Legrandia concinna* (Myrtaceae) del centro-sur de Chile. *Revista Chilena de Historia Natural* 80(1): 27–42. [pp. 150, 152, 156].

[32] ALTAMIRANO, A., R. FIELD, L. CAYUELA, P. APLIN, A. LARA, y J. M. REY-BENAYAS. 2010. Woody species diversity in temperate Andean forests: The need for new conservation strategies. *Biological Conservation* 143(9): 2080–2091. [pp. 145, 146, 152, 156].

[33] ALTAMIRANO, A., y A. LARA. 2010. Deforestación en ecosistemas templados de la precordillera andina del centro-sur de Chile. *Bosque* 31(1): 53–64. [pp. 145, 146, 152, 156].

[34] ALTMANN, S. H. 2006. Clasificación y caracterización de las comunidades de vegetación del fundo Santa Elena, Nancagua, Región de O'Higgins, Chile. *Chloris Chilensis* 9(2), URL: http://www.chlorischile.cl. [pp. 139, 140, 149, 174].

[35] ALTMANN, S. H. 2011. Insect folivore damage in *Nothofagus* Blume trees of central Chile and its association with bottom-up plant community attributes. *Ecología austral* 21(2): 121–133. [p. 149].

[36] ÁLVAREZ, C., T. T. VEBLEN, D. A. CHRISTIE, y Á. GONZÁLEZ-REYES. 2015. Relationships between climate variability and radial growth of *Nothofagus pumilio* near altitudinal treeline in the Andes of northern Patagonia, Chile. *Forest Ecology and Management* 342: 112–121. [pp. 93, 168].

[37] ÁLVAREZ, M. 2008. Diasporenbank und Ökologie der Vegetation temporärer Gewässer im Cholchol-Gebiet (9. Region, Chile). *Dissertationes Botanicae* 407: 1–87. [pp. 150, 158, 247].

[38] ÁLVAREZ, M. 2013. Towards a syntaxonomical classification of ephemeral wetland vegetation in extra-tropical South America. *Informe técnico*, Otti-Wilmann-Stiftung, Bonn. [p. 247].

[39] ÁLVAREZ, M., y U. DEIL. 2015. Vascular plant assemblages of ephemeral wetland vegetation along the Mediterranean-temperate gradient in Chile. *Gayana Botánica* 72(2): 177–191. [pp. 131, 140, 150, 158, 159, 181, 185, 200, 244, 247, 268].

[40] ÁLVAREZ, M., B. M. MÖSELER, C. SAN MARTÍN, C. RAMÍREZ, y J. AMIGO. 2012. CL-Dataveg – a database of Chilean grassland vegetation. *Biodiversity and Ecology* 4: 443. [p. 274].

[41] ÁLVAREZ, M., C. RAMÍREZ, H. FIGUEROA, y C. SAN MARTÍN. 2006. Seed banks in an inundation gradient of two grasslands in the 10th Region (Chile) and their relationship with the plant cover. *Feddes Repertorium* 117(7–8): 571–586. [pp. 158, 159, 246].

[42] ÁLVAREZ, M., C. SAN MARTÍN, C. NOVOA, G. TOLEDO, y C. RAMÍREZ. 2010. Diversidad florística, vegetacional y de hábitats en el Archipiélago de Los Chonos (Región de Aysén, Chile). *Anales del Instituto de la Patagonia* 38(1): 35–56. [pp. 186, 208, 209, 213, 214, 240, 243, 245].

[43] ÁLVAREZ, M., J. SAN MARTÍN, y U. DEIL. 2012. Nanism and ephemerism as reasons for a hidden abundance in vernal pool plants: The example of *Lepuropetalon spathulatum* in Chile. *Feddes Repertorium* 123(1–2): 55–66. [p. 247].

[44] ÁLVAREZ, S. M. 2008. Caracterización florística y proposición de una tipología de la vegetación para la pre-cordillera andina de Santiago. Tesis Ing. Forestal, Universidad de Chile, Santiago. [pp. 131, 132, 138, 142, 143, 226, 227, 251, 252, 254, 255].

[45] AMBROSETTI, J. A., L. A. DEL VITTO, y F. A. ROIG. 1986. La vegetación del paso de Uspallata, Provincia de Mendoza, Argentina. *Veröffentlichungen des Geobotanischen Institutes der ETH, Stiftung Rübel, Zürich* 91: 141–180. [p. 42].

[46] AMIGO, J., y E. CASTRO-RODRÍGUEZ. 2015. Notas taxonómicas sobre la flora de los bosques orotemplados de la provincia biogeográfica valdiviana. *Chloris Chilensis* 18(1), URL: http://www.chlorischile.cl. [pp. 167, 168].

[47] AMIGO, J., y L. FLORES-TORO. 2012. Revisión sintaxonómica de los bosques esclerofilos de Chile central: La alianza *Cryptocaryon albae* alliance. *Lazaroa* 33: 171–196. [pp. 136, 139, 140, 142, 149, 185, 251, 254, 268].

[48] AMIGO, J., y L. FLORES-TORO. 2012. The suprамediterranean scrub in the Central Chilean province: Phytosociological position. *International Journal of Geobotanical Research* 2: 87–110. [pp. 215, 225, 226, 248].

[49] AMIGO, J., y L. FLORES-TORO. 2013. A new contribution to syntaxonomy of sclerophyllous forests and pre-forests of Central Chile: *Lithraeion causticae* alliance. *International Journal of Geobotanical Research* 3: 47–67. [pp. 44, 138, 139, 140, 142, 143, 145, 146, 151, 152, 268].

[50] AMIGO, J., J. IZCO, y M. A. RODRÍGUEZ GUITIÁN. 2007. Rasgos bioclimáticos del territorio templado de Chile. *Phytocoenologia* 37(3–4): 739–751. [pp. 58, 59].

[51] AMIGO, J., y C. RAMÍREZ. 1998. Bibliogaphia phytosociologica et scientiae vegetationis Chile (1983-1994). *Excerpta Botanica, Sectio B* 32: 31 68. [p. 42].

[52] AMIGO, J., y C. RAMÍREZ. 1998. A bioclimatic classification of Chile: Woodland communities in the temperate zone. *Plant Ecology* 136(1): 9–26. [pp. 30, 37, 54, 55, 58, 77, 81, 94, 95, 273].

[53] AMIGO, J., C. RAMÍREZ, y L. G. QUINTANILLA. 2004. The *Nothofagus nitida* (Phil.) Krasser woodlands of southern Chile in the northern half of their range: Phytosociological position. *Acta Botanica Gallica* 151(1): 3–31. [pp. 95, 190, 194, 198, 200, 268].

[54] AMIGO, J., C. RAMÍREZ, y L. G. QUINTANILLA. 2007. Mantle communities of the temperate woodlands of south central Chile: A phytosociological study of the order *Aristotelietalia chilensis*. *Phytocoenologia* 37(2): 269–319. [pp. 150, 157, 158, 159, 160, 163, 164, 165, 182, 183, 184, 185, 190, 195, 196, 198, 200, 268].

[55] AMIGO, J., y M. A. RODRÍGUEZ-GUITIÁN. 2011. Bioclimatic and phytosociological diagnosis of the species of the *Nothofagus* genus (Nothofagaceae) in South America. *International Journal of Geobotanical Research* 1(1): 1–20. [pp. 148, 175, 268].

[56] AMIGO, J., y M. A. RODRÍGUEZ-GUITIÁN. 2015. Syntaxonomical review of sub-Antarctic orotemperate forests (*Adenocaulo chilensis-Nothofagetalia pumilionis*) in the Valdivian biogeographic province. *International Journal of Geobotanical Research* 5: 13–35. [pp. 166, 167, 168].

[57] Amigo, J., M. A. Rodríguez-Guitián, y C. Ramírez. 2010. The lleuque forests of South Central Chile: A phytosociological study and syntaxonomical classification within South American temperate forests. *Lazaroa* 31: 85–98. [pp. 44, 162, 164, 165, 166, 167, 170, 171, 188, 189].

[58] Amigo, J., J. San Martín, y L. García Quintanilla. 2000. Estudio fitosociológico de los bosques de *Nothofagus glauca* (Phil.) Krasser del Centro-Sur de Chile. *Phytocoenologia* 30: 193–222. [pp. 94, 133, 143, 144, 145, 146, 153, 154, 155, 156, 268].

[59] Ammann, C. 1996. Climate Change in den trockenen Anden. Aktuelle Niederschlagsmuster. *Geographica Bernensia* G46: 81–127. [pp. 53, 54].

[60] Añazco, N., M. Moraga, y C. Ramírez. 1981. Distribución de comunidades pratenses antropogénicas en un gradiente de inclinación en Valdivia, Chile. *Agro Sur* 9(1): 14–27. [pp. 159, 246].

[61] Anderberg, A. A. 1991. Taxonomy and phylogeny of the tribe Gnaphalieae (Asteraceae). *Opera Botanica* 104: 1–195. [p. 46].

[62] Anderson, D. J. 1965. Classification and ordination in vegetation science: Controversy over a non-existent problem? *Journal of Ecology* 53(2): 521–526. [p. 25].

[63] Anic, V., L. F. Hinojosa, J. Díaz-Forester, E. Bustamante, L. M. de la Fuente, J. F. Casale, J. P. de la Harpe, G. Montenegro, y R. Ginocchio. 2010. Influence of soil chemical variables and altitude on the distribution of high-alpine plants: The case of the Andes of central Chile. *Arctic, Antarctic, and Alpine Research* 42(2): 152–163. [pp. 138, 226, 227, 232].

[64] Antonioletti, R., H. Schneider, J. L. Borcosque, y E. Zárate. 1972. Características climáticas del Norte Chico (26° a 33° latitud sur). Instituto de Investigación de Recursos Naturales, Santiago. [p. 54].

[65] Arakaki, M., y A. Cano. 2003. Composición florística de la cuenca del río Ilo-Moquegua y Lomas de Ilo, Moquegua, Perú. *Revista Peruana de Biología* 10: 5–19. [p. 42].

[66] Arancibia, J. 2006. Flora vascular en la desembocadura del río Aconcagua, V Región Chile. *Anales Museo de Historia Natural Valparaíso* 25: 34–46. [pp. 136, 240, 243, 246, 251].

[67] Arancio, G., y P. Jara. 2007. Flora de la Reserva Nacional Pingüino de Humboldt. Ediciones de la Universidad de La Serena, La Serena. [p. 116].

[68] Arancio, G., P. Jara, C. Marticorena, y F. A. Squeo. 2004. Flora de las cumbres de la Cordillera de la Costa en el Parque Nacional Bosque Fray Jorge. *En* F. A. Squeo, J. R. Gutiérrez, y I. R. Hernández (eds.), Historia Natural del Parque Nacional Bosque Fray Jorge, 71–92, Ediciones Universidad de La Serena, La Serena. [p. 118].

[69] Arancio, G., P. Jara, F. A. Squeo, y C. Marticorena. 2004. Riqueza de especies de plantas vasculares en los Altos de Talinay, Parque Nacional Bosque Fray Jorge. *En* F. A. Squeo, J. R. Gutiérrez, y I. R. Hernández (eds.), Historia natural del Parque Nacional Bosque Fray Jorge, 189–204, Ediciones Universidad de La Serena, La Serena. [p. 118].

[70] Aravena, J. C., M. Carmona, C. Pérez, y J. J. Armesto. 2002. Changes in tree species richness, stand structure and soil properties in a successional chronosequence in northern Chiloé Island, Chile. *Revista Chilena de Historia Natural* 75(2): 339–360. [p. 200].

[71] Aravena, X. 2002. Caracterización florística y vegetacional del Santuario de la Naturaleza Yerba Loca (Lo Barnechea, Región Metropolitana). Tesis Ing. Forestal, Universidad de Chile, Santiago. [pp. 93, 138, 143, 226, 227].

[72] Araya, S., y G. Ávila. 1981. Rebrote de arbustos afectados por el fuego en el "Matorral chileno". *Anales Museo de Historia Natural Valparaíso* 14: 107–113. [pp. 94, 143].

[73] Armesto, J. J., J. C. Aravena, C. Villagrán, C. Pérez, y G. Parker. 1995. Bosques templados de la Cordillera de la Costa. *En* J. J. Armesto, C. Villagrán, y M. T. K. Arroyo (eds.), Ecología de los bosques nativos de Chile, 199–213, Editorial Universitaria, Santiago. [pp. 183, 185, 190, 200].

[74] Armesto, J. J., M. T. K. Arroyo, y L. F. Hinojosa. 2007. The Mediterranean environment of central Chile. *En* T. T. Veblen, K. R. Young, y A. R. Orme (eds.), The physical geography of South America, 184–199, Oxford University Press, New York. [pp. 92, 93, 94, 137].

[75] Armesto, J. J., M. T. K. Arroyo, y C. Villagrán. 1980. Altitudinal distribution, cover and size structure of umbelliferous cushion plant in the High Andes of Central Chile. *Oecologia Generalis* 1: 327–332. [p. 227].

[76] Armesto, J. J., I. Casassa, y O. Dollenz. 1992. Age structure and dynamics of Patagonian beech forests in Torres del Paine National Park, Chile. *Vegetatio* 98(1): 13–22. [pp. 174, 177, 179, 205, 263].

[77] Armesto, J. J., y J. Figueroa. 1987. Stand structure and dynamics in the temperate rain forests of Chiloé Archipielago, Chile. *Journal of Biogeography* 14: 367–376. [pp. 200, 271].

[78] Armesto, J. J., y E. R. Fuentes. 1988. Tree species regeneration in a mid-elevation, temperate rain forest in Isla de Chiloé, Chile. *Vegetatio* 74(2/3): 151–159. [p. 183].

[79] Armesto, J. J., y J. Gutiérrez. 1978. El efecto del fuego en la estructura de la vegetación de Chile central. *Anales Museo de Historia Natural Valparaíso* 11: 43–48. [pp. 94, 143].

[80] Armesto, J. J., y J. Gutiérrez. 1978. Una hipótesis sobre la diversidad de especies arbustivas en la región mediterránea de Chile. *Anales Museo de Historia Natural Valparaíso* 11: 49–54. [pp. 140, 143].

[81] Armesto, J. J., J. Gutiérrez, y J. Martínez. 1979. Las comunidades vegetales de la región mediterránea de Chile: Distribución de especies y formas de vida en una gradiente de aridez. *Medio Ambiente* 4: 62–70. [pp. 94, 140, 143].

[82] Armesto, J. J., y J. Martínez. 1978. Relations between vegetation structure and slope aspect in the mediterranean region of Chile. *Journal of Ecology* 66(3): 881–889. [pp. 94, 142].

[83] Armesto, J. J., C. Papic, y P. Pliscoff. 2002. Relevancia de las pequeñas áreas silvestres para la conservación de la biodiversidad en el bosque nativo. *Ambiente y Desarrollo* 18: 60–70. [p. 263].

[84] Armesto, J. J., y S. Pickett. 1985. A mechanistic approach to the study of succession in the chilean matorral. *Revista Chilena de Historia Natural* 58(1): 9–17. [pp. 94, 132, 133, 140, 141, 142, 143, 144, 145, 146].

[85] Armesto, J. J., R. Rozzi, C. Smith-Ramírez, y M. T. K. Arroyo. 1998. Conservation targets in South American temperate forests. *Science* 282: 1271–1272. [p. 263].

[86] Armesto, J. J., C. Smith-Ramírez, P. León, y M. T. K. Arroyo. 1992. Biodiversidad y conservación del bosque templado en Chile. *Ambiente y Desarrollo* 8(4): 19–24. [p. 263].

[87] Armesto, J. J., y P. E. Vidiella. 1993. Plant life-forms and biogeopraphic relations of the flora of Lagunillas (30° S) in the fog-free Pacific coastal desert. *Annals of the Missouri Botanical Garden* 80: 499–511. [pp. 91, 115, 116].

[88] Armesto, J. J., P. E. Vidiella, y J. R. Gutiérrez. 1993. Plant communities of the fog-free coastal desert of Chile: Plant strategies in a fluctuating environment. *Revista Chilena de Historia Natural* 66(3): 271–282. [pp. 91, 112, 113, 116].

[89] Armesto, J. J., C. Villagrán, J. C. Aravena, C. Pérez, C. Smith-Ramírez, M. Cortés, y L. Hedin. 1995. Conifer forests of the Chilean coastal range. *En* N. J. Enright y R. S. Hill (eds.), Ecology of the southern conifers, 156–170, Smithsonian Institution Press, Washington, D.C. [pp. 187, 190, 200].

[90] Aronson, J. 1991. Descripción y distribución de *Acacia macracantha* Humb. et Bompl. ex Willd. en el norte de Chile. *Gayana Botánica* 48(1–4): 81–88. [p. 128].

[91] Aronson, J., C. Floret, E. Le Floc'h, C. Ovalle, y R. Pontanier. 1993. Restoration and rehabilitation of degraded ecosystems in arid and semi-arid lands. II. Case studies in southern Tunisia, central Chile and northern Cameroon. *Restoration Ecology* 1: 168–187. [p. 94].

[92] Aronson, J., C. Ovalle, L. Aguilera, y P. León. 1994. Phenology of an 'inmigrant' savanna tree (*Acacia caven*, Leguminosae) in the Mediterranean climate zone of Chile. *Journal of Arid Environments* 27: 55–70. [pp. 116, 119, 131, 132, 133].

[93] Arredondo-Núñez, A., E. I. Badano, y R. O. Bustamante. 2009. How beneficial are nurse plants? A meta-analysis of the effects of cushion plants on high-Andean plant communities. *Community Ecology* 10(1): 1–6. [pp. 225, 227, 229, 231].

[94] Arroyo, M. T. K., J. J. Armesto, y R. B. Primack. 1983. Tendencias altitudinales en mecanismos de polinización en la zona andina de los Andes templados de Sudamérica. *Revista Chilena de Historia Natural* 56(2): 159–180. [pp. 226, 227, 232].

[95] Arroyo, M. T. K., J. J. Armesto, y R. B. Primack. 1985. Community studies in pollination ecology in the high temperate Andes of central Chile II. Effect of temperature on visitation rates and pollination possibilities. *Plant Systematics and Evolution* 149(3–4): 187–203. [pp. 226, 227, 232].

[96] Arroyo, M. T. K., J. J. Armesto, F. A. Squeo, y J. R. Gutiérrez. 1993. Global change: Flora and vegetation of Chile. *En* H. Mooney, E. R. Fuentes, y B. I. Kronberg (eds.), Earth system response to global change: Contrasts between North and South America, 239–263, Academic Press, San Diego. [p. 265].

[97] Arroyo, M. T. K., J. J. Armesto, y C. Villagrán. 1981. Plant phenological patterns in the high Cordillera de los Andes in Central Chile. *Journal of Ecology* 69(1): 205–223. [pp. 226, 227, 232].

[98] Arroyo, M. T. K., C. P. V. Bohlen, L. A. Cavieres, y C. Marticorena. 1992. Survey of the alpine flora of Torres del Paine National Park, Chile. *Gayana Botánica* 49(1–4): 47–70. [pp. 93, 231].

[99] Arroyo, M. T. K., C. Castor, C. Marticorena, L. A. Cavieres, M. Muñoz, O. Matthei, F. A. Squeo, M. Grosjean, y R. A. Rodriguez. 1998. The flora of Llullaillaco National Park located in the transitional winter-summer rainfall area of the northern Chilean Andes. *Gayana Botánica* 55(2): 93–110. [pp. 55, 90, 123, 221, 223].

[100] Arroyo, M. T. K., y L. A. Cavieres. 1997. The Mediterranean type-climate flora of central Chile - What do we know and how can we assure its protection? *Noticiero de Biología* 5(2): 48–56. [p. 263].

[101] Arroyo, M. T. K., y L. A. Cavieres. 2013. High-elevation Andean ecosystems. *En* Simon A. Levin (ed.), Encyclopedia of Biodiversity (Second Edition), 96–110, Academic Press, Waltham. [p. 215].

[102] Arroyo, M. T. K., L. A. Cavieres, C. Castor, y A. M. Humaña. 1999. Persistent soil seed bank and standing vegetation in a high alpine site in the Central Chilean Andes. *Oecologia* 119: 126–132. [pp. 227, 232].

[103] Arroyo, M. T. K., L. A. Cavieres, y A. M. Humaña. 2004. Experimental evidence of potential for persistent seed bank formation at a Subantarctic Alpine site in Tierra del Fuego, Chile. *Annals of the Missouri Botanical Garden* 91(2): 357–365. [pp. 93, 231].

[104] Arroyo, M. T. K., L. A. Cavieres, C. Marticorena, y M. Muñoz-Schick. 1994. Convergence in the mediterranean floras in central Chile and California: Insights from comparative biogeography. *En* M. T. K. Arroyo, P. Zedler, y M. Fox (eds.), Ecology and biogeography of Mediterranean ecosystems in Chile, California, and Australia, 43–88, Springer-Verlag, New York. [pp. 54, 61].

[105] Arroyo, M. T. K., L. A. Cavieres, A. Peñaloza, M. Riveros, y A. M. Faggi. 1995. Relaciones fitogeográficas y patrones regionales de riqueza de especies en la flora del bosque lluvioso templado de Sudamérica. *En* J. J. Armesto, C. Villagrán, y M. T. K. Arroyo (eds.), Ecología de los bosques nativos de Chile, 71–99, Editorial Universitaria, Santiago. [pp. 59, 60].

[106] Arroyo, M. T. K., C. Marticorena, O. Matthei, M. Muñoz, y P. Pliscoff. 2002. Analysis of the contribution and efficiency of the Santuario de la Naturaleza Yerba Loca, 33°S in protecting the vascular plant flora of the Metropolitan Region of Chile. *Revista Chilena de Historia Natural* 75: 767–792. [pp. 138, 226, 227, 232].

[107] Arroyo, M. T. K., C. Marticorena, P. Miranda, O. Matthei, A. Landero, y F. A. Squeo. 1989. Contribution to the high elevation flora of the Chilean Patagonia: A checklist of species on mountains on an east-west transect in the Sierra de los Baguales at latitude 50° S. *Gayana Botánica* 46(1–2): 121–151. [pp. 88, 93, 231].

[108] Arroyo, M. T. K., C. Marticorena, y C. Villagrán. 1984. La flora de la Cordillera de los Andes en el área de Laguna Grande y Laguna Chica, III Región, Chile. *Gayana Botánica* 41(1–2): 3–46. [pp. 88, 90, 91, 116, 124, 125, 224, 225, 232, 272].

[109] Arroyo, M. T. K., O. Matthei, C. Marticorena, M. Muñoz, F. Pérez, y A. M. Humaña. 2000. The vascular plant flora of the Bellotos del Melado National Reserve, VII Region, Chile: A documented checklist. *Gayana Botánica* 57(2): 117–139. [pp. 155, 156].

[110] Arroyo, M. T. K., O. Matthei, M. Muñoz-Schick, J. J. Armesto, P. Pliscoff, F. Pérez, y C. Marticorena. 2005. Flora de cuatro Reservas Nacionales en la Cordillera de la Costa de la VII Región (25°-36°S), Chile, y su papel en la protección de la biodiversidad regional. *En* C. Smith-Ramírez, J. J. Armesto, y C. Valdovinos (eds.), Historia, biodiversidad y ecología de los bosques costeros de Chile, 225–244, Editorial Universitaria, Santiago. [pp. 153, 155, 209].

[111] Arroyo, M. T. K., M. Mihoc, P. Pliscoff, y M. Arroyo-Kalin. 2005. The Magellanic moorland. *En* L. H. Fraser y P. A. Keddy (eds.), The World's largest wetlands, 424–445, Cambridge University Press, Cambridge. [pp. 211, 212, 213].

[112] Arroyo, M. T. K., R. Primack, y J. J. Armesto. 1982. Community studies in pollination ecology in the high temperate Andes of central Chile. I. Pollination mechanisms and altitudinal variation. *American Journal of Botany* 69(1): 82–97. [pp. 226, 227, 232].

[113] ARROYO, M. T. K., M. RIVEROS, A. PEÑALOZA, L. A. CAVIERES, y A. M. FAGGI. 1996. Phytogeographic relationships and regional richness patterns of the cool temperate rainforest flora of southern South America. *En* R. G. Lawford, P. Alaback, y E. R. Fuentes (eds.), High-Latitude rainforest and associated ecosystems of the west coast of the Americas, 134–172, Springer-Verlag, New York. [pp. 59, 60].

[114] ARROYO, M. T. K., F. A. SQUEO, J. J. ARMESTO, y C. VILLAGRÁN. 1988. Effects of aridity on plant diversity in the northern Chilean Andes: Results of a natural experiment. *Annals of the Missouri Botanical Garden* 75(1): 55–78. [pp. 54, 55, 88, 90].

[115] ARROYO, M. T. K., F. A. SQUEO, H. VEIT, L. A. CAVIERES, P. LEON, y E. BELMONTE. 1997. Flora and vegetation of northern Chilean Andes. *En* II Simposio Internacional de Estudios Altiplánicos, 167–178, Universidad de Chile, Santiago. [pp. 55, 90, 91].

[116] ARROYO, M. T. K., y P. USLAR. 1993. Breeding systems in a temperate mediterranean-type climate montane sclerophyllous forest in Central Chile. *Botanical Journal of the Linnean Society* 111: 83–102. [pp. 138, 226].

[117] ASCHMANN, H. 1984. A restrictive definition of Mediterranean climates. *Bulletin de la Société Botanique de France* 131: 21–30. [pp. 37, 84].

[118] AUSTIN, M. P. 2013. Vegetation and environment: Discontinuities and continuities. *En* E. Van der Maarel y J. Franklin (eds.), Vegetation ecology, 71–106, John Wiley and Sons, Oxford, 2a ed. [pp. 25, 26].

[119] AUSTIN, M. P., y T. M. SMITH. 1989. A new model for the continuum concept. *Vegetatio* 83(1–2): 35–47. [p. 25].

[120] ÁVILA, G., M. E. ALJARO, y B. SILVA. 1981. Observaciones en el estrato herbáceo del matorral después del fuego. *Anales Museo de Historia Natural Valparaíso* 14: 99–105. [p. 143].

[121] ÁVILA, G., G. MONTENEGRO, y M. E. ALJARO. 1988. Incendios en la vegetación mediterránea. *En* E. R. Fuentes y S. Prenafeta (eds.), Ecología del paisaje de Chile central. Estudios sobre sus espacios montañosos, 80–87, Ediciones Universidad Católica de Chile, Santiago. [p. 94].

[122] AVILEZ, R. 2001. Estudio de la flora y vegetación de la Reserva Nacional "Roblería del Cobre de Loncha". Tesis Ing. Forestal, Universidad de Talca, Talca. [pp. 92, 93, 139, 140, 142, 143, 149, 174, 225, 226, 251].

[123] BADANO, E. I., y L. A. CAVIERES. 2006. Ecosystem engineering across ecosystems: Do engineer species sharing common features have generalized or idiosyncratic effects on species diversity? *Journal of Biogeography* 33(2): 304–313. [pp. 225, 227, 229].

[124] BADANO, E. I., y L. A. CAVIERES. 2006. Impacts of ecosystem engineers on community attributes: Effects of cushion plants at different elevations of the Chilean Andes. *Diversity and Distributions* 12(4): 388–396. [pp. 225, 227].

[125] BADANO, E. I., L. A. CAVIERES, M. A. MOLINA-MONTENEGRO, y C. L. QUIROZ. 2005. Slope aspect influences plant association patterns in the Mediterranean matorral of central Chile. *Journal of Arid Environments* 62(1): 93–108. [pp. 94, 143].

[126] BADANO, E. I., C. G. JONES, L. A. CAVIERES, y J. P. WRIGHT. 2006. Assessing impacts of ecosystem engineers on community organization: A general approach illustrated by effects of a high-Andean cushion plant. *Oikos* 115(2): 369–385. [p. 227].

[127] BADANO, E. I., y P. A. MARQUET. 2008. Ecosystem engineering affects ecosystem functioning in high-Andean landscapes. *Oecologia* 155(4): 821–829. [p. 227].

[128] BADANO, E. I., P. A. MARQUET, y L. A. CAVIERES. 2010. Predicting effects of ecosystem engineering on species richness along primary productivity gradients. *Acta Oecologica* 36(1): 46–54. [p. 227].

[129] BADANO, E. I., M. A. MOLINA-MONTENEGRO, C. L. QUIROZ, y L. A. CAVIERES. 2002. Efectos de la planta en cojín *Oreopolus glacialis* (Rubiaceae) sobre la riqueza y diversidad de especies en una comunidad alto-andina de Chile Central. *Revista Chilena de Historia Natural* 75(4): 757–765. [p. 229].

[130] BADANO, E. I., E. VILLARROEL, R. O. BUSTAMANTE, P. A. MARQUET, y L. A. CAVIERES. 2007. Ecosystem engineering facilitates invasions by exotic plants in high-Andean ecosystems. *Journal of Ecology* 95(4): 682–688. [p. 227].

[131] BADILLA, I. 1975. Características ecológicas y fitosociológicas de *Atriplex repanda* Phil. Tesis Ing. Agrónomo, Universidad de Chile, Santiago. [pp. 116, 118, 119].

[132] BAEZA, C., C. MARTICORENA, y R. A. RODRÍGUEZ. 1999. Catálogo de la flora vascular del Monumento Natural Contulmo, Chile. *Gayana Botánica* 56(2): 125–135. [pp. 160, 181].

[133] BAGNOULS, F., y H. GAUSSEN. 1957. Les climats biologiques et leur classification. *Annales de Géographie* 355: 193–220. [p. 30].

[134] BAHAMONDES, N. 2013. Registro de *Pleurodema bufoninum* Bell 1843 (Amphibia: Anura: Leiuperidae) en una turbera de *Sphagnum magellanicum* Brid., provincia de Última Esperanza, Región de Magallanes. *Anales del Instituto de la Patagonia* 41(2): 23–28. [pp. 179, 214].

[135] BAHRE, C. J. 1979. Destruction of the natural vegetation of north-central Chile. *University of California Publications in Geography* 23: 1–117. [pp. 94, 116, 118, 119, 120, 121, 136].

[136] BALDUZZI, A., I. SEREY, R. TOMASELLI, y R. VILLASEÑOR. 1981. New phytosociological observations on the Mediterranean type of climax vegetation of central Chile. *Atti Istituto Botanico Laboratori Crittogamico di Pavia serie 6* 14: 93–112. [pp. 126, 127, 136, 139, 140, 142, 149, 151, 152, 251, 254].

[137] BALDUZZI, A., R. TOMASELLI, I. SEREY, y R. VILLASEÑOR. 1982. Degradation of the Mediterranean type of vegetation in central Chile. *Ecologia Mediterranea* 8: 223–240. [pp. 94, 132, 133, 136, 137, 139, 140, 141, 142, 143, 144, 145, 185, 251, 254].

[138] BALL, J. 1887. Notes on the botany of western South America. *Journal of the Linnean Society, Botany* 22: 137–168. [pp. 112, 144].

[139] BANNISTER, J. R. 2004. Estado de conservación de *Pilgerodendron uviferum* (D.Don) Florin en el área norte de la Cordillera del Pirulil, Isla Grande de Chiloé, X Región. Tesis Ing. Forestal, Universidad Austral de Chile, Valdivia. [p. 192].

[140] BANNISTER, J. R., R. E. COOPMAN, P. J. DONOSO, y J. BAUHUS. 2013. The importance of microtopography and nurse canopy for successful restoration planting of the slow-growing conifer *Pilgerodendron uviferum*. *Forests* 4(1): 85–103. [p. 192].

[141] BANNISTER, J. R., y P. J. DONOSO. 2013. Forest typification to characterize the structure and composition of old-growth evergreen forests on Chiloé island, north Patagonia (Chile). *Forests* 4(4): 1087–1105. [p. 200].

[142] BANNISTER, J. R., P. J. DONOSO, y J. BAUHUS. 2012. Persistence of the slow growing conifer *Pilgerodendron uviferum* in old-growth and fire-disturbed southern bog forests. *Ecosystems* 15(7): 1158–1172. [p. 192].

[143] BANNISTER, J. R., C. E. LE QUESNE, y A. LARA. 2008. Estructura y dinámica de bosques de *Pilgerodendron uviferum* afectados por incendios en la Cordillera de la Costa de la Isla Grande de Chiloé. *Bosque* 29(1): 33–43. [p. 192].

[144] BANNISTER, J. R., S. WAGNER, P. J. DONOSO, y J. BAUHUS. 2014. The importance of seed trees in the dioecious conifer *Pilgerodendron uviferum* for passive restoration of fire disturbed southern bog forests. *Austral Ecology* 39(2): 204–213. [p. 192].

[145] BARBOSA, O., P. A. MARQUET, L. D. BACIGALUPE, D. A. CHRISTIE, E. DEL VAL, A. G. GUTIÉRREZ, C. G. JONES, K. C. WEATHERS, y J. J. ARMESTO. 2010. Interactions among patch area, forest structure and water fluxes in a fog-inundated forest ecosystem in semi-arid Chile. *Functional Ecology* 24(4): 909–917. [p. 118].

[146] BARBOUR, M. 2001. Book Reviews (Rivas-Martínez, S., Sánchez-Mata, D., Costa, M. 1999. North American boreal and western temperate forest vegetation. Itinera Geobotanica 12: 5-316). *Journal of Vegetation Science* 12(5): 593–594. [p. 30].

[147] BARICHIVICH, J., D. J. SAUCHYN, y A. LARA. 2009. Climate signals in high elevation tree-rings from the semiarid Andes of north-central Chile: Responses to regional and large-scale variability. *Palaeogeography, Palaeoclimatology, Palaeoecology* 281(3–4): 320–333. [pp. 93, 138].

[148] BARRERA, J., y C. RAMÍREZ. 1986. Origen, características y aprovechamiento de los bañados del sur de Chile. *II Encuentro Científico sobre el Medio Ambiente, Talca. Versiones Abreviadas* 1: 52–56. [pp. 159, 240, 245, 246, 247].

[149] BARRERA, M. D., J. L. FRANGI, L. L. RICHTER, M. H. PERDOMO, y L. B. PINEDO. 2000. Structural and functional changes in *Nothofagus pumilio* forests along an altitudinal gradient in Tierra del Fuego, Argentina. *Journal of Vegetation Science* 11(2): 179–188. [p. 174].

[150] BARRETT, B. S., R. D. GARREAUD, y M. FALVEY. 2009. Effect of the Andes cordillera on precipitation from a midlatitude cold front. *Monthly Weather Review* 137(9): 3092–3109. [p. 58].

[151] BARRY, R., y R. CHORLEY. 1999. Atmósfera, tiempo y clima. Ediciones Omega, Barcelona. [p. 41].

[152] BATTLES, J. J., J. J. ARMESTO, D.R.VANN, D. J. ZARIN, J. C. ARAVENA, C. PÉREZ, y A. H. JOHNSON. 2002. Vegetation composition, structure, and biomass of two unpolluted watersheds in the Cordillera de Piuchué, Chiloé Island, Chile. *Plant Ecology* 158: 5–19. [pp. 190, 271].

[153] Bauer, P. P. 1958. Waldbau in Südchile. *Bonner Geographische Abhandlungen* 23: 5–120. [p. 60].

[154] Bazan, G., P. Marino, R. Guarino, G. Domina, y R. Schicchi. 2015. Bioclimatology and vegetation series in Sicily: A geostatistical approach. *Annales Botanici Fennici* 52(1–2): 1–18. [pp. 30, 274].

[155] Becerra, P. I. 1998. Diversidad florística y vegetacional de la Reserva Nacional Malalcahuello (IX Región, Chile). Tesis Ing. Forestal, Universidad de Chile, Santiago. [pp. 166, 167, 229, 248].

[156] Becerra, P. I. 2006. Invasión de árboles alóctonos en una cuenca pre-andina de Chile central. *Gayana Botánica* 63(2): 161–174. [pp. 143, 250].

[157] Becerra, P. I., y R. O. Bustamante. 2011. Effect of a native tree on seedling establishment of two exotic invasive species in a semiarid ecosystem. *Biological Invasions* 13(12): 2763–2773. [p. 143].

[158] Becerra, P. I., y G. Cruz. 2000. Diversidad vegetacional de la Reserva Nacional Malalcahuello, IX región de Chile. *Bosque* 21(2): 47–68. [pp. 95, 163, 164, 165, 166, 167, 189, 195, 207, 229, 248].

[159] Becerra, P. I., G. Cruz, S. Ríos, y G. Castelli. 2013. Importance of irrigation and plant size in the establishment success of different native species in a degraded ecosystem of central Chile. *Bosque* 34(1): 103–111. [p. 142].

[160] Becerra, P. I., y L. Faúndez. 2001. Vegetación del desierto interior de Quillagua, Región de Antofagasta (II), Chile. *Chloris Chilensis* 4(2), URL: http://www.chlorischile.cl. [pp. 91, 122].

[161] Becerra, P. I., y G. Montenegro. 2013. The widely invasive tree *Pinus radiata* facilitates regeneration of native woody species in a semi-arid ecosystem. *Applied Vegetation Science* 16(2): 173–183. [pp. 140, 141, 142].

[162] Benoit, I. (ed.). 1989. Libro rojo de la flora terrestre de Chile. Corporación Nacional Forestal, Santiago. [p. 272].

[163] Benoit, I. 1996. Representación ecológica del Sistema Nacional de áreas Silvestres Protegidas del Estado. *En* M. Muñoz, H. Núñez, y J. Yañez (eds.), Libro rojo de los sitios prioritarios para la conservación de la diversidad biológica en Chile, 149–159, Corporación Nacional Forestal, Santiago. [p. 263].

[164] Berendsohn, W. G. 1995. The concept of "potential taxa" in databases. *Taxon* 44(2): 207–212. [p. 273].

[165] Bland, L. M., D. A. Keith, R. M. Miller, N. J. Murray, y J. P. Rodríguez (eds.). 2016. Directrices para la aplicación de las Categorías y Criterios de la Lista Roja de Ecosistemas de UICN, Versión 1.0. UICN, Gland. [pp. 48, 49, 50].

[166] Blasi, C., M. L. Carranza, L. Filesi, A. Tilia, y A. Acosta. 1999. Relation between climate and vegetation along a Mediterranean-Temperate boundary in central Italy. *Global Ecology and Biogeography* 8: 17–27. [pp. 30, 94].

[167] Bliss, S. A., P. H. Zedler, J. E. Keeley, y M. T. K. Arroyo. 1998. A floristic survey of the temporary wetlands in the Mediterranean-climate region of Chile. *En* A. J. McComb y J. A. Davis (eds.), Wetlands for the future, 219–228, Gleneagles Publishing, Adelaide. [pp. 91, 121, 131, 132, 133, 136, 142, 144, 145, 146, 147, 150, 153, 158, 226, 247].

[168] Boisier, J. P., R. Rondanelli, R. D. Garreaud, y F. Muñoz. 2016. Anthropogenic and natural contributions to the Southeast Pacific precipitation decline and recent megadrought in central Chile. *Geophysical Research Letters* 43(1): 2015GL067265. [p. 265].

[169] Börgel, R. 1973. The coastal desert of Chile. *En* D. H. K. Amiran y A. Wilson (eds.), Coastal deserts, Their Natural and Human environments, 110–114, The University of Arizona Press, Tucson, Arizona. [pp. 59, 90].

[170] Börgel, R. 1983. Geografía de Chile: Geomorfología. Instituto Geográfico Militar, Santiago. [p. 91].

[171] Borthagaray, A. I., M. A. Fuentes, y P. A. Marquet. 2010. Vegetation pattern formation in a fog-dependent ecosystem. *Journal of Theoretical Biology* 265(1): 18–26. [p. 102].

[172] Bortolus, A. 2008. Error cascades in the biological sciences: The unwanted consequences of using bad taxonomy in ecology. *AMBIO* 37(2): 114–118. [pp. 272, 273].

[173] Bown, H. E., J.-P. Fuentes, J. F. Pérez-Quezada, y N. Franck. 2014. Soil respiration across a disturbance gradient in sclerophyllous ecosystems in Central Chile. *Ciencia e Investigación Agraria* 41(1): 89–106. [p. 140].

[174] Box, E. O. 1981. Macroclimate and plant forms: An introduction to predictive modeling in phytogeography. Junk, The Hague. [p. 25].

[175] Box, E. O. 2016. Introduction: Scales and methods. *En* E. O. Box (ed.), Vegetation structure and function at multiple spatial, temporal and conceptual scales, Geobotany Studies, xxi–xl, Springer, Heidelberg. [pp. 26, 27].

[176] Box, E. O. 2016. World bioclimatic zonation. *En* E. O. Box (ed.), Vegetation structure and function at multiple spatial, temporal and conceptual scales, Geobotany Studies, 3–52, Springer, Heidelberg. [p. 25].

[177] Box, E. O., D. W. Crumpacker, y E. D. Hardin. 1993. A climatic model for location of plant species in Florida, U.S.A. *Journal of Biogeography* 20(6): 629–644. [p. 51].

[178] Box, E. O., y K. Fujiwara. 2013. Vegetation types and their broad-scale distribution. *En* E. Van der Maarel y J. Franklin (eds.), Vegetation ecology, 455–485, John Wiley and Sons, Oxford, 2a ed. [pp. 25, 26].

[179] Braun-Blanquet, J. 1932. Plant sociology. The study of plant communities. McGraw Hill, New York. [pp. 26, 29, 268, 270].

[180] Braun-Blanquet, J. 1979. Fitosociología. Bases para el estudio de las comunidades vegetales. Blume Ediciones, Madrid. [p. 268].

[181] Bravo, A. 2014. Evaluación espacio-temporal de la desertificación mediante teledetección en una cuenca árida de la Región de Coquimbo, Chile. Seminario de Título, Biología en Medio Ambiente, Universidad de Chile, Santiago. [p. 118].

[182] Bravo-Monasterio, P., G. G. Ramírez, y G. B. Horta. 2012. *Beilschmiedia berteroana* (Gay) Kosterm (Lauraceae): A new population of importance for conservation and distribution in the Maule Region of Central Chile. *Check List* 8(4): 763–764. [p. 156].

[183] Breckle, S. W., y H. Walter. 2002. Walter's vegetation of the earth. Springer-Verlag, Berlin Heidelberg, New York. [pp. 25, 26, 41, 100].

[184] Brito-Rozas, E., y L. Flores-Toro. 2014. Estructura y dinámica de los bosques de belloto [d]el norte (*Beilschmiedia miersii*) de la Cordillera El Melón, comuna de Nogales, región de Valparaíso, Chile. *Bosque* 35(1): 13–21. [pp. 140, 251].

[185] Burgos, A., A. A. Grez, y R. O. Bustamante. 2008. Seed production, pre-dispersal seed predation and germination of *Nothofagus glauca* (Nothofagaceae) in a temperate fragmented forest in Chile. *Forest Ecology and Management* 255(3–4): 1226–1233. [pp. 154, 155].

[186] Burgos, J. J. 1985. Clima del extremo sur de Sudamérica. *En* O. Boelcke, D. Moore, y F. Roig (eds.), Transecta botánica de la Patagonia Austral, 10–40, Consejo Nacional de Investigaciones Científicas y Técnicas, Buenos Aires. [pp. 53, 59, 61].

[187] Burns, B. R. 1993. Fire-induced dynamics of *Araucaria araucana-Nothofagus antarctica* forest in the southern Andes. *Journal of Biogeography* 20: 669–685. [p. 189].

[188] Bustamante, R. O., y J. J. Armesto. 1995. Regeneration dynamics in canopy gaps of a montane in Chiloé Island, Chile. *Revista Chilena de Historia Natural* 68(3): 391–398. [p. 183].

[189] Bustamante, R. O., I. Serey, y G. Guzmán. 1989. Distribución y abundancia de epífitos en bosques de lenga (*Nothofagus pumilio*), Isla Navarino, Región de Magallanes y la Antártica Chilena. *Serie Científica INACH* 39: 59–67. [p. 174].

[190] Bustamante, R. O., y J. A. Simonetti. 2005. Is *Pinus radiata* invading the native vegetation in Central Chile? Demographic responses in a fragmented forest. *Biological Invasions* 7: 243–249. [pp. 154, 155].

[191] Bustamante, R. O., J. A. Simonetti, A. A. Grez, y J. S. Martín. 2005. Fragmentación y dinámica de regeneración del bosque maulino: Diagnóstico actual y perspectivas futuras. *En* C. Smith-Ramírez, J. J. Armesto, y C. Valdovinos (eds.), Historia, biodiversidad y ecología de los bosques costeros de Chile, 555–564, Editorial Universitaria, Santiago. [pp. 154, 155].

[192] Bustamante-Sánchez, M. A., J. J. Armesto, y C. B. Halpern. 2011. Biotic and abiotic controls on tree colonization in three early successional communities of Chiloé Island, Chile. *Journal of Ecology* 99(1): 288–299. [p. 200].

[193] Cabrera, Á. L. 1951. Territorios fitogeográficos de la República Argentina. *Boletín de la Sociedad Argentina de Botánica* 4(1–2): 21–65. [p. 42].

[194] Cabrera, Á. L. 1958. La vegetación de la Puna argentina. *Revista de Investigaciones Agrícolas* 11(4): 317–412. [p. 42].

[195] Cabrera, Á. L. 1968. Ecología vegetal de la Puna. *Colloquium Geographicum* 9: 91–116. [p. 42].

[196] Cabrera, Á. L. 1971. Fitogeografía de la República Argentina. *Boletín de la Sociedad Argentina de Botánica* 14: 1–42. [p. 42].

[197] CABRERA, Á. L. 1978. Compositae. *En* Á. L. Cabrera (ed.), Flora de la provincia de Jujuy, vol. 10, 1–726, Colección Científica INTA, Buenos Aires. [p. 46].

[198] CABRERA, Á. L. 1994. Territorios fitogeográficos de la República Argentina. *Enciclopedia Argentina de Agricultura y Jardinería* 2(1^a reimpresión): 1–85. [pp. 42, 165, 167, 227, 229, 230, 233, 236].

[199] CABRERA, Á. L., y A. WILLINK. 1973. Biogeografía de América Latina. Organización de los Estados Americanos, Washington, D.C. [p. 42].

[200] CABRERA, E., J. HEPP, M. GÓMEZ, y S. CONTRERAS. 2015. Seed dormancy of *Nolana jaffuelii* I.M.Johnst. (Solanaceae) in the coastal Atacama Desert. *Flora* 214: 17–23. [p. 103].

[201] CALDENTEY, J. 1987. Distritos agroclimáticos de la IV Región. *FO: DP/CHI/83/017 Documento de Trabajo Interno* 5: 1–68. [pp. 54, 63].

[202] CALDENTEY, J., M. IBARRA, y J. HERNÁNDEZ. 2001. Litter fluxes and decomposition in *Nothofagus pumilio* stands in the region of Magallanes, Chile. *Forest Ecology and Management* 148: 145–157. [p. 174].

[203] CALDERÓN, F. 1976. Clasificación climática genética de la V Región. Memoria, Universidad Católica de Valparaíso, Valparaíso. [pp. 57, 60].

[204] CALDICHOURY, R. 2000. Análisis de la vegetación en cronosecuencias dunares campo de dunas Santo Domingo - El Yali. *Investigaciones Geográficas* 34: 17–28. [pp. 132, 242].

[205] CALDIZ, M. S., y J. BRUNET. 2006. Litterfall of epiphytic macrolichens in *Nothofagus* forests of northern Patagonia, Argentina: Relation to stand age and precipitation. *Austral Ecology* 31(3): 301–309. [pp. 168, 196, 198].

[206] CAMOUSSEIGT, F. 2014. Caracterización de tipos funcionales para la vegetación de las regiones áridas y semiáridas de Chile. Caso de estudio: Región de Coquimbo. Tesis Ing. Agrónomo, Pontificia Universidad Católica de Chile, Santiago. [pp. 116, 118, 119, 121, 125, 126, 127, 136, 137, 138, 140, 142, 224, 225, 226, 227, 232].

[207] CANO, E., A. CANO-ORTIZ, S. DEL RÍO GONZÁLEZ, J. ALATORRE COBOS, y A. VELOZ. 2012. Bioclimatic map of the Dominican Republic. *Plant Sociology* 49(1): 81–90. [p. 30].

[208] CANO-ORTIZ, A., C. M. MUSARELLA, J. C. PIÑAR, G. SPAMPINATO, A. VELOZ, y E. CANO. 2015. Vegetation of the dry bioclimatic areas in the Dominican Republic. *Plant Biosystems* 149(3): 451–472. [p. 30].

[209] CANU, S., L. ROSATI, M. FIORI, A. MOTRONI, R. FILIGHEDDU, y E. FARRIS. 2015. Bioclimate map of Sardinia (Italy). *Journal of Maps* 11(5): 711–718. [p. 30].

[210] CÁRDENAS, C., y C. LUSK. 2002. Juvenile height growth rates and sorting of three *Nothofagus* species on an altitudinal gradient. *Gayana Botánica* 59(1): 21–25. [p. 166].

[211] CARES, R. A., P. A. MUÑOZ, R. MEDEL, y C. BOTTO-MAHAN. 2013. Factors affecting cactus recruitment in semiarid Chile: A role for nurse effects? *Flora* 208(5–6): 330–335. [p. 119].

[212] CAREVIC, F., A. CAREVIC, y J. DELATORRE. 2012. Historia natural del género *Prosopis* en la Región de Tarapacá. *Idesia* 30(3): 113–117. [p. 128].

[213] CARO, C. 1996. Esquema de caracterización tipológica para los matorrales y bosques esclerofilos de Chile. Tesis Ing. Forestal, Universidad de Chile, Santiago. [pp. 42, 93, 94, 119, 131, 132, 133, 136, 137, 140, 142, 143, 144, 145, 146].

[214] CARRASCO-URRA, F., y E. GIANOLI. 2009. Abundance of climbing plants in a southern temperate rain forest: Host tree characteristics or light availability? *Journal of Vegetation Science* 20(6): 1155–1162. [pp. 180, 185, 200].

[215] CARVAJAL, D. E., A. P. LOAYZA, R. P. LÓPEZ, P. J. TORO, y F. A. SQUEO. 2014. Growth and early seedling survival of four Atacama Desert shrub species under experimental light and water availability regimes. *Revista Chilena de Historia Natural* 87(1): 1–9. [pp. 117, 118].

[216] CARVALHO, F. A. 2013. e-Monograph of Caricaceae. Version 1, November 2013 . [Database continuously updated]. URL: http://herbaria.plants.ox.ac.uk/bol/caricaceae. [p. 46].

[217] CASTELLARO, G., C. GAJARDO, V. H. PARRAGUEZ, R. ROJAS, y L. A. RAGGI. 1998. Productividad de un rebaño de camélidos sudamericanos domésticos en un sector de la provincia de Parinacota: I. Variación estacional de la composición botánica, disponibilidad de materia seca, valor pastoral y valor nutritivo de los bofedales. *Agricultura Técnica* 58(3): 191–204. [p. 217].

[218] CASTILLO, L., y J. DEY. 1908. Jeografía vejetal del Río Valdivia i sus inmediaciones. Imprenta Cervantes, Santiago, 2a ed. [pp. 159, 183, 185, 190].

[219] CASTILLO, R. 1998. Biodiversidad florística y vegetacional del parque nacional Nahuelbuta, IX Región, Chile. Tesis Ing. Forestal, Universidad de Temuco, Temuco. [p. 187].

[220] CASTOR, C. 2002. Patrones, procesos y mecanismos de dispersión secundaria en plantas andinas de Chile central. Tesis doctoral, Universidad de Chile, Santiago. [pp. 226, 227, 232].

[221] CASTRO, C., Á. MONTAÑA, C. PATTILLO, y Á. ZÚÑIGA. 2014. Detección del área con desierto florido en el territorio del Mar de Dunas de Atacama, mediante percepción remota. *Revista de Geografía Norte Grande* 57: 103–121. [pp. 102, 113, 114].

[222] CATORCI, A., J. L. VELÁSQUEZ, S. CESARETTI, L. MALATESTA, F. M. TARDELLA, y H. ZEBALLOS. 2014. How environment and grazing influence floristic composition of dry Puna in the southern Peruvian Andes. *Phytocoenologia* 44(1–2): 103–122. [p. 42].

[223] CAVIEDES, C. 1973. A climatic profile of the north Chilean desert at latitude 20° south. *En* D. H. K. Amiran y A. Wilson (eds.), Coastal deserts, Their Natural and Human environments, 115–121, The University of Arizona Press, Tucson. [pp. 54, 55, 57, 59, 60].

[224] CAVIEDES, E., y P. DAGET. 1984. Les climats méditerranéens du Chili: Contribution pour une nouvelle synthèse. *Bulletin de la Société Botanique de France* 131: 205–212. [pp. 37, 54, 81].

[225] CAVIEDES, E., M. ETIENNE, L. FAÚNDEZ, y C. PRADO. 1986. Cartografía de la vegetación. *En* D. Contreras, J. Gastó, y F. Cosio (eds.), Ecosistemas pastorales de la zona mediterránea árida de Chile, 3–27, UNESCO - CONICYT, Montevideo. [p. 91].

[226] CAVIERES, L. A., y M. T. K. ARROYO. 1999. Tasa de enfriamiento adiabático del aire en el Valle del Río Molina, Provincia de Santiago, Chile central (33°S). *Revista Geográfica de Chile Terra Australis* 44: 79–86. [pp. 41, 59].

[227] CAVIERES, L. A., y M. T. K. ARROYO. 2001. Persistent soil seed banks in *Phacelia secunda* (Hydrophyllaceae): Experimental detection of variation along an altitudinal gradient in the Andes of central Chile (33°S). *Journal of Ecology* 89(1): 31–39. [pp. 138, 226, 227, 232].

[228] CAVIERES, L. A., M. T. K. ARROYO, A. PEÑALOZA, M. A. MOLINA-MONTENEGRO, y C. TORRES. 2002. Nurse effect of *Bolax gummifera* cushion plants in the alpine vegetation of the Chilean Patagonian Andes. *Journal of Vegetation Science* 13(4): 574–554. [p. 231].

[229] CAVIERES, L. A., E. I. BADANO, A. SIERRA-ALMEIDA, S. GÓMEZ-GONZÁLEZ, y M. A. MOLINA-MONTENEGRO. 2006. Positive interactions between alpine plant species and the nurse cushion plant *Laretia acaulis* do not increase with elevation in the Andes of central Chile. *New Phytologist* 169(1): 59–69. [p. 227].

[230] CAVIERES, L. A., E. I. BADANO, A. SIERRA-ALMEIDA, y M. A. MOLINA-MONTENEGRO. 2007. Microclimatic modifications of cushion plants and their consequences for seedling survival of native and non-native herbaceous species in the high Andes of central Chile. *Arctic, Antarctic, and Alpine Research* 39(2): 229–236. [p. 227].

[231] CAVIERES, L. A., P. CHACÓN, A. PEÑALOZA, M. A. MOLINA-MONTENEGRO, y M. T. K. ARROYO. 2006. Leaf litter of *Kageneckia angustifolia* D. Don (Rosaceae) inhibits seed germination in sclerophyllous montane woodlands of central Chile. *Plant Ecology* 190: 13–22. [p. 138].

[232] CAVIERES, L. A., y A. FAJARDO. 2005. Browsing by guanaco (*Lama guanicoe*) on *Nothofagus pumilio* forest gaps in Tierra del Fuego, Chile. *Forest Ecology and Management* 204(2-3): 237–248. [p. 174].

[233] CAVIERES, L. A., M. MIHOC, A. MARTICORENA, C. MARTICORENA, C. M. BAEZA, y M. T. K. ARROYO. 2005. Flora vascular de la Cordillera de la Costa en la región del Biobío: Riqueza de especies, géneros, familias y endemismos. *En* C. Smith-Ramírez, J. J. Armesto, y C. Valdovinos (eds.), Historia, biodiversidad y ecología de los bosques costeros de Chile, 245–252, Editorial Universitaria, Santiago. [pp. 155, 156, 160, 187].

[234] CAVIERES, L. A., C. PAPIC, y C. CASTOR. 1999. Variación altitudinal en los síndromes de dispersión de semillas de la vegetación andina de la cuenca del Río Molina, Chile central (33°S). *Gayana Botánica* 56(2): 115–123. [pp. 226, 227, 232].

[235] CAVIERES, L. A., y A. PEÑALOZA. 2012. Facilitation and interference at the intraspecific level: Recruitment of *Kageneckia angustifolia* D. Don (Rosaceae) in the montane sclerophyllous woodland of central Chile. *Perspectives in Plant Ecology, Evolution and Systematics* 14(1): 13–19. [p. 138].

[236] CAVIERES, L. A., A. PEÑALOZA, y M. T. K. ARROYO. 2000. Altitudinal vegetation belts in the high-Andes of central Chile (33°S). *Revista Chilena de Historia Natural* 73(2): 331–344. [pp. 88, 93, 226, 227, 232].

[237] Cavieres, L. A., A. Peñaloza, C. Papic, y M. Tambutti. 1998. Efecto nodriza del cojín *Laretia acaulis* (Umbelliferae) en la zona alto-andina de Chile central. *Revista Chilena de Historia Natural* 71: 337–347. [pp. 226, 227].

[238] Cavieres, L. A., C. L. Quiroz, y M. A. Molina-Montenegro. 2008. Facilitation of the non-native *Taraxacum officinale* by native nurse cushion species in the high Andes of central Chile: Are there differences between nurses? *Functional Ecology* 22(1): 148–156. [p. 227].

[239] Cavieres, L. A., C. L. Quiroz, M. A. Molina-Montenegro, A. A. Muñoz, y A. Pauchard. 2005. Nurse effect of the native cushion plant *Azorella monantha* on the invasive non-native *Taraxacum officinale* in the high-Andes of central Chile. *Perspectives in Plant Ecology, Evolution and Systematics* 7(3): 217–226. [p. 227].

[240] Cavieres, L. A., y A. Sierra-Almeida. 2012. Facilitative interactions do not wane with warming at high elevations in the Andes. *Oecologia* 170(2): 575–584. [p. 227].

[241] CBD. 2011. COP decision X/2: Strategic plan for biodiversity 2011– 2020. URL: https://www.cbd.int/decision/cop/?id=12268. [p. 48].

[242] Cepeda, J., F. A. Squeo, A. Cortés, J. Oyarzún, y H. Zavala. 2008. El Humedal Tambo-Puquíos en la alta montaña de Elqui. *En* J. Cepeda (ed.), Los sistemas naturales de la cuenca del río Elqui (Región de Coquimbo, Chile): Vulnerabilidad y cambio del clima, 251–290, Ediciones de la Universidad de La Serena, La Serena. [pp. 225, 249].

[243] Cereceda, P. 1989. La distribución de la niebla en Chile. *Revista de Geografía Norte Grande* 16: 43–49. [p. 57].

[244] Cereceda, P., H. Larrain, P. Lázaro, P. Osses, R. Schemenauer, y L. Fuentes. 1999. Campos de tillandsias y niebla en el desierto de Tarapacá. *Revista de Geografía Norte Grande* 26: 3–13. [pp. 57, 101, 102].

[245] Cereceda, P., H. Larrain, P. Osses, M. Farías, y I. Egaña. 2008. The climate of the coast and fog zone in the Tarapacá Region, Atacama Desert, Chile. *Atmospheric Research* 87(3–4): 301–311. [p. 57].

[246] Cereceda, P., H. Larrain, P. Osses, M. Farías, y I. Egaña. 2008. The spatial and temporal variability of fog and its relation to fog oases in the Atacama Desert, Chile. *Atmospheric Research* 87(3–4): 312–323. [p. 57].

[247] Cereceda, P., H. Larrain, P. Osses, P. Lázaro, R. S. Schemenauer, J. L. García, y V. Hernández. 1997. El factor clima en la floración del desierto en los años "El Niño" 1991 y 1997. *Revista de Geografía Norte Grande* 27: 37–52. [pp. 105, 113].

[248] Cereceda, P., P. Osses, H. Larrain, M. Farías, M. Lagos, R. Pinto, y R. Schemenauer. 2002. Adevective, orographic and radiation fog in the Tarapacá region, Chile. *Atmospheric Research* 64: 261–271. [p. 57].

[249] Cereceda, P., R. Pinto, H. Larrain, P. Osses, y M. Farías. 2004. Geographical description of three fog ecosystems in the Atacama coastal desert of Chile. Instituto de Geografía, Universidad Católica de Chile, Santiago. [pp. 57, 102, 105].

[250] Cereceda, P., y R. Schemenauer. 1991. The occurrence of fog in Chile. *Journal of Applied Meteorology* 30: 1097–1105. [p. 57].

[251] Cereceda, P., R. Schemenauer, y R. Valencia. 1992. Posibilidades de abastecimiento de agua de niebla en la Región de Antofagasta, Chile. *Revista de Geografía Norte Grande* 19: 3–4. [p. 57].

[252] Cereceda, P., R. Schemenauer, y F. Velásquez. 1997. Variación temporal de la niebla en El Tofo-Chungungo, Región de Coquimbo, Chile (1987-1995). *Revista de Geografía Norte Grande* 24: 103–111. [p. 57].

[253] Chacón, P., y J. J. Armesto. 2005. Do carbon-based defences reduce foliar damage? Habitat-related effects on tree seedling performance in a temperate rainforest of Chiloé Island, Chile. *Oecologia* 146(4): 555–565. [p. 200].

[254] Chacón, P., y J. J. Armesto. 2005. Effect of canopy openness on growth, specific leaf area, and survival of tree seedlings in a temperate rainforest of Chiloé Island, Chile. *New Zealand Journal of Botany* 43(1): 71–81. [p. 200].

[255] Chapman, A., M. Muñoz, y I. Koch. 2005. Environmental information: Placing biodiversity phenomena in an ecological and environmental context. *Biodiversity Informatics* 2: 24–41. [p. 27].

[256] Chávez, R. O., J. G. P. W. Clevers, M. Decuyper, S. de Bruin, y M. Herold. 2016. 50 years of water extraction in the Pampa del Tamarugal basin: Can *Prosopis tamarugo* trees survive in the hyper-arid Atacama Desert (Northern Chile)? *Journal of Arid Environments* 124: 292–303. [p. 128].

[257] Chávez, R. O., J. G. P. W. Clevers, M. Herold, E. Acevedo, y M. Ortiz. 2013. Assessing water stress of desert Tamarugo trees using in situ data and very high spatial resolution. *Remote Sensing* 5(10): 5064–5088. [p. 128].

[258] Christie, D. A., A. Lara, J. Barichivich, R. Villalba, M. S. Morales, y E. Cuq. 2009. El Niño-Southern Oscillation signal in the world's highest-elevation tree-ring chronologies from the Altiplano, Central Andes. *Palaeogeography, Palaeoclimatology, Palaeoecology* 281(3–4): 309–319. [pp. 44, 93].

[259] Chytrý, M. 1998. Potential replacement vegetation: An approach to vegetation mapping of cultural landscapes. *Applied Vegetation Science* 1: 177–188. [p. 26].

[260] Chytrý, M., y M. Rafajová. 2003. Czech National Phytosociological Database: Basic statistics of the available vegetation-plot data. *Preslia* 75: 1–15. [p. 275].

[261] Clausen, J. C., I. M. Ortega, C. M. Glaude, R. A. Relyea, G. Garay, y O. Guineo. 2006. Classification of wetlands in a Patagonian National Park, Chile. *Wetlands* 26(1): 217–229. [pp. 179, 214, 240, 246, 247, 248].

[262] Clement, J. P., M. W. Moffett, D. C. Shaw, A. Lara, D. Alarçon, y O. L. Larraín. 2001. Crown structure and biodiversity in *Fitzroya cupressoides*, the giant conifers of Alerce Andino National Park, Chile. *Selbyana* 22(1): 76–88. [p. 191].

[263] Collado, L., S. Farina, F. Jaras, y H. Vargas. 2008. Monitoreo del estado de intervención y de la regeneración de *Nothofagus pumilio* en un plan de manejo forestal en el ecotono estepa-bosque de Tierra del Fuego, Argentina. *Bosque* 29(1): 85–90. [p. 174].

[264] Collantes, M. B., J. Anchorena, y A. M. Cingolani. 1999. The steppes of Tierra del Fuego: Floristic and growthform patterns controlled by soil fertility and moisture. *Plant Ecology* 140(1): 61–75. [p. 239].

[265] Collao-Alvarado, K., A. Maldonado, L. González, A. Sandoval, M. E. De Porras, A. Zamora, y G. Arancio. 2015. Estudio de la relación polen-vegetación actual en el Norte de Chile, en el transecto Pozo Almonte-Salar de Huasco (20°15'S/69°06'W). *Gayana Botánica* 72(1): 125–136. [pp. 123, 216, 219, 221].

[266] Comer, P., y D. Faber-Langendoen. 2013. Assessing ecological integrity of wetlands from national to local scales: Exploring the predictive power, and limitations, of spatial models. *National Wetlands Newsletter* 35(3): 20–22. [p. 50].

[267] conaf-conama-birf. 1997. Catastro y evaluación de los recursos vegetacionales nativos de Chile. Corporación Nacional Forestal-Comisión Nacional del Medio Ambiente, Santiago. [pp. 47, 257, 270].

[268] Consigny, A. 1963. Forêts d'altitude au nord du Chili. *Bois et Forêts des Tropiques* 90: 3–10. [pp. 44, 93, 222].

[269] Consigny, A. 1963. Forêts de palmiers au Chili. *Bois et Forêts des Tropiques* 91: 3–9. [pp. 44, 139, 140].

[270] Conti, H. A. 1998. Características climáticas de la Patagonia. *En* M. Correa (ed.), Flora Patagónica, vol. 1, 31–47, Colección Científica inta, Buenos Aires. [pp. 58, 59].

[271] Conticello, L., R. Gandullo, A. Bustamante, y C. Tartaglia. 1996. Fitosociología de los bosques caducifolios del norte del Departamento Lácar y sur de Huiliches de la provincia de Neuquén (Argentina). *Bosque* 17(2): 27–43. [pp. 164, 165, 198].

[272] Contreras, D., M. Verdugo, J. San Martín, y C. Ramírez. 1991. Flora y vegetación de las praderas húmedas de Chivilcán (Cautín, Chile). *En* Actas II Congreso Internacional de Gestión en Recursos Naturales, vol. 2, 438–455. [pp. 157, 158, 240, 247].

[273] Corporación Laguna Verde. 2008. Estudio fitogeográfico para un plan de conservación del Sitio Prioritario Cordillera El Melón. Bienes Comunes Especiales N° 1 y N° 2. Comuna de Nogales, Provincia de Quillota, Región de Valparaíso. *Informe Final*, Corporación Laguna Verde, Valparaíso. [pp. 138, 140, 142, 226].

[274] Cortés, M. 1990. Estructura y dinámica de los bosques de alerce (*Fitzroya cupressoides* (Mol.) Johnston) en la cordillera de la Costa de la Provincia de Valdivia. Tesis Ing. Forestal, Universidad Austral de Chile, Valdivia. [p. 190].

[275] Corvalán, P., M. Galleguillos, y J. Hernández. 2014. Presencia, abundancia y asociatividad de *Citronella mucronata* en bosques secundarios de *Nothofagus obliqua* en la precordillera de Curicó, región del Maule, Chile. *Bosque* 35(3): 269–278. [p. 152].

[276] Covarrubias, R. 1994. Notes on the dynamics and decomposition of leaves in a *Nothofagus pumilio* forest. *Environmental Monitoring and Assessment* 29(3): 253–266. [p. 174].

[277] Cox, B., y P. Moore. 2010. Biogeography. An ecological and evolutionary approach. Blackwell Science, Oxford, 8a ed. [pp. 25, 26].

[278] Cox, G. 1863. Viaje a las rejiones septentrionales de la Patagonia. *Anales de la Universidad de Chile* 23: 437–509. [p. 42].

[279] Croizat, L. 1962. On the age of Fray Jorge and Talinay in Chile. *Revista Universitaria* 47: 57–61. [pp. 91, 118].

[280] Cruz, G., y A. Lara. 1981. Tipificación, cambio de estructura y normas de manejo para ciprés de las Guaytecas (*Pilgerodendron uviferum* (D.Don) Florin) en la Isla Grande de Chiloé. Tesis Ing. Forestal, Universidad de Chile, Santiago. [p. 192].

[281] Cuevas, J. G. 2000. Tree recruitment at the *Nothofagus pumilio* alpine timberline in Tierra del Fuego, Chile. *Journal of Ecology* 88(5): 840–855. [pp. 93, 173, 174].

[282] Cuevas, J. G. 2002. Episodic regeneration at the *Nothofagus pumilio* alpine timberline in Tierra del Fuego, Chile. *Journal of Ecology* 90(1): 52–60. [pp. 93, 173, 174].

[283] Cuevas, J. G. 2003. Gap characteristics in relation to forest structure and implications for southern beech forest dynamics. *Canadian Journal of Forest Research* 33(10): 1915–1922. [pp. 173, 174].

[284] Cuevas, J. G., S. I. Silva, P. León-Lobos, y R. Ginocchio. 2013. Nurse effect and herbivory exclusion facilitate plant colonization in abandoned mine tailings storage facilities in north-central Chile. *Revista Chilena de Historia Natural* 86(1): 63–74. [pp. 117, 118].

[285] Cuyckens, G. A. E., D. A. Christie, A. I. Domic, L. R. Malizia, y D. Renison. 2016. Climate change and the distribution and conservation of the world's highest elevation woodlands in the South American Altiplano. *Global and Planetary Change* 137: 79–87. [pp. 44, 93].

[286] Damascos, M. A., y E. Rapoport. 2002. Diferencias en la flora herbácea y arbustiva entre claros y áreas bajo dosel en un bosque de *Nothofagus pumilio* en Argentina. *Revista Chilena de Historia Natural* 75: 465–472. [p. 168].

[287] Daniels, L. D., y T. T. Veblen. 2003. Regional and local effects of disturbance and climate on altitudinal treelines in northern Patagonia. *Journal of Vegetation Science* 14(5): 733–742. [p. 168].

[288] Daniels, L. D., y T. T. Veblen. 2004. Spatiotemporal influences of climate on altitudinal treeline in northern Patagonia. *Ecology* 85(5): 1284–1296. [p. 168].

[289] Danton, P. 2006. Contribution a la flore de l'archipel Juan Fernandez (Chili). Description de deux taxons nouveaux: Nicotiana cordifolia subsp. sanctaclarae subsp. nov. (Solanaceae), Robinsonia saxatilis sp. nov. (Asteraceae). *Acta Botanica Gallica* 153(2): 249–255. [p. 267].

[290] Danton, P. 2006. La « myrtisylve » de l'archipel Juan Fernández (Chili), une forêt en voie de disparition rapide. *Acta Botanica Gallica* 153(2): 179–199. [p. 267].

[291] De la Barrera, F., D. Moreira, y R. O. Bustamante. 2011. Efecto de un sendero sobre la comunidad de plantas nativas en la Reserva Nacional Altos de Lircay (Región del Maule-VII-Chile). *Chloris Chilensis* 14(1), URL: http://www.chlorischile.cl. [p. 152].

[292] De Porras, M. E., A. Maldonado, F. A. Quintana, A. Martel-Cea, O. Reyes, y C. Méndez. 2014. Environmental and climatic changes in central Chilean Patagonia since the Late Glacial (Mallín El Embudo, 44° S). *Climate of the Past* 10(3): 1063–1078. [p. 169].

[293] De Queiroz, K. 2005. Different species problems and their resolution. *Bioessays* 27(12): 1263–1269. [p. 278].

[294] De Queiroz, K. 2007. Species concepts and species delimitation. *Systematic Biology* 56(6): 879–886, 879. [p. 278].

[295] De Vidts, P., C. Prado, y R. O. Chávez. 2006. Establecimiento de umbrales de tolerancia al estrés hídrico en tamarugo (*Prosopis tamarugo* Phil.). *En* A. Camaño, J. C. Castilla, y J. A. Simonetti (eds.), Minería y biodiversidad, 57–67, Sociedad Nacional de Minería, Chile. [p. 128].

[296] Decker, K., y R. E. J. Boerner. 2003. Elevation and vegetation influences on soil properties in Chilean *Nothofagus* forests. *Revista Chilena de Historia Natural* 76(3): 371–381. [p. 166].

[297] Decuyper, M., R. O. Chávez, P. Copini, y U. Sass-Klaassen. 2016. A multi-scale approach to assess the effect of groundwater extraction on *Prosopis tamarugo* in the Atacama Desert. *Journal of Arid Environments* 131: 25–34. [pp. 127, 128].

[298] Deil, U. 2005. Ephemere Feuchtgebiete im weltweiten Vergleich – unter besonderer Berücksichtigung der Pflanzengesellschaften auf den amerikanischen Kontinenten. *Berichte der Reinhold Tüxen Gesellschaft* 17: 113–135. [p. 247].

[299] Deil, U. 2005. A review on habitats, plant traits and vegetation of ephemeral wetlands – a global perspective. *Phytocoenologia* 35(2-3): 533–706. [p. 247].

[300] Deil, U., y M. Álvarez. 2012. Database of ephemeral wetland vegetation in Extra- and Oro-Tropical South America. *Biodiversity and Ecology* 4: 441. [pp. 247, 274].

[301] Deil, U., M. Álvarez, E. M. Bauer, y C. Ramírez. 2011. The vegetation of seasonal wetlands in extratropical and orotropical South America. *Phytocoenologia* 41(1): 1–34. [pp. 131, 150, 158, 159, 181, 185, 200, 244, 247].

[302] Deil, U., M. Álvarez, y I. Paulini. 2007. Native and non-native species in annual grassland vegetation in Mediterranean Chile. *Phytocoenologia* 37(3–4): 769–784. [pp. 132, 140, 247].

[303] Del Arco, M., M. Salas, J. R. Acebes, M. Marreno, J. A. Reyes-Betancort, y P. L. Pérez-de Paz. 2002. Biolcimatology and climatophilous vegetation of Gran Canaria (Canary Islands). *Annales Botanici Fennici* 39: 15–41. [p. 30].

[304] Del Campo, P., F. Luebert, y S. Teillier. 2005. Asociaciones vegetales de la laguna de Batuco. Región Metropolitana, Chile. *Chloris Chilensis* 8(1), url: http://www.chlorischile.cl. [pp. 91, 131, 244, 246].

[305] Del Pozo, A., C. Ovalle, M. Á. Casado, B. Acosta, y J. M. de Miguel. 2006. Effects of grazing intensity in grasslands of the Espinal of central Chile. *Journal of Vegetation Science* 17(6): 791–798. [p. 133].

[306] Del Pozo, A. H., E. R. Fuentes, E. R. Hajek, y J. D. Molina. 1989. Zonación microclimática por efecto de los manchones de arbustos en el matorral de Chile central. *Revista Chilena de Historia Natural* 62(1): 85–94. [pp. 94, 137, 143].

[307] Del-Val, E., J. J. Armesto, O. Barbosa, D. A. Christie, A. G. Gutiérrez, C. G. Jones, P. A. Marquet, y K. C. Weathers. 2006. Rain forest islands in the Chilean semiarid region: Fog-dependency, ecosystem persistence and tree regeneration. *Ecosystems* 9(4): 598–608. [p. 118].

[308] Despland, E., R. Humire, y S. S. Martín. 2012. Species richness and phenology of butterflies along an altitude gradient in the desert of northern Chile. *Arctic, Antarctic, and Alpine Research* 44(4): 423–431. [pp. 123, 220, 221, 222].

[309] Devall, M. S., B. R. Parresol, y J. J. Armesto. 1998. Dendroecological analysis of a *Fitzroya cupressoides* and a *Nothofagus nitida* stand in the Cordillera Pelada, Chile. *Forest Ecology and Management* 108: 135–145. [p. 190].

[310] Devillers, P., y J. Devillers-Terschuren. 1996. Habitats of South America. Report to the Services of the European Commission. Institute of Terrestrial Ecology, Institut Royal des Sciences Naturelles de Belgique, Brussels. [pp. 45, 243].

[311] Devillers, P., J. Devillers-Terschuren, y J.-P. Ledant. 1991. corine Biotopes manual. Vol. 2: Habitats of the European Community. Commission of the European Communities, Luxenbourg. [p. 45].

[312] Dezzotti, A., y L. Sancholuz. 1991. Los bosques de *Austrocedrus chilensis* en Argentina: Ubicación, estructura y crecimiento. *Bosque* 12(2): 43–52. [p. 198].

[313] Di Castri, F. 1968. Esquisse écologique du Chili. *En* C. Delamare-Debouteville y E. Rapoport (eds.), Biologie de l'Amérique Australe, vol. vol. 4, 6–52, Editions du Centre National de la Recherche Scientifique, Paris. [pp. 42, 54, 55, 58, 77].

[314] Di Castri, F. 1973. Climatographical comparisons between Chile and the western coast of North America. *En* F. Di Castri y H. Mooney (eds.), Mediterranean type ecosystems. Origin and structure, 21–36, Spinger-Verlag, New York. [pp. 54, 81].

[315] Di Castri, F., y E. R. Hajek. 1976. Bioclimatología de Chile. Vicerrectoría Académica de la Universidad Católica de Chile, Santiago. [pp. 37, 54, 58, 61, 77, 81].

[316] Díaz, I. A., K. E. Sieving, M. Peña Foxon, y J. J. Armesto. 2012. A field experiment links forest structure and biodiversity: Epiphytes enhance canopy invertebrates in Chilean forests. *Ecosphere* 3(1): art5. [p. 200].

[317] DÍAZ, I. A., K. E. SIEVING, M. E. PEÑA FOXON, J. LARRAÍN, y J. J. ARMESTO. 2010. Epiphyte diversity and biomass loads of canopy emergent trees in Chilean temperate rain forests: A neglected functional component. *Forest Ecology and Management* 259(8): 1490–1501. [p. 200].

[318] DÍAZ, M. F., y J. J. ARMESTO. 2007. Limitantes físicos y bióticos de la regeneración arbórea en matorrales sucesionales de la Isla Grande de Chiloé, Chile. *Revista Chilena de Historia Natural* 80(1): 13–26. [p. 200].

[319] DÍAZ, M. F., S. BIGELOW, y J. J. ARMESTO. 2007. Alteration of the hydrologic cycle due to forest clearing and its consequences for rainforest succession. *Forest Ecology and Management* 244(1–3): 32–40. [p. 200].

[320] DILLON, M. O. 1997. Lomas Formations-Peru. *En* S. D. Davis, V. H. Heywood, O. Herrera-MacBryde, J. Villa-Lobos, y A. C. Hamilton (eds.), Centres of plant diversity, Volume 3, The Americas, 519–527, The World Wildlife Fund for Nature - The World Conservation Union, UK. [pp. 42, 57, 90].

[321] DILLON, M. O. 2005. The Solanaceae of the lomas formations of coastal Peru and Chile. *Monographs in Systematic Botany from the Missouri Botanical Garden* 104: 131–155. [p. 57].

[322] DILLON, M. O., y A. E. HOFFMANN. 1997. Lomas formations of the Atacama Desert, northern Chile. *En* S. D. Davis, V. H. Heywood, O. Herrera-MacBryde, J. Villa-Lobos, y A. C. Hamilton (eds.), Centres of Plant Diversity, a Guide and Strategy for Their Conservation. Volume 3: The Americas, 528–535, The World Wildlife Fund for Nature - The World Conservation Union, UK. [pp. 57, 90, 106, 107, 109, 110, 113, 114, 116].

[323] DILLON, M. O., M. NAKAZAWA, y S. LEIVA GONZÁLES. 2003. The Lomas formations of coastal Peru: Composition and biogeographic history. *Fieldiana, Botany, New Series* 43: 1–9. [pp. 57, 103].

[324] DILLON, M. O., y P. W. RUNDEL. 1990. The botanical response of the Atacama and Peruvian desert floras to the 1982-83 El Niño event. *Elsevier Oceanography Series* 52: 487–504. [p. 56].

[325] DILLON, M. O., y C. TRUJILLO. 2000. A new record for *Lobelia anceps* (Campanulaceae) in northern Chile. *Chloris Chilensis* 3(2), URL: http://www.chlorischile.cl. [p. 107].

[326] DIMITRI, M. 1972. La región de los bosques andino-patagónicos. Sinopsis general. Colección Científica INTA, Buenos Aires. [p. 42].

[327] DOLL, U., O. VALLEJOS, N. BILBAO, y C. JARA. 2008. Estimación preliminar de la retención de carbono en raíces finas y mantillo de un renoval de *Nothofagus glauca* de la precordillera andina de la Región del Maule, Chile. *Bosque* 29(1): 91–96. [p. 150].

[328] DOLLENZ, O. 1977. Estado de la flora vascular en Puerto Espora, Tierra del Fuego, contaminada por el petróleo del B/T Metula. I. Reconocimiento de la entrada de mar noroeste. *Anales del Instituto de la Patagonia* 8: 251–261. [p. 236].

[329] DOLLENZ, O. 1978. Estado de la flora vascular en Puerto Espora, Tierra del Fuego, contaminada por el petróleo del B/T Metula. II. Reconocimiento de la entrada de mar suroeste. *Anales del Instituto de la Patagonia* 9: 133–139. [p. 236].

[330] DOLLENZ, O. 1979. Fitosociología de la vegetación fanerogámica halófita de Bahía Dirección, Estrecho de Magallanes. *Anales del Instituto de la Patagonia* 10: 169–177. [pp. 236, 245, 255].

[331] DOLLENZ, O. 1980. Estudios fitosociológicos en el archipiélago Cabo de Hornos. I. Relevamientos en caleta Lientur, isla Wollaston y surgidero Romanche, isla Bayly. *Anales del Instituto de la Patagonia* 11: 225–238. [pp. 207, 242, 245].

[332] DOLLENZ, O. 1981. Catálogo de las plantas vasculares de la reserva forestal Magallanes. I. Lista preliminar correspondiente al área del cerro Mirador y río de Las Minas. *Anales del Instituto de la Patagonia* 12: 205–212. [pp. 174, 177, 213].

[333] DOLLENZ, O. 1981. Estudios fitosociológicos en el archipiélago Cabo de Hornos. II. Relevamientos en la isla Hornos. *Anales del Instituto de la Patagonia* 12: 173–182. [pp. 207, 214].

[334] DOLLENZ, O. 1982. Estudios fitosociológicos en el archipiélago Cabo de Hornos. III. Relevamientos en la isla Deceit. *Anales del Instituto de la Patagonia* 13: 145–151. [pp. 207, 214, 250].

[335] DOLLENZ, O. 1982. Estudios fitosociológicos en las reservas forestales Alacalufes e Isla Riesco. *Anales del Instituto de la Patagonia* 13: 161–170. [pp. 205, 207, 212, 214, 231, 234].

[336] DOLLENZ, O. 1982. Fitosociología de la reserva nacional Magallanes. I. Estudio del área del cerro Mirador- río de Las Minas. *Anales del Instituto de la Patagonia* 13: 171–181. [pp. 172, 174, 176, 177, 179, 205, 213, 214, 239].

[337] DOLLENZ, O. 1983. Fitosociología de la reserva forestal El Parrillar, península de Brunswick, Magallanes. *Anales del Instituto de la Patagonia* 14: 109–118. [pp. 172, 174, 176, 177, 205, 213, 231, 234].

[338] DOLLENZ, O. 1986. Relevamientos fitosociológicos en la Península Muñoz Gamero, Magallanes. *Anales del Instituto de la Patagonia* 16: 55–62. [pp. 174, 179, 206, 207, 211, 213, 214].

[339] DOLLENZ, O. 1991. Sucesión vegetal en el sistema morrénico del glaciar Dickson, Magallanes, Chile. *Anales del Instituto de la Patagonia* 20: 49–60. [p. 205].

[340] DOLLENZ, O., J. HENRÍQUEZ, y E. DOMÍNGUEZ. 2012. La vegetación de las geoformas proglaciares en los glaciares Balmaceda, Tyndall, Taraba y Ema, Magallanes, Chile. *Anales del Instituto de la Patagonia* 40(2): 7–17. [pp. 177, 207, 231].

[341] DOLLENZ, O., y J. IVANOVIC. 1996. Sucesión secundaria de un pastizal incendiado en el parque nacional "Torres del Paine", Magallanes, Chile. *Anales del Instituto de la Patagonia* 24: 15–28. [p. 179].

[342] DOLLENZ, O., y A. SANTANA. 2000. Clasificación y distribución espacial de la vegetación de Cabo Negro (Magallanes, Chile) utilizando imágenes satelitales. *Anales del Instituto de la Patagonia* 28: 51–56. [pp. 179, 237, 238, 239, 248].

[343] DOMÍNGUEZ, E. 2010. Aportes al conocimiento de la flora y vegetación del Monumento Natural Cueva del Milodón, Región de Magallanes, Chile. *Chloris Chilensis* 13(2), URL: http://www.chlorischile.cl. [p. 179].

[344] DOMÍNGUEZ, E., N. BAHAMONDE, y C. MUÑOZ-ESCOBAR. 2012. Efectos de la extracción de turba sobre la composición y estructura de una turbera de *Sphagnum* explotada y abandonada hace 20 años, Chile. *Anales del Instituto de la Patagonia* 40(2): 37–45. [pp. 179, 214].

[345] DOMÍNGUEZ, E., C. RÍOS, y B. LÓPEZ. 2002. Análisis florístico y fitogeográfico de geoformas post-pleistocénicas de origen glaciar en la Reserva Científica Bahía Laredo, Magallanes (XII Región), Chile. *Chloris Chilensis* 5(2), URL: http://www.chlorischile.cl. [p. 239].

[346] DOMÍNGUEZ, E., Á. SUÁREZ, N. BAHAMONDE, y S. OPAZO. 2011. *Botrychium dusenii* (H.Christ) Alston (Ophioglossaceae) nueva adición para la flora vascular del Parque Nacional Pali Aike, Región de Magallanes, Chile. *Gayana Botánica* 68(2): 345–349. [p. 236].

[347] DONAT, A. 1931. Über Pflanzenverbreitung und Vereisung in Patagonien. *Berichte der Deutschen Botanischen Gesellschaft* 49: 403–4013. [p. 42].

[348] DONAT, A. 1934. Zur Begrenzung des Magellanischen Florengebietes. *Berichte der Deutschen Botanischen Gesellschaft* 52: 131–142. [pp. 169, 178, 204].

[349] DONAT, A. 1936. Bericht über die pflanzengeographischen Ergebnisse der Inlandeisexpedition der Argentinischen Geographischen Gesellschaft "Gaea" 1933. *Berichte der Deutschen Botanischen Gesellschaft* 54: 27–46. [pp. 169, 178, 234].

[350] DONAT, A. 1936. Resultados fitogeográficos de la expedición patagónica "Gaea" 1933. *Revista Sudamericana de Botánica* 3(3): 61–68. [pp. 169, 178, 234].

[351] DONOSO, C. 1975. Distribución ecológica de las especies de *Nothofagus* en la zona mesomórfica. *Boletín Técnico, Facultad de Ciencias Forestales, Universidad de Chile* 33: 1–21. [pp. 94, 149, 150, 152, 153, 154, 155, 156, 162, 273].

[352] DONOSO, C. 1975. Variabilidad de las poblaciones de *Nothofagus obliqua* (Mirb.) Oerst. en su área de distribución geográfica. *Boletín Técnico, Facultad de Ciencias Forestales, Universidad de Chile* 32: 1–30. [p. 273].

[353] DONOSO, C. 1978. Relaciones vegetación-altitud y exposición en la formación forestal "bosque andino abierto" en el área de Bullileo. *Boletín Técnico, Facultad de Ciencias Forestales, Universidad de Chile* 54: 1–27. [p. 156].

[354] DONOSO, C. 1979. Genecological differentiation in *Nothofagus obliqua* (Mirb.) Oerst in Chile. *Forest Ecology and Management* 2: 53–66. [p. 273].

[355] DONOSO, C. 1982. Reseña ecológica de los bosques mediterráneos de Chile. *Bosque* 4(2): 117–146. [pp. 42, 93, 94, 133, 137, 138, 139, 140, 141, 142, 143, 144, 145, 146, 149, 150, 152, 153, 154, 155, 156, 162, 207, 272, 273].

[356] DONOSO, C. 1996. Ecology of *Nothofagus* forests in central Chile. *En* T. T. Veblen, R. Hill, y J. Read (eds.), The ecology and biogeography of *Nothofagus* forests, 271–290, Yale University Press, New Heaven. [pp. 42, 94, 149, 150, 152, 153, 154, 155, 156, 162, 272].

[357] DONOSO, C. 1998. Bosques templados de Chile y Argentina. Variación, estructura y dinámica. Editorial Universitaria, Santiago. [pp. 42, 94, 95, 133, 138, 140, 143, 144, 145, 146, 149, 150, 152, 153, 154, 155, 156, 158, 159, 162, 165, 167, 168, 169, 171, 172, 174, 183, 187, 190, 191, 192, 193, 198, 200, 201, 204, 205, 206, 207, 270, 271, 272, 273].

[358] DONOSO, C., y J. ATIENZA. 1983. Hibridación natural entre especies de *Nothofagus* siempreverdes en Chile. *Bosque* 5(1): 21–34. [p. 273].

[359] DONOSO, C., y J. ATIENZA. 1984. Hibridación natural entre *Nothofagus betuloides* y *Nothofagus nitida*. *Medio Ambiente* 7(1): 9–16. [p. 273].

[360] DONOSO, C., B. ESCOBAR, y J. URRUTIA. 1985. Estructura y estrategias regenerativas de un bosque virgen de ulmo (*Eucryphia cordifolia* Cav.) - tepa (*Laurelia philippiana* (Phil.) Looser) en Chiloé, Chile. *Revista Chilena de Historia Natural* 58(2): 171–186. [pp. 183, 200].

[361] DONOSO, C., L. GALLO, P. DONOSO, y M. M. AZPILICUETA. 2004. Variación en *Nothofagus obliqua* (Mirb.) Oerst. (Roble. Coyán, Hualle o Pellín). *En* C. Donoso, A. Premoli, L. Gallo, y R. Ipinza (eds.), Variación intraespecífica en las especies arbóreas de los bosques templados de Chile y Argentina, 79–113, Editorial Universitaria, Santiago. [p. 273].

[362] DONOSO, C., M. E. GONZÁLEZ, M. CORTÉS, C. GONZÁLEZ, P. DONOSO, y M. HERNÁNDEZ. 2008. Poblaciones de araucaria enana (*Araucaria araucana*) en la Cordillera de Nahuelbuta, Chile. *Bosque* 29(2): 170–175. [p. 187].

[363] DONOSO, C., R. GREZ, B. ESCOBAR, y P. REAL. 1984. Estructura y dinámica de bosques del Tipo Forestal Siempreverde en un sector de Chiloé insular. *Bosque* 5(2): 82–104. [p. 200].

[364] DONOSO, C., R. GREZ, y V. SANDOVAL. 1990. Caracterización del tipo forestal alerce. *Bosque* 11(1): 21–34. [pp. 186, 190, 191].

[365] DONOSO, C., y L. LANDRUM. 1976. *Nothofagus leonii*: Hibridación e introgresión en poblaciones de *Nothofagus obliqua* y *Nothofagus glauca*. *Boletín Técnico, Facultad de Ciencias Forestales, Universidad de Chile* 36: 1–29. [p. 273].

[366] DONOSO, C., y L. LANDRUM. 1979. *Nothofagus leonii* Espinosa, a natural hybrid between *Nothofagus obliqua* (Mirb.) Oerst. and *Nothofagus glauca* (Phil.) Krasser. *New Zealand Journal of Botany* 17: 353–360. [p. 273].

[367] DONOSO, C., J. MORALES, y M. ROMERO. 1990. Hibridación natural entre el roble (*Nothofagus obliqua* (Mirb.) Oerst.) y el raulí (*Nothofagus alpina* (Poepp. et Endl.) Oerst.) en bosques del sur de Chile. *Revista Chilena de Historia Natural* 63: 49–60. [p. 273].

[368] DONOSO, C., A. PREMOLI, y P. DONOSO. 2004. Variación en *Nothofagus* siempreverdes sudamericanos. *En* C. Donoso, A. Premoli, L. Gallo, y R. Ipinza (eds.), Variación intraespecífica en las especies arbóreas de los bosques templados de Chile y Argentina, 189–213, Editorial Universitaria, Santiago. [p. 273].

[369] DONOSO, C., V. SANDOVAL, R. GREZ, y J. RODRÍGUEZ. 1993. Dynamics of *Fitzroya cupressoides* forests in southern Chile. *Journal of Vegetation Science* 4(3): 303–312. [pp. 186, 190, 191].

[370] DONOSO, P. J. 1988. Caracterización y proposiciones silviculturales para comunidades de roble (*Nothofagus obliqua*) y raulí (*Nothofagus alpina*) en el área de protección "Radal 7 tazas", VII Región. *Bosque* 9(2): 103–114. [pp. 150, 152, 272].

[371] DONOSO, P. J. 2005. Crown Index: A canopy balance indicator to assess growth and regeneration in uneven-aged forest stands of the Coastal Range of Chile. *Forestry* 78(4): 337–351. [pp. 159, 183, 185].

[372] DONOSO, P. J., C. DONOSO, y V. SANDOVAL. 1993. Proposición de zonas de crecimiento de renovales de roble (*Nothofagus obliqua*) y raulí (*Nothofagus alpina*) en su rango de distribución natural. *Bosque* 14(2): 37–55. [p. 272].

[373] DONOSO, P. J., y R. D. NYLAND. 2005. Seedling density according to structure, dominance and understory cover in old-growth forest stands of the evergreen forest type in the coastal range of Chile. *Revista Chilena de Historia Natural* 78(1): 51–63. [pp. 159, 183, 185].

[374] DONOSO, P. J., L. SAMBERG, M. P. HERNÁNDEZ, y B. SCHLEGEL. 2009. The old-growth forests in the Valdivian Andes: Composition, structure and growth. *En* N. Verhoest, P. Boeckx, C. Oyarzún, y R. Godoy (eds.), Ecological advances on Chilean temperate rainforests, 171–182, Academia Press, Gent. [p. 185].

[375] DONOSO, P. J., D. P. SOTO, R. E. COOPMAN, y S. RODRÍGUEZ-BERTOS. 2013. Early performance of planted *Nothofagus dombeyi* and *Nothofagus alpina* in response to light availability and gap size in a high-graded forest in the south-central Andes of Chile. *Bosque* 34(1): 23–32. [p. 164].

[376] Donoso, S. R., K. Peña Rojas, C. Delgado-Flores, A. Riquelme, y M. Paratori. 2010. Above-ground biomass accumulation and growth in a marginal *Nothofagus macrocarpa* forest in Central Chile. *Interciencia* 35(1): 65–69. [p. 149].

[377] Donoso, T. 1974. Observaciones preliminares sobre la vegetación de las Dunas de Llico (34°46' S. 72°05' W.), provincia de Curicó. *Noticiario Mensual Museo Nacional de Historia Natural* 212/213: 11–13. [pp. 144, 242].

[378] Drees, K. P., J. W. Neilson, J. L. Betancourt, J. Quade, D. A. Henderson, B. M. Pryor, y R. M. Maier. 2006. Bacterial community structure in the hyperarid core of the Atacama Desert, Chile. *Applied and Environmental Microbiology* 72(12): 7902–7908. [p. 100].

[379] Dubroeucq, D., y P. Livenais. 2004. Land cover and land use changes in relation to social evolution - a case study from Northern Chile. *Journal of Arid Environments* 56(2): 193–211. [pp. 94, 126, 138].

[380] Dusén, P. 1903. Die Pflanzenvereine der Magellansländer. *Svenska Expeditionen till Magellanländerna* 3(10): 351–523. [p. 42].

[381] Dusén, P. 1903. The vegetation of western Patagonia. *Reports of the Princeton University Expeditions to Patagonia 1896-1899* 8(1): 1–33. [p. 42].

[382] Dusén, P., y F. W. Neger. 1908. Chilenisch-patagonische Charakterpflanzen. *Vegetationsbilder* 6(8): 43–48. [pp. 187, 200, 201].

[383] Duval, V. S., G. M. Benedetti, y A. M. Campo. 2015. Relación clima-vegetación: Adaptaciones de la comunidad del jarillal al clima semiárido, Parque Nacional Lihué Calel, provincia de La Pampa, Argentina. *Investigaciones Geográficas, Boletín del Instituto de Geografía, UNAM* 88: 33–44. [p. 30].

[384] Echeverria, C., D. Coomes, J. Salas, J. M. Rey-Benayas, A. Lara, y A. Newton. 2006. Rapid deforestation and fragmentation of Chilean Temperate Forests. *Biological Conservation* 130(4): 481–494. [p. 263].

[385] Echeverría, C., y A. Lara. 2004. Growth patterns of secondary *Nothofagus obliqua-N. alpina* forests in southern Chile. *Forest Ecology and Management* 195(1–2): 29–43. [p. 164].

[386] Egaña, I., P. Cereceda, R. Pinto, H. Larrain, P. Osses, y M. Farías. 2004. Estudio biogeográfico de la comunidad arbustiva del farellón costero de Punta Patache, Iquique, Chile. *Revista de Geografía Norte Grande* 31: 99–113. [pp. 57, 105].

[387] Ehleringer, J. R., P. W. Rundel, B. Palma, y H. A. Mooney. 1998. Carbon isotope ratios of Atacama Desert plants reflect hyperaridity of region in northern Chile. *Revista Chilena de Historia Natural* 71(1): 79–86. [pp. 107, 109, 110].

[388] Eidt, R. C. 1968. The climatology of south America. *En* E. J. Fittkau, J. Illies, H. Klinge, G. H. Schwabe, y H. Sioli (eds.), Biogeography and ecology in South America, 54–81, Dr. W. Junk, The Hague. [p. 59].

[389] Elith, J., C. H. Graham, R. P. Anderson, M. Dudík, S. Ferrier, A. Guisan, R. Hijmans, F. J. Huettmann, J. R. Leathwick, A. Lehmann, J. Li, B. A. Lohmann, L. G. Loiselle, G. Manion, C. Moritz, M. Nakamura, Y. Nakazawa, J. M. Overton, A. T. Peterson, S. J. Phillips, K. S. Richardson, R. Scachetti-Pereira, R. E. Schapire, J. Soberón, S. Williams, M. S. Wisz, y N. E. Zimmermann. 2006. Novel methods improve prediction of species' distributions from occurrence data. *Ecography* 29: 129–151. [p. 52].

[390] Elith, J., S. J. Phillips, T. Hastie, M. Dudík, Y. E. Chee, y C. J. Yates. 2011. A statistical explanation of MaxEnt for ecologists. *Diversity and Distributions* 17(1): 43–57. [p. 52].

[391] Elizalde, R. 1958. La sobrevivencia de Chile. Ministerio de Agricultura, Santiago, 1a ed. [p. 94].

[392] Elizalde, R. 1970. La sobrevivencia de Chile. Ministerio de Agricultura, Santiago, 2a ed. [p. 94].

[393] Ellenberg, H. 1959. Über den Wasserhaushalt tropischer Nebeloasen in der Küstenwüste Perus. *Bericht über das Geobotanische Forschungsinstitut Rübel in Zürich* 1958: 47–74. [p. 57].

[394] Ellenberg, H. 1996. Vegetation Mitteleuropas mit den Alpen. Eugen Ulmer, Stuttgart, 5a ed. [p. 26].

[395] Ellenberg, H., y D. Mueller-Dombois. 1967. Tentative physiognomic-ecological classification of plant formations of the Earth. *Berichte des Geobotanischen Institutes der ETH, Stiftung Rübel, Zürich* 37: 21–55. [pp. 42, 97, 100, 267].

[396] Elvebakk, A., y J. M. Henríquez. 1994. Contributions to the flora and vegetation of the southern part of the Torres del Paine National Park, Última Esperanza, Chile. *Anales del Instituto de la Patagonia* 22: 33–42. [pp. 179, 213, 214].

[397] Emberger, L. 1953. La végétation de l'Italie d'après A. Giacobbe, et remarques sur la méthode en géographie botanique, écologique. *Recueil des Travaux du Laboratoire de Botanique, Géologie et Zoologie (Faculté des Sciences, Montpellier), Série Botanique* 6: 19–29. [p. 37].

[398] Emck, P., A. Moreira-Muñoz, y M. Richter. 2006. El clima y sus efectos en la vegetación. *En* M. R. Moraes, B. Øllgaard, L. P. Kvist, F. Borchsenius, y H. Balslev (eds.), Botánica económica de los Andes Centrales, 11–36, Universidad Mayor de San Andrés, La Paz. [p. 60].

[399] Endlicher, W. 1988. Geoökologische Untersuchungen zur Landschaftsdegradation im Küstenbergland von Concepción. Franz Steiner Verlag, Stuttgart. [p. 144].

[400] Endlicher, W., y R. Mäckel. 1985. Natural resources, land use and degradation in the coastal zone of Arauco and the Nahuelbuta Range, Central Chile. *GeoJournal* 11(1): 43–60. [pp. 160, 161, 180, 181, 186, 187].

[401] Endlicher, W., y A. Santana. 1988. El clima del sur de la Patagonia y sus aspectos ecológicos. Un siglo de mediciones climatológicas en Punta Arenas. *Anales del Instituto de la Patagonia* 18: 58–85. [pp. 53, 59, 63].

[402] esa Vegetation Classification Panel. 2015. How a national vegetation classification can help ecological research and management. *Frontiers in Ecology and the Environment* 13(4): 185–186. [p. 25].

[403] Eskuche, U. 1968. Fisionomía y sociología de los bosques de *Nothofagus dombeyi* en la región de Nahuel Huapi. *Vegetatio* 16(1/4): 192–204. [pp. 191, 195, 196, 197, 198].

[404] Eskuche, U. 1969. Berberitzengebüsche und *Nothofagus antarctica*-Wälder in Nordwestpatagonien. *Vegetatio* 19(1/6): 264–285. [pp. 165, 196, 197, 198].

[405] Eskuche, U. 1973. Estudios fitosociológicos en el norte de la Patagonia. I. Investigación de algunos factores de ambiente en comunidades de bosque y de chaparral. *Phytocoenologia* 1: 64–113. [pp. 42, 165, 168, 172, 198].

[406] Eskuche, U. 1992. La vegetación de las dunas marítimas de América Latina. *Bosque* 13(1): 23–28. [pp. 241, 242].

[407] Eskuche, U. 1998. Estudios fitosociológicos en el norte de la Patagonia. III. El arrayanal y la pradera arbolada en sustitución del bosque de coihue y ciprés. *Folia Botanica et Geobotanica Correntesiana* 13: 1–17. [pp. 197, 198].

[408] Eskuche, U. 1999. Estudios fitosociológicos en el norte de la Patagonia. II. Los bosques del *Nothofagion dombeyi*. *Phytocoenologia* 29: 177–252. [pp. 42, 164, 165, 194, 195, 196, 197, 198, 268].

[409] Eskuche, U. 2002. Pflanzensoziologische Untersuchungen in Nordpatagonien. IV. Die Wälder des *Nothofagion pumilionis*. *Folia Botanica et Geobotanica Correntesiana* 16: 1–47. [pp. 95, 166, 167, 168, 169, 170, 171, 172, 173, 174, 189, 268].

[410] Espinosa, A. 1981. Descripción y análisis de la vegetación en la precordillera andina de Santiago (Región Metropolitana). Tesis Ing. Forestal, Universidad de Chile, Santiago. [pp. 138, 143].

[411] Espinosa, M. R. 1905. Flora primaveral de Ancud. *Revista Chilena de Historia Natural* 9(6): 299–302. [p. 200].

[412] Espinosa, M. R. 1916. Informes (Exped. P.I. Taitao, Plantas Fanerógamas). *Boletín Museo Nacional de Historia Natural Chile* 9: 155–158. [p. 209].

[413] Espinosa, M. R. 1917. Los alerzales de Piuchué. *Boletín Museo Nacional de Historia Natural Chile* 10: 36–93. [p. 190].

[414] Espinosa, M. R. 1924. Enumeración de plantas colectadas en "Los Bronces". *Revista Chilena de Historia Natural* 28: 88–97. [pp. 149, 174].

[415] Espinosa, M. R. 1927. Nota preliminar sobre una excursión botánica a las roblerías de Caleu y Vichiculén. *Revista Chilena de Historia Natural* 31: 291–292. [p. 149].

[416] Espinosa, M. R. 1935. Plantas de Aysén. *Boletín Museo Nacional de Historia Natural Chile* 14: 65–82. [p. 169].

[417] Espinosa, M. R. 1938. Algunas plantas de Rivadavia a los Baños del Toro. *Revista Chilena de Historia Natural* 42: 323–330. [pp. 119, 125, 224, 225, 272].

[418] Espinosa, M. R. 1943. Estudios botánicos. Observaciones sobre la vegetación en Yelcho (Chiloé) y en la parte superior del valle del río Palena (Aysén), (I - III de 1940). *Boletín Museo Nacional de Historia Natural Chile* 21: 13–35. [pp. 199, 200].

[419] Espinoza, G., J. R. Gutiérrez, y E. R. Hajek. 1979. Gradiente latitudinal de las temperaturas máximas, mínimas y medias en Chile. *Anales Museo de Historia Natural Valparaíso* 12: 77–82. [p. 59].

[420] Espinoza, G., y E. R. Hajek. 1988. Riesgos climáticos. Evidencias en Chile Central. *En* E. R. Fuentes y S. Prenafeta (eds.), Ecología del paisaje de Chile central. Estudios sobre sus espacios montañosos, 41–51, Ediciones Universidad Católica de Chile, Santiago. [pp. 54, 81, 94].

[421] esri. 2014. ArcGis Desktop: Release 10.3. Environmental Systems Research Institute, Redlands. [pp. 46, 52].

[422] Estades, C. F. 1997. Bird-habitat relationships in a vegetational gradient in the Andes of central Chile. *The Condor* 99(3): 719–727. [pp. 151, 152, 165, 166].

[423] Etienne, M. 1985. La forêt méditerranéenne du Chili. *Forêt Méditerranéenne* 7(1): 65–68. [pp. 42, 131, 132, 136, 138, 140, 142, 143, 149].

[424] Etienne, M., E. Caviedes, C. González, y C. Prado. 1982. Cartografía de la vegetación de la zona árida de Chile. Transecto I: Puerto Oscuro, Combarbalá, Monte Patria, Ovalle, La Serena. *Terra Aridae* 1: 1–73. [pp. 91, 118, 119, 120, 121, 136, 137, 148].

[425] Etienne, M., y D. Contreras. 1980. Cartografía de la vegetación y sus aplicaciones en Chile. *Boletín Técnico, Facultad de Agronomía, Universidad de Chile* 46: 5–27. [pp. 143, 144].

[426] Etienne, M., J. del Pedregal, y M. Álvarez. 1984. Cartografía de la vegetación de la zona árida de Chile. Transecto III: Los Vilos - Coquimbo. *Terra Aridae* 3(1): 1–91. [pp. 91, 115, 116, 117, 118, 119, 121, 135, 136, 185, 252].

[427] Etienne, M., L. Faúndez, y J. Valdés. 1987. La desertización en la zona árida mediterránea de Chile. *Terra Aridae* 6: 1–44. [p. 94].

[428] Etienne, M., C. Gonzalez, y C. Prado. 1982. Cartografía de la vegetación de la zona árida mediterránea de Chile. Transecto II. Los Vilos, Illapel, Combarbalá. *Terra Aridae* 1: 81–126. [pp. 91, 118, 119, 135, 136, 137].

[429] Etienne, M., G. Michea, y E. Díaz. 1982. Flora, vegetación y potencial pastoral de Isla de Pascua. *Boletín Técnico, Facultad de Ciencias Agrarias, Veterinarias y Forestales, Universidad de Chile* 47: 1–29. [p. 267].

[430] European Commission DG Environment. 2013. Interpretation manual of European Union habitats - EUR28. European Commission - Natura 2000, Brussels. [p. 45].

[431] Ezcurra, C. 2010. Extensión del límite austral de *Persea lingue* (Lauraceae) al sur de la Provincia de Palena, Región de los Lagos, Chile. *Gayana Botánica* 67(1): 117–119. [p. 202].

[432] Fabbroni, M. 2015. Flora de Tocomar y Campo Amarillo (Salta, Argentina). *Boletín de la Sociedad Argentina de Botánica* 50(2): 171–192. [p. 42].

[433] Faber-Langendoen, D., T. Keeler-Wolf, D. Meidinger, D. Tart, B. Hoagland, C. Josse, G. Navarro, S. Ponomarenko, J.-P. Saucier, A. Weakley, y P. Comer. 2014. EcoVeg: A new approach to vegetation description and classification. *Ecological Monographs* 84(4): 533–561. [pp. 26, 44].

[434] Faggi, A. M. 1985. Las comunidades vegetales de Río Gallegos, Santa Cruz. *En* O. Boelcke, D. Moore, y F. A. Roig (eds.), Transecta botánica de la Patagonia Austral, 592–633, Consejo Nacional de Investigaciones Científicas y Técnicas, Buenos Aires. [pp. 42, 236].

[435] Faggi, A. M., y M. Collantes. 2002. Los bosques mixtos de coihue y ciprés del Chubut. *Parodiana* 12(1–2): 63–74. [pp. 42, 198].

[436] Faggi, A. M., O. Scarpati, y M. Cagnoni. 1999. Los bosques de coihue y ciprés y su relación con factores abióticos den el NW de Chubut (Argentina). *Parodiana* 11(1–2): 99–113. [pp. 42, 198].

[437] Fajardo, A. 2016. Wood density is a poor predictor of competitive ability among individuals of the same species. *Forest Ecology and Management* 372: 217–225. [p. 169].

[438] Fajardo, A., y P. Alaback. 2005. Effects of natural and human disturbances on the dynamics and spatial structure of *Nothofagus glauca* in south-central Chile. *Journal of Biogeography* 32(10): 1811–1825. [pp. 155, 156].

[439] Fajardo, A., y R. de Graaf. 2004. Tree dynamics in canopy gaps in old-growth forests of *Nothofagus pumilio* in Southern Chile. *Plant Ecology* 173(1): 95–105. [pp. 166, 169].

[440] Fajardo, A., y M. E. González. 2009. Replacement patterns and species coexistence in an Andean *Araucaria-Nothofagus* forest. *Journal of Vegetation Science* 20(6): 1176–1190. [p. 167].

[441] Fajardo, A., y E. J. B. McIntire. 2010. Merged trees in second-growth, fire-origin forests in Patagonia, Chile: Positive spatial association patterns and their ecological implications. *American Journal of Botany* 97(9): 1424–1430. [p. 169].

[442] Fajardo, A., y F. I. Piper. 2014. An experimental approach to explain the southern Andes elevational treeline. *American Journal of Botany* 101(5): 788–795. [pp. 93, 169].

[443] Fajardo, A., F. I. Piper, y L. A. Cavieres. 2011. Distinguishing local from global climate influences in the variation of carbon status with altitude in a tree line species. *Global Ecology and Biogeography* 20(2): 307–318. [pp. 93, 169, 171].

[444] Fajardo, A., C. L. Quiroz, y L. A. Cavieres. 2008. Distinguishing colonisation modes from spatial structures in populations of the cushion plant *Azorella madreporica* in the high-Andes of central Chile. *Austral Ecology* 33(6): 703–712. [p. 227].

[445] Fajardo, A., C. L. Quiroz, y L. A. Cavieres. 2008. Spatial patterns in cushion-dominated plant communities of the high Andes of central Chile: How frequent are positive associations? *Journal of Vegetation Science* 19(1): 87–96. [p. 227].

[446] Fajardo, A., y A. Siefert. 2016. Temperate rain forest species partition fine-scale gradients in light availability based on their leaf mass per area (LMA). *Annals of Botany* 118(7): 1307–1315. [pp. 155, 200].

[447] Falvey, M., y R. D. Garreaud. 2007. Wintertime precipitation episodes in central Chile: Associated meteorological conditions and orographic influences. *Journal of Hydrometeorology* 8(2): 171–193. [p. 58].

[448] fao. 1985. Agroclimatological data for Latin America and the Caribbean. Food and Agriculture Organiaztion of the United Nations, Rome. [pp. 30, 33, 34, 35, 36].

[449] fao. 2001. faoclim 2.0 A world-wide agroclimatic database. Food and Agriculture Organization of the United Nations, Rome. [p. 30].

[450] Farr, T. G., P. A. Rosen, E. Caro, R. Crippen, R. Duren, S. Hensley, M. Kobrick, M. Paller, E. Rodríguez, L. Roth, D. Seal, S. Shaffer, J. Shimada, J. Umland, M. Werner, M. Oskin, D. Burbank, y D. Alsdorf. 2007. The Shuttle Radar Topography Mission. *Reviews of Geophysics* 45(2): RG2004. [p. 47].

[451] Faúndez, L., y M. Escobar. 2010. Caracterización de sistemas vegetacionales azonales hídricos terrestres del sector Ancara y Tacora en la región de Arica y Parinacota. *Informe Final 612-321-L110*, Ministerio de Agricultura, Servicio Agrícola y Ganadero (sag) Región Metropolitana, Santiago. [pp. 218, 219, 244, 249].

[452] Faúndez, L., G. Mieres, y R. Bustamante. 1992. Caracterización botánica del desierto florido en la región de Atacama. Corporación Nacional Forestal, Copiapó. [pp. 112, 113, 114, 116].

[453] Fernández, R. 2015. Relación entre la amplitud ecológica de epífitas vasculares y sus respuestas ecofisiológicas a la disponibilidad de luz y humedad en el bosque esclerófilo mediterráneo costero. Tesis de Magíster, Universidad de Concepción, Concepción. [p. 144].

[454] Fernández, R., M. Moreno-Chacón, R. Canessa, D. Mardones, N. Viveros, y A. Saldaña. 2016. Relación entre la amplitud ecológica de epífitas vasculares y sus respuestas ecofisiológicas a la disponibilidad de luz y humedad en el bosque esclerófilo mediterráneo costero de Chile. *Gayana Botánica* 73(1): 68–76. [p. 144].

[455] Fernández-González, F. 1997. Bioclimatología. *En* J. Izco, E. Barreno, M. Brugués, M. Costa, J. A. Devesa, F. Fernández-González, T. Gallardo, X. Llimona, E. Salvo, S. Talavera, y B. Valdés (eds.), Botánica, 607–682, McGraw Hill, Madrid. [p. 30].

[456] Ferreyra, M., A. Cingolani, C. Ezcurra, y D. Bran. 1998. High-Andean vegetation and environmental gradients in northwestern Patagonia, Argentina. *Journal of Vegetation Science* 9(3): 307–316. [pp. 88, 230].

[457] Ferreyra, M., S. Clayton, y C. Ezcurra. 1998. La flora alto-andina de los sectores este y oeste del Parque Nacional Nahuel Huapi, Argentina. *Darwiniana nueva serie* 36(1–4): 65–79. [p. 168].

[458] Ferreyra, M. V., D. Grigera, y C. Úbeda. 2005. Conservación de los ecosistemas de alta montaña: La zona altoandina del Parque Nacional Nahuel Huapi (Argentina). *Anales del Instituto de la Patagonia* 33: 41–58. [p. 230].

[459] Ferreyra, R. 1961. Las lomas costaneras del extremo sur del Perú. *Boletín de la Sociedad Argentina de Botánica* 9: 87–120. [p. 90].

[460] Ferrière, G. 1963. Aspectos ecológicos del Parque Nacional Nahuelbuta. Tesis Med. Vet., Universidad de Chile, Santiago. [pp. 161, 187].

[461] Figueroa, J. A., y L. A. Cavieres. 2012. The effect of heat and smoke on the emergence of exotic and native seedlings in a Mediterranean fire-free matorral of central Chile. *Revista Chilena de Historia Natural* 85(1): 101–111. [p. 143].

[462] Figueroa, J. A., L. A. Cavieres, S. Gómez-González, M. M. Montenegro, y F. M. Jaksic. 2009. Do heat and smoke increase emergence of exotic and native plants in the matorral of central Chile? *Acta Oecologica* 35(2): 335–340. [p. 131].

[463] Figueroa, J. A., y C. H. Lusk. 2001. Germination requirements and seedling shade tolerance are not correlated in a Chilean temperate rain forest. *New Phytologist* 152(3): 483–489. [p. 200].

[464] Figueroa, J. A., A. A. Muñoz, J. E. Mella, y M. T. K. Arroyo. 2002. Pre- and post-dispersal seed predation in a mediterranean-type climate montane sclerophyllous forest in central Chile. *Australian Journal of Botany* 50(2): 183–195. [p. 138].

[465] Figueroa, J. A., S. Teillier, y F. M. Jaksic. 2004. Composition, size and dynamics of the seed bank in a mediterranean shrubland of Chile. *Austral Ecology* 29(5): 574–584. [p. 143].

[466] Finckh, M. 1996. Die Wälder des Villarrica - Nationalparks (Südchile) -Lebensgemeinschaften als Grundlage für ein Schutzkonzept. *Dissertationes Botanicae* 259: 1–181. [pp. 158, 159, 163, 164, 166, 167, 170, 171, 188, 195].

[467] Finckh, M., y K. Müller-Hohenstein. 1996. Waldökosysteme in Südchile. *Geographische Rundschau* 48: 647–654. [pp. 164, 165, 167, 171, 188, 195].

[468] Finckh, M., y A. Paulsch. 1995. Araucaria araucana - Die ökologische Strategie einer Reliktkonifere. *Flora* 190: 365–382. [p. 188].

[469] Finckh, M., y S. Thomas. 1997. Struktur und Genese von Hudelandschaften in Südchile (mit einem Ausblick auf Mitteleuropa). *Tuexenia* 17: 159–172. [pp. 165, 167, 195].

[470] Flores, L., y O. Zöllner. 1997. Estudio de la flora de San Ignacio de Huinay, Chiloé continental, X Región, Chile. *Revista Geográfica de Valparaíso* 28: 151–161. [pp. 199, 200].

[471] Flores Meza, S., A. Promis, y L. Faúndez. 2016. Caracterización florística y estructural de la población natural de *Jubaea chilensis* (Molina) Baill. más austral de Chile. *Phyton* 85: 327–332. [p. 145].

[472] Flores Meza, S. P. 2012. Propuesta de lineamientos estratégicos de conservación de palma chilena en la localidad de Palmas de Tapihue, Comuna de Pencahue, Región del Maule. Tesis Ing. Recursos Naturales, Universidad de Chile, Santiago. [p. 145].

[473] Flores-Toro, L. 2006. Contribución al conocimiento de la flora del bosque de lenga (*Nothofagus pumilio* (Poepp. et Endl.) Krasser) en la zona centro-sur de su distribución natural. *Chloris Chilensis* 9(1), URL: http://www.chlorischile.cl. [pp. 168, 169, 172].

[474] Flores-Toro, L., y F. Aguirre-Saavedra. 2008. Riqueza florística del Santuario de la Naturaleza Palmar El Salto, Comuna de Viña del Mar, Región de Valparaíso, Chile. *Gayana Botánica* 65(1): 1–13. [pp. 44, 140, 142].

[475] Flores-Toro, L., y J. Amigo. 2013. Flora autóctona de la cordillera El Melón y del cerro Tabaco, sitios prioritarios para la conservación de la biodiversidad, Región de Valparaíso, Chile. *Chloris Chilensis* 16(1), URL: http://www.chlorischile.cl. [pp. 126, 127, 136, 137, 138, 139, 140, 225, 226, 227, 248, 251, 252, 254].

[476] Flores-Toro, L., y M. Contreras-López. 2015. *Suaeda foliosa* Moq. (Caryophyllales: Amaranthaceae) first record of the genus and species for Valparaíso Region, Chile. *Revista Chilena de Historia Natural* 88(1): 2. [pp. 132, 244].

[477] Flores-Toro, L., y R. Hildebrand-Vogel. 2006. Estudio fitosociológico de los bosques de *Nothofagus pumilio* (P. et E.) Krasser del centro sur de Chile. *Anales Museo de Historia Natural Valparaíso* 25: 20–33. [pp. 168, 169, 172].

[478] Follmann, G. 1963. Nordchilenische Nebeloasen. *Umschau in Wissenschaft und Technik* 4: 101–104. [pp. 57, 106, 107].

[479] Follmann, G. 1967. Die Flechtenflora der nordchilenischen Nebeloase Cerro Moreno. *Nova Hedwigia* 14: 213–281. [pp. 57, 106, 107].

[480] Follmann, G., y V. Matte. 1963. Estepas sin jirafas. *Boletín de la Universidad de Chile* 42: 45–48. [pp. 93, 94, 127, 131, 132, 133].

[481] Follmann, G., y P. Weisser. 1966. Oasis de neblina en el norte de Chile. *Boletín de la Universidad de Chile* 67: 34–38. [pp. 57, 91, 106, 107, 109, 118].

[482] Font-Quer, P. 1965. Diccionario de botánica. Editorial Labor, Barcelona. [pp. 26, 277].

[483] Francois, J. P. 2004. Eslabones de una cadena rota: El caso del bosque relicto de Santa Inés. *En* F. A. Squeo, J. R. Gutiérrez, y I. R. Hernández (eds.), Historia natural del Parque Nacional Bosque Fray Jorge, 205–218, Ediciones Universidad de La Serena, La Serena. [pp. 136, 142, 185].

[484] Frangi, J. L., M. D. Barrera, L. L. Richter, y A. E. Lugo. 2005. Nutrient cycling in *Nothofagus pumilio* forests along an altitudinal gradient in Tierra del Fuego, Argentina. *Forest Ecology and Management* 217(1): 80–94. [p. 174].

[485] Frank, D., y M. Finckh. 1999. Laurophyllisation of deciduous *Nothofagus*- forests in southern Chile. *En* F. Klötzli y G.-R. Walther (eds.), Conference on recent shifts in vegetation boundaries of deciduous forests, especially due to general global warming, 317–331, Birkhäuser Basel, Basel. [pp. 148, 159].

[486] Franklin, J. 1995. Predictive vegetation mapping: Geographic modelling of biospatial patterns in relation to environmental gradients. *Progress in Physical Geography* 19(4): 474–499. [p. 27].

[487] Fraver, S., M. E. González, F. Silla, A. Lara, y M. Gardner. 1999. Composition and structure of remnant *Fitzroya cupressoides* forests of southern Chile's central depression. *Journal of the Torrey Botanical Society* 126(1): 49–57. [pp. 193, 200].

[488] Freiberg, H. M. 1985. Vegetationskundliche Untersuchungen an südchilenischen Vulkanen. *Bonner Geographische Abhandlungen* 70: 1–170. [pp. 88, 93, 95, 167, 168, 171, 172, 229, 230, 248, 254, 268].

[489] Frenot, Y., S. L. Chown, J. Whinam, P. M. Selkirk, P. Convey, M. Skotnicki, y D. M. Bergstrom. 2005. Biological invasions in the Antarctic: Extent, impacts and implications. *Biological Reviews* 80(1): 45–72. [p. 267].

[490] Fuentes, E. R. 1988. Sinopsis de paisajes de Chile central. *En* E. R. Fuentes y S. Prenafeta (eds.), Ecología del paisaje en Chile central. Estudios sobre sus espacios montañosos, 17–27, Ediciones Universidad Católica de Chile, Santiago. [pp. 94, 143].

[491] Fuentes, E. R. 1990. Landscape change in Mediterranean-type habitats of Chile: Patterns and processes. *En* I. S. Zonneveld y R. T. T. Forman (eds.), Changing landscapes: An ecological perspective, 165–190, Springer, New York. [p. 94].

[492] Fuentes, E. R., R. Avilés, y A. Segura. 1989. Landscape change under indirect effects of human use: The savanna of central Chile. *Landscape Ecology* 2(2): 73–80. [pp. 94, 131].

[493] Fuentes, E. R., G. Espinoza, y G. Gajardo. 1987. Allelopathic effects of the Chilean matorral shrub *Flourensia thurifera*. *Revista Chilena de Historia Natural* 60(1): 57–62. [p. 126].

[494] Fuentes, E. R., G. A. Espinoza, y E. R. Hajek. 1988. Some consequences of rainfall variability for Mediterranean-type ecosystems in Chile. *En* Proceedings of the 5th International Conference on Mediterranean Ecosystems, 347–360, Paris. [p. 56].

[495] Fuentes, E. R., y E. R. Hajek. 1978. Interacciones hombre-clima en la desertificación del Norte Chico chileno. *Ciencia e Investigación Agraria* 5(3): 137–142. [p. 94].

[496] Fuentes, E. R., y E. R. Hajek. 1979. Patterns of landscape modification in relation to agricultural practice in central Chile. *Environmental Conservation* 6(4): 265–271. [p. 94].

[497] Fuentes, E. R., A. J. Hoffmann, A. Poiani, y M. C. Alliende. 1986. Vegetation change in large clearings: Patterns in the Chilean matorral. *Oecologia* 68(3): 358–366. [pp. 94, 132, 137, 142, 143, 144, 145, 146].

[498] Fuentes, E. R., y M. R. Munoz. 1995. The human role in changing landscapes in central Chile: Implications for intercontinental comparisons. *En* M. T. K. Arroyo, P. H. Zedler, y M. Fox (eds.), Ecology and biogeography of Mediterranean ecosystems in Chile, California, and Australia, 401–417, Springer, New York. [p. 94].

[499] Fuentes, E. R., y S. Prenafeta (eds.). 1988. Ecología del paisaje en Chile central. Estudios sobre sus espacios montañosos. Ediciones Universidad Católica de Chile, Santiago. [p. 42].

[500] Fuentes, F. 1916. Árboles del cajón del Tinguiririca. *Revista Chilena de Historia Natural* 20(2): 17–26. [pp. 146, 150, 152, 251].

[501] Fuentes, R. 2003. Vegetación arbustiva y herbácea de Tarapacá. Guías de identificación y biodiversidad chilena. Universidad Arturo Prat, Iquique. [pp. 104, 105, 128, 129, 216, 217].

[502] Fuentes-Castillo, T., A. Miranda, A. Rivera-Hutinel, C. Smith-Ramírez, y M. Holmgren. 2012. Nucleated regeneration of semiarid sclerophyllous forests close to remnant vegetation. *Forest Ecology and Management* 274: 38–47. [pp. 136, 143].

[503] Fuentes-Ramírez, A., A. Pauchard, L. A. Cavieres, y R. A. García. 2011. Survival and growth of *Acacia dealbata* vs. native trees across an invasion front in south-central Chile. *Forest Ecology and Management* 261(6): 1003–1009. [p. 250].

[504] Fuentes-Ramírez, A., A. Pauchard, y E. Hauenstein. 2011. Composición de la flora de praderas andinas en la Reserva Nacional Alto Bío-Bío (Lonquimay-Chile) y su relación con el régimen de pastoreo. *Gayana Botánica* 68(1): 28–39. [p. 229].

[505] Fuentes-Ramírez, A., A. Pauchard, A. Marticorena, y P. Sánchez. 2010. Relación entre la invasión de *Acacia dealbata* Link (Fabaceae: Mimosoideae) y la riqueza de especies vegetales en el centro-sur de Chile. *Gayana Botánica* 67(2): 188–197. [pp. 150, 156, 250].

[506] Fuenzalida, H. 1950. Biogeografía. *En* Geografía Económica de Chile, vol. 1, 371–424, Corporación de Fomento de la Producción, Santiago. [pp. 42, 267, 268, 269].

[507] Fuenzalida, H. 1950. Clima. *En* Geografía Económica de Chile, vol. 1, 188–257, Corporación de Fomento de la Producción, Santiago. [pp. 54, 59, 77].

[508] Fuenzalida, H. 1965. Biogeografía. *En* Geografía Económica de Chile, texto refundido, 228–267, Corporación de Fomento de la Producción, Santiago. [pp. 42, 90, 267, 268, 269].

[509] Fuenzalida, H. 1965. Clima. *En* Geografía Económica de Chile, texto refundido, 99–152, Corporación de Fomento de la Producción, Santiago. [pp. 54, 59, 77].

[510] Fuenzalida, H. 1966. Climatología. *En* Geografía Económica de Chile, primer apéndice, 31–44, Corporación de Fomento de la Producción, Santiago. [pp. 30, 33, 35, 54, 59, 77].

[511] Fuenzalida, H. A. 1983. Acerca de las fluctuaciones diarias de la capa límite en el litoral del norte de Chile. *Terra Aridae* 2(1): 12–25. [p. 57].

[512] Funk, V. A., P. C. Hoch, A. L. Prather, y W. L. Wagner. 2005. The importance of vouchers. *Taxon* 54(1): 127–129. [p. 273].

[513] Gajardo, M. 1997. Caracterización florística de diferentes ambiente de la Región de Tarapacá. Tesis Ing. Agrónomo, Universidad de Chile, Santiago. [pp. 100, 102, 104, 105, 123, 128, 129, 216, 217, 218, 219].

[514] Gajardo, R. 1978. Antecedentes para la determinación de las comunidades vegetales en Aucó (Chile, IV Región). *Ciencias Forestales* 1(1): 19–27. [pp. 91, 94, 118, 119, 120, 254].

[515] Gajardo, R. 1980. Vegetación del bosque de *Araucaria araucana* (Mol.) K. Koch en la Cordillera de los Andes (Lonquimay prov. Malleco). *Boletín Técnico, Facultad de Ciencias Forestales, Universidad de Chile* 57: 1–25. [p. 167].

[516] Gajardo, R. 1981. Interpretación histórica y perspectivas en el uso del matorral esclerófilo. *Monografías Biológicas* 1: 55–63. [pp. 94, 140, 143].

[517] Gajardo, R. 1983. Sistema básico de clasificación de la vegetación nativa chilena. Ministerio de Agricultura - Universidad de Chile, Santiago. [pp. 42, 47, 90, 91, 93, 100, 104, 105, 106, 107, 109, 110, 112, 113, 114, 116, 118, 119, 121, 122, 123, 124, 126, 127, 128, 129, 131, 132, 133, 136, 138, 140, 142, 143, 144, 145, 146, 147, 149, 150, 152, 153, 155, 156, 158, 159, 160, 161, 162, 164, 165, 166, 167, 168, 169, 172, 174, 176, 177, 178, 179, 181, 183, 185, 187, 188, 189, 190, 191, 192, 193, 195, 196, 198, 200, 201, 202, 204, 205, 206, 207, 209, 210, 211, 213, 216, 217, 218, 219, 220, 221, 222, 224, 225, 226, 227, 228, 229, 232, 236, 238, 239, 267, 268, 269, 270, 274].

[518] Gajardo, R. 1987. La Végétation Naturelle du Chili. Proposition d'un système de classification et représentation de la distribution géographique. Dissertation, Université d'Aix-Marseille III, Faculté des Sciences et Techniques de Saint-Jérôme, Marseille. [pp. 267, 269, 270].

[519] Gajardo, R. 1992. La vegetación natural de Chile: Proposición de un sistema de clasificación y representación de la distribución geográfica. Universidad de Chile, Departamento de Silvicultura, Santiago. [p. 268].

[520] Gajardo, R. 1994. Bibliografía sumaria sobre *Austrocedrus chilensis* (D.Don) Florin et Boutelje ("ciprés de la cordillera"). *Notas CESAF-Chile* 3: 11–18. [pp. 152, 268].

[521] Gajardo, R. 1994. Formaciones vegetales de Chile. *En* Perfil ambiental de Chile, 41–59, Comisión Nacional de Medio Ambiente, Santiago. [p. 42].

[522] Gajardo, R. 1994. La vegetación natural de Chile. Clasificación y distribución geográfica. Editorial Universitaria, Santiago. [pp. 42, 46, 90, 91, 93, 94, 95, 100, 104, 105, 106, 107, 108, 109, 110, 111, 112, 113, 114, 115, 116, 117, 118, 119, 121, 122, 123, 124, 125, 126, 127, 128, 129, 130, 131, 132, 133, 135, 136, 137, 138, 139, 140, 142, 143, 144, 145, 146, 147, 148, 149, 150, 151, 152, 153, 154, 155, 156, 157, 158, 159, 160, 161, 162, 163, 164, 165, 166, 167, 168, 169, 170, 171, 172, 174, 175, 176, 177, 178, 179, 180, 181, 182, 183, 184, 185, 186, 187, 188, 189, 190, 191, 192, 193, 194, 195, 196, 197, 198, 200, 201, 202, 203, 204, 205, 206, 207, 208, 209, 210, 211, 213, 214, 215, 216, 217, 218, 219, 220, 221, 222, 224, 225, 226, 227, 228, 229, 230, 232, 234, 235, 236, 237, 238, 239, 243, 244, 246, 247, 248, 249, 251, 252, 253, 254, 255, 267, 269, 270].

[523] GAJARDO, R. 2001. Antecedentes sobre el "roble de Santiago" o "roble blanco" (*Nothofagus macrocarpa*) y sus problemas de conservación. *Bosque Nativo* 28: 3–7, reimpreso en Chagual 2: 42-47. 2004. [pp. 92, 140, 149, 272, 273].

[524] GAJARDO, R., F. LUEBERT, y M. ESTAY. 2005. Ensayo de una tipología de estaciones forestales en el Parque Nacional Tolhuaca, Chile. *Bosque* 26(2): 47–56. [pp. 164, 165, 167].

[525] GAJARDO, R., y M. T. SERRA. 1979. Composición florística del sotobosque del tipo raulí en una gradiente altitudinal (Niblinto, R.F. Malleco). *Ciencias Forestales* 1(3): 29–38. [pp. 164, 165].

[526] GALÁN DE MERA, A. 2005. Clasificación fitosociológica de la vegetación de la región del Caribe y América del Sur. *Arnaldoa* 12(1–2): 86–111. [p. 268].

[527] GALÁN DE MERA, A., S. BALDEÓN, H. BELTRÁN, M. BENAVENTE, y J. GÓMEZ. 2004. Datos sobre la vegetación del centro del Perú. *Acta Botánica Malacitana* 29: 89–115. [p. 55].

[528] GALÁN DE MERA, A., C. CÁCERES, y A. GONZÁLEZ. 2002. Las comunidades con cactáceas del sur del Perú, II. Nueva asociación y alianza del desierto pacífico. *Acta Botánica Malacitana* 27: 270–272. [p. 42].

[529] GALAN DE MERA, A., C. CÁCERES, y A. GONZÁLEZ. 2003. La vegetación de la alta montaña andina del sur del Perú. *Acta Botánica Malacitana* 28: 121–147. [pp. 42, 55, 129, 217, 219].

[530] GALÁN DE MERA, A., y J. GÓMEZ CARRIÓN. 2001. Las comunidades con cactáceas del sur del Perú: Nuevos datos sobre la alianza *Corryocaction brevistyli*. *Acta Botánica Malacitana* 26: 240–246. [pp. 42, 129].

[531] GALÁN DE MERA, A., M. HAGEN, y J. VICENTE ORELLANA. 1999. Aerophyte, a new life form in Raunkiaer's classification? *Journal of Vegetation Science* 10(1): 65–68. [p. 100].

[532] GALÁN DE MERA, A., E. LINARES PEREA, J. CAMPOS DE LA CRUZ, y J. VICENTE ORELLANA. 2009. Nuevas observaciones sobre la vegetación del sur del Perú. Del Desierto Pacífico al Altiplano. *Acta Botánica Malacitana* 34: 107–144. [pp. 42, 129, 216, 217, 218].

[533] GALÁN DE MERA, A., E. LINARES PEREA, J. CAMPOS DE LA CRUZ, y J. A. VICENTE ORELLANA. 2011. Interpretación fitosociológica de la vegetación de las lomas del desierto peruano. *Revista de Biología Tropical* 59(2): 809–828. [p. 42].

[534] GALÁN DE MERA, A., E. MÉNDEZ, E. LINARES PEREA, J. DE LA CRUZ, y J. A. VICENTE ORELLANA. 2014. Las comunidades vegetales relacionadas con los procesos criogénicos en los Andes peruanos. *Phytocoenologia* 44(1–2): 121–161. [pp. 217, 218, 219].

[535] GALÁN DE MERA, A., y J. V. ORELLANA. 1996. Las comunidades con *Corryocactus brevistylus* del sur del Perú. *Phytologia* 80(1): 40–47. [pp. 42, 129].

[536] GALÁN DE MERA, A., M. V. ROSA, y C. CÁCERES. 2002. Una aproximación sintaxonómica sobre la vegetación del Perú: Clases, órdenes y alianzas. *Acta Botánica Malacitana* 27: 75–103. [p. 42].

[537] GALÁN DE MERA, A., J. VICENTE ORELLANA, y J. LUCAS GARCÍA. 1997. Phytogeographical sectoring of the Peruvian coast. *Global Ecology and Biogeography Letters* 6: 349–367. [p. 30].

[538] GALÁN DE MERA, A., y J. A. VICENTE ORELLANA. 2006. Aproximación al esquema sintaxonómico de la vegetación de la región del Caribe y América del Sur. *Anales de Biología* 28: 3–27. [p. 268].

[539] GALLARDO, M. B., C. PÉREZ, M. NÚÑEZ ÁVILA, y J. J. ARMESTO. 2012. Desacoplamiento del desarrollo del suelo y la sucesión vegetal a lo largo de una cronosecuencia de 60 mil años en el volcán Llaima, Chile. *Revista Chilena de Historia Natural* 85(3): 291–306. [pp. 164, 165, 188, 195].

[540] GALLO, L., C. DONOSO, P. MARCHELLI, y P. DONOSO. 2004. Variación en *Nothofagus nervosa* (Phil.) Dim. et Mill. (*N. alpina*, *N. procera*) (raulí o roblí). *En* C. Donoso, A. Premoli, L. Gallo, y R. Ipinza (eds.), Variación intraespecífica en las especies arbóreas de los bosques templados de Chile y Argentina, 115–144, Editorial Universitaria, Santiago. [p. 272].

[541] GANDULLO, R. 2003. Fitosociología de los matorrales de "Ñire" (*Nothofagus antarctica*), con bosque de "Pehuén" (*Araucaria araucana*), del Parque Provincial Copahue. I. Interpretación sintaxonómica. *Candollea* 58(1): 163–181. [p. 175].

[542] GANDULLO, R., y A. M. FAGGI. 2006. La vegetación rupícola del Parque Provincial Copahue. Neuquén, Argentina. *Kurtziana* 32(1–2): 13–24. [pp. 42, 229].

[543] GARAVENTA, A. 1936. La deforestación en la zona de Chile central y su importancia. *Revista Universitaria* 21: 131–135. [p. 94].

[544] GARAVENTA, A. 1944. *Nicotiana glauca* como repoblador inicial. *Revista Universitaria* 29: 41–43. [p. 94].

[545] GARAVENTA, A. 1946. Anotaciones botánicas. *Revista Universitaria* 31: 51–57. [pp. 56, 57].

[546] Garaventa, A. 1964. Importancia e interés botánico que presenta la vegetación del cerro La Campana. *Boletín Informativo Sociedad Científica de Valparaíso* 23: 2. [p. 149].

[547] García, N. 2004. Caracterización vegetacional y florística: Parque Ahuenco, Comuna de Ancud, Provincia de Chiloé, Región de Los Lagos. *Informe técnico*, Facultad de Ciencias Agronómicas, Universidad de Chile, Santiago. [p. 183].

[548] García, N. 2006. Análisis florístico comparativo de la vegetación alto-andina de la Cordillera de la Costa y de los Andes de Chile central. Tesis Ing. Recursos Naturales, Universidad de Chile, Santiago. [pp. 43, 226].

[549] García, N. 2010. Caracterización de la flora vascular de Altos de Chicauma, Chile (33° S). *Gayana Botánica* 67(1): 65–112. [pp. 92, 93, 142, 149].

[550] García, N., y F. Luebert. 2008. Aporte al conocimiento de la flora y la vegetación del río Mosco, Villa O'Higgins, ~48°S (Región de Aysén, Chile). *Chloris Chilensis* 11(2), URL: http://www.chlorischile.cl. [pp. 169, 178, 179, 203, 204, 207, 214, 233, 234, 273].

[551] García-López, J. M., L. Collado, C. Allué, J. O. Bava, J. A. Arranz, y J. M. Beneitez. 2012. Phytoclimatic segregation of sub-antartic *Nothofagus* woodland types in Tierra del Fuego, southern South America. *Plant Ecology and Diversity* 5(3): 373–385. [pp. 174, 179, 205].

[552] Garreaud, R. D. 1999. Multiscale analysis of the summertime precipitation over the central Andes. *Monthly Weather Review* 127(5): 901–921. [p. 54].

[553] Garreaud, R. D. 2000. Intraseasonal variability of moisture and rainfall over the South American Altiplano. *Monthly Weather Review* 128(9): 3337–3346. [p. 54].

[554] Garreaud, R. D. 2009. The Andes climate and weather. *Advances in Geosciences* 22: 3–11. [pp. 53, 54, 55, 57].

[555] Garreaud, R. D. 2013. Warm winter storms in central Chile. *Journal of Hydrometeorology* 14(5): 1515–1534. [p. 58].

[556] Garreaud, R. D. (ed.). 2015. Informe a la Nación. La megasequía 2010-2015: Una lección para el futuro. Centro de Ciencia del Clima y la Resiliencia, Santiago. [p. 65].

[557] Garreaud, R. D., y P. Aceituno. 2001. Interannual rainfall variability over the South American Altiplano. *Journal of Climate* 14(12): 2779–2789. [pp. 53, 54, 57].

[558] Garreaud, R. D., y P. Aceituno. 2007. Atmospheric circulation and climatic variability. *En* T. T. Veblen, K. R. Young, y A. R. Orme (eds.), The physical geography of South America, 45–59, Oxford University Press, New York. [pp. 53, 54].

[559] Garreaud, R. D., J. Barichivich, D. A. Christie, y A. Maldonado. 2008. Interannual variability of the coastal fog at Fray Jorge relict forests in semiarid Chile. *Journal of Geophysical Research: Biogeosciences* 113(G4): G04011. [pp. 57, 118].

[560] Garreaud, R. D., y D. S. Battisti. 1999. Interannual (ENSO) and interdecadal (ENSO-like) variability in the Southern Hemisphere tropospheric circulation. *Journal of Climate* 12(7): 2113–2123. [pp. 56, 57].

[561] Garreaud, R. D., P. López, M. Minvielle, y M. Rojas. 2013. Large-scale control on the Patagonian climate. *Journal of Climate* 26(1): 215–230. [pp. 53, 59].

[562] Garreaud, R. D., A. Molina, y M. Farías. 2010. Andean uplift, ocean cooling and Atacama hyperaridity: A climate modeling perspective. *Earth and Planetary Science Letters* 292(1–2): 39–50. [p. 55].

[563] Garreaud, R. D., y R. Muñoz. 2004. The diurnal cycle in circulation and cloudiness over the subtropical southeast Pacific: A modeling study. *Journal of Climate* 17(8): 1699–1710. [p. 53].

[564] Garreaud, R. D., y J. A. Rutllant. 1996. Análisis meteorológico de los aluviones de Antofagasta y Santiago de Chile en el periodo 1991-1993. *Atmósfera* 9: 251–271. [p. 57].

[565] Garreaud, R. D., y J. A. Rutllant. 1997. Precipitación estival en los Andes de Chile central: Aspectos climatológicos. *Atmósfera* 10: 191–211. [p. 57].

[566] Garreaud, R. D., J. A. Rutllant, y H. A. Fuenzalida. 2002. Coastal lows along the subtropical west coast of South America: Mean structure and evolution. *Monthly Weather Review* 130(1): 75–88. [p. 57].

[567] Garreaud, R. D., M. Vuille, y A. C. Clement. 2003. The climate of the Altiplano: Observed current conditions and mechanisms of past changes. *Palaeogeography, Palaeoclimatology, Palaeoecology* 194(1): 5–22. [pp. 53, 54, 57].

[568] GARREAUD, R. D., M. VUILLE, R. COMPAGNUCCI, y J. MARENGO. 2009. Present-day South American climate. *Palaeogeography, Palaeoclimatology, Palaeoecology* 281(3–4): 180–195. [pp. 53, 55, 56, 57, 58, 59].

[569] GARZÓN-MACHADO, V., R. OTTO, y M. J. DEL ARCO AGUILAR. 2014. Bioclimatic and vegetation mapping of a topographically complex oceanic island applying different interpolation techniques. *International Journal of Biometeorology* 58(5): 887–899. [p. 30].

[570] GASTÓ, J., D. CONTRERAS, y F. COSIO. 1986. Ecosistemas pastorales de la zona mediterránea árida de Chile I. Estudio de las comunidades agrícolas de Carquindaño y Yerba Loca del secano costero de la región de Coquimbo. Oficina Regional de Ciencia y Tecnología de la UNESCO para América Latina y el Caribe, Montevideo. [p. 121].

[571] GASTÓ, J., D. CONTRERAS, F. COSIO, y R. DEMANET. 1990. Degradación y rehabilitación de la zona de clima mediterráneo árido de Chile. *Terra Aridae* 8: 171–220. [p. 94].

[572] GAVILÁN, R., y F. FERNÁNDEZ-GONZÁLEZ. 1997. Climatic discrimination of Mediterranean broadleaved sclerophyllous and deciduous forests in central Spain. *Journal of Vegetation Science* 8(3): 377–386. [pp. 25, 31].

[573] GAYMER, C. F., U. ROJAS, F. A. SQUEO, G. LUNA, A. CORTÉS, G. ARANCIO, C. DUMONT, M. CORTÉS, D. HIRIART, y D. LÓPEZ. 2008. AMCP-MU Isla Grande de Atacama: Flora y fauna marina y terrestre. *En* F. A. Squeo, G. Arancio, y J. R. Gutiérrez (eds.), Libro rojo de la flora nativa y de los sitios prioritarios para su conservación: Región de Atacama, 223–249, Ediciones Universidad de La Serena, La Serena. [p. 112].

[574] GERSTMANN, C., M. MIRANDA, y A. CONDAL. 2010. Description of space-time variability of the potential productivity of *Acacia caven* espinales based on MODIS images and the Enhanced Vegetation Index (EVI). *Ciencia e Investigación Agraria* 37(1): 63–73. [p. 132].

[575] GIANOLI, E., A. SALDAÑA, M. JIMÉNEZ-CASTILLO, y F. VALLADARES. 2010. Distribution and abundance of vines along the light gradient in a southern temperate rain forest. *Journal of Vegetation Science* 21(1): 66–73. [pp. 180, 185].

[576] GIERLOFF-EMDEN, H. G. 1959. Der Humboldtstrom und die pazifischen Landschaften seines Wirkungsbereiches. *Petermanns Geographische Mittelungen* 103: 2–4, 7–10. [p. 55].

[577] GIGOUX, E. 1935. El morro Copiapó. *Revista Chilena de Historia Natural* 39: 253–265. [p. 112].

[578] GILLET, F., B. DE FOUCAULT, y P. JULVE. 1991. La phytosociologie synusiale intégrée: Objets et concepts. *Candollea* 46: 315–340. [p. 29].

[579] GINOCCHIO, R., y G. MONTENEGRO. 1992. Interpretation of metameric architecture in dominant shrubs of the Chilean matorral. *Oecologia* 90(3): 451–456. [p. 125].

[580] GODLEY, E. J. 1960. The botany of southern Chile in relation to New Zealand and the Subantarctic. *Proceedings of the Royal Society B Biological Sciences* 152(949): 457–475. [p. 42].

[581] GODLEY, E. J. 1963. Contributions to the plant geography of southern Chile. *Revista Universitaria* 48: 31–39. [p. 200].

[582] GODLEY, E. J. 1968. A plant list from the Cordillera de San Pedro, Chiloé. *Revista Universitaria* 53: 65–77. [p. 200].

[583] GODOY, R., C. OYARZÚN, y V. GERDING. 2001. Precipitation chemistry in deciduous and evergreen *Nothofagus* forests of southern Chile under a low-deposition climate. *Basic and Applied Ecology* 2(1): 65–72. [p. 168].

[584] GOLOWASCH, J., M. T. KALIN ARROYO, C. VILLAGRÁN, y J. J. ARMESTO. 1982. Características demográficas de una población de *Nothofagus obliqua* (Mirb.) Blume var. *macrocarpa* DC., en el cerro El Roble (33° LS) en Chile. *Boletín Museo Nacional de Historia Natural Chile* 39: 37–44. [p. 149].

[585] GOLTE, W. 1983. Verbreitung und ökologische Grundlagen der laubwerfenden *Nothofagus*-Arten im südlichen Andenraum. *En* W. Lauer (ed.), Beiträge zur Geoökologie von Gebirgsräumen in Südamerika und Eurasien, 9–51, Franz Steiner Verlag, Weisbaden. [pp. 95, 148].

[586] GOLTE, W. 1993. *Araucaria*: Verbreitung und Standortansprüche einer Coniferengattung in vergleichender Sicht. Steiner Franz Verlag, Stuttgart. [pp. 186, 187, 188, 189].

[587] GÓMEZ, E., y A. V. LITTLE. 1984. Geoecología de los Andes: Las ciencias naturales como base para la planificación de las investigaciones. *En* A. V. Little (ed.), Una visión general de la región andina, 35–80, UNESCO/PNUMA, Montevideo. [p. 59].

[588] GÓMEZ, P., R. O. BUSTAMANTE, J. SAN MARTÍN, y S. HAHN. 2011. Estructura poblacional de *Pinus radiata* D.Don en fragmentos de Bosque Maulino en Chile central. *Gayana Botánica* 68(1): 97–101. [p. 155].

[589] Gómez, P., y S. Hahn. 2011. Hábitat, vegetación acompañante y algunos antecedentes sobre la biología reproductiva de *Trichocereus Chiloénsis* (Colla) Britton & Rose ssp. *litoralis* (Johow) Faúndez, Cactaceae, en la zona costera, Región del Maule (VII), Chile central. *Chloris Chilensis* 14(1), URL: http://www.chlorischile.cl. [p. 144].

[590] Gómez, P., S. Hahn, y J. San Martín. 2009. Estructura y composición florística de un matorral bajo plantaciones de *Pinus radiata* D.Don en Chile central. *Gayana Botánica* 66(2): 256–268. [p. 155].

[591] Gómez-González, S., y L. A. Cavieres. 2009. Litter burning does not equally affect seedling emergence of native and alien species of the Mediterranean-type Chilean matorral. *International Journal of Wildland Fire* 18(2): 213–221. [p. 143].

[592] Gómez-González, S., A. Sierra-Almeida, y L. A. Cavieres. 2008. Does plant-derived smoke affect seed germination in dominant woody species of the Mediterranean matorral of central Chile? *Forest Ecology and Management* 255(5–6): 1510–1515. [p. 143].

[593] Gómez-González, S., C. Torres-Díaz, G. Valencia, P. Torres-Morales, L. A. Cavieres, y J. G. Pausas. 2011. Anthropogenic fires increase alien and native annual species in the Chilean coastal matorral. *Diversity and Distributions* 17(1): 58–67. [pp. 140, 142].

[594] González, A. L., J. M. Fariña, R. Pinto, C. Pérez, K. C. Weathers, J. J. Armesto, y P. A. Marquet. 2011. Bromeliad growth and stoichiometry: Responses to atmospheric nutrient supply in fog-dependent ecosystems of the hyper-arid Atacama Desert, Chile. *Oecologia* 167(3): 835–45. [p. 102].

[595] González, A. V., y F. Pérez. 2010. Pollen limitation and reproductive assurance in the flora of the coastal Atacama Desert. *International Journal of Plant Sciences* 171(6): 607–614. [p. 113].

[596] González, C. A. 2005. Biodiversidad vegetal acuática de los humedales del río Chepu (Chiloé, Región de Los Lagos, Chile). Tesis Biol. Marino, Universidad Austral de Chile, Valdivia. [pp. 200, 240, 245, 246].

[597] González, J. A., y A. E. Würschmidt. 2008. Contribución al conocimiento de la vegetación de alta montaña en la zona del volcán Ojos del Salado (Tinogasta, provincia de Catamarca, Argentina). *Lilloa* 45(1–2): 47–60. [pp. 42, 225, 232].

[598] González, L., R. Bustamante, R. Navarro, M. Herrera, y M. Toral. 2009. Ecology and management of the Chilean Palm (*Jubaea chilensis*): History, current situation and perspectives. *Palms* 53(2): 68–74. [pp. 44, 136, 137, 139, 140, 142, 143, 144, 145].

[599] González, M., E. Hauenstein, F. Peña Cortés, M. García, y O. Urrutia. 2003. Comentarios sobre bosques pantanosos, humedales importantes del centro-sur de Chile. *Gestión Ambiental* 9: 3–13. [pp. 245, 246].

[600] González, M. E., y T. T. Veblen. 2006. Climatic influences on fire in *Araucaria araucana–Nothofagus* forests in the Andean cordillera of south-central Chile. *Ecoscience* 13(3): 342–350. [p. 188].

[601] González, M. E., y T. T. Veblen. 2007. Incendios en bosques de *Araucaria araucana* y consideraciones ecológicas al madereo de aprovechamiento en áreas recientemente quemadas. *Revista Chilena de Historia Natural* 80(2): 243–253. [p. 188].

[602] González, M. E., T. T. Veblen, y J. S. Sibold. 2005. Fire history of *Araucaria-Nothofagus* forests in Villarrica National Park, Chile. *Journal of Biogeography* 32(7): 1187–1202. [p. 167].

[603] Goodspeed, T. H. 1945. The vegetation and plant resources of Chile. *En* F. Verdoorn (ed.), Plant and plant science in Latin America, 145–149, Chronica Botanica Company, Waltham, Massachusetts. [p. 42].

[604] Gopar-Merino, L. F., A. Velázquez, y J. Giménez de Azcárate. 2015. Bioclimatic mapping as a new method to assess effects of climatic change. *Ecosphere* 6(1): art13. [p. 30].

[605] Gounot, M. 1969. Méthodes d'étude quantitative de la végétation. Masson, Paris. [p. 267].

[606] Grandjot, G., y K. Grandjot. 1936. Der Potrero Grande in der Kordillere von Santiago. *Verhandlungen des deutschen wissenschaftlichen Vereins zu Santiago (Chile) Neue Folge* 3: 30–66. [pp. 93, 226, 227, 232].

[607] Grant, M. L., y E. J. Clement. 2004. Clarification of the name *Nothofagus alpina* and a new epithet for a *Nothofagus* hybrid. *Botanical Journal of the Linnean Society* 146(4): 447–451. [p. 273].

[608] Grau, J. 1995. Aspectos geográficos de la flora de Chile. *En* C. Marticorena y R. A. Rodríguez (eds.), Flora de Chile, vol. 1, 63–83, Universidad de Concepción, Concepción. [p. 42].

[609] GRAU, J. 2000. El Niño – Leben für die untergehende Pflanzenwelt der Atacama. *Biologie in unserer Zeit* 30: 4–13. [p. 56].

[610] GREIMLER, J., P. LÓPEZ S, T. F. STUESSY, y T. DIRNBOCK. 2002. The vegetation of Robinson Crusoe Island (Isla Masatierra), Juan Fernández Archipelago, Chile. *Pacific Science* 53(6): 263–284. [p. 267].

[611] GREIMLER, J., P. LÓPEZ-SEPULVEDA, K. REITER, C. BAEZA, P. PEÑAILILLO, E. RUIZ, P. NOVOA, A. GATICA, y T. STUESSY. 2013. Vegetation of Alejandro Selkirk Island (Isla Masafuera), Juan Fernández Archipelago, Chile. *Pacific Science* 67(2): 267–282. [p. 267].

[612] GREISSL, R. 1974. La colección botánica del Centro de Investigación y Capacitación Agrícola (CICA) - Arica - I. *Idesia* 3: 185–195. [p. 128].

[613] GRISEBACH, A. 1872. Die Vegetation der Erde nach ihrer klimatischen Anordnung. W. Engelmann, Leipzig. [p. 26].

[614] GUERRERO, P., A. DURÁN, y H. WALTER. 2011. Latitudinal and altitudinal patterns of the endemic cacti from the Atacama desert to Mediterranean Chile. *Journal of Arid Environments* 75(11): 991–997. [p. 103].

[615] GUERRERO, P. C., y R. O. BUSTAMANTE. 2007. Can native tree species regenerate in *Pinus radiata* plantations in Chile?: Evidence from field and laboratory experiments. *Forest Ecology and Management* 253(1–3): 97–102. [p. 155].

[616] GUERRERO, P. C., y R. O. BUSTAMANTE. 2009. Abiotic alterations caused by forest fragmentation affect tree regeneration: A shade and drought tolerance gradient in the remnants of Coastal Maulino Forest. *Revista Chilena de Historia Natural* 82(3): 413–429. [p. 155].

[617] GUIJARRO, J. A. 2013. climatol: Some tools for climatology: Series homogenization, plus windrose and Walter & Lieth diagrams. R package version 2.2, URL: http://www.climatol.eu/. [p. 31].

[618] GUISAN, A. 2003. Simuler la répartition géographique des espèces et de la végétation: (ou "Si De Candolle avait eu un ordinateur..."). *Saussurea* 33: 79–99. [p. 27].

[619] GUISAN, A., J.-P. THEURILLAT, y F. KIENAST. 1998. Predicting the potential distribution of plant species in an alpine environment. *Journal of Vegetation Science* 9(1): 65–74. [p. 27].

[620] GUISAN, A., y N. E. ZIMMERMANN. 2000. Predictive habitat distribution models in ecology. *Ecological Modelling* 135: 147–186. [p. 51].

[621] GULMON, S. L. 1977. A comparative study of the grassland of California and Chile. *Flora* 166: 261–278. [p. 131].

[622] GUNCKEL, H. 1931. Contribuciones a la flora valdiviana (tercera comunicación). Vegetación de la gruta de "La Aguada" en el puerto de Corral. *Revista Universitaria* 16: 200–213. [p. 183].

[623] GUNCKEL, H. 1954. Dos plantas interesantes de la Quebrada de Peñalolén (Provincia de Santiago, Chile). *Revista Universitaria* 39: 167–171. [p. 143].

[624] GUNCKEL, H. 1961. Plantas andinas de Chile boreal. *Revista Universitaria* 46: 119–122. [p. 129].

[625] GUTIÉRREZ, A. G., J. C. ARAVENA, N. V. CARRASCO-FARÍAS, D. A. CHRISTIE, M. FUENTES, y J. J. ARMESTO. 2008. Gap-phase dynamics and coexistence of a long-lived pioneer and shade-tolerant tree species in the canopy of an old-growth coastal temperate rain forest of Chiloé Island, Chile. *Journal of Biogeography* 35(9): 1674–1687. [pp. 118, 200].

[626] GUTIÉRREZ, A. G., J. J. ARMESTO, y J. C. ARAVENA. 2004. Disturbance and regeneration dynamics of an old-growth North Patagonian rain forest in Chiloé Island, Chile. *Journal of Ecology* 92(4): 598–608. [p. 200].

[627] GUTIÉRREZ, A. G., J. J. ARMESTO, J. C. ARAVENA, M. CARMONA, N. V. CARRASCO, D. A. CHRISTIE, M. P. PEÑA, C. PÉREZ, y A. HUTH. 2009. Structural and environmental characterization of old-growth temperate rainforests of northern Chiloé Island, Chile: Regional and global relevance. *Forest Ecology and Management* 258(4): 376–388. [pp. 183, 200].

[628] GUTIÉRREZ, A. G., J. J. ARMESTO, M. F. DÍAZ, y A. HUTH. 2012. Sensitivity of North Patagonian temperate rainforests to changes in rainfall regimes: A process-based, dynamic forest model. *Biogeosciences Discussions* 9(6): 6293–6333. [p. 200].

[629] GUTIÉRREZ, A. G., J. J. ARMESTO, M. F. DÍAZ, y A. HUTH. 2014. Increased drought impacts on temperate rainforests from southern South America: Results of a process based, dynamic forest model. *PLoS ONE* 9(7): e103226. [p. 200].

[630] GUTIÉRREZ, A. G., O. BARBOSA, D. A. CHRISTIE, E. DEL-VAL, H. A. EWING, C. G. JONES, P. A. MARQUET, K. C. WEATHERS, y J. J. ARMESTO. 2008. Regeneration patterns and persistence of the fog-dependent Fray Jorge forest in semiarid Chile during the past two centuries. *Global Change Biology* 14(1): 161–176. [p. 118].

[631] Gutiérrez, A. G., y A. Huth. 2012. Successional stages of primary temperate rainforests of Chiloé Island, Chile. *Perspectives in Plant Ecology, Evolution and Systematics* 14(4): 243–256. [pp. 183, 200].

[632] Gutiérrez, J. R. 1981. Estudio comparativo de *Nothofagus oblíqua* (Mirb.) Oerst y *Nothofagus glauca* (Phil.) Krasser (Fagaceae: Dicotyledoneae) en relación con algunas características de su morfología foliar y flora asociada. *Boletín Museo Nacional de Historia Natural Chile* 38: 29–37. [pp. 150, 155, 156].

[633] Gutiérrez, J. R. 1992. Effects of low water supplementation and nutrient addition on the aboveground biomass production of annual plants in a Chilean coastal desert site. *Oecologia* 90(4): 556–559. [pp. 91, 116].

[634] Gutiérrez, J. R. 1993. The effect of water, nitrogen, and human-induced desertification on the structure of ephemeral plant-communities in the Chilean coastal Desert. *Revista Chilena de Historia Natural* 66(3): 337–344. [pp. 91, 94, 116, 118].

[635] Gutiérrez, J. R. 2001. Importancia de los arbustos leñosos en los ecosistemas de la IV Región. *En* F. A. Squeo, G. Arancio, y J. R. Gutiérrez (eds.), Libro rojo de la flora nativa de la Región de Coquimbo y de los sitios prioritarios para su conservación, 253–260, Ediciones Universidad de La Serena, La Serena. [p. 118].

[636] Gutiérrez, J. R. 2008. El desierto florido en la Región de Atacama. *En* F. A. Squeo, G. Arancio, y J. R. Gutiérrez (eds.), Libro rojo de la flora nativa y de los sitios prioritarios para su conservación: Región de Atacama, 285–291, Ediciones de la Universidad de La Serena, La Serena. [p. 116].

[637] Gutiérrez, J. R., y L. E. Aguilera. 1989. Size-biomass relationships for some herbaceous plants of the Chilean arid region. *Revista Chilena de Historia Natural* 62(1): 95–98. [p. 116].

[638] Gutiérrez, J. R., G. Arancio, y F. M. Jaksic. 2000. Variation in vegetation and seed bank in a Chilean semi-arid community affected by ENSO 1997. *Journal of Vegetation Science* 11(5): 641–648. [p. 119].

[639] Gutiérrez, J. R., y J. J. Armesto. 1977. Distribución espacial de dos especies colonizadoras del matorral chileno. *Anales Museo de Historia Natural Valparaíso* 10: 95–99. [pp. 94, 140, 143].

[640] Gutiérrez, J. R., M. Holmgren, R. Manrique, y F. A. Squeo. 2007. Reduced herbivore pressure under rainy ENSO conditions could facilitate dryland reforestation. *Journal of Arid Environments* 68(2): 322–330. [p. 118].

[641] Gutiérrez, J. R., F. López-Cortés, y P. A. Marquet. 1998. Vegetation in an altitudinal gradient along the Rio Loa in the Atacama Desert of northern Chile. *Journal of Arid Environments* 40: 383–399. [pp. 91, 104, 122, 219, 220].

[642] Gutiérrez, J. R., y P. L. Meserve. 2003. El Niño effects on soil seed bank dynamics in north-central Chile. *Oecologia* 134(4): 511–517. [pp. 91, 118].

[643] Gutiérrez, J. R., P. L. Meserve, y D. A. Kelt. 2004. Estructura y dinámica de la vegetación del ecosistema semiárido del Parque Nacional Bosque Fray Jorge entre 1989 y 2002. *En* F. A. Squeo, J. R. Gutiérrez, y I. R. Hernández (eds.), Historia natural del Parque Nacional Bosque Fray Jorge, 115–134, Ediciones de la Universidad de La Serena, La Serena. [p. 118].

[644] Guzmán, C. 1984. Estado actual de las veranadas en un sector de la Comuna de San José de Maipo (Región Metropolitana) y su relación con el manejo histórico de la masa animal. Tesis Ing. Agrónomo, Universidad de Chile, Santiago. [p. 227].

[645] Haberle, S. G., y K. D. Bennett. 2004. Postglacial formation and dynamics of North Patagonian rainforest in the Chonos Archipelago, Southern Chile. *Quaternary Science Reviews* 23: 2433–2452. [pp. 193, 208, 209].

[646] Haberle, S. G., J. M. Szeicz, y K. D. Bennett. 2000. Late Holocene vegetation dynamics and lake geochemistry at Laguna Miranda, XI Region, Chile. *Revista Chilena de Historia Natural* 73(4): 655–669. [pp. 193, 208, 209].

[647] Haemet-Ahti, L. 1986. The zonal position of *Nothofagus* forests. *Veröffentlichungen des Geobotanischen Institutes der ETH, Stiftung Rübel, Zürich* 91: 217–227. [pp. 95, 148].

[648] Hajek, E. R., y F. Di Castri. 1975. Bioclimatografía de Chile. Dirección de Investigación, Vice-Rectoría Académica, Universidad Católica de Chile, Santiago. [pp. 30, 61].

[649] Hajek, E. R., y G. A. Espinoza. 1987. Meteorología, climatología y bioclimatología de las islas oceánicas chilenas. *En* J. Castilla (ed.), Islas oceánicas chilenas: Conocimiento científico y necesidades de investigaciones, 55–83, Ediciones de la Universidad Católica de Chile, Santiago. [p. 267].

[650] HAJEK, E. R., y J. R. GUTIÉRREZ. 1978. Distribución de unidades térmicas en Chile. *Ciencia e Investigación Agraria* 5(1–2): 83–92. [p. 59].

[651] HAJEK, E. R., M. PACHECO, y A. PASSALACQUA. 1972. Análisis bioclimático de la sequía en la zona de tendencia mediterránea de Chile. Instituto de Ciencias Biológicas, Universidad Católica de Chile, Santiago. [pp. 54, 65].

[652] HALLOY, S. 1991. Islands of life at 6000 m altitude: The environment of the highest autotrophic communities on Earth (Socompa Volcano, Andes). *Arctic and Alpine Research* 23(3): 247–262. [pp. 87, 88].

[653] HAMBLETON, S. 1936. La vegetación del Canal y Río Baker (Patagonia occidental). *Revista Argentina de Agronomía* 3(3): 159–173. [pp. 203, 204].

[654] HARRISON, S. P., I. C. PRENTICE, D. BARBONI, K. E. KOHFELD, J. NI, y J.-P. SUTRA. 2010. Ecophysiological and bioclimatic foundations for a global plant functional classification. *Journal of Vegetation Science* 21(2): 300–317. [p. 25].

[655] HARTLEY, A. J. 2003. Andean uplift and climate change. *Journal of the Geological Society* 160(1): 7–10. [pp. 53, 55].

[656] HASTINGS, G. T. 1905. Observations on the flora of central Chile. *Bulletin of the Torrey Botanical Club* 32(11): 615–623. [pp. 130, 131, 143, 226, 227, 232].

[657] HAUENSTEIN, E., M. GONZÁLEZ, F. PEÑA CORTÉS, y A. MUÑOZ-PEDREROS. 2002. Clasificación y caracterización de la flora y vegetación de los humedales de la costa de Toltén (IX Región, Chile). *Gayana Botánica* 59(2): 87–100. [pp. 159, 185, 240, 245, 246, 247].

[658] HAUENSTEIN, E., M. GONZÁLEZ, F. PEÑA CORTÉS, y A. MUÑOZ-PEDREROS. 2005. Diversidad vegetal en humedales costeros de la Región de La Araucanía. *En* C. Smith-Ramírez, J. J. Armesto, y C. Valdovinos (eds.), Historia, biodiversidad y ecología de los bosques costeros de Chile. Santiago, Chile, 197–205, Editorial Universitaria, Santiago. [pp. 185, 240, 245, 246, 247].

[659] HAUENSTEIN, E., A. MUÑOZ-PEDREROS, J. YÁNEZ, P. SÁNCHEZ, P. MÖLLER, B. GUIÑEZ, y C. GIL. 2009. Flora y vegetación de la Reserva Nacional Lago Peñuelas, Reserva de la Biosfera, Región de Valparaíso, Chile. *Bosque* 30(3): 159–179. [pp. 139, 140, 239, 240, 244, 245, 246].

[660] HAUENSTEIN, E., F. PEÑA CORTÉS, C. BERTRÁN, J. TAPIA, L. VARGAS-CHACOFF, y O. URRUTIA. 2014. Composición florística y evaluación de la degradación del bosque pantanoso costero de temu-pitra en la Región de La Araucanía, Chile. *Gayana Botánica* 71(1): 43–57. [pp. 158, 159, 245].

[661] HAUENSTEIN, E., C. RAMÍREZ, y M. LATSAGUE. 1988. Evaluación florística y sinecológica del Monumento Nacional Cerro Ñielol (IX Región, Chile). *Boletín Museo Regional de la Araucanía* 3: 7–32. [pp. 148, 159].

[662] HAUENSTEIN, E., P. RUTHERFORD, y M. GONZÁLEZ. 2001. Determinación de la vegetación boscosa original y uso del suelo de la Isla del Rey (Valdivia, Chile). *Gestión Ambiental* 7: 49–63. [pp. 44, 174, 183, 184, 185].

[663] HAUMAN, L. 1916. La forêt valdivienne et ses limites. *Trabajos del Instituto de Botánica y Farmacología* 34: 7–91. [p. 42].

[664] HAUMAN, L. 1926. Étude phytogéographique de la Patagonie. *Bulletin Société Royale de Botanique de Belgique* 58: 105–179. [p. 42].

[665] HECHEM, V., C. EZCURRA, y F. O. ZULOAGA. 2012. Estudio sistemático del género sudamericano *Diplolepis* (Apocynaceae). *Darwiniana* 50(2): 296–317. [p. 46].

[666] HECHEM, V., A. PADRÓ, y J. J. MORRONE. 2015. Patrones distribucionales de la flora vascular de la estepa patagónica y su relevancia para la regionalización biogeográfica. *Darwiniana, nueva serie* 3(1): 5–20. [pp. 42, 234].

[667] HEDIN, L. O., J. J. ARMESTO, y A. H. JOHNSON. 1995. Patterns of nutrient loss from unpolluted, old-growth temperate forests: Evaluation of biogeochemical theory. *Ecology* 76(2): 493–509. [pp. 183, 190].

[668] HEENAN, P. B., y R. D. SMISSEN. 2013. Revised circumscription of *Nothofagus* and recognition of the segregate genera *Fuscospora*, *Lophozonia*, and *Trisyngyne* (Nothofagaceae). *Phytotaxa* 146(1): 1–31. [p. 273].

[669] HEILMAYR, R., C. ECHEVERRÍA, R. FUENTES, y E. F. LAMBIN. 2016. A plantation-dominated forest transition in Chile. *Applied Geography* 75: 71–82. [p. 263].

[670] HEINEMANN, K., y T. KITZBERGER. 2006. Effects of position, understorey vegetation and coarse woody debris on tree regeneration in two environmentally contrasting forests of north-western Patagonia: A manipulative approach. *Journal of Biogeography* 33(8): 1357–1367. [p. 168].

[671] HEINRICHS, S., C. STIEHL, y B. MÜLLER-USING. 2016. Can native plant species be preserved in an anthropogenic forest landscape dominated by aliens? A case study from Mediterranean Chile. *Annals of Forest Research* 59(1): 16 pp. [p. 153].

[672] HELLMICH, W. 1933. Die biogeographischen Grundlagen Chiles. *Zoologische Jahrbucher, Abteilung für Systematik, Geographie und Biologie der Tiere* 64: 165–226. [pp. 42, 44, 143].

[673] HENRIQUEZ, C. A., G. J. SOTES, y R. O. BUSTAMANTE. 2012. Fenología reproductiva de *Pouteria splendens* (Sapotaceae). *Gayana Botánica* 69(2): 251–255. [p. 136].

[674] HENRÍQUEZ, J. M. 2004. Estado de la turba esfagnosa en Magallanes. *En* D. E. Blanco y V. M. de la Balze (eds.), Los Turbales de la Patagonia. Bases para su inventario y la conservación de su biodiversidad, 93–104, Wetlands International - América del Sur, Buenos Aires. [pp. 174, 179, 205, 214].

[675] HENRÍQUEZ, J. M. 2004. Influencia de los defecaderos de camélidos sobre el desarrollo vegetal y riqueza de especies en morrenas glaciales, Tierra del Fuego. *Revista Chilena de Historia Natural* 77(3): 501–508. [p. 231].

[676] HENRÍQUEZ, J. M., y C. H. LUSK. 2005. Facilitation of *Nothofagus antarctica* (Fagaceae) seedlings by the prostrate shrub *Empetrum rubrum* (Empetraceae) on glacial moraines in Patagonia. *Austral Ecology* 30(8): 877–882. [p. 231].

[677] HERNÁNDEZ, A., M. MIRANDA, E. C. ARELLANO, S. SAURA, y C. OVALLE. 2015. Landscape dynamics and their effect on the functional connectivity of a Mediterranean landscape in Chile. *Ecological Indicators* 48: 198–206. [p. 136].

[678] HERNÁNDEZ, A., M. D. MIRANDA, E. C. ARELLANO, y C. DOBBS. 2016. Landscape trajectories and their effect on fragmentation for a Mediterranean semi-arid ecosystem in Central Chile. *Journal of Arid Environments* 127: 74–81. [p. 136].

[679] HERNÁNDEZ, S. 1980. Zonificación con fines de manejo de las formaciones vegetales presentes en el Parque Nacional Lauca (I Región). Tesis Ing. Forestal, Universidad de Chile, Santiago. [pp. 215, 216, 217, 218, 219, 249].

[680] HERZOG, T. C. J. 1923. Die Pflanzenwelt der bolivischen Anden und ihres östlichen Vorlandes. *Vegetation der Erde* 15: 1–258. [p. 42].

[681] HEUSSER, C. J. 1983. Quaternary pollen record from Laguna de Tagua Tagua, Chile. *Science* 219(4591): 1429–1432. [p. 272].

[682] HEUSSER, C. J. 1990. Ice age vegetation and climate of subtropical Chile. *Palaeogeography, Palaeoclimatology, Palaeoecology* 80(2): 107–127. [p. 272].

[683] HIJMANS, R. J., S. CAMERON, J. L. PARRA, P. G. JONES, y A. JARVIS. 2005. Very high resolution interpolated climate surfaces for global land areas. *International Journal of Climatology* 25: 1965–1978. [pp. 46, 274].

[684] HIJMANS, R. J., y J. VAN ETTEN. 2012. raster: Geographic analysis and modeling with raster data. R package version 2.0-12, URL: http://CRAN.R-project.org/package=raster. [p. 46].

[685] HILDEBRAND, R. 1983. Die Vegetation der Tieflandgebüsche des südchilenischen Lorbeerwaldgebiets unter besonderer Berücksichtigung der Neophytenproblematik. *Phytocoenologia* 11: 145–223. [pp. 150, 158, 159, 182, 183, 184, 185, 198, 200, 243, 246].

[686] HILDEBRAND-VOGEL, R. 1984. Acerca de la vegetación de los matorrales de las tierras bajas en la región del bosque laurifolio valdiviano en el sur de Chile. *Phytocoenologia* 12(2-3): 251–259. [pp. 159, 183, 185].

[687] HILDEBRAND-VOGEL, R. 1988. Ersatzgesellschaften des nordwestpatagonischen Lorbeerwaldes in Chile zwischen 42 und 45°s. Br. *Flora* 180(3–4): 161–176. [pp. 198, 200, 201, 202, 241, 253].

[688] HILDEBRAND-VOGEL, R. 2002. Structure and dynamics of southern Chilean natural forests with special reference to the relation of evergreen versus deciduous elements. *Folia Geobotanica* 37(1): 107–128. [pp. 94, 95, 148, 153, 154, 155, 156, 158, 159, 163, 164, 165, 166, 167, 168, 169, 170, 171, 182, 183, 185, 189, 190, 191, 196, 268].

[689] HILDEBRAND-VOGEL, R., R. GODOY, y A. VOGEL. 1990. Subantarctic-Andean *Nothofagus pumilio* forests. *Vegetatio* 89(1): 55–68. [pp. 95, 166, 167, 168, 169, 170, 171, 172, 174, 268].

[690] HINOJOSA, L. F., y C. VILLAGRÁN. 1997. Historia de los bosques del sur de Sudamérica, I: Antecedentes paleobotánicos, geológicos y climáticos del Terciario del cono sur de América. *Revista Chilena de Historia Natural* 70(2): 225–239. [p. 272].

[691] HOCH, G., y C. KÖRNER. 2005. Growth, demography and carbon relations of *Polylepis* trees at the world's highest treeline. *Functional Ecology* 19(6): 941–951. [p. 92].

[692] HOCH, G., y C. KÖRNER. 2012. Global patterns of mobile carbon stores in trees at the high-elevation tree line. *Global Ecology and Biogeography* 21(8): 861–871. [p. 92].

[693] HOFFMANN, A. E., y O. HERRERA-MACBRYDE. 1997. Mediterranean region and La Campana national park in central Chile. *En* S. D. Davis, V. H. Heywood, O. Herrera-MacBryde, J. Villa-Lobos, y A. C. Hamilton (eds.), Centres of plant diversity, vol. 3, 536–541, The World Wildlife Fund for Nature - The World Conservation Union, Cambridge. [p. 42].

[694] HOFFMANN, A. J., y A. E. HOFFMANN. 1982. Altitudinal ranges of phanerophytes and chamaephytes in central Chile. *Vegetatio* 48(2): 151–163. [pp. 93, 131, 143, 226, 227].

[695] HOFFMANN, A. J., y C. MARTICORENA. 1987. La vegetación de las islas oceánicas chilenas. *En* J. C. Castilla (ed.), Islas oceánicas chilenas: Conocimiento científico y necesidades de investigaciones, 127–165, Ediciones de la Universidad Católica de Chile, Santiago. [p. 267].

[696] HOFFMANN, A. J., S. TEILLIER, y E. R. FUENTES. 1989. Fruit and seed characteristics of woody species in Mediterranean-type regions of Chile and California. *Revista Chilena de Historia Natural* 62(1): 43–60. [p. 42].

[697] HOFFMANN, A. J., y M. J. WALKER. 1980. Growth habits and phenology of drought-deciduous species in an altitudinal gradient. *Canadian Journal of Botany* 58(16): 1789–1796. [pp. 92, 138, 143, 226, 227].

[698] HOLDGATE, M. W. 1961. Vegetation and soils in the South Chilean islands. *Journal of Ecology* 49(3): 559–580. [pp. 174, 183, 200, 210].

[699] HOLLERMAYER, A. 1938. Una excursión botánica al volcán Llaima y sus alrededores (Provincia de Cautín). *Revista Universitaria* 23: 155–159. [pp. 165, 229].

[700] HOLMGREN, M. 2002. Exotic herbivores as drivers of plant invasion and switch to ecosystem alternative states. *Biological Invasions* 4(1–2): 25–33. [pp. 94, 131].

[701] HOLMGREN, M., A. M. SEGURA, y E. R. FUENTES. 2000. Limiting mechanisms in the regeneration of the Chilean matorral–experiments on seedling establishment in burned and cleared mesic sites. *Plant Ecology* 147(1): 49–57. [pp. 94, 140].

[702] HOLMGREN, M., P. STAPP, C. R. DICKMAN, C. GRACIA, S. GRAHAM, J. R. GUTIÉRREZ, C. HICE, F. JAKSIC, D. A. KELT, M. LETNIC, M. LIMA, B. C. LÓPEZ, P. L. MESERVE, W. B. MILSTEAD, G. A. POLIS, M. A. PREVITALI, M. RICHTER, S. SABATÉ, y F. A. SQUEO. 2006. A synthesis of ENSO effects on drylands in Australia, North America and South America. *Advances in Geosciences* 6: 69–72. [p. 56].

[703] HOLMGREN, M., P. STAPP, C. R. DICKMAN, C. GRACIA, S. GRAHAM, J. R. GUTIÉRREZ, C. HICE, F. JAKSIC, D. A. KELT, M. LETNIC, M. LIMA, B. C. LÓPEZ, P. L. MESERVE, W. B. MILSTEAD, G. A. POLIS, M. A. PREVITALI, M. RICHTER, S. SABATÉ, y F. A. SQUEO. 2006. Extreme climatic events shape arid and semiarid ecosystems. *Frontiers in Ecology and the Environment* 4(2): 87–95. [p. 56].

[704] HOLZ, A., T. KITZBERGER, J. PARITSIS, y T. T. VEBLEN. 2012. Ecological and climatic controls of modern wildfire activity patterns across southwestern South America. *Ecosphere* 3(11): art103. [p. 266].

[705] HOLZ, A., y T. T. VEBLEN. 2011. The amplifying effects of humans on fire regimes in temperate rainforests in western Patagonia. *Palaeogeography, Palaeoclimatology, Palaeoecology* 311(1–2): 82–92. [p. 266].

[706] HOLZ, A., y T. T. VEBLEN. 2011. Variability in the Southern Annular Mode determines wildfire activity in Patagonia. *Geophysical Research Letters* 38: L14710. [p. 266].

[707] HOLZ, C. A., y T. T. VEBLEN. 2006. Tree regeneration responses to *Chusquea montana* bamboo die-off in a subalpine *Nothofagus* forest in the southern Andes. *Journal of Vegetation Science* 17(1): 19–28. [p. 168].

[708] HOUSTON, J., y A. J. HARTLEY. 2003. The central Andean west-slope rainshadow and its potential contribution to the origin of hyper-aridity in the Atacama Desert. *International Journal of Climatology* 23(12): 1453–1464. [pp. 53, 54, 55, 215].

[709] HOWORTH, R., y A. M. TRUSCOTT. 2007. Potential for lenga forest regeneration in Chilean Patagonia following historic destruction by fire. *Chloris Chilensis* 10(2), URL: http://www.chlorischile.cl. [p. 178].

[710] HUBER, A. 1975. Beitrag zur Klimatologie und Klimaökologie von Chile. Dissertation, Ludwig-Maximilians-Universität, München. [pp. 54, 56, 58, 59].

[711] HUBER, A. 1977. Aporte a la climatología y climaecología de Chile. Parte 2: Nubosidad y radiación efectiva. *Medio Ambiente* 3(1): 3–14. [p. 59].

[712] HUECK, K. 1978. Los bosques de Sudamérica: Ecología, composición e importancia económica. Deutsche Gesellschaft für Technische Zusammenarbeit, Eschborn. [p. 42].

[713] HUECK, K., y P. SEIBERT. 1972. Vegetationskarte von Südamerika. Gustav Fischer Verlag, Stuttgart. [p. 42].

[714] HUGUET DEL VILLAR, E. 1929. Geobotánica. Labor, Barcelona. [p. 268].

[715] HUNZIKER, J. H. 1952. Las comunidades vegetales de la cordillera de La Rioja. *Revista de Investigaciones Agrícolas* 6(2): 176–196. [pp. 42, 232].

[716] HUTCHINSON, M. F. 1995. Interpolating mean rainfall using thin plate smoothing splines. *International Journal of Geographical Information Systems* 9(4): 385–403. [pp. 46, 274].

[717] HUTCHINSON, M. F. 2006. Anusplin vesion 4.36 user guide. Australian National University, Centre for Resource and Environmental Studies, Canberra. [p. 46].

[718] HUTCHINSON, M. F., y J. C. GALLANT. 1999. Representation of terrain. *En* P. A. Longley, M. F. Goodchild, D. J. Maguire, y D. W. Rhind (eds.), Geographical Information Systems: Principles and technical issues, 105–124, Wiley, New York. [p. 27].

[719] IBARRA, M., J. CALDENTEY, y Á. PROMIS. 2011. Descomposición de hojarasca en rodales de *Nothofagus pumilio* de la región de Magallanes. *Bosque* 32(3): 227–233. [p. 174].

[720] IBARRA, M., y V. MOURGUES. 1976. Estudio de las relaciones entre los suelos y las asociaciones forestales de *Austrocedrus chilensis* (D.Don) Florin et Boutelje y *Nothofagus glauca* (Phil.) Krasser en la precordillera de Parral. Tesis Ing. Forestal, Universidad de Chile, Santiago. [p. 152].

[721] IGM. 1983. Listado de nombre geográficos, vol. 1–2. Instituto Geográfico Militar, Santiago. [pp. 45, 47].

[722] INFOR. 2015. Anuario forestal 2015. Instituto Forestal, Santiago. [p. 47].

[723] INIA. 1989. Mapa agroclimático de Chile. Instituto de Investigaciones Agropecuarias, Santiago. [pp. 30, 33, 34, 35, 36, 63].

[724] INNES, J. L. 1992. Structure of evergreen temperate rain forest on the Taitao Peninsula, southern Chile. *Journal of Biogeography* 19(5): 555–562. [pp. 200, 201, 273].

[725] IUCN. 2001. IUCN Red List Categories and Criteria: Version 3.1. IUCN Species Survival Commission, Gland and Cambridge. [p. 48].

[726] IVAN, D. 1979. Fitocenologie şi vegetaţia Republicii Socialiste România. Editura Didactică şi Pedagogică, Bucureşti. [p. 26].

[727] IVANCICH, H. S., G. J. MARTÍNEZ PASTUR, F. A. ROIG, M. D. BARRERA, y F. PULIDO. 2012. Changes in height growth patterns in the upper tree-line forests of Tierra del Fuego in relation to climate change. *Bosque* 33(3): 267–270. [p. 174].

[728] JAFFUEL, F. 1936. Excursiones botánicas en los alrededores de Tocopilla. *Revista Chilena de Historia Natural* 40: 265–274. [p. 106].

[729] JAFFUEL, F. 1938. Flórula de los alrededores de las Termas de Chillán. *Revista Chilena de Historia Natural* 42: 76–90. [pp. 166, 171].

[730] JAFFUEL, F., y A. PIRIÓN. 1921. Plantas fanerógamas del Valle de Marga-Marga. *Revista Chilena de Historia Natural* 25: 350–405. [pp. 140, 142, 149].

[731] JAIME, E., y R. VILLASEÑOR. 2016. Plantas trepadoras y parásitas del cerro La Olla; un estudio etnobotánico en la comuna de Montepatria, Región de Coquimbo, Chile. *Chloris Chilensis* 19(1), URL: http://www.chlorischile.cl. [p. 119].

[732] JAKSIC, F. M., y E. R. FUENTES. 1980. Why are native herbs in the Chilean matorral more abundant beneath bushes: Microclimate or grazing? *Journal of Ecology* 68(2): 665–669. [p. 143].

[733] JANSEN, F., y J. DENGLER. 2010. Plant names in vegetation databases - a neglected source of bias. *Journal of Vegetation Science* 21(6): 1179–1186. [p. 273].

[734] JEFFERSON, M. S. W. 1921. The rainfall of Chile. Oxford University Press, New York. [pp. 54, 57].

[735] JILES, C. 1983. Dispersión de algunas plantas relictas en la IV Región, Chile, y el cambio de clima. *Terra Aridae* 2(2): 411–424. [pp. 44, 91, 106, 109, 116, 118, 119, 121, 136, 139, 140, 142, 147].

[736] JIMÉNEZ, H. E., y J. J. ARMESTO. 1992. Importance of the soil seed bank of disturbed sites in Chilean matorral in early secondary succession. *Journal of Vegetation Science* 3(5): 579–586. [p. 142].

[737] JIMÉNEZ, M. A., F. M. JAKSIC, J. J. ARMESTO, A. GAXIOLA, P. L. MESERVE, D. A. KELT, y J. R. GUTIÉRREZ. 2011. Extreme climatic events change the dynamics and invasibility of semi-arid annual plant communities. *Ecology Letters* 14(12): 1227–1235. [p. 118].

[738] JIMÉNEZ-CASTILLO, M., P. LOBOS-CATALÁN, I. AGUILERA-BETTI, y R. RIVERA. 2011. Tasas diarias de transpiración y relaciones hídricas en especies arbóreas con distinto nivel de sombra tolerancia en un bosque templado chileno. *Gayana Botánica* 68(2): 155–162. [p. 159].

[739] JIMÉNEZ-CASTILLO, M., S. K. WISER, y C. H. LUSK. 2007. Elevational parallels of latitudinal variation in the proportion of lianas in woody floras. *Journal of Biogeography* 34(1): 163–168. [pp. 160, 161, 183, 187, 190].

[740] JOHNSTON, I. M. 1929. The coastal flora of the departments of Chañaral and Taltal. *Contributions from the Gray Herbarium of Harvard University* 85: 1–138. [pp. 57, 90, 103, 107, 109, 110, 111].

[741] JOHNSTON, I. M. 1929. The flora of the Nitrate Coast. *Contributions from the Gray Herbarium of Harvard University* 85: 138–163. [pp. 57, 103, 105, 106, 107].

[742] JOHNSTON, I. M. 1930. Some notes on the flora of northern Chile. *Revista Chilena de Historia Natural* 34: 228–234. [pp. 103, 118].

[743] JOHNSTON, I. M. 1932. New records for the flora of the Nitrate Coast. *Revista Chilena de Historia Natural* 36: 4–8. [pp. 106, 107].

[744] JOHOW, F. 1896. Estudios sobre la flora de las Islas de Juan Fernández. Imprenta Cervantes, Santiago. [p. 267].

[745] JOHOW, F. 1945. Flora de las plantas vasculares de Zapallar. *Revista Chilena de Historia Natural* 49: 8–566. [pp. 136, 140, 142].

[746] JONES, C. D., J. K. HUGHES, N. BELLOUIN, S. C. HARDIMAN, G. S. JONES, J. KNIGHT, S. LIDDICOAT, F. M. O'CONNOR, R. J. ANDRES, C. BELL, K. O. BOO, A. BOZZO, N. BUTCHART, P. CADULE, K. D. CORBIN, M. DOUTRIAUX-BOUCHER, P. FRIEDLINGSTEIN, J. GORNALL, L. GRAY, P. R. HALLORAN, G. HURTT, W. J. INGRAM, J. F. LAMARQUE, R. M. LAW, M. MEINSHAUSEN, S. OSPREY, E. J. PALIN, L. PARSONS CHINI, T. RADDATZ, M. G. SANDERSON, A. A. SELLAR, A. SCHURER, P. VALDES, N. WOOD, S. WOODWARD, M. YOSHIOKA, y M. ZERROUKAT. 2011. The HadGEM2-ES implementation of CMIP5 centennial simulations. *Geoscientific Model Development* 4(3): 543–570. [p. 52].

[747] JOSSE, C. 2014. International vegetation classification standard: Macrogroups of South America. NatureServe, Arlington. [p. 42].

[748] KALELA, E. K. 1941. Über die Holzarten und die durch die klimatischen Verhältnisse verursachten Holzartenwechsel in den Wäldern Ostpatagoniens. *Annales Academiæ Scientiarum Fennicae Series A* 4(2): 1–151. [pp. 167, 169, 172, 174, 178, 189, 197].

[749] KARGER, D. N., O. CONRAD, J. BÖHNER, T. KAWOHL, H. KREFT, R. W. SORIA-AUZA, N. ZIMMERMANN, H. P. LINDER, y M. KESSLER. 2016. Climatologies at high resolution for the earth's land surface areas. *arXiv* 1607.00217, URL http://128.84.21.199/abs/1607.00217. [p. 274].

[750] KEITH, D. A., J. P. RODRÍGUEZ, K. M. RODRÍGUEZ-CLARK, E. NICHOLSON, K. AAPALA, A. ALONSO, M. ASMUSSEN, S. BACHMAN, A. BASSET, E. G. BARROW, J. S. BENSON, M. J. BISHOP, R. BONIFACIO, T. M. BROOKS, M. A. BURGMAN, P. COMER, F. A. COMÍN, F. ESSL, D. FABER-LANGENDOEN, P. G. FAIRWEATHER, R. J. HOLDAWAY, M. JENNINGS, R. T. KINGSFORD, R. E. LESTER, R. M. NALLY, M. A. MCCARTHY, J. MOAT, M. A. OLIVEIRA-MIRANDA, P. PISANU, B. POULIN, T. J. REGAN, U. RIECKEN, M. D. SPALDING, y S. ZAMBRANO-MARTÍNEZ. 2013. Scientific foundations for an IUCN Red List of ecosystems. *PLoS ONE* 8(5): e62111. [p. 48].

[751] KELT, D. A., P. L. MESERVE, y J. R. GUTIÉRREZ. 2004. Seed removal by small mammals, birds and ants in semi-arid Chile, and comparison with other systems. *Journal of Biogeography* 31(6): 931–942. [p. 118].

[752] KENT, M., y P. COKER. 1994. Vegetation description and analysis. John Wiley and Sons, Chichester. [p. 25].

[753] KESSLER, M. 1995. Revalidación de *Polylepis rugulosa* Bitter (Rosaceae). *Gayana Botánica* 52(2): 49–51. [pp. 44, 93].

[754] KING, P. P. 1831. Some observations upon the geography of the southern extremity of South America, Tierra del Fuego, and the Strait of Magalhaens. *Journal of the Royal Geographical Society of London* 1: 155–175. [p. 42].

[755] KITZBERGER, T., E. RAFFAELE, K. HEINEMANN, y M. J. MAZZARINO. 2005. Effects of fire severity in a north Patagonian subalpine forest. *Journal of Vegetation Science* 16(1): 5–12. [p. 168].

[756] KITZBERGER, T., y T. T. VEBLEN. 1999. Fire-induced changes in northern Patagonian landscapes. *Landscape Ecology* 14(1): 1–15. [p. 198].

[757] KITZBERGER, T., T. T. VEBLEN, y R. VILLALBA. 1997. Climatic influences on fire regimes along a rain forest-to-xeric woodland gradient in northern Patagonia, Argentina. *Journal of Biogeography* 24(1): 35–47. [pp. 197, 198].

[758] KLEIER, C., y P. W. RUNDEL. 2004. Microsite requirements, population structure and growth of the cushion plant *Azorella compacta* in the tropical Chilean Andes. *Austral Ecology* 29(4): 461–470. [p. 217].

[759] KLEINEBECKER, T. 2007. Patterns and gradients in South Patagonian ombrotrophic peatland vegetation. Dissertation, Westfälischen Wilhelms-Universität, Münster. [pp. 174, 179, 209, 212, 213, 214].

[760] KLEINEBECKER, T., N. HOLZEL, y A. VOGEL. 2007. Gradients of continentality and moisture in South Patagonian ombrotrophic peatland vegetation. *Folia Geobotanica* 42(4): 363–382. [pp. 209, 212, 213].

[761] KLEINEBECKER, T., N. HÖLZEL, y A. VOGEL. 2008. South Patagonian ombrotrophic bog vegetation reflects biogeochemical gradients at the landscape level. *Journal of Vegetation Science* 19(2): 151–160. [pp. 212, 213].

[762] KLEINEBECKER, T., A. VOGEL, y N. HÖLZEL. 2008. Die Vegetation ombrotropher Moore Südpatagoniens. *Abhandlungen aus dem Westfäälischen Museum für Naturkunde* 70(3/4): 439–452. [pp. 212, 213].

[763] KNAPP, R. 1966. Höhere Vegetations-Einheiten von Süd-Patagonien und Feuerland. *Geobotanische Mitteilungen* 35: 1–4. [p. 42].

[764] KNOCH, K. 1930. Klimakunde von Südamerika, vol. 2 de *Handbuch der Klimatologie*. Gebrüder Borntraeger, Berlin. [pp. 53, 54, 59].

[765] KNOCHE, W. 1923. Über die nördliche Waldgrenze in Chile. *Zeitschrift der Gesellschaft für Erdkunde zu Berlin* 1923: 41–45. [pp. 118, 128].

[766] KOEPCKE, H.-W. 1961. Synökologische Studien an der Westseite der peruanischen Anden. *Bonner Geographische Abhandlungen* 29: 1–320. [pp. 42, 127].

[767] KOHLER, A. 1967. Beiträge zur Kenntnis der ephemeren Vegetation am Südrand der Atacama-Wüste (Chile). *Berichte der Deutschen Botanischen Gesellschaft* 80: 563–572. [pp. 113, 114].

[768] KOHLER, A. 1968. Pflanzensoziologische Untersuchungen in der blühenden Atacama-Wüste. *Umschau in Wissenschaft und Technik* 1968: 59–60. [pp. 91, 114].

[769] KOHLER, A. 1970. Geobotanische Untersuchungen an Küstendünen Chiles zwischen 27 und 42 grad Südl. *Botanische Jahrbücher für Systematik, Pflanzengeschichte und Pflanzengeographie* 90: 55–200. [pp. 107, 111, 112, 113, 116, 121, 132, 136, 140, 142, 144, 156, 158, 160, 185, 200, 241, 242, 244].

[770] KOHLER, A. 1971. La vegetation des dunes maritimes du Chili. *Colloques Phytosociologiques* 1: 17–23. [p. 241].

[771] KÖPPEN, W. 1936. Das geographische System der Klimate. Gebrüder Borntraeger, Berlin. [p. 30].

[772] KÖPPEN, W. 1948. Climatología. Fondo de Cultura Económica, Buenos Aires. [p. 41].

[773] KÖRNER, C. 1998. A re-assessment of high elevation treeline positions and their explanation. *Oecologia* 115(4): 445–459. [pp. 29, 92].

[774] KÖRNER, C. 2003. Alpine plant life: Functional plant ecology of high mountain ecosystems. Springer, Berlin, 2a ed. [pp. 29, 41, 87].

[775] KÖRNER, C. 2012. Alpine treelines. Springer, Basel. [pp. 29, 92].

[776] KÖRNER, C., G. D. FARQUHAR, y S. C. WONG. 1991. Carbon isotope discrimination by plants follows latitudinal and altitudinal trends. *Oecologia* 88(1): 30–40. [p. 87].

[777] KÖRNER, C., y J. PAULSEN. 2004. A world-wide study of high altitude treeline temperatures. *Journal of Biogeography* 31(5): 713–732. [pp. 92, 93].

[778] KÖRNER, C., J. PAULSEN, y E. M. SPEHN. 2011. A definition of mountains and their bioclimatic belts for global comparisons of biodiversity data. *Alpine Botany* 121: 73–78. [pp. 30, 41].

[779] KOWOLL, M. 1993. Antecedentes y caracterización de las poblaciones de queñoa (*Polylepis besseri* Hieron.) entre Chapiquiña y Tignamar en la precordillera de la I Región. Tesis Ing. Forestal, Universidad de Chile, Santiago. [pp. 44, 93, 216].

[780] Kozdon, P. 1958. Die autochthonen Baumarten und die forstlichen Verhältnisse der südlichen (subarktischen) Andenkordillere. *Schweizerischen Zeitschrift für Forstwesen* 109: 325–347. [pp. 159, 164, 167, 188, 191, 198].

[781] Kraus, R. 1995. The environmental conditions of Cactaceae in Chile. *Haseltonia* 3: 101–129. [pp. 103, 129].

[782] Küchler, A. W. 1961. Mapping the dynamic aspects of vegetation. *En* Méthodes de la cartographie de la végétation, 187–201, CNRS, Paris. [p. 267].

[783] Küchler, A. W. 1967. Vegetation mapping. The Ronald Press Company, New York. [p. 26].

[784] Küchler, A. W. 1973. Problems in classifying and mapping vegetation for ecological regionalization. *Ecology* 54(3): 512–523. [p. 267].

[785] Kuentz, A., A. Galán de Mera, M.-P. Ledru, y J.-C. Thouret. 2007. Phytogeographical data and modern pollen rain of the puna belt in southern Peru (Nevado Coropuna, Western Cordillera). *Journal of Biogeography* 34(10): 1762–1776. [p. 42].

[786] Kummerow, J. 1961. Nebelpflanzen am Rande der Wüste Atacama. *Kosmos* 57(7): 319–323. [pp. 57, 107, 109].

[787] Kummerow, J. 1962. Mediciones cuantitativas de la neblina en el Parque Nacional Fray Jorge. *Boletín Universidad de Chile* 28: 36–37. [pp. 57, 91, 118].

[788] Kummerow, J. 1966. Aporte al conocimiento de las condiciones climáticas del bosque de Fray Jorge. *Boletín Técnico, Facultad de Agronomía, Universidad de Chile* 24: 21–28. [pp. 57, 81, 91, 118].

[789] Kummerow, J. 1985. Response of root systems to perturbations in Mediterranean-type ecosystems. *Medio Ambiente* 7(2): 31–38. [p. 94].

[790] Kummerow, J., V. Matte, y F. Schlegel. 1961. Zum Problem der Nebelwälder an der zentralchilenischen Küste. *Berichte der Deutschen Botanischen Gesellschaft* 74: 135–145. [pp. 57, 91, 118, 136].

[791] Kunkel, G. 1956. Beobachtungen über Klima und Vegetation in Südchile. *Abhandlungen der Deutschen Akademie der Wissenschaften zu Berlin* 1955(9): 7–50. [p. 150].

[792] Kunkel, G. 1956. Busch und Wald in Südchile. *Willdenowia* 1(4): 563–572. [pp. 148, 150, 185, 251].

[793] Kunkel, G. 1957. Beobachtungen über die Vegetation auf dem Yunque-Massiv. *Botanische Jahrbücher für Systematik, Pflanzengeschichte und Pflanzengeographie* 77(2-3): 149–157. [p. 267].

[794] Kunkel, G. 1957. Vegetationsaufzeichnungen bei den Termas de Rio Blanco/Chile. *Willdenowia* 1(5): 781–788. [pp. 88, 93, 165, 188, 230].

[795] Kunkel, G. 1959. Allgemeine Aufzeichnungen über den Busch- und Waldtypus von OCOA (Chile). *Willdenowia* 2(2): 218–230. [pp. 44, 140, 142, 149, 185].

[796] Kunkel, G. 1968. Die Phanerogamen der Insel La Mocha (Chile). *Willdenowia* 4(3): 329–352. [p. 181].

[797] Kuschel, G. 1962. Zur Naturgeschichte der Insel San Ambrosio (Islas Desventuradas, Chile). 1. Reisebericht, geographische Verhältnisse und Pflanzenverbreitung. *Arkiv för Botanik* 4(12): 413–419. [p. 267].

[798] Labbé, S. 1989. Estudio fitosociológico estadístico de los bosques de boldo de la cuenca del Río Bueno (Chile). Tesis Ing. Forestal, Universidad Austral de Chile, Valdivia. [pp. 148, 159].

[799] Lagos Altamirano, R., M. Cruz, C. Espinoza, y C. Ramírez. 2000. Fitogeografía de *Peumus boldus* Mol. en la hoya del río Bueno, Región de Los Lagos, Chile. *Boletín de Geografía* 12-13: 47–60. [pp. 148, 159].

[800] Lailhacar, S. 1986. Las grandes formaciones vegetales de las zonas desértica y mediterráneas perárida y árida de Chile: Con énfasis en sus aptitudes forrajeras. *Boletín de la Sociedad Chilena de la Ciencia de Suelo* 5: 145–231. [pp. 90, 100, 102, 104, 105, 109, 110, 112, 113, 114, 116, 118, 119, 121, 122, 123, 124, 125, 128, 129].

[801] Lailhacar, S. 1990. Evaluación nutritiva de los recursos forrajeros nativos y naturalizados de la I Región. *Avances en Producción Animal* 15(1–2): 61–80. [pp. 100, 102, 104, 105, 123, 128, 129, 216, 217, 218, 219].

[802] Lambrinos, J. G., C. C. Kleier, y P. W. Rundel. 2006. Plant community variation across a puna landscape in the Chilean Andes. *Revista Chilena de Historia Natural* 79(2): 233–243. [pp. 217, 218, 219].

[803] LANDRUM, L., y T. J. NIMLOS. 1975. Gradientes florales y morfología asociada del suelo en la Reserva Forestal de Malalcahuello, Chile. *Boletín Técnico, Facultad de Ciencias Forestales, Universidad de Chile* 35: 1–59. [pp. 164, 167, 195].

[804] LARA, A., J. C. ARAVENA, R. VILLALBA, A. WOLODARSKY-FRANKE, B. LUCKMAN, y R. WILSON. 2001. Dendroclimatology of high-elevation *Nothofagus pumilio* forests at their northern distribution limit in the central Andes of Chile. *Canadian Journal of Forest Research* 31(6): 925–936. [pp. 152, 166, 167].

[805] LARA, A., y G. CRUZ. 1987. Vegetación del área de uso agropecuario de la XII Región, Magallanes y de la Antártica Chilena. Instituto de Investigaciones Agropecuarias, Santiago. [pp. 95, 172, 174, 179, 205, 206, 213, 214, 236, 237, 238, 239, 244, 248, 255, 271].

[806] LARA, A., S. FRAVER, J. C. ARAVENA, y A. WOLODARSKY-FRANKE. 1999. Fire and the dynamics of *Fitzroya cupressoides* (alerce) forests of Chile's Cordillera Pelada. *Écoscience* 6(1): 100–109. [p. 190].

[807] LARA, A., P. RUTHERFORD, C. MONTORY, D. BRAN, A. PÉREZ, S. CLAYTON, J. AYESA, D. BARRIOS, D. GROSS, y G. IGLESIAS. 1999. Vegetación de la Eco-región de los Bosques Valdivianos. *Boletín Técnico FVSA* 51: 1–24. [p. 42].

[808] LARA, A., R. VILLALBA, A. WOLODARSKY-FRANKE, J. C. ARAVENA, B. H. LUCKMAN, y E. CUQ. 2005. Spatial and temporal variation in *Nothofagus pumilio* growth at tree line along its latitudinal range (35 40'–55 S) in the Chilean Andes. *Journal of Biogeography* 32(5): 879–893. [p. 93].

[809] LARRAÍN, B. 2007. Relaciones florísticas entre oasis de neblina del desierto costero del norte de Chile. Tesis Ing. Agrónomo, Universidad de Chile, Santiago. [pp. 105, 106, 107, 109, 110].

[810] LARRAIN, H., F. VELÁSQUEZ, P. CERECEDA, R. ESPEJO, R. PINTO, P. OSSES, y R. S. SCHEMENAUER. 2002. Fog measurements at the site "Falda Verde" north of Chañaral compared with other fog stations of Chile. *Atmospheric Research* 64(1): 273–284. [p. 57].

[811] LARRIDON, I., H. E. WALTER, P. C. GUERRERO, M. DUARTE, M. A. CISTERNAS, C. P. HERNÁNDEZ, K. BAUTERS, P. ASSELMAN, P. GOETGHEBEUR, y M.-S. SAMAIN. 2015. An integrative approach to understanding the evolution and diversity of *Copiapoa* (Cactaceae), a threatened endemic Chilean genus from the Atacama Desert. *American Journal of Botany* 102(9): 1506–1520. [p. 46].

[812] LASTRA, J. 2014. Apoyo y sistematización de información para la sección de áreas protegidas. *Informe de Práctica Profesional*, Ministerio de Medio Ambiente, División de Recursos Naturales Renovables y Biodiversidad, Santiago. [p. 47].

[813] LATORRE, C., J. L. BETANCOURT, K. A. RYLANDER, y J. QUADE. 2002. Vegetation invasions into absolute desert: A 45 000 yr rodent midden record from the Calama-Salar de Atacama basins, northern Chile (lat 22°-24°S). *Bulletin of the Geological Society of America* 114(3): 349–366. [pp. 104, 123, 220].

[814] LATORRE, C., A. L. GONZÁLEZ, J. QUADE, J. M. FARIÑA, R. PINTO, y P. A. MARQUET. 2011. Establishment and formation of fog-dependent *Tillandsia landbeckii* dunes in the Atacama Desert: Evidence from radiocarbon and stable isotopes. *Journal of Geophysical Research* 116: G03033. [p. 102].

[815] LAUER, W. (ed.). 1983. Beiträge zur Geoökologie von Gebirgsräumen in Südamerika und Eurasien. Franz Steiner Verlag, Weisbaden. [p. 29].

[816] LAUER, W., y M. D. RAFIGPOOR. 2002. Die Klimate der Erde. Eine Klassifikation auf der Grundlage der ökophysiologischen Merkmale der realen Vegetation. Franz Steiner Verlag, Stuttgart. [p. 63].

[817] LAURENT, J. M., A. BAR-HEN, L. FRANCOIS, M. GHISLAIN, y R. CHEDDADI. 2004. Refining vegetation simulation models: From plant functional types to bioclimatic affinity groups of plants. *Journal of Vegetation Science* 15(6): 739–746. [p. 25].

[818] LAVÍN, D. 2014. Caracterización de tipos funcionales para la vegetación de las regiones áridas y semiáridas de Chile: Caso de estudio Región Administrativa de Atacama. Tesis Ing. Agrónomo, Pontificia Universidad Católica de Chile, Santiago. [pp. 107, 110, 111, 112, 113, 114, 116, 122, 124, 125, 221, 222, 223, 224, 225, 232].

[819] LE QUESNE, C., D. W. STAHLE, M. K. CLEAVELAND, M. D. THERRELL, J. C. ARAVENA, y J. BARICHIVICH. 2006. Ancient *Austrocedrus* tree-ring chronologies used to reconstruct central Chile precipitation variability from a.d. 1200 to 2000. *Journal of Climate* 19(22): 5731–5744. [pp. 44, 138].

[820] LE QUESNE, C. E. 1988. Caracterización de bosques de ciprés de la cordillera (*Austrocedrus chilensis* (D.Don) Florin et Boutelje) en Radal-Siete Tazas, Séptima Región, Chile. Tesis Ing. Forestal, Universidad Austral de Chile, Valdivia. [p. 152].

[821] LE QUESNE, C. E., C. VILLAGRÁN, y R. VILLA. 1999. Historia de los bosques relictos de "olivillo" (*Aextoxicon punctatum*) y Mirtáceas de la Isla Mocha, Chile, durante el Holoceno tardío. *Revista Chilena de Historia Natural* 72(1): 31–47. [p. 181].

[822] LEMBCKE, H., y P. J. WEISSER. 1979. The distribution of the genera of Chilean Cactaceae. *Aloe* 17(1): 9–26. [pp. 103, 129].

[823] LENNON, J. A., E. S. MARTIN, R. A. STEVENS, y D. L. WIGSTON. 1987. *Nothofagus nervosa* (Phil.) Dim. & Mil. – the correct name for raulí, Chilean southern beech (*N. procera*). *Arboricultural Journal* 11(4): 323–332. [p. 273].

[824] LENOIR, J., J. C. GÉGOUT, P. A. MARQUET, P. D. RUFFRAY, y H. BRISSE. 2008. A significant upward shift in plant species optimum elevation during the 20th century. *Science* 320(5884): 1768–1771. [p. 266].

[825] LEÓN, M. F., F. A. SQUEO, J. R. GUTIÉRREZ, y M. HOLMGREN. 2011. Rapid root extension during water pulses enhances establishment of shrub seedlings in the Atacama Desert. *Journal of Vegetation Science* 22(1): 120–129. [pp. 117, 118].

[826] LEÓN, R. J. C., y M. R. AGUIAR. 1985. El deterioro por uso pasturil en estepas herbáceas patagónicas. *Phytocoenologia* 13(2): 181–196. [pp. 235, 236].

[827] LEÓN, R. J. C., D. BRAN, M. COLLANTES, J. M. PARUELO, y A. SORIANO. 1998. Grandes unidades de vegetación de la Patagonia extra andina. *Ecología Austral* 8(2): 125–144. [pp. 42, 234, 236].

[828] LEÓN, R. J. C., y J. M. FACELLI. 1981. Descripción de una coenoclina en el SO del Chubut. *Revista Facultad Agronomía* 2: 163–171. [p. 236].

[829] LÉPEZ, P. 1998. Estudio fitosociológico del Parque Oncol (Valdivia, Chile). Tesis Ing. Forestal, Universidad Austral de Chile, Valdivia. [pp. 185, 246].

[830] LEUSCHNER, C. 1997. Das Konzept der potentiellen natürlichen Vegetation (PNV): Schwachstellen und Entwicklungsperspektiven. *Flora* 192: 379–391. [p. 26].

[831] LEUSCHNER, C. 2013. Vegetation and ecosystems. *En* E. Van der Maarel y J. Franklin (eds.), Vegetation ecology, 285–307, John Wiley and Sons, Oxford, 2a ed. [p. 26].

[832] LEVI, U. 1951. Esquema ecológico del bosque de Quintero. *Investigaciones Zoológicas Chilenas* 1(5): 4–18. [pp. 91, 136, 245].

[833] LEVIN, S. A. 1992. The problem of pattern and scale in ecology. *Ecology* 73(6): 1943–1967. [p. 27].

[834] LIBERMAN CRUZ, M., F. PEDROTTI, y R. VENANZONI. 1988. Le associazione della Classe Lemnetea del Lago Titicaca (Bolivia). *Rivista di Idrobiologia* 27(2-3): 377–388. [p. 42].

[835] LILLO, A., H. RAMÍREZ, F. REYES, N. OJEDA, y M. ALVEAR. 2011. Actividad biológica del suelo de bosque templado en un transecto altitudinal, Parque Nacional Conguillío (38° S), Chile. *Bosque* 32(1): 46–56. [pp. 165, 167, 171, 179, 229].

[836] LITTON, C., J. DÍAZ, y R. LARA. 1997. Composición florística y estructura vertical de un rodal de *Beilschmiedia berteroana* (Gay) Kosterm. en la Precordillera andina de la VII Región de Chile. *Bosque* 18(1): 67–72. [pp. 152, 156, 251].

[837] LITTON, C., M. ORELLANA, y E. BUSTAMANTE. 2000. Estudio de la vegetación arbórea de una población relicto de *Nothofagus alpina* (Poepp. et Endl.) Oerst. en la Precordillera andina de la VII Región de Chile. *Ciencias Forestales* 14(1–2): 38–49. [pp. 150, 156, 175, 272].

[838] LITTON, C., y R. SANTELICES. 1996. Comparación de las comunidades vegetales en bosques de *Nothofagus glauca* (Phil.) Krasser en la Séptima Región de Chile. *Bosque* 17(2): 77–86. [pp. 43, 150, 153, 154, 155, 156].

[839] LIU, C., P. M. BERRY, T. P. DAWSON, y R. G. PEARSON. 2005. Selecting thresholds of occurrence in the prediction of species distributions. *Ecography* 28(3): 385–393. [p. 52].

[840] LOMOLINO, M. V., B. R. RIDDLE, R. J. WHITTAKER, y J. H. BROWN. 2010. Biogeography. Sinauer Associates, Sunderland, Massachusetts, 4a ed. [p. 25].

[841] LONGLEY, P. A., M. F. GOODCHILD, D. J. MAGUIRE, y D. W. RHIND. 2001. Geographic information systems and science. John Wiley & Sons, New York. [p. 27].

[842] LOOSER, G. 1927. Excursiones a Juan Fernández. *Revista Universitaria* 12: 377–398. [p. 267].

[843] LOOSER, G. 1927. *Nothofagus*, *Cyttaria* y *Myzodendron* en el cerro El Roble. *Revista Chilena de Historia Natural* 31: 288–290. [p. 149].

[844] Looser, G. 1928. Límite superior de *Cryptocarya peumus* Nees y *Kageneckia angustifolia* Don. *Revista Universitaria* 13: 525–526. [p. 138].

[845] Looser, G. 1929. Diferencias entre la vegetación de la Cordillera de la Costa y la Cordillera de los Andes en Chile Central. *Revista Universitaria* 14: 728–742. [pp. 43, 140, 149].

[846] Looser, G. 1932. Excursión botánica y zoológica a la alta cordillera de Las Condes. *Anales de la Universidad de Chile (3a Serie)* 2: 275–301. [pp. 88, 93, 138, 143, 226, 228, 232].

[847] Looser, G. 1935. Botánica Miscelánea IV. El límite norte del boldo en la región andina. *Revista Universitaria* 20(4–5): 569–572. [p. 143].

[848] Looser, G. 1936. La *Hydrangea* chilena hallada cerca de Valparaíso. *Revista Universitaria* 21: 83–86. [p. 140].

[849] Looser, G. 1944. Anotaciones fitosociológicas sobre la región de Quintero. *Revista Universitaria* 29: 27–33. [p. 136].

[850] Looser, G. 1945. Rápida excursión botánica a la Patagonia chilena. *Revista Geográfica Americana* 24(145): 191–200. [pp. 200, 201].

[851] Looser, G. 1950. La vegetación de la Quebrada del Tigre (Zapallar) y en especial sus helechos. *Revista Universitaria* 35: 53–67. [pp. 91, 140].

[852] Looser, G. 1962. La importancia del algarrobo (*Prosopis chilensis*) en la vegetación de la Provincia de Santiago, Chile. *Revista Universitaria* 47: 103–116. [p. 131].

[853] López, C. L., R. Cabezas, y R. Osorio. 1979. Evaluación de las veranadas de la provincia de Elqui - IV Región Coquimbo. Instituto Nacional de Investigaciones de Recursos Naturales, Santiago. [pp. 91, 225].

[854] López, R. P., F. A. Squeo, C. Armas, D. A. Kelt, y J. R. Gutiérrez. 2016. Enhanced facilitation at the extreme end of the aridity gradient in the Atacama Desert: A community-level approach. *Ecology* 10.1890/15–1152.1. [pp. 107, 113, 116, 118].

[855] López, R. P., F. A. Squeo, y J. R. Gutiérrez. 2016. Differential effect of shade, water and soil type on emergence and early survival of three dominant species of the Atacama Desert. *Austral Ecology* 10.1111/aec.12330. [p. 116].

[856] López-Cortés, F., y D. López. 2004. Antecedentes bioclimáticos del Parque Nacional Bosque Fray Jorge. *En* F. A. Squeo, J. R. Gutiérrez, y I. R. Hernández (eds.), Historia Natural del Parque Nacional Bosque Fray Jorge, 45–60, Ediciones Universidad de La Serena, La Serena. [pp. 54, 57, 81, 118].

[857] Luebert, F. 1999. Caracterización florística y vegetacional del Parque Nacional Llullaillaco (II Región, Chile). Tesis Ing. Forestal, Universidad de Chile, Santiago. [pp. 123, 221, 222, 223, 249].

[858] Luebert, F. 2004. Apuntes sobre la vegetación de bosque y matorral del desierto precordillerano de Tarapacá (Chile). *Chloris Chilensis* 7(1), URL: http://www.chlorischile.cl. [pp. 91, 129, 130, 250].

[859] Luebert, F. 2005. Comunidades vegetales. *En* S. Elórtegui (ed.), Dunas de Concón: El desafío de los espacios silvestres urbanos, 22–27, Taller La Era, Viña del Mar. [pp. 135, 136, 243].

[860] Luebert, F., y P. Becerra. 1998. Representatividad vegetacional del Sistema Nacional de áreas Silvestres Protegidas del Estado (SNASPE) en Chile. *Ambiente y Desarrollo* 14(2): 62–69. [p. 263].

[861] Luebert, F., y R. Gajardo. 2000. Vegetación de los Andes áridos del norte de Chile. *Lazaroa* 21: 111–130. [pp. 30, 55, 88, 90, 122, 123, 221, 222, 223, 231, 232, 249].

[862] Luebert, F., y R. Gajardo. 2004. Antecedentes sobre la vegetación de la cordillera de Los Patos, Andes de Chile central (Región de Valparaíso, V). *Chloris Chilensis* 7(2), URL: http://www.chlorischile.cl. [pp. 93, 125, 126, 130, 131, 138, 226, 227, 228, 248, 249, 252, 255].

[863] Luebert, F., y R. Gajardo. 2005. Vegetación alto-andina de Parinacota (norte de Chile) y una sinopsis de la vegetación de la Puna meridional. *Phytocoenologia* 35(1): 79–128. [pp. 30, 44, 54, 87, 88, 90, 93, 122, 123, 215, 216, 217, 218, 219, 240, 244, 249, 268].

[864] Luebert, F., R. Gajardo, y M. Estay. 2003. Nota fitosociológica sobre las asociaciones forestales del Parque Nacional Tolhuaca (Chile). *Boletín Museo Nacional de Historia Natural Chile* 52: 51–66. [pp. 163, 164, 165, 166, 167].

[865] Luebert, F., N. García, y N. Schulz. 2007. Observaciones sobre la flora y vegetación de los alrededores de Tocopilla (Chile). *Boletín Museo Nacional de Historia Natural Chile* 56: 27–52. [pp. 57, 102, 105, 106].

[866] LUEBERT, F., y M. MUÑOZ-SCHICK. 2005. Contribución al conocimiento de la flora y vegetación de las Dunas de Concón. *Boletín Museo Nacional de Historia Natural Chile* 54: 11–35. [pp. 135, 136, 243].

[867] LUEBERT, F., M. MUÑOZ-SCHICK, y A. MOREIRA-MUÑOZ. 2002. Vegetación y flora de La Campana. *En* S. Elórtegui y A. Moreira-Muñoz (eds.), Parque Nacional La Campana. Origen de una Reserva de la Biosfera en Chile Central, 36–69, Taller La Era - Fondo de las Américas, Santiago. [pp. 92, 93, 127, 140, 143, 149, 226].

[868] LUEBERT, F., y R. PINTO. 2004. Nota sobre la presencia de *Heliotropium krauseanum* Fedde (Heliotropiaceae) en Chile. *Gayana Botánica* 61(2): 60–62. [p. 105].

[869] LUEBERT, F., y P. PLISCOFF. 2004. Clasificación de pisos de vegetación y análisis de representatividad ecológica de áreas propuestas para la protección en la ecorregión Valdiviana. Documento N° 10, Serie de Publicaciones WWF-Chile, Valdivia. [pp. 42, 263].

[870] LUEBERT, F., y P. PLISCOFF. 2005. Bioclimas de la Cordillera de la Costa del centro-sur de Chile. *En* C. Smith-Ramírez, J. J. Armesto, y C. Valdovinos (eds.), Historia, biodiversidad y ecología de los bosques costeros de Chile, 60–73, Editorial Universitaria, Santiago. [pp. 30, 57, 59, 60].

[871] LUEBERT, F., y P. PLISCOFF. 2005. Sobre los límites del bosque valdiviano en Chile. *Chloris Chilensis* 8(1), URL: http://www.chlorischile.cl. [p. 42].

[872] LUEBERT, F., y P. PLISCOFF. 2006. Los límites del clima mediterráneo en Chile. *Chagual* 4: 64–69. [pp. 37, 54, 81].

[873] LUEBERT, F., y P. PLISCOFF. 2006. Sinopsis bioclimática y vegetacional de Chile. Editorial Universitaria, Santiago, 1a ed. [pp. 30, 42, 44, 102, 259, 263, 267, 274].

[874] LUEBERT, F., y P. PLISCOFF. 2009. Depuración y estandarización de la cartografía de pisos de vegetación de Chile. *Chloris Chilensis* 12(1), URL: http://www.chlorischile.cl. [pp. 44, 267, 274].

[875] LUEBERT, F., y P. PLISCOFF. 2012. Variabilidad climática y bioclimas de la Región de Valparaíso, Chile. *Investigaciones Geográficas* 44: 41–56. [p. 54].

[876] LUEBERT, F., P. PLISCOFF, T. FUENTES-CASTILLO, y R. GAJARDO. 2008. Bases conceptuales para un sistema de clasificación de ecosistemas terrestres. *Informe final*, Comisión Nacional del Medio Ambiente (CONAMA), Santiago. [p. 267].

[877] LUND, R., y S. TEILLIER. 2012. Flora vascular de Los Molles, Región de Valparaíso, Chile. *Chloris Chilensis* 15(2), URL: http://www.chlorischile.cl. [p. 136].

[878] LUSK, C. H. 1995. Seed size, establishment sites and species coexistence in a Chilean rain forest. *Journal of Vegetation Science* 6(2): 249–256. [p. 190].

[879] LUSK, C. H. 1996. Gradient analysis and disturbance history of temperate rain forests of the coast range summit plateau, Valdivia, Chile. *Revista Chilena de Historia Natural* 69(3): 401–411. [p. 190].

[880] LUSK, C. H. 1999. Long-lived light-demanding emergents in southern temperate forests: The case of *Weinmannia trichosperma* (Cunoniaceae) in Chile. *Plant Ecology* 140(1): 111–115. [pp. 183, 190].

[881] LUSK, C. H., y L. J. CORCUERA. 2011. Effects of light availability and growth rate on leaf lifespan of four temperate rainforest Proteaceae. *Revista Chilena de Historia Natural* 84(2): 269–277. [p. 200].

[882] LUSK, C. H., y A. ORTEGA. 2003. Vertical structure and basal area development in second-growth *Nothofagus* stands in Chile. *Journal of Applied Ecology* 40(4): 639–645. [p. 42].

[883] MACÍAS RODRÍGUEZ, M. A. 2017. Sistematización bioclimática de la Sierra Madre Occidental (México) y su relación con los pisos de vegetación. *Polibotánica* 43: 125–163. [p. 30].

[884] MACÍAS RODRÍGUEZ, M. Á., M. PEINADO LORCA, J. GIMÉNEZ DE AZCÁRATE, J. L. AGUIRRE MARTÍNEZ, y J. DELGADILLO RODRÍGUEZ. 2014. Clasificación bioclimática de la vertiente del Pacífico mexicano y su relación con la vegetación potencial. *Acta Botánica Mexicana* 109: 133–165. [p. 30].

[885] MADRIGAL-GONZÁLEZ, J., D. A. KELT, P. L. MESERVE, F. A. SQUEO, y J. R. GUTIÉRREZ. 2016. Shrub–ephemeral plants interactions in semiarid north-central Chile: Is the nurse plant syndrome manifested at the community level? *Journal of Arid Environments* 126: 47–53. [p. 118].

[886] MAGGINI, R., A. LEHMANN, N. E. ZIMMERMANN, y A. GUISAN. 2006. Improving generalized regression analysis for the spatial prediction of forest communities. *Journal of Biogeography* 33(10): 1729–1749. [p. 274].

[887] MALDONADO, A., J. L. BETANCOURT, C. LATORRE, y C. VILLAGRÁN. 2005. Pollen analyses from a 50 000-yr rodent midden series in the southern Atacama Desert (25°30'S). *Journal of Quaternary Science* 20(5): 493–507. [pp. 122, 221, 222, 223, 224, 232].

[888] MANRIQUE, R., J. R. GUTIÉRREZ, M. HOLMGREN, y F. A. SQUEO. 2007. Reduced herbivory during simulated ENSO rainy events increases native herbaceous plants in semiarid Chile. *Plant Ecology* 191(1): 21–31. [p. 118].

[889] MANRIQUE, R., C. RICOTTA, C. FERRARI, y G. PEZZI. 2014. Latitudinal pattern in plant composition along the Peruvian and Chilean fog oases. *Plant Biosystems* 148(5): 1002–1008. [pp. 90, 103].

[890] MARAMBIO, S., S. P. CÁRDENAS, J. BARRÍA, y H. JIMÉNEZ. 2014. Contribución al conocimiento de la flora vascular de la cuenca altoandina del río Copiapó: Valles de los ríos Nevado, La Gallina y Quebrada Seca, Región de Atacama, Chile. *Chloris Chilensis* 17(2), URL: http://www.chlorischile.cl. [pp. 224, 225, 231, 232, 249].

[891] MARCHELLI, P., y L. A. GALLO. 2004. The combined role of glaciation and hybridization in shaping the distribution of genetic variation in a Patagonian southern beech. *Journal of Biogeography* 31(3): 451–460. [p. 272].

[892] MARDONES, G. 1998. Representatividad biogeográfica del Sistema Nacional de áreas Silvestres Protegidas del Estado de Chile. *Revista Geográfica de Chile Terra Australis* 43: 31–44. [p. 263].

[893] MARK, A. F., K. J. M. DICKINSON, J. ALLEN, R. SMITH, y C. J. WEST. 2001. Vegetation patterns, plant distribution and life forms across the alpine zone in southern Tierra del Fuego, Argentina. *Austral Ecology* 26(4): 423–440. [pp. 88, 93, 95, 231, 234].

[894] MARKGRAF, V., E. ROMERO, y C. VILLAGRÁN. 1996. History and paleoecology of South American *Nothofagus* forests. *En* T. T. Veblen, R. Hill, y J. Read (eds.), The ecology and biogeography of *Nothofagus* forests, 354–386, Yale University Press, New Heaven. [p. 272].

[895] MARQUET, P. A., S. ABADES, J. J. ARMESTO, M. T. K. ARROYO, I. BARRÍA, L. A. CAVIERES, C. GARÍN, R. GAJARDO, F. LABRA, F. J. MEZA, P. PLISCOFF, C. PRADO, P. I. RAMÍREZ DE ARELLANO, y S. VICUÑA. 2010. Estudio de vulnerabilidad de la biodiversidad terrestre en la eco-región mediterránea, a nivel de ecosistemas y especies, y medidas de adaptación frente a escenarios de cambio climático. Ministerio del Medio Ambiente, Santiago. [pp. 265, 266].

[896] MARTICORENA, C. 1992. Bibliografía botánica taxonómica de Chile. Missouri Botanical Garden, St. Louis. [p. 42].

[897] MARTICORENA, C. 1996. Bibliografía botánica taxonómica de Chile. Suplemento 1. *Gayana Botánica* 53(1): 1–263. [p. 42].

[898] MARTICORENA, C., O. MATTHEI, R. RODRÍGUEZ, M. T. KALIN ARROYO, M. MUÑOZ, F. A. SQUEO, y G. ARANCIO. 1998. Catálogo de la flora vascular de la Segunda Región (Región de Antofagasta), Chile. *Gayana Botánica* 55(1): 23–83. [p. 124].

[899] MARTICORENA, C., T. F. STUESSY, y C. M. BAEZA. 1998. Catálogo de la flora vascular de la Isla Robinson Crusoe o Juan Fernández, Chile. *Gayana Botánica* 55(2): 187–2011. [p. 267].

[900] MARTÍN-FORÉS, I., M. Á. CASADO, I. CASTRO, C. OVALLE, A. D. POZO, B. ACOSTA-GALLO, L. SÁNCHEZ-JARDÓN, y J. M. D. MIGUEL. 2014. Flora of the mediterranean basin in the Chilean Espinales: Evidence of colonisation. *Pastos* 42(2): 137–160. [p. 127].

[901] MARTÍNEZ, I., E. ZAGAL, C. OVALLE, M. COÛTEAUX, N. B. STOLPE, y N. VALDERRAMA. 2010. Litter decomposition of *Acacia caven* (Molina) Molina and *Lolium multiflorum* Lam. in Mediterranean climate ecosystems. *Chilean Journal of Agricultural Research* 70(3): 454–564. [p. 133].

[902] MARTÍNEZ, J. 1984. Distribución de las áreas boscosas en la provincia de Melipilla. Tesis Ing. Forestal, Universidad de Chile, Santiago. [pp. 132, 140, 142, 149].

[903] MARTÍNEZ, O. 1981. Flora y fitosociología de un relicto de *Pilgerodendron uvifera* (D. Don) Florin en el fundo San Pablo de Tregua (Valdivia-Chile). *Bosque* 4(1): 3–11. [pp. 194, 195].

[904] MARTÍNEZ-CARRETERO, E. 1995. La Puna argentina: Delimitación general y división en distritos florísticos. *Boletín de la Sociedad Argentina de Botánica* 31(1–2): 27–40. [p. 42].

[905] MARTÍNEZ-CARRETERO, E. 2000. Vegetación de los Andes centrales de la Argentina. El valle de Uspallata, Mendoza. *Boletín de la Sociedad Argentina de Botánica* 34(3–4): 127–148. [p. 42].

[906] MARTÍNEZ PASTUR, G., M. V. LENCINAS, J. ESCOBAR, P. QUIROGA, L. MALMIERCA, y M. LIZARRALDE. 2006. Understorey succession in *Nothofagus* forests in Tierra del Fuego (Argentina) affected by *Castor canadensis*. *Applied Vegetation Science* 9(1): 143–154. [p. 174].

[907] Martínez Pastur, G., P. L. Peri, M. C. Fernández, G. Staffieri, y M. V. Lencinas. 2002. Changes in understory species diversity during the *Nothofagus pumilio* forest management cycle. *Journal of Forest Research* 7(3): 165–174. [p. 174].

[908] Marwan, N., M. H. Trauth, M. Vuille, y J. Kurths. 2003. Comparing modern and Pleistocene ENSO-like influences in NW Argentina using nonlinear time series analysis methods. *Climate Dynamics* 21(3–4): 317–326. [p. 57].

[909] Masiokas, M., y R. Villalba. 2004. Climatic significance of intra-annual bands in the wood of *Nothofagus pumilio* in southern Patagonia. *Trees* 18(6): 696–704. [p. 174].

[910] Massaccesi, G., F. A. Roig, G. J. Martínez Pastur, y M. D. Barrera. 2007. Growth patterns of Nothofagus pumilio trees along altitudinal gradients in Tierra del Fuego, Argentina. *Trees* 22(2): 245–255. [p. 174].

[911] Matus, F., M. Panichini, R. Godoy, y F. Borie. 2009. Soil carbon storage in allophanic soils: Study of a temperate pristine rainforest *Nothofagus pumilio* in the altitudinal limit. *En* N. Verhoest, P. Boeckx, C. Oyarzún, y R. Godoy (eds.), Ecological advances on Chilean temperate rainforests, 147–169, Academia Press, Gent. [p. 168].

[912] McQueen, D. R. 1976. The ecology of Nothofagus and associated vegetation in South America. Part I: Vegetation and soils in Southern Patagonia and Tierra del Fuego. *Tuatara* 22(1): 38–68. [pp. 93, 174, 179, 207].

[913] McQueen, D. R. 1977. The ecology of Nothofagus and associated vegetation in South America. Part 2. The mid latitude forests of Chile. *Tuatara* 22(3): 233–244. [pp. 159, 168, 187, 200].

[914] Medina, P. A. 2015. *Eleocharis tucumanensis* Barros (Cyperaceae) en Chile Central, ampliación de distribución y contribución al conocimiento de la especie. *Lilloa* 52(2): 175–186. [p. 249].

[915] Meigen, F. 1893. Skizze der Vegetationsverhältnisse von Santiago in Chile. *Botanische Jahrbücher für Systematik, Pflanzengeschichte und Pflanzengeographie* 17: 199–294. [pp. 93, 226, 228, 232].

[916] Meigen, F. 1894. Biologische Beobachtungen aus der Flora Santiagos in Chile. Trockenschutzeinrichtungen. *Botanische Jahrbücher für Systematik, Pflanzengeschichte und Pflanzengeographie* 18: 394–487. [pp. 138, 143, 226, 228, 232].

[917] Mella, J., y J. Simonetti. 1994. Representación y poblaciones viables: Conservación de mamíferos en las áreas silvestres protegidas de Chile. *Ambiente y Desarrollo* 10(3): 72–78. [p. 263].

[918] Méndez, E. 2010. La vegetación saxícola y de taludes del flanco oriental del Cordón del Plata (Luján de Cuyo, Mendoza, Argentina). *Boletín de la Sociedad Argentina de Botánica* 45(1–2): 119–147. [p. 42].

[919] Méndez, E. 2011. La vegetación de los altos Andes: El flanco oriental del Cordón del Portillo (Tunuyán, Mendoza, Argentina). *Boletín de la Sociedad Argentina de Botánica* 46(3–4): 317–353. [p. 42].

[920] Méndez, M., R. Rozzi, y L. Cavieres. 2013. Flora vascular y musgos en la zona altoandina de la Isla Navarino (55°S), Reserva de la Biosfera Cabo de Hornos, Chile. *Gayana Botánica* 70(2): 338–344. [p. 231].

[921] Mesa, A., M. Muñoz-Schick, y R. Pinto. 1998. Presencia de *Nolana adansonii* (Roemer y Schultes) Johnst. y *Nolana intonsa* Johnst. (Nolanaceae) en el desierto costero de Iquique, Norte de Chile. *Noticiario Mensual Museo Nacional de Historia Natural* 333: 3–7. [p. 103].

[922] Meserve, P. L., D. A. Kelt, W. B. Milstead, y J. R. Gutiérrez. 2003. Thirteen years of shifting top-down and bottom-up control. *BioScience* 53(7): 633–646. [pp. 91, 118].

[923] Mesquita, S., y A. J. Sousa. 2009. Bioclimatic mapping using geostatistical approaches: Application to mainland Portugal. *International Journal of Climatology* 29(14): 2156–2170. [p. 30].

[924] Michea, G. 1988. Estudio poblacional de palma chilena (*Jubaea chilensis*) en el sector Ocoa, Parque Nacional La Campana. *Medio Ambiente* 9(1): 124–130. [p. 143].

[925] Miehe, G., y S. Miehe. 1994. Zur oberen Waldgrenze in tropischen Gebirgen. *Phytocoenologia* 24: 53–110. [pp. 29, 92].

[926] Mieres, G. 1984. Flora y vegetación de la III Región. *En* Corporación de Fomento de la Producción (ed.), Análisis de los ecosistemas de la III Región de Chile, vol. 1, 97–151, Universidad de Chile, Santiago. [pp. 90, 91, 107, 109, 110, 111, 112, 113, 114, 116, 121, 123, 124, 125, 221, 222, 224, 225, 231, 232].

[927] Millenium Ecosystem Assessment. 2003. Ecosystem and human well-being: A framework for assessment. Island Press, Washington, D.C. [p. 27].

[928] Miller, A. 1976. The climate of Chile. *En* W. Schwerdtfeger (ed.), Climates of Central and South America, 113–130, Elsevier, Amsterdam. [pp. 53, 55, 57, 59, 61].

[929] Miranda, A., H. J. Hernández, R. O. Bustamante, E. M. Díaz, L. A. González, y A. Altamirano. 2016. Regeneración natural y patrones de distribución espacial de la palma chilena *Jubaea chilensis* (Molina) Baillon en los bosques mediterráneos de Chile central. *Gayana Botánica* 73(1): 54–63. [p. 142].

[930] Moen, A. 2005. Comments on the regional variation and mires in Tierra del Fuego-a comparison with Fennoscandia. *International Mire Conservation Group Newsletter* 2005(4): 11–13. [p. 209].

[931] Molina, J. A., A. Lumbreras, A. Benavent-González, R. Rozzi, y L. G. Sancho. 2016. Plant communities as bioclimate indicators on Isla Navarino, one of the southernmost forested areas of the world. *Gayana Botánica* 73(2): 391–401. [pp. 93, 174, 205, 231, 234].

[932] Molina, J. R., A. Martín, F. Drake, L. M. Martín, y M. A. Herrera. 2015. Fragmentation of *Araucaria araucana* forests in Chile: Quantification and correlation with structural variables. *iForest - Biogeosciences and Forestry* 10.3832/ifor1399–008. [pp. 187, 188, 189].

[933] Molina-Montenegro, M. A., E. I. Badano, y L. A. Cavieres. 2006. Cushion plants as microclimatic shelters for two ladybird beetles species in alpine zone of central Chile. *Arctic, Antarctic, and Alpine Research* 38(2): 224–227. [p. 228].

[934] Molina-Montenegro, M. A., y L. A. Cavieres. 2010. Variación altitudinal de los atributos morfo-fisiológicos en dos especies de plantas alto-andinas y sus implicancias contra la fotoinhibición. *Gayana Botánica* 67(1): 1–11. [pp. 228, 232].

[935] Molina-Montenegro, M. A., J. Gallardo-Cerda, T. S. M. Flores, y C. Atala. 2012. The trade-off between cold resistance and growth determines the *Nothofagus pumilio* treeline. *Plant Ecology* 213(1): 133–142. [pp. 93, 152, 166, 167].

[936] Molina-Montenegro, M. A., C. Torres, M. J. Parra, y L. A. Cavieres. 2000. Asociación de especies al cojín *Azorella trifurcata* (Gaertn.) Hook. (Apiaceae) en la zona andina de Chile central (37°S). *Gayana Botánica* 57(2): 161–168. [p. 229].

[937] Molinier, R. 1961. Cartes de associations végétales terrestres et des biocénoses marines dans le sud-est de la France. *En* Méthodes de la cartographie de la végétation, 157–170, CNRS, Paris. [p. 268].

[938] Montaldo, P. 1974. Bioecología de la *Araucaria araucana* (Mol.) C. Koch. *Boletín Instituto Forestal Latinoamericano de Investigaciones (Mérida)* 46-48: 1–55. [pp. 186, 187, 189].

[939] Montaldo, P. 1975. Sinecología de las praderas antropogénicas en la provincia de Valdivia, Chile. *Agro Sur* 3: 16–24. [pp. 158, 159, 183, 185, 245].

[940] Montaldo, P. 1976. Aspectos ecológicos de los coironales de Aysén. *Medio Ambiente* 2(1): 12–20. [pp. 95, 235, 236].

[941] Montaldo, P. 1977. Diez años de una exclusión de ganado vacuno en pradera antropogénica en ñadi (1965-1977). *Agro Sur* 5: 49–57. [pp. 159, 245].

[942] Montaldo, P. 1990. Veinticinco años de una exclusión de ganado vacuno en pradera antropogénica en ñadi (1965-1990). *Agro Sur* 18: 113–118. [pp. 159, 245].

[943] Montecinos, A., y P. Aceituno. 2003. Seasonality of the ENSO-related rainfall variability in central Chile and associated circulation anomalies. *Journal of Climate* 16(2): 281–296. [p. 56].

[944] Montenegro, G., M. E. Aljaro, G. Ávila, y A. M. Mujica. 1988. Las formas de las plantas y su potencial como recursos. *En* E. R. Fuentes y S. Prenafeta (eds.), Ecología del paisaje de Chile Central. Estudios sobre sus espacios montañosos, 65–79, Ediciones Universidad Católica de Chile, Santiago. [p. 92].

[945] Montenegro, G., M. E. Aljaro, y J. Kummerow. 1979. Growth dynamics of Chilean matorral shrubs. *Botanical Gazette* 140(1): 114–119. [pp. 92, 143].

[946] Montenegro, G., O. Rivera, y F. Bas. 1978. Herbaceous vegetation in the Chilean matorral. *Oecologia* 36(2): 237–244. [p. 143].

[947] Montenegro, G., y F. Riveros de la Puente. 1977. Comparison of differential environmental responses of *Colliguaja odorifera*. *Flora* 166: 125–135. [p. 143].

[948] Montenegro, G., B. Segura, R. Saenger, y A. M. Mujica. 1981. Xeromorfismo en especies arbustivas del matorral chileno. *Anales Museo de Historia Natural Valparaíso* 14: 71–83. [pp. 92, 143].

[949] Montenegro, G., I. Serey, y M. Gómez. 1985. Model-type of growth forms of arid and semiarid bioclimatic zones in Chile through the monocharacter approach. *Medio Ambiente* 7(2): 21–30. [pp. 92, 136, 142, 143].

[950] Montesinos, D. B., A. M. Cleef, y K. V. Sýkora. 2012. Andean shrublands of Moquegua, South Peru: Prepuna plant communities. *Phytocoenologia* 42(1–2): 29–55. [p. 42].

[951] MONTESINOS-TUBÉE, D. B. 2011. Diversidad florística de la cuenca alta del río Tambo-Ichuña (Moquegua, Perú). *Revista Peruana de Biología* 18(1): 119–132. [p. 42].

[952] MONTESINOS-TUBÉE, D. B., A. M. CLEEF, y K. V. SÝKORA. 2015. The Puna vegetation of Moquegua, South Peru: Chasmophytes, grasslands and *Puya raimondii* stands. *Phytocoenologia* 45(4): 365–397. [p. 42].

[953] MONTESINOS-TUBÉE, D. B., K. V. SÝKORA, y V. M. QUIPUSCOA-SILVESTRE. 2015. Species composition and phytosociology of xerophytic plant communities after extreme rainfall in South Peru. *Phytocoenologia* 45(3): 203–250. [p. 42].

[954] MOONEY, H. A., S. L. GULMON, J. EHLERINGER, y P. W. RUNDEL. 1980. Atmospheric water uptake by an Atacama Desert shrub. *Science* 209(4457): 693–694. [p. 57].

[955] MOONEY, H. A., y J. KUMMEROW. 1971. The comparative water economy of representative evergreen sclerophyll and drought deciduous shrubs of Chile. *Botanical Gazette* 132(3): 245–252. [p. 143].

[956] MOONEY, H. A., y F. M. SCHLEGEL. 1966. La vegetación costera del cabo de Los Molles en la provincia de Aconcagua. *Boletín de la Universidad de Chile* 75: 27–32. [pp. 91, 136, 254].

[957] MOONEY, H. A., P. J. WEISSER, y S. L. GULMON. 1977. Environmental adaptations of Atacaman Desert cactus *Copiapoa haseltoniana*. *Flora* 166(2): 117–124. [p. 107].

[958] MOORE, D. M. 1975. The alpine flora of Tierra del Fuego. *Anales del Instituto Botánico Cavanilles* 32: 419–440. [pp. 231, 234].

[959] MOORE, E. 1926. Contribución a la flórula de Paredones. *Revista Chilena de Historia Natural* 30: 384–400. [p. 144].

[960] MOP. 1987. Balance hídrico de Chile. Dirección General de Aguas, Ministerio de Obras Públicas, Santiago. [p. 30].

[961] MORALES, R., J. L. FERNÁNDEZ ALONSO, R. FITZEK, L. MEDINA, y F. MUÑOZ GARMENDIA. 2016. Catálogo provisional de la flora de San Ignacio de Huinay, Chile. *Anales del Jardín Botánico de Madrid* 73(2): e037. [p. 200].

[962] MORAVEC, J. 1998. Reconstructed natural versus potential natural vegetation in vegetation mapping: A discussion of concepts. *Applied Vegetation Science* 1(2): 173–176. [p. 26].

[963] MOREIRA-MUÑOZ, A. 2011. Plant geography of Chile. Springer, Dordrecht. [p. 268].

[964] MORENO, J. M., F. D. PINEDA, y S. RIVAS-MARTINEZ. 1990. Climate and vegetation at the Eurosiberian-Mediterranean boundary in the Iberian Peninsula. *Journal of Vegetation Science* 1(2): 233–244. [p. 94].

[965] MORICI, E. F. A., A. PRINA, G. L. ALFONSO, y W. MUINO. 2010. Flora y vegetación del valle superior del Río Atuel (Mendoza-Argentina). *Boletín de la Sociedad Argentina de Botánica* 45(1–2): 109–118. [p. 42].

[966] MORONG, T. 1891. The flora of the Desert of Atacama. *Bulletin of the Torrey Botanical Club* 18(2): 39–48. [pp. 91, 112].

[967] MORUETA HOLME, N., K ENGEMANN, P. SANDOVAL-ACUÑA, J. D. JONAS, R. M. SEGNITZ, y J.-C. SVENNING. 2015. Strong upslope shifts in Chimborazo's vegetation over two centuries since Humboldt. *Proceedings of the National Academy of Sciences of the United States of America* 112(41): 12741–12745. [p. 266].

[968] MOSS, D., y B. K. WYATT. 1994. The CORINE biotopes project: A database for conservation of nature and wildlife in the European community. *Applied Geography* 14(4): 327–349. [p. 45].

[969] MOVIA, C. P., A. SORIANO, y R. J. C. LEÓN. 1987. La vegetación de la cuenca del río Santa Cruz (Provincia de Santa Cruz, Argentina). *Darwiniana* 28(1/4): 9–78. [pp. 42, 174, 236].

[970] MUELLER-DOMBOIS, D., y H. ELLENBERG. 1974. Aims and methods of vegetation ecology. John Wiley and Sons, New York. [pp. 25, 26, 29].

[971] MÜLLER, F., y I. PEREIRA. 2006. The bryophyte flora of nature reserves in central Chile. 1. The moss flora of Los Ruiles Nature Reserve, near Talca. *Tropical Bryology* 27: 55–66. [p. 155].

[972] MUNIZAGA, C., y H. GUNCKEL. 1958. Notas etnobotánicas del pueblo atacameño de Socaire. *Universidad de Chile, Centro de Estudios Antropológicos, Publicación* 5: 9–54. [pp. 104, 123, 220, 221].

[973] Muñoz, A. A., J. Barichivich, D. A. Christie, W. Dorigo, D. Sauchyn, Á. González-Reyes, R. Villalba, A. Lara, N. Riquelme, y M. E. González. 2014. Patterns and drivers of *Araucaria araucana* forest growth along a biophysical gradient in the northern Patagonian Andes: Linking tree rings with satellite observations of soil moisture. *Austral Ecology* 39(2): 158–169. [pp. 167, 187, 188].

[974] Muñoz, A. A., y L. A. Cavieres. 2008. The presence of a showy invasive plant disrupts pollinator service and reproductive output in native alpine species only at high densities. *Journal of Ecology* 96(3): 459–467. [p. 228].

[975] Muñoz, A. A., P. Chacón, F. Pérez, E. S. Barnert, y J. J. Armesto. 2003. Diversity and host tree preferences of vascular epiphytes and vines in a temperate rainforest in southern Chile. *Australian Journal of Botany* 51(4): 381–391. [p. 200].

[976] Muñoz, A. A., y M. E. González. 2009. Patrones de regeneración arbórea en claros a una década de la floración y muerte masiva de *Chusquea quila* (Poaceae) en un remanente de bosque antiguo del valle central en el centro-sur de Chile. *Revista Chilena de Historia Natural* 82(2): 185–198. [p. 159].

[977] Muñoz, A. A., M. E. González, C. Celedón, y T. T. Veblen. 2012. Respuesta inicial de la regeneración arbórea luego de la floración y muerte de *Chusquea culeou* (Poaceae) en bosques andinos del centro-sur de Chile. *Bosque* 33(2): 153–162. [pp. 185, 188].

[978] Muñoz, A. E., y C. Bonacic. 2006. Variación estacional de la flora y vegetación en la precordillera andina de la comuna de Putre (I Región de Tarapacá, Chile) durante el periodo 2002–2003. *Gayana Botánica* 63(1): 75–92. [pp. 44, 215, 216].

[979] Muñoz, C. 1964. La justificación del nombre *Nothofagus alpina* (Poepp. & Endl.) Oerst., para el raulí. *Boletín de la Universidad de Chile* 52: 59–61. [p. 273].

[980] Muñoz, C. 1965. El desierto florido. *Noticiario Mensual Museo Nacional de Historia Natural* 111: 1–8. [pp. 91, 114, 116].

[981] Muñoz, C. 1969. El Archipiélago de Juan Fernández y la conservación de sus recursos naturales renovables. *Boletín de la Academia de Ciencias del Instituto de Chile* 1: 83–100. [p. 267].

[982] Muñoz, C., y E. Pisano. 1947. Estudio de la vegetación y flora de los parques nacionales Fray Jorge y Talinay. *Agricultura Técnica* 7(2): 71–190. [pp. 91, 117, 118, 147, 185].

[983] Muñoz, C., E. Zagal, y C. Ovalle. 2007. Influence of trees on soil organic matter in Mediterranean agroforestry systems: An example from the 'Espinal' of central Chile. *European Journal of Soil Science* 58(3): 728–735. [p. 133].

[984] Muñoz, F., C. Muñoz, M. Uribe, M. Á. Martín, J. R. Molina, M. Á. Herrera, J. B. Álvarez, y L. M. Martín. 2013. Composición, estructura y diversidad de poblaciones de *Nothofagus glauca* ubicadas en la zona mediterránea de Chile. *Gayana Botánica* 70(1): 82–91. [pp. 155, 156].

[985] Muñoz, M. R., F. A. Squeo, M. F. León, Y. Tracol, y J. R. Gutiérrez. 2008. Hydraulic lift in three shrub species from the Chilean coastal desert. *Journal of Arid Environments* 72(5): 624–632. [p. 118].

[986] Muñoz-Concha, D., y M. R. Davey. 2010. *Gomortega keule*, the neglected and endangered Chilean fruit tree. *European Journal of Forest Research* 130(5): 677–693. [p. 156].

[987] Muñoz-Schick, M. 1980. Flora del Parque Nacional Puyehue. Editorial Universitaria, Santiago. [p. 168].

[988] Muñoz-Schick, M. 1999. Flora de Caleu. *En* A. Moreira (ed.), Guía de campo de Caleu y el Cerro El Roble, 84–105, Comisión Nacional del Medio Ambiente, Santiago. [pp. 92, 127, 140, 149, 226].

[989] Muñoz-Schick, M. 2015. Una laguna se viste de verde: El caso del embalse Rungue, Región Metropolitana, Chile. *Chloris Chilensis* 18(2), URL: http://www.chlorischile.cl. [pp. 131, 240, 244].

[990] Muñoz-Schick, M., y V. Morales. 2013. Complemento y correcciones al "Catálogo de plantas vasculares del Cono Sur", para la flora de Chile. *Boletín Museo Nacional de Historia Natural Chile* 62: 167–201. [p. 46].

[991] Muñoz-Schick, M., A. Moreira-Muñoz, y P. León-Lobos. 2006. Nueva localidad en Chile para *Menodora linoides* Phil. (Oleaceae), especie considerada extinta en el siglo XX. *Gayana Botánica* 63(2): 175–179. [p. 137].

[992] Muñoz-Schick, M., A. Moreira-Muñoz, C. Villagrán, y F. Luebert. 2000. Caracterización florística y pisos de vegetación en los Andes de Santiago, Chile central. *Boletín Museo Nacional de Historia Natural Chile* 49: 9–50. [pp. 88, 93, 138, 142, 143, 226, 227, 228, 232, 248].

[993] MUÑOZ-SCHICK, M., R. PINTO, A. MESA, y A. MOREIRA-MUÑOZ. 2001. 'Oasis de neblina' en los cerros costeros del sur de Iquique (norte de Chile) durante el evento El Niño 1997-98. *Revista Chilena de Historia Natural* 74(2): 389–405. [pp. 56, 57, 90, 102, 103, 105].

[994] NAGY, L., y G. GRABHERR. 2009. The biology of Alpine habitats. Oxford University Press, Oxford. [p. 29].

[995] NATURESERVE. 2003. International ecological classification standard: Terrestrial ecological systems of Latin America and the Caribbean. Natural Heritage Central Databases. NatureServe, Arlington. [pp. 42, 104, 123, 124, 128, 129, 216, 217, 219, 221, 222, 223].

[996] NAVARRO, G. 1993. Vegetación de Bolivia: El Altiplano meridional. *Rivasgodaya* 7: 69–98. [pp. 42, 221, 232].

[997] NAVARRO, G. 1997. Contribución a la clasificación ecológica y florística de los bosques de Bolivia. *Revista Boliviana de Ecología y Conservación Ambiental* 2: 3–37. [p. 42].

[998] NAVARRO, G., y W. FERREIRA. 2004. Zonas de vegetación potencial de Bolivia: Una base para el análisis de vacíos de conservación. *Revista Boliviana de Ecología y Conservación Ambiental* 15: 1–40. [p. 42].

[999] NAVARRO, G., y M. MALDONADO. 2002. Geografía ecológica de Bolivia: Vegetación y ambientes acuáticos. Fundación Simón I. Patino, Cochabamba. [pp. 30, 42, 215, 216, 217, 218, 219, 221, 222].

[1000] NAVARRO, G., J. A. MOLINA, y N. D. L. BARRA. 2005. Classification of the high-Andean *Polylepis* forests in Bolivia. *Plant Ecology* 176(1): 113–130. [p. 42].

[1001] NAVARRO, G., y S. RIVAS-MARTÍNEZ. 2005. Datos sobre la fitosociología del Norte de Chile: La vegetación en un transecto desde San Pedro de Atacama al Volcán Licancabur (Antofagasta, II Región). *Chloris Chilensis* 8(2), URL: http://www.chlorischile.cl. [pp. 122, 123, 220, 221, 222, 268].

[1002] NAVARRO CERRILLO, R. M., M. ROSENFELD, J. PÉREZ-ARANDA, E. PADRÓN, J. R. GUZMÁN, R. HERNÁNDEZ CLEMENTE, y L. GONZÁLEZ. 2008. Evaluación de la mortalidad de bosques de ñirre (*Nothofagus antárctica*) en la Patagonia chilena mediante imágenes Landsat TM y ETM+. *Bosque* 29(1): 65–73. [p. 179].

[1003] NAVARRO-GONZÁLEZ, R., F. A. RAINEY, P. MOLINA, D. R. BAGALEY, B. J. HOLLEN, J. D. L. ROSA, A. M. SMALL, R. C. QUINN, F. J. GRUNTHANER, L. CÁCERES, B. GÓMEZ-SILVA, y C. P. MCKAY. 2003. Mars-like soils in the Atacama Desert, Chile, and the dry limit of microbial life. *Science* 302(5647): 1018–1021. [p. 87].

[1004] NEGER, F. W. 1897. Die Araukarienwälder in Chile und Argentinien. *Forstlich-Naturwissenschaftliche Zeitschrift* 11: 416–426. [p. 167].

[1005] NEGER, F. W. 1897. Die Vegetationsverhältnisse im nördlichen Araucanien (Flussgebiet des Rio Biobio). *Botanische Jahrbücher für Systematik, Pflanzengeschichte und Pflanzengeographie* 23: 382–411. [p. 150].

[1006] NEGER, F. W. 1897. Introducción a la flora de los alrededores de Concepción. *Anales de la Universidad de Chile* 98: 209–251. [pp. 156, 160].

[1007] NEGER, F. W. 1899. Informe sobre las observaciones botánicas efectuadas en la cordillera de Villarrica en el verano 1896-97. *Anales de la Universidad de Chile* 103: 903–967. [pp. 159, 164, 165, 167, 195].

[1008] NEGER, F. W. 1901. Pflanzengeographisches aus den südlichen Anden und Patagonien. *Botanische Jahrbücher für Systematik, Pflanzengeschichte und Pflanzengeographie* 28: 231–258. [p. 42].

[1009] NEIRA, E., H. VERSCHEURE, y C. REVENGA. 2002. Chile's frontier forests: Conserving a global treasure. World Resources Institute, Comité Nacional Pro Defensa de la Fauna y Flora, Universidad Austral de Chile, Chile. [p. 42].

[1010] NIEMEYER, H. M., R. O. BUSTAMANTE, J. A. SIMONETTI, S. TEILLIER, E. FUENTES-CONTRERAS, y J. E. MELLA. 2002. Historia natural de la reserva nacional Río Clarillo: Un espacio para aprender ecología. Impresos Socías, Santiago. [pp. 138, 142, 143, 251].

[1011] NOVOA-JEREZ, J., J. M. VIADA-OVALLE, D. LÓPEZ, y F. A. SQUEO. 2004. Localización espacial del bosque Fray Jorge en los Altos del Talinay, IV Región de Coquimbo. *En* F. A. Squeo, J. R. Gutiérrez, y I. R. Hernández (eds.), Historia natural del Parque Nacional Bosque Fray Jorge, 161–171, Ediciones de la Universidad de La Serena, La Serena. [p. 118].

[1012] NÚÑEZ, C. I., M. A. AIZEN, y C. EZCURRA. 1999. Species associations and nurse plant effects in patches of high-Andean vegetation. *Journal of Vegetation Science* 10(3): 357–364. [pp. 229, 230].

[1013] Núñez-Ávila, M., E. Corcuera, A. Farás, P. Pliscoff, J. Palma, M. Barrientos, y C. Sepúlveda. 2013. Diagnóstico y caracterización de iniciativas de conservación privada. *Informe final*, MMA / GEF-PNUD, Santiago. [p. 47].

[1014] Oberdorfer, E. 1960. Pflanzensoziologische Studien in Chile: Ein Vergleich mit Europa. *Flora et Vegetatio Mundi* 2: 1–208. [pp. 42, 44, 94, 118, 119, 126, 130, 131, 132, 133, 136, 138, 139, 140, 142, 143, 144, 145, 146, 148, 150, 151, 152, 154, 157, 158, 159, 160, 161, 164, 165, 166, 167, 168, 172, 174, 177, 178, 180, 181, 182, 183, 184, 185, 186, 187, 189, 190, 191, 192, 193, 194, 195, 196, 198, 200, 201, 203, 204, 205, 206, 207, 210, 213, 214, 228, 229, 230, 239, 240, 245, 246, 247, 248, 251, 252, 254, 267, 268, 269, 270].

[1015] Oka, S., y H. Ogawa. 1984. The distribution of Lomas vegetation and its climatic environments along the Pacific Coast of Peru. *Geographical Reports of Tokyo Metropolitan University* 19: 113–125. [p. 42].

[1016] Olivares, S., y F. A. Squeo. 1999. Patrones fenológicos en especies arbustivas del desierto costero del norte-centro de Chile. *Revista Chilena de Historia Natural* 72(3): 353–370. [pp. 91, 118].

[1017] Oltremari, J. 2003. Evolution of the planning process for protected areas in Latin America. *Natural Areas Journal* 23(2): 174–179. [p. 263].

[1018] Oltremari, J., F. M. Schlegel, y R. Schlatter. 1987. Diagnóstico de Carrizal Bajo como área silvestre protegida. *Medio Ambiente* 8(2): 27–35. [pp. 112, 113].

[1019] Oltremari, J., F. M. Schlegel, y R. Schlatter. 1987. Perspectiva de Morro Moreno como área silvestre protegida. *Bosque* 8(1): 21–30. [pp. 106, 107].

[1020] O'Neill, R. V., y A. W. King. 1998. Homage to St. Michael: Or, why are there so many books on scale. *En* Ecological scale: Theory and applications, 3–15, Columbia University Press, New York. [p. 27].

[1021] Ono, M. 1986. Definition, classification and taxonomic significance of the lomas vegetation. *En* M. Ono (ed.), Taxonomic and ecological studies on the lomas vegetation in the Pacific coast of Peru, 5–14, Tokyo Metropolitan University, Tokyo. [pp. 42, 103].

[1022] Opazo, A., y K. Reiche. 1909. Descripción i resultados de un viaje de estudio de Caldera a Paposo en busca de plantas que contengan caucho. *Anales de Agronomía Santiago* 4: 189–237. [pp. 109, 110, 111].

[1023] Orshan, G., A. Le Roux, y G. Montenegro. 1984. Distribution of monocharacter growth form types in mediterranean plant communities of Chile, South Africa and Israel. *Bulletin de la Société Botanique de France* 131(2-4): 427–439. [p. 92].

[1024] Orshan, G., G. Montenegro, G. Ávila, M. E. Aljaro, A. Walckowiak, y A. M. Mujica. 1984. Plant growth forms of Chilean matorral. A monocharacter growth form analysis along an altitudinal transect from sea level to 2000 m.a.s.l. *Bulletin de la Société Botanique de France* 131(2-4): 411–425. [p. 92].

[1025] Ovalle, C., J. Aronson, J. Avendaño, R. Meneses, y R. Moreno. 1993. Rehabilitation of degraded ecosystems in central Chile and its relevance to the arid "Norte Chico". *Revista Chilena de Historia Natural* 66(3): 291–303. [pp. 94, 131, 132].

[1026] Ovalle, C., J. Aronson, A. Del Pozo, y J. Avendaño. 1990. The espinal: Agroforestry systems of the mediterranean-type climate region of Chile. *Agroforestry Systems* 10(3): 213–239. [pp. 94, 127].

[1027] Ovalle, C., J. Avendaño, J. Aronson, y A. Del Pozo. 1996. Land occupation patterns and vegetation structure in the anthropogenic savannas (espinales) of central Chile. *Forest Ecology and Management* 86(1): 129–139. [pp. 93, 94, 133].

[1028] Ovalle, C., A. Pozo, M. Á. Casado, B. Acosta, y J. M. Miguel. 2006. Consequences of landscape heterogeneity on grassland diversity and productivity in the espinal agroforestry system of central Chile. *Landscape Ecology* 21(4): 585–594. [p. 133].

[1029] Oyarzún, C. E., R. Godoy, A. D. Schrijver, J. Staelens, y N. Lust. 2004. Water chemistry and nutrient budgets in an undisturbed evergreen rainforest of southern Chile. *Biogeochemistry* 71(1): 107–123. [p. 196].

[1030] Ozenda, P. 1986. La cartographie écologique et ses applications. Masson, Paris. [p. 26].

[1031] Ozenda, P., y J.-L. Borel. 2000. An ecological map of Europe: Why and how? *Comptes Rendus de l'Académie des Sciences - Series III - Sciences de la Vie* 323(11): 983–994. [p. 26].

[1032] Paez, M. M., C. Villagrán, S. Stutz, F. Hinojosa, y R. Villa. 1997. Vegetation and pollen dispersal in the subtropical-temperate climatic transition of Chile and Argentina. *Review of Palaeobotany and Palynology* 96(1): 169–181. [pp. 95, 171, 229].

[1033] Palma, B., C. San Martín, M. Rosales, y L. Zúñiga. 1987. Distribución espacial de la flora y vegetación acuática y palustre del Estero Marga-Marga, en Chile Central. *Anales del Instituto de Ciencias del Mar y Limnología UNAM* 14: 125–132. [pp. 140, 142, 240].

[1034] Parada, T., y C. H. Lusk. 2011. Patrones en la mortalidad de plántulas de especies arbóreas de un bosque de la transición templado-mediterránea de Chile. *Gayana Botánica* 68(2): 236–243. [p. 156].

[1035] Paritsis, J., A. Holz, T. T. Veblen, y T. Kitzberger. 2013. Habitat distribution modeling reveals vegetation flammability and land use as drivers of wildfire in SW Patagonia. *Ecosphere* 4(5): art53. [pp. 169, 172, 174, 178, 179, 192, 193, 200, 201, 204].

[1036] Paritsis, J., T. T. Veblen, y A. Holz. 2015. Positive fire feedbacks contribute to shifts from *Nothofagus pumilio* forests to fire-prone shrublands in Patagonia. *Journal of Vegetation Science* 26(1): 89–101. [pp. 169, 178].

[1037] Parker, T., y C. Donoso. 1993. Natural regeneration of *Fitzroya cupressoides* in Chile and Argentina. *Forest Ecology and Management* 59(1): 63–85. [p. 191].

[1038] Parra, M. J., K. Acuña, L. J. Corcuera, y A. Saldaña. 2009. Vertical distribution of Hymenophyllaceae species among host tree microhabitats in a temperate rain forest in Southern Chile. *Journal of Vegetation Science* 20(4): 588–595. [p. 200].

[1039] Parsons, D. J. 1976. Vegetation structure in the mediterranean scrub communities of California and Chile. *Journal of Ecology* 64(2): 435–447. [p. 42].

[1040] Parsons, D. U., y A. R. Moldenke. 1975. Convergence in vegetation structure along analogous climatic gradients in California and Chile. *Ecology* 56(4): 950–957. [p. 42].

[1041] Paruelo, J. M., E. G. Jobbágy, y O. E. Sala. 2001. Current distribution of ecosystem functional types in temperate South America. *Ecosystems* 4(7): 683–698. [p. 236].

[1042] Pastorino, M. J. 2000. Genetic variation and reproduction system of *Austrocedrus chilensis* (D. Don) Florin et Boutelje, a cypress endemic to the Andean-Patagonian Forest. Cuvillier Verlag, Göttingen. [pp. 152, 198].

[1043] Pastorino, M. J., y L. A. Gallo. 2002. Quaternary evolutionary history of *Austrocedrus chilensis*, a cypress native to the Andean–Patagonian forest. *Journal of Biogeography* 29(9): 1167–1178. [pp. 152, 198].

[1044] Patterson, M. W., y N. Hoalst-Pullen. 2011. Dynamic equifinality: The case of south-central Chile's evolving forest landscape. *Applied Geography* 31(2): 641–649. [p. 150].

[1045] Patty, L., S. R. P. Halloy, E. Hiltbrunner, y C. Körner. 2010. Biomass allocation in herbaceous plants under grazing impact in the high semi-arid Andes. *Flora* 205(10): 695 703. [p. 42].

[1046] Pauchard, A., M. Aguayo, E. Peña, y R. Urrutia. 2006. Multiple effects of urbanization on the biodiversity of developing countries: The case of a fast-growing metropolitan area (Concepción, Chile). *Biological Conservation* 127(3): 272–281. [p. 144].

[1047] Pauchard, A., y P. Villarroel. 2002. Protected areas in Chile: History, current status, and challenges. *Natural Areas Journal* 22(4): 318–330. [p. 263].

[1048] Paulino, L., R. Godoy, y P. Boeckx. 2009. Ecosystem responses of Andean *Araucaria-Nothofagus* communities after a wildfire. *En* N. Verhoest, P. Boeckx, C. Oyarzún, y R. Godoy (eds.), Ecological advances on Chilean temperate rainforests, 117–131, Academia Press, Gent. [p. 188].

[1049] Paulsen, D. 2014. Caracterización de tipos funcionales para la vegetación de la región árida y semiárida de Chile: Caso estudio Región de Antofagasta. Tesis Ing. Forestal, Pontificia Universidad Católica de Chile, Santiago. [pp. 100, 104, 106, 107, 109, 110, 111, 114, 122, 123, 124, 220, 221, 222, 223, 232].

[1050] Pedreros, P., M. Guevara-Mora, R. Urrutia, y A. Stehr. 2016. Importancia de la vegetación ribereña de *Nothofagus dombeyi* (Mirb.) Oerst. en el régimen térmico de sistemas fluviales andinos del sur de Chile. *Gayana Botánica* 73(1): 32–41. [pp. 165, 167, 207].

[1051] Pefaur, J., y J. Yáñez. 1980. Ecología descriptiva de la Isla Mocha (Chile), en relación al poblamiento de vertebrados. *Boletín Museo Nacional de Historia Natural Chile* 37: 107–112. [p. 181].

[1052] PEINADO, M., J. AGUIRRE, y J. DELGADILLO. 1997. Phytosociological, bioclimatic and biogeographical classification of woody climax communities of western North America. *Journal of Vegetation Science* 8(4): 505–528. [pp. 30, 94].

[1053] PEINADO, M., F. ALCARAZ, J. L. AGUIRRE, y J. ÁLVAREZ. 1994. Vegetation formations and associations of the zonobiomes along the North American Pacific coast. *Vegetatio* 114(2): 123–135. [p. 30].

[1054] PEINADO, M., F. ALCARAZ, J. L. AGUIRRE, y J. M. MARTÍNEZ-PARRAS. 1997. Vegetation formations and associations of the zonobiomes along the North American Pacific coast: From northern California to Alaska. *Plant Ecology* 129(1): 29–47. [pp. 30, 94].

[1055] PEINADO, M., C. BARTOLOME, J. DELGADILLO, y I. AGUADO. 1994. Pisos de vegetación de la sierra de San Pedro Mártir, baja California, México. *Acta Botánica Mexicana* 29: 1–30. [p. 30].

[1056] PEÑA, L. E. 1954. Exploraciones en la cordillera de Antofagasta. *Revista Chilena de Historia Natural* 54(14): 163–185. [p. 221].

[1057] PEÑA, O., y H. ROMERO. 1977. Sistemas en Climatología (Aplicación a una clasificación genética de los climas chilenos). *Notas Geográficas (Valparaíso)* 8: 7–15. [p. 77].

[1058] PEÑALOZA, A., L. A. CAVIERES, M. T. K. ARROYO, y C. TORRES. 2001. Efecto nodriza intraespecífico de *Kageneckia angustifolia* D. Don (Rosaceae) sobre la germinación de semillas y sobrevivencia de plántulas en el bosque esclerófilo montano de Chile central. *Revista Chilena de Historia Natural* 74(3): 539–548. [p. 138].

[1059] PEÑALOZA, A., V. PARDO, A. MARTICORENA, L. A. CAVIERES, y F. FRUGONE. 2013. Flora y vegetación del Parque Nacional Llullaillaco, Región de Antofagasta, Chile. Alvimpress, Santiago. [pp. 123, 221, 222, 223, 232, 249].

[1060] PERALTA, M., y M. T. SERRA. 1987. Caracterización del hábitat natural de las especies del género *Prosopis* en la III Región (provincias de Copiapó y Huasco, Chile). *FO*: *DP*/*CHI*/83/017 Documento de Trabajo 9, *CONAF*, Santiago. [p. 116].

[1061] PEREIRA, I., F. MÜLLER, y A. VALDERRAMA. 2006. Diversity and distribution of Bryophytes and Lichens of El Colorado, Central Chile. *Nova Hedwigia* 83(1): 117–127. [p. 156].

[1062] PÉREZ, C., y C. VILLAGRÁN. 1985. Distribución de abundancias de especies en bosques relictos de la zona mediterránea de Chile. *Revista Chilena de Historia Natural* 58(2): 157–170. [pp. 91, 118, 136, 140, 142, 144, 149, 185].

[1063] PÉREZ, C., y C. VILLAGRÁN. 1994. Influencia del clima en el cambio florístico, vegetacional y edáfico de los bosques de "olivillo" (*Aextoxicon punctatum* R. et. Pav.) de la cordillera de la Costa de Chile: Implicancias biogeográficas. *Revista Chilena de Historia Natural* 67(1): 77–88. [pp. 44, 91, 118, 142, 147, 159, 185, 192].

[1064] PÉREZ, C. A., M. R. CARMONA, J. C. ARAVENA, J. M. FARIÑA, y J. J. ARMESTO. 2009. Environmental controls and patterns of cumulative radial increment of evergreen tree species in montane, temperate rainforests of Chiloé Island, southern Chile. *Austral Ecology* 34(3): 259–271. [p. 190].

[1065] PÉREZ, C. A., M. R. CARMONA, J. C. ARAVENA, J. M. FARIÑA, y J. J. ARMESTO. 2009. Land cover change from primary to secondary lowland forests: Effects on tree species composition and C/N ratio of litter and soil. *En* N. Verhoest, P. Boeckx, C. Oyarzún, y R. Godoy (eds.), Ecological advances on Chilean temperate rainforests, 5–16, Academia Press, Gent. [p. 200].

[1066] PÉREZ, C. A., M. R. CARMONA, y J. J. ARMESTO. 2010. Non-symbiotic nitrogen fixation during leaf litter decomposition in an old-growth temperate rain forest of Chiloé Island, southern Chile: Effects of single versus mixed species litter. *Austral Ecology* 35(2): 148–156. [p. 200].

[1067] PÉREZ, C. A., M. R. CARMONA, J. M. FARIÑA, y J. J. ARMESTO. 2009. Selective logging of lowland evergreen rainforests in Chiloé Island, Chile: Effects of changing tree species composition on soil nitrogen transformations. *Forest Ecology and Management* 258(7): 1660–1668. [p. 200].

[1068] PÉREZ, C. A., L. O. HEDIN, y J. J. ARMESTO. 1998. Nitrogen mineralization in two unpolluted old-growth forests of contrasting biodiversity and dynamics. *Ecosystems* 1(4): 361–373. [p. 190].

[1069] PÉREZ, S. E., C. A. PÉREZ, M. R. CARMONA, J. M. FARIÑA, y J. J. ARMESTO. 2008. Effects of labile phosphorous and carbón on non-symbiotic N2 fixation in logged and unlogged evergreen forests in Chiloé Island, Chile. *Revista Chilena de Historia Natural* 81(2): 267–278. [p. 200].

[1070] PÉREZ-QUEZADA, J. F., C. A. DELPIANO, K. A. SNYDER, D. A. JOHNSON, y N. FRANCK. 2011. Carbon pools in an arid shrubland in Chile under natural and afforested conditions. *Journal of Arid Environments* 75(1): 29–37. [p. 118].

[1071] PERTHUISOT, N. 1995. Réalisation d'une première typologie forestière dans la Reserve de Malleco (Chili, région centre- sud) et proposition de lignes d'aménagement. *Rapport de fin d'études*, Conaf/Onf/Engref, Temuco. [pp. 164, 165, 167].

[1072] PESARESI, S., D. GALDENZI, E. BIONDI, y S. CASAVECCHIA. 2014. Bioclimate of Italy: Application of the worldwide bioclimatic classification system. *Journal of Maps* 10(4): 538–553. [p. 30].

[1073] PETRIE, J. 2009. Lonesome valley: Río Huaco, river of Atacama. *Desert Plants* 25(2): 24–40. [pp. 113, 114, 116].

[1074] PFADENHAUER, J. S., y F. KLÖTZLI. 2014. Vegetation der Erde. Springer, Berlin Heidelberg. [pp. 37, 100].

[1075] PFANZELT, S., C. GARCÍA, y A. MARTICORENA. 2013. Notes on the Chilean geographic distribution of several vascular plant species. *Check List* 9(4): 832–837. [p. 212].

[1076] PFANZELT, S., J. GRAU, y R. RODRÍGUEZ. 2008. A vegetation map of Nevados de Chillán volcanic complex, Bio-Bío region, Chile. *Gayana Botánica* 65(2): 209–219. [pp. 88, 152, 162, 165, 166, 170, 171, 180, 207, 229, 230, 248, 254, 255].

[1077] PHILIPPI, F. 1865. Excursión botánica en Valdivia desde los Cuncos en el Departamento de La Unión, a través de la Cordillera de la Costa, hasta el mar. *Anales de la Universidad de Chile* 27: 289–302. [pp. 159, 183, 185, 190].

[1078] PHILIPPI, F. 1884. A visit to the northernmost forest of Chile. *Journal of Botany* 22: 201–211, traducido por F. Fuentes y publicado en 1930 como: Una visita al bosque más boreal de Chile. *Boletín Museo Nacional de Historia Natural Chile* 13: 96–109. [pp. 91, 116, 118, 119].

[1079] PHILIPPI, F. 1885. Botanische Reise nach der Provinz Atacama im Frühjahr 1885. *Verhandlungen des deutschen wissenschaftlichen Vereins zu Santiago* 1(4): 214–221. [pp. 91, 113, 114, 116].

[1080] PHILIPPI, F. 1885. Reise nach der Provinz Tarapacá. *Verhandlungen des deutschen wissenschaftlichen Vereins zu Santiago* 1(4): 135–163. [pp. 104, 123, 220, 221, 222].

[1081] PHILIPPI, F. 1886. Escursion botanica hecha de orden del Supremo Gobierno en setiembre de 1885 a la Provincia de Atacama. Imprenta Nacional, Santiago. [pp. 91, 113, 114, 116].

[1082] PHILIPPI, F. 1895. Von Yerbas Buenas nach Matanzas. *Verhandlungen des Deutschen Wissenschaftlichen Vereins zu Santiago* 3(1): 24–33. [pp. 132, 142].

[1083] PHILIPPI, R. A. 1857. Observaciones jenerales sobre la flora del desierto de Atacama. *Anales de la Universidad de Chile* 14: 352–357. [p. 42].

[1084] PHILIPPI, R. A. 1858. Botanische Reise nach der Provinz Valdivia. *Botanische Zeitung* 16(35-37): 257–262, 265–270, 273–279. [pp. 144, 159, 183, 185, 190, 200].

[1085] PHILIPPI, R. A. 1860. Viaje al desierto de Atacama hecho de orden del Gobierno de Chile en el verano de 1853-54. E. Anton, Halle. [pp. 90, 91, 104, 107, 109, 110, 111, 112, 114, 116, 122, 123, 124, 221, 222, 223, 224].

[1086] PHILIPPI, R. A. 1862. Sertum mendocinum. Catálogo de las plantas recojidas cerca de Mendoza i en el camino entre ésta i Chile por el portezuelo del Portillo, por don Wenceslao Díaz en los años 1860 i 1861. *Anales de la Universidad de Chile* 21: 389–407. [pp. 226, 228, 232].

[1087] PHILIPPI, R. A. 1870. Sertum mendocinum alterum; ó sea, catálogo de las plantas recojidas cerca de Mendoza i en los caminos que conducen de Chile a esa ciudad. *Anales de la Universidad de Chile* 36: 159–212. [pp. 226, 228, 232].

[1088] PHILIPPI, R. A. 1870. Vegetation der Inseln S. Ambrosio und S. Felix. *Botanische Zeitung* 28: 496–502. [p. 267].

[1089] PHILIPPI, R. A. 1875. Excursión al Cajón de los Cipreses en la Hacienda de Cauquenes (Rancagua). *Anales de la Universidad de Chile* 47: 651–670. [pp. 93, 132, 138, 143, 226].

[1090] PHILIPPI, R. A. 1883. Eine botanische Exkursion in die Provinz Aconcagua. *Gartenflora* 32-33: 336–338, 11–17, traducido por G. Looser y publicado en 1933 como: Una excursión botánica a la Provincia de Aconcagua. *Revista Chilena de Historia y Geografía* 74: 700–710. [pp. 126, 131, 143].

[1091] PHILIPPI, R. A. 1888. Die Frühlingsvegetation von Colina in Chile. *Gartenflora* 37: 152–154. [p. 131].

[1092] PHILIPPI, R. A. 1892. Bemerkungen über die Flora bei Bädern von Chillan. *Verhandlungen des deutschen wissenschaftlichen Vereins zu Santiago* 2(4): 196–208. [pp. 166, 171].

[1093] PHILLIPS, O., y J. S. MILLER. 2002. Global patterns of plant diversity: Alwyn H. Gentry's forest transect data set. Missouri Botanical Garden Press, St. Louis, Mo. [pp. 159, 185, 190].

[1094] PHILLIPS, S. J., R. P. ANDERSON, y R. E. SCHAPIRE. 2006. Maximum entropy modeling of species geographic distributions. *Ecological Modelling* 190: 231–259. [p. 51].

[1095] PICKETT, S. T. A., y M. L. CADENASSO. 2005. Vegetation dynamics. *En* E. Van der Maarel (ed.), Vegetation ecology, 172–198, Blackwell Science, Oxford. [p. 44].

[1096] PIGNATTI, S. 1996. Some notes on complexity in vegetation. *Journal of Vegetation Science* 7(1): 7–72. [p. 26].

[1097] PINCHEIRA-ULBRICH, J. 2011. Patrones de diversidad de plantas trepadoras y epífitas vasculares en el bosque lluvioso Valdiviano de Sudamérica: Una síntesis entre los años 2000 y 2010. *Phyton* 80(1): 9–18. [pp. 158, 160, 161, 180, 183, 185, 187, 190, 191, 200].

[1098] PINCHEIRA-ULBRICH, J., J. R. RAU, y F. PEÑA-CORTÉS. 2009. Patch size and shape and their relationship with tree and shrub species richness. *Phyton* 78: 121–128. [p. 159].

[1099] PINCHEIRA-ULBRICH, J., J. R. RAU, y C. SMITH-RAMÍREZ. 2012. Diversidad de plantas trepadoras y epífitas vasculares en un paisaje agroforestal del sur de Chile: Una comparación entre fragmentos de bosque nativo. *Boletín de la Sociedad Argentina de Botánica* 47(3–4): 411–426. [pp. 159, 180, 185].

[1100] PINTO, R. 1999. Oasis de Niebla, El Niño 1997. Una expedición botánica a los cerros costeros de Iquique. Ograma, Santiago. [pp. 103, 105].

[1101] PINTO, R. 2002. *Lobivia ferox* Britton et Rose (Cactaceae), nuevo registro para la flora chilena. *Gayana Botánica* 59(2): 65–72. [p. 216].

[1102] PINTO, R. 2003. *Maihueniopsis nigrispina* (Cactaceae-Opuntioidea): Nuevo registro para la flora de Chile. *Chloris chilensis* 6(1), URL: http://www.chlorischile.cl. [p. 216].

[1103] PINTO, R. 2005. A new species of *Eriosyce* (Cactaceae) from the northernmost coast of Chile. *Bradleya* 23: 1–6. [p. 105].

[1104] PINTO, R. 2005. *Tillandsia* del norte de Chile y del extremo sur de Perú. Imprenta A. Molina Flores, Santiago. [pp. 101, 102, 113, 114].

[1105] PINTO, R. 2007. Estado de conservación de *Eulychnia iquiquensis* (Schumann) Britton et Rose (Cactaceae) en el extremo norte de Chile. *Gayana Botánica* 64(1): 98–109. [p. 105].

[1106] PINTO, R. 2010. Estudio de la flora costera, evento El Niño 2009, Región de Tarapacá. *Informe técnico*, Comisión Nacional del Medio Ambiente, Iquique. [p. 105].

[1107] PINTO, R., I. BARRÍA, y P. A. MARQUET. 2006. Geographical distribution of *Tillandsia* lomas in the Atacama Desert, northern Chile. *Journal of Arid Environments* 65(4): 543–552. [pp. 42, 101, 102].

[1108] PINTO, R., y A. KIRBERG. 2005. Conservation status of the genus *Eriosyce* (Cactaceae) in northernmost Chile. *Bradleya* 23: 7–16. [p. 105].

[1109] PINTO, R., y A. KIRBERG. 2009. Cactus del extremo norte de Chile. Imprenta A. Molina Flores, Santiago. [p. 105].

[1110] PINTO, R., y F. LUEBERT. 2009. Datos sobre la flora vascular del desierto costero de Arica y Tarapacá, Chile, y sus relaciones fitogeográficas con el sur de Perú. *Gayana Botánica* 66(1): 28–49. [pp. 57, 90, 102, 103, 105].

[1111] PINTO, R., y D. MOSCOSO. 2004. Estudio poblacional de *Echinopsis atacamensis* (Cactaceae) en la Región de Tarapacá (I), norte de Chile. *Chloris chilensis* 7(2), URL: http://www.chlorischile.cl. [p. 216].

[1112] PIPER, F. I., L. A. CAVIERES, M. REYES-DÍAZ, y L. J. CORCUERA. 2006. Carbon sink limitation and frost tolerance control performance of the tree *Kageneckia angustifolia* D . Don (Rosaceae) at the treeline in central Chile. *Plant Ecology* 185: 29 –39. [pp. 93, 138].

[1113] PIPER, F. I., B. VIÑEGLA, J. C. LINARES, J. J. CAMARERO, L. A. CAVIERES, y A. FAJARDO. 2016. Mediterranean and temperate treelines are controlled by different environmental drivers. *Journal of Ecology* 104(3): 691–702. [pp. 92, 93, 138, 166, 171, 172].

[1114] PIRIÓN, A. 1930. Excursión a la cordillera de Tinguiririca. *Revista Chilena de Historia Natural* 34: 170–180. [pp. 228, 233].

[1115] PISANO, E. 1950. Mapa de formaciones vegetales. *En* Geografía Económica de Chile, vol. 1, Corporación de Fomento de la Producción, Santiago. [pp. 42, 269, 270].

[1116] PISANO, E. 1950. Observaciones sobre la renovación del bosque de Laurel y Ulmo en la región del lago Llanquihue. *Agricultura Técnica* 10(1): 27–49. [p. 185].

[1117] PISANO, E. 1954. La vegetación de las distintas zonas geográficas chilenas. *Revista Geográfica de Chile Terra Australis* 11: 95–107. [pp. 42, 91, 267, 268, 269].

[1118] PISANO, E. 1956. Esquema de clasificación de las comunidades vegetales de Chile. *Agronomía* 2: 30–33. [pp. 42, 91, 107, 108, 109, 110, 111, 112, 127, 128, 131, 132, 135, 136, 138, 154, 155, 158, 159, 183, 185, 188, 190, 191, 197, 198, 200, 206, 207, 213, 226, 227, 228, 235, 236, 267, 268, 269].

[1119] PISANO, E. 1966. Zonas biogeográficas. *En* Geografía Económica de Chile. Primer Apéndice, 62–73, Corporación de Fomento de la Producción, Santiago. [pp. 42, 91, 107, 108, 109, 110, 111, 112, 127, 128, 131, 132, 135, 136, 138, 154, 155, 158, 159, 183, 185, 188, 190, 191, 197, 198, 200, 206, 207, 213, 217, 218, 226, 227, 228, 235, 236, 267, 268, 269].

[1120] PISANO, E. 1970. Vegetación del área de los fiordos Toro y Cóndor y Puerto Cutter Cove (Canal Jerónimo, Magallanes). *Anales del Instituto de la Patagonia* 1: 27–40. [pp. 206, 213, 214, 241].

[1121] PISANO, E. 1971. Comunidades vegetales del área del Fiordo Parry, Tierra del Fuego (Parque Nacional Alberto M. de Agostini). *Anales del Instituto de la Patagonia* 2: 93–141. [pp. 204, 205, 206, 207, 214, 230, 231, 241, 248].

[1122] PISANO, E. 1971. Estudio ecológico preliminar del Parque Nacional "Los Pingüinos" (Estrecho de Magallanes). *Anales del Instituto de la Patagonia* 2: 76–92. [pp. 239, 241, 255].

[1123] PISANO, E. 1972. Algunos resultados botánicos de la II Expedición Neozelandeza al Hielo Norpatagónico, 1971/72. *Anales del Instituto de la Patagonia* 3(1–2): 131–160. [pp. 88, 93, 95, 168, 169, 176, 177, 194, 203, 204, 214, 233, 234].

[1124] PISANO, E. 1972. Comunidades vegetales del área de Bahia Morris, Isla Capitán Aracena, Tierra del Fuego. *Anales del Instituto de la Patagonia* 3(1–2): 103–130. [pp. 206, 207, 211, 212, 214, 241, 245, 250].

[1125] PISANO, E. 1972. Observaciones fito-ecológicas en las Islas Diego Ramírez. *Anales del Instituto de la Patagonia* 3(1–2): 161–169. [p. 267].

[1126] PISANO, E. 1973. Fitogeografía de la Península Brunswick, Magallanes. I Comunidades mesohigromórficas e higromórficas. *Anales del Instituto de la Patagonia* 4(1–3): 141–206. [pp. 204, 205, 206, 207, 213, 214, 230, 231, 248, 250].

[1127] PISANO, E. 1974. Estudio ecológico de la región continental sur del área andino-patagónica. II. Contribución a la fitogeografía de la zona del P.N. Torres del Paine. *Anales del Instituto de la Patagonia* 5: 59–104. [pp. 172, 174, 205, 237, 238].

[1128] PISANO, E. 1976. Contaminación por petróleo del B/T "Metula" en vegetación fanerogámica litoral. Observaciones preliminares. *Anales del Instituto de la Patagonia* 7: 139–153. [p. 236].

[1129] PISANO, E. 1977. Fitogeografía de Fuego-Patagonia chilena. I. Las comunidades vegetales entre las latitudes 52 y 56°S. *Anales del Instituto de la Patagonia* 8: 121–250. [pp. 93, 95, 172, 173, 174, 175, 178, 179, 204, 205, 206, 207, 211, 213, 230, 231, 236, 237, 238, 239, 241, 245, 250, 255].

[1130] PISANO, E. 1978. Establecimiento de *Nothofagus betuloides* (Mirb.) Blume (Coigue de Magallanes) en el valle en proceso de desglaciación. *Anales del Instituto de la Patagonia* 9: 107–128. [p. 206].

[1131] PISANO, E. 1980. Distribución y características de la vegetación del Archipiélago del Cabo de Hornos. *Anales del Instituto de la Patagonia* 11: 191–224. [p. 207].

[1132] PISANO, E. 1981. Bosquejo fitogeográfico de Fuego-Patagonia. *Anales del Instituto de la Patagonia* 12: 159–171. [p. 42].

[1133] PISANO, E. 1982. Comunidades vegetales vasculares de la isla Hornos (Archipiélago del Cabo de Hornos, Chile). *Anales del Instituto de la Patagonia* 13: 125–143. [pp. 207, 214, 250].

[1134] PISANO, E. 1983. Comunidades en el sector norte de la península Muñoz Gamero (Última Esperanza, Magallanes). *Anales del Instituto de la Patagonia* 14: 83–101. [pp. 177, 206, 207, 211, 212, 213, 231].

[1135] PISANO, E. 1983. Magellanic Tundra complex. *En* A. J. P. Gore (ed.), Ecosystems of the World: Mires, Swamps, Bogs, Fen and Moor, B. Regional Studies, 295–329, Elsevier, Amsterdam. [p. 209].

[1136] PISANO, E. 1985. Tipos de vegetación y fitoclimas en la Transecta Botánica de la Patagonia Austral. *En* O. Boelcke, D. Moore, y F. A. Roig (eds.), Transecta botánica de la Patagonia Austral, 541–556, Consejo Nacional de Investigaciones Científicas y Técnicas, Buenos Aires. [pp. 42, 174].

[1137] PISANO, E. 1986. Flora vascular del sector terminal norte del fiordo Peel (Última Esperanza, Chile). *Anales del Instituto de la Patagonia* 16: 5–20. [pp. 177, 211, 213].

[1138] PISANO, E. 1987. Sectorización fitogeográfica del archipiélago sud patagónico-fueguino. I. Vegetación del valle periglacial del río Murtillares, fiordo Peel, Última Esperanza, Chile. *Anales del Instituto de la Patagonia* 17: 5–57. [pp. 177, 206, 211, 213, 214, 241, 245, 253].

[1139] Pisano, E. 1988. Sectorización fitogeográfica del archipiélago sud patagónico-fueguino: II. Vegetación y flora vascular del Parque Nacional "Laguna San Rafael", Aysén (Chile). *Anales del Instituto de la Patagonia* 18: 5–34. [pp. 199, 200, 201, 209, 210].

[1140] Pisano, E. 1990. Sectorización fitogeográfica del archipiélago sud patagónico-fueguino III. Relaciones florísticas. *Anales del Instituto de la Patagonia* 19: 5–16. [p. 42].

[1141] Pisano, E. 1992. Sectorización fitogeográfica del archipiélago sud patagónico-fueguino V: Sintaxonomía y distribución de las unidades de vegetación vascular. *Anales del Instituto de la Patagonia* 21: 5–33. [pp. 42, 47, 95, 205, 206, 207, 210, 211, 212, 213, 231, 243, 250, 268].

[1142] Pisano, E. 1997. Los bosques de Patagonia austral y Tierra del Fuego chilenas. *Anales del Instituto de la Patagonia.* 25: 9–19. [p. 42].

[1143] Pisano, E., y M. Dimitri. 1973. Estudio ecológico de la región continental sur del área Andino-Patagónica. I. Contribución a la fitosociología de comunidades arbóreas, arbustivas y herbáceas al sur-este del Ventisquero Moreno, Parque Nacional "Los Glaciares", Santa Cruz, Argentina. *Anales del Instituto de la Patagonia* 4(1–3): 207–271. [pp. 169, 172, 174, 177, 178, 179, 204, 206, 234, 238].

[1144] Pisano, E., y J. M. Henríquez. 1994. Antecedentes botánicos sobre el Cordón Baquedano, Tierra del Fuego, Chile. *Anales del Instituto de la Patagonia* 22: 5–19. [pp. 214, 230, 231, 238, 239, 248].

[1145] Pisano, E., y R. P. Schlatter. 1981. Vegetación y flora de las islas Diego Ramírez (Chile). I. Características y relaciones de la flora vascular. *Anales del Instituto de la Patagonia* 12: 183–194. [p. 267].

[1146] Pisano, E., y R. P. Schlatter. 1981. Vegetación y flora de las islas Diego Ramírez (Chile). II. Comunidades vegetales vasculares. *Anales del Instituto de la Patagonia* 12: 195–204. [p. 267].

[1147] Pizarro, R., R. Valdés, P. García-Chevesich, C. Vallejos, C. Sangüesa, C. Morales, F. Balocchi, A. Abarza, y R. Fuentes. 2012. Latitudinal analysis of rainfall intensity and mean annual precipitation in Chile. *Chilean Journal of Agricultural Research* 72(2): 252–261. [p. 53].

[1148] Placzek, C., J. Quade, J. L. Betancourt, P. J. Patchett, J. A. Rech, C. Latorre, A. Matmon, C. Holmgren, y N. B. English. 2009. Climate in the dry Central Andes over geologic, millennial, and interannual timescales. *Annals of the Missouri Botanical Garden* 96(3): 386–397. [p. 55].

[1149] Pliscoff, P. 1999. El territorio. *En* A. Moreira (ed.), Guía de campo de Caleu y el Cerro El Roble, 19–34, Comisión Nacional del Medio Ambiente, Santiago. [pp. 57, 81].

[1150] Pliscoff, P. 2002. Climatología de La Campana. *En* S. Elórtegui y A. Moreira-Muñoz (eds.), Parque Nacional La Campana. Origen de una Reserva de la Biosfera en Chile Central, 22–26, Taller La Era - Fondo de las Américas, Santiago. [pp. 57, 81].

[1151] Pliscoff, P. 2002. Priorización de áreas para fortalecer la conservación de la flora arbórea nativa en la zona mediterránea de Chile. Tesis de Magíster, Universidad de Chile, Santiago. [pp. 43, 263].

[1152] Pliscoff, P. 2005. El clima. *En* S. Elórtegui (ed.), Dunas de Concón: El desafío de los espacios silvestres urbanos, 10–11, Taller La Era, Viña del Mar. [p. 81].

[1153] Pliscoff, P. 2015. Aplicación de los criterios de la Unión Internacional para la Conservación de la Naturaleza (iucn) para la evaluación de riesgo de los ecosistemas terrestres de Chile. *Informe Técnico*, Ministerio del Medio Ambiente, Santiago, url: http://portal.mma.gob.cl/wp-content/uploads/2016/08/Informe-final-Eval_ecosistemas_para_publicacion_16_12_15_sfm.pdf. [p. 49].

[1154] Pliscoff, P., M. T. K. Arroyo, y L. A. Cavieres. 2012. Changes in the main vegetation types of Chile predicted under climate change based on a prelimary study: Models, uncertainties and adapting research to a dynamic biodiversity world. *Anales del Instituto de la Patagonia* 40(1): 71–76. [p. 265].

[1155] Pliscoff, P., y T. Fuentes-Castillo. 2011. Representativeness of terrestrial ecosystems in Chile's protected area system. *Environmental Conservation* 38(3): 303–311. [pp. 47, 263].

[1156] Pliscoff, P., y F. Luebert. 2006. Ecosistemas terrestres. *En* J. Rovira, J. Ugalde, y M. Stutzin (eds.), Biodiversidad de Chile: Patrimonio y desafíos, 74–87, Comisión Nacional de Medio Ambiente, Santiago. [p. 42].

[1157] Pliscoff, P., y F. Luebert. 2006. Una nueva propuesta de clasificación de la vegetación de Chile y su aplicación en la evaluación del estado de conservación de los ecosistemas terrestres. *Ambiente y Desarrollo* 22(1): 41–45. [p. 263].

[1158] PLISCOFF, P., F. LUEBERT, H. H. HILGER, y A. GUISAN. 2014. Effects of alternative sets of climatic predictors on species distribution models and associated estimates of extinction risk: A test with plants in an arid environment. *Ecological Modelling* 288: 166–177. [pp. 30, 41, 45, 46, 274].

[1159] POBLETE, V., V. CAMPOS, L. GONZÁLEZ, y G. MONTENEGRO. 1991. Anatomical leaf adaptations in vascular plants of a salt marsh in the Atacama desert (Chile). *Revista Chilena de Historia Natural* 64(1): 65–75. [p. 104].

[1160] PÖHLMANN, R., y K. REICHE. 1900. Beiträge zur Kenntnis der Flora der Flussthäler Camarones und Vitor und ihres Zwischenlanden (19° s.Br.). *Verhandlungen des Deutschen Wissenschaftlichen Vereins zu Santiago* 4(3–4): 263–305. [pp. 91, 128, 129, 216, 217, 218].

[1161] POLLMANN, W. 2001. Caracterización florística y posición sintaxonómica de los bosques caducifolios de *Nothofagus alpina* (Poepp. et Endl.) Oerst. en el centro-sur de Chile. *Phytocoenologia* 31(3): 353–400. [pp. 163, 164, 165, 268].

[1162] POLLMANN, W. 2001. Vegetationsökologie und Dynamik temperierter *Nothofagus alpina* - Wälder im Südlichen Südamerika (Chile, Argentinien). *Dissertationes Botanicae* 348: 1–278. [pp. 43, 95, 150, 152, 156, 161, 162, 163, 164, 165, 175, 185, 272, 273].

[1163] POLLMANN, W. 2002. Effects of natural disturbance and selective logging on *Nothofagus* forests in south-central Chile. *Journal of Biogeography* 29(7): 955–970. [p. 165].

[1164] POLLMANN, W. 2003. Stand structure and dendroecology of an old-growth *Nothofagus* forest in Conguillio National Park, south Chile. *Forest Ecology and Management* 176(1): 87–103. [p. 165].

[1165] POLLMANN, W. 2004. Regeneration dynamics and life history differences in southern Chilean *Nothofagus* forests: A synthesis. *Plant Ecology* 174(2): 355–371. [pp. 162, 163, 164, 165].

[1166] POLLMANN, W. 2005. A long-term record of *Nothofagus* dominance in the southern Andes, Chile. *Austral Ecology* 30(1): 91–102. [pp. 163, 164, 165].

[1167] POLLMANN, W., y T. T. VEBLEN. 2004. *Nothofagus* regeneration dynamics in south-central Chile: A test of a general model. *Ecological Monographs* 74(4): 615–634. [pp. 168, 184, 185, 273].

[1168] POLYMERIS, C. 1995. Vegetación actual de la Península de Hualpén: Clasificación y dinámica. Tesis de Magíster, Universidad de Concepción, Concepción. [p. 144].

[1169] POSSE, G., J. ANCHORENA, y M. B. COLLANTES. 2000. Spatial micro-patterns in the steppe of Tierra del Fuego induced by sheep grazing. *Journal of Vegetation Science* 11(1): 43–50. [p. 239].

[1170] PRADO, C., y M. ÁLVAREZ. 1994. Estado de conservación de la vegetación y flora en Chile. *En* G. Espinoza, P. Pisani, L. Contreras, y P. Camus (eds.), Perfil ambiental de Chile, 335–364, Comisión Nacional de Medio Ambiente, Santiago. [p. 263].

[1171] PREMOLI, A. C., M. C. ACOSTA, P. MATHIASEN, y C. DONOSO Z. 2012. Variación genética en *Nothofagus* (subgénero *Nothofagus*). *Bosque* 33(2): 115–125. [p. 273].

[1172] PREMOLI, A. C., P. MATHIASEN, y T. KITZBERGER. 2010. Southern-most *Nothofagus* trees enduring ice ages: Genetic evidence and ecological niche retrodiction reveal high latitude (54°S) glacial refugia. *Palaeogeography, Palaeoclimatology, Palaeoecology* 298(3–4): 247–256. [p. 273].

[1173] PREMOLI, A. C., M. P. QUIROGA, P. MATHIASEN, y T. KITZBERGER. 2012. Ecological niche modeling meets phylogeography to unravel hidden past history of key forest genera in plant geography: *Podocarpus* and *Nothofagus*. *Natureza & Conservação* 10(2): 160–168. [p. 273].

[1174] PREMOLI, A. C., E. RAFFAELE, y P. MATHIASEN. 2007. Morphological and phenological differences in *Nothofagus pumilio* from contrasting elevations: Evidence from a common garden. *Austral Ecology* 32(5): 515–523. [p. 273].

[1175] PRENTICE, I. C., A. BONDEAU, W. CRAMER, S. P. HARRISON, T. HICKLER, W. LUCHT, S. SITCH, B. SMITH, y M. T. SYKES. 2007. Dynamic global vegetation modeling: Quantifying terrestrial ecosystem responses to large-scale environmental change. *En* J. G. Canadell, D. E. Pataki, y L. F. Pitelka (eds.), Terrestrial ecosystems in a changing World, 175–192, Springer, Berlin. [p. 51].

[1176] PRIETO, I., K. MARTÍNEZ-TILLERÍA, L. MARTÍNEZ-MANCHEGO, S. MONTECINOS, F. I. PUGNAIRE, y F. A. SQUEO. 2010. Hydraulic lift through transpiration suppression in shrubs from two arid ecosystems: Patterns and control mechanisms. *Oecologia* 163: 855–865. [p. 118].

[1177] PROHASKA, F. J. 1962. Factores advectivos en el clima de la Puna Argentina. *Revista de Estudios Geográficos, Universidad Nacional de Cuyo* 9: 43–53. [p. 54].

[1178] PROHASKA, F. J. 1973. New evidence on the climatic controls along the peruvian coast. *En* D. H. K. Amiran y A. Wilson (eds.), Coastal deserts, Their Natural and Human environments, The University of Arizona Press, Tucson. [pp. 53, 55].

[1179] Promis, Á., G. Bergh, M. T. Serra, y G. Cruz. 2013. Descripción de la flora vascular en el sotobosque de un bosque pantanoso y de una pradera antropogénica húmeda de *Juncus procerus* en el valle del río Cisnes, Región de Aysén, Chile. *Gayana Botánica* 70(1): 164–169. [pp. 194, 201, 246].

[1180] Promis, Á., J. Caldentey, y M. Ibarra. 2010. Microclima en el interior de un bosque de *Nothofagus pumilio* y el efecto de una corta de regeneración. *Bosque* 31(2): 129–139. [p. 174].

[1181] Promis, Á., G. Cruz, A. Reif, y S. Gärtner. 2008. *Nothofagus betuloides* (Mirb.) Oerst 1871 (Fagales: Nothofagaceae) forests in southern Patagonia and Tierra del Fuego. *Anales del Instituto de la Patagonia* 36: 53–67. [pp. 194, 205, 206, 207].

[1182] Promis, Á., S. Gärtner, A. Reif, y G. Cruz. 2010. Effects of natural small-scale disturbances on below-canopy solar radiation and regeneration patterns in an old-growth *Nothofagus betuloides* forest in Tierra del Fuego, Chile. *Allgemeine Forst und Jagdzeitung* 181: 53–64. [p. 205].

[1183] Promis, Á., S. Gärtner, A. Reif, y G. Cruz. 2012. Effects of canopy gaps on forest floor vascular and non-vascular plant species composition and diversity in an uneven-aged *Nothofagus betuloides* forest in Tierra del Fuego, Chile. *Community Ecology* 13(2): 145–154. [p. 205].

[1184] Promis, Á., A. Reif, G. Cruz, y S. Gärtner. 2009. Südbuchenwälder in Patagonien und Feuerland. *Natur und Museum* 139(7/8): 236–245. [pp. 205, 206, 207].

[1185] Promis, Á., D. Schindler, A. Reif, y G. Cruz. 2009. Solar radiation transmission in and around canopy gaps in an uneven-aged *Nothofagus betuloides* forest. *International Journal of Biometeorology* 53(4): 355–367. [p. 205].

[1186] Puntieri, J. G. 1991. Vegetation response on a forest slope cleared for a skirun with special reference to the herb *Alstroemeria aurea* Graham (Alstroemeriaceae), Argentina. *Biological Conservation* 56(2): 207–221. [p. 168].

[1187] Quezada, J. M. 2008. Historia de incendios en bosques de *Araucaria araucana* (Mol.) Koch del Parque Nacional Villarrica, a partir de anillos de crecimiento y registros orales. Tesis Ing. Forestal, Universidad Austral de Chile, Valdivia. [p. 188].

[1188] Quintana, J. M., y P. Aceituno. 2012. Changes in the rainfall regime along the extratropical west coast of South America (Chile): 30–43°S. *Atmósfera* 25(1): 1–22. [pp. 53, 59].

[1189] Quintanilla, V. G. 1974. La carta bioclimática de Chile Central. *Revista Geográfica de Valparaíso* 5: 33–58. [pp. 37, 54, 77, 81, 85].

[1190] Quintanilla, V. G. 1974. Les formations végétales du Chili tempéré. Essai écologique et phytogéographique. *Documents de Cartographie Écologique* 14: 33–80. [pp. 42, 267, 268, 269, 270].

[1191] Quintanilla, V. G. 1975. Biogeografía de la Quinta Región. *Revista Geográfica de Valparaíso* 6: 3–22. [pp. 92, 126, 127, 131, 132, 136, 138, 140, 142, 143, 149, 226, 228].

[1192] Quintanilla, V. G. 1976. Fitogeografía de la Cuenca de Quillota. *Revista Geográfica de Valparaíso* 7: 33–79. [pp. 127, 140, 142].

[1193] Quintanilla, V. G. 1977. Evolución regresiva de la vegetación en la cuenca de Quillota, curso medio del río Aconcagua. *Informaciones Geográficas* 24: 17–36. [pp. 127, 140, 142].

[1194] Quintanilla, V. G. 1977. Zonación altitudinal de la vegetación en el norte árido chileno, a la latitud del trópico de Capricornio. *Revista de Geografía Norte Grande* 5: 17–39. [pp. 90, 106, 122, 221].

[1195] Quintanilla, V. G. 1978. El escalonamiento vegetal de los Andes occidentales a la latitud de Valparaíso (33° S.). *Informaciones Geográficas* 25: 53–66. [pp. 88, 93, 132, 137, 138, 143, 226, 228].

[1196] Quintanilla, V. G. 1979. Observaciones fitogeográficas en un valle transversal del semiárido chileno. *Informaciones Geográficas* 26: 3–18. [pp. 116, 118, 224, 225].

[1197] Quintanilla, V. G. 1980. Observaciones fitogeográficas en la alta cordillera de Santiago. *Revista Geográfica de Chile Terra Australis* 24: 15–26. [pp. 93, 138, 143, 226, 228].

[1198] Quintanilla, V. G. 1981. Fitogeografía de la cuenca superior del río Maipo, Chile central. *Revista Geográfica de Chile Terra Australis* 25: 57–73. [pp. 93, 138, 143, 226, 228].

[1199] Quintanilla, V. G. 1983. Comparación entre dos ecosistemas tropoandinos: La puna chilena y el páramo ecuatoriano. *Informaciones Geográficas* 30: 25–45. [pp. 218, 220, 221, 222].

[1200] Quintanilla, V. G. 1983. Geografía de Chile: Biogeografía. Instituto Geográfico Militar, Santiago. [pp. 42, 267, 268, 269, 270].

[1201] QUINTANILLA, V. G. 1985. Carta fitogeográfica de Chile mediterráneo. *Contribuciones Científicas y Tecnológicas. área Geociencias* 70: 1–30. [pp. 42, 93, 116, 118, 119, 121, 126, 131, 132, 136, 137, 140, 142, 143, 226, 228].

[1202] QUINTANILLA, V. G. 1988. Fitogeografía y cartografía de la vegetación de Chile árido. *Contribuciones Científicas y Tecnológicas, área Geociencias* 82: 1–28. [pp. 42, 100, 102, 104, 105, 106, 107, 109, 110, 112, 114, 116, 123, 124, 128, 216, 217, 218, 219, 220, 221].

[1203] QUINTANILLA, V. G. 1994. Determinación de procesos y áreas de riesgos en los Andes centrales de Chile mediterráneo: Casos de estudio. *Pirineos* 143-144: 99–110. [pp. 138, 226, 228].

[1204] QUINTANILLA, V. G. 1994. Sensibilidad de los medios naturales de la cuenca superior del río Mapocho, Andes de Chile central. *Contribuciones Científicas y Tecnológicas, área Ingeniería y Tecnología* 106: 1–51. [pp. 93, 132, 138, 143].

[1205] QUINTANILLA, V. G. 1996. Alteraciones por el fuego en la Cordillera de la Costa de Chile mediterráneo. Antecedentes en un parque nacional. *Pirineos* 147-148: 97–113. [pp. 94, 142, 149].

[1206] QUINTANILLA, V. G. 2003. Los paisajes forestales de la Isla Grande de Chiloé. *Revista Geográfica de Chile Terra Australis* 48: 25–34. [pp. 183, 190, 192, 200].

[1207] QUINTANILLA, V. G. 2004. Antecedentes geobotánicos de una cuenca andina de Chile Central. *Pirineos* 158: 43–60. [pp. 132, 138, 143, 226, 228].

[1208] QUINTANILLA, V. G. 2005. Degradación del bosque Nordpatagónico en la cuenca superior del río Palena, Chile Meridional (43°S). *Geographicalia* 47: 47–68. [p. 169].

[1209] QUINTANILLA, V. G. 2005. Fragilidad del bosque de *Fitzroya cupressoides* (Mol.) I M. Johnst. en un macizo andino patagónico chileno. *Pirineos* 160: 69–86. [p. 191].

[1210] QUINTANILLA, V. G. 2007. Restricciones para la restauración ecológica de los bosques nordpatagónicos de la Región de Aisén, afectados por grandes fuegos de 50 años atrás. Caso de estudio (45°S). *Gestión Ambiental* 13: 49–68. [pp. 169, 178].

[1211] QUINTANILLA, V. G. 2008. Estado de recuperación del bosque nativo en una cuenca nordpatagónica de Chile, perturbada por grandes fuegos acaecidos 50 años atrás (44°-45° S). *Revista de Geografía Norte Grande* 39: 73–92. [pp. 169, 178].

[1212] QUINTANILLA, V. G. 2008. Perturbaciones a la vegetación nativa por grandes fuegos de 50 años atrás, en bosques nordpatagónicos. Caso de estudio en Chile Meridional. *Anales de Geografía* 28: 85–104. [pp. 169, 178].

[1213] QUINTANILLA, V. G., J. A. CADIÑANOS, I. LATASA, y P. J. LOZANO. 2012. Aproximación biogeográfica a los bosques de la zona mediterránea de Chile: Caracterización e inventario. *Boletín de la Asociación de Geógrafos Españoles* 60: 91–114. [pp. 140, 143, 149, 152, 226].

[1214] QUINTANILLA, V. G., y M. LEINLAF. 2001. Degradación de quebradas de gran valor geobotánico en cuencas costeras de la V Región, Chile. *Revista Geográfica de Chile Terra Australis* 46: 79–97. [pp. 94, 142].

[1215] QUINTANILLA, V. G., y J. MATUTE. 2005. Retroceso y degradación del bosque nativo en una isla de la región de Chiloé: El caso de la isla Lemuy. *Revista de Geografía Norte Grande* 33: 113–130. [p. 200].

[1216] QUINTANILLA, V. G., G. MEAZA RODRÍGUEZ, y M. J. CUESTA AGUILAR. 2008. Perturbaciones actuales del bosque norpatagónico chileno derivadas de los efectos de grandes fuegos de medio siglo atrás. Estudio preliminar en la cuenca andina del Río Figueroa. *Boletín de la Asociación de Geógrafos Españoles* 47: 109–124. [pp. 169, 172, 202].

[1217] QUINTANILLA, V. G., J. PIZARRO, y I. VILA. 1998. Antecedentes ecológicos de una cuenca lacustre de Chile central. *Revista Geográfica de Chile Terra Australis* 43: 61–79. [pp. 140, 142].

[1218] QUINTANILLA, V. G., y C. REYES. 1999. Modificaciones por efecto del fuego en el bosque esclerófilo de quebradas húmedas de Chile central y su incidencia en la palma chilena. *Revista Geográfica de Chile Terra Australis* 44: 7–18. [pp. 94, 142].

[1219] QUINTANILLA, V. G., y N. SÁEZ. 1989. El estado de la vegetación en la Cordillera Pelada, Provincia de Osorno: Perfiles vegetales. *Revista Geográfica de Chile Terra Australis* 31: 129–141. [pp. 183, 190].

[1220] QUIROGA, P., R. VIDAL RUSSELL, y A. C. PREMOLI. 2005. Evidencia morfológica e isoenzimática de hibridación natural entre *Nothofagus antarctica* y *N. pumilio* en el noroeste patagónico. *Bosque* 26(2): 25–32. [p. 273].

[1221] QUIROZ, C. L. 2003. Cambios en la estructura florística de una comunidad alto-andina en respuesta a la presencia del cojín *Azorella monantha*. *Ecosistemas* 12(3), URL: http://www.redalyc.org/articulo.oa?id=54012314. [pp. 227, 228].

[1222] QUIROZ, C. L., E. I. BADANO, y L. A. CAVIERES. 2009. Floristic changes in alpine plant communities induced by the cushion plant *Azorella madreporica* (Apiaceae) in the Andes of central Chile. *Revista Chilena de Historia Natural* 82(2): 171–184. [pp. 227, 228].

[1223] QUIROZ, C. L., P. CHOLER, F. BAPTIST, M. GONZÁLEZ-TEUBER, M. A. MOLINA-MONTENEGRO, y L. A. CAVIERES. 2008. Alpine dandelions originated in the native and introduced range differ in their responses to environmental constraints. *Ecological Research* 24(1): 175–183. [p. 228].

[1224] R DEVELOPMENT CORE TEAM. 2009. R: A language and environment for statistical computing. R Foundation for Statistical Computing, Vienna. [pp. 31, 46].

[1225] RABASSA, J., C. J. HEUSSER, y A. CORONATO. 1989. Peat-bog accumulation rate in the Andes of Tierra del Fuego and Patagonia (Argentina and Chile) during the last 43,000 years. *Pirineos* 133: 113–122. [pp. 190, 200, 213, 214].

[1226] RABUS, B., M. EINEDER, A. ROTH, y B. R. 2003. The shuttle radar topography mission- a new class of digital elevation models acquired by spaceborne radar. *Journal of Photogrammetry and Remote Sensing* 57: 241–262. [p. 47].

[1227] RAMÍREZ, C. 1968. Die Vegetation der Moore der Cordillera Pelada, Chile. *Bericht der Oberhessischen Gesellschaft für Natur- und Heilkunde zu Giessen, Naturwissenschaftliche Abteilung* 36: 95–101. [pp. 190, 194, 213].

[1228] RAMÍREZ, C. 1978. Estudio florístico y vegetacional del Parque Nacional Tolhuaca. *Publicación Ocasional Museo Nacional de Historia Natural* 24: 1–23. [pp. 166, 167, 195, 246].

[1229] RAMÍREZ, C. 1979. Bibliographia phytosociologica et scientiae vegetationis Chile. *Excerpta Botanica, Sectio B* 19: 63–92. [p. 42].

[1230] RAMÍREZ, C. 1980. Bibliographia phytosociologica et scientiae vegetationis Chile, Pars II. *Excerpta Botanica, Sectio B* 20: 61–64. [p. 42].

[1231] RAMÍREZ, C. 1980. Bibliographia phytosociologica et scientiae vegetationis Chile, Pars III. *Excerpta Botanica, Sectio B* 20: 305–319. [p. 42].

[1232] RAMÍREZ, C. 1981. Bibliographia phytosociologica et scientiae vegetationis Chile, Pars IV. *Excerpta Botanica, Sectio B* 21: 249–263. [p. 42].

[1233] RAMÍREZ, C., y N. AÑAZCO. 1982. Variaciones estacionales en el desarrollo de *Scirpus californicus*, *Typha angustifolia* y *Phragmites communis* en pantanos valdivianos, Chile. *Agro Sur* 10(2): 111–123. [p. 246].

[1234] RAMÍREZ, C., y M. ÁLVAREZ. 2012. Flora y vegetación hidrófila de los humedales costeros de Chile. *En* Humedales costeros de Chile: Aportes científicos a su gestión sustentable, 101–145, Ediciones Universidad Católica de Chile, Santiago. [pp. 239, 240, 246, 247, 250].

[1235] RAMÍREZ, C., M. ÁLVAREZ, y A. DÍAZ. 2004. Resultados botánicos de la primera expedición científica a la Isla Guamblin (Archipiélago de Los Chonos, XI Región, Chile). *Revista Geográfica de Valparaíso* 35: 225–242. [pp. 208, 209].

[1236] RAMÍREZ, C., M. ÁLVAREZ, A. DÍAZ, y G. TOLEDO. 2006. Biodiversidad vegetal de la Isla Ipún en la Reserva Nacional Las Guaitecas (Comuna de Cisnes, XI Región, Chile). *Revista Geográfica de Valparaíso* 37: 45–66. [pp. 208, 209, 214].

[1237] RAMÍREZ, C., M. ÁLVAREZ, A. DÍAZ, y G. TOLEDO. 2007. Estudio florístico y vegetacional de la Isla Kent (Archipiélago de Los Chonos, Reserva Nacional de las Guaitecas, XI Región, Chile). *Revista Geográfica de Valparaíso* 39: 99–111. [pp. 208, 209, 214].

[1238] RAMÍREZ, C., J. AMIGO, y C. SAN MARTÍN. 2003. Vegetación pratense litoral y dinámica vegetacional antropogénica en Valdivia, Chile. *Agro Sur* 31(2): 24–37. [pp. 184, 185, 243, 245, 246].

[1239] RAMÍREZ, C., J. BARRERA, D. CONTRERAS, y M. CORREA. 1989. Estudio vegetacional del ecotono entre bosques de roble - laurel - lingue y de temo - pitra. *Medio Ambiente* 10(1): 43–50. [pp. 158, 159, 245].

[1240] RAMÍREZ, C., G. COLIQUEO, H. FIGUEROA, y D. CONTRERAS. 1985. Estudio fitosociológico estadístico de las praderas antropogénicas de la Cordillera Pelada, Chile. *Agro Sur* 13(2): 114–130. [pp. 158, 159, 175, 182, 183, 184, 190, 246].

[1241] RAMÍREZ, C., D. CONTRERAS, H. FIGUEROA, y C. SAN MARTÍN. 1988. Estudio vegetacional en una marisma del centro-sur de Chile. *Medio Ambiente* 9(2): 21–30. [pp. 185, 244, 245].

[1242] RAMÍREZ, C., D. CONTRERAS, y C. SAN MARTÍN. 1989. Estudio vegetacional de las dunas de Quillagua, Llanquihue, Chile. *Revista Geográfica de Chile Terra Australis* 31: 109–127. [pp. 183, 200, 242, 243].

[1243] Ramírez, C., D. Contreras, J. San Martín, y C. San Martín. 1994. Estudio fitosociológico de la vegetación pratense del Valle del río Chol-Chol (Cautín, Chile). *Agro Sur* 22(1): 41–56. [pp. 150, 246, 247].

[1244] Ramírez, C., A. Durán, H. Figueroa, y D. Contreras. 1985. Estudio de la vegetación de dunas con técnicas estadísticas multivariadas. *Revista Geográfica de Valparaíso* 16: 47–66. [pp. 183, 242].

[1245] Ramírez, C., J. M. Fariña, A. Camaño, D. Contreras, C. San Martín, J. Varas, O. Vidal, y Y. Pérez. 2014. Estructura y clasificación de la vegetación actual y potencial del humedal "Ciénagas del Name" en Chile central: Un estudio de la oferta de hábitats. *Chilean Journal of Agricultural and Animal Science* 30(1): 29–44. [pp. 153, 239, 240, 245, 246, 251].

[1246] Ramírez, C., F. Ferriere, y H. Figueroa. 1983. Estudio fitosociológico de los bosques pantanosos templados del sur de Chile. *Revista Chilena de Historia Natural* 56(1): 11–26. [pp. 95, 150, 159, 185, 245].

[1247] Ramírez, C., y H. Figueroa. 1985. Delimitación ecosociológica del bosque valdiviano (Chile), mediante análisis estadísticos multivariados. *Studia Oecologica* 6: 69–82. [pp. 158, 159, 164, 165, 167, 168, 182, 183, 185, 188, 189, 190, 191, 196, 198, 200].

[1248] Ramírez, C., y H. Figueroa. 1987. Fitosociología de los *Nothofagus* de la zona higromórfica chilena. *Bosque* 8(2): 127–132. [pp. 148, 157, 158, 159, 160, 161, 163, 164, 165, 167, 168, 169, 170, 171, 183, 185, 196, 198, 200].

[1249] Ramírez, C., H. Figueroa, y C. San Martín. 1989. Cambios estacionales de frecuencia y cobertura en una pradera del Centro Sur de Chile. *Agro Sur* 17(2): 105–115. [p. 246].

[1250] Ramírez, C., R. Godoy, W. Eldridge, y N. Pacheco. 1981. Impacto ecológico del ciervo rojo sobre el bosque de olivillo en Osorno, Chile. *Anales Museo de Historia Natural Valparaíso* 14: 197–215. [pp. 183, 185].

[1251] Ramírez, C., E. Hauenstein, J. San Martín, y D. Contreras. 1989. Study of the flora of Rucamanque, Cautin province, Chile. *Annals of the Missouri Botanical Garden* 76(2): 444–453. [pp. 158, 159, 185, 246].

[1252] Ramírez, C., S. Labbe, C. San Martín, y H. Figueroa. 1990. Sinecología de los bosques de boldo (*Peumus boldus*) de la cuenca del Río Bueno, Chile. *Bosque* 11(1): 45–56. [pp. 159, 244].

[1253] Ramírez, C., C. S. Martín, A. Oyarzún, y H. Figueroa. 1997. Morpho-ecological study on the South American species of the genus *Nothofagus*. *Plant Ecology* 130(2): 101–109. [pp. 95, 148].

[1254] Ramírez, C., C. S. Martín, J. C. Ramírez, y J. S. Martín. 1992. Estudio sinecológico de las praderas del valle del curso inferior del río Imperial (Cautín, Chile). *Ciencia e Investigación Agraria* 19(3): 97–112. [pp. 158, 246].

[1255] Ramírez, C., I. Ortiz, C. San Martín, O. Vidal, M. Álvarez, Y. Pérez, J. L. Solís, y I. Álvarez. 2014. Estudio preliminar de la biodiversidad vegetal terrestre en el Estero Walker (Región de Aysén, Chile): Utilizando líneas base de proyectos de inversión. *Gayana Botánica* 71(2): 227–245. [pp. 206, 207, 209, 210, 241].

[1256] Ramírez, C., y M. Riveros. 1975. Los alerzales de Cordillera Pelada: Flora y fitosociología. *Medio Ambiente* 1(1): 3–13. [p. 190].

[1257] Ramírez, C., y C. San Martín. 2005. Asociaciones vegetales de la Cordillera de la Costa de la Región de Los Lagos. *En* C. Smith-Ramírez, J. J. Armesto, y C. Valdovinos (eds.), Historia, biodiversidad y ecología de los bosques costeros de Chile, 206–224, Editorial Universitaria, Santiago. [pp. 158, 159, 175, 179, 182, 183, 184, 185, 190, 194, 207, 213, 214, 242, 243, 245, 246, 271].

[1258] Ramírez, C., C. San Martín, y D. Contreras. 1998. Diversidad florística y vegetacional pratense en vegas, colinas y serranías al poniente de Temuco, Chile. *Ciencia e Investigación Agraria* 25(1): 27–50. [pp. 157, 158, 246].

[1259] Ramírez, C., C. San Martín, D. Contreras, y J. San Martín. 1994. Estudios florístico-ecológicos en cavernas de la Región Valdiviana, Chile. *Revista Geográfica de Valparaíso* 24-25: 161–182. [pp. 159, 183, 200, 255, 256].

[1260] Ramírez, C., C. San Martín, y M. L. Keim. 1996. La vegetación espotánea del antiguo basural de Ovejería (Osorno, Chile). *Medio Ambiente* 13(1): 42–57. [pp. 158, 159, 245, 246, 247, 251].

[1261] Ramírez, C., C. San Martín, R. Medina, y D. Contreras. 1991. Estudio de la flora hidrófila del Santuario de la Naturaleza "Río Cruces" (Valdivia, Chile). *Gayana Botánica* 48(1–4): 67–80. [pp. 159, 240, 245, 246].

[1262] Ramírez, C., C. San Martín, y J. Ruiz. 1999. Estudio sinecológico de la vegetación del litoral pacífico de Valdivia, Chile. *Revista Geográfica de Valparaíso* 29-30: 51–63. [pp. 44, 182, 183, 242, 243].

[1263] Ramírez, C., C. San Martín, y J. San Martín. 1992. Vegetación y dinámica vegetacional en las dunas litorales chilenas. *Bosque* 13(1): 41–48. [pp. 116, 121, 132, 136, 140, 142, 144, 148, 156, 159, 160, 181, 183, 241, 242, 243, 244, 245].

[1264] Ramírez, C., C. San Martín, y J. San Martín. 1995. Estructura florística de los bosques pantanosos de Chile central. *En* J. J. Armesto, C. Villagrán, y M. T. K. Arroyo (eds.), Ecología de los bosques nativos de Chile, 215–234, Editorial Universitaria, Santiago. [pp. 95, 133, 136, 140, 144, 145, 146, 147, 150, 153, 155, 156, 158, 159, 160, 181, 183, 185, 200, 245, 246].

[1265] Ramírez, C., C. San Martín, J. San Martín, E. Hauenstein, y D. Contreras. 1989. Descripción del *Myrciantho-Bahietum*, una nueva asociación vegetal arbustiva del litoral de Coquimbo, Chile. *Idesia* 11: 19–28. [pp. 116, 243].

[1266] Ramírez, C., C. San Martín, J. San Martín, y R. Villaseñor. 2004. Comparación fitosociológica de los bosques de Belloto (*Beilschmiedia*, Lauraceae) en Chile central. *Bosque* 25(1): 69–85. [pp. 94, 136, 139, 142, 152, 156, 251].

[1267] Ramírez, C., C. San Martín, F. Uribe, y R. Mac Donald. 1993. La vegetación nativa de los suelos de ñadi valdivianos (Chile). *Agricultura Técnica* 53: 55–74. [pp. 179, 183, 184, 185].

[1268] Ramírez, C., C. San Martín, y R. Vásquez. 1996. La vegetación potencial leñosa de la Cordillera Pelada (Valdivia, Chile). *Revista Geográfica de Valparaíso* 26-27: 233–250. [pp. 148, 149, 158, 159, 175, 179, 182, 183, 185, 190, 194, 207, 243, 271].

[1269] Ramírez, C., C. San Martín, O. Vidal, Y. Pérez, J. Valenzuela, J. L. Solís, y G. Toledo. 2014. Tundra subantártica en la isla grande de Chiloé, Chile: Flora y vegetación turbosa de campañas. *Anales del Instituto de la Patagonia* 42: 17–38. [pp. 190, 213, 250].

[1270] Ramírez, C., J. San Martín, E. Hauenstein, y D. Contreras. 1989. Estudio fitosociológico de la vegetación de Rucamanque (Cautín, Chile). *Studia botanica* 8: 91–115. [pp. 158, 159, 246].

[1271] Ramírez, C., J. San Martín, C. San Martín, y D. Contreras. 1987. Estudio florístico y vegetacional de la Laguna El Peral, Quinta Región de Chile. *Revista Geográfica de Valparaíso* 18: 105–120. [pp. 91, 142, 239, 240, 246].

[1272] Ramírez, C., V. Sandoval, J. C. Cisternas, H. Rivera, O. Vidal, C. San Martín, M. Álvarez, y Y. Pérez. 2015. Utilizando la metodología fitosociológica para diferenciar hábitats: Un ejemplo con especies chilenas de *Schinus* (Anacardiaceae) en la Región de Aisén, Chile. *Gayana Botánica* 72(2): 350–366. [pp. 169, 235, 236].

[1273] Ramírez-Verdugo, P., y R. Villaseñor. 2016. Estudio fitosociológico de los acantilados "Federico Santa María", Valparaíso, Chile. *Chloris Chilensis* 19(1), URL: http://www.chlorischile.cl. [pp. 140, 142, 254].

[1274] Ramos, J. C. 1983. Composición y estructura de las comunidades vegetales con Ciprés de la Cordillera (*Austrocedrus chilensis* (D.Don) Florin et Boutelje) en el Fundo Las Peñas, VI Región. Tesis Ing. Forestal, Universidad de Chile, Santiago. [p. 152].

[1275] Rauh, W. 1985. The Peruvian-Chilean deserts. *En* M. Evenari, I. Noy-Meir, y D. W. Goodall (eds.), Ecosystems of the World: Hot deserts and arid shrublands, vol. 12A, 239–267, Elsevier, Amsterdam. [pp. 57, 100, 103, 128].

[1276] Ravenna, P. 2000. *Nothofagus rutila* sp. nov. and the correct author citation of *N. nervosa* (Fagaceae). *Onira* 5(1): 1–4. [p. 273].

[1277] Ravenna, P. 2002. *Nothofagus macrocarpa* and *Nothofagus rutila* (Fagaceae), two distinct species. *Onira* 7(11): 57–60. [p. 273].

[1278] Rebertus, A. J., T. Kitzberger, T. T. Veblen, y L. M. Roovers. 1997. Blowdown history and landscape patterns in the Andes of Tierra del Fuego, Argentina. *Ecology* 78(3): 678–692. [p. 93].

[1279] Rebertus, A. J., y T. T. Veblen. 1993. Partial wave formation in old-growth *Nothofagus* forests on Tierra del Fuego, Argentina. *Bulletin of the Torrey Botanical Club* 120(4): 461–470. [pp. 174, 205].

[1280] Rebertus, A. J., y T. T. Veblen. 1993. Structure and tree-fall gap dynamics of old-growth *Nothofagus* forests in Tierra del Fuego, Argentina. *Journal of Vegetation Science* 4(5): 641–654. [p. 205].

[1281] Rebertus, A. J., T. T. Veblen, y T. Kitzberger. 1993. Gap formation and dieback in Fuego-Patagonian *Nothofagus* forests. *Phytocoenologia* 23(1–4): 581–599. [pp. 174, 205].

[1282] Reiche, K. 1895. Apuntes sobre la vegetación en la boca del Río Palena. *Anales de la Universidad de Chile* 90: 715–747. [pp. 199, 200].

[1283] Reiche, K. 1895. Die botanischen Ergebnisse meiner Reise in die Kordilleren von Nahuelbuta und von Chillan. *Botanische Jahrbücher für Systematik, Pflanzengeschichte und Pflanzengeographie* 22: 1–16. [pp. 160, 161, 162, 166, 171, 187].

[1284] Reiche, K. 1896. Die vegetations-Verhältnisse am Unterlaufe des Rio Maule (Chile). *Botanische Jahrbücher für Systematik, Pflanzengeschichte und Pflanzengeographie* 21: 1–52. [pp. 144, 155].

[1285] Reiche, K. 1897. Vorläufige Mitteilung über die Flora in den chilenischen Kordilleren von Curicó und Linares. *Botanische Jahrbücher für Systematik, Pflanzengeschichte und Pflanzengeographie* 23: 610–611. [pp. 88, 150, 228, 233].

[1286] Reiche, K. 1898. La jeografía botánica de la región esplorada del Río Manso. *Anales de la Universidad de Chile* 101: 436–465. [pp. 168, 171, 172, 196].

[1287] Reiche, K. 1903. La Isla de la Mocha. *Anales Museo Nacional de Historia Natural* 16: 1–104. [p. 181].

[1288] Reiche, K. 1907. Grundzüge der Pflanzenverbreitung in Chile. *Vegetation der Erde* 8: 1–374, traducido por G. Looser y publicado en dos volúmenes (1934 y 1937) como: Geografía botánica de Chile. Imprenta Universitaria, Santiago. Traducción republicada en 2011 por Biblioteca Fundamentos. [pp. 42, 43, 90, 149, 150, 156, 166, 167, 168, 174, 181, 187, 190, 191, 193, 204, 206, 207, 210, 221, 226, 267, 268].

[1289] Reiche, K. 1911. Ein Frühlingsausflug in das Küstengebiet der Atacama (Chile). *Botanische Jahrbücher für Systematik, Pflanzengeschichte und Pflanzengeographie* 45: 340–353. [pp. 57, 109, 110].

[1290] Relva, M. A., y T. T. Veblen. 1998. Impacts of introduced large herbivores on *Austrocedrus chilensis* forests in northern Patagonia, Argentina. *Forest Ecology and Management* 108(1–2): 27–40. [pp. 197, 198].

[1291] Repetto-Giavelli, F., y E. Teneb B. 2012. Análisis de la regeneración natural de la vegetación en taludes de caminos de la Ruta Y-85, Parque Karukinka, Tierra del Fuego, Chile. *Anales del Instituto de la Patagonia* 40(2): 55–65. [pp. 174, 231, 234].

[1292] Reyes, F., Z. Silvana, A. Espinosa, y A. Marysol. 2010. Biochemical properties in vascular epiphytes substrate from a temperate forest of Chile. *Revista de la Ciencia del Suelo y Nutrición Vegetal* 10(2): 126–138. [p. 158].

[1293] Reyes, J. P., y G. Zizka. 1989. Nebelwüstenvegetation bei Paposo - Standort für einen zukünftigen Nationalpark. *Palmengarten* 53(1): 52–62. [pp. 57, 109].

[1294] Reyes, R., P. Donoso, C. Donoso, y C. Navarro. 2009. Crecimiento de renovales de *Drimys winteri* después de 16 años de aplicados distintos tratamientos de raleo en las cordilleras de los Andes y de la Costa en Chile. *Bosque* 30(3): 117–126. [pp. 183, 200].

[1295] Ricardi, M. 1957. Fitogeografía de la costa del departamento de Taltal. *Boletín de la Sociedad de Biología de Concepción* 32: 3–9. [pp. 57, 90, 107, 109, 111].

[1296] Ricardi, M. 1961. Una *Malesherbia* peruana nueva para Chile. *Gayana Botánica* 3: 11–13. [p. 104].

[1297] Richter, M. 1981. Klimagegensätze in Südperu und ihre Auswirkungen auf die Vegetation. *Erdkunde* 35(1): 12–30. [p. 42].

[1298] Richter, M. 1995. Klimaökologische Merkmale der Küstenkordillere in der Region Antofagasta (Nordchile). *Geoökodynamik* 16: 283–332. [pp. 106, 107, 109, 111].

[1299] Richter, M. 2001. Vegetationszonen der Erde. Klett, Gotha. [p. 37].

[1300] Richter, M., y D. Schmidt. 2002. Cordillera de la Atacama. Das trockenste Hochgebirge der Welt. *Petermanns Geographische Mittelungen* 146(4): 48–57. [pp. 53, 54, 123, 220, 221, 222].

[1301] Richter, M., D. Schmidt, y H.-G. Wilke. 1993. Das Unwetter von Antofagasta. *Praxis Geographie* 23(1): 44–47. [pp. 55, 56].

[1302] Ricotta, C., M. L. Carranza, G. Avena, y C. Blasi. 2002. Are potential natural vegetation maps a meaningful alternative to neutral landscape models? *Applied Vegetation Science* 5(2): 271–275. [p. 25].

[1303] Ríos, S. 1998. Estudio de la distribución y caracterización ecológica de las poblaciones locales de queñoa de altura (*Polylepis tarapacana* Phil.) en el sector de la provincia de Iquique, Tarapacá, Chile. Tesis Ing. Forestal, Universidad de Chile, Santiago. [pp. 44, 93, 222].

[1304] RISOPATRÓN, L. 1924. Diccionario jeográfico de Chile. Imprenta universitaria, Santiago. [pp. 45, 47].

[1305] RIVAS, Y., R. GODOY, D. HUYGENS, P. BOECKX, F. MATUS, y H. KNICKER. 2009. Effect of wildfire on soil organic matter in an Andisol of a southern Chilean temperate rain forest. *En* N. Verhoest, P. Boeckx, C. Oyarzún, y R. Godoy (eds.), Ecological advances on Chilean temperate rainforests, 133–145, Academia Press, Gent. [p. 188].

[1306] RIVAS, Y., R. GODOY, E. VALENZUELA, J. LEIVA, C. OYARZÚN, y M. ALVEAR. 2007. Actividad biológica del suelo en dos bosques de *Nothofagus* del centro sur de Chile. *Gayana Botánica* 64(1): 81–92. [pp. 159, 196].

[1307] RIVAS-MARTÍNEZ, S. 1983. Pisos bioclimáticos de España. *Lazaroa* 5: 33–43. [p. 30].

[1308] RIVAS-MARTÍNEZ, S. 1993. Clasificación bioclimática de la Tierra. *Folia Botanica Matritensis* 10: 1–23. [pp. 30, 37, 77].

[1309] RIVAS-MARTÍNEZ, S. 1994. Dynamic-zonal phytosociology as landscape science. *Phytocoenologia* 24: 23–25. [pp. 26, 268].

[1310] RIVAS-MARTÍNEZ, S. 2005. Avances en geobotánica. Phytosociological Research Center, Madrid. [pp. 26, 29, 30, 38, 81].

[1311] RIVAS-MARTÍNEZ, S. 2008. Global bioclimatics. Phytosociological Research Center, Madrid. [pp. 30, 31, 37, 38, 39, 41, 81, 277, 278, 279].

[1312] RIVAS-MARTÍNEZ, S. 2010. Sinopsis bioclimática de la tierra y mapas bioclimáticos de Suramérica. Realigraf, Madrid. [p. 30].

[1313] RIVAS-MARTÍNEZ, S., y C. ARMAIZ. 1984. Bioclimatología y vegetacíon en la Península Ibérica. *Bulletin de la Société Botanique de France* 131(2-4): 110–120. [p. 30].

[1314] RIVAS-MARTÍNEZ, S., A. ASENSI, B. DÍEZ-GARRETAS, J. MOLERO, y F. VALLE. 1997. Biogeographical synthesis of Andalusia (southern Spain). *Journal of Biogeography* 24(6): 915–928. [p. 30].

[1315] RIVAS-MARTÍNEZ, S., G. NAVARRO, A. PENAS, y M. COSTA. 2011. Biogeographic map of South America. A preliminary survey. *International Journal of Geobotanical Research* 1: 21–40. [p. 42].

[1316] RIVAS-MARTÍNEZ, S., A. PENAS, M. LUENGO, y S. RIVAS-SÁENZ. 2003. Worldwide bioclimatic classification system. Backhuys Publishers, Leiden. [pp. 30, 37].

[1317] RIVAS-MARTÍNEZ, S., D. SÁNCHEZ-MATA, y M. COSTA. 1999. North American boreal and western temperate forest vegetation. *Itinera Geobotanica* 12: 5–316. [pp. 30, 94].

[1318] RIVAS-MARTÍNEZ, S., y O. TOVAR. 1993. Síntesis biogeográfica de los Andes. *Collectanea Botánica* 14: 515–521. [p. 41].

[1319] RIVERA, M. J. 1902. Apuntes sobre la vegetación de la Cordillera de la Costa de Curicó. *Actes Societé Scientifique du Chili* 12: 302–349. [pp. 144, 155].

[1320] RODRÍGUEZ, A. 1979. Formaciones vegetales del cordón La Campanita. *Boletín Informativo Instituto Geográfico Militar Chile* 1979(4): 11–31. [pp. 140, 149].

[1321] RODRÍGUEZ, A. 1982. Principales formaciones vegetales del "Parque Nacional La Campana". *Boletín Informativo Instituto Geográfico Militar Chile* 1982(1): 11–31. [pp. 140, 149].

[1322] RODRÍGUEZ, A., y F. CALDERÓN. 1982. Determinación de estructuras vegetacionales en el cerro La Campana. *Boletín Informativo Instituto Geográfico Militar Chile* 1982(2): 29–43. [pp. 140, 149].

[1323] RODRÍGUEZ, J. P., D. A. KEITH, K. M. RODRÍGUEZ-CLARK, N. J. MURRAY, E. NICHOLSON, T. J. REGAN, R. M. MILLER, E. G. BARROW, L. M. BLAND, K. BOE, T. M. BROOKS, M. A. OLIVEIRA-MIRANDA, M. SPALDING, y P. WIT. 2015. A practical guide to the application of the IUCN Red List of Ecosystems criteria. *Philosophical Transactions of the Royal Society of London B: Biological Sciences* 370(1662): 20140003. [pp. 48, 49, 51].

[1324] RODRÍGUEZ, J. P., K. M. RODRÍGUEZ-CLARK, J. E. M. BAILLIE, N. ASH, J. BENSON, T. BOUCHER, C. BROWN, N. D. BURGESS, B. E. N. COLLEN, M. JENNINGS, D. A. KEITH, E. NICHOLSON, C. REVENGA, B. REYERS, M. ROUGET, T. SMITH, M. SPALDING, A. TABER, M. WALPOLE, I. ZAGER, y T. ZAMIN. 2011. Establishing IUCN Red List criteria for threatened ecosystems. *Conservation Biology* 25(1): 21–29. [p. 48].

[1325] RODRÍGUEZ, M. 1960. Regiones naturales de Chile y su capacidad de uso. *Agricultura Técnica* 19: 309–399. [pp. 267, 268, 269, 270].

[1326] RODRÍGUEZ, R. A., A. MARTICORENA, y E. TENEB. 2008. Plantas vasculares de los ríos Baker y Pascua, Región de Aisén, Chile. *Gayana Botánica* 65(1): 39–70. [pp. 203, 204].

[1327] Rodríguez, R. A., O. Matthei, y M. Quezada. 1983. Flora arbórea de Chile. Universidad de Concepción, Concepción. [p. 175].

[1328] Rodríguez, R. A., y M. Quezada. 2003. Fagaceae. *En* C. Marticorena y R. A. Rodríguez (eds.), Flora de Chile, vol. 2(2), 64–75, Ediciones de la Universidad de Concepción, Concepción. [pp. 272, 273].

[1329] Roig, C. 2004. Antecedentes sobre turberas en Tierra del Fuego. *En* D. E. Blanco y V. M. de la Balze (eds.), Los Turbales de la Patagonia. Bases para su inventario y la conservación de su biodiversidad, 33–44, Wetlands International - América del Sur, Buenos Aires. [pp. 209, 212, 213].

[1330] Roig, F. A. 1972. Bosquejo fisionómico de la vegetación de la provincia de Mendoza. *Boletín de la Sociedad Argentina de Botánica* 13(Supl.): 49–80. [pp. 42, 228].

[1331] Roig, F. A. 1998. La vegetación de la Patagonia. *En* M. N. Correa (ed.), Flora Patagónica, vol. 1, 48–166, Colección Científica INTA, Buenos Aires. [pp. 42, 165, 167, 172, 178, 185, 189, 191, 195, 196, 198, 229, 230, 233, 234, 236, 268].

[1332] Roig, F. A., J. Anchorena, O. Dollenz, A. M. Faggi, y E. Méndez. 1985. La vegetación del área continental. *En* O. Boelcke, D. Moore, y F. A. Roig (eds.), Transecta botánica de la Patagonia Austral, 350–456, Consejo Nacional de Investigaciones Científicas y Técnicas, Buenos Aires. [pp. 95, 172, 173, 174, 175, 176, 177, 178, 179, 204, 205, 206, 230, 231, 236, 237, 238, 239, 248].

[1333] Roig, F. A., O. Dollenz, y E. Méndez. 1983. Tundra y bosque magallánico. Su dinamismo en el sur de Chile. *Serie Científica* 30: 5–10. [pp. 95, 179, 205, 206, 207, 211, 212, 213].

[1334] Roig, F. A., O. Dollenz, y E. Méndez. 1985. La vegetación de Los Canales. *En* O. Boelcke, D. Moore, y F. A. Roig (eds.), Transecta botánica de la Patagonia Austral, 457–519, Consejo Nacional de Investigaciones Científicas y Técnicas, Buenos Aires. [pp. 95, 201, 202, 203, 204, 205, 206, 207, 210, 211, 212, 213, 241, 268].

[1335] Roig, F. A., y E. Martínez-Carretero. 1998. La vegetación puneña en la provincia de Mendoza, Argentina. *Phytocoenologia* 28(4): 565–608. [pp. 42, 228].

[1336] Roig, F. A., y E. Méndez. 2003. Especies indicadoras de estados y procesos en la vegetación patagónica. *En* E. M. Abraham, D. Tomasini, y P. Maccagno (eds.), Desertificación. Indicadores y puntos de referencia en América Latina y el Caribe, 189–208, Zeta Editores, Mendoza. [pp. 167, 174, 189, 235, 236, 238].

[1337] Roig-Juñent, F. A., y F. A. Roig. 1995. Evidences of fires in the Patagonia *Araucaria* forest. IAWA *Journal* 16: 28–29. [p. 167].

[1338] Roivainen, H. 1934. Observaciones sobre la vegetación en los alrededores de Termas de Chillán. Prov. de Ñuble, Chile. *Annales Botanici Societatis Zoologicae Botanicae Fennicae Vanamo* 5(4): 1–32. [pp. 93, 166].

[1339] Roivainen, H. 1954. Studien über die Moore Feuerland. *Annales Botanici Societatis Zoologicae Botanicae Fennicae Vanamo* 28(2): 1–205. [pp. 174, 179, 209, 212, 213].

[1340] Romero, F. 2002. Caracterización de la flora y vegetación andina del cordón Altos de Cantillana, Cordillera de la Costa, Región Metropolitana. Monografía de Licenciatura, Escuela de Ecología y Paisaje, Universidad Central de Chile, Santiago. [pp. 92, 149, 226].

[1341] Romero, F., y S. Teillier. 2009. Caracterización de las comunidades vegetales subandinas y andinas en los altos de Cantillana. Cordillera de la Costa, Región Metropolitana. Chile. *Chloris Chilensis* 12(1), URL: http://www.chlorischile.cl. [pp. 149, 225, 226].

[1342] Romero, H. 1985. Geografía de Chile: Geografía de los climas. Instituto Geográfico Militar, Santiago. [pp. 53, 59].

[1343] Romero, H., P. Smith, M. Mendonça, y M. Méndez. 2013. Macro y mesoclimas del altiplano andino y desierto de Atacama: Desafíos y estrategias de adaptación social ante su variabilidad. *Revista de Geografía Norte Grande* 55: 19–41. [p. 54].

[1344] Romero-Gárate, F., y S. Teillier. 2014. Flora vascular de los Altos del Cantillana, Región Metropolitana, Chile: Pisos de vegetación subandino y andino. *Chloris Chilensis* 17(1), URL: http://www.chlorischile.cl. [pp. 92, 149, 226].

[1345] Romero-Mieres, M., M. E. González, y A. Lara. 2014. Recuperación natural del bosque siempreverde afectado por tala rasa y quema en la Reserva Costera Valdiviana, Chile. *Bosque* 35(3): 257–267. [p. 183].

[1346] RONDANELLI, M. J., J. G. RODRÍGUEZ, E. A. UGARTE, y C. MEIER-SARGER. 2000. Estructura y composición de comunidades vegetales en que participa *Austrocedrus chilensis* (D. Don) Pic. Ser. et Bizz. en el Parque Nacional Laguna del Laja (37° 22'S, 71° 26'W), VIII Región, Chile. Estudio preliminar. *Revista Geográfica de Chile Terra Australis* 45: 31–48. [p. 152].

[1347] RONDANELLI, M. J., E. A. UGARTE, C. MEIER-SARGER, y J. G. RODRÍGUEZ. 2000. Catálogo florístico del Parque Nacional Laguna del Laja, VIII Región, Chile. *Boletín Museo Nacional de Historia Natural Chile* 49: 73–84. [p. 152].

[1348] ROSELLO, N. E., y S. E. BELMONTE. 1999. Fenología de *Browningia candelaris* (Meyen) Britt. et Rose en la Quebrada de Cardones, norte de Chile. *Idesia* 17: 47–55. [p. 129].

[1349] ROSENBLÜTH, B., H. A. FUENZALIDA, y P. ACEITUNO. 1997. Recent temperature variations in southern South America. *International Journal of Climatology* 17(1): 67–85. [pp. 61, 63].

[1350] ROSENBLÜTH, B., y A. VIELMA. 1983. Análisis estadístico de series de precipitaciones en el Norte Chico. *Terra Aridae* 2: 26–40. [p. 56].

[1351] ROSENMANN, E. D. 1983. Estudio de la dinámica de la vegetación en el sector costero de la Región de Coquimbo. Tesis Ing. Forestal, Universidad de Chile, Santiago. [pp. 91, 115, 116, 117, 118, 119, 120, 121, 136].

[1352] ROZZI, R., J. D. MOLINA, y P. MIRANDA. 1989. Microclima y periodos de floración en laderas de exposición ecuatorial y polar en los Andes de Chile central. *Revista Chilena de Historia Natural* 62(1): 75–84. [pp. 94, 226].

[1353] RÜGER, N. 2006. Dynamics and sustainable use of species-rich moist forests: A process-based modelling approach. PhD Dissertation, Universität Osnabrück, Osnabrück. [p. 200].

[1354] RUNDEL, P. W. 1981. The matorral zone of central Chile. *En* F. Di Castri y F. D. Goodall (eds.), Mediterranean type shrublands, vol. 11 de *Ecosystems of the world*, 175–201, Elsevier, New York. [pp. 42, 93, 94, 131, 132, 133, 136, 137, 138, 140, 142, 143, 144, 145, 146, 270].

[1355] RUNDEL, P. W., y M. O. DILLON. 1998. Ecological patterns in the Bromeliaceae of the lomas formation of Coastal Chile and Peru. *Plant Systematics and Evolution* 212: 261–278. [pp. 100, 101, 102].

[1356] RUNDEL, P. W., M. O. DILLON, y B. PALMA. 1996. Flora and vegetation of Pan de Azúcar National Park in the Atacama desert of northern Chile. *Gayana Botánica* 53(2): 295–315. [pp. 57, 107, 109, 110, 111, 114, 244, 246, 252].

[1357] RUNDEL, P. W., M. O. DILLON, B. PALMA, H. MOONEY, S. L. GULMON, y J. R. EHLERINGER. 1991. The phytogeography and ecology of the coastal Atacama and Peruvian deserts. *Aliso* 13(1): 1–50. [pp. 42, 55, 56, 57, 60, 90, 91, 105, 106, 107, 109, 110, 111, 113, 114, 116, 128].

[1358] RUNDEL, P. W., J. EHLERINGER, H. A. MOONEY, y S. L. GULMON. 1980. Patterns of drought response in leaf-succulent shrubs of the coastal Atacama Desert in northern Chile. *Oecologia* 46(2): 196–200. [p. 107].

[1359] RUNDEL, P. W., A. C. GIBSON, G. S. MIDGLEY, S. J. E. WAND, B. PALMA, C. KLEIER, y J. LAMBRINOS. 2003. Ecological and ecophysiological patterns in a pre-altiplano shrubland of the Andean Cordillera in northern Chile. *Plant Ecology* 169(2): 179–193. [pp. 44, 215, 216].

[1360] RUNDEL, P. W., y M. MAHU. 1976. Community structure and diversity in a coastal fog desert in northern Chile. *Flora* 165: 493–505. [pp. 57, 90, 107, 109, 111].

[1361] RUNDEL, P. W., y B. PALMA. 2000. Preserving the unique puna ecosystems of the Andean altiplano: A descriptive account of Lauca National Park, Chile. *Mountain Research and Development* 20(3): 262–271. [pp. 217, 218].

[1362] RUNDEL, P. W., B. PALMA, M. O. DILLON, M. R. SHARIFI, y K. BOONPRAGOB. 1997. *Tillandsia landbeckii* in the coastal Atacama Desert of northern Chile. *Revista Chilena de Historia Natural* 70: 341–349. [pp. 100, 101, 102].

[1363] RUNDEL, P. W., y P. J. WEISSER. 1975. La Campana, a new national park in central Chile. *Biological Conservation* 8(1): 35–46. [pp. 44, 92, 93, 140, 142, 143, 149, 226, 251].

[1364] RUTHSATZ, B. 1977. Pflanzengesellschaften und ihre Lebensbedingungen in den Andinen Halbwüsten Nordwest-Argentiniens. *Dissertationes Botanicae* 38: 1–168. [pp. 42, 217, 218].

[1365] RUTHSATZ, B. 1978. Las plantas en cojín de los semi-desiertos andinos del Noroeste Argentino. *Darwiniana* 21(2/4): 491–539. [p. 42].

[1366] RUTHSATZ, B. 1993. Flora und ökologische Bedingungen hochandiner Moore Chiles zwischen 18°00' (Arica) und 40°30' (Osorno) südlicher Breite. *Phytocoenologia* 23: 157–199. [pp. 95, 213, 216, 217, 219, 221, 222, 223, 224, 225, 226, 228, 229, 230, 232, 249].

[1367] RUTHSATZ, B. 1995. Vegetation und Ökologie tropischer Hochgebirgsmoore in den Anden Nord-Chiles. *Phytocoenologia* 25(2): 185–234. [pp. 216, 217, 218, 219, 221, 222, 225, 249].

[1368] RUTHSATZ, B. 2000. Die Hartpolstermoore der Hochanden und ihre Artenvielfalt. *Berichte der Reinhold Tüxen Gesellschaft* 12: 351–371. [p. 249].

[1369] RUTHSATZ, B. 2012. Vegetación y ecología de los bofedales altoandinos de Bolivia. *Phytocoenologia* 42(3–4): 133–179. [p. 42].

[1370] RUTHSATZ, B., y C. P. MOVIA. 1975. Relevamiento de las estepas andinas del Noroeste de la provincia de Jujuy, República Argentina. FECIC, Buenos Aires. [p. 42].

[1371] RUTHSATZ, B., y C. VILLAGRÁN. 1991. Vegetation pattern and soil nutrients of a Magellanic moorland on the Cordillera de Piuchué, Chiloé Island, Chile. *Revista Chilena de Historia Natural* 64(3): 461–478. [pp. 190, 214, 250].

[1372] RUTLLANT, J. A. 1977. On the extreme aridity of coastal and Atacama deserts in northern Chile. PhD Dissertation, University of Wisconsin, Madison. [p. 55].

[1373] RUTLLANT, J. A., H. A. FUENZALIDA, y P. ACEITUNO. 2003. Climate dynamics along the arid northern coast of Chile: The 1997-1998 Dinámica del Clima de la Región de Antofagasta (DICLIMA) experiment. *Journal of Geophysical Research* 108(D17): 4538. [pp. 53, 55].

[1374] SABADIN, P., M. GÓMEZ, R. GINOCCHIO, I. PEÑA, A. M. MUJICA, y G. MONTENEGRO. 2015. Effect of fire on herbaceous "matorral" vegetation of Central Chile. *Ciencia e Investigación Agraria* 42(3): 415–425. [p. 136].

[1375] SAIZ, F., L. YATES, C. NÚÑEZ, M. DAZA, M. E. VARAS, y C. VIVAR. 2000. Biodiversidad del complejo de artrópodos asociados al follaje de la vegetación del norte de Chile, II Región. *Revista Chilena de Historia Natural* 73(4): 671–692. [pp. 100, 104, 109, 122, 123, 124].

[1376] SALAS, C. 2001. Caracterización básica del relicto de biodiversidad Rucamanque. *Bosque Nativo* 29: 3–9. [p. 158].

[1377] SALAS, C., V. LEMAY, P. NÚÑEZ, P. PACHECO, y A. ESPINOSA. 2006. Spatial patterns in an old-growth *Nothofagus obliqua* forest in south-central Chile. *Forest Ecology and Management* 231(1–3): 38–46. [p. 158].

[1378] SALDAÑA, A., M. J. PARRA, A. FLORES-BAVESTRELLO, L. J. CORCUERA, y L. A. BRAVO. 2014. Effects of forest successional status on microenvironmental conditions, diversity, and distribution of filmy fern species in a temperate rainforest. *Plant Species Biology* 29(3): 253–262. [p. 200].

[1379] SALDÍAS, G., y J. VELOZO. 2012. Distribución geográfica y estado de las poblaciones de *Myrcianthes coquimbensis* (Myrtaceae), especie endémica de Chile, en peligro de extinción. *Chloris Chilensis* 15(2), URL: http://www.chlorischile.cl. [p. 116].

[1380] SALDIVIA, P., y G. ROJAS. 2006. *Valeriana moyanoi* Speg. (Valerianaceae), nuevo registro para la flora de Chile. *Gayana Botánica* 63(2): 183–186. [p. 234].

[1381] SALGADO, M., P. OVALLE, J. MARTÍNEZ, J. LUZA, y M. RAMÍREZ. 1979. Identificación de la flórula de Antofagasta (Antofagasta - Chile). *Boletín Técnico, Facultad de Agronomía, Universidad de Chile* 45: 13–17. [p. 107].

[1382] SALGADO NEGRET, B., F. PÉREZ, L. MARKESTEIJN, M. JIMÉNEZ CASTILLO, y J. J. ARMESTO. 2013. Diverging drought-tolerance strategies explain tree species distribution along a fog-dependent moisture gradient in a temperate rain forest. *Oecologia* 173(3): 625–635. [pp. 57, 118].

[1383] SALINAS, F., y J. J. ARMESTO. 2012. Regeneration niche of three epiphytic species of Gesneriaceae from Chilean rainforests: Implications for the evolution of growth habits in Coronanthereae. *Botanical Journal of the Linnean Society* 170(1): 79–92. [pp. 180, 183, 200].

[1384] SALINAS, M. F., M. T. K. ARROYO, y J. J. ARMESTO. 2010. Epiphytic growth habits of Chilean Gesneriaceae and the evolution of epiphytes within the tribe Coronanthereae. *Annals of the Missouri Botanical Garden* 97(1): 117–127. [pp. 183, 200].

[1385] SAN MARTÍN, C., y M. ÁLVAREZ. 2009. Floristic composition of anthropogenic seasonal wetlands in the coastal mountain range of Cautín, Chile. *Agro Sur* 37(1): 9–25. [pp. 157, 158, 240, 244, 246, 247].

[1386] SAN MARTÍN, C., D. CONTRERAS, y C. RAMÍREZ. 2000. El recurso vegetal del Santuario de la Naturaleza "Carlos Andwanter" (Valdivia, Chile). *Revista Geográfica de Valparaíso* 31: 225–235. [pp. 159, 240, 245, 246].

[1387] SAN MARTÍN, C., D. CONTRERAS, J. SAN MARTÍN, y C. RAMÍREZ. 1992. Vegetación de las marismas del centro-sur de Chile. *Revista Chilena de Historia Natural* 65(3): 327–342. [pp. 200, 244, 245].

[1388] San Martín, C., R. Medina, P. Ojeda, y C. Ramírez. 1993. La biodiversidad vegetacional del santuario de la naturaleza "Río Cruces" (Valdivia, Chile). *Acta Botánica Malacitana* 18: 259–279. [pp. 159, 240, 245, 246].

[1389] San Martín, C., D. Montenegro, Y. Pérez, y J. L. Solís. 2014. Vegetación y flora leñosa de la comuna de Tortel (Región de Aisén, Chile): Una clave de determinación de especies. *Agro Sur* 42(1): 15–29. [pp. 171, 172, 176, 177, 179, 194, 198, 200, 203, 204, 206, 207, 209, 210, 214, 233, 234, 250].

[1390] San Martín, C., Y. Pérez, M. Álvarez, C. Salazar, y C. Ramírez. 2013. Diversidad vegetal de lagunas temporales en la estepa patagónica chilena noroccidental. *Anales del Instituto de la Patagonia* 41(2): 111–116. [p. 247].

[1391] San Martín, C., y C. Ramírez. 2002. Sinecología de una marisma en el Seno de Reloncaví (Llanquihue, X Región, Chile). *Revista Geográfica de Valparaíso* 32-33: 307–319. [pp. 200, 245].

[1392] San Martín, C., C. Ramírez, y M. Álvarez. 2004. Estudio de la vegetación de "mallines" y "campañas" en la cordillera pelada (Valdivia, Chile). *Revista Geográfica de Valparaíso* 35: 261–273. [pp. 179, 190, 213, 214].

[1393] San Martín, C., C. Ramírez, y D. Contreras. 2006. Una nueva asociación boscosa pantanosa para Chile *Caldcluvio-Lumetum gayanae*. *Revista Geográfica de Valparaíso* 37: 77–87. [p. 251].

[1394] San Martín, C., C. Ramírez, y H. Figueroa. 1999. Análisis multivariable de la vegetación de un complejo de turberas en Cordillera Pelada (Valdivia, Chile). *Lazaroa* 20: 95–106. [pp. 95, 190, 213, 214].

[1395] San Martín, C., C. Ramírez, H. Figueroa, y N. Ojeda. 1991. Estudio sinecológico del bosque de roble-laurel-lingue del centro-sur de Chile. *Bosque* 12(2): 11–27. [pp. 157, 158, 159].

[1396] San Martín, C., C. Ramírez, y P. Ojeda. 1998. La vegetación de lagunas primaverales en las cercanías de Temuco (Cautín, Chile). *Acta Botánica Malacitana* 23: 99–120. [pp. 157, 158, 240, 244, 246, 247].

[1397] San Martín, C., C. Ramírez, y H. Rubilar. 2002. Ecosociología de los pantanos de cortadera en Valdivia, Chile. *Ciencia e Investigación Agraria* 29(3): 171–179. [pp. 159, 245, 246].

[1398] San Martín, C., C. Ramírez, J. San Martín, y R. Villaseñor. 2001. Flora y vegetación del estero Reñaca (V Región, Chile). *Gayana Botánica* 58(1): 31–46. [pp. 136, 245, 246].

[1399] San Martín, C., C. Ramírez, y M. Subiabre. 2006. Estudio florístico y vegetacional de una gradiente latitudinal en marismas del centro-sur de Chile. *Ciencia e Investigación Agraria* 33(1): 37–45. [pp. 158, 185, 200, 245].

[1400] San Martín, C., C. Ramírez, y M. Verdugo. 1998. Sinecología de las praderas húmedas de Junquillo en el centro-sur de Chile. *Anales de la Sociedad Chilena de Ciencias Geográficas* 1998: 87–94. [p. 246].

[1401] San Martín, J. 2003. Caracterización florístico-estructural de remanentes de bosques de *Nothofagus alpina*, Fagaceae, del área costera de Chile central. *Bosque* 24(1): 71–85. [pp. 153, 155, 175, 272].

[1402] San Martín, J. 2005. Vegetación y diversidad florística en la Cordillera de la Costa de Chile Central (34°44'-35°50'S). *En* C. Smith-Ramírez, J. J. Armesto, y C. Valdovinos (eds.), Historia, biodiversidad y ecología de los bosques costeros de Chile, 178–196, Editorial Universitaria, Santiago. [pp. 144, 153, 154, 155, 175, 179, 207, 245, 250, 251].

[1403] San Martín, J., y U. Doll. 1999. Nueva localidad geografica para "raulí", *Nothofagus alpina* (Poepp. et Endl.) Oerst., Fagaceae, en la Cordillera de la Costa de Chile Central. *Gayana Botánica* 56(1): 67–68. [pp. 153, 155, 175].

[1404] San Martín, J., y C. Donoso. 1995. Estructura florística e impacto antrópico en el bosque maulino de Chile. *En* J. J. Armesto, C. Villagrán, y M. T. K. Arroyo (eds.), Ecología de los bosques nativos de Chile, 153–168, Editorial Universitaria, Santiago. [pp. 94, 144, 145, 153, 154, 155, 207].

[1405] San Martín, J., A. Espinosa, S. Zanetti, E. Hauenstein, N. Ojeda, y C. Arriagada. 2008. Composición y estructura de la vegetación epífita vascular en un bosque primario de Olivillo (*Aextoxicon punctatum* R. et P.) en el sur de Chile. *Ecología Austral* 18(1): 1–11. [p. 158].

[1406] San Martín, J., H. Figueroa, y C. Ramírez. 1984. Fitosociología de los bosques de ruil (*Nothofagus alessandri* Espinoza) en Chile Central. *Revista Chilena de Historia Natural* 57(2): 171–200. [pp. 154, 155].

[1407] San Martín, J., y C. Ramírez. 1987. Fitosociología de los *Nothofagus* en la zona mesomórfica de Chile. *Bosque* 8(2): 121–125. [pp. 149, 150, 151, 152, 153, 154, 155, 156, 157, 158, 162, 165, 170, 171, 175, 179, 207, 251].

[1408] San Martín, J., C. Ramírez, y C. San Martín. 1992. La flora de las dunas chilenas y sus adaptaciones morfológicas. *Bosque* 13(1): 29–39. [pp. 135, 136, 142, 144, 183, 241, 242, 243].

[1409] San Martín, J., C. San Martín, y C. Ramírez. 2001. Descripción de la estructura florística y vegetacional del matorral asociado a la ribera del río Curanilahue (Cauquenes, VII Región). *Revista Geográfica de Chile Terra Australis* 46: 7–26. [pp. 95, 153, 155, 207, 251].

[1410] San Martín, J., y A. Sánchez. 1999. Las comunidades relictas de *Gomortega keule* (Gomortegaceae, Magnoliopsida) en Chile central. *Anales del Jardín Botánico de Madrid* 57(2): 317–326. [pp. 144, 155, 156, 251].

[1411] San Martín, J., J. Solervicens, C. Ramírez, C. San Martín, y M. Elgueta. 1992. Estudio fitosociológico de los bosques pantanosos de Mirtáceas de la Región del Maule, Chile. *Ciencias Forestales* 8(1–2): 3–18. [pp. 91, 95, 133, 144, 145, 146, 147, 150, 153, 155, 156, 245].

[1412] San Martín, J., A. Troncoso, A. Mesa, T. Bravo, y C. Ramírez. 1991. Estudio fitosociológico del bosque caducifolio magallánico en el límite Norte de su área de distribución. *Bosque* 12(2): 29–41. [pp. 93, 152, 175, 273].

[1413] San Martín, J., A. Troncoso, y C. Ramírez. 1986. Fitosociología de los bosques de *Nothofagus antarctica* (Forst.) Oerst. en la cordillera de Cauquenes (Chile). *Bosque* 7(2): 65–78. [pp. 145, 153, 155, 179].

[1414] San Martín, J., A. Troncoso, y C. Ramírez. 1988. Estudio fitosociológico de los bosques pantanosos nativos de la Cordillera de la Costa en Chile central. *Bosque* 9(1): 17–33. [pp. 91, 95, 133, 144, 145, 147, 150, 153, 155, 156, 179, 245, 246].

[1415] San Martín, J., A. Troncoso, C. Ramírez, y J. Guajardo. 1988. Los bosquetes de ñirre de la Cordillera de la Costa de Cauquenes (Chile). *Medio Ambiente* 9(1): 131–139. [pp. 153, 155, 179, 251].

[1416] San Martín, J., A. Troncoso, C. Ramírez, C. San Martín, y A. Duarte. 1990. Estudio florístico y vegetacional de los bosques pantanosos nativos de la cordillera costera entre los ríos Rapel y Mataquito, Chile central. *Revista Geográfica de Chile Terra Australis* 33: 103–128. [pp. 91, 95, 132, 133, 140, 144, 145, 155, 245, 246].

[1417] Sánchez, C., E. Hauenstein, y L. Peralta. 2004. Determinación y caracterización botánica de hábitats Mapuche del sector Zewko-Rüpükura, comuna de Nueva Imperial (IX Región, Chile). *Cultura - Hombre - Sociedad* 8(1): 41–56. [pp. 150, 245, 246].

[1418] Sánchez-Jardón, L., M. Á. Casado, A. Del Pozo, C. Ovalle, y J. M. De Miguel. 2014. Catálogo de la flora vascular de inia Tamel Aike, Coyhaique, Chile. *Reduca (Biología). Serie Botánica* 7(2): 34–59. [p. 169].

[1419] Sanhueza, D., M. Miranda, M. Gómez, y C. Bonacic. 2009. Species richness, diversity and human activities in an elevation gradient of a high-ecosystem in Lagunas Huascoaltinas, Atacama Region, Chile. *Ciencia e Investigación Agraria* 36(3): 411–424. [pp. 125, 224, 225].

[1420] Santelices, R., F. Drake, C. Mena, R. Órdenes, y R. M. Navarro-cerrillo. 2012. Current and potential distribution areas for *Nothofagus alessandrii*, an endangered tree species from central Chile. *Ciencia e Investigación Agraria* 39(3): 521–531. [p. 155].

[1421] Santibáñez, F. 1984. Zonification agroclimatique du Chili méditerranéen intégrée à l'analyse agro-écologique. *Bulletin de la Société Botanique de France* 131(2-4): 481–490. [pp. 54, 57, 58, 63, 81].

[1422] Santibáñez, F. 1986. Rasgos agroclimáticos generales de la zona árida de Chile. *Boletín de la Sociedad Chilena de la Ciencia de Suelo* 5: 1–28. [pp. 54, 61, 63].

[1423] Santibáñez, F. 1990. Atlas agroclimático de Chile: regiones IV a IX. Centro de Información de Recursos Naturales, Corporación de Fomento de la Producción, Santiago. [pp. 30, 35, 61, 63].

[1424] Santibáñez, F., R. Gajardo, y V. Denham. 1988. Quelques remarques sur les rapports historiques climat-végétation dans le Chili central: Cas d'une forêt laurifoliée relictuelle soumise à un déficit hydrique séculaire. *En* Proceedings of 5th International Conference on Mediterranean Ecosystems, 483–487. [pp. 56, 91, 118].

[1425] Santibáñez, F., W. Luzio, W. Vera, M. Etienne, y S. Lailhacar. 1982. Análisis de los ecosistemas de la I Región. Corporación de Fomento de la Producción, Gerencia de Desarrollo - Universidad de Chile, Fac. de Ciencias Agrarias y Forestales, Santiago. [pp. 55, 59, 61, 100, 102, 104, 105, 123, 128, 129, 216, 217, 218, 219].

[1426] SANTIBÁÑEZ, F., W. LUZIO, W. VERA, M. ETIENNE, y S. LAILHACAR. 1982. Análisis de los ecosistemas de la II Región. Corporación de Fomento de la Producción, Gerencia de Desarrollo - Universidad de Chile, Fac. de Ciencias Agrarias y Forestales, Santiago. [pp. 55, 59, 61, 104, 106, 107, 109, 110, 122, 123, 124, 220, 221].

[1427] SANTIBÁÑEZ, F., A. OLIVARES, M. SILVA, A. MANSILLA, y S. LAILHACAR. 1976. Desarrollo de un modelo de producción pecuaria para la zona mediterránea árida de Chile. I. Submodelo de clima y productividad primaria herbácea. *Avances en Producción Animal* 1(2): 119–128. [p. 63].

[1428] SANTIBÁÑEZ, F., y J. M. URIBE. 1993. Atlas agroclimático de Chile: regiones sexta, séptima, octava y novena. Ministerio de Agricultura, Fondo de Investigación Agropecuaria, Corporación de Fomento de la Producción, Santiago. [pp. 61, 63].

[1429] SANTIBÁÑEZ, F., y J. M. URIBE. 1993. Atlas agroclimático de Chile: regiones V y Metropolitana. Universidad de Chile, Facultad de Ciencias Agrarias y Forestales, Santiago. [pp. 61, 63].

[1430] SANTIBÁÑEZ, F., y J. M. URIBE. 1999. Origen, variabilidad y aspectos agroclimáticos de las sequías en Chile. *En* A. Norero y C. Bonilla (eds.), Las sequías en Chile: Causas, consecuencias y mitigación, 23–32, Ediciones Universidad Católica de Chile, Santiago. [p. 63].

[1431] SANZIN, R. 1919. Algunas plantas de Los Andes (Aconcagua). *Revista Chilena de Historia Natural* 23(3): 45–48. [p. 126].

[1432] SCHAMINÉE, J. H., S. M. HENNEKENS, M. CHYTRÝ, y J. S. RODWELL. 2009. Vegetation-plot data and databases in Europe: An overview. *Preslia* 81: 173–185. [p. 275].

[1433] SCHEMENAUER, R. S., y P. CERECEDA. 1994. A proposed standard fog collector for use in high-elevation regions. *Journal of Applied Meteorology* 33(11): 1313–1322. [p. 57].

[1434] SCHEMENAUER, R. S., H. A. FUENZALIDA, y P. CERECEDA. 1988. A neglected water resource: The Camanchaca of South America. *Bulletin of the American Meteorological Society* 69(2): 138–147. [p. 57].

[1435] SCHLATTER, R. P., y J. E. SCHLATTER. 2004. Los turbales de Chile. *En* D. E. Blanco y V. M. de la Balze (eds.), Los Turbales de la Patagonia. Bases para su inventario y la conservación de su biodiversidad, 75–80, Wetlands International - América del Sur, Buenos Aires. [p. 209].

[1436] SCHLEGEL, F. 1962. Hallazgo de un bosque de cipreses cordilleranos en la provincia de Aconcagua. *Boletín de la Universidad de Chile* 32: 43–46. [pp. 44, 93, 138].

[1437] SCHLEGEL, F. M. 1966. Pflanzensoziologische und floristische Untersuchungen über Hartlaubgehölze im La Plata-Tal bei Santiago de Chile. *Bericht der Oberhessischen Gesellschaft für Natur- und Heilkunde zu Giessen, Naturwissenschaftliche Abteilung* 34(3–4): 183–204. [pp. 94, 143].

[1438] SCHMELTER, A. 2002. Climatic response and growth-trends of *Nothofagus pumilio* along altitudinal gradients from arid to humid sites in northern Patagonia. *Dissertationes Botanicae* 368: 1–114. [pp. 93, 168, 172].

[1439] SCHMIDT, H. 1977. Dinámica de un bosque virgen de araucaria-lenga (Chile). *Bosque* 2(1): 3–11. [p. 167].

[1440] SCHMITHÜSEN, J. 1954. Immergrüne Hartlaubgehölze des subtropischen Winterregengebietes in Mittelchile. *Jahrbuch der Rhododendron Gesellschaft Bremen* 1954: 39–42. [pp. 136, 140, 148, 150, 251].

[1441] SCHMITHÜSEN, J. 1954. Waldgesellschaften des nördlichen Mittelchile. *Vegetatio* 5/6(1): 479–486. [pp. 44, 131, 136, 139, 140, 142, 149, 150].

[1442] SCHMITHÜSEN, J. 1956. Die raumliche Ordnung der chilenischen Vegetation. *Bonner Geographische Abhandlungen* 17: 1–86. [pp. 42, 180, 267, 268, 269].

[1443] SCHMITHÜSEN, J. 1960. Die Nadelhölzer in den Waldgesellschaften der südlichen Anden. *Vegetatio* 9(4/5): 313–327. [pp. 94, 138, 151, 152, 165, 167, 188, 190, 191, 192, 193, 270].

[1444] SCHMITHÜSEN, J. 1968. Allgemeine Vegetationsgeographie. Walter de Gruyter & Co., Berlin, 3a ed. [pp. 268, 269].

[1445] SCHNEIDER, D. C. 2001. The rise of the concept of scale in ecology. *BioScience* 51(7): 545–553. [p. 26].

[1446] SCHNEIDER, H. 1969. El clima del Norte Chico. Ediciones de la Universidad de Chile, Santiago. [p. 54].

[1447] SCHULMEYER, D. 1978. Observaciones fitogeográficas sobre la Cordillera de Nahuelbuta. *Boletín Informativo Instituto Geográfico Militar de Chile* 2: 11–27. [pp. 148, 150, 156, 157, 158, 160, 161, 180, 181, 186, 187, 271].

[1448] SCHULZ, J. J., L. CAYUELA, C. ECHEVERRÍA, J. SALAS, y J. M. R. BENAYAS. 2010. Monitoring land cover change of the dryland forest landscape of Central Chile (1975-2008). *Applied Geography* 30(3): 436–447. [p. 132].

[1449] SCHULZ, J. J., L. CAYUELA, J. M. REY-BENAYAS, y B. SCHRÖDER. 2011. Factors influencing vegetation cover change in Mediterranean Central Chile (1975–2008). *Applied Vegetation Science* 14(4): 571–582. [pp. 132, 140, 142].

[1450] SCHULZ, N. 2009. Loma-Formationen der Küsten-Atacama/Nordchile unter besonderer Berücksichtigung rezenter Vegetations- und Klimaveränderungen. Dissertation, Friedrich-Alexander-Universität Erlangen-Nürnberg, Erlangen. [pp. 90, 102, 103, 105, 106, 107, 109, 110, 111, 112, 113, 115, 116].

[1451] SCHULZ, N., P. ACEITUNO, y M. RICHTER. 2011. Phytogeographic divisions, climate change and plant dieback along the coastal desert of northern Chile. *Erdkunde* 65(2): 169–187. [pp. 56, 57, 90, 102, 103, 105, 106, 107, 109, 110, 111, 112, 113, 115, 116].

[1452] SCHULZ, N., J. P. BOISIER, y P. ACEITUNO. 2011. Climate change along the arid coast of northern Chile. *International Journal of Climatology* 32(12): 1803–1814. [pp. 55, 56, 57].

[1453] SCHWAAR, J. 1976. Die Hochmoore Feuerlands und ihre Pflanzengesellschaften. *Telma* 6: 51–59. [p. 209].

[1454] SCHWAAR, J. 1979. Die Vegetation der feuerländischen Hochmoore. *Amazonia* 6(4): 601–609. [p. 209].

[1455] SCHWAAR, J. 1979. Feuchtwälder auf Juan Fernández. *Phytocoenologia* 6(1–4): 514–523. [p. 267].

[1456] SCHWABE, G. H. 1956. Die ökologischen Jahreszeiten im Klima von Mininco (Chile). *Bonner Geographische Abhandlungen* 17: 139–183. [p. 81].

[1457] SCHWEIGGER, E. 1959. Die Westküste Südamerikas im Bereich des Peru-Stroms. Keyserche Verlangsbuchhandlung, Heidelberg & München. [pp. 55, 57, 59].

[1458] SCHWERDTFEGER, W. 1976. Introduction. *En* W. Schwerdtfeger (ed.), Climates of Central and South America, 1–12, Elsevier, Amsterdam. [p. 53].

[1459] SEIBERT, P. 1979. Die Vegetationskarte des Gebietes von El Bolsón, Prov. Rio Negro, und ihre Anwendung in der Landnutzungsplanung. *Bonner Geographische Abhandlungen* 62: 1–96. [pp. 42, 198].

[1460] SEIBERT, P. 1985. Ordenamiento fitogeográfico y evaluación territorial. *En* O. Boelcke, D. Moore, y F. A. Roig (eds.), Transecta botánica de la Patagonia Austral, 520–540, Consejo Nacional de Investigaciones Científicas y Técnicas, Buenos Aires. [p. 178].

[1461] SEKI, T. 1979. Estepa arbustiva de *Colliguaja integerrima* (Euphorbiaceae) en Chile Chico, Patagonia. *Bulletin of the Yokohama Phytosociological Society* 16: 349–356. [pp. 235, 236].

[1462] SEPULCHRE, P., L. C. SLOAN, M. SNYDER, y J. FIECHTER. 2009. Impacts of Andean uplift on the Humboldt Current system: A climate model sensitivity study. *Paleoceanography* 24(4). PA4215. [p. 55].

[1463] SEPÚLVEDA, C. A., y A. STOLL. 2003. Presencia de *Nothofagus alpina* (Poepp. et Endl.) Oerst. (Fagaceae) en el borde costero de la region del Maule, Chile central. *Gayana Botánica* 60(2). 132–133. [p. 155].

[1464] SEREY, I., C. SILLARD, N. PIZARRO, y J. RODRÍGUEZ. 1976. Diversidad de la vegetación de las dunas de Concón. *Anales Museo de Historia Natural Valparaíso* 9: 23–27. [pp. 136, 242].

[1465] SEREY, I., y R. VILLASEÑOR. 1977. La vegetación boscosa de la costa y el valle central de la provincia de Llanquihue (X Región). *Anales Museo de Historia Natural Valparaíso* 10: 39–44. [pp. 158, 159, 174, 183, 185, 190, 191, 192, 194, 200, 245].

[1466] SHELFORD, V. E. 1931. Some concepts of bioecology. *Ecology* 12(3): 455–467. [p. 25].

[1467] SHUGART, H. H. 1998. Terrestrial ecosystems in changing environments. Cambridge University Press, Cambridge. [p. 26].

[1468] SIERRA-ALMEIDA, A., y L. A. CAVIERES. 2012. Summer freezing resistance of high-elevation plant species changes with ontogeny. *Environmental and Experimental Botany* 80: 10–15. [p. 228].

[1469] SILLA, F., S. FRAVER, A. LARA, T. R. ALLNUTT, y A. NEWTON. 2002. Regeneration and stand dynamics of *Fitzroya cupressoides* (Cupressaceae) forests of southern Chile's Central Depression. *Forest Ecology and Management* 165(1–3): 213–224. [p. 200].

[1470] SILVA, A., R. CHARLIN, y O. DOLLENZ. 2008. Catálogo preliminar de la flora vascular del Rio Témpano, Magallanes, Chile. *Anales del Instituto de la Patagonia* 36(1): 69–78. [pp. 177, 213, 214, 231, 240, 243, 246, 248].

[1471] Skottsberg, C. 1904. On the zonal distribution of South Atlantic and Antarctic vegetation. *Geographical Journal* 24(6): 655–663. [p. 42].

[1472] Skottsberg, C. 1909. Swedish Magellanic expedition, 1907-1909. *Geographical Journal* 33(3): 289–294. [p. 42].

[1473] Skottsberg, C. 1909. The Swedish Magellanic expedition, 1907-1909: Preliminary report. *Geographical Journal* 34(4): 409–421. [p. 42].

[1474] Skottsberg, C. 1910. Vegetationsbilder von den Juan Fernandez-Insel. *Vegetationsbilder* 8(2): 7–12. [p. 267].

[1475] Skottsberg, C. 1914. Studien über die Vegetation der Juan Fernández-Inseln. *Kungliga Svenska Vetenskapsakademiens Handlingar* 51(9): 1–73. [p. 267].

[1476] Skottsberg, C. 1916. Botanische Ergebnisse der schwedischen Expedition nach Patagonien und dem Feuerlande 1907-1909. V. Die Vegetationsverhältnisse längs der Cordillera de los Andes S. von 41° S. Br. *Kungliga Svenska Vetenskapsakademiens Handlingar* 56(5): 1–366. [pp. 44, 88, 93, 168, 169, 171, 172, 174, 176, 177, 178, 179, 185, 192, 193, 194, 196, 197, 198, 200, 201, 203, 204, 205, 206, 207, 209, 210, 211, 212, 213, 214, 230, 231, 234, 235, 236, 238, 241, 242, 243, 245, 248, 250, 253].

[1477] Skottsberg, C. 1921. Algunos resultados botánicos obtenidos durante la campaña de la comisión sueca en los territorios australes de Chile y Argentina, en los años 1908-1909. *Revista Chilena de Historia Natural* 25: 474–494. [pp. 42, 169, 174, 176, 177, 192, 200, 201, 206, 207, 210, 211, 213].

[1478] Skottsberg, C. 1923. Zur Gefäßpflanzenflora Westpatagoniens. *Göteborgs Kungliga Vetenskaps- och Vitterhets-Samhälles Handlingar, ser. 4* 28(3): 1–29. [p. 42].

[1479] Skottsberg, C. 1928. The vegetation of Easter Island. *En* C. Skottsberg (ed.), The natural history of Juan Fernandez and Easter Island, vol. 2, 487–502, Almqvist and Wiksells, Uppsala. [p. 267].

[1480] Skottsberg, C. 1935. Notes on the vegetation in the Cumberland Bay, Caves, Masatierra, Juan Fernandez Islands. *Ecology* 16(3): 364–374. [p. 267].

[1481] Skottsberg, C. 1948. Apuntes sobre la flora y vegetación de Frai Jorge (Coquimbo, Chile). *Acta Horti Gotoburgensis* 18: 91–184. [pp. 91, 116, 118, 185, 240, 244, 251].

[1482] Skottsberg, C. 1953. Notas sobre la vegetación de las Islas de Juan Fernández. *Revista Universitaria* 38: 195–206. [p. 267].

[1483] Skottsberg, C. 1953. Notas sobre la vegetación de las Islas de Juan Fernández. *Anales del Jardín Botánico de Madrid* 11: 515–544. [p. 267].

[1484] Skottsberg, C. 1953. The vegetation of Juan Fernandez Islands. *En* C. Skottsberg (ed.), The natural history of Juan Fernandez and Easter Island, vol. 2, 793–959, Almqvist & Wiksells, Uppsala. [p. 267].

[1485] Skottsberg, C. 1960. Remarks on the plant geography of the southern cold temperate zone. *Proceedings of the Royal Society of London B: Biological Sciences* 152(949): 447–457. [p. 42].

[1486] Smith, R. B., y J. P. Evans. 2007. Orographic precipitation and water vapor fractionation over the southern Andes. *Journal of Hydrometeorology* 8(1): 3–19. [p. 59].

[1487] Smith, R. I. L. 1994. Vascular plants as bioindicators of regional warming in Antarctica. *Oecologia* 99(3–4): 322–328. [p. 267].

[1488] Smith, R. I. L. 1996. Introduced plants in Antarctica: Potential impacts and conservation issues. *Biological Conservation* 76(2): 135–146. [p. 267].

[1489] Smith-Ramírez, C. 2004. The Chilean coastal range: A vanishing center of biodiversity and endemism in South American temperate rainforests. *Biodiversity and Conservation* 13(2): 373–393. [pp. 43, 94, 183, 263].

[1490] Smith-Ramírez, C. 2007. Regeneration of *Fitzroya cupressoides* after indigenous and non-indigenous timber harvesting in southern Chilean forests. *Forest Ecology and Management* 248(3): 193–201. [p. 190].

[1491] Smith-Ramírez, C., J. J. Armesto, J. Rodríguez, A. G. Gutiérrez, D. Christie, y M. Núñez. 2005. *Aextoxicon punctatum*, el tique u olivillo. *En* Historia, biodiversidad y ecología de los bosques costeros de Chile, 278–283, Editorial Universitaria, Santiago. [p. 44].

[1492] Somodi, I., Z. Molnár, y J. Ewald. 2012. Towards a more transparent use of the potential natural vegetation concept – an answer to Chiarucci et al. *Journal of Vegetation Science* 23(3): 590–595. [p. 26].

[1493] SORIANO, A. 1956. Los distritos florísticos de la Provincia Patagónica. *Revista de Investigaciones Agrícolas* 10: 323–348. [pp. 42, 234, 236].

[1494] SORIANO, A. 1983. Deserts and semi-deserts of Patagonia. *En* N. E. West (ed.), Temperate deserts and semi-deserts, Ecosystems of the World, 423–460, Elsevier, Amsterdam. [pp. 42, 234].

[1495] SOTES, G. J., R. O. BUSTAMANTE, y C. A. HENRÍQUEZ. 2013. Distribución de plántulas y germinación de semillas del lúcumo chileno (*Pouteria splendens*) en Los Molles, Chile. *Revista Chilena de Historia Natural* 86(3): 337–344. [p. 136].

[1496] SOTO, D. P., C. LE QUESNE, A. LARA, y M. F. GARDNER. 2007. Precarious conservation status of *Pilgerodendron uviferum* forests in their northern distribution in the Chilean Coastal Range. *Bosque* 28(3): 263–270. [pp. 159, 194].

[1497] SOTO, D. P., C. SALAS, P. J. DONOSO, y D. UTEAU. 2010. Heterogeneidad estructural y espacial de un bosque mixto dominado por *Nothofagus dombeyi* después de un disturbio parcial. *Revista Chilena de Historia Natural* 83(3): 335–347. [p. 185].

[1498] SOTO-BENAVIDES, R., y L. FLORES-TORO. 2011. Phytosociological study of Huinay forest in Palena province (Los Lagos Region, Chile). *Lazaroa* 32: 137–151. [pp. 171, 172, 191, 196, 198, 200].

[1499] SPARRE, B. 1949. Contribution to the knowledge of the vegetation of Isla San Ambrosio. *Lilloa* 20: 263–268. [p. 267].

[1500] SQUELLA, F. 1986. El proceso de desertificación en la zona de tendencia mediterránea árida de Chile. *Boletín de la Sociedad Chilena de la Ciencia de Suelo* 5(2): 233–263. [p. 94].

[1501] SQUEO, F. A., R. A. ESTÉVEZ, A. STOLL, C. F. GAYMER, L. LETELIER, y L. SIERRALTA. 2012. Towards the creation of an integrated system of protected areas in Chile: Achievements and challenges. *Plant Ecology and Diversity* 5(2): 233–243. [p. 263].

[1502] SQUEO, F. A., J. R. GUTIÉRREZ, y I. R. HERNÁNDEZ (eds.). 2004. Historia natural del Parque Nacional Bosque Fray Jorge. Ediciones Universidad de La Serena, La Serena. [pp. 91, 118].

[1503] SQUEO, F. A., A. P. LOAYZA, R. P. LÓPEZ, y J. R. GUTIÉRREZ. 2016. Vegetation of Bosque Fray Jorge National Park and its surrounding matrix in the Coastal Desert of north-central Chile. *Journal of Arid Environments* 126: 12–22. [p. 118].

[1504] SQUEO, F. A., N. OLIVARES, S. OLIVARES, A. POLLASTRI, E. AGUIRRE, R. ARAVENA, C. JORQUERA, y J. EHLERINGER. 1999. Grupos funcionales en arbustos desérticos del norte de Chile, definidos sobre la base de las fuentes de agua utilizadas. *Gayana Botánica* 56(1): 1–15, 1. [p. 118].

[1505] SQUEO, F. A., R. OSORIO, y G. ARANCIO. 1994. Flora de los Andes de Coquimbo, Cordillera de Doña Ana. Ediciones de la Universidad de La Serena, La Serena. [pp. 55, 88, 90, 91, 224, 225, 232, 272].

[1506] SQUEO, F. A., Y. TRACOL, D. LÓPEZ, J. R. GUTIÉRREZ, A. M. CORDOVA, y J. R. EHLERINGER. 2006. ENSO effects on primary productivity in Southern Atacama desert. *Advances in Geosciences* 6: 273–277. [pp. 116, 117, 118].

[1507] SQUEO, F. A., H. VEIT, G. ARANCIO, M. K. T. ARROYO, y N. OLIVARES. 1996. Heterogeneidad espacial de la vegetación de alta montaña en la zona andina desértica de Chile. *En* Actas I Taller Internacional de Geoecología de Montaña y Desarrollo Sustentable de los Andes del Sur, 299–306, Universidad de Chile, Santiago. [pp. 91, 224, 225, 232].

[1508] SQUEO, F. A., H. VEIT, G. ARANCIO, J. R. GUTIÉRREZ, M. T. K. ARROYO, y N. OLIVARES. 1993. Spatial heterogeneity of high mountain vegetation in the Andean desert zone of Chile. *Mountain Research and Development* 13: 203–209. [pp. 91, 224, 225, 232].

[1509] SQUEO, F. A., B. G. WARNER, R. ARAVENA, y D. ESPINOZA. 2006. Bofedales: Turberas de alta montaña de los Andes centrales. *Revista Chilena de Historia Natural* 79(2): 245–255. [p. 249].

[1510] STAELENS, J., N. AMELOOT, L. ALMONACID, E. PADILLA, P. BOECKX, D. HUYGENS, K. VERHEYEN, C. OYARZÚN, y R. GODOY. 2011. Litterfall, litter decomposition and nitrogen mineralization in old-growth evergreen and secondary deciduous *Nothofagus* forests in south-central Chile. *Revista Chilena de Historia Natural* 84(1): 125–141. [pp. 165, 185].

[1511] STAELENS, J., C. OYARZÚN, L. ALMONACID, E. PADILLA, y K. VERHEYEN. 2009. Aboveground nutrient cycling in temperate forest ecosystems of southern Chile. *En* N. Verhoest, P. Boeckx, C. Oyarzún, y R. Godoy (eds.), Ecological advances on Chilean temperate rainforests, 103–116, Academia Press, Gent. [pp. 159, 183, 185].

[1512] STANTON, D. E., J. J. ARMESTO, y L. O. HEDIN. 2014. Ecosystem properties self-organize in response to a directional fog–vegetation interaction. *Ecology* 95(5): 1203–1212. [p. 118].

[1513] Stanton, D. E., y H. S. Horn. 2013. Epiphytes as "filter-drinkers": Life-form changes across a fog gradient. *The Bryologist* 116(1): 34–42. [p. 118].

[1514] Stanton, D. E., J. Huallpa Chávez, L. Villegas, F. Villasante, J. J. Armesto, L. O. Hedin, y H. Horn. 2014. Epiphytes improve host plant water use by microenvironment modification. *Functional Ecology* 28(5): 1274–1283. [p. 118].

[1515] Stanton, D. E., B. Salgado Negret, J. J. Armesto, y L. O. Hedin. 2013. Forest patch symmetry depends on direction of limiting resource delivery. *Ecosphere* 4(5): art65. [p. 118].

[1516] Stecconi, M., P. Marchelli, J. Puntieri, P. Picca, y L. Gallo. 2004. Natural hybridization between a deciduous (*Nothofagus antarctica*, Nothofagaceae) and an evergreen (*N. dombeyi*) forest tree species: Evidence from morphological and isoenzymatic traits. *Annals of Botany* 94(6): 775–786. [p. 273].

[1517] Stein, A. H. 1956. Les forêts naturelles du Chili. *Unasylva* 10: 163–167. [p. 42].

[1518] Steubing, L., y R. Godoy. 1995. Verbreitung der Mycotrophie im Alerce-Wald und dessen Sekundärgesellschaften. *Phytocoenologia* 25(4): 579–593. [p. 190].

[1519] Steubing, L., C. Ramírez, y M. Alberdi. 1980. Energy content of water- and bog-plant associations in the Region of Valdivia (Chile). *Vegetatio* 43(3): 153–161. [pp. 159, 185, 239, 240, 246].

[1520] Stoll, A., y S. Hahn. 2007. Nuevos registros extienden el límite septentrional de once especies valdivianas al norte del Río Maule, Chile. *Gayana Botánica* 64(1): 110–116. [p. 155].

[1521] Stoll, A., C. Sepúlveda, y J. San Martín. 2006. Patrón florístico-estructural de la vegetación nativa remanente en el límite norte del Bosque Templado Costero de Chile: El caso de la quebrada Cayurranquil (VII Región, Chile). *Bosque* 27(1): 64–71. [pp. 144, 155, 207, 251].

[1522] Strahler, A. N., y A. H. Strahler. 1989. Geografía física. Ediciones Omega, Barcelona, 3a ed. [p. 41].

[1523] Strecker, M., R. Alonso, B. Bookhagen, B. Carrapa, G. Hilley, E. Sobel, y M. Trauth. 2007. Tectonics and climate of the southern Central Andes. *Annual Review of Earth and Planetary Sciences* 35(1): 747–787. [p. 55].

[1524] Swanson, F. J., J. A. Jones, C. M. Crisafulli, y A. Lara. 2013. Effects of volcanic and hydrologic processes on forest vegetation: Chaitén Volcano, Chile. *Andean geology* 40(2): 359–391. [p. 200].

[1525] Szeicz, J. M., S. G. Haberle, y K. D. Bennett. 2003. Dynamics of North Patagonian rainforests from fine-resolution pollen, charcoal and tree-ring analysis, Chonos Archipelago, Southern Chile. *Austral Ecology* 28(4): 413–422. [pp. 193, 208, 209].

[1526] Szejner, P., C. Le Quesne, M. E. González, y D. A. Christie. 2011. Recuperación de bosques de *Pilgerodendron uviferum* (D. Don) Florin luego de perturbaciones antrópicas en la Cordillera de la Costa de Valdivia, Chile. *Gayana Botánica* 68(2): 196–206. [pp. 183, 190, 194].

[1527] Tálamo, A., J. Tolaba, C. Trucco, y E. Acuña. 2010. Unidades de vegetación y composición florística en sectores del Altiplano del noroeste de Argentina. I. Ambientes de estepas. *Ecología en Bolivia* 45(1): 4–19. [p. 42].

[1528] Tassin, C. 2012. Paysages végétaux du domaine méditerranéen. IRD Éditions, Marseille. [p. 42].

[1529] Taylor, A., A. Saldaña, G. Zotz, C. Kirby, I. Díaz, y K. Burns. 2016. Composition patterns and network structure of epiphyte–host interactions in Chilean and New Zealand temperate forests. *New Zealand Journal of Botany* 54(2): 204–222. [pp. 144, 160, 185, 196].

[1530] Tecklin, D., D. A. DellaSala, F. Luebert, y P. Pliscoff. 2011. Valdivian temperate rainforests of Chile and Argentina. *En* D. A. DellaSala (ed.), Temperate and Boreal Rainforests of the World: Ecology and Conservation, 132–153, Island Press, Washington, DC. [pp. 42, 180].

[1531] Teillier, S. 1998. Flora y vegetación alto-andina del área de Collahuasi, salar de Coposa, Andes del norte de Chile. *Revista Chilena de Historia Natural* 71(3): 313–329. [pp. 88, 90, 218, 219, 220, 221, 222, 244, 249, 255].

[1532] Teillier, S. 1999. Catálogo de las plantas vasculares del área altoandina de Salar de Coposa - cordón Collaguasi, Chile, Región de Tarapacá (I). *Chloris chilensis* 2(1), URL: http://www.chlorischile.cl. [pp. 219, 220, 221, 222].

[1533] Teillier, S. 2000. Flora del Salar de Ascotán. Región de Antofagasta (II), Chile. *Chloris Chilensis* 3(1), URL: http://www.chlorischile.cl. [p. 221].

[1534] Teillier, S. 2003. Flora del Monumento Natural El Morado: Addenda et corrigenda. *Gayana Botánica* 60(2): 94–100. [pp. 226, 228, 232].

[1535] TEILLIER, S. 2003. Mediterranean forests in Chile: Limits, communities and dynamics. *En* E. Fouache (ed.), The Mediterranean World, Environment and History, 215–232, Elsevier, Paris. [pp. 42, 94, 133, 136, 137, 138, 140, 142, 143, 147, 149, 150, 155, 156, 157, 158].

[1536] TEILLIER, S. 2004. La vegetación de la cuenca media–alta del río Loa (3100-4150 msnm). Región de Antofagasta (II), Chile. *Chloris Chilensis* 7(2), URL: http://www.chlorischile.cl. [pp. 122, 123, 220, 221, 222, 223].

[1537] TEILLIER, S., G. ALDUNATE, P. RIEDEMANN, y H. NIEMEYER. 2005. Flora de la Reserva Nacional Río Clarillo. Guía de identificación de especies. Impresos Socías, Santiago. [pp. 138, 143].

[1538] TEILLIER, S., y P. BECERRA. 2003. Flora y vegetación del Salar de Ascotán, Andes del norte de Chile. *Gayana Botánica* 60(2): 114–122. [pp. 221, 244].

[1539] TEILLIER, S., y F. ESCOBAR. 2013. Revisión del género *Gaultheria* L. (Ericaceae) en Chile. *Gayana Botánica* 70(1): 136–153. [p. 46].

[1540] TEILLIER, S., A. J. HOFFMANN, F. SAAVEDRA, y L. PAUCHARD. 1994. Flora del Parque Nacional El Morado (Región Metropolitana, Chile). *Gayana Botánica* 51(1): 13–47. [pp. 138, 226, 228, 232].

[1541] TEILLIER, S., J. MACAYA-BERTI, C. BONNEMAISON, y A. MARTICORENA. 2013. Contribución al conocimiento de la flora vascular de la Reserva Biológica Huilo Huilo, Región de Los Ríos, Chile. *Gayana Botánica* 70(2): 195–235. [pp. 88, 93, 165, 167, 168, 172, 183, 185, 229, 230].

[1542] TEILLIER, S., y C. MARTICORENA. 2002. Riqueza florística del Parque Nacional Laguna San Rafael, XI Región, Chile. *Boletín Museo Nacional de Historia Natural Chile* 51: 43–73. [pp. 199, 200, 201, 208, 209].

[1543] TEILLIER, S., y A. TOMÉ. 2004. Contribución al conocimiento de la flora de la cuenca de la quebrada de Ramón, Región Metropolitana, Chile. *Boletín Museo Nacional de Historia Natural Chile* 53: 17–36. [pp. 138, 143, 226].

[1544] TENEB, E., L. A. CAVIERES, M. J. PARRA, y A. MARTICORENA. 2004. Patrones geográficos de distribución de árboles y arbustos en la zona de transición climática mediterráneo-templada de Chile. *Revista Chilena de Historia Natural* 77(1): 51–71. [pp. 162, 272].

[1545] TENEB, E., y O. DOLLENZ. 2004. Distribución espacial de la flora vascular, humedad y pH en un turbal de esfagno (*Sphagnum magellanicum* Brid.), Magallanes, Chile. *Anales del Instituto de la Patagonia* 32: 5–12. [pp. 179, 205, 214].

[1546] TENEB, E., P. GÓMEZ, y M. GONZÁLEZ. 2008. Observaciones sobre la flora y vegetación de dos turberas en la Región de Aisén, Patagonia chilena. *Gayana Botánica* 65(2): 229–232. [pp. 200, 202, 214].

[1547] THOMASSON, K. 1963. Araucanian lakes: Plankton studies in North Patagonia with notes on the terrestrial vegetation. *Acta Phytogeographica Suecica* 47: 1–139. [pp. 57, 58, 60, 158, 159, 160, 164, 183, 185, 239, 240, 246].

[1548] THOMPSON, M. V., B. PALMA, J. T. KNOWLES, y N. M. HOLBROOK. 2003. Multi-annual climate in Parque Nacional Pan de Azúcar, Atacama Desert, Chile. *Revista Chilena de Historia Natural* 76(2): 235–254. [pp. 57, 59].

[1549] THORNTHWAITE, C. W. 1948. An approach toward a rational classification of climate. *Geographical Review* 38(1): 55–94. [pp. 30, 31, 63].

[1550] THUILLER, W., B. LAFOURCADE, R. ENGLER, y M. B. ARAÚJO. 2009. BIOMOD - a platform for ensemble forecasting of species distributions. *Ecography* 32(3): 369–373. [p. 51].

[1551] TOBAR, C. 1998. Caracterización de la flora de los diferentes ecosistemas de la Región de Atacama. Tesis Ing. Agrónomo, Universidad de Chile, Santiago. [pp. 107, 110, 111, 112, 113, 114, 116, 122, 124, 125, 221, 222, 223, 224, 225, 232].

[1552] TOMASELLI, R. 1981. The longitudinal zoning of vegetation in the southern sector of the Andes. *Studi Trentini di Scienze Naturali, Acta Biologica* 58: 471–484. [pp. 148, 158, 159, 167, 168, 182, 183, 185, 190, 191, 196, 197, 198].

[1553] TOMÉ, A., S. TEILLIER, y R. HOWORTH. 2007. Contribución a conocimiento de la flora vascular de la Reserva Nacional Tamango, Región de Aisén, Chile. *Boletín Museo Nacional de Historia Natural Chile* 56: 9–25. [p. 178].

[1554] TORRES, H. 1985. Planning the conservation and development of the Tamarugal Pampa. *En* M. Habit (ed.), The current state of knowledge of *Prosopis tamarugo*, 65–70, FAO, Santiago. [p. 128].

[1555] TORRES, R., F. A. SQUEO, C. JORQUERA, E. AGUIRRE, y J. R. EHLERINGER. 2002. Evaluación de la capacidad estacional de utilizar eventos de precipitación en tres especies de arbustos nativos de Chile con distintos sistemas radiculares. *Revista Chilena de Historia Natural* 75(4): 737–749. [pp. 91, 118].

[1556] TORRES-DÍAZ, C., E. RUIZ, C. SALGADO-LUARTE, M. A. MOLINA-MONTENEGRO, y E. GIANOLI. 2013. Within-population genetic diversity of climbing plants and trees in a temperate forest in central Chile. *Gayana Botánica* 70(1): 36–43. [p. 156].

[1557] TRACOL, Y., J. R. GUTIÉRREZ, y F. A. SQUEO. 2011. Plant Area Index and microclimate underneath shrub species from a Chilean semiarid community. *Journal of Arid Environments* 75(1): 1–6. [p. 118].

[1558] TREWARTHA, G. 1961. The earth's problem climates. The University of Wisconsin Press, Madison. [p. 55].

[1559] TROLL, C. 1929. Reisen in den östlichen Anden Boliviens. *Dr. A. Petermann's Mitteilungen aus Justus Perthes' Geographischer Anstalt* 75(7–8): 181–188. [p. 42].

[1560] TROLL, C. 1959. Die tropischen Gebirge. Ihre dreidimensionale klimatische und pflanzengeographische Zonierung. *Bonner Geographische Abhandlungen* 25: 1–93. [p. 29].

[1561] TROLL, C. 1964. Karte der Jahreszeiten-Klimate der Erde. *Erdkunde* 18(1): 5–28. [p. 25].

[1562] TROLL, C. 1973. The upper timberlines in different climatic zones. *Arctic and Alpine Research* 5(3): A3–A18. [p. 29].

[1563] TRONCOSO, A. 1988. Enciclopedia temática de Chile: Flora, vol. 1. Ercilla, Santiago. [p. 42].

[1564] TRONCOSO, A. 1988. Enciclopedia temática de Chile: Flora, vol. 2. Ercilla, Santiago. [p. 42].

[1565] TRONCOSO, A., y E. J. ROMERO. 1998. Evolución de las comunidades florísticas en el extremo sur de Sudamérica durante el Cenofítico. *Monographs in Systematic Botany from the Missouri Botanical Garden* 68: 149–172. [p. 272].

[1566] TRONCOSO, A., y R. TORRES. 1974. Estudio de la vegetación y flórula de la Isla de Quinchao (Chiloé). *Boletín Museo Nacional de Historia Natural Chile* 33: 65–107. [p. 200].

[1567] TRONCOSO, A., C. VILLAGRÁN, y M. MUÑOZ. 1980. Una nueva hipótesis acerca del origen y edad del bosque de Fray Jorge (Coquimbo, Chile). *Boletín Museo Nacional de Historia Natural Chile* 37: 117–152. [pp. 91, 118].

[1568] TRONCOSO, R. 1982. Evaluación de la capacidad de carga animal del Parque Nacional Lauca. *Informe Técnico*, Corporación Nacional Forestal, Arica. [pp. 219, 249].

[1569] TRONCOSO, R. 1983. Caracterización ambiental del ecosistema bofedal de Parinacota y su relación con la vegetación. Tesis Ing. Agrónomo, Universidad de Chile, Santiago. [pp. 217, 219, 240, 249].

[1570] TUHKANEN, S. 1980. Climatic parameters and indices in plant geography. *Acta Phytogeographica Suecica* 67: 1–105. [p. 31].

[1571] TUHKANEN, S. 1992. The climate of Tierra del Fuego from vegetation geographical point of view and its ecoclimatic counterparts elsewhere. *Acta Botanica Fennica* 145: 1–64. [p. 37].

[1572] TUHKANEN, S., I. KUOKKA, J. HYVÖNEN, S. STENROOS, y J. NIEMELÄ. 1990. Tierra del Fuego as a target for biogeographical research in the past and present. *Anales del Instituto de la Patagonia* 19: 5–107. [pp. 37, 95, 174, 179, 205, 206, 207, 211, 213, 231, 234, 236, 239].

[1573] UGARTE, E. A., R. J. BOERNER, y J. C. BARRIENTOS. 1993. La vegetación en la cuenca del Alto Biobío (Chile). II. Comunidades, clasificación y dinámica. *Gayana Botánica* 50(2): 103–110. [pp. 167, 189].

[1574] ULANOWICZ, R. E. 2004. On the nature of ecodynamics. *Ecological Complexity* 1(4): 341–354. [p. 25].

[1575] UNIVERSIDAD DE CHILE. 1997. Diagnóstico de la desertificación en Chile. Programa FAO/PNUMA Desertificación, Corporación Nacional Forestal, Santiago. [p. 94].

[1576] URBINA-CASANOVA, R., F. LUEBERT, P. PLISCOFF, y R. A. SCHERSON. 2016. Assessing floristic representativeness in the protected areas national system of Chile: Are vegetation types a good surrogate for plant species? *Environmental Conservation* 43(3): 199–207. [p. 263].

[1577] URRUTIA, J., A. PAUCHARD, y R. A. GARCÍA. 2013. Diferencias en la composición vegetal de un bosque de *Araucaria araucana* (Molina) K.Koch y *Nothofagus antarctica* (G. Forst.) Oerst. asociadas a un gradiente de invasión de *Pinus contorta* Douglas ex Loudon. *Gayana Botánica* 70(1): 92–100. [p. 188].

[1578] URRUTIA-JALABERT, R., Y. MALHI, y A. LARA. 2015. The oldest, slowest rainforests in the World? Massive biomass and slow carbon dynamics of *Fitzroya cupressoides* temperate forests in southern Chile. *PLoS ONE* 10(9): e0137569. [pp. 190, 191].

[1579] URZÚA, A. 1975. Cambio de estructura en un bosque de *Nothofagus glauca* (Phil.) Krasser. Tesis Ing. Forestal, Universidad de Chile, Santiago. [pp. 155, 156].

[1580] VALDÉS, J. 1983. Dinámica de la desertificación en tres áreas del secano interior de la IV Región. Tesis Ing. Forestal, Universidad de Chile, Santiago. [pp. 91, 119].

[1581] VALDIVIA, C. E., y C. R. ROMERO. 2013. En la senda de la extinción: El caso del algarrobo *Prosopis chilensis* (Fabaceae) y el bosque espinoso en la Región Metropolitana de Chile central. *Gayana Botánica* 70(1): 57–65. [p. 131].

[1582] VALDIVIA, C. E., y J. A. SIMONETTI. 2011. Denied density-dependent seedling recruitment in a fragmented forest does not decrease seedling diversity. *Revista Chilena de Historia Natural* 84(2): 279–287. [pp. 154, 155].

[1583] VALENZUELA, E., D. BARRÍA, O. MARTÍNEZ, R. GODOY, y C. OYARZÚN. 2013. Influencia de la fertilización nitrogenada sobre la abundancia y diversidad de basidiocarpos Agaricales *s.l.* en un bosque templado de *Nothofagus obliqua*. *Bosque* 34(1): 63–70. [p. 159].

[1584] VALENZUELA, J., y R. SCHLATTER. 2004. Las turberas de Cordillera Pelada, provincia de Valdivia (X Región, Chile). *En* D. E. Blanco y V. M. de la Balze (eds.), Los Turbales de la Patagonia. Bases para su inventario y la conservación de su biodiversidad, 81–85, Wetlands International - América del Sur, Buenos Aires. [pp. 200, 214].

[1585] VAN ANDEL, J. 2013. Species interactions structuring plant communities. *En* E. Van der Maarel y J. Franklin (eds.), Vegetation ecology, 203–232, John Wiley and Sons, Oxford, 2a ed. [p. 26].

[1586] VAN DE WOUW, P., C. ECHEVERRÍA, J. M. REY-BENAYAS, y M. HOLMGREN. 2011. Persistent *Acacia* savannas replace Mediterranean sclerophyllous forests in South America. *Forest Ecology and Management* 262(6): 1100–1108. [p. 132].

[1587] VAN DER MAAREL, E. 1990. Ecotones and ecoclines are different. *Journal of Vegetation Science* 1(1): 135–138. [p. 25].

[1588] VAN DER MAAREL, E. 2005. Vegetation ecology – an overview. *En* E. Van der Maarel (ed.), Vegetation ecology, 1–51, Blackwell Science, Oxford. [pp. 25, 26, 27, 29].

[1589] VANN, D. R., A. JOSHI, C. PÉREZ, A. H. JOHNSON, J. FRIZANO, D. J. ZARIN, y J. J. ARMESTO. 2002. Distribution and cycling of C, N, Ca, Mg, K and P in three pristine, old-growth forests in the Cordillera de Piuchué, Chile. *Biogeochemistry* 60(1): 25–47. [p. 190].

[1590] VARGAS, O. M. 2011. A nomenclator of *Diplostephium* (Asteraceae: Astereae): A list of species with their synonyms and distributions by country. *Lundellia* 14: 32–51. [p. 267].

[1591] VÁZQUEZ, F. M., y R. A. RODRÍGUEZ. 1999. A new subspecies and two new combinations of *Nothofagus* Blume (Nothofagaceae) from Chile. *Botanical Journal of the Linnean Society* 129(1): 75–83. [p. 273].

[1592] VEBLEN, T. T. 1979. Structure and dynamics of *Nothofagus* forests near timberline in south-central Chile. *Ecology* 60(5): 937–945. [pp. 93, 168, 204].

[1593] VEBLEN, T. T. 1982. Regeneration patterns in *Araucaria araucana* forests in Chile. *Journal of Biogeography* 9(1): 11–28. [pp. 93, 167, 187, 188].

[1594] VEBLEN, T. T. 1989. Nothofagus regeneration in treefall gaps in northern Patagonia. *Canadian Journal of Forest Research* 19(3): 365–371. [p. 198].

[1595] VEBLEN, T. T. 1992. Regeneration dynamics. *En* D. G. Glenn-Lewin, R. K. Peet, y T. T. Veblen (eds.), Plant succession: Theory and prediction, 152–187, Chapman and Hall, London. [p. 44].

[1596] VEBLEN, T. T., y P. B. ALABACK. 1996. A comparative review of forest dynamics and disturbance in the temperate rainforests of North and South America. *En* R. G. Lawford, P. Alaback, y E. R. Fuentes (eds.), High-Latitude rainforest and associated ecosystems of the west coast of the Americas, 173–213, Springer-Verlag, New York. [p. 42].

[1597] VEBLEN, T. T., y D. H. ASHTON. 1982. The regeneration status of *Fitzroya cupressoides* in the cordillera Pelada, Chile. *Biological Conservation* 23(2): 141–161. [p. 190].

[1598] VEBLEN, T. T., D. H. ASHTON, y F. M. SCHLEGEL. 1979. Tree regeneration strategies in a lowland *Nothofagus*-dominated forest in south-central Chile. *Journal of Biogeography* 6(4): 329–340. [pp. 159, 203].

[1599] VEBLEN, T. T., D. H. ASHTON, F. M. SCHLEGEL, y A. T. VEBLEN. 1977. Distribution and dominance of species in the understorey of a mixed evergreen-deciduous *Nothofagus* forest in south-central Chile. *Journal of Ecology* 65(3): 815–830. [pp. 167, 168, 203, 204].

[1600] Veblen, T. T., D. H. Ashton, F. M. Schlegel, y A. T. Veblen. 1977. Plant succession in a timberline depressed by vulcanism in south-central Chile. *Journal of Biogeography* 4(3): 275–294. [pp. 93, 168, 171, 172].

[1601] Veblen, T. T., B. R. Burns, T. Kitzberger, A. Lara, y R. Villalba. 1995. The ecology of the conifers of southern South America. *En* N. J. Enright y R. S. Hill (eds.), Ecology of the southern conifers, 120–155, Smithsonian Institution Press, Washington, D.C. [pp. 186, 194].

[1602] Veblen, T. T., C. Donoso, T. Kitzberger, y A. J. Rebertus. 1996. Ecology of southern Chilean and Argentinean *Nothofagus* forests. *En* T. T. Veblen, R. Hill, y J. Read (eds.), The ecology and biogeography of *Nothofagus* forests, 292–353, Yale University Press, New Heaven. [pp. 42, 95, 158, 159, 164, 165, 166, 167, 168, 169, 173, 174, 178, 184, 185, 195, 196, 200, 201, 202, 204, 205, 207].

[1603] Veblen, T. T., C. Donoso, F. M. Schlegel, y B. Escobar. 1981. Forest dynamics in south-central Chile. *Journal of Biogeography* 8(3): 211–247. [pp. 44, 165, 168, 183, 195, 196].

[1604] Veblen, T. T., T. Kitzberger, B. R. Burns, y A. J. Rebertus. 1995. Perturbaciones y dinámica de regeneración en bosques andinos del sur de Chile y Argentina. *En* J. J. Armesto, C. Villagrán, y M. T. K. Arroyo (eds.), Ecología de los bosques nativos de Chile, 169–198, Editorial Universitaria, Santiago. [pp. 152, 167, 168, 169, 177, 178, 184, 185, 187, 188, 189, 195, 197, 198, 201, 202, 204, 205].

[1605] Veblen, T. T., T. Kitzberger, y A. Lara. 1992. Disturbance and forest dynamics along a transect from Andean rain forest to Patagonian shrubland. *Journal of Vegetation Science* 3(4): 507–520. [pp. 197, 198].

[1606] Veblen, T. T., y D. C. Lorenz. 1987. Post-fire stand development of *Austrocedrus-Nothofagus* forests in northern Patagonia. *Vegetatio* 71(2): 113–126. [pp. 197, 198].

[1607] Veblen, T. T., y D. C. Lorenz. 1988. Recent vegetation changes along the forest/steppe ecotone of northern Patagonia. *Annals of the Association of American Geographers* 78(1): 93–111. [pp. 178, 197, 198].

[1608] Veblen, T. T., y F. M. Schlegel. 1982. Reseña ecológica de los bosques del sur de Chile. *Bosque* 4(2): 73–115. [pp. 42, 95, 158, 159, 163, 164, 165, 167, 168, 169, 171, 172, 174, 176, 177, 180, 181, 182, 183, 184, 185, 186, 187, 188, 190, 191, 192, 195, 196, 197, 198, 200, 202, 203, 204, 205, 206, 207].

[1609] Veblen, T. T., F. M. Schlegel, y B. Escobar. 1980. Structure and dynamics of old-growth *Nothofagus* forests in the Valdivian Andes, Chile. *Journal of Ecology* 68(1): 1–31. [pp. 165, 196].

[1610] Veblen, T. T., F. M. Schlegel, y J. V. Oltremari. 1983. Temperate broad-leaved evergreen forest of South America. *En* J. D. Ovington (ed.), Temperate broad-leaved evergreen forests, 5–31, Elsevier, Amsterdam. [pp. 158, 159, 163, 164, 165, 167, 168, 182, 183, 184, 185, 195, 196, 198, 200, 201, 202, 203, 204, 206, 207].

[1611] Veblen, T. T., A. T. Veblen, y F. M. Schlegel. 1979. Understorey patterns in mixed evergreen-deciduous *Nothofagus* forests in Chile. *Journal of Ecology* 67(3): 809–823. [pp. 164, 165, 167, 168, 203, 204].

[1612] Vera, M. L. 2011. Colonization and demographic structure of *Deschampsia antarctica* and *Colobanthus quitensis* along an altitudinal gradient on Livingston Island, South Shetland Islands, Antarctica. *Polar Research* 30: 7146. [p. 267].

[1613] Verdú, M., P. Dávila, P. García-Fayos, N. Flores-Hernández, y A. Valiente-Banuet. 2003. 'Convergent' traits of mediterranean woody plants belong to pre-mediterranean lineages. *Biological Journal of the Linnean Society* 78(3): 415–427. [p. 272].

[1614] Verdú, M., y P. García-Fayos. 2002. Ecología reproductiva de *Pistacia lentiscus* L. (Anacardiaceae): Un anacronismo evolutivo en el matorral mediterráneo. *Revista Chilena de Historia Natural* 75(1): 57–65. [p. 272].

[1615] Vergara, R., M. A. Gitzendanner, D. E. Soltis, y P. S. Soltis. 2014. Population genetic structure, genetic diversity, and natural history of the South American species of *Nothofagus* subgenus *Lophozonia* (Nothofagaceae) inferred from nuclear microsatellite data. *Ecology and Evolution* 4(12): 2450–2471. [p. 273].

[1616] Viale, M., y R. D. Garreaud. 2013. Summer precipitation events over the western slope of the subtropical Andes. *Monthly Weather Review* 142(3): 1074–1092. [p. 54].

[1617] VIDAL, O. J., J. R. BANNISTER, V. SANDOVAL, Y. PÉREZ, y C. RAMÍREZ. 2011. Woodland communities in the Chilean cold-temperate zone (Baker and Pascua basins): Floristic composition and morpho-ecological transition. *Gayana Botánica* 68(2): 141–154. [pp. 169, 171, 172, 176, 177, 178, 179, 194, 198, 200, 201, 203, 204].

[1618] VIDAL, O. J., y A. REIF. 2011. Effect of a tourist-ignited wildfire on *Nothofagus pumilio* forests at Torres del Paine biosphere reserve, Chile (Southern Patagonia). *Bosque* 32(1): 64–76. [p. 174].

[1619] VIDAL, R., y R. SILVA. 1925. Escursión botánica a la cordillera andina. *Anales de la Universidad de Chile (2a serie)* 3: 280–316. [pp. 150, 152, 228, 233].

[1620] VIDIELLA, P. E., y J. J. ARMESTO. 1989. Emergence of ephemeral plant species from soil samples of the Chilean coastal desert in response to experimental irrigation. *Revista Chilena de Historia Natural* 62(1): 99–107. [pp. 91, 116].

[1621] VIDIELLA, P. E., J. J. ARMESTO, y J. GUTIÉRREZ. 1999. Vegetation changes and sequential flowering after rain in the southern Atacama Desert. *Journal of Arid Environments* 43(4): 449–458. [pp. 112, 113].

[1622] VIGO, J., J. CARRERAS, E. CARRILLO, A. FERRÉ, X. FONT, M. MINOT, y I. SORIANO. 1997. L'application des données phytosociologiques à la cartographie de la végétation. *Colloques Phytosociologiques* 27: 543–552. [pp. 29, 268, 270].

[1623] VILLAGRÁN, C. 1980. Vegetationsgeschichtliche und pflanzensoziologische Untersuchungen im Vicente Pérez Rosales Nationalpark (Chile). *Dissertationes Botanicae* 54: 1–165. [pp. 95, 167, 168, 172, 183, 185, 191, 194, 196, 200, 214, 229, 230, 245, 246, 248, 254].

[1624] VILLAGRÁN, C. 1982. Estructura florística e historia del bosque pantanoso de Quintero (Chile, V Región) y su relación con las comunidades relictuales de Chile Central y Norte Chico. *Actas III Congreso Geológico Chileno* 3: 377–402. [pp. 91, 136, 246].

[1625] VILLAGRÁN, C. 1995. Quaternary history of the mediterranean vegetation of Chile. *En* M. T. K. Arroyo, P. H. Zedler, y M. D. Fox (eds.), Ecology and biogeography of Mediterranean Ecosystems in Chile, California, and Australia, 3–20, Springer, New York. [p. 272].

[1626] VILLAGRÁN, C. 2001. Un modelo de la historia de la vegetación de la Cordillera de la Costa de Chile central-sur: La hipótesis glacial de Darwin. *Revista Chilena de Historia Natural* 74(4): 793–803. [p. 272].

[1627] VILLAGRÁN, C. 2002. Flora y vegetación del Parque Nacional Chiloé. Corporación Nacional Forestal, Puerto Montt. [pp. 182, 183, 190, 200, 271].

[1628] VILLAGRÁN, C., y J. J. ARMESTO. 1980. Relaciones florísticas entre las comunidades relictuales del Norte Chico y la Zona Central con el bosque del Sur de Chile. *Boletín Museo Nacional de Historia Natural Chile* 37: 87–101. [p. 91].

[1629] VILLAGRÁN, C., J. J. ARMESTO, L. F. HINOJOSA, J. CUVERTINO, C. PÉREZ, y C. MEDINA. 2004. El enigmático origen del bosque relicto de Fray Jorge. *En* F. A. Squeo, J. R. Gutiérrez, y I. R. Hernández (eds.), Historia Natural del Parque Nacional Bosque Fray Jorge, 3–43, Ediciones Universidad de La Serena, La Serena. [pp. 91, 118].

[1630] VILLAGRÁN, C., J. J. ARMESTO, y M. T. KALIN ARROYO. 1981. Vegetation in a high Andean transect between Turi and Cerro León in northern Chile. *Vegetatio* 48(1): 3–16. [pp. 88, 90, 122, 123, 220, 221, 222, 255].

[1631] VILLAGRÁN, C., M. K. T. ARROYO, y J. J. ARMESTO. 1982. La vegetacion de un transecto altitudinal en los Andes del norte de Chile (18–19°S). *En* A. Veloso y E. Bustos (eds.), El ambiente natural y las poblaciones humanas de los Andes del norte de Chile (Arica, Lat. 18°28'S), vol. 1, 13–70, Unesco, Montevideo. [pp. 44, 88, 90, 91, 122, 123, 129, 215, 216, 217, 218, 219].

[1632] VILLAGRÁN, C., M. T. K. ARROYO, y C. MARTICORENA. 1983. Efectos de la desertización en la distribución de la flora andina de Chile. *Revista Chilena de Historia Natural* 56(2): 137–157. [pp. 90, 91, 93].

[1633] VILLAGRÁN, C., y V. CASTRO. 2003. Ciencia indígena de los Andes del norte de Chile. Editorial Universitaria, Santiago. [pp. 90, 122, 123].

[1634] VILLAGRÁN, C., V. CASTRO, G. SÁNCHEZ, y D. J. COLAMAR. 1998. Etnobotánica y percepción del paisaje en Caspana (Provincia de El Loa, Región de Antofagasta, Chile): ¿Una cuña atacameña en el Loa Superior? *Estudios Atacameños* 16: 107–170. [pp. 122, 220, 221, 222, 253].

[1635] VILLAGRÁN, C., V. CASTRO, G. SÁNCHEZ, M. ROMO, C. LATORRE, y L. F. HINOJOSA. 1998. La tradición surandina del desierto: Etnobotánica del área del Salar de Atacama (Provincia de El Loa, Región de Antofagasta, Chile). *Estudios Atacameños* 16: 7–105. [p. 123].

[1636] Villagrán, C., y L. F. Hinojosa. 1997. Historia de los bosques del sur de Sudamérica, II: Análisis fitogeográfico. *Revista Chilena de Historia Natural* 70(2): 241–267. [p. 272].

[1637] Villagrán, C., y L. F. Hinojosa. 2005. Esquema biogeográfico de Chile. *En* J. Llorente Bousquets y J. J. Morrone (eds.), Regionalización Biogeográfica en Iberoamérica y tópicos afines, 551–577, Ediciones de la Universidad Nacional Autónoma de México, México D.F. [pp. 42, 268].

[1638] Villagrán, C., M. Riveros, R. Villaseñor, y M. Muñoz. 1980. Estructura florística y fisionómica de la vegetación boscosa de la Quebrada de Córdoba (El Tabo), Chile Central. *Anales Museo de Historia Natural Valparaíso* 13: 71–91. [pp. 91, 118, 142, 185].

[1639] Villagrán, C., M. Romo, y V. Castro. 2003. Etnobotánica del sur de los Andes de la Primera Región de Chile: Un enlace entre las culturas altiplánicas y las de quebradas altas del Loa superior. *Chungara* 35(1): 73–124. [pp. 100, 104, 216, 219, 220, 221, 244].

[1640] Villagrán, C., I. Serey, y C. Soto. 1974. Catálogo de las plantas vasculares colectadas en el Parque Nacional "Vicente Pérez Rosales". *Anales Museo de Historia Natural Valparaíso* 7: 75–123. [pp. 168, 185].

[1641] Villagrán, C., C. Soto, y I. Serey. 1974. Estudio preliminar de la vegetación boscosa del Parque Nacional "Vicente Pérez Rosales". *Anales Museo de Historia Natural Valparaíso* 7: 125–151. [pp. 167, 168, 172, 179, 183, 185, 191, 194, 196, 245].

[1642] Villalba, R., y T. T. Veblen. 1998. Influences of large-scale climatic variability on episodic tree mortality in northern Patagonia. *Ecology* 79(8): 2624–2640. [pp. 197, 198].

[1643] Villaseñor, R. 1980. Unidades fisionómicas y florísticas del parque nacional La Campana. *Anales Museo de Historia Natural Valparaíso* 13: 65–70. [pp. 92, 127, 140, 142, 143, 149, 226, 251].

[1644] Villaseñor, R. 1986. Sintaxonomía de las comunidades arbóreas de la V Región de Chile. *Visiones Científicas* 2: 5–10. [pp. 42, 268].

[1645] Villaseñor, R., y I. Serey. 1980. Estudio fitosociológico de la vegetación del Cerro La Campana (Parque Nacional La Campana) en Chile central. *Atti del Laboratorio Crittogamico di Pavia, serie 6* 14: 69–91. [pp. 92, 94, 126, 127, 139, 140, 142, 143, 149, 225, 226, 251].

[1646] Villegas, P., C. Le Quesne, y C. H. Lusk. 2003. Estructura y dinámica de una población de *Gomortega keule* (Mol.) Baillon en un rodal antiguo de bosque valdiviano, Cordillera de Nahuelbuta, Chile. *Gayana Botánica* 60(2): 107–113. [p. 181].

[1647] Vogel, A., R. Hildebrand-Vogel, y R. Godoy. 1994. Auswirkungen eines Aschefalls auf die Vegetation eines Südbuchenwaldes in Westpatagonien. *Verhandlungen der Gesellschaften für Oekologie* 23: 177–186. [p. 169].

[1648] Von Humboldt, A., y A. Bonpland. 1805. Essai sur la géographie des plantes. Chez Levrault, Schoell et compagnie, Paris. [p. 29].

[1649] Vuille, M. 1999. Atmospheric circulation over the Bolivian Altiplano during dry and wet periods and extreme phases of the Southern Oscillation. *International Journal of Climatology* 19(14): 1579–1600. [p. 54].

[1650] Vuille, M., y R. S. Bradley. 2000. Mean annual temperature trends and their vertical structure in the tropical Andes. *Geophysical Research Letters* 27(23): 3885–3888. [p. 61].

[1651] Vuille, M., R. S. Bradley, y F. Keimig. 2000. Interannual climate variability in the Central Andes and its relation to tropical Pacific and Atlantic forcing. *Journal of Geophysical Research* 105(D10): 12447–12460. [pp. 57, 63].

[1652] Vuille, M., R. S. Bradley, M. Werner, R. Healy, y F. Keimig. 2003. Modeling δ18O in precipitation over the tropical Americas: 1. Interannual variability and climatic controls. *Journal of Geophysical Research* 108(D6): 4174. [pp. 56, 57].

[1653] Vuille, M., R. S. Bradley, M. Werner, y F. Keimig. 2003. 20th century climate change in the tropical Andes: Observations and model results. *Climatic Change* 59: 75–99. [p. 61].

[1654] Vuille, M., E. Franquist, R. D. Garreaud, W. S. Lavado Casimiro, y B. Cáceres. 2015. Impact of the global warming hiatus on Andean temperature. *Journal of Geophysical Research: Atmospheres* 120(9): 2015JD023126. [pp. 63, 265].

[1655] Wagenknecht, R. 1968. Observaciones botánicas y zoológicas en la región de Termas de Puyehue y costa cercana de Osorno. *Anales Museo de Historia Natural Valparaíso* 1: 179–185. [pp. 159, 168, 185, 196].

[1656] Walter, H., y S. W. Breckle. 1983. Ökologie der Erde. Band 1. Ökologische Grundlagen in globaler Sicht. Gustav Fischer Verlag, Stuttgart. [p. 25].

[1657] Walter, H., y S. W. Breckle. 2004. Ökologie der Erde. Band 2. Spezielle Ökologie der tropischen und subtropischen Zonen. Elsevier, Munich. [p. 100].

[1658] WALTER, H., y H. LIETH. 1967. Klimadiagramm-Weltatlas. G. Fischer, Jena. [p. 31].

[1659] WARD, R. T. 1965. Beech (*Nothofagus*) forests in the Andes of southwestern Argentina. *American Midland Naturalist* 74: 50–56. [pp. 168, 198].

[1660] WEBER, C. 1986. Conservación y uso racional de la naturaleza, en áreas protegidas. *Ambiente y desarrollo* 2(1): 165–181. [p. 263].

[1661] WEBER, C. A. 1983. Representación de las provincias biogeográficas por las Reservas de la Biosfera en Chile. Acción presente y futura de la Corporación Nacional Forestal. *Corporación Nacional Forestal, Boletín Técnico (Valparaíso)* 10: 1–23. [p. 263].

[1662] WEBER, H., J. MORAVEC, y J.-P. THEURILLAT. 2000. International Code of Phytosociological Nomenclature. 3rd edition. *Journal of Vegetation Science* 11(5): 739–768. [p. 268].

[1663] WEBERBAUER, A. 1911. Die Pflanzenwelt der peruanischen Anden in ihren Grundzügen dargestellt. W. Engelmann, Leipzig. [pp. 42, 90].

[1664] WEINBERGER, P. 1973. Beziehungen zwischen mikroklimatische Faktoren und natürlicher Verjüngung araukano-patagonischer *Nothofagus*-Arten. *Flora* 162: 157–179. [pp. 95, 148].

[1665] WEINBERGER, P. 1974. Verbreitung und Wasserhaushalt araukano-patagonischer Proteaceen in Beziehung zu mikroklimatischen Faktoren. *Flora* 163: 251–264. [p. 95].

[1666] WEINBERGER, P. 1997. Definición de grupos ecológicos en formaciones boscosas siempreverdes de la zona austral de Chile. *Bosque* 18(2): 29–41. [p. 95].

[1667] WEINBERGER, P., y C. RAMÍREZ. 1999. Sinecología de la regeneración natural del raulí (*Nothofagus alpina*) Fagaceae, Magnoliopsida. *Revista Chilena de Historia Natural* 72(3): 337–351. [pp. 162, 164, 165].

[1668] WEINBERGER, P., y C. RAMÍREZ. 2001. Microclima y regeneración natural de raulí, roble y coigüe (*Nothofagus alpina, N. obliqua* y *N. dombeyi*). *Bosque* 22(1): 11–26. [pp. 162, 164, 165].

[1669] WEINBERGER, P., M. ROMERO, y M. OLIVA. 1973. Untersuchungen über Die Dürreresistenz patagonischer immergrüner Gehölze. *Vegetatio* 28(1–2): 75–98. [p. 95].

[1670] WEISCHET, W. 1966. Zur Klimatologie der nordchilenischen Wüste. *Meteorologische Rundschau* 19(1): 1–7. [pp. 53, 55].

[1671] WEISSER, P. J., y P. W. RUNDEL. 1980. Estudio cuantitativo de un matorral costero en Pichidangui (Prov. Coquimbo, Chile). *Anales del Museo de Historia Natural de Valparaíso* 13: 47–57. [pp. 91, 136].

[1672] WERDERMANN, E. 1928. Ein botanischer Ausflug in die Hochanden der Provinz Atacama in Nordchile. *Notizblatt des Königl. botanischen Gartens und Museums zu Berlin* 10(93): 249–265. [pp. 88, 116, 222, 223, 224, 225, 232].

[1673] WERDERMANN, E. 1931. Die Pflanzenwelt Nord- und Mittelchiles. *Vegetationsbilder* 21(6–7): 31–42. [pp. 90, 112, 114, 128, 221, 222, 223].

[1674] WERWEIN, A. 1997. Pflanzengeographische Untersuchungen im Gebiet des Nordpatagonischen Regenwaldes zwischen 47 und 48°S (Región de Aysén, Südchile). Diplomarbeit, Friedrich-Alexander-Universität, Erlangen. [pp. 169, 177, 204].

[1675] WESTBELD, A., O. KLEMM, F. GRIESSBAUM, E. STRÄTER, H. LARRAIN, P. OSSES, y P. CERECEDA. 2009. Fog deposition to a *Tillandsia* carpet in the Atacama Desert. *Annales Geophysicae* 27(9): 3571–3576. [pp. 100, 102].

[1676] WESTHOFF, V., y E. VAN DER MAAREL. 1978. The Braun-Blanquet approach. *En* R. H. Whittaker (ed.), Classification of plant communities, 289–399, Dr. W. Junk, The Hague. [p. 268].

[1677] WESTPHAL, C., P. GACHÓN, J. BRAVO, C. NAVARRETE, C. SALAS, y C. IBÁÑEZ. 2015. The potential of Algarrobo (*Prosopis chilensis* (Mol.) Stuntz) for regeneration of desertified soils: Assessing seed germination under saline conditions. *Environmental Management* 56(1): 209–220. [p. 131].

[1678] WICKENS, G. E. 1993. Vegetation and ethnobotany of the Atacama desert and adjacent Andes in northern Chile. *Opera Botanica* 121: 291–307. [p. 42].

[1679] WIECZOREK, J., Q. GUO, y R. HIJMANS. 2004. The point-radius method for georeferencing locality descriptions and calculating associated uncertainty. *International Journal of Geographical Information Science* 18(8): 745–767. [p. 47].

[1680] WILMANNS, O. 1989. Ökologische Pflanzensoziologie. Quelle & Meyer, Heidelberg, 4a ed. [p. 29].

[1681] WODA, C., A. HUBER, y A. DOHRENBUSCH. 2006. Vegetación epifita y captación de neblina en bosques siempreverdes en la Cordillera Pelada, sur de Chile. *Bosque* 27(3): 231–240. [pp. 180, 183].

[1682] WOLODARSKY-FRANKE, A., y S. DÍAZ HERRERA. 2011. Cordillera de Nahuelbuta: Reserva mundial de biodiversidad. WWF - Chile, Valdivia. [pp. 150, 156, 160, 161, 187].

[1683] WOLTZ, P. 1985. Place des gymnospermes endémiques des Andes méridionales dans la végétation du Chili. *Lazaroa* 8: 293–314. [pp. 166, 167, 188, 190].

[1684] WOLTZ, P., y R. GAJARDO. 1995. Flora de nieblas y suculentas del norte desértico chileno (El Tofo y Fray Jorge). (1ª Parte). *Cactus y Suculentas* 12: 9–11. [pp. 116, 118, 185].

[1685] WOLTZ, P., y R. GAJARDO. 1995. Flore à brouillards et succulentes du Nord désertique chilien (El Tofo et Fray Jorge). *Succulentes* 18(2): 26–35. [pp. 116, 118, 185].

[1686] WOLTZ, P., y R. GAJARDO. 1996. Flora de nieblas y suculentas del norte desértico chileno (El Tofo y Fray Jorge). (2ª Parte). *Cactus y Suculentas* 13: 10–13. [pp. 116, 118].

[1687] WOODWARD, F. I. 1987. Climate and plant distribution. Cambridge University Press, Cambridge. [p. 25].

[1688] WRIGHT, C., y J. ASTUDILLO. 1963. Los bofedales. Turba alcalina pantanosa del altiplano chileno semiárido ubicados en 4.000 a 4.500 m sobre el nivel del mar. Comité Chileno para el Estudio de las Zonas áridas, Comisión Coordinadora para la Zona Norte, Santiago. [pp. 218, 219, 249].

[1689] YATES, L. R. 1985. Dinámica del nitrógeno en arbustos del matorral precordillerano de la zona semiárida de Chile. *Medio Ambiente* 7(2): 73–84. [p. 143].

[1690] YOULTON, C., C. HORMAZABAL, I. SCHIAPPACASSE, P. CONTRERAS, y C. POBLETE-ECHEVERRÍA. 2016. Distribución, tamaño y estructura poblacional de *Jubaea chilensis* en "Las Palmas", comuna de Petorca, región de Valparaíso - Chile. *Bosque* 37(3): 501–507. [pp. 44, 140].

[1691] YUDELEVICH, M., C. H. BROWN, H. ELGUETA, y S. CALDERÓN. 1966. Clasificación preliminar del bosque nativo de Chile. Instituto Forestal, Santiago. [p. 42].

[1692] ZAMORA, E., y A. SANTANA. 1979. Características climáticas de la costa occidental de la Patagonia entre las latitudes 46°40'y 56°30'(S). *Anales del Instituto de la Patagonia* 10: 109–144. [pp. 59, 61].

[1693] ZAMORA, E., y A. SANTANA. 1979. Oscilaciones y tendencias térmicas en Punta Arenas entre 1888 y 1979. *Anales del Instituto de la Patagonia* 10: 145–154. [p. 63].

[1694] ZARIN, D. J., A. H. JOHNSON, y S. M. THOMAS. 1998. Soil organic carbon and nutrient status in old-growth montane coniferous forest watersheds, Isla Chiloé, Chile. *Plant and Soil* 201(2): 251–258. [p. 190].

[1695] ZÖLLNER, O. 1972. Vegetación natural de Valle de Azapa. *Idesia* 2: 117–125. [pp. 91, 128].

[1696] ZÖLLNER, O. 1974. Vegetación natural de Valle de Azapa, II. *Idesia* 3: 197–199. [pp. 91, 128].

[1697] ZÖLLNER, O. 1976. Vegetación natural de Valle de Azapa, III. *Idesia* 4: 121–127. [pp. 91, 128].

[1698] ZÖLLNER, O. 1979. Vegetación natural de Valle de Azapa, IV. *Idesia* 5: 277–283. [pp. 91, 128].

[1699] ZULOAGA, F. O., O. MORRONE, y M. J. BELGRANO. 2008. Catálogo de las plantas vasculares del Cono Sur (Argentina, Sur de Brasil, Chile, Paraguay y Uruguay). *Monographs in Systematic Botany from the Missouri Botanical Garden* 107: 1–3348. [p. 46].

[1700] ZÚÑIGA, J. 1979. Fray Jorge: Un relicto boscoso natural de probable origen terciario en el Norte Chico de Chile. *Atenea* 440: 11–37. [pp. 91, 118, 185].

[1701] ZUNINO, M., y A. ZULLINI. 1995. Biogeografia. La dimensione spaziale dell'evoluzione. Ambrosiana, Milan. [p. 26].

Índice alfabético

Índice de nombres científicos

Se incluyen todos los nombres científicos de especies y taxa infraespecíficos mencionados en el texto, con su autoridad nomenclatural y, entre paréntesis, la familia a la que pertenecen. Para cada nombre se indican los códigos de las unidades de vegetación en que el taxón es mencionado. Nombres no aceptados o taxa erróneamente mencionados para Chile no están en cursiva.

www.ingramcontent.com/pod-product-compliance
Lightning Source LLC
LaVergne TN
LVHW082056051026
849532LV00011B/3607
9789561126510